U0825252

《现代化学基础丛书》编委会

主　编　朱清时

副主编　（以姓氏拼音为序）

江元生　林国强　佟振合　汪尔康

编　委　（以姓氏拼音为序）

包信和　陈凯先　冯守华　郭庆祥

韩布兴　黄乃正　黎乐民　吴新涛

习　复　杨芃原　赵新生　郑兰荪

卓仁禧

现代化学基础丛书·典藏版 11

有机氟化学

卿凤翎 邱小龙 编著

科学出版社
北京

内 容 简 介

近年来，有机氟化合物（含氟功能材料）在高新技术产业和生命科学中发挥越来越重要的作用，随之而来对于有机氟化学的研究也逐渐成为人们关注的热点。本书是我国学者编著的第一本系统介绍有机氟化学的著作，其框架结构和内容源于作者近20年来在有机氟化学领域学习和研究的切身体会和经验积累。本书首先介绍了有机氟化合物的性能，特别是详细地讨论了有机氟化合物与相应的碳氢化合物的化学反应性差异；然后全面和系统地论述了有机氟化合物的合成方法，通过列举大量已报道的最新成果，对不同合成方法的优点和局限进行了分析；最后对含氟药物和含氟功能材料进行了介绍。

本书可供从事有机化学、药物化学和高分子化学的研究人员和研究生阅读，对于工业界开展有机氟化合物研制的技术人员也具有重要的参考价值。

图书在版编目(CIP)数据

有机氟化学/卿凤翎，邱小龙编著. —北京：科学出版社，2007
(现代化学基础丛书 11/朱清时主编)
ISBN 978-7-03-018687-4

Ⅰ. 有…　Ⅱ. ①卿… ②邱…　Ⅲ. 有机化学：氟化学　Ⅳ. O622.2

中国版本图书馆 CIP 数据核字(2007)第 030867 号

责任编辑：周巧龙 / 责任校对：张　琪
责任印制：吴兆东 / 封面设计：陈　敬

科学出版社 出版
北京东黄城根北街 16 号
邮政编码：100717
http://www.sciencep.com

北京凌奇印刷有限责任公司印刷
科学出版社发行　各地新华书店经销

*

2007 年 3 月第　一　版　　开本：720×1000　1/16
2025 年 1 月第七次印刷　　印张：24 1/4
字数：471 000

定价：138.00元

（如有印装质量问题，我社负责调换）

《现代化学基础丛书》序

如果把1687年牛顿发表“自然哲学的数学原理”的那一天作为近代科学的诞生日，仅300多年中，知识以正反馈效应快速增长：知识产生更多的知识，力量导致更大的力量。特别是20世纪的科学技术对自然界的改造特别强劲，发展的速度空前迅速。

在科学技术的各个领域中，化学与人类的日常生活关系最为密切，对人类社会的发展产生的影响也特别巨大。从合成DDT开始的化学农药和从合成氨开始的化学肥料，把农业生产推到了前所未有的高度，以至人们把20世纪称为“化学农业时代”。不断发明出的种类繁多的化学材料极大地改善了人类的生活，使材料科学成为了20世纪的一个主流科技领域。化学家们对在分子层次上的物质结构和“态-态化学”、单分子化学等基元化学过程的认识也随着可利用的技术工具的迅速增多而快速深入。

也应看到，化学虽然创造了大量人类需要的新物质，但是在许多场合中却未有效地利用资源，而且产生了大量排放物造成严重的环境污染，以至于目前有不少人把化学化工与环境污染联系在一起。

在21世纪开始之时，化学正在两个方向上迅速发展：一是在20世纪迅速发展的惯性驱动下继续沿各个有强大生命力的方向发展；二是全方位的“绿色化”，即使整个化学从“粗放型”向“集约型”转变，既满足人们的需求，又维持生态平衡和保护环境。

为了在一定程度上帮助读者熟悉现代化学一些重要领域的现状，科学出版社组织编辑出版了这套《现代化学基础丛书》。丛书以无机化学、分析化学、物理化学、有机化学和高分子化学五个二级学科为主，介绍这些学科领域目前发展的重点和热点，并兼顾学科覆盖的全面性。丛书计划为有关的科技人员、教育工作者和高等院校研究生、高年级学生提供一套较高水平的读物，希望能为化学在新世纪的发展起积极的推动作用。

朱清时

2005年2月

序

2006年是法国科学家莫里桑(H. Moissan)因发现元素氟而获得诺贝尔奖100周年。在这百余年中，氟化学取得了巨大的进展，几乎全是人工合成的含氟有机化合物(氟材料)已在国防工业、高新技术产业和生命科学中发挥越来越重要的作用，并改变了我们的某些生活方式。诚然，人们也逐渐认识到某些含氟化合物在造福人类的同时，会对环境带来负面影响（如氟里昂破坏臭氧层)。因此，目前各国正致力于研发具有特殊性能和环境友好的含氟产品。就有机氟化学学科而言，它已经成为有机化学的重要分支，无数事实证实它既服从有机化学共同的规律，又以碳氟键的特点丰富和发展了有机化学。

我国的有机氟化学研究始于20世纪50年代末，是“任务带学科”的产物。经过几十年的奋斗，我国已经能够生产许多含氟产品；同时，我国有机氟化学基础研究已在国际上占有一席之地，并于2005年7月在上海成功地举办了第17届世界氟化学大会。作为萤石储量大国，理应对人类做出更大的贡献，但令人遗憾的是，至今还没有我国学者自己编著的有机氟化学方面的图书问世，以满足广大氟化学工作者学习和研究的需求。

现在我感到高兴的是卿凤翎教授历经两年终于完成了《有机氟化学》一书的初稿。年轻的卿凤翎教授于1990年获博士学位，从事有机氟化学的基础研究和应用研究多年并取得显著成绩，由他来编著《有机氟化学》是十分合适的。该书较系统地论述了有机氟化学的基本理论；阐明了有机氟化合物与相应的碳氢化合物的反应性差异；着重介绍了有机氟化合物的合成方法学。该书也收集了我国学者在有机氟化学领域的一些研究成果。因此，该书无论对于从事有机氟化学基础研究还是进行氟产品开发的科研工作者都是一本好的参考书。我相信该书的出版将对我国有机氟化学的发展和人才队伍的培养起到积极的作用。是为序。

中国科学院院士
陈庆云

前　　言

我自进入中国科学院上海有机化学研究所开始有机氟化学的学习和研究以来，已近20年。在此期间，国内出版了一些总结我国有机氟化学研究成果的著作以及介绍有机氟材料、含氟生物活性物质和氟化学前沿的译作；然而迄今为止我国还没有一本系统论述有机氟化学基础理论和合成方法的书。两年前，在林国强院士和陈庆云院士的推荐下，科学出版社邀我写作《有机氟化学》一书以满足我国有机氟化学教学、研究和有机氟产品开发的需求。说实话，我当时没有考虑自己的知识结构和写作的艰辛，欣然接受了邀请。但在实际的写作过程中，我深感自己知识和精力有限，然而身受两位先生和出版社的重托，不敢有丝毫的懈怠，尽己所能，历时两年，终于完成了书稿的写作。

在写作之初，我与邱小龙博士阅读了国外出版的一些有关有机氟化学的书籍，希望从中找到对我们写作有指导性的信息，然而却没有发现能完全适合我们写作目的的书籍。因为国外的书籍绝大部分是以有机氟化学的研究进展和应用背景为主线来撰写的，缺乏系统性，不便于刚接触有机氟化学的读者阅读、理解和从中获得帮助。因此，我想根据自己近20年来在有机氟化学领域的学习和研究过程中的切身体会来撰写本书。即较系统地论述有机氟化学的基础知识，同时有选择性地介绍有机氟化学的最新研究成果和发展方向。考虑到我国有许多企业科研人员在进行有机氟化合物的研制和生产，我希望本书的部分内容对他们的研发工作能起到参考和指导作用。以上两方面的思考是构造本书框架结构的基础。

本书的第一章介绍了有机氟化学的历史和氟原子的特性，着重阐述了有机氟化合物与相应的碳氢化合物在物理性质上的差别。第二章论述了氟原子和含氟基团对反应中心的影响以及全氟化合物与相应的碳氢化合物的反应性能的差异；这些问题是有机氟化学研究者在进行含氟有机化合物化学转化中经常遇到，但有时又不能完全理解的难点。第三章涉及全氟化合物的合成方法和应用领域，主要论述了三类在工业上广泛应用的合成全(多)氟化合物的方法，它们也是进行有机氟化学研究大部分化学试剂的来源。第四章至第十章阐述了向有机分子中引入氟原子或含氟基团的方法，包含了亲电氟化、亲核氟化和含氟合成砌块等；这些内容是有机氟化学研究永恒的课题。第十一章和第十二章分别论述了含氟生物活性物质和含氟功能材料，这两章内容是有机氟化学研究和含氟产品研发的生命力之所在。

由于作者学识和时间所限，有机氟化学中的某些重要内容本书没有涉及，如含氟芳香族化合物的合成、含氟农药和部分含氟材料等。如果本书有再版的机会，希望能将这些内容补上。对于本书存在的差错，敬请读者谅解和赐教。

在此我要衷心感谢将我引入有机氟化学研究领域的胡昌明教授、黄维垣院士和陈庆云院士；特别是陈庆云院士对本书的写作提出了许多宝贵的建议，并审阅了本书的部分章节。

值本书完成之际，我要深深感谢我年迈母亲的养育之恩和妻子对我的鼓励和支持。最后，谨以此书献给我一生坎坷并已逝去的父亲。

卿凤翎

目　　录

第一章　有机氟化学概况

一、有机氟化学简史

对氟化合物的化学研究最早始于1764年，德国化学家马格拉夫(Marggraf)将萤石与硫酸的混合物在玻璃曲颈瓶中蒸馏以研究其反应，并将馏出物中析出的白色固体认为是硫酸从萤石中分离出的一种“挥发性土壤”。1771年瑞典化学家谢勒(Scheele)重复了马格拉夫的实验后，他指出这是由于与萤石中的石灰相结合的一种酸被硫酸所游离并蒸馏了出来，他因此称这种酸为氟酸(Flussäure)；同时，谢勒还从实验中意识到，用盐酸、硝酸或磷酸代替硫酸和萤石作用同样能得到这种酸。由于那时对此酸的性质还不明确，它能与玻璃容器发生反应而使化学家们对它的研究显得特别复杂，直到18世纪后期，Gay-Lussac和Thénarcl将此反应改在铅或银的仪器中进行，然后研究馏出物与玻璃的反应，才发现谢勒所谓的“氟酸”实际上是两种酸的混合物，即氢氟酸和硅氟酸。19世纪初期，戴维(Davy)发表了关于确定氯气是一个元素的报告，在这一时间，他收到了两封法国科学家安培(Ampère)的来信。一封写于1810年11月1日，表示氢氟酸和盐酸的组成相似；另一封写于1812年8月25日，明确提出氢氟酸中存在一种新元素，正如盐酸中含有氯一样，并提议把这一新元素命名为fluorine。安培的建议很快被当时欧洲各国化学家们接受，没有人怀疑它的存在，即使它的单质状态还没有被分离出来。安培给戴维的信件标志着氟化学的历史转折点。

随后几十年，科学家们进行了许多实验尝试分离这个元素。戴维、爱尔兰科学院的洛克斯兄弟、法国化学家弗雷米、英国化学家高尔等进行了大量的实验，都未能取得成功。直到1886年6月26日，法国化学家弗雷米的学生莫里桑(H. Moissan)把熔融的氟氢化钾(KHF_2)蒸馏所得到的无水氟化氢进行电解，他在阴极得到氢，在阳极(铂极)得到了一种活性很大的新物质，他相信这种物质为氟气，此发现随即被报道出来[1]。莫里桑因此获得1906年诺贝尔化学奖。到目前为止，制备氟气的方法与莫里桑的方法并无基本区别，均系将氟化钾和氟化氢的混合物进行电解。当然仍有许多改进，最大的改进是在第一次世界大战时，Argo、Mathers、Humiston及Anderson将氟氢化钾熔融，在250℃以石墨为阳极进行电解得到氟气[2]；另外一个主要的改变是Lebeau及Damiens用氟化钾(含2%～3%的氟化氢)作为电解质，以镍为电极，在约100℃电解得到氟气[3]。

伴随着氟的发现和制备，氟化学取得了长足的发展，大量含氟化合物被发现、制备和应用。表 1－1 列出了有机氟化学发展史上的大事。1896 年，Swarts 等合成了一氟乙酸乙酯，由此揭开了有机氟化学的序幕[4]。20 世纪 30 年代，含氟制冷剂得以合成。1938 年，美国杜邦公司的 Plunkett 等首次发现含氟聚合物——聚四氟乙烯(PTFE)，标志着含氟聚合物的开端。始于 1941 年的曼哈顿计划(核武器的研制)推动了有机氟化学的发展和有机氟化合物在国防军工领域的应用。1954 年，J. Fried 成功合成了 α-氟化酯酸可的松，并证实了该化合物比相应的酯酸可的松作为糖皮质激素消炎活性高 10～12 倍以上，第一次向人们展示了向分子的特定位置引入氟原子可提高其生物活性[5]。1957 年，5-氟尿嘧啶的合成实现了癌症治疗的历史性突破，再次证实了引进氟原子的优越性[6]。从那时起，化学家们开始认识到将氟原子引入到有机分子中的特定位置可使其生理活性发生意想不到的变化，这为生物活性含氟有机化合物的研究奠定了基础。至今，有机氟化学已走过了百余年历史，人们合成了大量的含氟有机化合物，仅在 1989～1998 年的十年间，被美国化学文摘收录的新的含氟有机化合物就达 610 873 个[7]。有机氟化学已广泛应用于农药、医药、材料、原子能、航天航空等各个领域，许多含氟产品如氟塑料、氟橡胶、氟里昂、含氟表面活性剂、含氟油脂、氟碳代血液等得到制备和应用。总之，有机氟化学在发展过程中不断地与生物化学、药物化学、材料化学等各个学科相互渗透、相互促进，成为有机化学的一个重要分支。

表 1－1　有机氟化学发展史上的大事

时　间	事　　件
1764 年	Marggraf 首次从萤石和硫酸中合成氢氟酸，此实验在 1771 年被 Scheele 重复
1886 年	Moissan 首次通过电解 HF-KF 体系合成单质氟
1890s	Moissan 和 Swarts 小组分别通过直接氧化和路易酸催化的卤离子交换开展氟卤烃化学研究
1920s	通过 Balz-Schiemann 反应合成含氟芳烃
1930s	氟里昂(制冷剂)，哈龙(灭火剂)
1940s	聚四氟乙烯(PTFE，特富龙)，Simons 的电化学氟化
1941～1954 年	曼哈顿工程：全氟化合物用于同位素分离器超强材料，气体离心机润滑剂和冷却剂等
1950s	含氟药物，含氟农用化学品，氟碳代血液等的制备和应用
1980s	有机氟化物用作等离子蚀刻和半导体工业的清洗液
1987 年	由于氯氟烃(氟里昂)对臭氧层的破坏，开始禁止使用和生产氯氟烃(Montreal 协议)
1990s	含氟液晶材料用于液晶显示器
2000s	全氟辛基磺酸盐和全氟辛酸铵对健康的影响
2002 年	O'Hagan 发现首个氟酶

二、氟的存在及常规物理性质[8]

氟在自然界中以纯^{19}F同位素形式存在，化合状态的氟占地壳组成的0.078%，较氯和溴含量丰富。在少数的矿物中可以发现有游离氟的存在，例如在 Wolsenberg (Oberpfalz)出产的一种紫蓝色的萤石，将它粉碎时可以察觉到游离氟的特殊气味。氟在自然界中最主要的存在形式是萤石(CaF_2，又名氟石)和冰晶石(Na_3AlF_6)；另外一大类含有少量氟的矿石有碳氟酸盐、硫氟酸盐、磷氟酸盐及铌氟酸盐，许多方解石和霰石也含有少量化合状态的氟。大部分天然水中均含有微量的氟，并在某些情况下其含量比较高。例如每升海水中可含约 0.3mg 的氟，而在河水中含量变化较大。在动植物体中也含有微量化合状态的氟。氟在植物体中多集中在含磷最多的地方，如每克植物叶中可含有 3～14mg 的氟，而在植物体中含磷较少的部分，如芽、果实、木质部等，其含氟量要低得多。氟一般通过食物和水进入动物体内，在骨骼、牙齿、指甲、毛鬓及羽毛中氟的含量一般较高。骨化石较正常骨骼的氟含量高，因为它从土壤中吸收了氟。

氟气是一种高毒性的淡黄色气体，熔点为－219.6℃，沸点为－188.1℃，在液态时具有特殊的气味。由于氟的气味和氟化氧相类似，并且由于氟与水反应生成氟化氧，故其气味可能是由于 OF_2 而并非氟气所引起的。氟原子原子数为19.0042，核自旋量子数为1/2。根据 Pauling 定律，L 层可多取得一个电子而形成氟离子。氟及氟离子的电子云分布分别为：F $(1s)^2(2s)^2(2p)^5$；F^- $(1s)^2(2s)^2(2p)^6$。氟分子有非常对称的电子结构：F_2 $KK(\sigma_g 2s)^2(\sigma_u 2s)^2(\pi_u 2p)^4(\sigma_g 2p)^2(\pi_g 2p)^4$。

氟气与氯气的物理性质相差较大，在许多方面，其物理性质和氩相似。液体状态的氟具有低的表面张力，Kanda 在 1937 年报道了利用毛细管升高法其表面张力在 84.9K 和 57.10K 下分别为 9.85×10^{-3}N/m 和 1.46×10^{-2}N/m[9]。

三、具有独特性能的含氟有机化合物

1. 伪拟效应和阻断效应

氟原子范德华半径为 1.35Å(见表 1－2)[10]，与氢原子和氧原子的最为接近，这样就使得分子中的氢原子被氟原子所取代后，体积比不会有大的变化。因此含氟有机化合物往往不会被生物体中的酶受体所识别，有机氟化合物能毫无困难地代替非氟母体进入生物体内参与到代谢过程中，即所谓的伪拟效应(mimic effect)。通常情况下，分子中引入一个氟原子最容易产生伪拟效应。但要引起注意的是，三氟甲基是一个相当大的基团，其体积与异丙基相当[11]。因此，含二氟亚甲基和三氟甲基的化合物产生伪拟效应的情况相对较少。另外，由于氟原子很难以 F^+ 的形式离去，并且由于 C—F 键的键能远大于 C—H 键键能(见表 1-3)，使得氟原子很难以氟自由基的形式离去，这样 C—F 键不易断裂，从而导致有机氟化合物氧化还原稳定性增强，使其在生物体内不易被代谢，阻碍其正常的代谢循环，这就是所谓的阻断效应(block effect)。伪拟效应和阻断效应是含氟化合物产生生物活性的一个重要原因。其中一个著名的例子是一氟乙酸在乙酸代谢系统中的影响(见图 1-1)。1943 年 Marais 等首先在南非一种叫 *Dichapetalum cymosum* 的植物中发现一氟乙酸，其具有非常强的毒性[12]。在生物体内，由于一氟乙酸体积和乙酸相近，因为伪拟效应而被酶误识别为乙酸参与代谢循环。一氟乙酸 **1b** 首先被柠檬酸合成酶(citrate synthase)经由氟代乙酰辅酶 **2b** 转化为相应的单一构型的(2*R*,3*R*)-氟代柠檬酸 **4**，然而在进一步的代谢循环中，由于 C—F 键大的裂解能，(2*R*,3*R*)-**4** 能被顺乌头酸酶(aconitase)所识别，不像其非氟类似物柠檬酸 **3** 一样经乌头酸酶催化发生脱水反应得到顺乌头酸 **5**。这样，一氟乙酸由于伪拟效应进入乙酸的代谢循环，产生氟代柠檬酸，但由于 C—F 键的存在，使后面的代谢无法进行[13]，从而产生毒性。

表 1-2　不同原子的 C—X 键的键长和范德华半径

元素或基团	键长 C—X/Å	范德华半径/Å
H	1.09	1.20
F	1.39	1.35
O(OH)	1.43	1.40
Cl	1.78	1.80
S(SH)	1.82	1.85
Br	1.93	1.95
I	2.14	2.15

表 1-3　氟与其他元素性质比较

元素符号 X	键离解能 CH_3—X /(kcal[1)]/mol)	键长 C—X /Å	偶极矩 CH_3X /deb[2)]	水合能 X^- /(kcal/mol)	电负性(鲍林标度)
F	110	1.39	1.82	117	4.0
Cl	85	1.78	1.94	84	3.0
Br	71	1.93	78	78	2.8
I	57	2.14	68	68	2.5
H	99	1.09	0	—	2.2
C	83	1.54	—	—	2.5

1) “cal”为非法定单位。1cal=4.184J。为了遵从学科和读者阅读习惯，本书仍沿用该单位。

2) deb 为非法定单位。$1deb=10^{-18}Fr\cdot cm=3.335\times10^{-30}c\cdot m$。

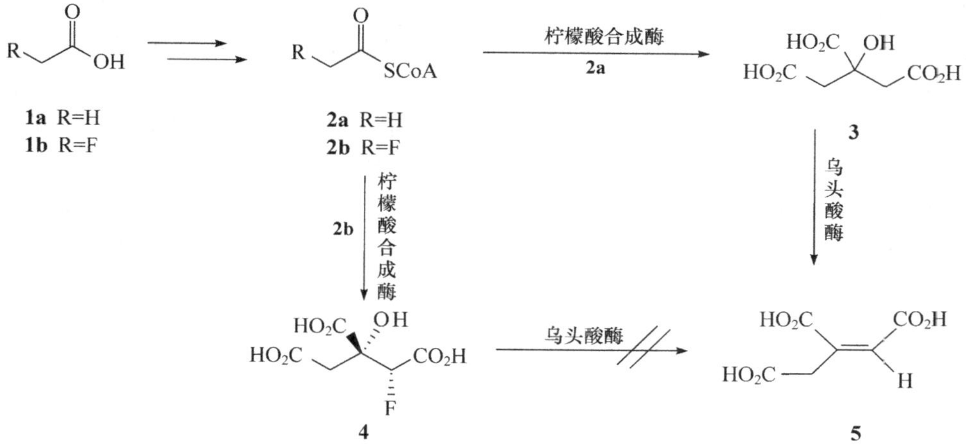

图 1-1　一氟乙酸参与柠檬酸的代谢循环

2. 氟的高电负性

氟原子是周期表中Ⅶ族里最小的原子，它在所有元素中具有最高的电负性(见表 1-3)。由于氟的电负性很强，因此它和碳原子形成共价键时电子云集中在氟原子一边，所以这个共价键带有很强的极性，是极性共价键。有机分子中引入氟原子或含氟基团后，整个分子的电子云分布将发生偏移，分子的偶极矩、酸碱性等都将受到影响，相邻基团的性质、分子构型也将发生变化，进而会影响有机分子的物理性质、化学性质。例如血栓素 A_2 **6**，这个化合物具有很强的血管收缩和血小板凝聚能力，但在 pH = 7.4 弱碱性条件下它极易水解，半衰期仅为 30s。Fried 等设想将 10 位的两个氢原子用氟原子取代，利用氟原子强的吸电子能力降低相邻氧原子的电子云密度，这样避免在 11 位碳形成阳离子从而抑制其水解，提高其稳定性。事实正如所预计那样，类似物氟代血栓素 A_2 **7** 的化学稳定性相比血栓素 A_2 大大提高，半衰期更是达到了 270 年，甚至表现出了更好的生物活性[14]。血栓素 A_2 **6** 和氟代血栓素 A_2 **7** 的结构式如图 1-2 所示。

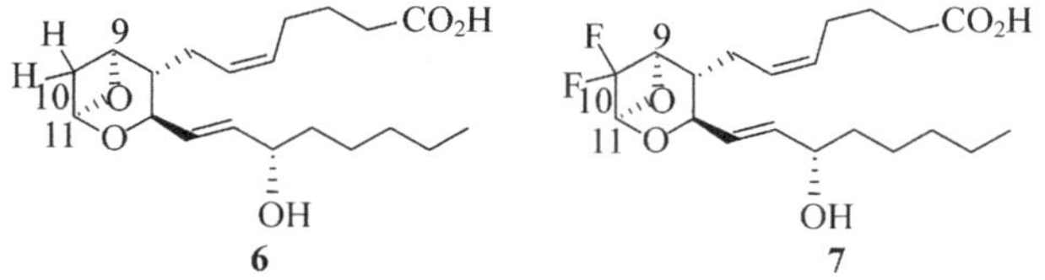

图 1-2　血栓素 A_2 和氟代血栓素 A_2 的结构式

同样，在核苷的 C-2′位引入氟原子时氟原子的吸电子能力能稳定糖苷键。2′-

脱氧-5-碘代-尿嘧啶脱氧苷 **8** 是由 Prusoff 小组报道的第一个抗病毒核苷，然而它的糖苷键在酸性条件下是不稳定的[15]。经过研究，Watanabe 小组不仅发现在核苷 **8** 的 C-2′位引入氟原子得到的化合物 **9** 能稳定糖苷键，而且还发现这一含氟核苷 **9** 对 HSV、HBV、VZV、CMN 和 EBV 亦显示出广谱的抗病毒活性[16]（见图 1－3）。同样，将氟引入双脱氧胞苷 **10** 的 C-2′位得到化合物 **11**，它不仅具有稳定的糖苷键，而且对 HIV 还显示出显著的生物活性[17]。通常认为，如果将氟原子引入糖苷键的邻位，氟原子除了能稳定糖苷键抑制其水解外，它还会使这种核苷中的胞嘧啶和腺嘌呤抵抗酶的脱氨基作用[18]。

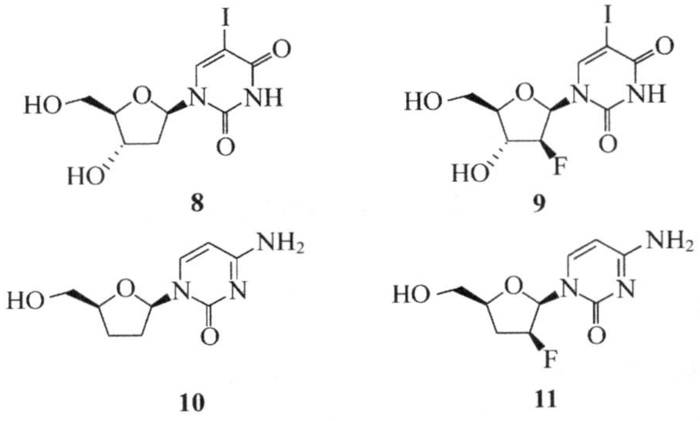

图 1－3　在核苷中引入氟原子使其糖苷键稳定和活性增强的实例

由于氟原子强的电负性，含氟有机化合物的酸性通常比非氟化合物的酸性强（见表 1－4）[19]。三氟乙酸（$pK_a=0.52$）的酸性比乙酸（$pK_a=4.76$）高 4 个数量级；弱酸叔丁醇（$pK_a=19.0$）经氟化后成为中等强度的酸 $(CF_3)_3COH$（$pK_a=5.4$）。另一方面，氟的吸电子诱导效应使有机碱的碱性强度有相同程度的减弱（见表 1－5）[19]。其中最显著的一个例子是，在脯氨酸 4 位碳上引入一个氟原子，使脯氨酸氨基基团的 pK_a 值下降 1.6 个单位，尽管氟原子和氮原子相隔三个化学键[20]。

表 1－4　有机酸与相应的氟化物的酸性（pK_a）比较

酸	pK_a
CH_3COOH	4.76
CF_3COOH	0.52
C_6H_5COOH	4.21
C_6F_5COOH	1.75
CH_3CH_2OH	15.9
CF_3CH_2OH	12.4
$(CH_3)_2CHOH$	16.1

续表

酸	pK_a
$(CF_3)_2CHOH$	9.3
$(CH_3)_3COH$	19.0
$(CF_3)_3COH$	5.4
C_6H_5OH	10.0
C_6F_5OH	5.5

表 1-5　有机碱与相应氟化物的碱性(pK_b)比较

碱	pK_b
$CH_3CH_2NH_2$	3.3
$CF_3CH_2NH_2$	8.1
$C_6H_5NH_2$	9.4
$C_6F_5NH_2$	14.4

3. 脂溶性

含氟基团是疏水性的。含氟化合物与碳氢化合物类似，在室温下水溶剂化时具有负的熵值，这是由于水分子倾向于在溶质分子中憎水性部位周围排列的缘故，同时 C—F 键使得碳骨架的硬度增加，从而降低整个分子的可极化度，通常可增强分子的亲脂性。一般认为，氟取代有机分子中的氢原子会使其亲脂性增加，Böhm 等经分析大量含氟化合物和不含氟化合物的脂溶性也得出这样的结论[21]。当然也有例外，当氢原子被氟原子取代时，如果在这个氢相邻的位置有含氧的官能团存在，则含氟化合物的亲脂性相对于母体会有大的降低[21]，这可能是由于这类含氟化合物在水中能更好地被溶剂化。最近 Anna Seeliy 等考察了一系列药物，他们的工作是用一个氯原子或一个三氟甲基取代有机药物中的氢原子，然后系统和定量分析所得化合物的表面活性，结果表明，三氟甲基的引入能改变底物的两亲性和渗透性[22]。三氟甲基是已知脂溶性最强的基团，它的 π 系数高于甲基和乙基($\pi_{甲基}=0.50$，$\pi_{乙基}=1.00$，$\pi_{CF_3}=1.07$)。脂溶性在药物设计中是一个很重要的因素，有机分子中引入氟原子后，脂溶性通常增强，从而导致含氟化合物对膜和组织具有很强的穿透能力，进一步提高了含氟化合物在生物体中的吸收和传递速度[23]。例如在某些含有氯原子的合成医药分子或在某些植物保护剂中，把氯原子用三氟甲基取代，不仅能减少副作用，还可提高药效[24]。一方面这是因为 $C—CF_3$ 较 C—Cl 生物化学稳定性好，在到达受体前发生分解反应的概率小；另一方面则是因为三氟甲基类似物脂溶性比氯类似物高。最近也有研究表明，由于含氟基团独特的性质，当在生物大分子如蛋白质中引入含氟基团后会影响蛋白质的折叠或蛋白质之间的相互作用，从而改变蛋白质的生理活性[25]。

4. 氟氢键

氢键作为一种强度适中的作用力，目前已成为构建和稳定超分子结构的理想作用力，也一直是分子识别和主客体化学研究的最重要的弱相互作用力之一。相对于供体-受体相互作用、π-π 堆积作用、疏水作用或其他疏溶剂作用，氢键具有高度选择性、作用强度适中和方向性强等特点，而且氢键单体种类多、易于修饰。这些特点使得氢键成为分子识别、超分子化学、分子组装研究中最广泛的弱相互作用力之一[26]。目前，氢键在生物化学、络合物化学和有机合成中均有重要作用，已成为物理化学研究中的重要课题。近年来又出版了新的氢键专著[27]，但对于氟氢键的研究还较少。

著名化学家 Pauling 在 *Nature of the Chemical Bond* 一书中谈到[28]："唯有电负性强的原子能形成氢键，并且氢键强度随着原子电负性的增加而增强，根据不同原子的电负性，我们可以预测氟、氧、氮、氯都能形成氢键，并且形成氢键的能力按这个顺序下降。根据这方面的经验，氟原子能形成最强的氢键，氧原子和氮原子形成的氢键强度较弱一些。"多年来，化学家们都赞同 Pauling 的论述，并想当然地认为有机氟原子在形成氢键时是一个强有力的氢键受体。现在看来，Pauling 当时关于氟氢键的论述也许仅限于双氟负离子 HF_2^-、氟化氢及无机氟盐，并不包括以共价键形式存在的氟化学键，因为他在 1960 年第三版的 *Nature of the Chemical Bond* 中说到[29]："有趣的是通常联接在碳原子上的氟在形成氢键时并不是一个好的质子受体。"在 X—H…A 氢键供给体关系中（X—H 为氢键供体，A 为氢键受体），X 吸引质子 H 的能力越强，X—H 键就更加极化，H 的酸性就越强，更能成为氢键供体形成氢键，因此 HF 是强酸，是比 H_2O 更强的氢键供体。然而电负性是一个质子吸引电子的能力，而不是吸引质子的能力，因此共价键的氟（C—F）是弱碱，是很弱的质子受体[30]。近年来，化学家们考察了收集在剑桥晶体结构数据库（Cambridge crystallographe structure database，CSD）中大量含氟化合物的晶体结构以及通过从头计算表明，有机氟原子很难形成氢键，即便在三氟乙酸铵这样的晶体中，也不存在 N—H…F 氢键，四个 N—H 键全指向三氟乙酸阴离子中的氧原子，然而在单氟乙酸铵晶体中，却发现存在一个分叉氢键（bifurcated hydrogen bond），即 N—H…F 氢键和 N—H…O 同位存在，并共用一个氢原子，N—H…F 氢键比 N—H…O 氢键短 0.26Å（见图 1-4）[31]。

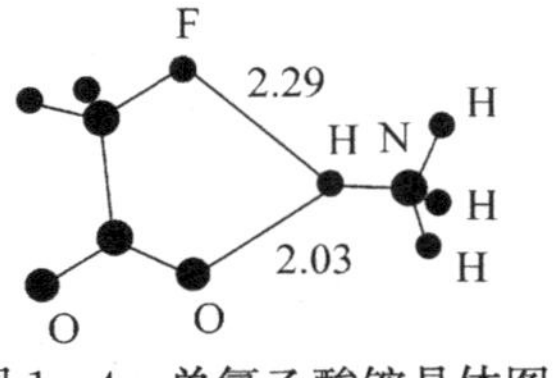

图 1-4　单氟乙酸铵晶体图

相对于 C—F 氢键，B—F 氢键较易形成强的氢键。然而在四氟硼酸铵（$NH_4^+BF_4^-$）中，理想的 N—H…F氢键距离并未被观察到[32]。通常认为这是由于氢键对这种晶体晶格能作用不大的原因。CSD 数据库表明两个化合物存在分子间 X—H…F—B 氢键，一个是化合物 4,4,8,8-tetrafluoropyrazabole[33]，另一个是化合物 2,2-difluoro-4,6-dimethyl-3-phenyl-1,3,2-difluoro diazaborine(见图 1-5)[34]。

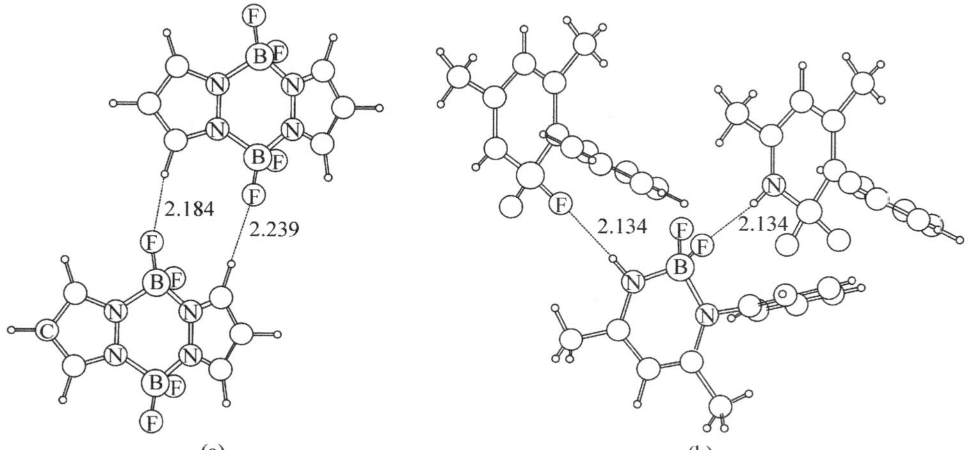

图 1-5 B—F…H 氢键

(a) 4,4,8,8-tetrafluoropyrazabole; (b) 2,2-difluoro-4,6-dimethyl-3-phenyl-1,3,2-difluoro diazaborine

虽然化学家们认为分子间 O—H…F—C 和 N—H…F—C 氢键的存在能在有机氟化物和酶活性位点的联结上发挥重要的作用[35]，然而，有关分子间形成 X—H…F—C 氢键的报道并不多。Shimoni 和 Glusker 研究发现在 CSD 数据库中相关化合物 X—H…F—C(X=N,O)氢键平均距离为 2.5Å[36]。1996 年，Howard 等[37]研究发现在 CSD 数据库中仅有 12 个化合物的晶体结构中存在 O—H…F—C 氢键(氢键长度为 2.35Å 左右，分子中含有 CF_2 和 CF_3 官能团的化合物除外)。1992 年，DesMarteau[38]报道了化合物 2-氟-1,1,2-三苯乙醇 **12** 能形成 O—H…F—C 氢键，这是有机化合物形成分子间 O—H…F—C 氢键的第一个例子，晶体结构表明 O—H…F—C 氢键长度为 2.04Å，氢键夹角为 153°(见图 1-6)。1999 年 Strauss 报道了另一例氟醇化合物 **13** 能形成分子间氢键(见图 1-6)，并对此氢键进行了系统、详细的研究[39]。晶体结构表明所形成的 O—H…F—C 氢键长度为 2.01Å，夹角为 171°，这是迄今为止观察到的最短的分子间 O—H…F—C 氢键。更为有趣的是，研究发现在正己烷溶剂中，**13** 能形成分子内 O—H…F—C 氢键(见图 1-7)，而不再是分子间氢键，这一点从固态时羟基的红外光谱吸收从 $3582cm^{-1}$ 迁移到 $3616cm^{-1}$ 可得到直接的证据。

有关有机化合物形成分子间 N—H…F—C 氢键的现象也有一些实例，如在 α-邻苯二甲酰亚氨丙基-2-氯氟甲基-*N*-甲基羰基甘氨酸中，存在 N—H…F—C 氢键，长度和夹角分别为 2.26Å 和 156°[40]。中国科学院上海有机化学研究所黎占亭

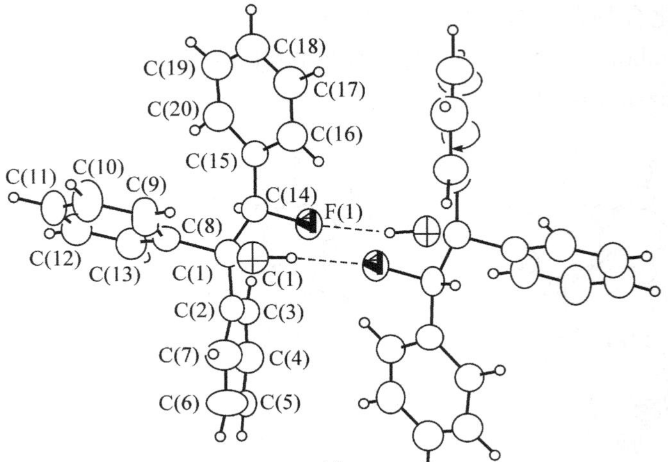

12

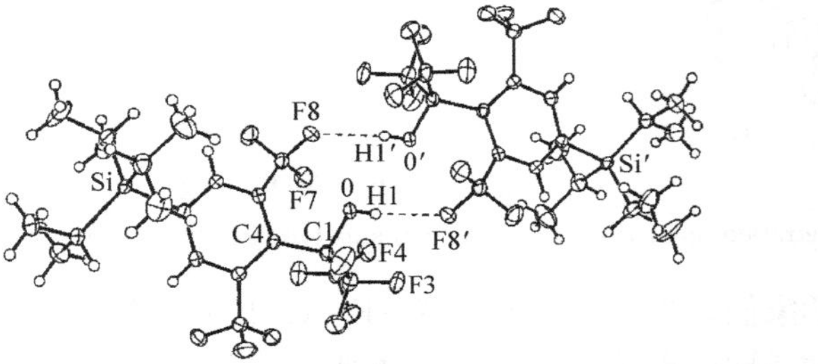

图 1-6　形成分子间 O—H…F—C 氢键的两个实例

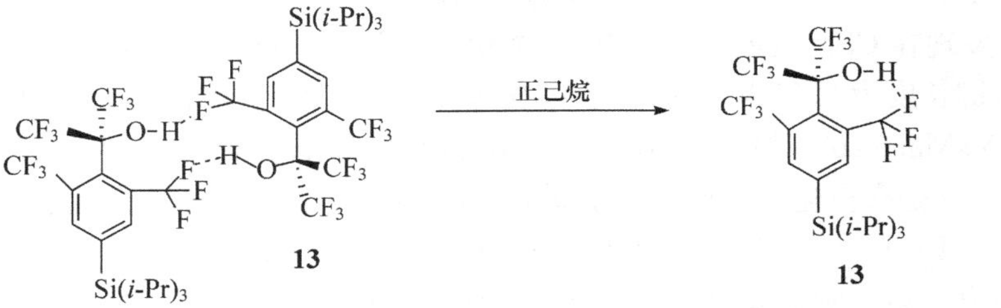

13　　**13**

固态 ν(OH)=3582cm^{-1}　　正己烷溶液 ν(OH)=3616cm^{-1}

图 1-7　在正己烷溶剂中化合物 **13** 分子间氢键转为分子内氢键

小组发现含氟酰胺化合物能形成分子内分叉 N—H…F—C 氢键(见图 1-8)[41]。

由于低的可极化性和紧束的未共享电子对,氟原子在形成氢键时无法和氧原子、氮原子竞争[42]。一种看法认为只有少数几个化合物能形成 O—H…F 或 N—H…F 氢键。这可能是由于分子中氧原子和氮原子所处的化学环境位阻较大,致使它们不易被氢键供体靠近而形成氢键。

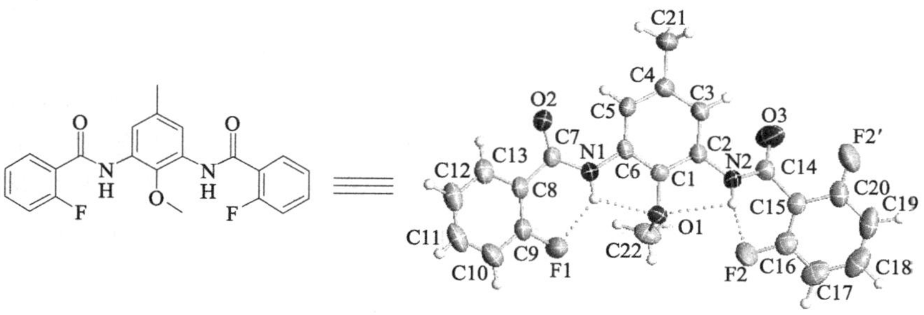

图 1-8　酰胺类化合物形成分子内分叉 N—H…F—C 氢键

四、氟碳化合物

氟碳化合物是指氟与碳的化合物，比较狭义的定义是与碳氢化合物类似的化合物，即碳氢化合物中的氢原子被氟原子所取代的化合物。由于 C—F 键的结合能高达 115.7kcal/mol，而氟原子的极化度是最低的，这样氟碳化合物较其碳氢化合物相比具有极低的折射率；另外一个不寻常的现象是全氟碳化合物是极性最低的溶剂，如全氟正己烷(n-C_6F_{14})的介电常数为 1.69，而正己烷的则为 1.89(见表 1-6)[43]。事实上这可以解释为各个 C—F 键的偶极矩在同一分子中得到相互抵消，最终形成一个非极性化合物。然而在部分氟化的化合物中，如 1,1,1,2,2,3,3-七氟正己烷(n-$C_6F_7H_7$)，分子中 C—F 键的偶极矩不能完全抵消，分子的总体偶极矩最终体现在化合物的物理化学性质上，尤其是汽化热(ΔH_v)和介电常数(ε)。如表 1-6 所示，三个化合物的密度相差很大，而它们的沸点相近(虽然 n-C_6F_{17} 的相对分子质量比 n-C_6H_{14} 大得多)。

表 1-6　正己烷(n-C_6H_{14}),1,1,1,2,2,3,3-七氟正己烷(n-$C_6F_7H_7$)和全氟正己烷(n-C_6F_{14})的物理化学性质比较

性质	n-C_6H_{14}	n-$C_6F_7H_7$	n-C_6F_{14}
沸点 b. p./℃	68	64	60
汽化热 ΔH_v/(kcal/mol)	6.9	7.9	6.7
临界温度 T_c/℃	235	200	174
密度 d^{25}/(g/cm³)	0.655	1.265	1.700
黏度 η^{25}/cp	0.29	0.48	0.66
表面张力 γ^{25}/(N/m)	0.0179	0.0143	0.0114
折射率 n_D^{25}	1.372	1.190	1.251
介电常数 ε	1.89	5.99	1.69

与氢原子相比，氟原子具有低的极化度和稍大的范德华半径，因此会对全氟碳化合物的结构和分子动力学产生影响。近年来，直链烷烃的晶体结构已确定，研究发现六个碳原子以上中心对称的偶数碳链烷烃的晶体结构中所有的碳链都是平行的，而相应的 C_2-对称的奇数碳链的烷烃，其碳链由倒转的中心相连，从而导致末端甲基的不同堆积，这被用来诠释偶数-链和奇数-链化合物具有交替的熔点现象[44]。迄今为止，只有一个全氟烷烃的晶体结构是已知的，即全氟正己烷[43]。与直链碳氢烷烃的平面锯齿形的构象形成对照，全氟烷烃的碳链是沿着每个 C—C 键以 13°的扭转角度形成螺旋状结构；与此十分相似的聚四氟乙烯(Teflon)螺旋状的碳链结构(相转角度约 14°)在多年前已被确定[45]。正如 Bunn 和 Howells[45a] 所述，如果氟原子连接到平面锯齿状碳链的 1,3-位将产生立体拥挤，而螺旋状的扭转会增加这些氟原子间的距离至更易承受的程度(从键角为 110°的平面锯齿状碳链的 2.52Å 至键角扩至 116°的螺旋状链的 2.75Å)。正是由于 1,3-二氟亚甲基间的立体排斥性使得全氟碳化合物为刚性杆状分子，而不像碳氢化合物的骨架那样具有一些构象上的弹性(见图 1-9)。

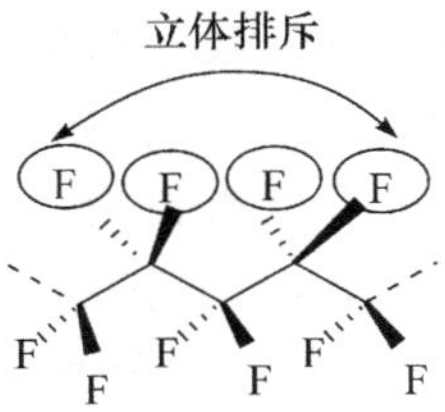

图 1-9　1,3-二氟亚甲基间的排斥作用

全氟碳化合物的低极化度使得分子间的相互分散作用很弱，由此导致了与具有相同相对分子质量的碳氢化合物相比，全氟碳化合物的沸点非常低。例如，正己烷与 CF_4 具有相似的相对分子质量(分别为 86g/mol 和 88g/mol)，但 CF_4 的沸点(−128℃)几乎比正己烷(68℃)低了 200K。全氟碳化合物与相应的碳氢化合物相比较(见表 1-7)[42]，虽然全氟碳脂肪族化合物的相对分子质量是其相应碳氢化合物的近 4 倍，但二者沸点却相近，有时前者会更低些。

通常，支链碳氢脂肪族化合物与直链碳氢脂肪族化合物相比其沸点会有所降低，而全氟碳化合物的支链对其沸点的影响可以忽略，如，全氟正戊烷的沸点为 29℃，2-三氟甲基全氟丁烷为 30℃，2,2-二(三氟甲基)全氟丙烷为 29.5℃。全氟胺、醚和酮等通常都具有比它们相应的碳氢化合物低得多的沸点。另外一个有趣的现象是全氟碳化合物的沸点比与其相对分子质量相近的惰性气体的沸点高 20～30K(CF_4，M_w 88，b. p. −128℃；Kr，M_w 88.8，b. p. −153.4℃；CF_3CF_3，M_w 138，b. p. −78.1℃；Xe，M_w 131.3，b. p. −108.1℃；$CF_3CF_2CF_3$，M_w 188，b. p.

$-34.1℃$；Rn，M_w 222，b. p. $-62.1℃$）。另外，全氟碳化合物与惰性气体相似，都具有有限的化学活性。

表1-7　脂肪族，芳香族碳氢化合物和氟碳化合物的摩尔质量(M)、液体密度(ρ)、折射率(n_D)、沸点(b. p.)、熔点(m. p.)的比较

化合物	分子式	M /(g/mol)	ρ /(g/cm^3)	n_D	b. p. /℃	m. p. /℃
全氟正戊烷	C_5F_{12}	288	1.664	1.241	29	
全氟正己烷	C_6F_{14}	338	1.700	1.251	60	
全氟正庚烷	C_7F_{16}	388	1.720	1.265	81	
全氟正辛烷	C_8F_{18}	438	1.730	1.282	100	
全氟正壬烷	C_9F_{20}	488	1.799	1.276	126	
正戊烷	C_5H_{12}	72	0.626	1.358	36	
正己烷	C_6H_{14}	86	0.659	1.375	68	
正庚烷	C_7H_{16}	100	0.684	1.388	98	
正辛烷	C_8H_{18}	114	0.703	1.398	125	
正壬烷	C_9H_{20}	128	0.718	1.405	151	
苯	C_6H_6	78	0.879	1.501	81	5.5
氟苯	C_6H_5F	96	1.025	1.465	85	−42
1,2-二氟苯	$C_6H_4F_2$	114	1.171	1.443	94	−34
1,3-二氟苯	$C_6H_4F_2$	114	1.160	1.439	83	
1,4-二氟苯	$C_6H_4F_2$	114	1.166	1.441	89	
1,2,4-三氟苯	$C_6H_3F_3$	132	1.264	1.423	88	
1,2,3-三氟苯	$C_6H_3F_3$	132	1.280	1.423	95	
1,3,5-三氟苯	$C_6H_3F_3$	132	1.277	1.415	76	−5.5
1,2,3,4-四氟苯	$C_6H_2F_4$	150	1.400	1.408	95	−42
1,2,3,5-四氟苯	$C_6H_2F_4$	150	1.393	1.404	83	
1,2,4,5-四氟苯	$C_6H_2F_4$	150	1.430	1.407	90	4
五氟苯	C_6HF_5	168	1.518	1.390	85	−48
六氟苯	C_6F_6	186	1.616	1.378	82	3.9

全氟碳化合物的低极化度导致的另一个结果是全氟碳化合物和碳氢化合物的溶剂体系中存在着较大的可混合性断层，即碳氢液体与氟碳液体在室温下不相溶。因此，在“有机相”和“水相”二相之外出现了第三相，即“氟碳相”。这种不相溶的性

质目前已得到广泛的运用(氟碳相化学)。气态相测定表明,全氟碳—碳氢间的相互作用能预计比全氟碳—全氟碳、碳氢—碳氢间的相互作用能低 10%左右。从相对憎水性来看,全氟碳化合物在水中的溶解性能(以摩尔计)比碳氢化合物还弱。

由于弱的分子间相互作用,全氟碳化合物另一个显著的特点是具有极低的表面张力,它们具有有机液体中最低的表面张力(如表 1-6 中所示,全氟正己烷具有最低的表面张力)。因此,它们几乎可以润湿任何表面。而固态的全氟碳化合物表面也具有极低的表面能(γ_c)。聚四氟乙烯(PTFE,Teflon)的表面能 γ_c 为 1.85×10^{-2}N/m,赋予其不粘和低摩擦等性能,从而广泛用于不粘锅和其他用途。这些特性与分子中的含氟量有直接的关系,聚二氟乙烯的表面能为 2.5×10^{-2}N/m,聚氟乙烯为 2.8×10^{-2}N/m,而聚乙烯为 3.1×10^{-2}N/m。当 PTFE 中有一个氟原子被可极化度更大的氯原子所取代时,形成的聚三氟氯乙烯的表面能大大增加,达到 3.1×10^{-2}N/m[46]。有报道认为全氟碳化合物的低表面能是由于化合物的表面有浓密的氟原子覆盖所致,因此,氟化石墨$(C_2F)_n$ 和$(CF)_n$ 具有最低的表面能(近 6×10^{-3}N/m)[47]。单层的全氟烷基羧酸 $CF_3(CF_2)_nCOOH$($n\geqslant6$)同样也具有 $6\sim9\times10^{-3}$N/m 的低表面能[46b]。

全氟碳链连有一个亲水性基团所形成的含氟表面活性剂(如 n-$C_nF_{2n+1}COOLi$,$n\geqslant6$)能把水的表面张力从 0.072N/m 降至 0.015~0.02N/m,而相应的碳氢表面活性剂只能降至 0.025~0.035N/m[48]。

最不寻常的表面活性剂是所谓的双正两性分子 $F(CF_2)_m(CH_2)_nH$,它同时具有碳氢和氟碳部分。在有机相和"氟碳"相(全氟碳液体)的界面上,它们显示出典型的表面活性剂特性,如胶体的形成等[49]。

尽管全氟碳化合物分子间的相互作用很弱,然而一些部分氟化的碳氢化合物具有较强的静电作用,这是由局部无"补偿"的 C—F 键偶极矩所导致的。当同一个碳原子与氟和氢都成键时静电作用尤为明显。在这种环境下,极化的 C—H 键可作为氢键的供体而氟原子可作为受体。这一作用最简单的例子是二氟甲烷。将甲烷与不同的氟代甲烷作比较,非极性的 CH_4 和 CF_4 具有最低的沸点,而极性较大的 CH_3F 和 CHF_3 的沸点稍高,沸点最高的是 CH_2F_2,这是由于它具有最强的分子偶极矩,能以 C—H 键作为氢键的供体,C—F 键为受体形成如水一样的三维氢键网络[50]。

自 Patrick 和 Prosser[51]于 1960 年发现六氟苯与苯能形成 1∶1 的共生晶体以来,几十种六氟苯和芳香族碳氢化合物形成的固体化合物已被分离纯化且晶体结构已被确定,这些晶体结构的信息在 Dahl 的综述中有详细论述[52]。苯和六氟苯具有相似的物理性质:熔点和沸点(苯,m. p. 5.5℃,b. p. 81℃;六氟苯,m. p. 3.9℃,b. p. 82℃)、气化焓和升华焓等。虽然它们的晶体结构都被归纳为相似的人字形堆积形式,但两者的晶体结构是不同的。在苯的结构中,分子处于反转中心并在空间三个方向上滑动反射相连，而在六氟苯结构中包含了两组晶体学不同的分子，一种处于反转中心，另一种处于通常的位置。而在它们形成的 1∶1 共生晶体结构中，苯和六氟苯分子处于交替平行的平面上，间隔大约为 3.5Å，相邻的叠层由于侧面 H---F 间的联系而额外地稍显稳定。这种共生晶体比两者自身的晶体要稳定，其熔点为 23.7℃，且这两种液体的混合能为负（即放热）。

值得注意的是，所有的氟代苯具有与苯相近的沸点（见表 1－7）。部分氟化苯的晶体结构已经确定，文献[53]详细地讨论了 C—H---F 间的相互作用。其中最为有趣的是 1,3,5-三氟苯的晶体结构，其包含着紧密堆积的叠层，交替的分子间存在着反转中心，使得一个分子中的 F 原子几乎与叠层中相临的两个分子的 H 原子相重叠。因此该分子具有与苯-六氟苯共生晶体（1∶1）相似的叠层结构。相同的情形也发生在 1,2,3-三氟苯的晶体结构中，只有相邻分子间具有更大的滑动位移时才出现这种情况，相似的叠层同样出现在 1,2,3,4-和 1,2,4,5-四氟苯的晶体结构中。或许类似于苯-六氟苯（1∶1）体系的共生晶体可由交替“匹配”的氟代苯叠层制得，氟苯-五氟苯体系同样是这种情况，即在两者二元混合物的固-液相图上显示出在 1∶1 组成时有一个升高的熔点[42]。

那么，如何来描述导致这些晶体结构形成的分子间的相互作用呢？从结构光谱数据和量子化学计算中得到的证据显示分子间的相互作用主要是电子四极-四极相互作用。苯和六氟苯具有相同数量级且符号相反的电子四极矩，两者间形成相互作用为 r^{-5} 相关的互补对，而通常分子间的分散作用是 r^{-6} 相关的相互作用。另一方面，光谱数据排除了在富电子苯和缺电子六氟苯间形成电荷转移联合体。因此，定向性的相互作用被认为是互补的芳香族化合物在固态时形成三明治式叠层结构的主要作用力。从头计算（*ab-initio*）和密度函数法（DFT）计算表明平行平面间的相互作用能约为－3.7～－5.6kcal/mol（假定平面间的距离为 3.6Å），但在异二聚体的晶体结构中这一能量发生了变化。异二聚体中的相互作用约为相应的苯或六氟苯二聚体中的 1.5～3 倍。由计算结果得到的另一有趣结果是在异二聚体整体的结合能中“分取作用”比静电作用贡献更大。

由 C—F 键极性引起的静电作用在具有生物活性的氟化合物与它们的受体结合及含氟液晶的中间相表面中起到重要的作用。正是由于全氟化合物的低极化度，使其在氯氟烃（CFCs）制冷剂、灭火剂、润滑剂、具抗粘贴和低摩擦的高聚物和含氟表面活性剂中得到广泛的应用。

五、有机氟化合物的命名

有机氟化合物一般把它看成是相应碳氢化合物的衍生物来进行命名，有系统命名和习惯命名二种方法。

1. 系统命名

系统命名主要是根据有机分子中氟原子所处的位置与个数来进行命名，如

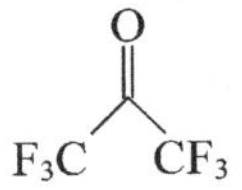

六氟丙酮

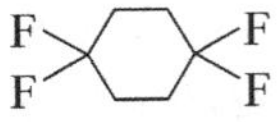

1,1,4,4-四氟环己烷

如果有机分子中的C—H键均被C—F键所代替，通常在相应的碳氢化合物前加“全氟”二字来命名，如

全氟环己烷

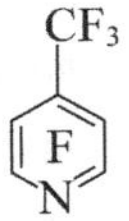

全氟4-甲基吡啶

2. 习惯命名

在氟化学和氟工业界对一些饱和的氟卤烃和氟氢烃常用数字来命名，命名的基本规则为：

碳原子数减1(C−1)

氢原子数加1(H+1)

氟原子数不变(F)

在命名中，氯原子数不显示出来；如果分子中含有溴原子，通常是加“B”后，再加上溴原子数；如果是环状化合物，在前面加“C”。例如

$C_2Cl_4F_2$(四氯二氟乙烷)：112

CCl_3F(三氯一氟甲烷)：11

C_4F_8(全氟环丁烷)：C318

CBr_2F_2(二氟二溴甲烷)：12B2

对一些位置的异构体来说，通常用一个小写字母来区别，如

CF_2HCF_2H　134；CF_3CFH_2　134a

六、^{19}F 核磁共振(^{19}F NMR)

由于^{19}F核的天然丰度为100%，相对灵敏度为^{1}H的83%，自旋量子数为1/2，因此，^{19}F NMR是有机氟化合物结构分析中最重要的手段。特别是在含氟有机化合物的化学转化中，可以利用氟的化学位移的变化，甚至利用反应混合物(不需要

后处理及纯化)的^{19}F NMR来检测反应的进程。在^{19}F NMR谱图中,一般需选择内标或外标,在所发表的文献中通常采用$CFCl_3$作标准,并且定为高场为负。同时也有采用CF_3CO_2H、$C_6H_5CF_3$和C_6F_6作标准的,它们之间化学位移值(ppm)的换算关系如下:

$$\delta(CFCl_3)=\delta(C_6F_5CF_3)-63=\delta(CF_3CO_2H)-77=\delta(C_6F_6)-163$$

需要注意的是溶剂对^{19}F NMR化学位移的影响较大,在^{19}F NMR中由溶剂引起化学位移的飘移可达5ppm或更多。

有关各类有机氟化合物氟的化学位移可参阅有关综述[54]。下面列出一些典型的有机氟化物中氟原子的化学位移(以$CFCl_3$作为标准)。

CH_3F	CH_3CH_2F	$CF_2ClCF_2CFCl_2$	$CF_3CF_2CF_2CF_3$
−276	−215	−85 −114 −71	−84 −129
cis-CHF═CHF	*trans*-CHF═CHF	—COF	—SO_2F
−165	−186	20～30	40～50

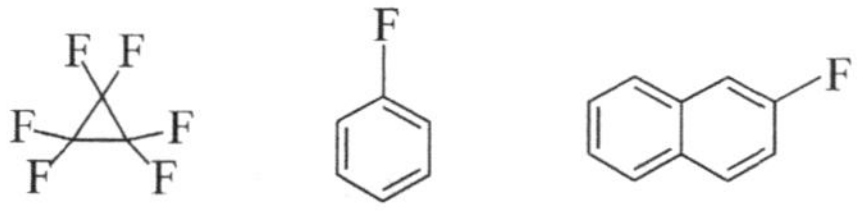

−151 −107 −108

正如化学位移值^{19}F比^{1}H要大得多,^{19}F与^{19}F间及^{1}H与^{19}F间的偶合常数也远大于^{1}H与^{1}H之间的偶合常数(Hz)。下面列出一些典型的偶合常数。

—CF_2H 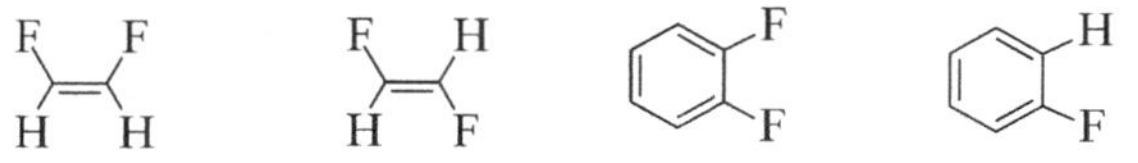

J_{HF} 52～57	$^3J_{FF}$ −18.7	$^3J_{FF}$ −124.8	J_{FF} 20	J_{HF} 6～10
	$^3J_{HF}$ 20.4	$^3J_{HF}$ 4.4		

参 考 文 献

1. Moissan, H. *Compt. Rend.* **1886**, *102*, 1543.
2. Argo, W. L.; Mathers, F. C.; Humiston, B.; Anderson, C. O. *Trans. Electrochem. Soc.* **1919**, *35*, 335.
3. (a) Lebeau, F. C.; Damiens, A. *Compt. Rend.* **1925**, *181*, 917; (b) Lebeau, P. *Bull. Soc. encour. Ind. Nat.* **1927**, *139*, 15.
4. Swarts, F. *Bull. Soc. Chem. Belg.* **1896**, *15*, 1134.
5. Fried, J.; Sabo, E. F. *J. Am. Chem. Soc.* **1954**, *76*, 1455.

6. (a) Duschinsky, R.; Pleven, E. *J. Am. Chem. Soc.* **1957**, *79*, 4559; (b) Heidelberger, C.; Chaudhur, N. K. *Nature* **1957**, *179*, 663.
7. Schofield, H. *J. Fluorine Chem.* **1999**, *100*, 7.
8. 席孟斯, J. H.; 氟化学(卷一). 路之康等译. 北京: 科学出版社, 1961.
9. Kanda, E. *Bull. Chem. Soc. Japan.* **1937**, *12*, 469.
10. (a) Smart, B. E. In: Liebman, J. L.; Greenberg, A., ed. *Molecular Structure and Energetics*. Vol *3*. Florida: VCH Publishers Inc., **1986**, 141; (b) Walsh, C. *Adv. in Enzymology*, **1982**, *55*, 197. (c) Neidleman, S. L.; Geigert, J.; *Biohalogenation: Principles Basic Roles and Application*. Chichestert: Ellis Horwoood Ltd.; **1986**.
11. de Riggi, I.; Virgili, A.; de Moragas, M.; Jaime, C. *J. Org. Chem.*, **1995**, *60*, 27.
12. (a) Marais, J. S. C. *Ondersteoort J. Vet. Sci. Anim. Int.* **1943**, *18*, 203; (b) Marais, J. C. S. *Ondersteoort J. Vet. Sci. Anim. Int.* **1944**, *20*, 67.
13. (a) Harper, D. B.; O'Hagan, D. *Nat. Prod. Rep.* **1994**, 123. (b) Peters, R. A.; Wakelin, R. W.; Buffa, P.; Thomas, L. C. *Proc. Roy. Soc., B.* **1953**, *140*, 497; (c) Sanada, M.; Miyano, T.; Iwadare, S.; Williamson, J. M.; Arison, B. H.; Smith, J. L.; Douglas, A. W.; Liesch, J. M.; Inamine, E. *J. Antibiot.* **1986**, *39*, 259; (d) Tamura, T.; Wada, M.; Esaki, N.; Soda, K. *J. Bacteriol.* **1995**, *177*, 2265.
14. Premchandran, R. H.; Ogletree, M. L.; Fried, J. *J. Org. Chem.* **1993**, *58*, 5724 and references cited therein.
15. Prusoff, W. H. *Biochem. Biophys. Aca.* **1959**, **32**, 296.
16. Watanabe, K. A.; Reichman, U.; Hirota, K.; Lopez, C.; Fox, J. J. *J. Med. Chem.* **1979**, *22*, 21.
17. Okabe, M.; Sun, R.-C.; Zenchoff, G. B. *J. Org. Chem.* **1991**, *56*, 4392.
18. Pankiewicz, K. W. *Carbohydr. Res.* **2000**, *327*, 87.
19. (a) Schlosser, M. *Angew. Chem. Int. Ed.* **1998**, *37*, 1496; (b) Smart, B. E. *J. Fluorine Chem.* **2001**, *109*, 3.
20. Eberhardt, E. S.; Panasik, K.; Raines, R. T. *J. Am. Chem. Soc.* **1996**, *118*, 12261.
21. Böhm, H.-J.; Banner, D.; Bendels, S.; Kansy, M.; Kuhn, B.; Müller, K.; Obst-Sander, U.; Stahl, M. *ChemBioChem* **2004**, *5*, 637.
22. Gerebtzoff, G.; Li-Blatter, X.; Fischer, H.; Frentzel, A.; Seelig, A. *ChemBioChem* **2004**, *5*, 676.
23. Filler, R. and Kobayashi, *Biomedicinal Aspects of Fluorine Chemistry*, Kodansha, **1982**.
24. 闻建勋, 闻宇清译. 含氟生理活性物质的开发和利用. 上海: 华东理工大学出版社, **2000**.
25. (a) Tang, Y.; Ghirlanda, G,; Petka, W. A.; Nakajima, T.; DeGrado, W.; Tirrell, D. A. *Angew. Chem. Int. Ed.* **2001**, *40*, 1494; (b) Bilgiçer, B.; Fichera, A.; Kumar, K. *J. Am. Chem. Soc.* **2001**, *123*, 4393.
26. Qi, Z.-Q.; Shao, X.-B.; Zhao, X.; Li, X.-Q.; Wang, X.-Z.; Zhang, W.-X.; Jang, X.-K.; Li, Z.-T. *Chin. J. Org. Chem.* **2003**, *23*, 403.

27. Desiraju, G. R.; Steiner, T. *The Weak Hydrogen Bond in Structural Chemistry and Biology*, Oxford University Press, **2001**.

28. Pauling, L. *Nature of the Chemical Bond*, 2nd ed. Ithaca NY: Cornell University Press, **1939**, 286-287.

29. Pauling, L. *Nature of the Chemical Bond*, 3nd ed. Ithaca NY: Cornell University Press, **1960**, 464.

30. Dunitz, J. D.; Taylor, R. *Chem. Eur. J.* **1997**, *3*, 89.

31. Wei, K.-T.; Ward, D. L. *Acta Crystallogr.* **1976**, *B32*, 2768.

32. Caron, A. P.; Bagle, J. L.. *Acta Crystallogr.* **1971**, *B27*, 1102.

33. Clarke, C. M.; Das, M. K.; Henecker, E.; Mariategui, J. F.; Niedenzu, K.; Niedenzu, P. M.; Noth, H.; Warner, K. R. *Inorg. Chem.* **1987**, *26*, 2310.

34. Yap, G. P. A.; Rheingold, A. L. Private communication to CCDC, **1996**,

35. Leading Reference: (a) Takahashi, L. H.; Radhakrishnan, R.; Rosenfield, R. E., Jr.; Meyer, E. F., Jr.; Trainor, D. A. *J. Am. Chem. Soc.* **1989**, *111*, 3368; (b) Abeles, R. H.; Alston, T. A. *J. Biol. Chem.* **1990**, *265*, 16705; (c) Kovács, T.; Pabuccuoglu, A.; Lesiak, K.; Torrence, P. F. *Bioorganic Chem.* **1993**, *21*, 192; (d) Mattos, C.; Rasmussen, B.; Ding, X.; Petsko, G. A.; Ringe, D. *Struct. Biol.* **1994**, *1*, 55; (e) Chapeau, M.-C.; Frey, P. A. *J. Org. Chem.* 1994, 59, 6994; f) O'Hagan, D.; Rzepa, H. S. *Chem. Commun.* **1997**, 645.

36. Shimoni, L.; Glusker, J. P. *Struct. Chem.* **1994**, 5, 383.

37. Howard, J. A. K.; Hoy, V. J.; O'Hagan, D.; Smith, G. T. *Tetrahedron* **1996**, *52*, 12613.

38. DesMarteau, D. D.; Xu, Z.-Q.; Witz, M. *J. Org. Chem.* **1992**, *57*, 629.

39. Barbarich, T. J.; Rithner, C. D.; Miller, S. M.; Anderson, O. P.; Strauss, S. H. *J. Am. Chem. Soc.* **1999**, *121*, 4280.

40. Schirlin, D.; Ducep, J. B.; Baltzer, S.; Bey, P.; Piriou, F.; Wagner, J.; Hornsperger, J. M.; Heydt, J. G.; Jung, M. J.; Danzin, C.; Weiss, R.; Fischer, J.; Mitschler, A.; De Cian, A. *J. Chem. Soc., Perkin Trans. 1* **1992**, 1053.

41. Li, C.; Ren, S. F.; Hou, J. L.; Yi, H. P.; Zhu, S. Z.; Jiang, X. K.; Li, Z. T. *Angew Chem. Int. Ed. Eng.* **2005**, *44*, 5725.

42. Dunitz, J. D. *ChemBioChem* **2004**, *5*, 614.

43. Smart, B. E. *Characteristics of C-F Systems*. In: Banks, R. E., Smart, B. E., Tatlow, J. C. ed. *Organofluorine Chemistry: Principles and Commercial Applications*. New York: Plenum. Press, **1994**, 57-88.

44. Boese, R.; Weiss, H. C.; Bläser, D. *Angew Chem. Int. Ed. Eng.* **1999**, *38*, 989.

45. (a) Bunn, C. W.; Howells, E. R. *Nature* **1954**, *174*, 549; (b) Clark, E. S.; Muus, L. T. *Acta Crystallorg.* **1960**, *13*, 1104.

46. (a) Wu, S. *Polymer Interface and adhesion*. New York: Marcel Dekker, **1982**; (b) Pitt-

man, A. G. *Fluoropolymers*. In: Wall, L. A. ed. *High Polymers*, Vol. 25. New York: Wiley; **1972**, Chapter 13.

47. Watanabe, N.; Nakajima, T.; Touhara, H. *Graphite Fluoride*, *in*: *Studies in Inorganic Chemistry*, Vol. 8. Oxford: Elsevier, **1988**.
48. (a) shinoda, K.; Hato, M.; Hayasaki, T. *J. Phys. Chem.* **1972**, *76*, 909; (b) Kuneida, H.; Shinoda, K. *J. Phys. Chem.* **1976**, *80*, 2468; (c) Guo, W.; Brown, T. A.; Fung, B. M. *J. Phys. Chem.* **1991**, *95*, 1829.
49. (a) Russell, T. P.; Rabolt, J. F.; Twieg, R. J.; Siemens, R. L.; Farmer, B. L. *Macromolecules* **1986**, *19*, 1135; (b) Twieg, R. J.; Brady, J. E. *J. Am. Chem. Soc.* **1988**, *110*, 7797.
50. Caminati, W.; Melandri, S.; Moreschini, D.; Favero, P. G. *Angew. Chem. Int. Ed.* **1999**, *38*, 2924.
51. Patrick, C. R.; Prosser, G. S. *Nature* **1960**, *187*, 1021.
52. Dahl, T. *Acta Crystallogr.* **1990**, *B46*, 283.
53. Thalladi, V. R.; Weiss, H. C.; Bläser, D.; Boase, R.; Nangia, A.; Desiraju, G. R. *J. Am. Chem. Soc.* **1998**, *120*, 8702.
54. (a) Everett, T. S. In: Hudlicky, M.; Pavlath, A. E., eds.; *Chemistry of Organic Fluorine Compounds II*: ACS Monograph 187; Washington, DC: American Chemical Society, **1995**, 1037. (b) Berger, S.; Braun, S.; Kalinouski, H. O. *NMR Spectroscopy of the Non-Metallic Elements*. Chicheste: Wiley, **1997**.

第二章　氟原子和含氟基团对反应中心的影响及全氟化合物的反应特性

在有机氟化学领域，一个重要的问题是研究含氟化合物的反应机理及反应与相应的碳氢化合物的差异。必须指出的是，氟碳化合物的反应机理比相应的碳氢化合物要复杂得多，这主要是因为：除了氟原子的强电负性影响之外，氟原子的孤对电子效应也必须考虑，而且这些效应对反应机理的影响还取决于氟原子处于什么反应中心（中间体）及与反应中心连接的位置。

一、立 体 效 应

在有机化合物中，氟原子取代氢原子后，分子的形状并不会发生大的变化。但值得注意的是，这并不意味着氟原子和氢原子是"等体体"(isosteric)。在比较氢原子(1.20Å)、氟原子(1.47Å)和氧原子(1.52Å)的范德华半径后，人们会发现，实际上氟原子是氧原子等体体。C—F 键的键长(1.38Å)比 C—H 键(1.09Å)稍长。特别需要指出的是，三氟甲基(CF_3)是比甲基(CH_3)体积大的基团。甲基的范德华体积为 16.8$Å^3$，而三氟甲基的范德华体积为 42.6$Å^3$；三氟甲基的体积与异丙基相当[1]。

二、电 子 效 应

氟原子和含氟基团的电子效应比较复杂，它与氟原子和含氟基团是处于饱和体系还是不饱和体系有关。

1. 饱和体系

由于氟原子是电负性最强的元素，在饱和的有机化合物中，氟原子和含氟基团表现为强的吸电子诱导效应($-I$)。饱和含氟有机化合物的酸性通常比非氟化合物的酸性强。全氟烷基基团将降低碱的强度。如氟烷基仲胺$(R_F)_2NH$不能与三氟化硼和氯化氢反应，这说明它没有碱性。类似的氟烷基叔胺$(R_F)_3N$也不具有碱的性质。氟烷基醚和酮中的氧原子也是很弱的给电体。这些实验现象清楚地表明氟原子在饱和体系中具有强的吸电子诱导效应。

2. 不饱和体系

在有机不饱和体系中，氟原子的电子效应具有两面性：源于其强电负性而产生的吸电子诱导效应和源于 p 轨道未共享电子对而产生的给电子共轭效应。

向饱和的、具有张力的小环体系引入全氟烷基时，这些全氟烷基取代的小环化合物将被稳定化；向不饱和体系引入吸电子的全氟烷基将降低前线轨道的能量。

由于氟负离子的易离去性，氟原子还可以表现出“超共轭效应”。我们知道，三氟甲基在芳香族的亲电取代反应中，是一个致钝间位定位基团，但在相应的芳香族亲核取代的反应中，三氟甲基是一个活化基团[2]。该反应现象可通过氟原子表现出的“超共轭效应”来说明。

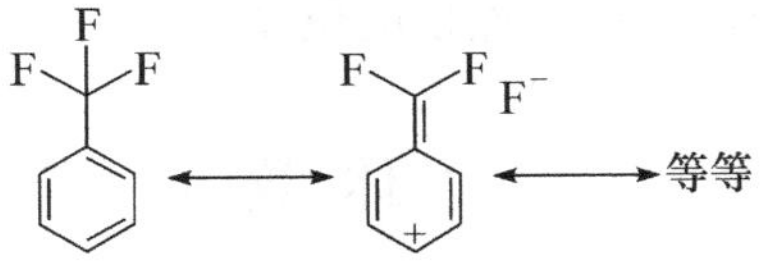

三、氟碳正离子

当氟原子直接与碳正离子相连时（α-氟碳正离子），可以通过 p-p（共轭效应）作用而得到稳定化。而当氟原子处于碳正离子的 β 位时，由于氟原子的吸电子性，该碳正离子将被强烈去稳定化。

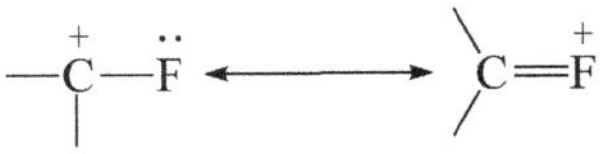
稳定化

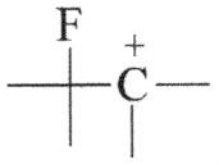
去稳定化

气相中 α-氟碳正离子的稳定性次序为[3]

$$\overset{+}{C}H_3 < \overset{+}{C}F_3 < \overset{+}{C}H_2F < \overset{+}{C}HF_2$$

α-氟对碳正离子的稳定作用也决定含氟烯烃的亲电加成反应的定位和速率。如，三氟乙酸对 2-卤丙烯的加成反应的反应次序为：F＞Cl＞Br，并且得到单一的加成产物[4]。反应过程示例如下：

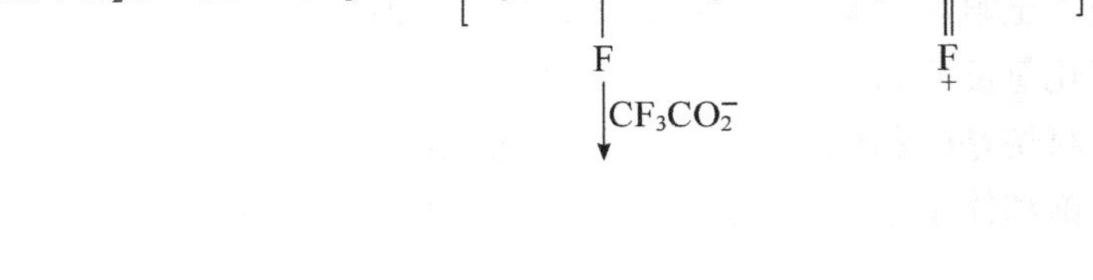

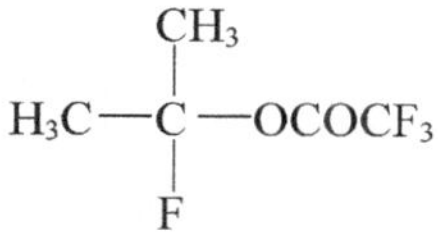

诺贝尔奖获得者 George Olah 发现的制备相对稳定的长寿命碳正离子的方法可应用于研究一系列的 α-氟碳正离子。如，将含氟底物在低温下溶于纯 SbF_5 溶液或 SbF_5/SO_2 的混合溶液中，NMR 证明形成稳定的碳正离子[5]。反应式如下：

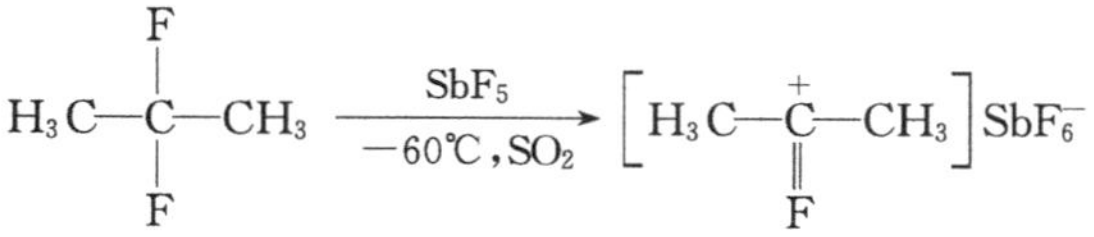

卤代苯亲电取代反应的活性顺序也进一步说明 α-氟对碳正离子的稳定作用。从卤素原子的诱导效应来看，卤代苯亲电取代反应的活性顺序应该是：X＝H＞Br＞Cl＞F。该反应的机理可表示如下：

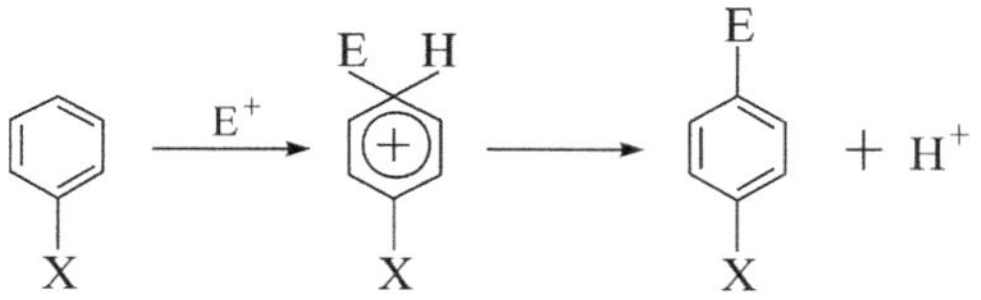

然而，氟苯进行对位氯化和溴化的反应速率是苯的 6.3 倍。这些结果表明氟原子与反应过渡态之间具有共轭效应。

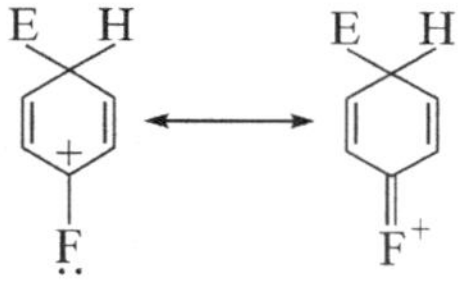

由于氟烷基是吸电子诱导基团，因此，含三氟甲基(氟烷基)的碳正离子是去稳定化的。如，下列化合物由于三氟甲基基团的增多，水解速率依次下降[6]。

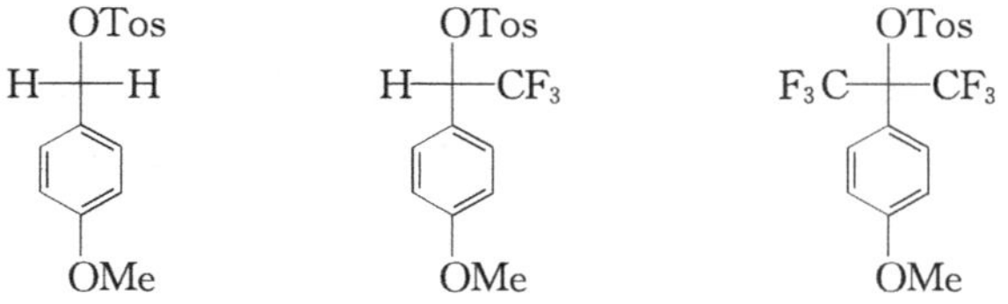

相对水解速率　4000　5.2～2.4　1

四、氟碳负离子[7]

从电负性的角度和诱导效应(I_σ)来看，当氟原子直接与碳负离子相连时(α-氟碳负离子)，氟原子应该是稳定碳负离子的。但氟原子的诱导效应并不是决定碳负离子稳定性的一个决定性因素。如，CF_3H 的酸性(pK_a 31)比甲烷的酸性(pK_a 40)稍大，可以看出氟原子通过吸电子诱导效应来稳定碳负离子。另一方面，从如下有关取代的硝基甲烷的酸性来看

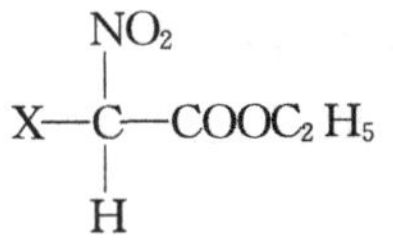

	pK_a
X = Cl	4.16
X = H	5.75
X = F	6.28

氟原子降低了化合物的酸性，因此，在这里氟原子对相应的碳负离子是去稳定化的[8]。要说明这些问题，我们必须了解氟原子不仅是通过诱导效应(I_σ)来稳定碳负离子，同时，它也可以通过氟原子上的孤对电子与碳负离子未成键电子的排斥作用(I_π)使碳负离子去稳定化。值得指出的是，只有当碳负离子采取平面结构时，I_π 效应才能起决定作用。

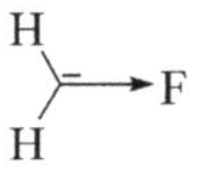

稳定

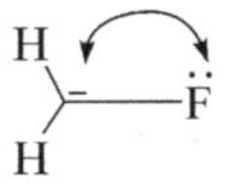

去稳定化

当氟原子位于碳负离子中心的 β 位时(β-氟碳负离子)，由于 I_π 的排斥效应不存在，这时 I_σ 起决定作用。因此，氟原子能稳定 β-氟碳负离子，对 β-氟碳负离子的稳定性也可以归功于氟原子的负超共轭效应。

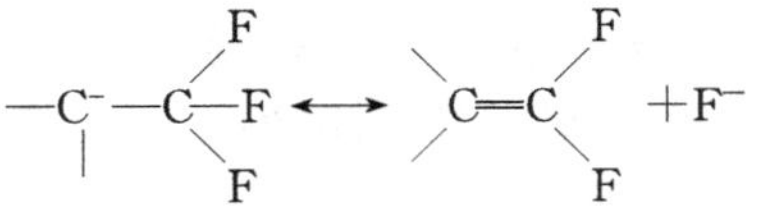

由于氟原子能稳定 β-氟碳负离子，一些全氟烷基的叔负离子可以长时间稳定存在。如氟负离子与全氟异丁烯反应可形成稳定的碳负离子，该碳负离子可通过 NMR 直接检测到[9]。

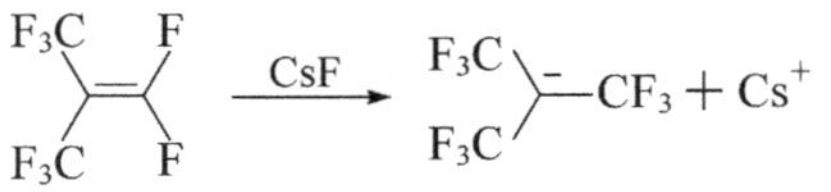

五、氟碳自由基[10]

α-氟代碳自由基的结构是角锥形的，β-氟对碳自由基的结构影响较小。低温下的 ESR 表明氟环丙基自由基也采取角锥形的构象[11]。

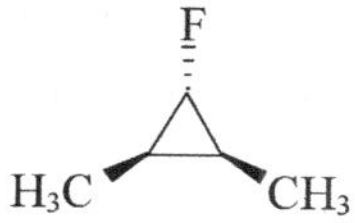

氟原子或氟烷基与自由基中心直接相连，与碳负离子一样，氟原子的吸电子诱导效应和电子排斥的 I_π 效应也存在于自由基中，实验和理论计算表明氟甲基自由基的稳定性次序为：$CF_3\cdot < CH_3\cdot < CF_2H\cdot < CFH_2\cdot$[12]。电负性基团通常降低轨道的能量，因此，强电负性的氟原子应该降低与它直接相连碳自由基中心的轨道能量，另外，单个占有轨道的碳自由基和氟原子孤对电子之间的共轭作用也具有稳定碳自由基的特性。对于 $CF_3\cdot$ 自由基来讲，由于它是四面体结构，I_π 作用起决定作用，因此变得不稳定。全氟烷基取代的自由基是亲电性的，另外，由于周围全氟烷基基团的位阻作用使得全氟烷基取代的自由基在动力学上具有稳定性。例如通过氟气与全氟烯烃反应产生的全氟烷基取代的自由基在室温下是稳定的，甚至在氧气存在下也稳定[13]。

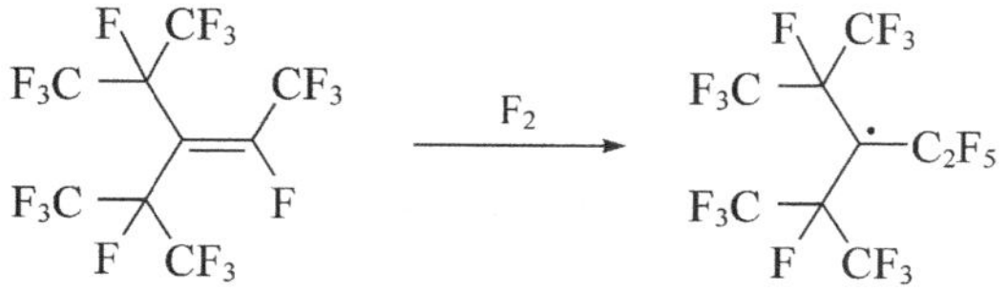

由于全氟烷基自由基的亲电子特性，使得全氟烷基自由基很容易与富电子烯烃发生加成反应。如全氟辛基自由基(n-C_8F_{17})与 1-己烯的反应速率比相应的碳氢自由基(n-C_8H_{17})快 40 000 倍[14]。

六、氟 碳 卡 宾[15]

氟原子对卡宾中心碳原子存在两种可能的效果相反的影响。氟原子的诱导效应可使缺电子的卡宾中心碳原子更加具有亲电性，然而在氟原子和碳原子的空轨道可能形成的 π 键将使卡宾中心碳原子的亲电性减弱。

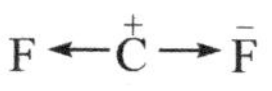

从谱图和热力学来看，已经说明大 π 键在二氟卡宾中是重要的，主要表现在与:CH_2 和其他卡宾相比，二氟卡宾具有一定的稳定性和反应惰性[16]。以下卡宾的亲电性依次减弱：$CH_2 > CBr_2 > CCl_2 > CFCl > CF_2$，$CH_2 > CHF > CF_2$，实际上，$CF_2$ 被认为具有两亲性[17]。

氟原子强烈地影响卡宾的结构。α-氟代卡宾的基态是单线态，CF_2 是选择性好的亲电卡宾，它立体选择性地加入双键形成环丙烷化合物。而 β-氟代卡宾的基态是三线态，在反应中显示高的亲电性但没有选择性。

七、有机氟化合物的反应

由于氟原子的吸电子效应和全氟基团的空间效应，使得有机氟化合物与相应的碳氢化合物相比反应性具有特殊性。我们将主要讨论全氟（多氟）有机化合物的反应，特别将关注全氟（多氟）有机化合物与相应的碳氢化合物反应性能的差异。

1. 全氟（多氟）烷基卤化物（溴化物和碘化物）的反应

我们知道，碳氢卤化物（如 RI、RBr 等）常与亲核试剂发生 S_N1 和 S_N2 反应。但是，由于氟原子和全氟烷基的吸电子特性，全氟（多氟）烷基卤化物（R_FCF_2Hal）是很难进行亲核取代反应的。如 CH_3CH_2Br 很容易与 KI 等发生卤素交换反应生成 CH_3CH_2I，但 RCF_2Br 在同样的条件下却是惰性的[18]。反应式如下：

$$CH_3CH_2Br + KI \longrightarrow CH_3CH_2I$$

$$RCF_2Br + KI \not\longrightarrow$$

经过几十年对全氟（多氟）烷基卤化物反应的研究，现已发现 R_FHal 与亲核试剂反应可以通过其他几种途径来进行，下面将分别说明。

1）亲卤进攻

由于氟原子和全氟基团的吸电子性，当亲核试剂与 R_FHal 反应时，亲核试剂不是首先以 S_N2 方式进攻与卤原子相连的碳原子，而是先进攻卤原子，这就是亲卤进攻的概念。例如，三氟碘甲烷与亲核试剂反应生成三氟甲烷，反应式如下。然而，亲卤进攻很难与单电子反应过程区分开。

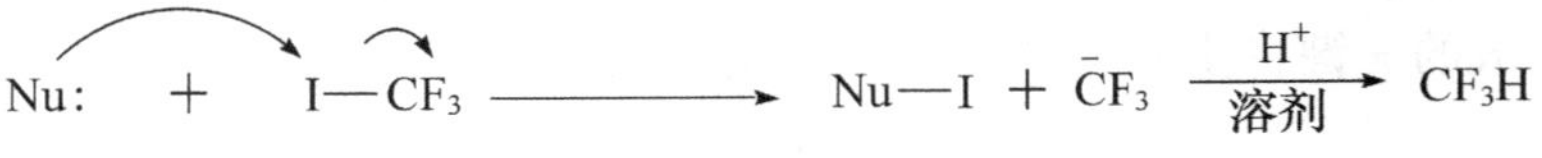

Burton 和同事发现 CF_2Br_2 与有机磷化合物反应通过亲卤过程，经过二氟卡宾中间体而生成有合成价值的叶立德[19]。反应式如下：

$$R_3\ddot{P} + CF_2Br_2 \longrightarrow R_3\overset{+}{P}Br + CF_2Br^-$$

$$CHF_2Br^- \rightleftharpoons \ddot{C}F_2 + Br^-$$

$$R_3\ddot{P} + \ddot{C}F_2 \rightleftharpoons R_3\overset{+}{P} - \overset{-}{C}F_2$$

中国科学院上海有机化学研究所蒋锡夔与同事在20世纪80年代对全氟卤化物的亲卤反应进行了系统的研究。如他们发现苯硫酚钠与1,2-二溴四氟乙烷反应生成含氟苯硫醚。对该反应的机理研究表明反应是先进行亲卤进攻，然后经过β-消除而产生四氟乙烯，再发生亲核加成反应[20]。反应式如下：

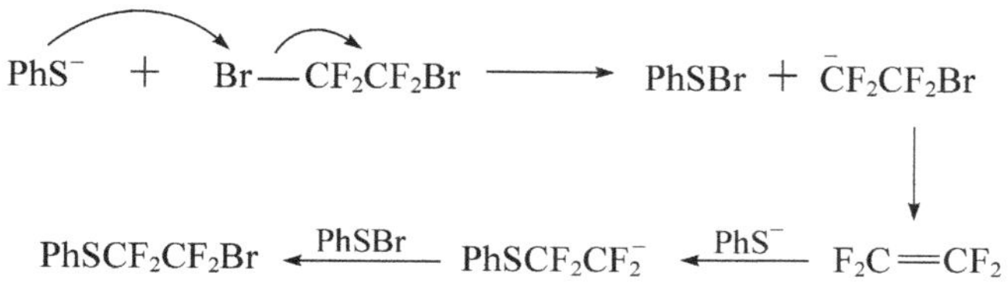

2）单电子转移反应

单电子转移反应(single electron transfer,SET)是全氟烷基卤化物(特别是全氟烷基碘)反应最重要的一种反应过程，在含氟有机化合物的合成(即把全氟基团引入到有机分子)中得到广泛的应用。1977年乌克兰的Yagupolskii和法国的Wakselman最早将单电子转移反应引入到有机氟化学领域。由于全氟烷基碘容易制备，既是一个好的电子受体，又有一个好的离去基团(I^-)，因而大量的全氟烷基卤化物的SET反应都是以全氟烷基碘为研究对象。

全氟烷基碘是一个好的电子受体，当与一个电子给体在一起时，首先进行一个单电子转移生成相应的阴离子自由基与阳离子自由基，由于I^-是一个好的离去基团，生成的全氟烷基碘阴离子自由基失去碘负离子而生成全氟烷基自由基，新生成的全氟烷基自由基又与烯(炔)烃发生加成反应等。反应式如下：

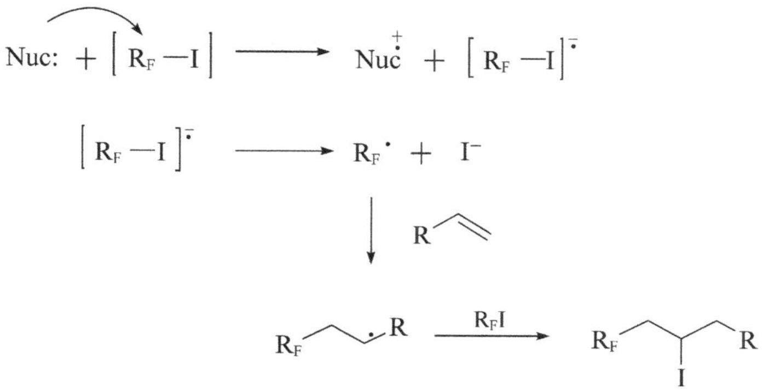

以上反应式表明，全氟烷基碘在还原剂（亲核试剂）的存在下通过 SET 反应很容易形成全氟烷基自由基，前面已讨论过，全氟烷基自由基是一个亲电性的自由基，它很容易与富电子烯烃进行加成反应生成加成产物。

从 20 世纪 80 年代初开始，中国科学院上海有机化学研究所陈庆云系统地研究了全氟烷基碘在金属存在下的单电子转移反应，发展了烯（炔）烃和芳香烃的全氟烷基化反应[21]，反应式如下。这方面内容将在本书的其他章中重点阐述。

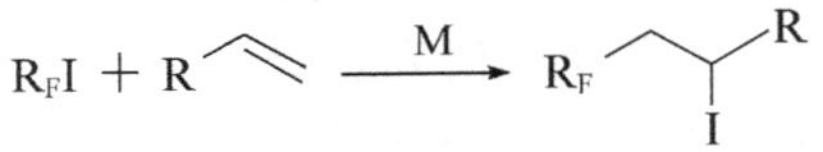

以上反应的反应机理为

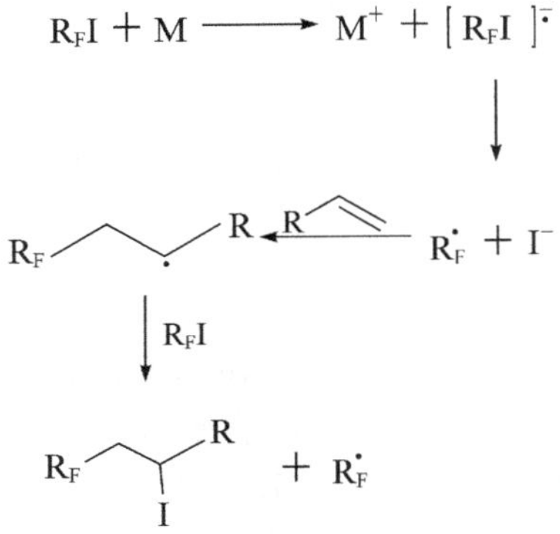

值得指出的是，中国科学院上海有机化学研究所黄维垣在 20 世纪 80 年代初发现的亚磺化脱卤反应的机理也是经过单电子转移过程。亚磺化脱卤反应已在国内外的学术界和工业界得到广泛的应用，被世界公认为是有机氟化学领域的重大发现。亚磺化脱卤反应是指全氟烷基碘化物（溴化物）在连二亚硫酸钠的存在下能生成全氟烷基亚磺酸盐，并且发现全氟烷基碘在连二亚硫酸钠的引发下能与烯（炔）烃和芳香烃发生氟烷基化反应[22]。反应式为

$$R_FCF_2I \xrightarrow[CH_3CN/H_2O]{Na_2S_2O_4/NaHCO_3} R_FCF_2SO_2Na$$

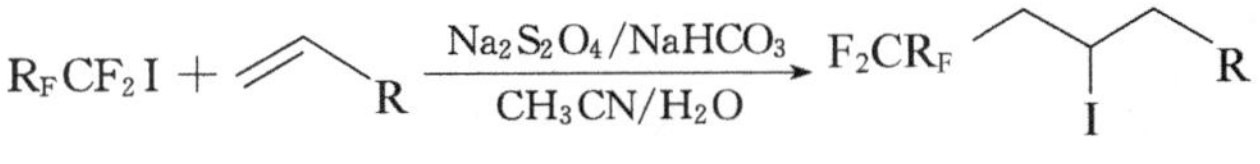

其反应机理如下：

$$S_2O_4^{2-} \rightleftharpoons 2SO_2^{\cdot -}$$

$$R_FCF_2I + SO_2^{\cdot -} \xrightarrow{SET} R_FCF_2\cdot + SO_2 + I^-$$

$$R_FCF_2\cdot + SO_2^{\cdot -} \longrightarrow R_FCF_2SO_2^-$$

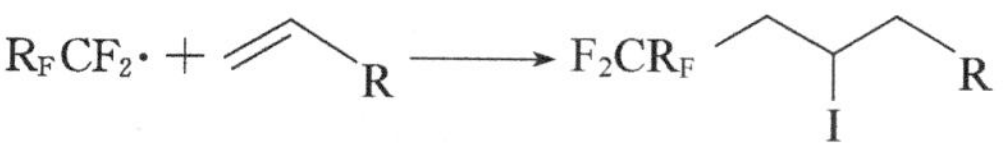

以上讨论的全氟烷基碘化物的单电子转移反应中，在形成全氟烷基碘阴离子自由基（$[R_FCF_2I]^{\overline{\cdot}}$）时，由于这是伯碳碘原子，所以碘以碘负离子离去形成了全氟烷基自由基。然而，全氟烷基叔基碘进行 SET 反应时，反应的情形完全不一样。例如，全氟叔烷基碘在锌粉存在下与己烯反应时，没有得到相应的氟烷基化产物（加成产物），而是全氟叔烷基碘转化为全氟烯烃。其反应式如下：

$$C_3F_7C(CF_3)_2I \xrightarrow[CH_2=CHR]{Zn} CF_3CF_2CF=C(CF_3)_2 + CF_3CF_2CF_2C(CF_3)=CF_2$$

其反应机理为

$$C_3F_7C(CF_3)_2I \xrightarrow{Zn} [C_3F_7C(CF_3)_2I]^{\overline{\cdot}} \xrightarrow{-I^{\cdot}} C_3F_7\bar{C}(CF_3)_2$$

$$\downarrow -F^-$$

$$CF_3CF_2CF=C(CF_3)_2 + CF_3CF_2CF_2C(CF_3)=CF_2$$

反应机理研究表明，这是由于经单电子转移反应形成的全氟烷基叔丁基碘阴离子自由基先失去碘自由基生成全氟烷基碳负离子，碳负离子再失去氟负离子从而生成全氟烯烃[23]。

3）自由基链式亲核取代反应

自由基链式亲核取代反应（radical chain nucleophilic substitution，$S_{RN}1$）也是经过单电子转移过程，它是一个自由基链式循环。

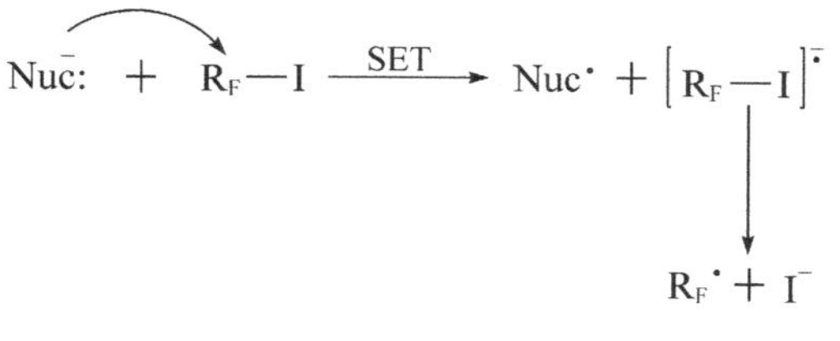

$$R_F^{\cdot} + Nu\bar{c}: \longrightarrow [Nuc-R_F]^{\overline{\cdot}} \xrightarrow{R_FI}$$

$$Nuc-R_F + [R_F-I]^{\overline{\cdot}} \quad 等等$$

但并非所有的 SET 都是链式的，从上面的讨论可知，非链式的 SET 比链式要普通得多。例如，CF_3CH_2I 与苯硫酚钠反应生成 $CF_3CH_2SC_6H_5$，反应式如下：

$$CF_3CH_2I + NaSC_6H_5 \xrightarrow{CH_3OH} CF_3CH_2SC_6H_5$$

原先人们通过比较 CF_3CH_2I 与苯硫酚负离子（ArS^-）和苯酚负离子（ArO^-）的相对反应活性，认为该反应是经过 S_N2 机理进行的[24]。后来，中国科学院上海有机化学研究所陈庆云详细研究了含三氟甲基卤代乙烷与 $NaSC_6H_5$ 的反应：

$$CF_3CH_2X + CF_3CH_2SC_6H_5 \xrightarrow{DMF} CF_3CH_2SC_6H_5$$

$X = Cl, Br, I$

$$CF_3CH_2I + C_6H_5S^- \longrightarrow CF_3CH_2^{\cdot} + I^- + C_6H_5S\cdot$$

$$CF_3CH_2^{\cdot} + C_6H_5S^- \longrightarrow [CF_3CH_2SC_6H_5]^{\cdot -}$$

$$[CF_3CH_2SC_6H_5]^{\cdot -} + CF_3CH_2I \longrightarrow CF_3CH_2SC_6H_5 + CF_3CH_2^{\cdot} + I^-$$

结果发现该反应能被单电子转移捕捉剂对二硝基苯（P-DNB）和氢醌（HQ）抑制；更为重要的是向反应体系中加入 *t*-BuNO，通过 ESR 实验证明反应中产生了 $CF_3CH_2\cdot$ 和 $C_6H_5S\cdot$ 自由基，这些实验说明了以上反应不是经过 S_N2 机理而是通过自由基链式亲核取代反应过程[25]。

2. 全氟烯烃的反应

由于氟原子的电子效应，使得氟原子对 π 键是去稳定化的。如四氟乙烯（$CF_2=CF_2$）π 键的离解能比乙烯（$CH_2=CH_2$）少 29kJ/mol[26]；同时，也使得全氟烯烃在一些反应中的活性比相应的碳氢烯烃活泼。如四氟乙烯在氯化、氢化和聚合反应中比相应的乙烯反应速率快。本章将主要讨论全氟烯烃的一些典型反应。

1）全氟烯烃与亲核试剂的反应

由于氟原子的吸电子性，使得全氟烯烃易与亲核试剂反应。亲核试剂与全氟烯烃反应的产物比较复杂，主要有三种产物，反应式如下：

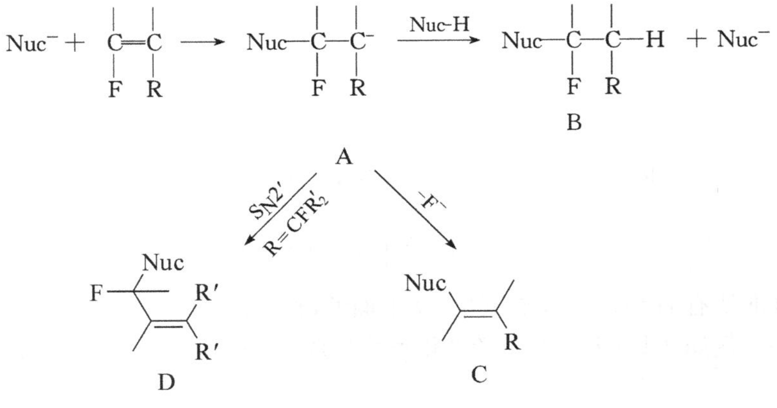

首先亲核试剂进攻全氟烯烃生成碳负离子中间体 A；中间体 A 可从溶剂中或亲核试剂对应的酸获得质子形成质子化加成产物 B；由于氟负离子的易离去性，中间体可失去一个氟负离子生成取代产物 C；如果中间体能进行 S_N2' 过程，那么可通过先失去氟负离子，接着进行烯丙基重排得到产物 D。

例如，甲醇钠与全氟 1-庚烯在甲醇中反应可以得到 45％的加成产物、15％的取代产物和 40％的 S_N2' 产物[27]。

$$F_2C{=}CFCF_2C_4F_9 \xrightarrow[CH_3OH]{CH_3ONa}$$

$$\underset{45\%}{CH_3OCF_2CFHCF_2C_4F_9} + \underset{15\%}{CH_3OCF{=}CFCF_2C_4F_9} + \underset{40\%}{CH_3OCF_2CF{=}CFC_4H_9}$$

亲核试剂与全氟烯烃形成的碳负离子有一定的稳定性，特别是全氟叔碳负离子可通过 NMR 检测到。如全氟 2-甲基-2-戊烯与氟化铯反应形成的碳负离子，可用 NMR 检测到，并且可被亲电试剂捕捉到[28]。反应式如下：

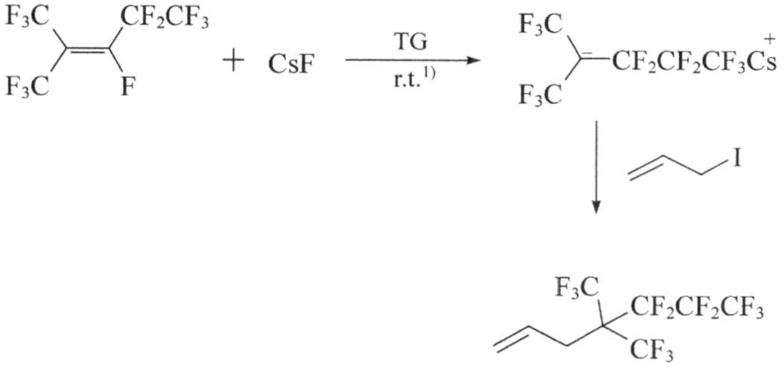

亲核试剂与全氟烯烃的加成涉及加成方向的问题。通常来讲，亲核试剂总是易进攻 CF_2 ═的位置，也就是说，亲核试剂总是先进攻双键中含氟原子多的碳原子。如，全氟丙烯与甲醇钠在甲酸中反应，CH_3O^- 进攻的是 CF_2 ═位置。反应式为

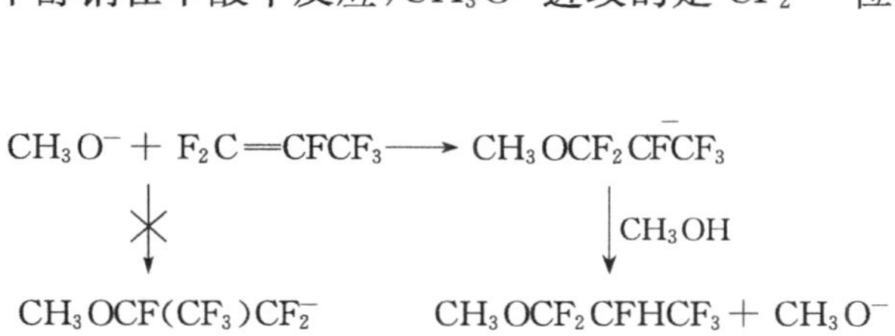

根据亲核试剂进攻全氟烯烃形成碳负离子中间体的稳定性，可初步说明一些全氟烯烃与亲核试剂的反应活性。如，由于如下碳负离子的稳定性顺序为

1) r. t. 指室温。

$$NucCF_2\bar{C}(CF_3)_2 > NucCF_2\bar{C}FCF_3 > NucCF_2\bar{C}F_2$$

因而，相应的全氟烯烃与亲核试剂的活性顺序为

$$F_2C{=}C(CF_3)_2 > F_2C{=}CFCF_3 > F_2C{=}CF_2$$

同样，一些含氟卤代烯烃与亲核试剂的活性顺序为

$$F_2C{=}CFBr > F_2C{=}CFCl > F_2C{=}CF_2$$

对一些全氟烷基取代的烯烃，其亲核试剂的活性顺序为

$$F_2C{=}C(R_F)_2 > R_FFC{=}C(R_F)_2 > (R_F)_2C{=}C(R_F)_2$$

在亲核试剂与全氟烯烃的反应中，我们必须特别关注由氟负离子引发的全氟烯烃的反应。这些工作是美国 Miller 教授最早开展的[29]。由氟负离子引发的全氟烯烃的反应，按其在有机氟化学化合物合成中的应用可分为以下三类。

（1）加成反应

该反应先是由氟负离子进攻全氟烯烃形成全氟碳负离子，再与亲电试剂反应合成有用的化合物，例如，

$$F_2C{=}CFCF_3 + IF_5 + I_2 \xrightarrow{150℃} (CF_3)_2CFI \qquad 99\%$$

$$F_2C{=}CF_2 \underset{CH_3CN}{\overset{KF}{\rightleftharpoons}} CF_3CF_2^- \xrightarrow[H_2SO_4]{CO_2,150℃} CF_3CF_2CO_2H \qquad 75\%$$

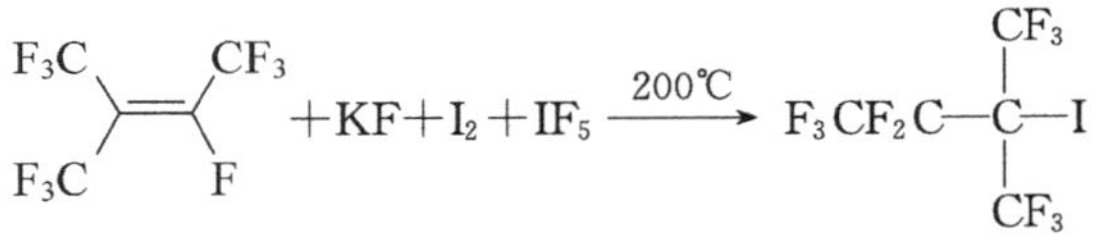

79%

（2）全氟烯烃的重排

该反应通常是全氟烯烃在氟负离子的存在下，生成热力学更为稳定的烯烃，例如，

$$C_3F_7CF_2CF{=}CF_2 \xrightarrow[TG]{CsF} C_3F_7CF{=}CFCF_3 \qquad 95\%$$

96%

（3）全氟烯烃的调聚反应

该反应是指在氟负离子的引发下，一些全氟烯烃生成它的几个分子的聚合物，特别对四氟乙烯和六氟丙烯的调聚在合成上有应用价值，如四氟乙烯在氟负离子

的引发下形成四聚体和五聚体[30]。反应式如下：

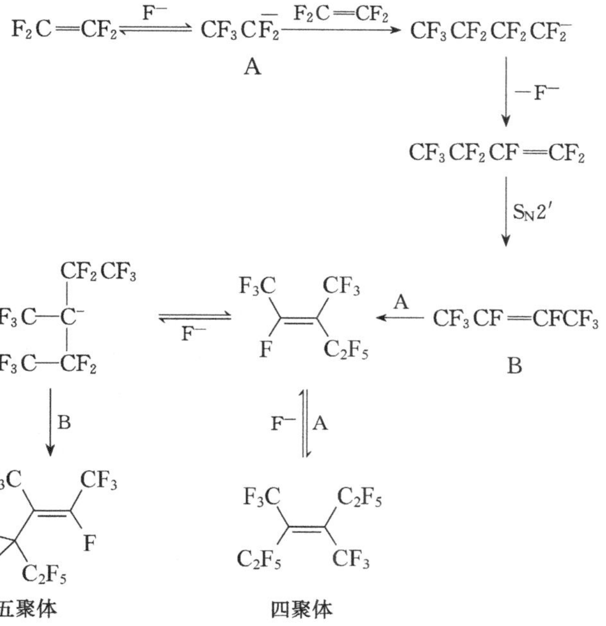

类似地，氟负离子可引发六氟丙烯的调聚反应，但由于位阻的原因，氟负离子引发六氟丙烯的调聚只能形成二聚体和三聚体[31]。反应式如下：

$$CF_3CF{=}CF_2 \xrightarrow{F^-} (CF_3)_2C{=}CFCF_2CF_3 + (CF_3)_2CFCF{=}CFCF_3 + (CF_3)_2C{=}C(C_2F_5)CF(CF_3)_2 + [(CF_3)_2CF]_2C{=}CFCF_3 + (CF_3)_2CFCF{=}C(CF_3)CF_2CF_2CF_3$$

2) 全氟烯烃与亲电试剂的反应

一般来讲，全氟烯烃对亲电试剂的反应往往呈惰性。中国科学院上海有机化学研究所蒋锡夔和俄国 Knunyants 相继发现四氟乙烯能与强的亲电试剂 SO_3 反应生成四氟磺内酯。

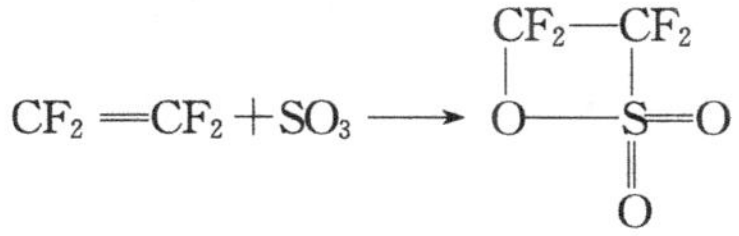

四氟磺内酯是制备全氟离子交换膜的关键原料；中国科学院上海有机化学研究所陈庆云从该化合物出发发现了新型的三氟甲基化试剂和二氟卡宾试剂，这些内容将在本书的其他章节进行讨论。

六氟丙烯在 BF_3 存在下与 SO_3 的反应发生在烯丙基的 C—F 键，生成全氟烯丙基氟磺酸酯。该化合物与 NaBr 或 NaI 反应可生成相应的全氟烯丙基碘和全氟烯丙基溴。反应式如下：

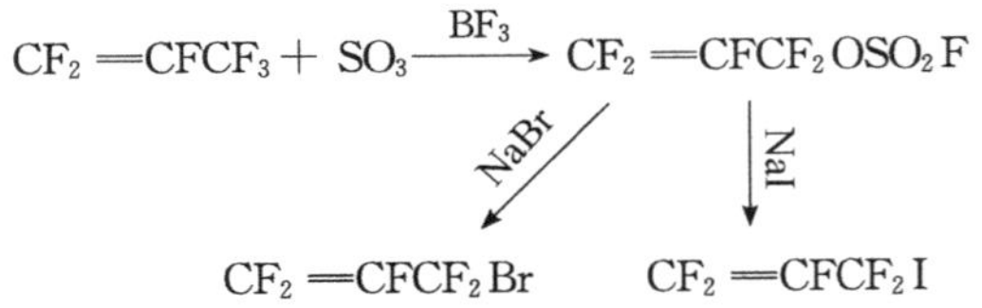

3）全氟烯烃的环加成反应

由于氟原子的 p 电子与双键的 π 电子之间的 p-π 排斥作用，从而使得全氟烯烃的 π 键较易断裂。同时，这种 p-π 排斥作用使极化度极小的氟烯 π 键具有容易均裂的特色，从而使得含氟烯烃具有一个特色的反应，即含氟烯烃容易二聚形成含氟四元环化合物。例如，四氟乙烯加热至 200℃生成八氟环丁烷[32]。反应式如下：

$$2CF_2=CF_2 \xrightarrow[\text{高压釜}]{200^\circ C} \boxed{F}$$

对反应机理的研究表明含氟烯烃的二聚反应是一个[2π+2π]加成反应。按照 Woodward-Hoffman 的规则来看，热引发的[2π+2π]的反应是禁阻的。因此，含氟烯烃的二聚反应可能是经过双自由基的中间体。三氟氯乙烯的环化二聚反应可说明该反应过程：由于氯原子比氟原子对自由基中心的稳定作用大，因此三氟氯乙烯反应经过双自由基 B 而形成头对头的环化二聚产物。反应式如下：

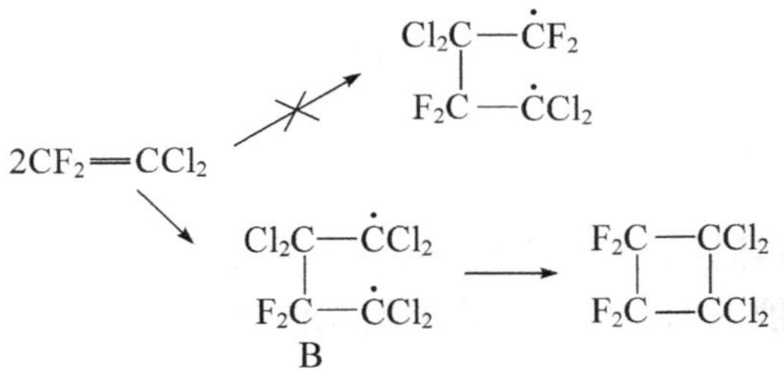

中国科学院上海有机化学研究所蒋锡夔等利用含氟烯烃易环化二聚的反应特性，以取代的三氟苯乙烯为底物，通过热环化二聚反应，建立了一套可信的取代基自旋离域效应参数 $\sigma^{\cdot}$。该成果获得了 2002 年度国家自然科学一等奖[33]。反应式如下：

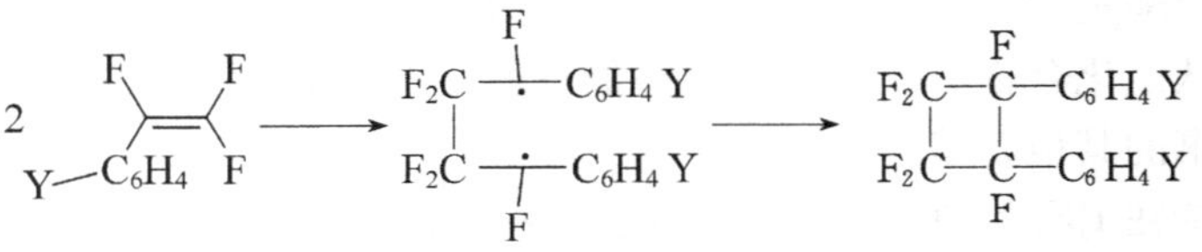

近年来，应用含氟烯烃的环化二聚反应在合成部分含氟的高分子领域已取得重要的进展。如已合成含有八氟环丁基的聚苯砜。反应式如下：

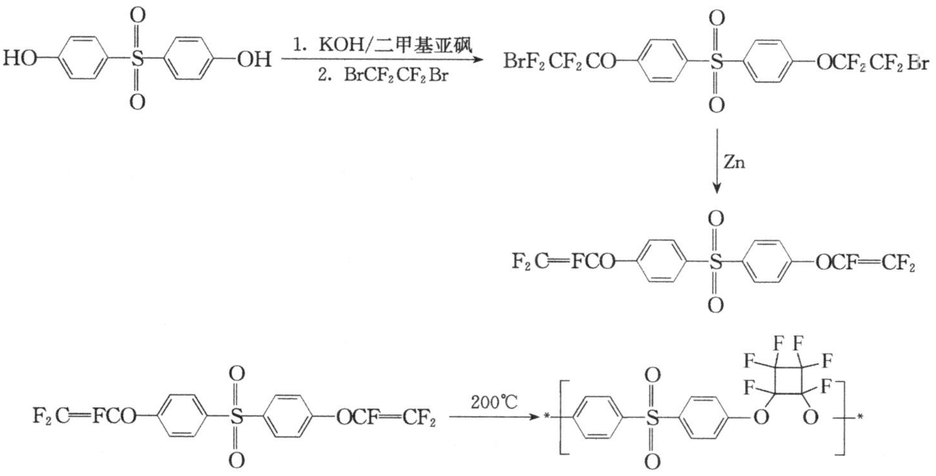

该高分子耐热性好，溶解性能好，既具有氟聚合物的特性，也解决了氟聚合物难加工的问题[34]。

3. 全氟烷烃的反应

由于C—F键的键能大，通常全氟烷烃被认为是惰性的，如一些全氟烷烃（全氟十氢萘）可用作代血液和氟碳相反应的溶剂（如全氟环已烷等）。但在一些具有亲核性的还原剂存在下，全氟烷烃也能进行反应。如，全氟十氢萘在苯硫酚钠（PhSNa）的存在下，碳氟键被完全取代并进行芳构化[35]。反应式如下：

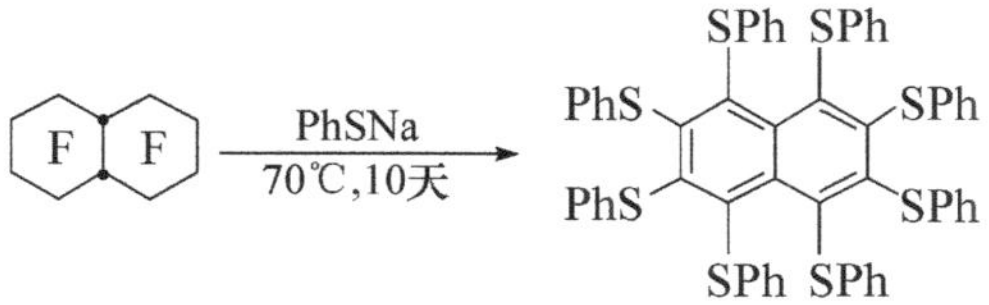

全2-甲基戊烷在汞的存在下光照与NH_3反应生成含氰基的烯烃化合物[36]。反应式如下：

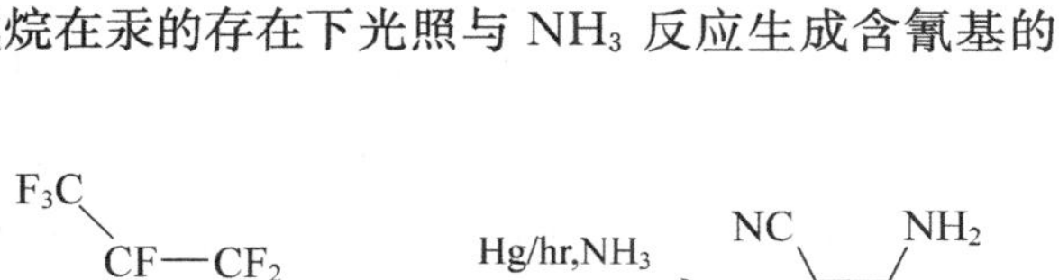

另外，全氟烷烃在金属存在下，高温也会发生脱氢芳构化生成全氟芳香族化合物[37]。反应式为

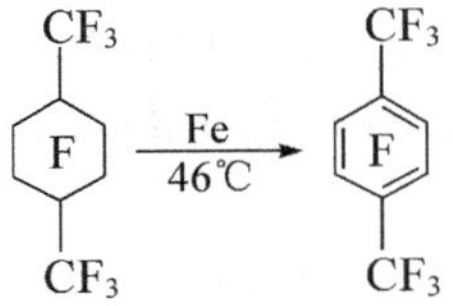

4. 全氟环氧化合物的反应

全氟环氧化合物与相应的碳氢环氧化合物一样，也容易被亲核试剂进攻。但由于氟负离子的易离去性，使得生成的产物具有一定的特殊性。如亲核试剂与全氟环氧丙烷反应选择性地生成酰氟化合物[38]。反应式如下：

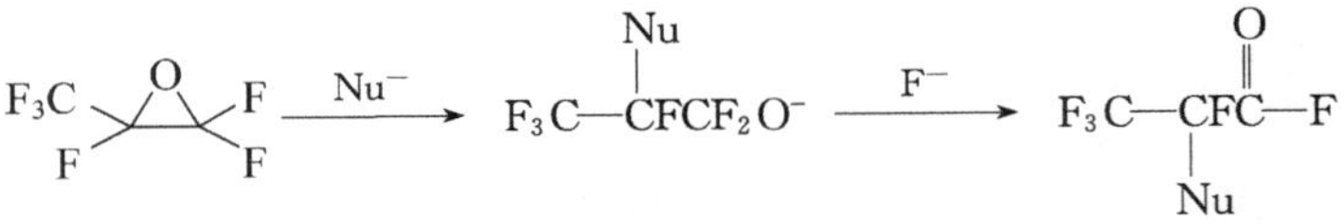

值得指出的是，全氟环氧化合物在氟负离子存在下的开环调聚反应在有重要应用背景的全氟聚醚油和含氟离子交换膜单体的合成中得到了应用。全氟聚醚油和含氟离子交换膜是一类高性能含氟功能材料，在航空、航天、信息、能源等领域得到广泛应用。在氟负离子引发下，全氟环氧丙烷进行开环调聚反应，通过控制氟负离子的用量及反应温度，可得到不同相对分子质量的调聚物，然后氟化稳定断基可得到全氟聚醚油[39]。反应式如下：

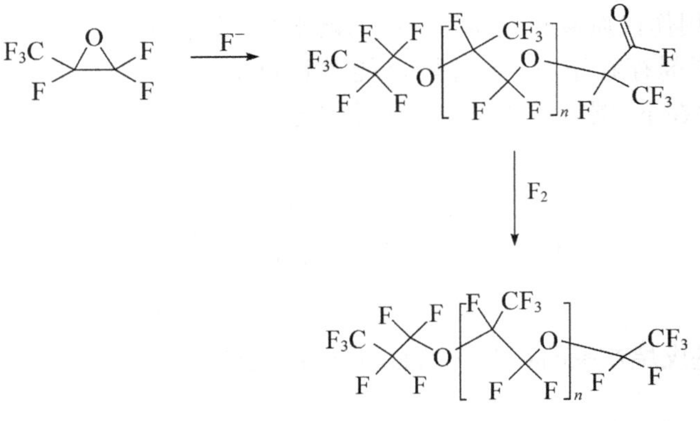

Nafion 膜是美国杜邦公司生产的一种高性能含氟材料，主要应用于氯碱工业和燃料电池领域。生产该膜的一种关键单体——带有烯醚基团的氟烷基磺酰氟，也是通过全氟环氧丙烷的开环调聚反应合成的。反应式如下：

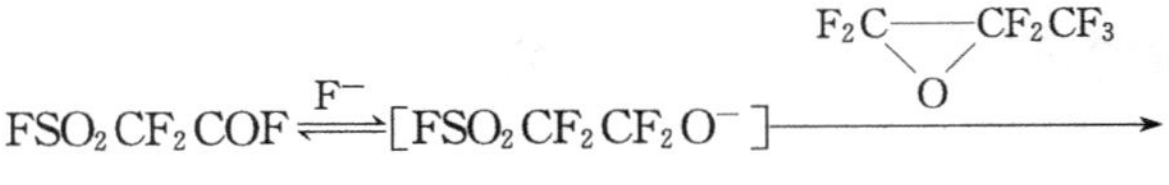

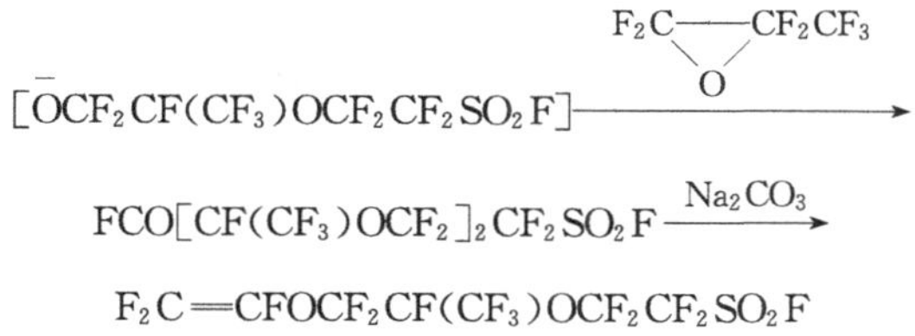

参 考 文 献

1. Seebach, D. *Angew. Chem. Int. Ed. Engl.*, **1990**, *29*, 1320.
2. Depasguale, R. J.; Tamborski, C. *J. Org. Chem.*, **1967**, *32*, 3163.
3. Williams, A. D.; Le Breton, P. R.; Beauchamp, J. L. *J. Am. Chem. Soc.*, **1976**, *98*, 2705.
4. Peterson, P. E. *Acc. Chem. Res.*, **1971**, *4*. 407.
5. Olah, G.. A.; Chambers, R. D.; Comisarow, M. B. *J. Am. Chem. Soc.*, **1967**, *89*, 1268.
6. Allen, A. D.; Kanagasabapathy, V. M.; Tidwell, T. T. *J. Am. Chem. Soc.*, **1986**, *108*, 3470.
7. Farnham, W. B. *Chem. Rev.*, **1996**, *96*, 1633.
8. Adolph, H. G.; Kamlet., M. J. *J. Am. Chem. Soc.*, **1966**, 88, 4761.
9. Bayliff, A. E.; Chambers, R. D. *J. Chem. Soc.*, *Perkin Trans 1*, **1988**, 201.
10. Dolbier, W. R. *Jr. Chem. Rev.*, **1996**, 96, 1557.
11. Kawamura, T.; Tsumara, M.; Yokomichi, Y.; Yonezawa., T. *J. Am. Chem. Soc.*, **1977**, 99, 8251.
12. (a) Pasto, D. J.; Krasnansky, R.; Zercher, C. *J. Org. Chem.*, **1987**, 52, 3062; (b) Jiang, X. K.; Li, X. Y.; Wang, K. Y. *J. Org. Chem.*, **1989**, 54, 5648.
13. Scherer, K. V.; Ono, T.; Yamanouchi, K.; Fernandez, R.; Henderson, P.; Goldwhite., H. *J. Am. Chem. Soc.*, **1985**, 107, 718.
14. Avila, D. V.; Ingold, K. U.; Lusztyk, J.; Dolbier, W. R.; Pan, H. Q.; Muir., M. *J. Am. Chem. Soc.*, **1994**, 116, 99.
15. Brahms, D. L. S.; Dailey., W. P. *Chem. Rev.*, **1996**, 96, 1585.
16. Simors, J. P. *J. Chem.*, *Soc.*, **1965**, 5406.
17. Moss, R. A. *Acc. Chem. Res.*, **1980**, 13, 58.
18. Bordwell, F. G.; Brannen., W. *J. Am. Chem. Soc.*, **1964**, 84, 4645.
19. Burton, D. J. *J. Fluorice Chem.*, **1983**, 23, 339.
20. Li, X. Y.; Jiang, X.; Pan, H. Q.; Hu, J. S.; Fu, W. M. *Pure Appl. Chem.*, **1987**, 59, 1015.
21. 陈庆云. 中国有机氟化学研究. 上海：上海科学技术出版社，**1996**，111-181.
22. 黄维垣，吕龙. 中国有机氟化学研究. 上海：上海科学技术出版社，**1996**，203-268.

23. Pletnew, S. I.; Igumnov, S. M.; Rozhkov, I. N.; Rempel, G. D.; Ponomarev, V. I.; Deev, L. E.; Shaidurov, V. S. *Bull. Acad. Sci.*, USSR, **1989**, 38, 1892.

24. (a) Hine, J.; Ghirardell, R. G. *J. Org. Chem.*, **1958**, *23*, 1550; (b) Nakai, T.; Taraka, K.; Ishikawa, N. *J. Fluorine Chem.*, **1977**, *9*, 89.

25. Long, Z. Y.; Chen, Q. Y. *J. Fluorine Chem.*, **1998**, *91*, 95.

26. Wu, E. C.; Rodgers, A. S. *J. Am. Chem. Soc.*, **1976**, 98, 6112.

27. Gross, U.; Storek, W. *J. Fluorine Chem.*, **1984**, 26, 457.

28. Baylitt, A. E.; Chambers, R. D. *J. Chem. Soc.*, *Perkin Trans 1*, **1988**, 201.

29. Miller, W. T.; Friell, J. H.; Goldwhite, H. *J. Am. Chem. Soc.*, **1960**, 82, 3091.

30. Graham, D. P. *J. Org. Chem.*, **1966**, 31, 955.

31. Dmowski, W.; Flowers, W. T.; Hazeldine, R. N.; *J. Fluorine Chem.*, **1977**, 9, 94.

32. Harmon, *J. U S Pat.*, 2404374, 1946-07-23.

33. Jiang, X. K.; Ji, G. Z. *J. Org. Chem.*, **1992**,57, 6051,

34. Huang, X.; Wang, R.; Zhao, P.; Lu, G.; Zhang, S.; Qing, F. L. *Polymer*, **2005**, 46, 7590.

35. MacNicol, D. D.; Robertson, C. D. *Nature*, **1988**, 332, 59.

36. Rurdeniuc, J.; ChupKa, W.; Crabtree, R. H. *J. Am. Chem. Soc.*, **1995**, 117, 10119.

37. Gething, B.; Patrik, C. R.; Tathro, J. C. *J. Chem. Soc.*, **1961**, 1574.

38. Millaur, H.; Sigmund, G. S. *Angew. Chem. Int. Ed. Engl.*, **1985**, 24, 161.

39. Flynm, R. M. In: HaneGrant M. ed., *Kirk Other Encyclopedia of Chemical Technology*, Vol. 11. New York: John Wiley and Sons, **1994**, 525.

第三章 全氟化合物的合成及应用

在本章中所讲的全氟化合物主要分为两类：一类为全氟烃化合物、全氟醚和全氟胺类化合物；另一类为氟氯碳化合物（氟里昂）和氟溴碳化合物（哈龙）。由于这两类化合物在工业界有重要的应用；更为重要的是，有关这两类化合物的合成是有机氟化学研究中的基本内容。因此非常有必要在此对它们进行论述。

一、高价金属氟化物的氟化

第二次世界大战期间，由于核燃料生产需要特种全氟油脂，促使人们对全氟烷烃的生产方法进行多种途径的探索。其中最成功的是利用高价金属氟化物对烃（包括卤代烃和芳烃）的间接氟化法，它包括气相氟化和液相氟化[1]。

高价金属氟化物的氟化主要是指碳氢化合物的氢被氟取代，在反应过程中，分子中的双键和芳香体系也将被氟化，但通常氯原子不会被氟化。

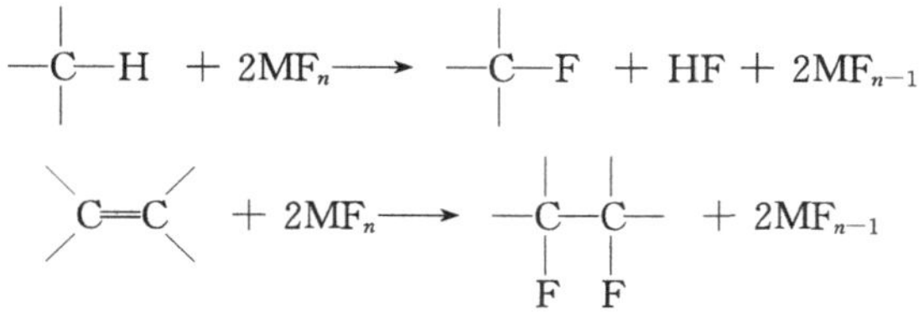

在合成全氟碳化合物中，常使用的高价金属氟化物主要是三氟化钴（CoF_3）。三氟化钴对碳氢化合物的氟化过程为二步反应，首先氟气氧化二氟化钴生成三氟化钴，然后三氟化钴氟化碳氢化合物形成全氟碳化合物，同时三氟化钴被还原成二氟化钴。由于氟化碳氢化合物的反应过程通常在高温下进行（270～400℃），原料碳氢化合物和产物氟碳化合物是以气相通过装有三氟化钴的反应器的。因此，反应完成后在反应器中的二氟化钴可通过氟气氧化进一步生成为三氟化钴。

第一步：$2CoF_2 + F_2 \longrightarrow 2CoF_3$

第二步：$R{-}H + 2CoF_3 \longrightarrow 2CoF_2 + RF + HF$

研究表明，三氟化钴对碳氢化合物的氟化经历一个单电子转移氧化过程，同时有碳正离子中间体存在[2]。

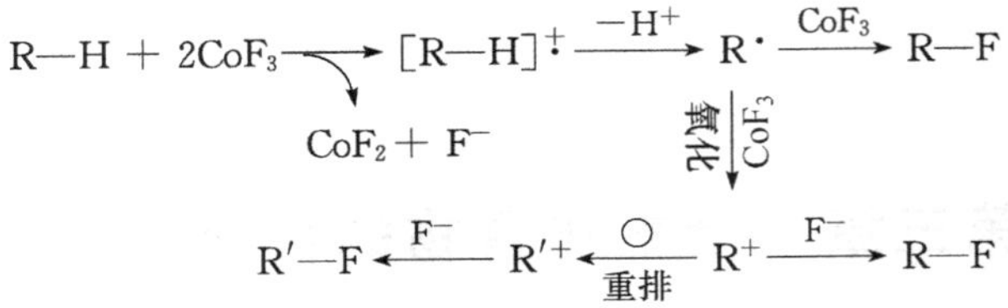

从上式可看出，CoF_3 氟化碳氢化合物的过程中会发生重排，也就是说，得到的全氟碳化合物可能是一个混合物，实际上实验结果也说明了这一事实，如在 360℃下氟化正己烷得到四个全氟碳化合物。反应式如下：

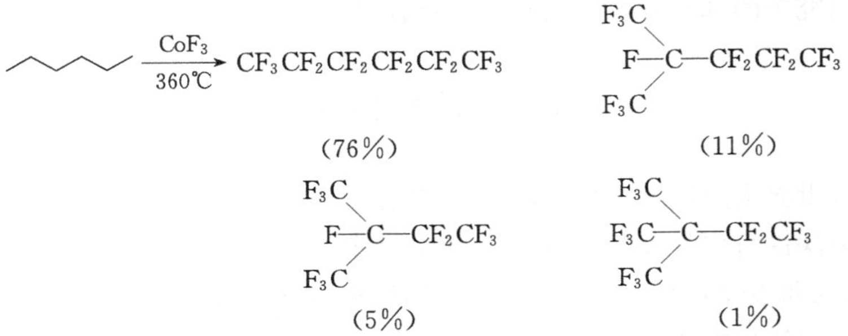

在三氟化钴氟化碳氢化合物中，一些没有完全被氟化的产物总是存在，如三氟化钴氟化环戊烷有 21 个产物被鉴定出来，主要的产物如下所示[3]。

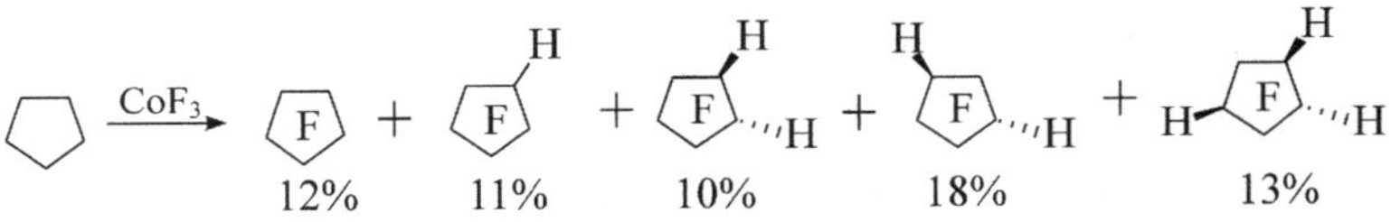

三氟化钴氟化芳香族化合物生成的全氟化合物产物要单一些，如，三氟化钴在 350℃下氟化乙基苯时，以 85%的产率生成全氟乙基环己烷[4]。反应式如下：

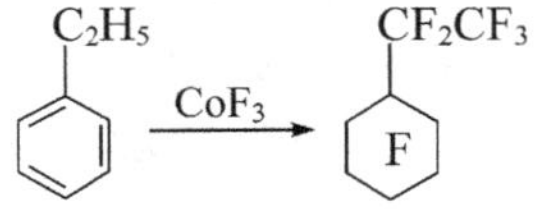

中国科学院上海有机化学研究所在研制人造血液时，曾经开展过三氟化钴氟化四氢萘高产率合成全氟十氢萘的工作，生成的全氟十氢萘是一个顺式和反式异构体的混合物。

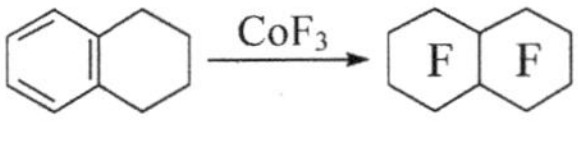

当碳氢化合物连有部分含氟基团时，氟化后的产物较单一且产率高，如下所示[5]：

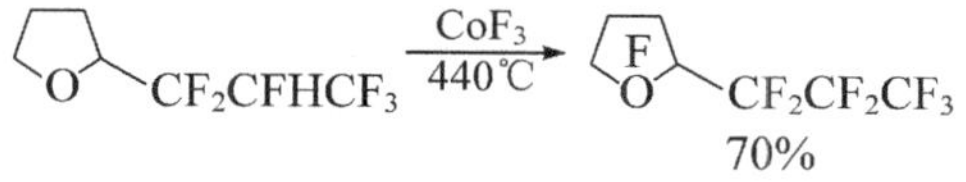

F2 化学公司在工业上利用 CoF_3 氟化碳氢化合物制备了一系列可商品化的全氟碳化合物，商品名为 Flutec，该公司是采用连续过程来生产的，即在反应过程中，F_2 和碳氢化合物连续地通过反应器。

二、电化学氟化

电化学氟化(chemical electrical fluorination，简称 ECF)也是制备全氟化合物的重要方法，该方法最初是由 J. M. Simons 及其同事在 1941 年发明的，电化学氟化法也称为 Simons 法。采用该方法生产的全氟化合物应用于曼哈顿工程，该方法直至 1949 年解密才得到公开发表[6]。

Simons 方法是在交替地安装了一组 Ni 阳极和 Fe 阴极(阴阳极板间距在 0.32～0.64cm 之间)的钢制电解槽中，加入含有碳氢化合物的无水氟化氢(AHF)稀溶液，通直流电流进行电解。电解槽外用冷却夹套来移去在电解过程中产生的热量。通常槽电压为 5～8V(在 Ni 阳极上 AHF 的分解电压在 10～12V)，电流密度大于 $2.15A/dm^2$，温度范围是 0～20℃。在这样的条件下，F_2 不会产生，而氟化产物则在阳极生成(氟化产物由于不溶于 AHF，或沉积于电解槽底部、或挥发至冷阱中被收集)。电化学氟化法有如下独特的优点：

① 直接用 AHF 作为溶剂和氟源。AHF 是大规模生产的化工原料，价廉易得，而且 AHF 的物理化学性质也颇具优点：它具有合适的沸点(19.5℃)、低的黏度(0℃时为 0.26CP)、强的给质子能力和高的介电常数(25℃时为 83.6)。因此，大量的有机化合物可溶于其中，并得到导电溶剂(对于微溶于 AHF 中的有机化合物如烷烃等，需加入导电助剂如 NaF 或 KF 等)，这就使氟化得以顺利进行。

② 全氟化产物可通过电极反应一步得到。因此，该方法就更具效率和效益。

③ 对于含有磺酰基、羧基以及杂原子(N、O 和 S)的碳氢化合物，该方法的优点是能在很大程度上保留其原有的官能团。这在用其他方法(如高价金属氟化物的氟化)时，就很难达到。

④ 装置简单、操作方便，易于实现大规模生产。

⑤ 电合成可节省能源，减少环境污染。

电化学氟化的反应机理现在还没有定论。现阶段基本认为有如下二种可能的过程：一是电化学氟化的反应机理类似于高价金属氟化物的氟化反应。也就是说，在反应过程中，在电极表面产生金属氟化物(如 NiF_3、NiF_4 等)对碳氢氟化物氟化。这是因为电化学氟化不饱和碳氢化合物(如烯烃、炔烃和芳香族化合物等)都被氟化生成饱和化合物，但带有官能团（如磺酰基团、羧酸基团等）的碳氢化合物通过电化学氟化后，官能团不发生变化[7]；N. Bartlett 的实验结果也表明 NiF_3 和 NiF_4 在无水 HF 中是一个有效的氟化试剂[8]。另外一个可能的反应机理是通过单电子转移形成阳离子自由基[9]。

$$R{-}H \xrightarrow{-e} [R{-}H]^{+\cdot} \xrightarrow{-H^+} R^{\cdot} \xrightarrow{-e} R^+ \xrightarrow{F^-} R{-}F$$

电化学氟化碳氢有机化合物的过程可用如下反应式表示：

$$C_nH_{2n+1}X + (m+1)HF \longrightarrow C_nF_{2n+1}X + \left(n+1+\frac{m}{2}\right)H_2$$

电化学氟化碳氢化合物也常发生键的断裂、重排等反应，并且有部分氟化产物，所以氟化后的产物相当复杂。如电化学氟化 3-甲基-1-丁醇生成一系列的全氟化合物[10]。反应式如下：

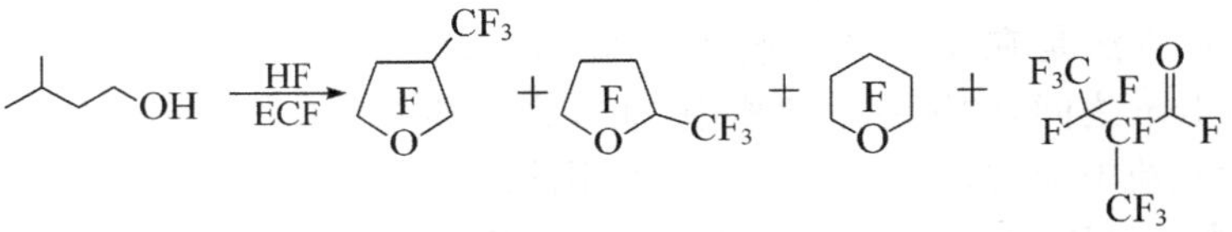

电化学氟化在合成全氟羧酸和全氟磺酸中得到广泛的应用，特别在合成碳链短的全氟羧酸和全氟磺酸过程中，产率高且产物单一，反应式如下所示：

$$CH_3COF \xrightarrow[ECF]{HF} CF_3COF \qquad 85\%$$

$$CH_3SO_2F \xrightarrow[ECF]{HF} CF_3SO_2F \qquad 96\%$$

在工业上有重要应用价值的全氟辛酸也是通过电化学氟化正辛基酰氯而合成，但在电解氟化的过程中，也有全氟环醚的产物形成[11]。反应式如下：

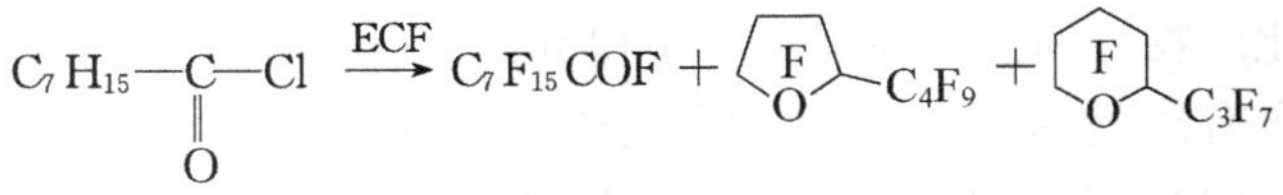

全氟辛酸是一种高效的表面活性剂，它的衍生物已广泛用于纺织品、纸张和皮革的表面整理，以达到防油、防水和去污的作用。由全氟辛酸衍生物配制成的溶液还可用作高效灭火剂等。特别是全氟辛酸铵还应用于含氟高分子聚四氟乙烯的合成中。近年来，人们发现全氟辛酸铵可能会给人类健康带来潜在的危害，美国国家环保局现已要求各生产厂家减少或杜绝向空气和水中排放全氟辛酸铵[12]。

目前，我国也通过电解氟化碳氢的磺酰氯生产全氟烷基磺酰氟。反应式如下：

$$C_nH_{2n+1}SO_2Cl \xrightarrow{ECF} C_nF_{2n+1}SO_2F$$
$$n=4,6,8$$

生产全氟叔胺的唯一方法是电解氟化。反应式如下：

$$(C_nH_{2n+1})_3N \xrightarrow{ECF} (C_nF_{2n+1})_3N$$

由于所用原料有机胺类具有一定碱性并能很好地溶于无水氟化氢中，因此电解质中不必再添加促进电导的无机氟化物。实际上电解氟化叔胺进行得相当平稳。在电解氟化过程中，总是伴随着降解和氟化不完全的产物。因此，为了使全氟胺满足使用上的性能要求，必须对电解氟化后的粗产物进行各种处理，特别是要除掉部分含氢的化合物。国外主要是3M公司生产全氟叔胺，我国武汉长江化工厂也生产全氟叔胺化合物。

电解氟化带有全氟取代基的化合物，可使化合物结构没有破坏的全氟化合物产率提高。例如

50%

电化学氟化方法为合成全氟碳化合物开辟了一条崭新而又奇妙的途径。得益于Simons的独创思想，美国3M公司通过电化学氟化已发展的商业产品有250余种。

三、氟 气 氟 化

由于形成C—F键释放的能量(～116kcal/mol)大于C—C键(～83kcal/mol)和C—H键(～99kcal/mol)断裂所需的能量；同时，F_2中F—F键断裂的能量低(37kcal/mol)，因此碳氢化合物与F_2混合在一起易发生剧烈的自由基反应，反应式如下：

$$F_2 \rightleftharpoons 2F\cdot$$
$$RH + F\cdot \longrightarrow R\cdot + HF$$
$$R\cdot + F_2 \longrightarrow RF + F\cdot$$

从而导致C—C键的断裂，很难得到所需的全氟产物，有时也易发生爆炸。在很长一段时间来，人们认为F_2不能用来氟化碳氢化合物制备全氟化合物。

氟化学家一直在探索直接用元素F_2氟化碳氢化合物合成全氟化合物的实用方法，直至20世纪70年代初这方面的工作才得到突破性的进展，目前已经得到应用的主要有如下二类方法。

1. LaMar 方法

该方法是美国 Lagow 和 Margrare 发明的[14]。该方法的关键技术为：开始时碳氢化合物在低温下与用惰性气体稀释浓度很低的氟气（F_2 在 He 中或 N_2 中）反应，然后再逐渐增高反应温度和氟气的浓度。在反应过程中，根据碳氢化合物结构的不同，逐渐增高温度和氟气浓度的过程需要几小时或几天时间，反应完成后，所有的 C—H 键都被 C—F 键取代，并且 C—C 键不发生断裂和重排，该方法已被用来合成一系列的全氟化合物，例如：

$$(CH_3)_3CCH_2CH_2(CCH_3)_3 \xrightarrow[-78℃,\,r.\,t.]{F_2/He} (CF_3)_3CCF_2CF_2C(CF_3)_3$$

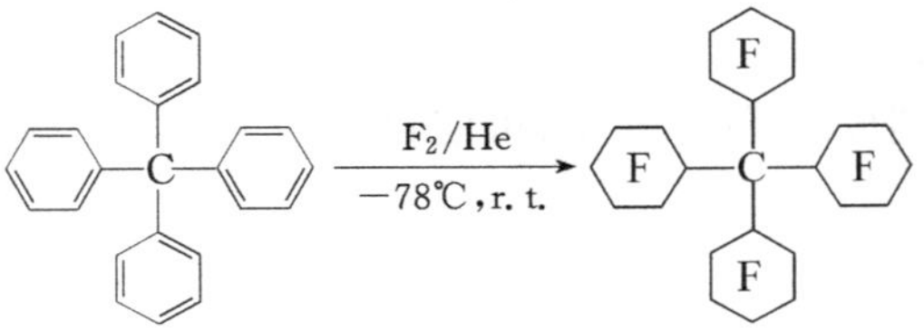

89%

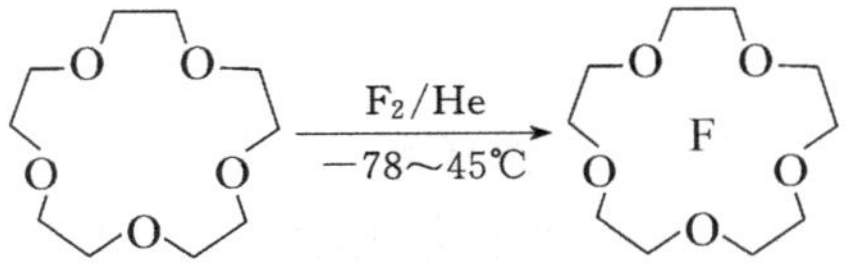

96%

该氟化方法有时也使用一些氟碳溶剂使氟气的浓度增大或在 UV 的照射下使全氟化速率加快。Lagow 已应用他的技术成立了一家公司（Exfluor Corp），生产一些有商业用途的全氟化合物。

2. 气溶胶氟化（aerosol fluorination）

该氟化方法是美国 Adcock 教授发明的[15]。该方法的关键技术为：碳氢化合物的蒸气被吸附或浓缩到颗粒很细的 NaF 表面（大约 17Å），在 UV 的照射下，这些吸附碳氢化合物的颗粒喷雾进入稀释的氟气中，该方法可避免碳骨架的裂解，使生成的全氟产物产率高且容易提纯，特别在全氟环烃化合物的合成中特别有效。例如：

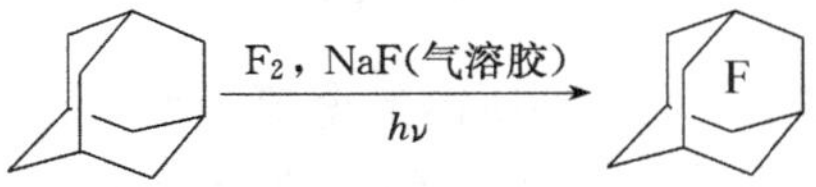

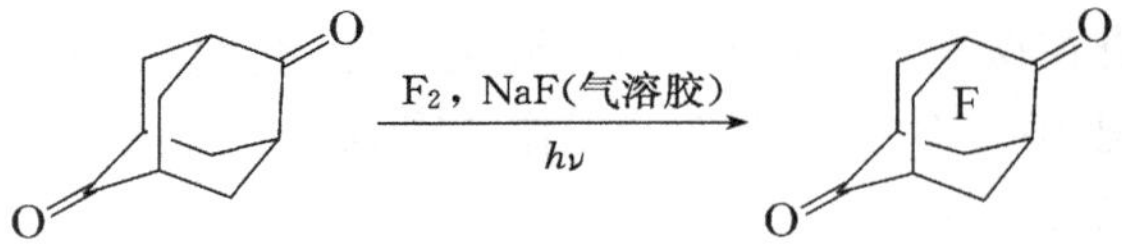

四、全氟化合物的应用

1. 全氟烃(油)

① 全氟油和全氟酯起初应用于耐强腐蚀的六氟化铀同位素分离工艺。由于其优异的化学惰性、高的热稳定性和不燃性，应用范围推广至多种高技术方面。

② 在制氧工业中的应用：全氟碳油在纯氧中不燃烧、不爆炸，因此它们可作为抗氧润滑剂和表油。

③ 在电子工业中的应用：高密度的大规律集成电路必须用等离子蚀刻。全氟碳油(全氟甲基环己烷，C_7F_{14})与氧气在高频辉光放电下产生等离子气体，用于干法蚀刻多晶硅、单晶硅、氮化硅等，以生产集成电路。

④ 从技术观点看，全氟油是理想的候选物作为所有型号的变压器油，但由于它过于昂贵限制了它的大规模使用。目前绝大部分仅用于军工和宇航领域。使用全氟油作为变压器油，使设计的变压器的功率相同时，体积和重量比通常使用的矿物油或硅油的变压器将减少。同时利用全氟油沸腾进行冷却而不用强制循环，比用矿物油和硅油的效率高 1.5～3 倍。

⑤ 全氟油可应用于电子元器件的密封性检测，半导体器件的电性能对潮气和表面状态的变化非常敏感，没有一个良好的气密性封装就不会有长寿命。由于含氟油的热稳定性好、表面张力低和润油性好，可在 125℃下长期使用而不变质，保持无色透明，检滴可靠性高，单独用它能进行粗检，可以剔除漏速大于 10^2Pa·mL/s的器件。

⑥ 全氟油可作为氟氯碳化合物的替代品：由于氟氯碳化合物对臭氧层造成破坏，世界各国已禁用氟氯碳化合物(CFCs)，用全氟碳替代 CFCs 作为制冷剂、热交换剂及作溶剂正逐步得到应用。目前电子和重电器逐渐向中小型化和降低成本方向发展，这样导致了耗能器件的高度集成，并提出了对设备有效降热的要求。以前多数情况下用 1,1,2-三氯-1,2,2-三氟乙烷(F113)直接冷却来实现。因为 F113 与破坏臭氧层有关，现正研究使用全氟碳油。由于全氟甲基环戊烷(C_6F_{12})与 F113 的临界热通量一样好，因此该氟碳油可用于代替 F113 作为冷却剂。另外，全氟甲基环戊烷(C_6F_{12})及全氟己烷(C_6F_{12})可代替 F113 作为高精密元件的清洗剂。

⑦ 全氟碳化合物作为代血液。由于全氟碳化合物对气体 O_2、CO_2 有好的溶解度及化学惰性(无毒)，因此，全氟碳化合物可用于代血液。由中国科学院上海有机化学研究所研制的以全氟萘烷($C_{10}F_{18}$)为主要成分的氟碳代血液已成功地应用于伤员的抢救。

2. 全氟醚和全氟胺

美国 3M 公司采用 Simons 电化学氟化方法生产了一系列的全氟醚，其商品名为 Fluorinet。另外,Adcock 的气胶氟化方法应用于制备全氟醚可取得非常好的结果(预期产物的产率高),但目前这一方法还局限于实验室制备规模。全氟醚的沸点比相应的碳氢同类物低得多,而与碳原子相同的全氟烷相近。由于存在氧杂原子增加了分子柔性,使全氟醚的凝固点要比全氟烷低,如 $C_{12}F_{26}$ 室温下是固体,而 $C_6F_{13}OC_6F_{13}$ 的凝固点低达 −90℃。全氟烷基醚及环烷醚,除三元环氧化物以外,化学稳定性都非常好,能抵抗绝大多数氧化剂和还原剂、强酸和强碱的作用。

全氟烷基叔胺分子的结构特征是三个强吸电子性基团使得氮原子上的孤对电子受到制约,丧失一般有机胺的碱性,使得全氟胺有很高的热稳定性,并且对强酸、强碱及氧化剂表现出强的化学惰性。全氟叔胺整个分子具有低的极性和弱的分子间引力,因此这类化合物的沸点和凝固点、倾点与未氟化的同类物相比要低得多。由于极性小的原因,全氟叔胺与水、醇不能混溶,与其他有机溶剂的相互溶解能力也很低。

全氟叔胺的物理化学性能和电性能与全氟醚相近。美国 3M 公司将这两类物质按统一的商品名称 Fluorinet 供应市场。这二类化合物现广泛地应用于现代电子工业,主要有以下几个方面的用途:

① 气密性检测。许多包装型的电子元件或器件如果密封不严,则易受潮失效。根据 Mil Standard 883a 检测方法,先将试样经压气处理,然后浸没在液体中,观察气泡的逸散情况。过去曾使用水、乙二醇、硅油等液体作为工作介质,有不少缺点。现大量使用 Fluorinet 作介质。

② 电子、电气设备的直接冷却。Fluorinet 的另一应用是电子、电气设备如变压器和开关箱的直接冷却,其优点是安全、可靠、散热良好,适用于微型设备。但由于价格较高,还不能大量使用。现主要用于军事、卫星通讯方面。

③ Fluorinet 的重要应用是焊接工艺,使用 Fluorinet 焊接是一种气相焊接工艺。操作非常简单,即在需焊接之处先敷上精确计量的焊剂,然后将部件悬挂在 Fluorinet 回流蒸气中,温度达到 220℃以上,其优点是传热快而均匀,加热温度可精确控制,焊接质量高,数万个焊点的部件可一次完成。

④ 由于全氟叔胺对氧、氮和二氧化碳有很好的溶解度,因此全氟叔胺常被用作氟碳血液制剂的主要成分之一。如早期的商品 Fluosol-43(日本绿十字公司)是含 20%全氟三丁胺的水基分散液。

五、氟氯碳化合物(氟里昂)

氯氟烃的英文缩写为 CFCs,是 20 世纪 30 年代初发明并且开始使用的一种人造的含有氯、氟元素的碳氢化学物质,它们具有耐燃烧、耐腐蚀、毒性低的特性,在一般条件下,氯氟烃的化学性质很稳定,在很低的温度下会蒸发,因此在 60 多年前氯氟烃被作为理想的制冷剂来替代氨气和二氧化硫[16]。它还可以用来作罐装发胶、杀虫剂的气雾剂。另外电视机、计算机等电器产品的印刷线路板的清洗也离不开氯氟烃。氯氟烃的另一大用途是作塑料泡沫材料的发泡剂，日常生活中许许多多的地方都要用到泡沫塑料，如冰箱的隔热层、家用电器减震包装材料等。

氯氟烃化合物的种类很多，在工业上得到广泛应用的主要为：二氟二氯甲烷（CF_2Cl_2；CFC-12）；一氟三氯甲烷（$CFCl_3$，CFC-11）；二氯一氟甲烷（$CHFCl_2$，CFC-22）。氯氟烃主要通过采用氟化氢作为氟源的氟卤交换反应（Swarts 反应）来合成[17]。Swarts 反应可分为气相法和液相法。传统的液相法使用 SbF_5 或 SbF_3 和 Cl_2 的混合物作为催化剂；连续化的气相反应在工业上得到广泛应用，在气相法中，通常在钴、铁或氟化钴催化剂的存在下，采用气相 HF 反应。四氯化碳、氯仿和六氯乙烯等都作为起始原料来合成一个碳或两个碳的氯氟烃。氟氯交换反应的程度可通过改变氟化氢的浓度、接触时间和反应温度来控制。

$$CHCl_3 \xrightarrow[\text{催化剂}]{HF} \underset{\text{CFC-22}}{CHCl_2F} + CHClF_2 + CHF_3$$

$$CCl_4 \xrightarrow[\text{催化剂}]{HF} \underset{\text{CFC-11}}{FCCl_3} + \underset{\text{CFC-12}}{CF_2Cl_2} + CF_3Cl$$

Swarts 反应在合成含氟有机化合物中得到广泛应用。该反应不是氧化反应，而是亲核取代反应，即把 C—Cl 键转化为 C—F 键。在 Swarts 反应中，常需要使用路易斯酸催化剂（SbF_5）。通常认为，在 Swarts 反应机理中，离子化过程是主要的。

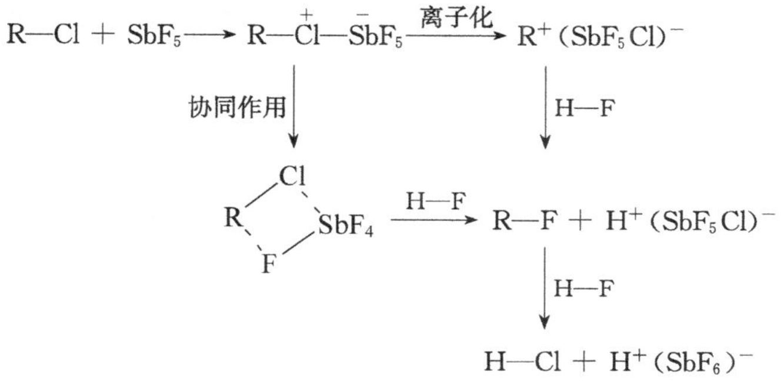

正因为氯氟烃化合物具有很好的稳定性，它们在臭氧层以下的大气中几乎不起化学反应。被排放到大气中的氯氟烃，通过空气的对流运动到达平流层，其平均寿命大约为 60～100h，在这里氯氟烃化合物暴露在强烈的紫外光辐射下发生裂解反应，生成氯原子。这些氯原子可以催化臭氧分子转化为氧分子的过程，从而破坏

了平流层中的臭氧。1974 年,美国加州大学的 Molina 和 Rowland 提出了氯氟烃类化合物可能会破坏地球大气的臭氧层理论,并呼吁停止使用氯氟烃化合物气体[18]。但是,这个呼吁当时并没有引起人们的广泛注意。1976 年,美国全国科学院(NAS)证实了 Molina 和 Rowland 的理论,并促使美国政府在 1977 年规定禁止在气溶胶喷射剂方面使用氯氟烃类,还许诺对氯氟烃化合物实行更广泛的控制。但是,在随后的 10 年中,人们并未采取有效措施去限制氯氟烃类的排放。1985 年,英国南极考察队报告了在南极上空发现了巨大的臭氧空洞,美国科学家的进一步研究也证实了这一报道。有人认为,臭氧层的破坏是仅次于核战争的最大危机,所不同的是核战争尚未爆发,而臭氧层的破坏正在进行着,而且日趋严重。因而,解决臭氧危机问题已经成为人们非常关注的问题。1987 年,工业化国家签署了一项关于限制破坏臭氧层物质的蒙特利尔协议,规定到 20 世纪末以前将氯氟烃化合物的产量削减 50%,并于 1989 年 1 月开始生效。1989 年 3 月,来自 123 个国家的科学家、企业家和政府部长,在英国伦敦又举行了“拯救臭氧层世界大会”,呼吁各国迅速采取措施保护臭氧层。

从 20 世纪 80 年代起,各国科学家开始了氯氟烃替代物的研制。有些替代品在工业上得到大量生产和应用。如 CFC-12 的替代物 1,1,1,2-四氟乙烷(CF_3CH_2F, HFC-134a)[19],其制备反应如下:

$$Cl_2C{=}CHCl \xrightarrow[Cr(IV)]{HF} CF_2ClCClH_2 \xrightarrow[Cr(IV)]{HF} CF_3CH_2Cl \xrightarrow{HF} \underset{\text{HFC-134a}}{CF_3CH_2F}$$

另外,CFC-11 的替代物 HCFC-123 可通过使用 HF 氟化四氯乙烯而制得,HCFC-123 与 HF 进一步反应可得到氯氟烃代用品 HCFC-124 和 HFC-125。反应式如下:

$$Cl_2C{=}CCl_2 + 3HF \longrightarrow \underset{\text{HCFC-123}}{CF_3CHCl_2} + 2HCl$$

$$CF_3CHCl_2 \xrightarrow{HF} \underset{\text{HCFC-124}}{CF_3CHClF} + \underset{\text{HFC-125}}{CF_3CHF_2}$$

六、氟溴碳化合物

氟溴碳化合物(哈龙)是 20 世纪 50 年代开发的高效灭火剂。它具有灭火快、毒性低、不污染和不损害受灾物品的优点。用哈龙制成的消防器具现已广泛配置于飞机、潜艇、货车舰船、宾馆大楼、计算机房、通讯和仪表控制室、文物档案馆等重要场所，成为现代消防的必需药剂。哈龙的灭火原理与一般常用灭火剂降温、隔绝氧气的机理有根本的不同。哈龙灭火剂在火焰的高热中分解产生活性游离基 Br，后者参与了物质在燃烧过程中的化学反应，使链反应中断，从而达到灭火的效果。用作灭火剂的氟溴碳化合物主要有两类：三氟溴甲烷（CF_3Br，Halon 1301）和二氟一溴一氯甲烷（CF_2BrCl，Halon 1211）。由于它们对臭氧层的破坏程度比氟氯碳还大，因此，氟溴碳化合物也被禁止使用。一些哈龙的替代物现已投放市场。如，三氟甲烷（CF_3H）；2-氢全氟丙烷（CF_3CFHCF_3，HFC-227ea）；HFC-227ea 可由全氟丙烯对 HF 的加成而制得，其反应式如下：

$$CF_3CF{=}CF_2 + HF \longrightarrow \underset{\text{HFC-227ea}}{CF_3CFHCF_3}$$

参 考 文 献

1. Stacy, M.; Tatlow, J. C. *Adv. Fluorine Chem.*, **1960**, 1. 166.
2. (a) Chambers, R. D.; Clark, D. T.; Holmes, T. F.; Musgrane, W. K. R.; Ritchie, I. *J. Chem. Soc., Perkin Trans 1*, **1974**, 114; (b) Burdon, J.; Creasey, J. C.; Proctor, L. D.; Pleney, R. G.; Yeoman, J. R. N., *J. Chem. Soc., Perkin Trans 2*, **1994**, 445.
3. Bergomi, A.; Burdon, J.; Hodgins, T. M.; Stephens, R.; Tatlow, J. C. *Tetrahedron*, **1966**, 22, 43.
4. Haszeldine, R. N.; Smith, F. *J. Chem. Soc.*, **1950**, 3617.
5. Chambers, R. D.; Grievson, B.; Drakesmith, F. G.; Powell, R. L. *J. Fluorine Chem.*, **1985**, 29, 323.
6. Simons, J. H. *J. Electrochem. Soc.*, **1949**, 95, 47.
7. Dimitrov, A.; Rudiger, S.; Ignatyev, N. V.; Datchenkov, S. *J. Fluorine Chem.*, **1990**, 50, 197.
8. Bartlett, N.; Chambers, R. D.; Roche, A. J.; Spick, R. C. H.; Chacon, L.; Whalen, J. M. *J. Chem. Soc. Chem. Commun.*, **1996**, 1049.
9. Burdon, J.; Parsons, I. W. *Tetrahedron.*, **1972**, 28,43.
10. Abe., T.; Nagase, S.; Baba., H. *Bull. Chem. Soc., Jpn*, **1976**, 49, 1888.
11. Prokop, H. W.; Zhou, H. J.; Xu, S. Q.; Wu, C. H.; Chuey, S. R.; Liu, C. C.; *J. Fluorine Chem.*, **1989**, 43, 257.
12. (a) Ellis, D. A.; Martin, J. W.; De Silva, A. O.; Mabury, S. A.; Hurley, M. D.; Sulbaek Andersen, M. P.; Wallington, T. *J. Environ. Sci. Technol.*, **2004**, 38, 3316; (b) Krusic, P. J.; Roe, D. C. *Anal. Chem.*, **2004**, 76, 3800.
13. Chambas, R. D.; Fuss, R. W.; Jones, M.; Sartori, P.; Swales, A. P.; Herbelmann, R. *J. Fluorine Chem.*, **1990**, 49, 409.
14. Lagow, R. J.; Margrare, J. L. *Prog. Inorg. Chem.*, **1979**, 26, 161.

15. Adcock, J. L.; Horita, K.; Renk., E. B. *J. Am. Chem. Soc.*, **1981**, 103, 6937.
16. Midgley, T.; Henne, A. L. *Ind. Eng. Chem.*, **1930**, 22, 542.
17. Barbour, A. K.; Belf, L. J.; Buxton, M. W. *Adv. Fluorine. Chem.*, **1962**, 3, 181.
18. (a) Molina, M. J. *Angew. Chem.*, *Int. Ed. Engl.*, **1996**, 35, 1778. (b) Rowland, F. S. *Angew. Chem.*, *Int. Ed. Engl.*, **1996**, 35, 1786.
19. Rao., V. N. M. In: R. E. Banks, B. E. Smart and J. C. Toctlow ed. *Organofluorine Chemistry, Principles and Commercial Applications*. New York: Plenum, **1994**, 159.

第四章 亲电氟化

亲电氟化是将氟原子(特别是单氟原子)引入有机化合物的重要方法。氟化过程是指氟正离子与底物发生反应。由于氟原子的强吸电子性,在实际应用中绝大部分亲电氟化试剂是含有 NF 基团的化合物。本章主要讨论向有机分子引入单氟原子的亲电氟化试剂,同时对亲电性的全氟烷基化试剂也作简单介绍。

一、NF 亲电氟化试剂

最早使用 F_2 作为亲电试剂可成功地实现氟原子的引入,然而,由于 F_2 的毒性和高反应性能大大限制了其应用[1]。发展新的亲电氟化试剂以代替 F_2 成为 20 世纪氟化学的一个重要研究方向,自 1968 年 Barton 小组报道了第一例新的亲电氟化试剂 CF_3OF[2] 后,化学家们陆续合成了一些亲电氟化试剂,如 $FClO_3$[3,4]、XeF_2[5]、FNO[6]、CF_3OF[7]、NF 氟化试剂。NF 化合物用于亲电氟化试剂最早于 20 世纪 60 年代由 Banks 等提出[8],近年来,NF 氟化试剂由于种类繁多、操作方便、反应选择性好等优点得到了广泛的应用[9]。

二、NF 亲电氟化试剂的分类及合成

NF 亲电氟化试剂通常可分为三类:①R_2NF 亲电氟化试剂;②$R_3N^+FA^-$ 亲电氟化试剂;③$NF_4^+A^-$ 亲电氟化试剂。除了少量可通过电化学氟化方法合成外,大多数 NF 亲电氟化试剂的合成都需使用纯 F_2 或稀释的 F_2。

1. R_2NF 亲电氟化试剂的合成

合成 R_2NF 亲电氟化试剂有四种具有代表性的方法。1987 年 DesMarteau 小组报道使用 F_2 对双全氟烷基磺酰胺氟化能方便地合成 NF 双全氟磺酰胺(DesMarteau 试剂),利用此方法,一些类似物得以合成[10,11]。例如:

$$(CF_3SO_2)_2NH + F_2 \xrightarrow[1570\ \text{Torr}^{1)}]{22℃} (CF_3SO_2)_2NF + HF$$

1a

---

1) "Torr"为非法定单位。1Torr=133.322Pa。为了遵从学科和读者阅读习惯,本书仍沿用该单位。

$CF_3SO_2N(F)SO_2C_4F_9$ (**1b**)

$C_4F_9SO_2N(F)SO_2C_4F_9$ (**1c**)

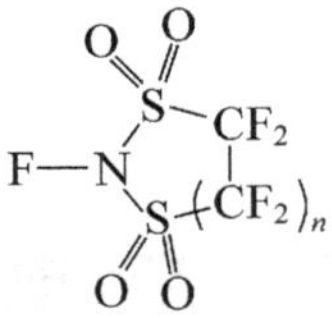

n = 1(**1d**); 2(**1e**), 3(**1f**)

Banks 等在 1990 年报道用 F_2 氟化三氟甲磺酰胺的碱金属盐同样可实现 R_2NF 亲电氟化试剂的合成[12]。

$$CF_3SO_2N^- —RNa^+ \xrightarrow[-35℃,\ 10\sim15\ Torr]{CH_3CN} CF_3SO_2N(F)R$$

R= 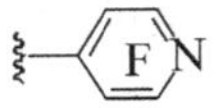 **2a**

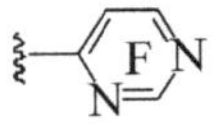 **2b**

利用 F_2 和 CF_3OF 处理磺酰胺和酰胺，一系列磺酰胺 NF 亲电氟化试剂和酰胺 NF 亲电氟化试剂得以合成[13~15]。

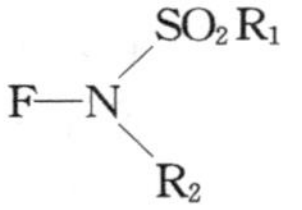

R_1	R_2
p-toyl	Me(**3a**); *t*-butyl(**3b**); 2-norbornyl(**3c**); cyclohexyl(**3d**); neopentyl(**3e**); *n*-butyl(**3f**); *n*-propyl(**3g**)
Ph	*t*-butyl(**3h**)
n-butyl	neopentyl(**3i**)
t-butyl	Me(**3j**); neo-pentyl(**3k**); *n*-butyl(**3l**)
CF_3	Me(**3m**), *n*-butyl(**3n**)
C_6F_5	*n*-propyl(**3o**); neo-pentyl(**3p**)
PhCH(CHOAc)	Ts(*R*, **3q**)
PhCH(CH_3)	Ts(*S*, **3r**), Ms(*S*, **3s**)

4

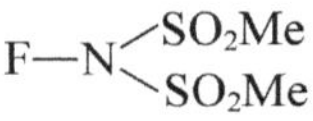

5a

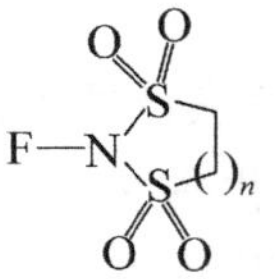

5b, 5c, 5d(n分别为0, 1, 2)

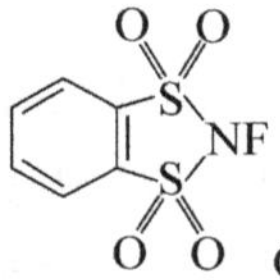

6

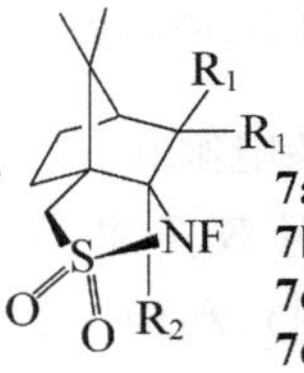

7a: $R_1 = R_2 = H$
7b: $R_1 = Me, R_2 = H$
7c: $R_1 = H, R_2 = Cl$
7d: $R_1 = Cl, R_2 = H$
7e: $R_1 = OMe, R_2 = H$

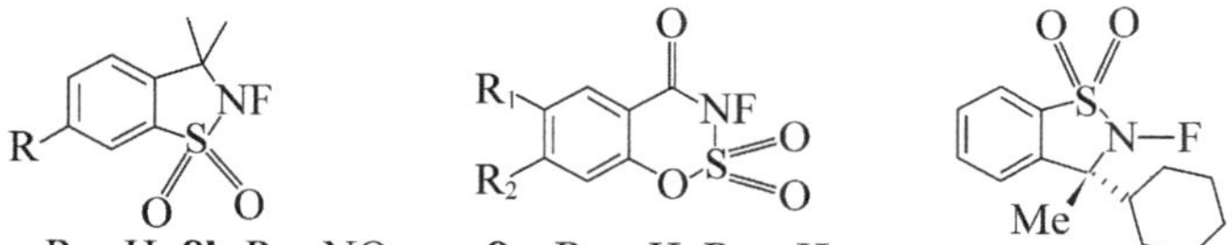

8a: R = H; **8b:** R = NO_2

8c: R_1 = H, R_2 = H
8d: R_1 = H, R_2 = Me
8e: R_1 = Me, R_2 = Me
8f: R_1,R_2 = CH═CH—CH═CH_2

8g

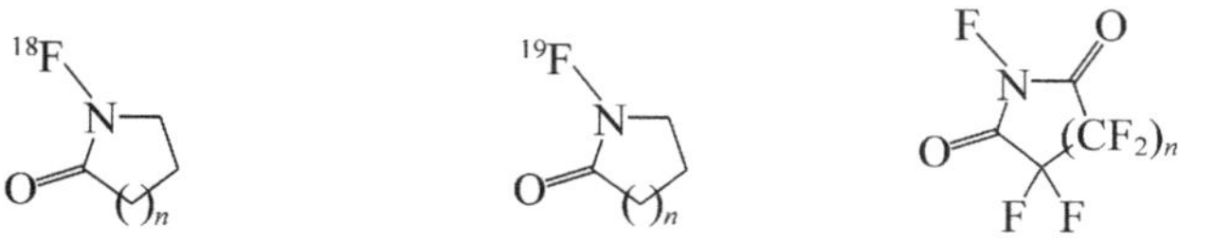

n = 1(**9a**); 2(**9b**); 3(**9c**); 4(**9d**); 5(**9e**)　n = 1(**10a**); 2(**10b**)　n = 1(**11a**); 2(**11b**)

在无水 HF 中利用电化学方法或 CoF_3 直接氟化吡啶(包括其衍生物或含吡啶的聚合物)可以实现全氟哌啶 NF 氟化试剂的合成[16,17]。

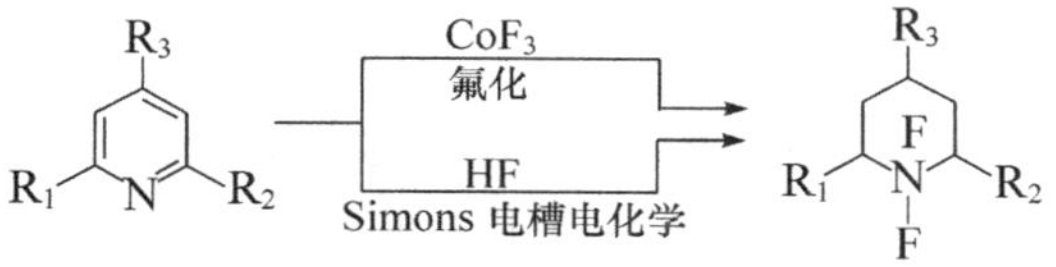

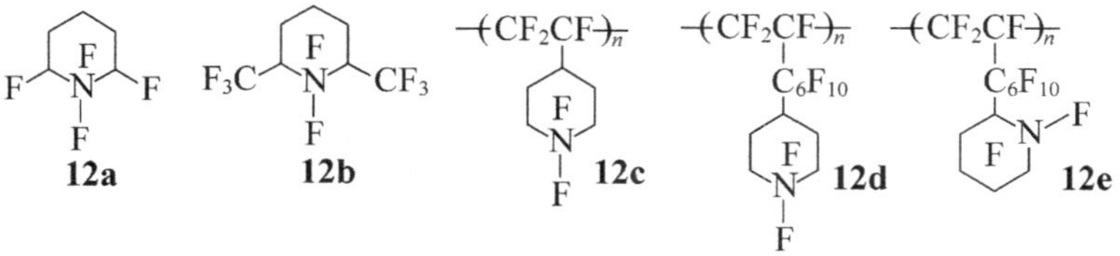

12a　**12b**　**12c**　**12d**　**12e**

Purrington 小组发现[18],用 5%的 F_2 对 2-三甲硅氧基吡啶氟化可制备相应的 NF 氟化试剂,他们认为三甲硅氧基的存在促进了氟化反应的进行,化合物 **13** 简称为 Purrington 试剂。

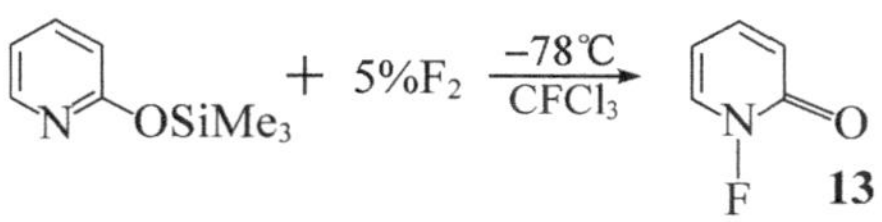

13

2. $R_3N^+F\ A^-$ 亲电氟化试剂的合成

季铵盐 NF 氟化试剂的合成同样大多使用 F_2 对底物进行氟化。Banks 小组报道利用 F_2 对喹核碱进行氟化,可合成相应的 N-F 喹核碱氟化试剂(简称 UMIST 试剂)。根据金属盐或路易斯酸的不同,可得到带不同阴离子的产物[19]。

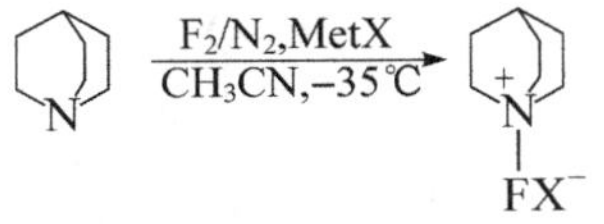

X＝F(**14a**)(无 MetX 时)；BF_4(**14b**)；CF_3SO_3(**14c**)

CF_3CO_2(**14d**)；n-$C_3F_7CO_2$(**14e**)；PF_6(**14f**)

在等当量弱亲核离子碱金属盐存在下，F_2 氟化吡啶及其衍生物可合成相应的 NF 氟化试剂[20,21]。例如：

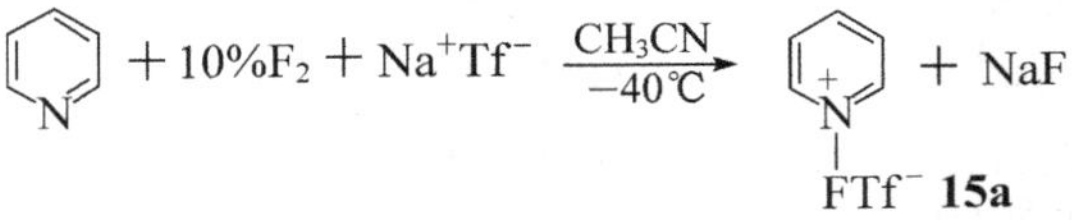

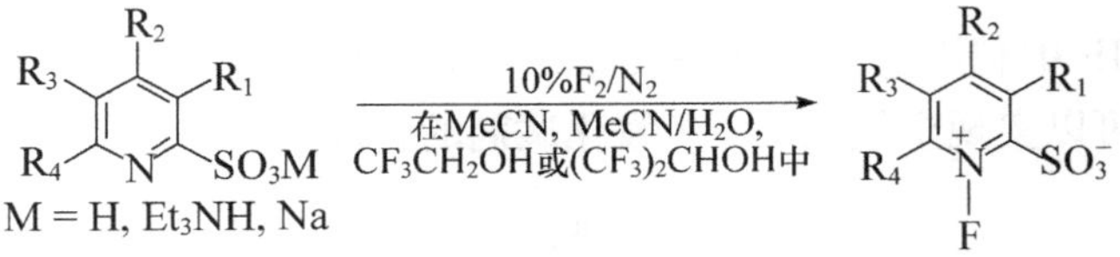

研究还发现，先用路易斯酸、Brönsted 酸或三氟甲磺酸三甲基硅酯处理吡啶衍生物，所得产物进一步用 20％的 F_2 氟化，可以合成带 BF_4^- 或 $CF_3SO_3^-$ 阴离子的 NF 氟化试剂[20g]。

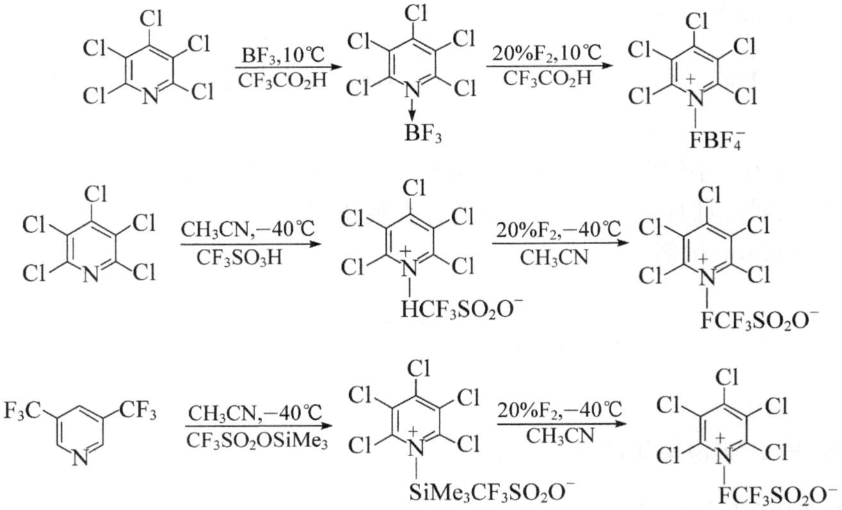

由吡啶及吡啶衍生物合成的 NF 氟化试剂简称 Umemoto 试剂，其种类概括如下[20,21]：

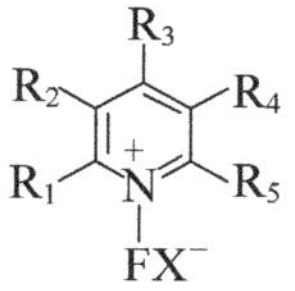

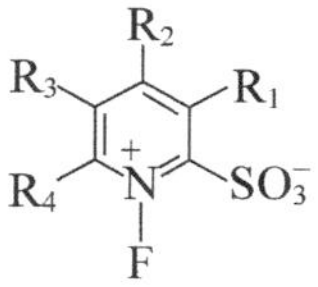

15a：$R_1 \sim R_5 = H$；$X = CF_3SO_2O$

15b：$R_1 \sim R_5 = H$；$X = BF_4$

15c：$R_1 \sim R_5 = H$；$X = F$

15d：$R_1 = R_3 = R_5 = Me$；$R_2 = R_4 = H$；$X = Tf$

15e：$R_1 = R_3 = R_5 = H$；$R_2 = R_4 = Cl$；$X = Tf$

15f：$R_2 \sim R_4 = H$；$R_1 = R_5 = Cl$；$X = BF_4$

15g：$R_1 \sim R_5 = Cl$；$X = BF_4$

15h：$R_2 \sim R_4 = Cl$；$X = Tf$

15i：$R_2 = R_4 = CF_3$；$R_1 = R_3 = R_5 = Cl$；$X = BF_4$

15l：R_1，$R_3 = H$；R_2，$R_4 = Me$

15m：R_1，R_3，$R_4 = H$；$R_2 = Me$

15n：R_1，R_3，$R_4 = H$；$R_2 = Et$

15o：R_1，R_3，$R_4 = H$；$R_2 = Bu^t$

15p：R_1，R_2，$R_3 = H$；$R_4 = Me$

15q：R_1，R_2，$R_4 = H$；$R_3 = CF_3$

15r：$R_1 = Cl$；R_2，$R_4 = H$；$R_3 = CF_3$

15s：R_1，$R_3 = H$；R_2，$R_4 = CF_3$

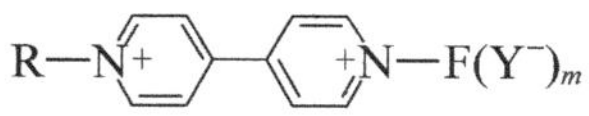

15j：$R = BF_3$；$Y = BF_4$；$m = 1$

15k：$R = CH_3$；$Y = TfO$；$m = 2$

根据合成 UMIST 试剂的方法，直接氟化比喹核碱经济方便易得的 1,4-二氮双环[2.2.2]辛烷（又名三亚乙基二胺，TEDA）能合成双 NF 氟化试剂。由于 bis(NF)TEDA 分子中一个$^+$NF 受到另一个$^+$NF 强吸电子的影响，因此它理论上具有更强的反应性。然而，实际上 bis(NF)TEDA 难以纯化，且 1 当量1) 的 bis(NF)TEDA 只能提供 1 当量的“F^+”（理论上应为 2 当量）。这可能是由于反应过程中中间体 mono(NF)TEDA 发生了自脱氟（self-defluorination）反应的原因[22]。

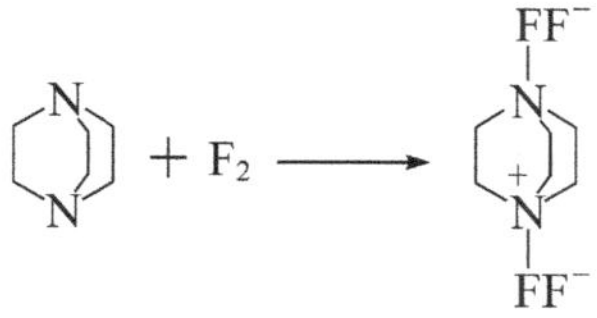

bis(NF)TEDA

由于 bis(NF)TEDA 难以纯化且反应过程中只能提供 1 当量的“F^+”，化学家们作了这样的改进思想，即先用一烷基使其中一个桥头 N 形成季铵盐，所得产物再用 F_2 进行氟化，这样就可得到 NF-TEDA。事实证明，采用这样的策略不仅可以合成易于分离纯化的 NF-TEDA，而且 NF-TEDA 的氟化活性可根据烷基的电负性进行调节，氟化活性随烷基吸电子能力增强而增强[23]。合成 NF-TEDA 的方法如下[24]：

1）当量为非法定用法。为了遵从学科和读者阅读习惯，本书仍沿用这一用法。

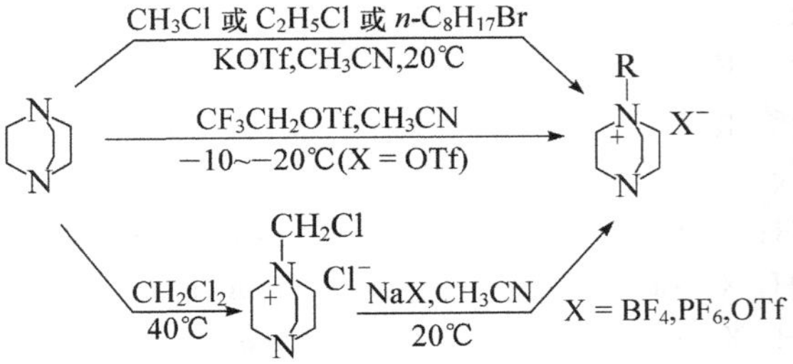

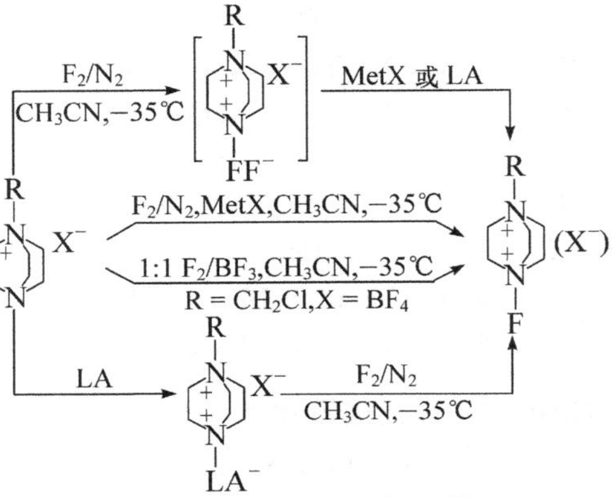

MetX = $NaBF_4$,$NaPF_6$,LiOTf等
LA = 路易斯酸(BF_3,PF_5等)

所有的 NF-TEDA 氟化试剂的反应性能都强于 UMIST 试剂和 Umemoto 试剂，NF-TEDA-BF_4 可以氟化喹核碱生成相应的 UMIST 试剂可充分说明这一点[25]。

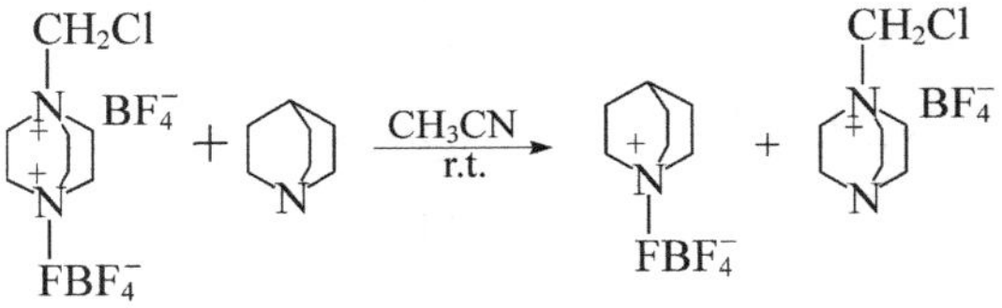

所有合成的 NF-TEDA 氟化试剂概括如下：

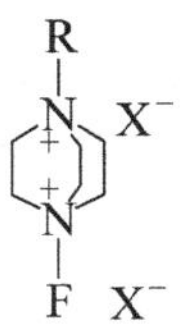

16a：R = CH_2Cl；X = BF_4
16b：R = CH_2Cl；X = TfO
16c：R = CH_2Cl；X = PF_6
16d：R = Me；X = TfO
16e：R = Me；X = BF_4
16f：R = Me；X = PF_6
16g：R = Me；X = TfO；X′ = BF_4
16h：R = Me；X = TfO；X′ = PF_6
16i：R = Me；X = TfO；X′ = PSO_3
16j：R = Et；X = TfO
16k：R = CF_3CH_2；X = TfO
16l：R = C_8H_{17}；X = TfO
16m：R = OH；X = BF_4
16n：R = F；X = BF_4

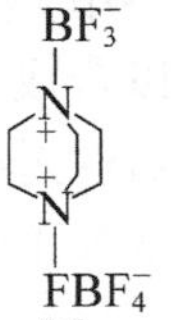
16o

在以上论述的 NF 亲电氟化试剂中，R. E. Banks 发明的 **16a** 是应用得最多的亲电氟化试剂，并被通称为 Selectfluor。

3. $NF_4^+A^-$亲电氟化试剂的合成

高温高压下金属氟化物、F_2和三氟化氮在一起反应可合成$NF_4^+A^-$亲电氟化试剂。但由于在制备时条件很激烈以及出于安全问题的考虑，这类亲电氟化试剂的应用受到了很大的限制[26]。

$$2NF_3 + 2F_2 + SbF_5 \xrightarrow[72h,\ 70atm^{1)}]{250℃} \underset{\mathbf{17}}{NF_4^+SbF_6^-}$$

三、NF亲电氟化试剂的反应

1. 氟化羰基化合物

NF氟化试剂氟化羰基化合物，可以成功地将氟原子引入到羰基的邻位，反应过程中牵涉到底物首先在碳基α位形成负离子或羰基基团形成烯醇酯[20c,20d,21a,24c,27]、烯醇硅醚[14c,20c,21d,27,28]或烯醇金属盐中间体[13a,14c,18b,20a,29]。

对于单羰基化合物，一种方法是加入金属碱使底物生成烯醇金属盐中间体，随后加入NF氟化试剂氟化。NF磺酰胺试剂**1**、**3**、**4**都可对相应的底物进行氟化。例如，$(CF_3SO_2)_2NF$ **1a**对酯、酰胺和酮的烯醇锂反应能专一地得到羰基α位单氟取代的产物[29f]。Differding小组利用$(PhSO_2)_2NF$ **4**及氟化试剂**8**代替$(CF_3SO_2)_2NF$ **1a**同样能实现酯、酰胺和酮的烯醇锂α单氟化反应[14c,29d]。Davis等则发现利用NF-邻苯二磺酰胺**6**氟化酯、酰胺和酮的烯醇钠盐能使反应取得更好的产率[29b]。NFN-烷基磺酰胺**3**氟化酮的烯醇锂盐可制备相应的α单氟取代酮化合物[13a]。

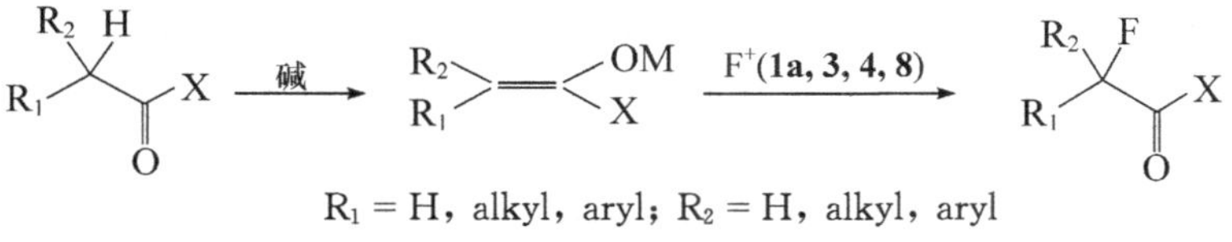

R_1 = H, alkyl, aryl; R_2 = H, alkyl, aryl

X = *O*-alkyl, *N*-dialkyl, alkyl, aryl

M = Li, Na, K

另外，将羰基化合物转化成相应的烯醇硅醚[14c,20c,21d,27,28]、烯醇酯[20c,20d,21a,24c,27]、烯醇烷基醚[20c]和烯胺化合物[18a,19a,19d,20c,27b,30]、亚胺[14d,29b,31]后再用NF氟化试剂氟化同样可将氟原子引入基的α位，这种方法应用较为广泛，可使用的NF氟化试剂种类多，操作简便且产率高。

1）“atm”为非法定单位。1atm＝101.325kPa。

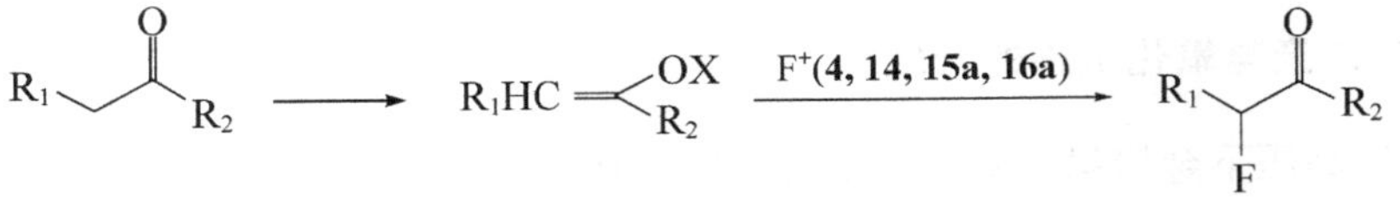

R_1, R_2 = alkyl, aryl; X = $SiMe_3$, alkyl, $COCH_3$

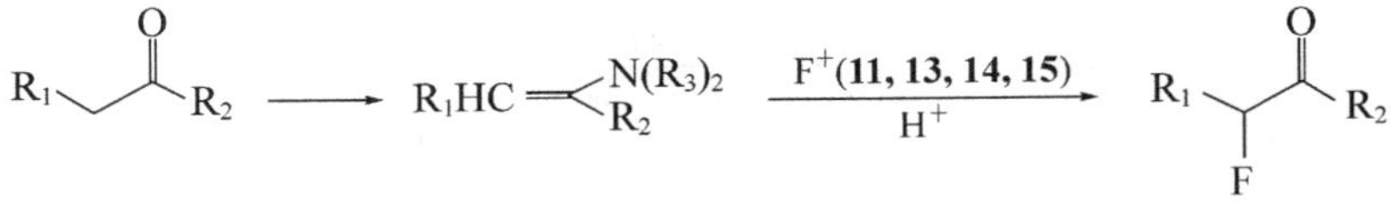

R_1, R_2 = alkyl, aryl; R_3 = alkyl

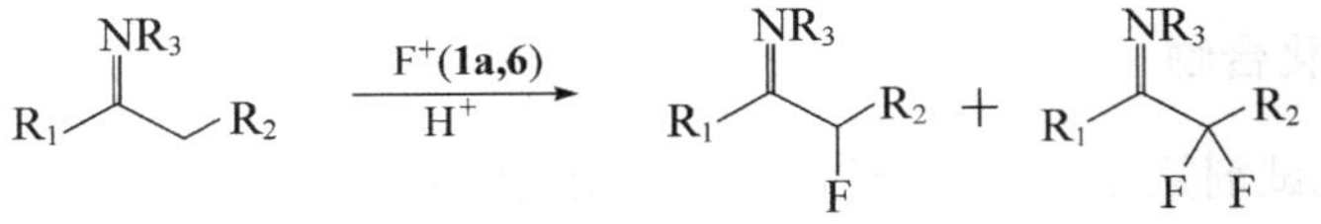

R_1 = aryl; R_2 = alkyl 或 H; R_3 = alkyl

NF 氟化试剂同样可氟化 β-二羰基化合物。研究发现丙二酸酯和单取代的丙二酸酯的烯醇金属化合物可用 NF 喹核碱氟化试剂 **14**[19a,19b]、$(PhSO_2)_2NF$ **4**[14c]、$(CF_3SO_2)_2NF$ **1a**[29h]、NFN-烷基磺酰胺 **3**[13a]、NF-2,4,6-三甲基吡啶的三氟甲磺酸盐[29a]氟化，生成相应的含氟衍生物。NF 吡啶盐 **15a～i** 在路易斯酸存在下可直接和 β-酮酯、β-二酮反应，得到单氟或双氟 β-二羰基化合物[29a]。除了相应的烯醇金属盐外[27a]，在中性条件下单取代丙二酸酯、β-羰基酯、β-羰基酰胺同样可与 Selectfluor **16a** 或 **1** 反应高产率地生成 α-单氟取代的产物[29i]。虽然 β-二羧酸酯由于反应活性低不能被 Selectfluor **16a** 氟化，但它相应的钠盐却能顺利地被氟化。进一步研究还发现，氟化 α-单氟取代的二羰基化合物可制备相应的 α,α-双氟取代的产物。同样，利用 2 当量 $(CF_3SO_2)_2NF$ **1a** 作用于 α 位无取代基的 β-二羰基化合物和 β-羰基酯也能得到 α,α-双氟取代的产物[29e]。反应式如下：

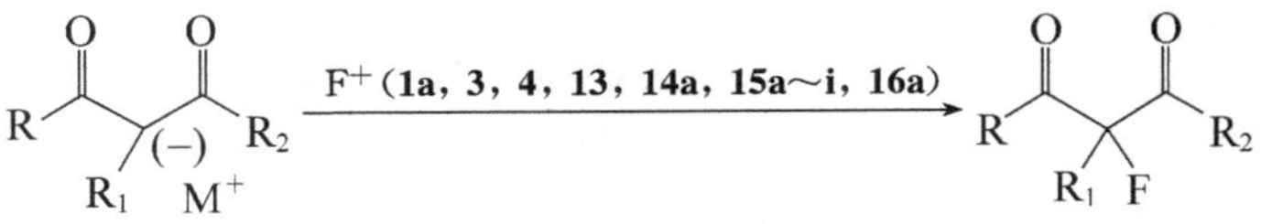

R = *O*-alkyl, alkyl, aryl; R_1 = alkyl, aryl, Cl, H;

R_2 = alkyl, aryl, *O*-alkyl; M = Na, K

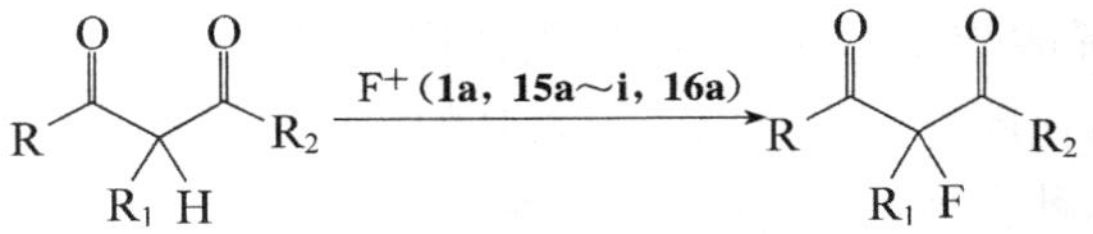

R = alkyl, *N*-dialkyl, aryl, *O*-alkyl; R_1 = alkyl, aryl, H;

R_2 = alkyl, aryl, *N*-dialkyl

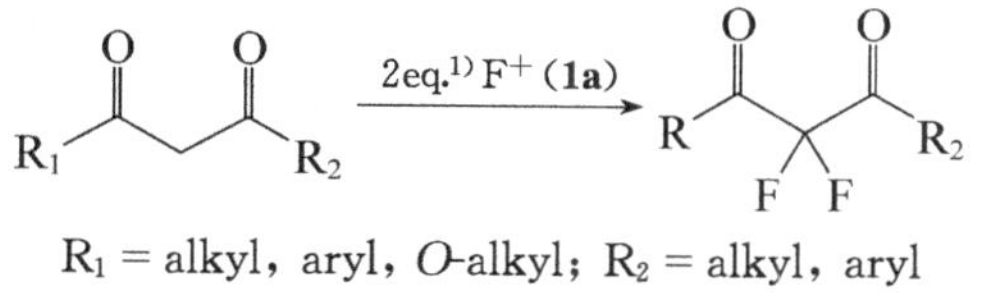

亲电氟化试剂氟化 Δ^1-3-羰基-或 $\Delta^{1,4}$-3-羰基-甾族化合物衍生的共轭烯醇烷基醚、烯醇酯、烯醇硅醚可成功地将氟原子引入羰基官能团的 γ 位[20b,20f,21d,24c,27a,27b,29a,32]。Selectfluor 试剂 **16a** 氟化相应的烯醇酯时反应在室温下能快速进行高产率地得到羰基 γ 位氟化产物[27a]，而 Selectfluor 试剂 **16a** 和 NF-吡啶盐 **15a～i** 氟化相应的烯醇烷基醚、烯醇硅醚时却生成羰基 α 位氟取代和 γ 位氟化产物的混合物[27a,29a]。Poss 小组研究发现利用 NF-吡啶盐 **15j** 作氟化试剂可专一地得到羰基 γ 位氟化产物[27b]。

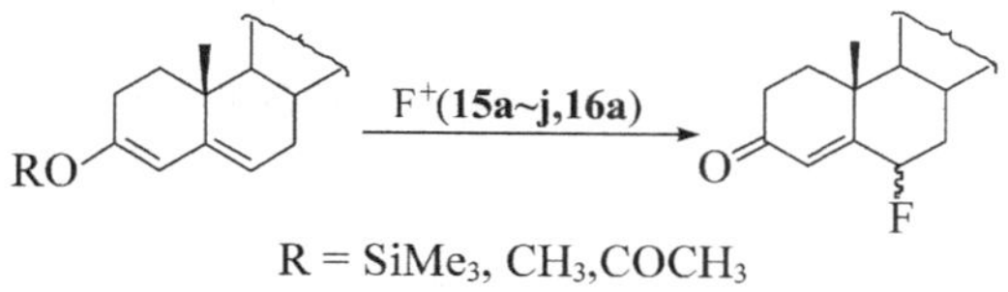

2. 氟化烯、炔化合物

NF 亲电氟化试剂 Selectfluor **16a** 在弱亲核试剂（H_2O、AcOH、HF·吡啶、MeOH/CH_3CN 等）存在下氟化芳基乙烯衍生物，可将氟原子和亲核基团同时引入烯基的两个碳原子上[27a]。反应的区域选择性遵循马尔科夫尼科夫规则（Markovnikov rule），且产率高。Stavber 小组发现，以甲醇为亲核试剂，Selectfluor **16a** 氟化芳基乙烯衍生物的速率和烯基取代基有很大的关系，氟化苯乙烯速率最慢[33]。他们在氟化苯基取代的苯并环烯时还发现反应具有立体选择性，立体化学结果与含烯基双键的环的大小有关，如氟化 3-苯基-1*H*-茚时主要得到 *syn* 式产物，而氟化 9-苯基-6，7-二氢-5H-苯并环庚烯时专一生成 *anti* 式产物。

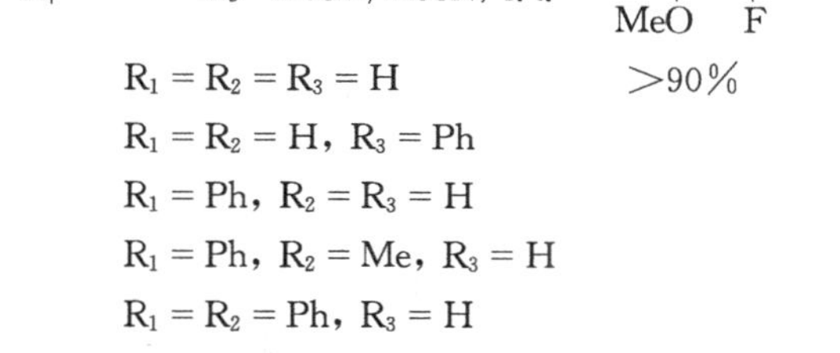

1）eq 为非法定用法。为了遵从学科与读者阅读习惯，本书仍沿用该用法。

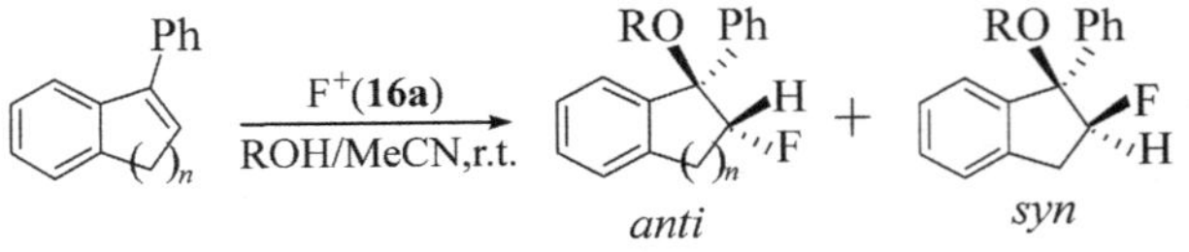

$n=1$，R＝Me　$anti/syn=0.37:1$

$n=2$，R＝Me　$anti/syn=1.6:1$

$n=3$，R＝Me　$anti/syn=100:1$

$n=3$，R＝Et　$anti/syn=0.77:1$

$n=3$，R＝^{i}Pr　$anti/syn=0.16:1$

NF 五氯吡啶盐 **15h** 在 AcOH 或烷氧硅烷存在下和苯乙烯及衍生物反应生成相应的氟化产物，反应的区域选择性符合马尔科夫尼科夫规则[29a]。在碱 2-氟吡啶或 2,6-二叔丁基吡啶存在下，烷基取代的烯烃同样可被 **15h** 氟化(见表 4－1)。

表 4－1　在 2-氟吡啶或 2,6-二叔丁基吡啶存在下，烷基取代的烯烃被 15h 氟化的示例

编号	烯烃	溶剂	时间	产物	产率/%
1	$PhCH{=}CH_2$	AcOH	1h	$PhCH(OAc)CH_2F$	72
2	$PhCH{=}CH_2$	$AcOSiMe_3$	3days	$PhCH(OAc)CH_2F$	76
3	$PhCH{=}CH_2$	$MeOSiMe_3$	5days	$PhCH(OMe)CH_2F$	54
4	$PhCH{=}CH_2$	$EtOSiMe_3$	18days	$PhCH(OEt)CH_2F$	29
5	*E*-$PhCH{=}CHCH_3$	AcOH	20min	$PhCH(OAc)CHFCH_3$	80
6	$PhCH{=}CHCH_3$	AcOH	1h	$PhCH(OAc)CHFCH_3$	80
7	$PhC(CH_3){=}CH_2$	AcOH	5min	$PhC(CH_2F){=}CH_2$	25
8	$PhC(CH_3){=}CH_2$	Me_2CHOH	10min	$PhC(CH_3)(OCHMe_2)CH_2F$	70
9	$PhC(CH_3){=}CH_2$ 1)	CH_2Cl_2	5min	$PhC(CH_2F){=}CH_2$	73
10	$Me(CH_2)_2C(CH_3){=}CH_2$ 1)	AcOH	30min	$Me(CH_2)_2C(CH_3)(OAc)CH_2F$	28
11	$Me_2C{=}CH(CH_2)_2Ph$ 2)	THF	10min	$CH_2{=}(CH_3)CCHF(CH_2)_2Ph$	57

1) 2-氟吡啶作碱；

2) 2,6-二叔丁基吡啶作碱；氟化试剂：NF 五氯吡啶盐 **15h**。

DesMarteau 小组研究了 DesMarteau 试剂 $(CF_3SO_2)_2NF$ **1a** 和烯烃的反应[34]。富电子烯烃在弱亲核性溶剂如 CH_2Cl_2、氟里昂-113、THF 中用 $(CF_3SO_2)_2NF$ **1a** 氟化，生成多种氟化产物的混合物。而以强亲核性试剂如水、AcOH 作溶剂时，$(CF_3SO_2)_2NF$ **1a** 能氟化苯乙烯及其衍生物生成所希望的氟化产物。他们认为 **1a** 氟化烯烃过程中牵涉产生 α-氟取代的碳正离子中间体，且反应结果和所使用的溶剂有大的关系，如极性溶剂可提高反应速率。有趣的是，他们注意到只有那些在反应中能形成稳定碳正离子中间体的烯烃可以被氟化，环己烯、1-辛烯和 2,3-2H-吡喃由于不能形成稳定的碳正离子而不能被$(CF_3SO_2)_2NF$ **1a** 氟化得到氟化产物。研究还发现自由基清除剂如间二硝基苯或 1,4-苯醌的存在可阻止氟化反应的进行。

$$Ph_2C{=}CH_2 \xrightarrow[CH_2Cl_2\text{-}H_2O]{(CF_3SO_2)_2NF(\mathbf{1a})} Ph_2C(OH)CH_2F \quad 57\%$$

$$Ph_2C{=}CPh(R) \xrightarrow[CH_2Cl_2\text{-}H_2O]{F^+(\mathbf{1a})} Ph_2C(OH)CF(Ph)(R)$$

R = H，98%

R = Ph，90%

$$PhCH{=}CH_2 \xrightarrow[CH_2Cl_2\text{-}AcOH]{F^+(\mathbf{1a})} PhCH(OAc)CH_2F \quad 92\%$$

$$E\text{-}PhCH{=}CHCH_3 \xrightarrow[CH_2Cl_2\text{-}AcOH]{F^+(\mathbf{1a})} PhCH(OAc)CHFCH_3 \quad 99\%$$

erythro：*threo* = 1：1

$$PhCH{=}CHCOR \xrightarrow[CH_2Cl_2\text{-}AcOH]{F^+(\mathbf{1a})} PhCH(OAc)CHFCOR$$

R = CH_3(71%)；Ph(58%)；OMe(69%)

核苷碱基尿嘧啶、胸腺嘧啶和胞嘧啶的碳碳双键可被 Selectfluor **16a** 氟化。Lal 小组发现以 H_2O、MeOH 或 AcOH 为溶剂，在 90℃或加热回流条件下，嘧啶碱基可以和 Selectfluor **16a** 反应生成相应的单氟或双氟加成产物[35]。

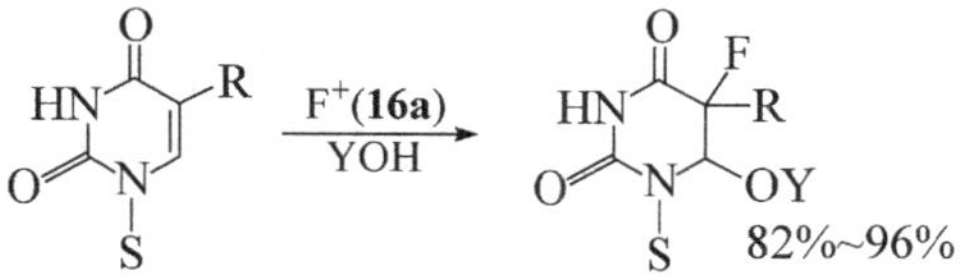

S = 核苷的糖环或 H；

YOH = H_2O，AcOH，MeOH；R = Me 或 H

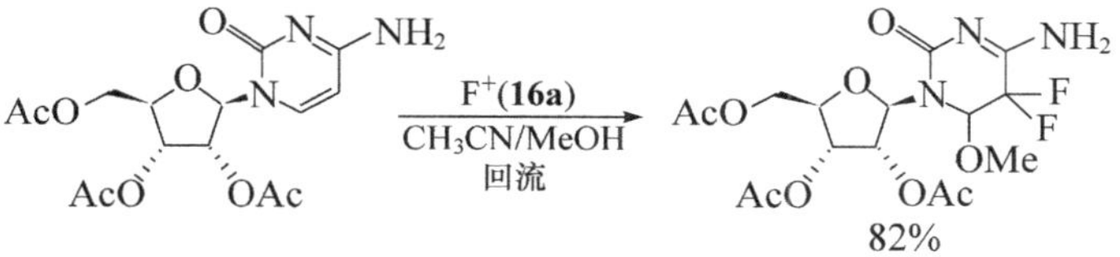

Ge 小组 1997 年报道 Selectfluor **16a** 可以氟化 *α*-溴-*β*-羟基-*α*-溴-*β*-不饱和内酯化合物的双键，从而完成了 L-抗坏血酸和季酮酸含氟衍生物的合成[36]。

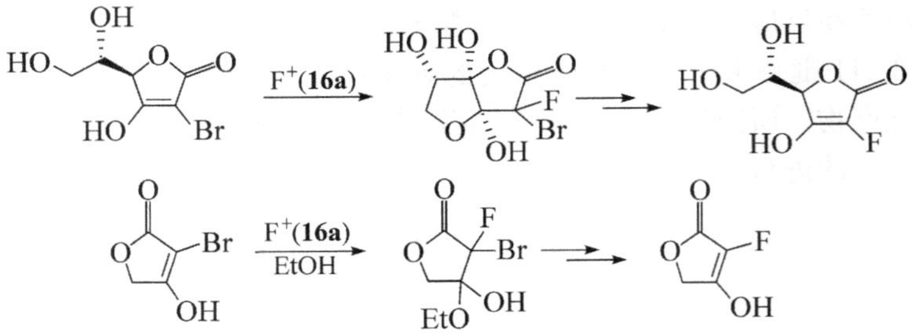

NF 亲电氟化试剂同样可以氟化炔化合物，例如 Zupan 等报道 Selectfluor **16a** 和 **16m** 能氟化苯基取代的炔化合物以中等产率生成相应的 α,α-二氟羰基化合物[14a,37]。

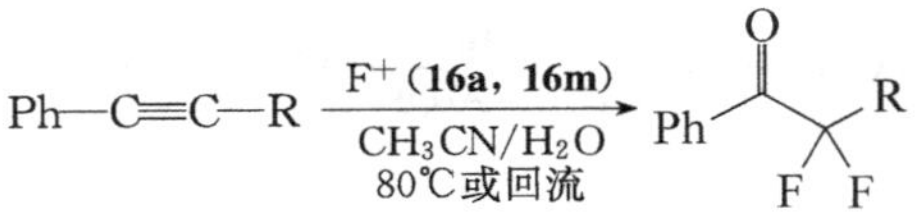

对 **16a**，R=H(36%)；CH_3(51%)；^{t}Bu(48%)；Ph(51%)

对 **16m**，R=H(58%)；CH_3(78%)；^{t}Bu(72%)；Ph(72%)

3. 氟化芳环化合物

将氟原子引入芳香环的经典方法是通过 Balz-Schiemann 反应，即通过重氮化物中间体将芳基氨中氨基的位置用氟原子取代[38]。另外，一些芳环上的卤素或硝基官能团可通过氟的亲核取代反应将氟原子引入[38]。同样，NF 亲电氟化试剂对芳环的直接氟化也是将氟原子引入芳环的重要方法。

Banks 小组、Zupan 小组和 Lal 小组都报道 NF 亲电氟化试剂 Selectfluor **16a** 可以氟化取代的苯得到单氟或双氟取代苯衍生物，但反应的区域选择性不好[21b,23,24a,27a,39]。如下列反应式及表 4-2 所示。

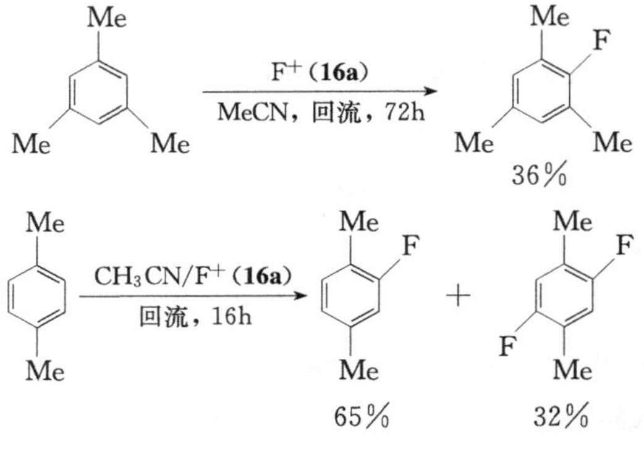

表 4-2 16a 氟化取代苯在不同反应条件下的产率

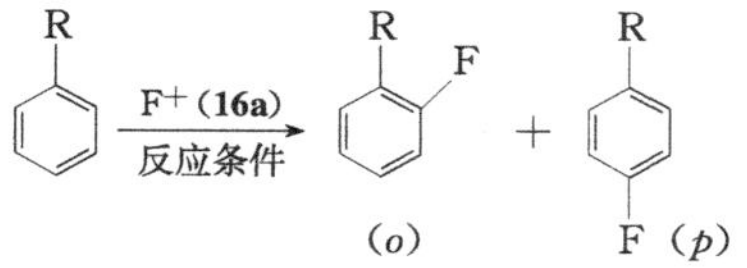

R	反应条件	邻位氟产物产率/%	对位氟产物产率/%
NHAc	MeCN，回流，15min	50	30
NHAc	MeOH，20℃，24h	51	34
OH	MeOH，回流，15h	61	30
OMe	MeCN，回流，15h	50	50
OMe	MeCN，90℃，24h	50	32
Me	MeCN，回流，16h	60	20
OPh	MeCN，70℃，24h	36	29

Zupan 等还研究了 NF-TEDA **16** 氟化试剂对联苯、萘、蒽、菲、萘酚及其衍生物的氟化反应，结果发现溶剂对反应产物有很大的影响，一些典型的反应结果如下[39c,39d,40]：

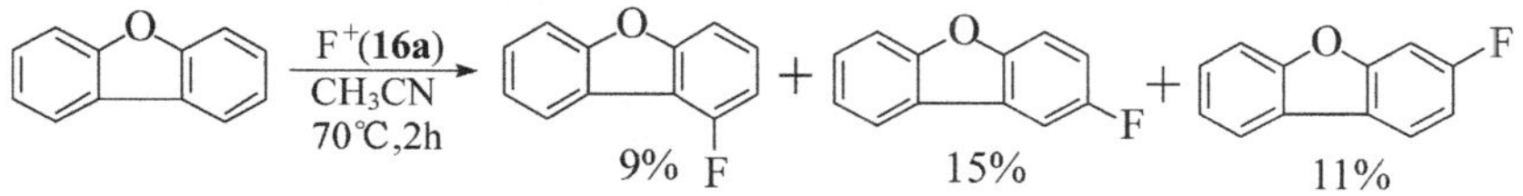

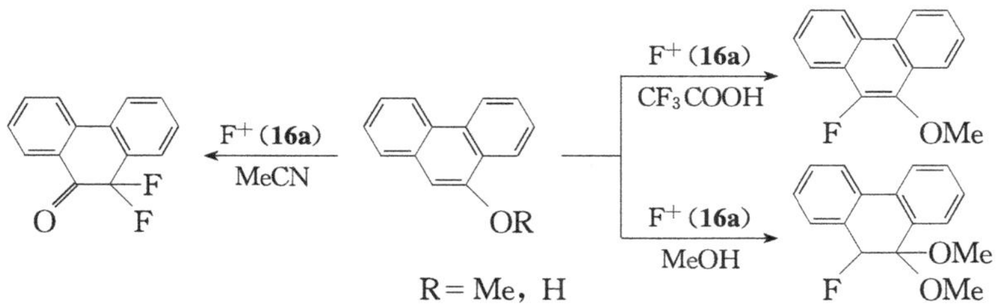

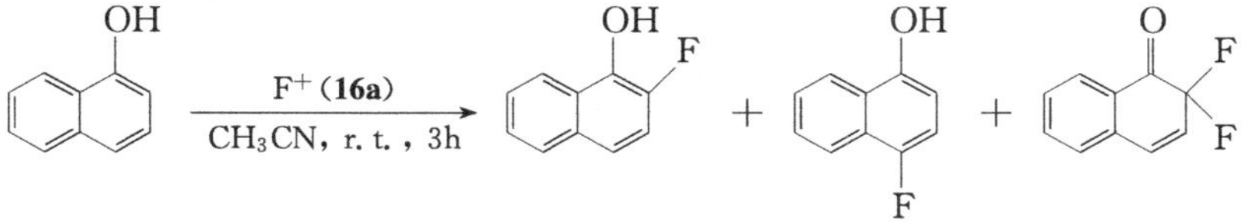

NF 双磺酰胺 **4**、**8f** 与取代苯的反应同样得以研究，除了邻位、对位氟取代产物外，一些底物还观察到间位氟取代产物的生成[14c,41]。如表 4-3 所示。

表 4-3　4、8f 氟化不同取代苯在不同反应条件下生成氟代产物的产率

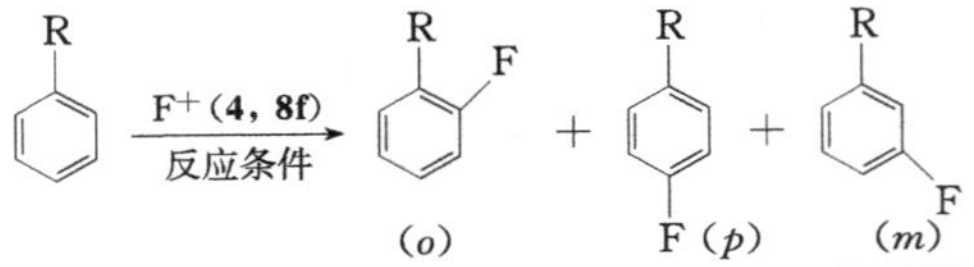

编号	R	氟化试剂	反应条件[1)]	邻位氟产物产率/%	对位氟产物产率/%	间位氟产物产率/%
1	MeO	**8f**	150℃,5h	43	34	—
2	MeO	**4**	150℃,5h	58	37	5
3	MeO	**4**	100℃,24h	19	12	2
4	NHAc	**4**	100℃,18h	25	15	—
5	Me	**4**	回流,9d	12	5	1

1) 反应在无溶剂下进行。

NF 吡啶盐 **15** 同样可氟化取代苯，一些反应结果如下。

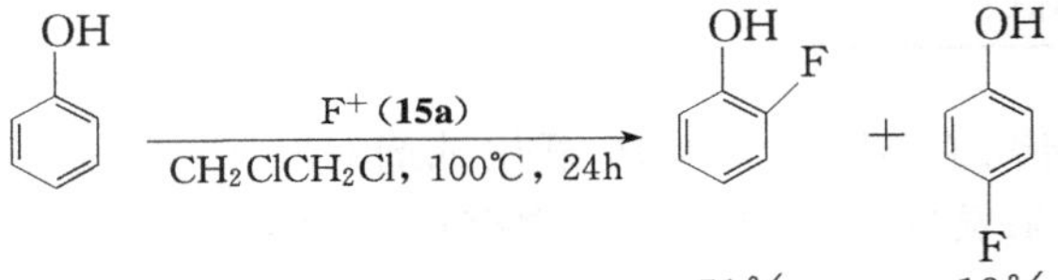

51%　　18%

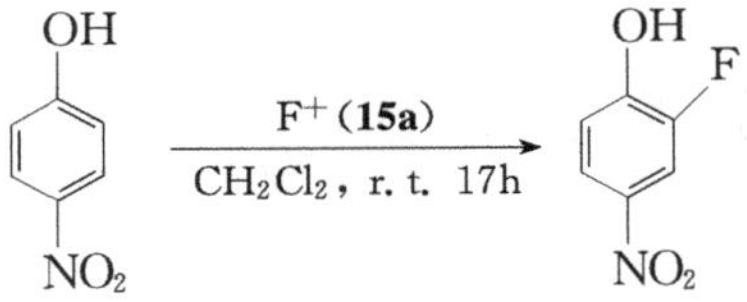

65%

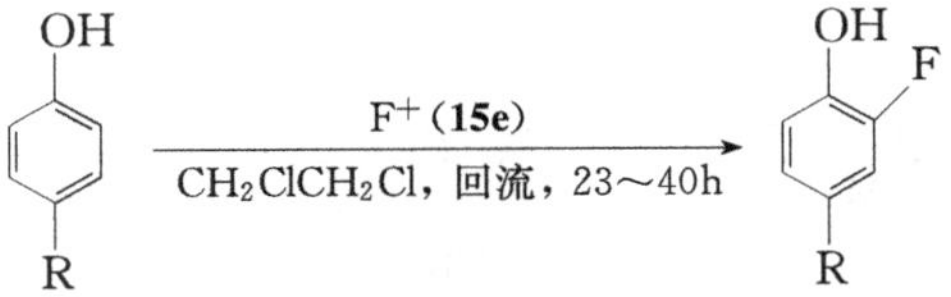

R＝Cl(52%)；CO_2Me(53%)

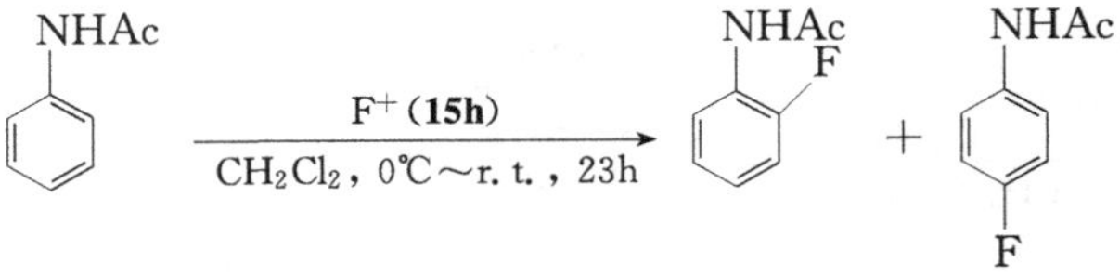

58%　　16%

对于对位有吸电子基取代的苯酚，NF 吡啶盐氟化时得到单一的邻氟苯酚化合物，而对于苯酚或 *N*-乙酰基苯胺，则同时生成邻位和对位氟取代的产物[20g,29a]。

有趣的是，Zupan 等用 Selectfluor **16a** 和 **16m** 对一些取代苯酚、含有苯酚结构的萘酚和雄激素类固醇进行氟化时，得到的并非氟代苯酚，而是 4-氟-2，5-环已二烯酮化合物[42]。底物对反应有大的影响，如 4-联苯酚、对硝基苯酚、对氟苯酚和对甲氧基苯酚作底物时，反应十分复杂，而对甲基苯酚和对异丙基苯酚则能生成相应的 4-氟-2，5-环已二烯酮化合物。研究还发现酚羟基的间位存在甲基取代基可以提高反应的区域选择性，促使氟化试剂进攻酚羟基的对位。

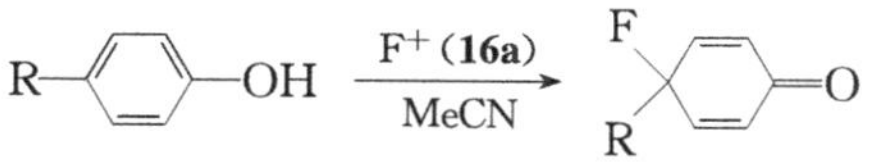

R = Me，60%；　R = Me，55%；

R = ^{i}Pr，55%；　R = ^{i}Pr，53%

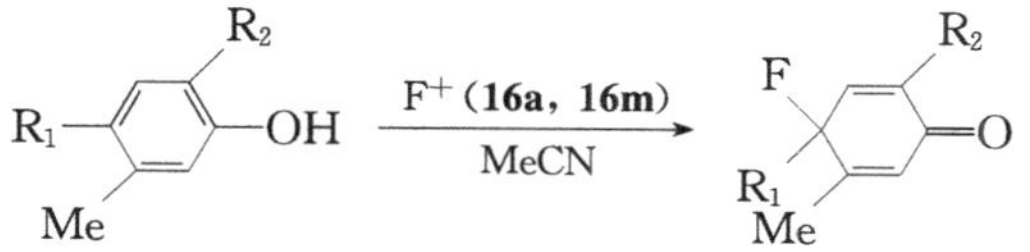

R_1 = Me，R_2 = H，F^+ = **16a**　84%；　R_1 = Me，R_2 = H，F^+ = **16m**　83%；

R_1 = ^{i}Pr，R_2 = H，F^+ = **16a**　80%；　R_1 = ^{i}Pr，R_2 = H，F^+ = **16m**　78%；

R_1 = Me，R_2 = Cl，F^+ = **16a**　76%；　R_1 = Me，R_2 = Cl，F^+ = **16m**　73%；

R_1 = F，R_2 = H，F^+ = **16a**　49%；　R_1 = F，R_2 = H，F^+ = **16m**　47%；

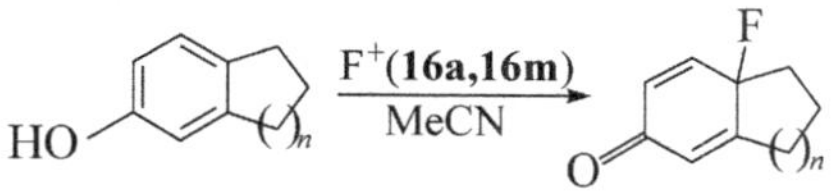

n = 1，F^+ = **16a**　85%；　n = 1，F^+ = **16m**　83%；

n = 2，F^+ = **16a**　86%；　n = 2，F^+ = **16m**　85%

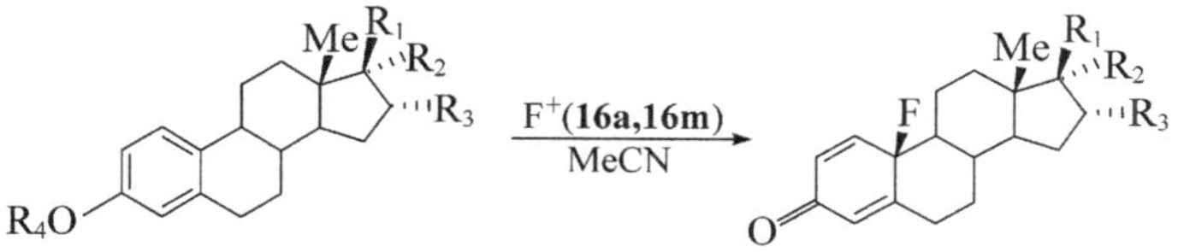

R_1，R_2 = O，R_3 = H，R_4 = H，F^+ = **16a**　90%；

R_1，R_2 = O，R_3 = H，R_4 = H，F^+ = **16m**　83%；

R_1 = OH，R_2 = R_3 = H，R_4 = H，F^+ = **16a**　88%；

R_1 = OH，R_2 = R_3 = H，R_4 = H，F^+ = **16m**　82%；

R_1 = OH，R_2 = OH，R_3 = R_4 = H，F^+ = **16a**　86%；

R_1 = OH，R_2 = OH，R_3 = R_4 = H，F^+ = **16m**　83%；

R_1，R_2 = O，R_3 = H，R_4 = Me，F^+ = **16a**　93%；

R_1，R_2 = O，R_3 = H，R_4 = Me，F^+ = **16m**　90%；

R_1 = OH，R_2 = OH，R_3 = H，R_4 = Me，F^+ = **16a**　84%；

R_1 = OH，R_2 = OH，R_3 = H，R_4 = Me，F^+ = **16m**　81%；

R_1 = R_3 = OH，R_2 = R_4 = H，F^+ = **16a**　85%；

R_1 = R_3 = OH，R_2 = R_4 = H，F^+ = **16m**　81%

除了用NF氟化试剂直接对芳环氟化外，NF氟化试剂也可对取代苯的有机锂盐进行氟化，这种方法已被成功地应用于邻位氟取代的苯衍生物的合成，且区域选择性好[43]。苯甲醚、苯甲酰胺、苯磺酰胺等都可作为邻位锂化反应的底物，NF苯磺酰胺**4**、NF邻苯二磺酰亚胺**6**、DesMarteau试剂**1a**以及UIST试剂**14c**都曾被报道是这一反应好的氟化试剂。

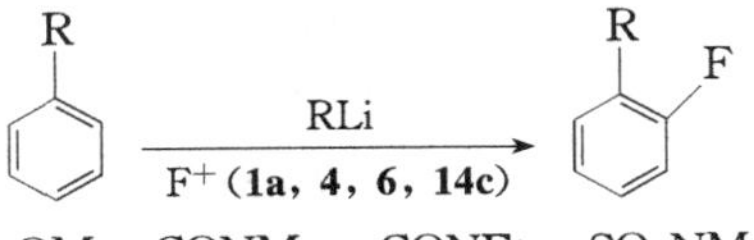

R = OMe, $CONMe_2$, $CONEt_2$, SO_2NMe_2,
$CONH^tBu$, $OCSNEt_2$, SONHMe 等

4. 氟化苄醇化合物

Stavber和Zupan发现Selectfluor **16a**可以氟化苄位双烷基取代的苄醇化合物，令人意外的是反应产物中的氟并未出现在芳环上，而是以中等到良好的产率生成羟基α位氟取代的苄醇[44]。

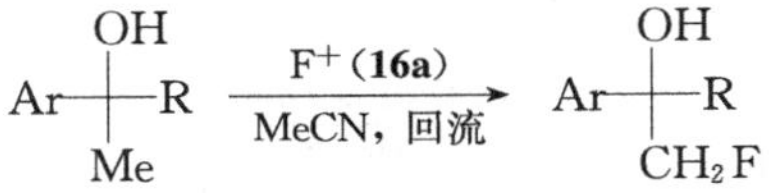

Ar = Ph, R = Me 90%;
Ar = Ph, R = Ph 95%;
Ar = Ph, R = 4-$OMeC_6H_4$ 83%;
Ar = Ph, R = 3-$CF_3C_6H_4$ 95%;
Ar = 2-fluorenyl, R = Me 78%;
Ar = 2-phenanthryl, R = Me 66%

9-甲基-9-羟基芴同样可被氟化生成相应的9-单氟甲基-9-羟基芴。

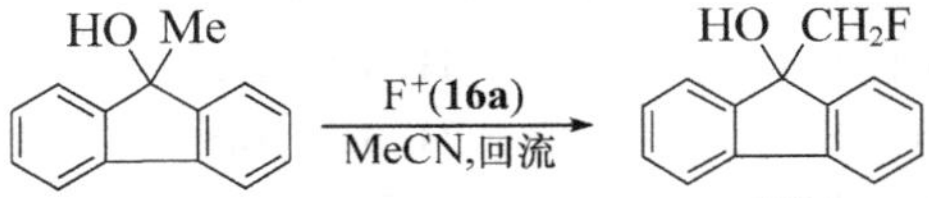

85%

5. 氟化金属化合物、烯基硅化合物、烯基硼酸及三氟硼酸盐

Selectfluor **16a**可直接氟化烯基金属化合物，从而提供了一种合成烯基氟化物的方法。1993年，McCarthy等利用Selectfluor **16a**直接氟化烯基锡能以中等产率得到相应的烯基氟化物，且双键的立体构型得以保持[45]。如下式和表4-4所示。

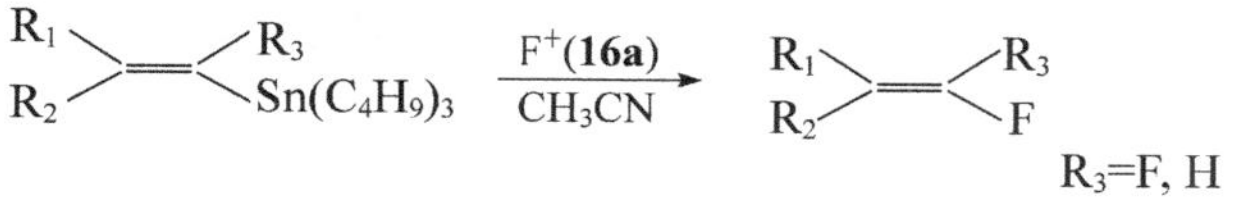

表 4-4 Selectfluor 16a 直接氟化烯基锡的示例

底物	产物	产率/%
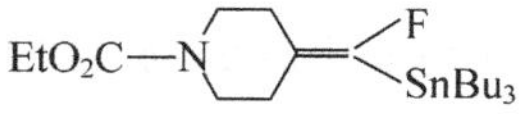	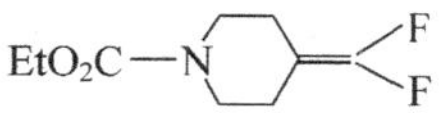	45
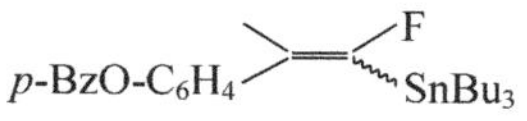	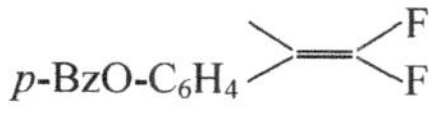	74
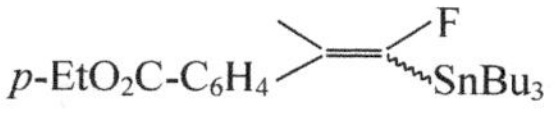	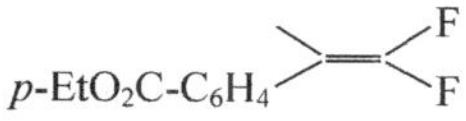	58
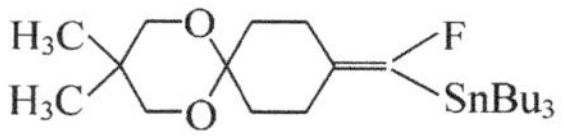	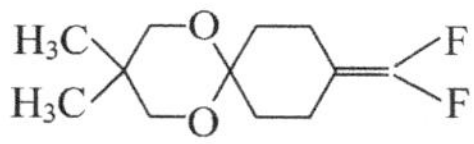	42
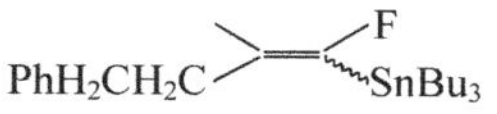	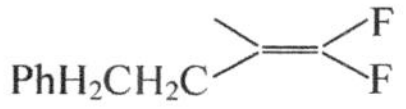	35
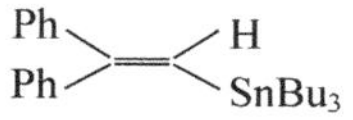	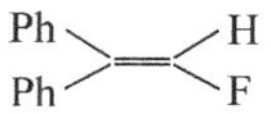	71

Widdowson 等研究了利用 Selectfluor **16a** 和烯基锡化合物的反应合成含氟吲哚和 4-氟-Δ^4,3-酮类固醇化合物[46]。和吲哚锡化合物反应时，以 MeCN 为溶剂能生成相应的 2-氟吲哚和 3-氟吲哚。反应示例如下：

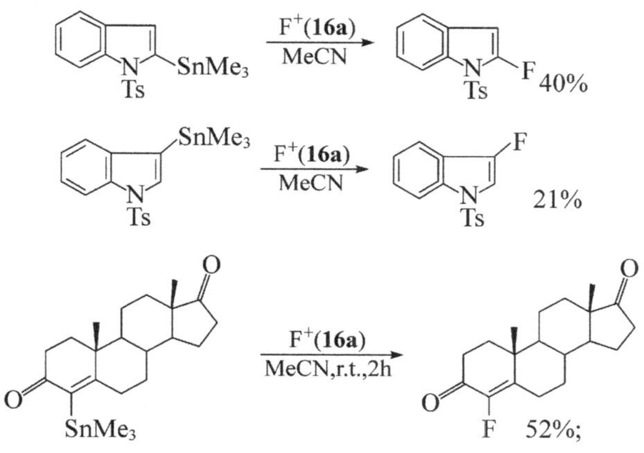

以甲醇或 DMF 作为溶剂会导致其他副反应的发生。

McClinton 小组利用 Selectfluor **16a** 和环戊二烯铊反应产生 5-氟环戊二烯中

间体，中间体可直接与一系列亲双烯体发生 Diels-Alder 反应[47]。

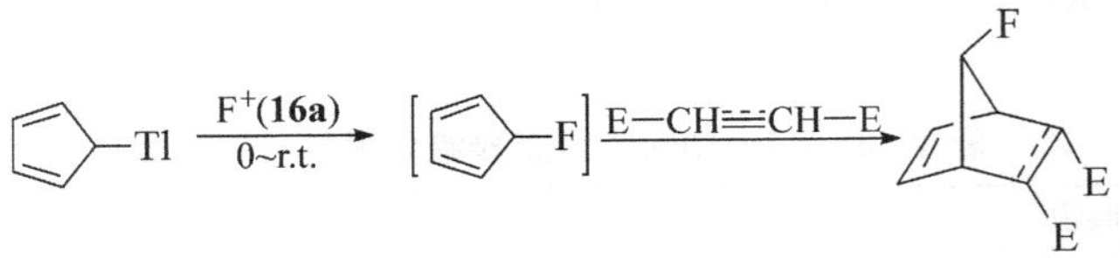

研究表明，烷基或芳基格氏试剂也可作为亲电氟化试剂氟化的底物，反应式如下：

$$R—MgX \xrightarrow{F^+} R—F$$

$$R = alkyl, aryl \qquad X = Cl, Br$$

不同氟化试剂产生的氟化结果差别很大[13a,13i,14e,14d,20c,29b,39b]。结果如表 4-5 所示。

表 4-5　不同氟化试剂的氟化结果

编号	格氏试剂	氟化试剂	反应条件	产物	产率/%
1	$Me(CH_2)_{11}MgCl$	**15d**	Et_2O，0℃，0.5h	$Me(CH_2)_{11}F$	75
2	PhMgCl	**15d**	THF，0℃，0.5h	PhF	58
3	PhMgBr	**16a**	Et_2O，r.t.，16h	PhF	61
4	$Me(CH_2)_{11}MgBr$	**16a**	Et_2O，r.t.，16h	$Me(CH_2)_{11}F$	58
5	$Me(CH_2)_{13}MgBr$	**3c**	甲苯/Et_2O，−78℃	$Me(CH_2)_{13}F$	15
6	PhMgBr	**3b**	Et_2O，r.t.	PhF	50
7	PhMgBr	**6**	0～20℃，5min	PhF	80
8	PhMgBr	**8f**	THF，20℃，4h	PhF	52
9	PhMgBr	**9a**	—	PhF	1～2
10	PhMgBr	**9b**	—	PhF	8
11	PhMgBr	**9c**	—	PhF	20
12	PhMgBr	**9d**	—	PhF	19
13	4-TolMgBr	**9c**	—	4-TolF	30
14	1-naphthyl-MgBr	**9c**	—	1-naphthyl-F	51
15	CyMgBr	**9c**	—	Cy-F	19

Greddy 和 Gouverneur 研究发现，Selectfluor **16a** 能直接氟化三甲基烯基硅烷得到氟化产物[48]。当 Selectfluor **16a** 用量为 1eq. 时，得到烯基氟化合物，但是双键的构型未能得到保持，顺反选择性差。当 Selectfluor **16a** 用量为 2.5eq. 时，亲核

性溶剂参与反应，主要生成二氟甲基化合物。

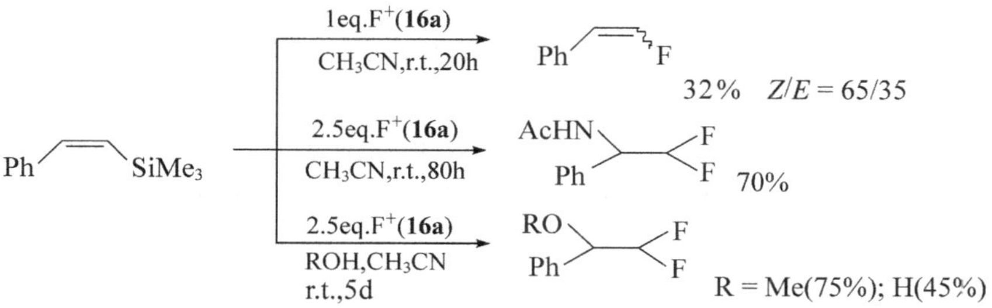

Olah 和 Prakash 等发现用 Selectfluor **16a** 处理烯基硼酸能生成相应的烯基氟化合物，但是反应进行十分缓慢且产物中混杂有不含氟的烯烃。烯基三氟硼酸盐则能和一当量的 Selectfluor **16a** 反应以中等到良好的产率生成烯基氟化合物，反应由于牵涉碳正离子中间体的加成-消除机理而使烯基双键构型不能得以保持[49]。

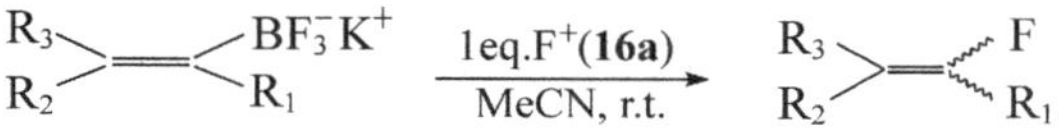

$R_1 = H$，$R_2 = Ph$，$R_3 = H$　产率 89%，$E/Z = 50/50$；
$R_1 = H$，$R_2 = Bu$，$R_3 = H$　产率 58%，$E/Z = 50/50$；
$R_1 = H$，$R_2 = 4\text{-}MeC_6H_4$，$R_3 = H$　产率 87%，$E/Z = 50/50$；
$R_1 = H$，$R_2 = 4\text{-}ClC_6H_4$，$R_3 = H$　产率 78%；$E/Z = 50/50$；
$R_1 = Ph$，$R_2 = Ph$，$R_3 = H$　产率 71%，$E/Z = 85/15$；
$R_1 = H$，$R_2 = Ph$，$R_3 = Br$　产率 65%，$E/Z = 50/50$

两当量的 Selectfluor **16a** 和烯基三氟硼酸盐反应，根据所用溶剂的不同可生成不同的产物，用水作溶剂得到 α,α-二氟羟基化合物，用乙腈或丙腈作溶剂时则生成 α,α-二氟胺基化合物[49]。

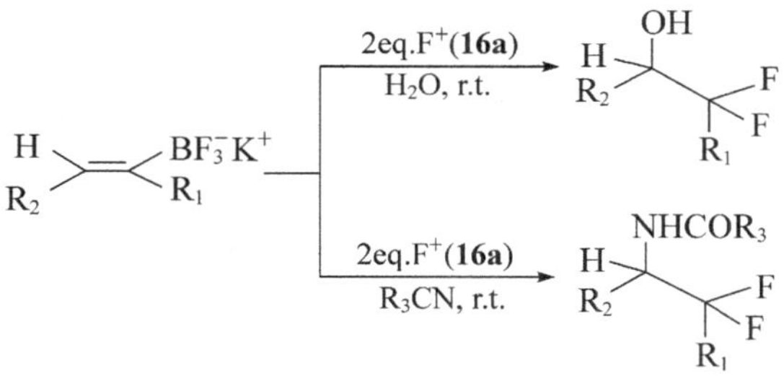

$R_1 = H$，$R_2 = Ph$　产率 69%；
$R_1 = H$，$R_2 = 4\text{-}MeC_6H_4$　产率 71%；
$R_1 = H$，$R_2 = 4\text{-}ClC_6H_4$　产率 67%；
$R_1 = Ph$，$R_2 = Ph$　产率 58%；
$R_1 = Me$，$R_2 = Ph$　产率 75%

$R_1 = H$，$R_2 = Ph$，$R_3 = Me$　产率 82%；
$R_1 = H$，$R_2 = 4\text{-}MeC_6H_4$，$R_3 = Me$　产率 68%；
$R_1 = H$，$R_2 = 4\text{-}ClC_6H_4$，$R_3 = Me$　产率 81%；
$R_1 = Ph$，$R_2 = Ph$，$R_3 = Me$　产率 77%；
$R_1 = H$，$R_2 = Ph$，$R_3 = Et$　产率 62%

6. 氟化吲哚及其衍生物

吲哚是合成许多生物活性分子重要的合成前体，其衍生物酶机理及新陈代谢途径方面也可作为有用的探针。Shibata 等研究了 Selectfluor **16a** 和吲哚的反应，提供了合成氟羟吲哚化合物的有用途径[50]。该反应充分利用了吲哚分子中烯胺官能团的亲核性，反应溶剂对反应有大的影响，生成的产物在 MeCN 中易降解；虽然反应不能以 MeCN 作为单一溶剂，但 MeCN/MeOH 或 MeCN/CF_3OH 的混合溶剂不会使产物降解，最好的反应结果是以 MeCN/H_2O 的 1∶1 混合物作为溶剂。利用这种方法可以对潜在生物活性的吲哚化合物进行氟化，如色氨酸、β-吲哚基乙胺、复合胺 5-羟色胺等。具体示例见表 4-6。

表 4-6　16a 氟化吲哚化合物合成氟羟吲哚化合物的产率

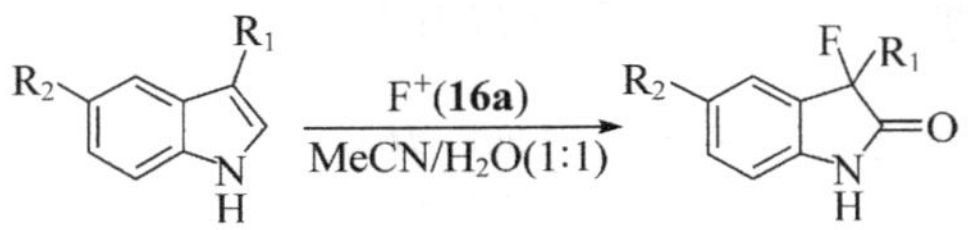

编号	R_1	R_2	产率/%
1	Me	H	71
2	CH_2CH_2COOMe	H	82
3	CH_2COOMe	H	75
4	$CH_2CH_2CH_2COOMe$	H	77
5	CH_2CH_2OAc	H	71
6	$CH_2CH_2CH_2OAc$	H	69
7	$CH_2CH_2CH_2CH_2OAc$	H	64
8	CH_2CH_2NPhth	H	71
9	$CH_2CH_2CH(NHAc)COOMe$	H	70
10	$CH_2CH_2CH(NH\textit{p}NB)COOMe$	H	92
11	CH_2CH_2NPhth	OAc	82

亲电氟化试剂和吲哚的反应被 Shibata 小组充分用于合成天然产物 gypsetin 和 brevianamide 的含氟类似物[51]。在模型反应中，Selectfluor **16a** 和吲哚衍生物顺利反应，但产率较低；进一步研究发现，用 NF 吡啶盐 **15d** 代替 Selectfluor **16a** 作为氟化试剂，能取得较好的产率。后来 Shibata 等利用 NF 吡啶盐 **15d** 作氟化试剂完成了 fluorogypsetin 和 fluorobrevianamide 的全合成。

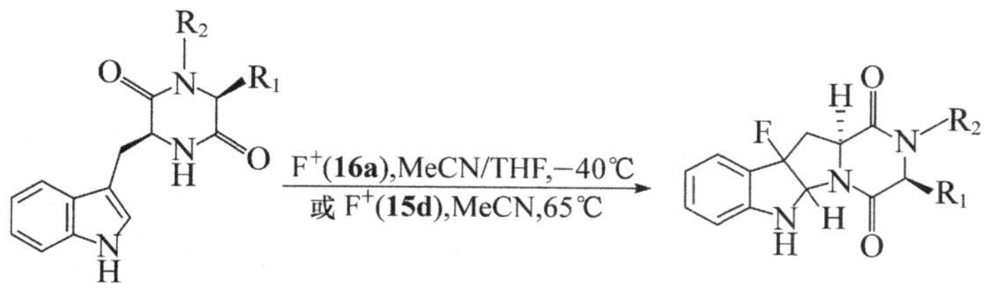

F^+ (**16a**)：R_1 = Me，R_2 = H 45%；
R_1 = *i*-Pr，R_2 = H 40%；
R_1 = Bn，R_2 = H 42%；
R_1，R_2 =—$(CH_2)_3$— 27%

F^+ (**15d**)：R_1 = Me，R_2 = H 67%；
R_1 = *i*-Pr，R_2 = H 88%；
R_1 = Bn，R_2 = H 74%；
R_1，R_2 =—$(CH_2)_3$— 71%

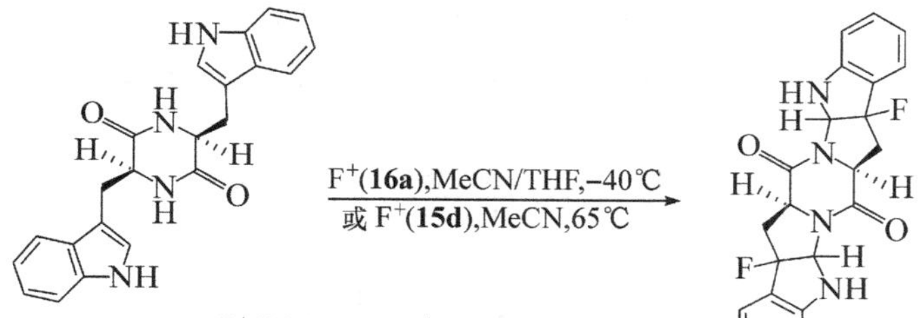

F^+(**16a**): 44%; F^+(**15d**): 74%

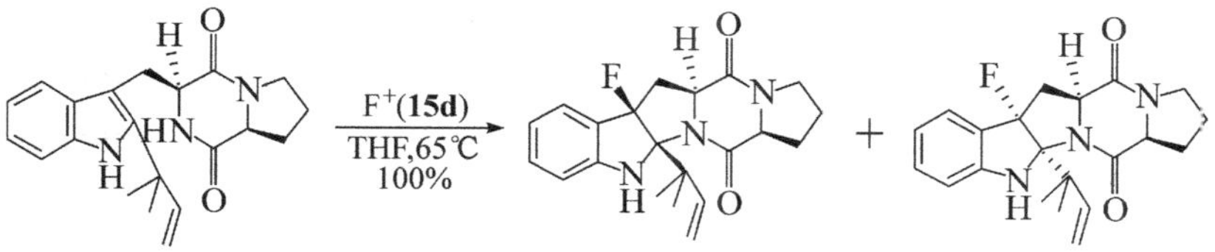

fluorobrevianamide

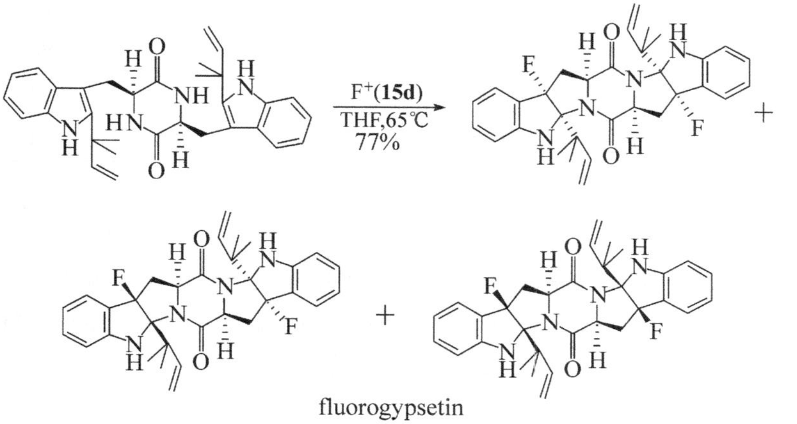

fluorogypsetin

7. 氟化硫化物

α-氟代硫醚是一类重要的含氟化合物，在改造β-内酰胺抗生素和氨基酸生物活性方面已显示了广泛的前景[52]。目前合成α-氟代硫醚主要有以下几种方法：①利用 XeF_2 对硫化物直接氟化[53]；②KF 在 18-冠-6 存在下对α-氯代硫化物的取代反应[54]；③利用 DAST 对亚砜氟化将其转化为α-氟代硫醚[55]；④NF 亲电氟化试剂对含有α-氢的硫醚直接氟化。

1986 年，Umemoto 小组报道 NF 吡啶盐 **15** 以 CH_2Cl_2 为溶剂对硫醚氟化反应能以中等产率制备α-氟代硫醚化合物[56]（见表 4－7）。提高反应温度能缩短反应时间，但产率变化不大。反应机理牵涉硫醚氟氧化和 Pummerer 重排。

表 4－7　吡啶盐 15a、15d 对硫醚氟化反应的产率

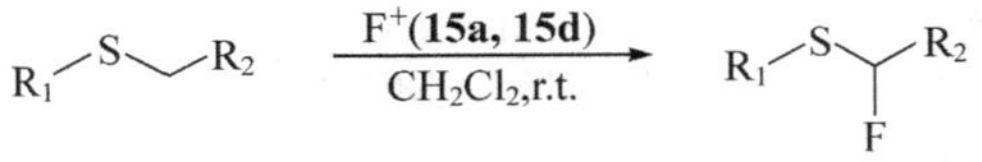

编号	R_1	R_2	反应时间/h	F^+	产率/%
1	Ph	H	4	**15d**	85
2	Ph	H	6	**15a**	56
3	4-ClC_6H_4	H	8	**15d**	76
4	4-ClC_6H_4	H	7.5	**15a**	48
5	*n*-$C_{12}H_{25}$	H	17.5	**15d**	44
6	Me	CO_2Et	8	**15d**	46
7	Ph	CO_2Me	23	**15d**	45
8	$CH_2CH_2CH(CO_2Me)(NHCOCF_3)$	H	7.5	**15d**	39
9	$CH_2CH_2CH(CO_2Me)(NHCOCF_3)$	H	2	**15d**	41 1)

1）反应在回流条件下进行。

Lal 等同样研究了 Selectfluor **16a** 和硫醚的反应[27a]，结果发现以 CH_3CN 为溶剂，Selectfluor **16a** 处理硫醚所生成的氟锍盐在 Et_3N 或 BBU 碱性条件下发生 Pummerer 重排，得到α-氟代硫醚。为了便于柱层析纯化，所生成的α-氟代硫醚进一步被氧化为α-氟代亚砜或α-氟代砜（见下式及表 4－8）：

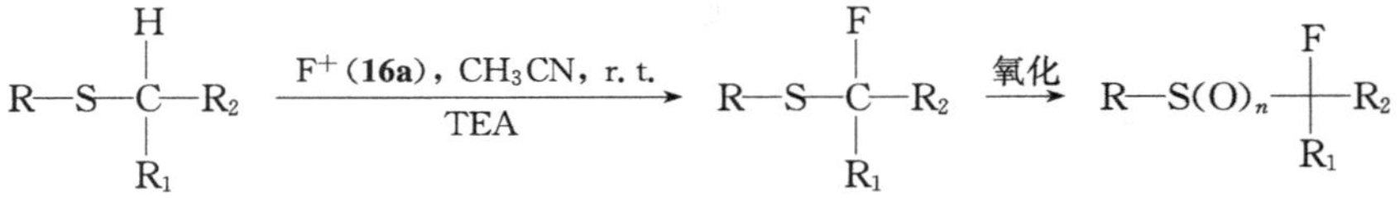

表 4-8 氟化试剂 16a 对不同硫化物进行氟化的条件及产物

编号	硫化物	氧化条件	产物	产率/%
1	$PhSCH_3$	NBS, $MeOH/H_2O$, CH_2Cl_2, r. t., 30min	$Ph—S(=O)—CH_2F$	48
2	4-MeC_6H_4-SCH_3	NBS, $MeOH/H_2O$, CH_2Cl_2, r. t., 30min	4-$MeC_6H_4—S(=O)—CH_2F$	61
3	4-ClC_6H_4-SCH_3	NBS, $MeOH/H_2O$, CH_2Cl_2, r. t., 30min	4-$ClC_6H_4—S(=O)—CH_2F$	51
4	$CH_3SC_9H_{19}$	*m*-CPBA, CH_2Cl_2, r. t., 6h	$CH_2FSO_2C_9H_{19}$	35
5	$CH_3SCH_2CO_2Et$	*m*-CPBA, CH_2Cl_2, r. t., 6h	$CH_3SO_2CHFCO_2Et$	58

Lal 还利用这一方法成功地在核苷 C2′,C3′和 C5′位引入氟原子,当芳基硫在糖环上取代时,反应选择性较好,然而当芳基硫处于 C5′位时,反应的选择性并不理想[57](见下式及表 4-9)。

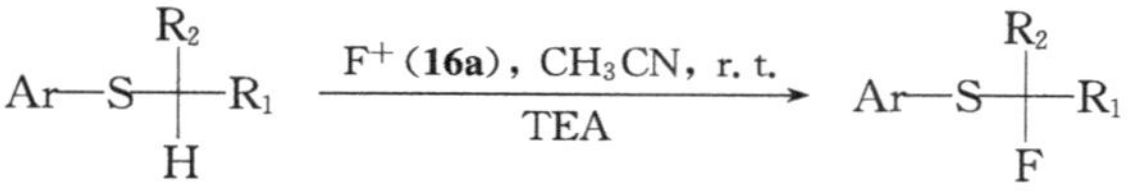

R_1, R_2 =核苷的糖环

表 4-9 在核苷 C2′、C3′、C5′位引入氟原子示例

编号	硫化物	产物	产率/%
1	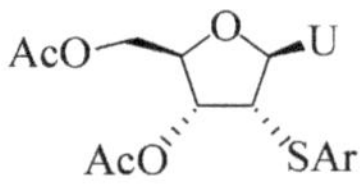	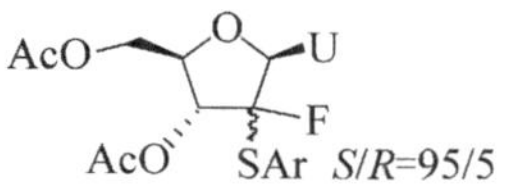	52
2	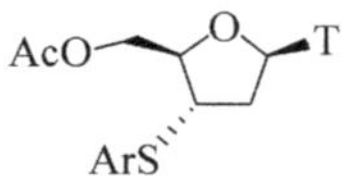	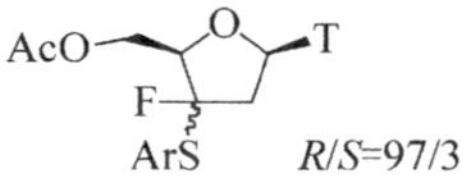	45
3	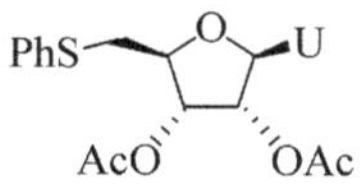	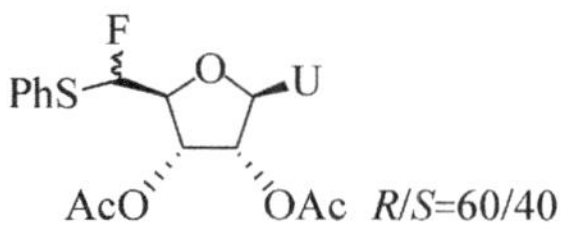	42
4	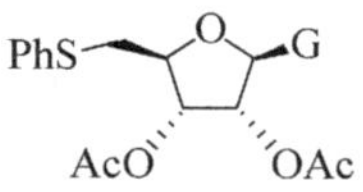	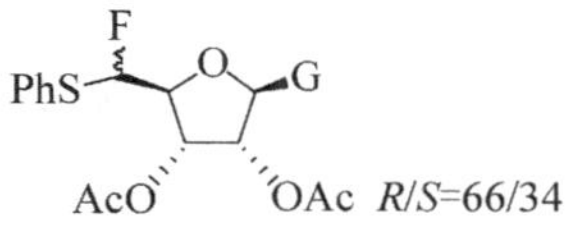	46

Scripps 研究所的 Wong Chi-Huey 小组研究发现 Selectfluor **16a** 可以和硫糖苷反应得到相应的糖基氟化物。反应以 CH_3CN 为溶剂,单一得到 α 型产物[58]。

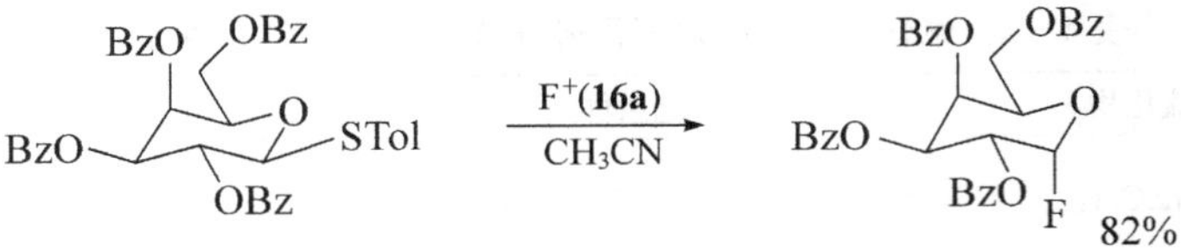

Wong Chi-Huey 小组还发现在 CH_3CN-H_2O(20∶1)混合体系中，硫糖苷化合物用 Selectfluor **16a** 处理时并未得到氟化产物，而是高产率生成相应的糖基亚砜[59]（见下式及表 4-10）。

$$R_1—S—R_2 \xrightarrow[0℃,\ 20min]{F^+(\mathbf{16a}),\ CH_3CN/H_2O(20:1)} R_1—\overset{O}{\overset{\|}{S}}—R_2$$

表 4-10　硫糖苷化合物经 16a 氧化高产率生成糖基亚砜示例

产物	产率/%	产物	产率/%
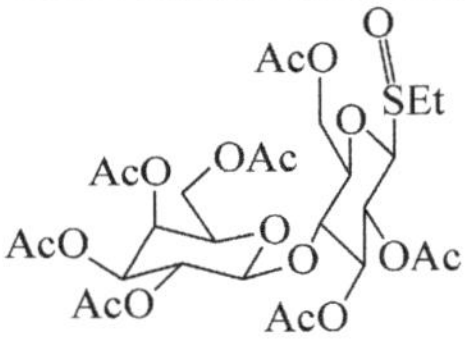	99	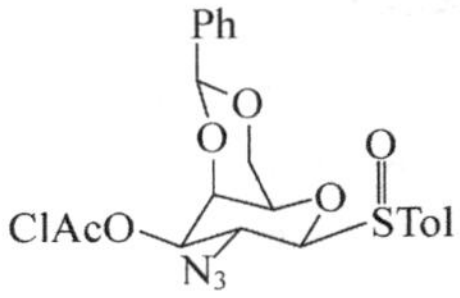	99
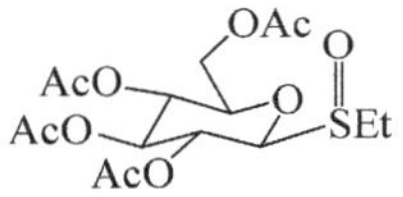	99	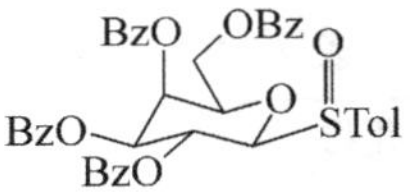	99
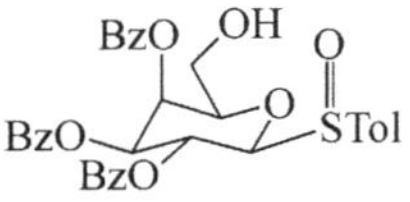	99	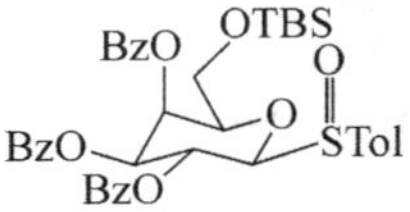	99
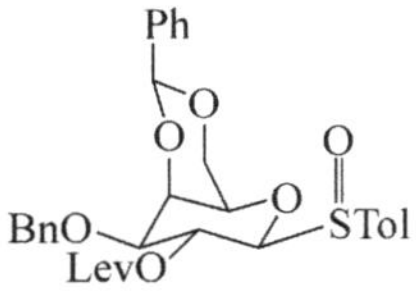	99	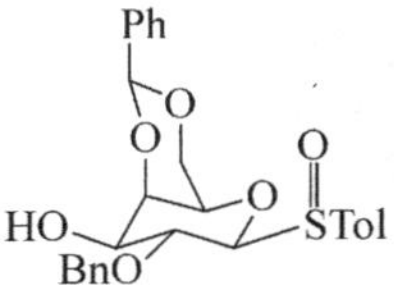	99
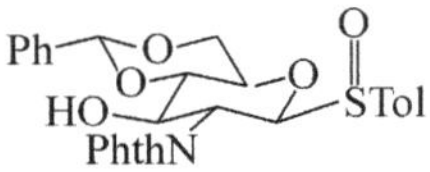	99	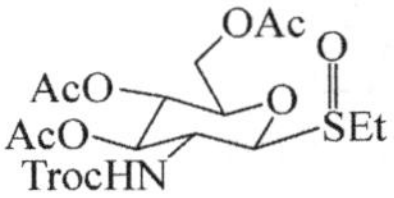	99

硫糖苷化合物中的羟基、硅保护基都不会受反应的影响，且反应时间短、后处理方便。相对于用 *m*-CPBA 和 H_2O_2-AcOH 氧化合成糖基亚砜化合物的方法，这种方法具有明显的优势。

Selectfluor **16a** 氧化硫糖苷化合物生成糖基亚砜的机理一般认为是：反应先生成氟锍盐中间体。由于体系中存在 H_2O，中间体没有发生 Pummerer 重排，而

H_2O 对中间体锍正离子中心进行加成，加成产物进一步脱出一分子 HF 即得糖基亚砜产物[59]。反应机理示意如下：

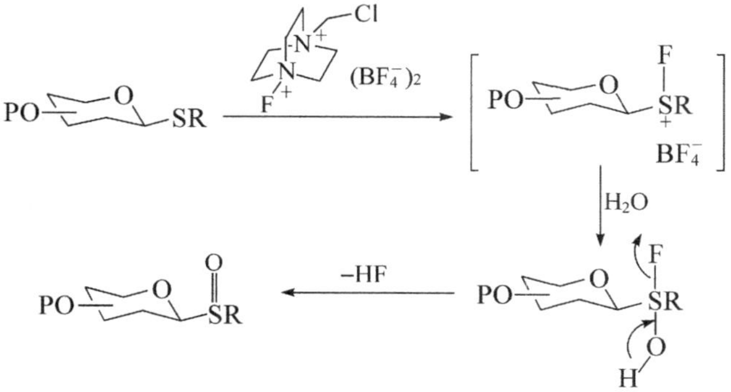

8. 氟化烯糖化合物

NF 氟化试剂对烯糖化合物的氟化研究始于 Wong Chi-Huey 小组，他们系统地研究了 Selectfluor **16a** 在亲核试剂存在下和烯糖化合物的反应，结果发现能以良好的产率生成 2-脱氧-2-氟单糖、苷及多糖化合物（见下式及表 4 - 11）[58]。

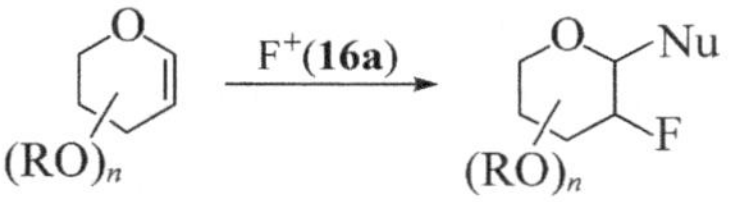

表 4 - 11　16a 氟化不同烯糖化合物的示例

编号	底物	反应条件	产物	产率/%
1	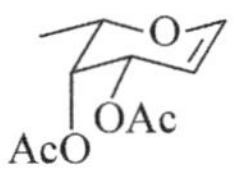	DMF/H_2O(3∶1), r. t.	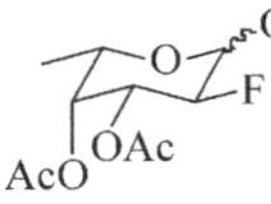 $\alpha/\beta = 1/1$	97
2	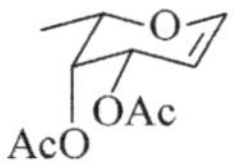	DMF/BnOH(3∶1), r. t.	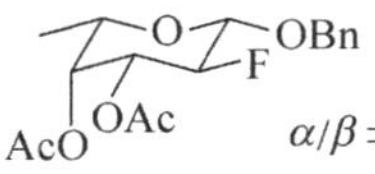 $\alpha/\beta = 0/1$	71
3	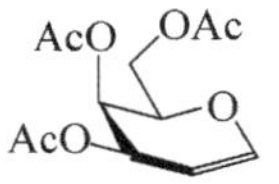	DMF/H_2O(3∶1), r. t.	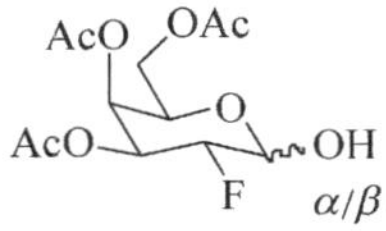 $\alpha/\beta = 1/1$	79
4	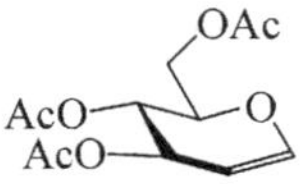	DMF/H_2O(3∶1), r. t.	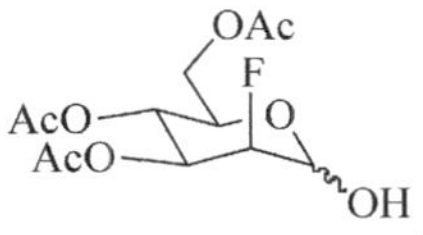 $\alpha/\beta = 1/1$	90

续表

编号	底物	反应条件	产物	产率/%
5	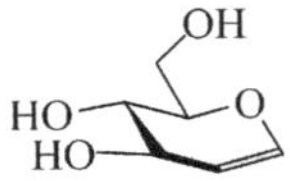	H_2O, r. t.	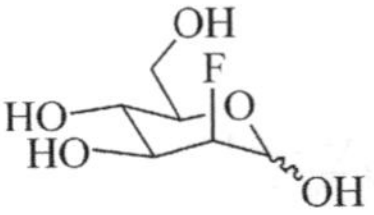 $\alpha/\beta=2/3$	85
6	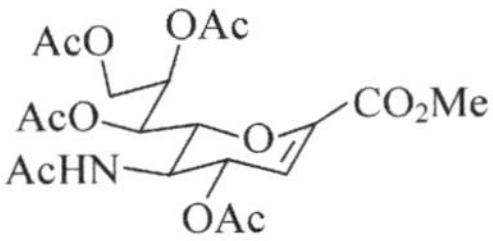	DMF/H_2O(3∶1), 50℃	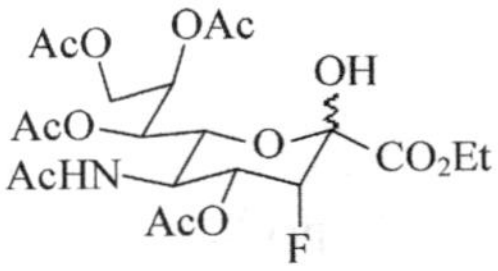	80
7	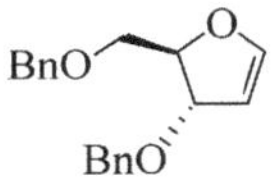	DMF/H_2O(3∶1), r. t.	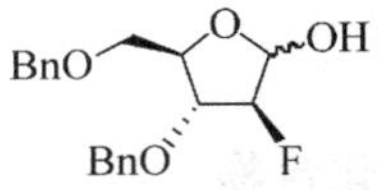	73

Wong Chi-Huey 等进一步优化了 NF-TEDA 对烯糖的氟化反应，结果发现溶剂、反应顺序以及氟化试剂阴离子对是影响反应的三个重要方面[59]。以水作为亲核试剂时，DMF 可用作反应溶剂；其他亲核试剂过量时，CH_3CN 可用于反应溶剂，且有利于 β 构型的生成。反应操作分两步进行可提高反应产率，即先使烯糖和 NF-TEDA 在室温反应生成 *N*-糖基中间体，然后再加入亲核试剂在加热条件下继续反应生成最终产物；利用这种操作程序，酚、胺、磷酸及硫醇都可作为亲核试剂生成相应的加成产物。另外，Selectfluor **16a** 在反应过程中一般会发生副反应生成相应的 1,2-二氟糖化合物，这主要是因为反应中 BF_4^- 产生的 F^- 对 *N*-糖基中间体发生了亲核加成；考虑到这一因素，用 Selectfluor 的三氟甲磺酸盐 **16b** 作为氟化试剂可避免副反应的发生，提高 2-脱氧-2-氟糖化合物的产率。反应式及典型实例分别见下式及表 4－12。

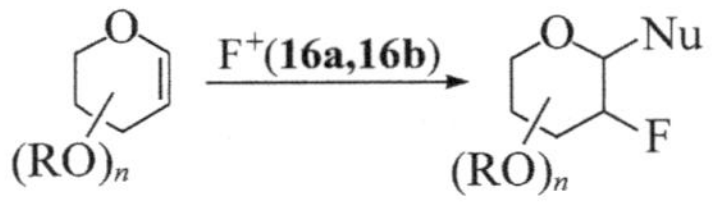

表 4－12　氟化试剂 16a、16b 对反应产物产率的影响

编号	底物	亲核试剂	F^+	产物1)	产率/%
1	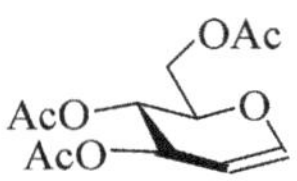	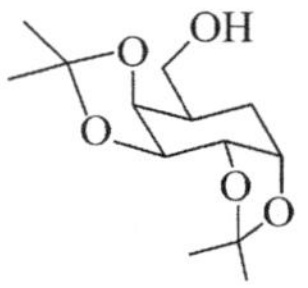	**16a**	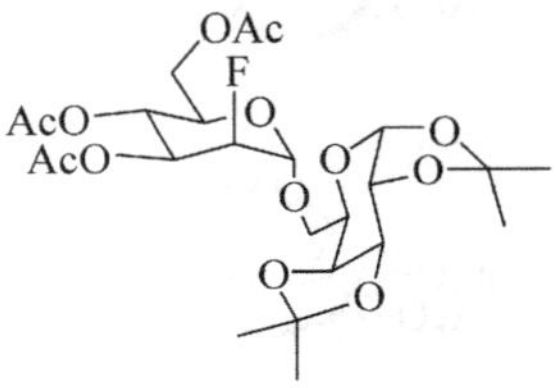	29

续表

编号	底物	亲核试剂	F^+	产物[1)]	产率/%
2	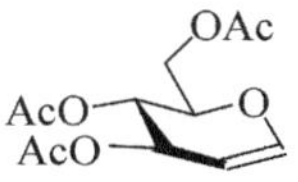	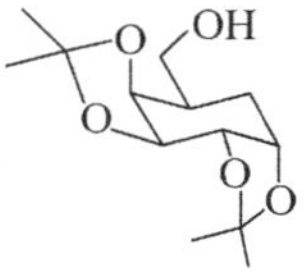	**16b**	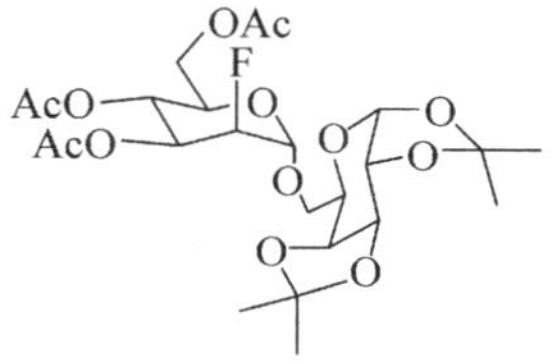	75
3	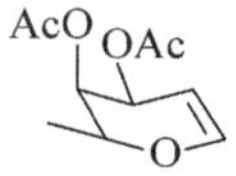	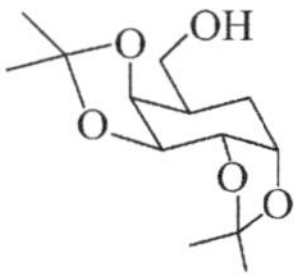	**16a**	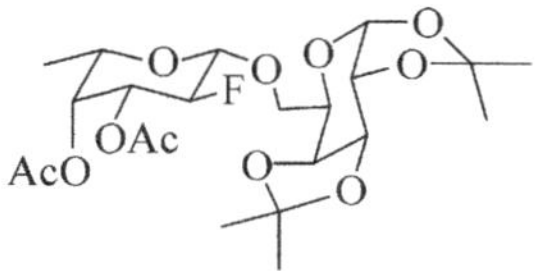	40
4	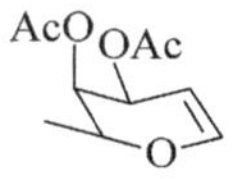	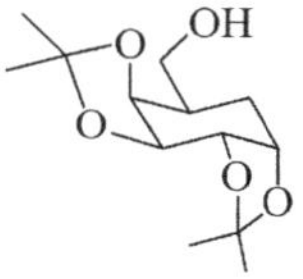	**16b**	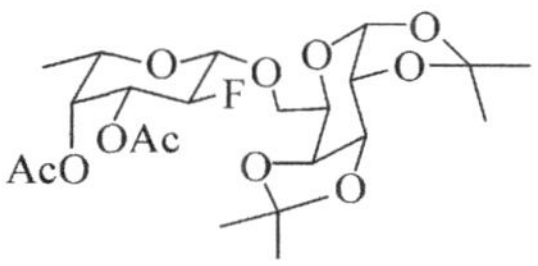	80
5	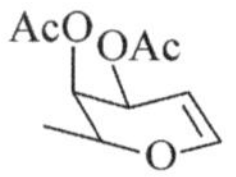	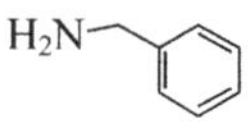	**16b**	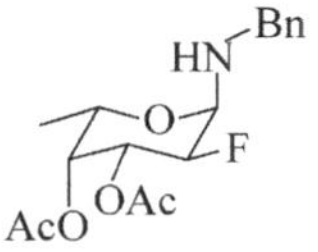	53
6	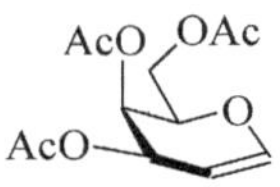	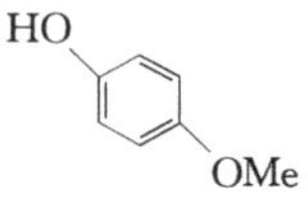	**16b**	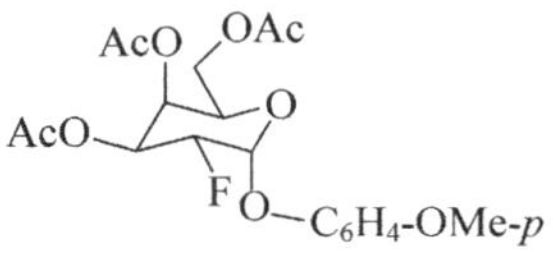	80

1) 产物为 α/β; aq/ax(F^-)的混合物。

Wong Chi-Huey 等还发现当亲核试剂为磷酸时，二步操作尤为关键，因为 NF-TEDA 化合物易被磷酸的酸性分解，如果把 NF-TEDA、底物和磷酸化合物一锅反应得不到加成产物[59]。在氟-磷酸化时，烯糖的保护基对产率有大的影响，乙酰基保护的烯糖作底物时，产率很低；苯甲酰基和新戊酰基保护的烯糖则能给出较好的产率。另外，磷酸酯在很大程度上也会影响反应的产率和选择性，二苄基磷酸酯为亲核试剂时，得到 α 和 β 两种异构体，而用二苯基磷酸酯时，大多数情况下单一生成 α 构型产物。反应式及该反应典型实例分别如下式及表 4-13 所示。

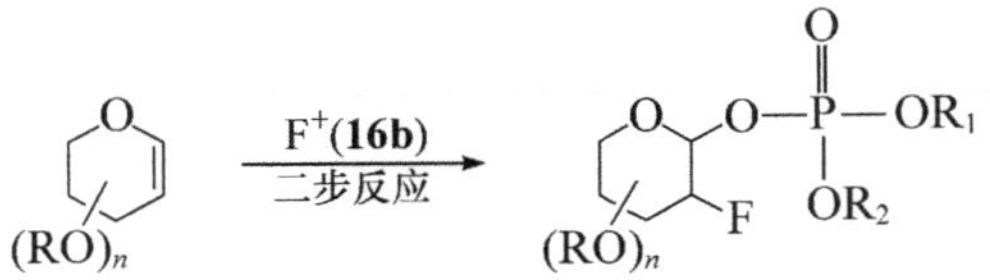

表 4-13 磷酸酯作为亲核试剂对反应产率和选择性的影响

编号	底物	亲核试剂	产物	产率/%
1	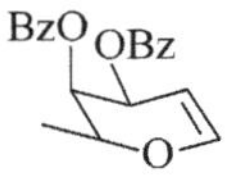	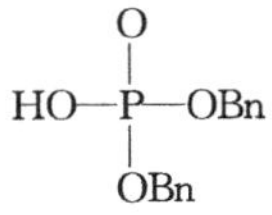	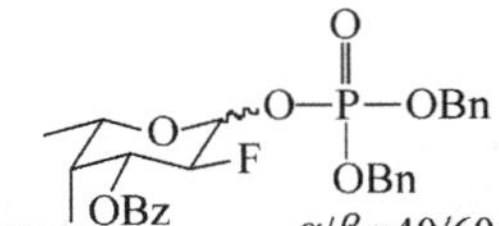 α/β=40/60	54
2	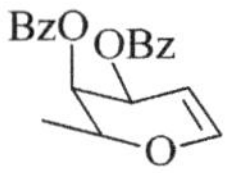	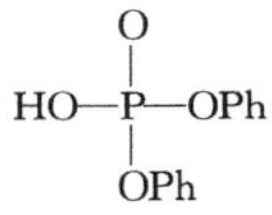	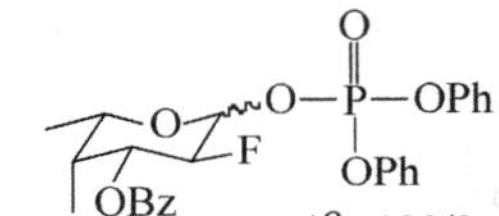 α/β=100/0	44
3	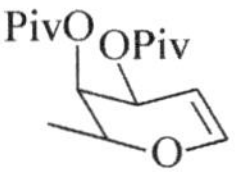	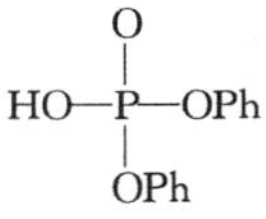	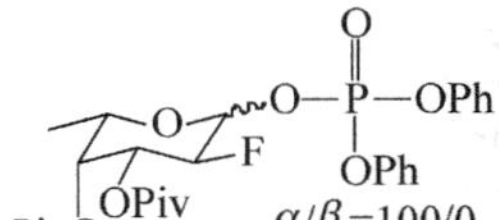 α/β=100/0	38
4	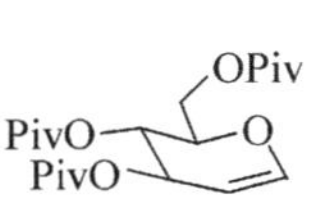	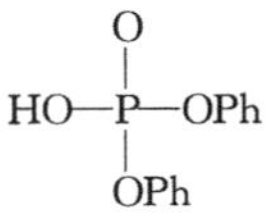	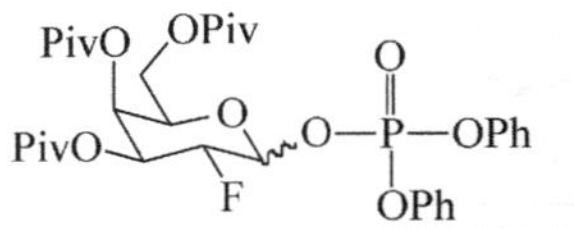 α/β=70/30	70
5	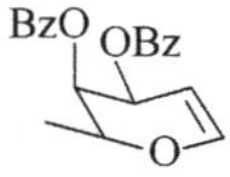	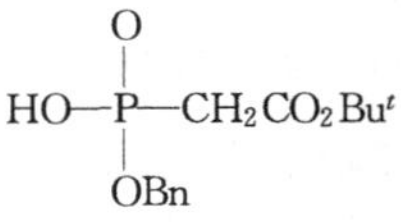	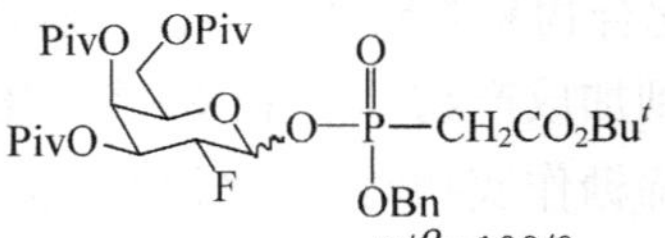 α/β=100/0	36

Dax 小组同样报道了商业化氟化试剂 NF 苯磺酰胺 **4** 或 Selectfluor **16a** 能氟化烯糖化合物[60]。

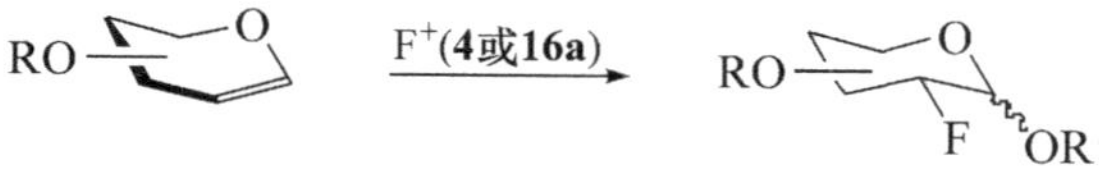

反应条件对反应有大的影响，且反应过程中能分离出 *N*-糖基中间体，分离出的 *N*-糖基中间体可进一步和一系列亲核试剂反应得到 2-脱氧-2-氟-醛醣。一些典型实例如表 4-14 所示。

表 4-14　氟化试剂 4 或 16a 氟化烯糖化合物示例

编号	底物	反应条件	产物	产率/%
1	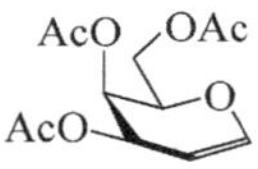	F^+(**16a**), CH_3NO_2, r. t.	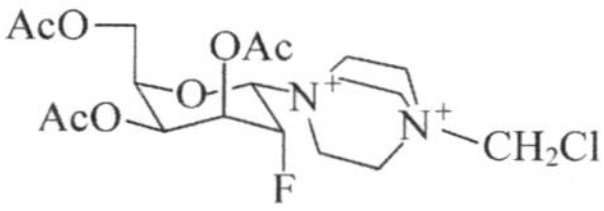	82
2	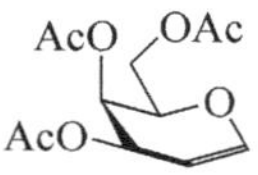	F^+(**4**), CH_3NO_2, 80℃, 24h	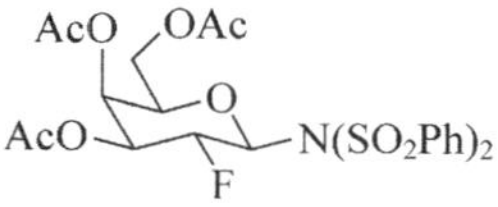	30
3	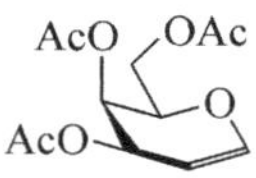	F^+(**16a**), CH_3NO_2, H_2O, r. t. 至回流	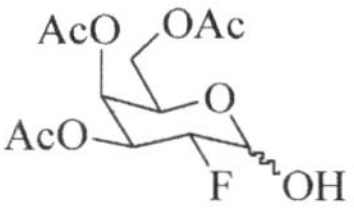	79
4	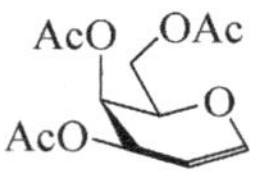	F^+(**16a**), CH_3NO_2, MeOH, r. t. 至回流	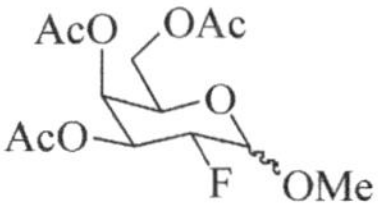	76
5	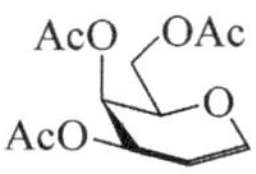	F^+(**16a**), CH_3NO_2 r. t. 至回流	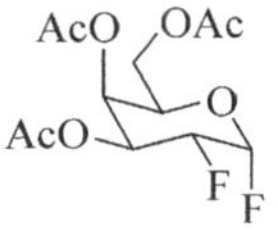	52
6	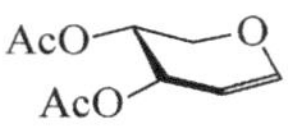	F^+(**16a**), CH_3NO_2 r. t. 至回流	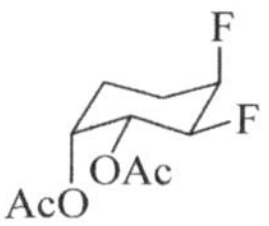	45

续表

编号	底物	反应条件	产物	产率/%
7	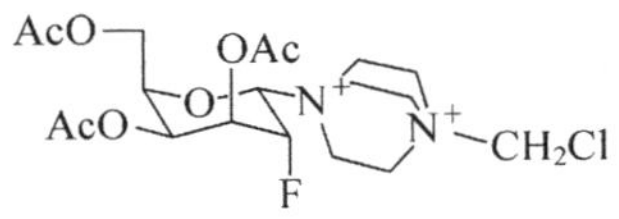	NaN_3，CH_3NO_2，回流	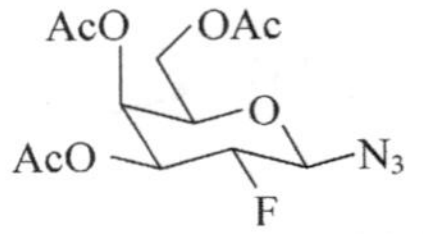	62
8	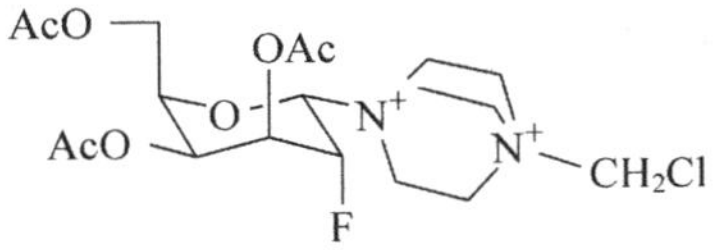	Thymine，CH_3NO_2，回流	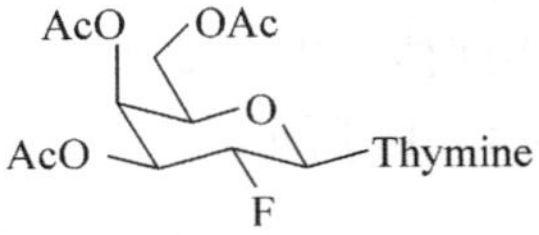	63

9. 氟化羧酸化合物

O'Hanlon 小组首次发现 Selectfluor **16a** 可以氟化羧酸化合物，3-溴-2-呋喃甲酸和 5-溴-2-呋喃甲酸在 $NaHCO_3$ 存在下用 Selectfluor **16a** 处理能以较低的产率得到 3-溴-2-氟呋喃和 5-溴-2-氟呋喃，产物由于不太稳定而直接用于下一步转化[61]。

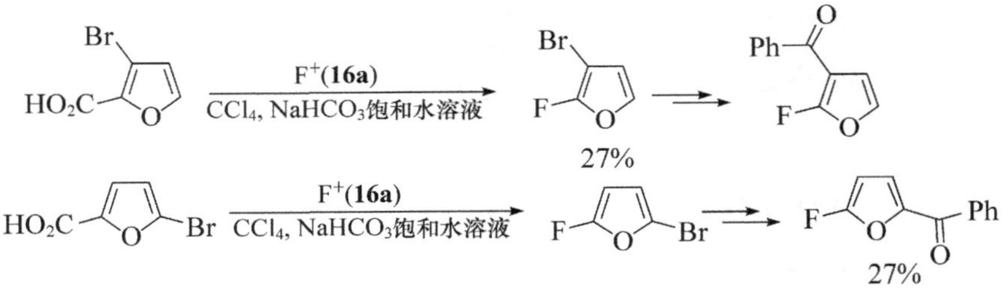

Scott 等同样报道了 Selectfluor **16a** 对取代 α-吡咯甲酸的氟化反应[62]。吡咯环上的酯基、醛基对反应没有大的影响，反应在 1h 内能顺利完成，吡咯环上给电子取代基的存在可以减少反应时间。利用此方法，Scott 小组完成了胆色素原脱氨酶抑制剂 PBG 含氟类似物的合成。

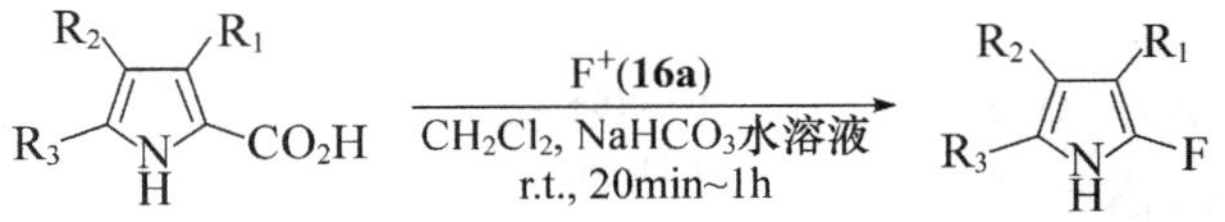

$R_1 = Me$，$R_2 = Me$，$R_3 = Cbz$ 产率 42%
$R_1 = CH_2CH_2CO_2Me$，$R_2 = CH_2CO_2Me$，$R_3 = CHO$ 产率 32%
$R_1 = CH_2CH_2CO_2Me$，$R_2 = CH_2CO_2Me$，$R_3 = Cbz$ 产率 35%
$R_1 = CH_2CO_2Me$，$R_2 = CH_2CH_2CO_2Me$，$R_3 = Cbz$ 产率 47%
$R_1 = CH_2CH_2CO_2Me$，$R_2 = CH_2CO_2Me$，$R_3 = Me$ 产率 37%
$R_1 = Me$，$R_2 = H$，$R_3 = Me$ 产率 34%
$R_1 = Me$，$R_2 = Me$，$R_3 = Me$ 产率 32%

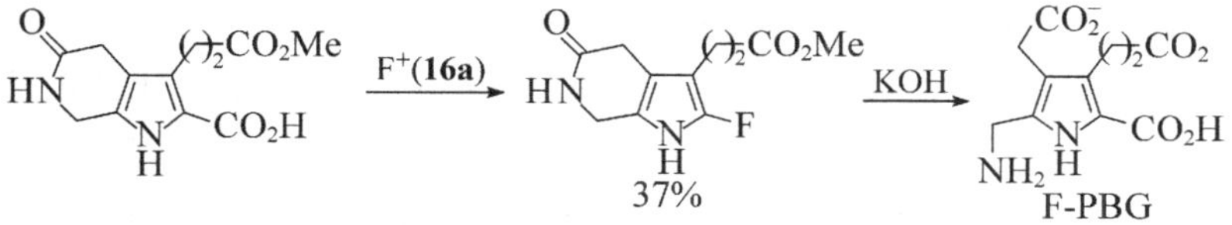

10. 不对称氟化反应

除了利用手性底物和非手性 NF 亲电氟化试剂反应合成手性含氟化合物外[63]，利用手性 NF 亲电氟化试剂对潜手性底物的不对称氟化也得到广泛的研究。利用 NF 亲电氟化试剂实现底物的不对称氟化反应始于 Lang 小组，1988 年他们利用樟脑衍生的手性磺酰胺氟化试剂 **7a** 和 **7b** 处理一系列现场产生的烯醇金属盐能以最高 *ee* 值(70%)生成相应的氟化物[14f]。反应式及反应示例分别见下式及表 4-15。

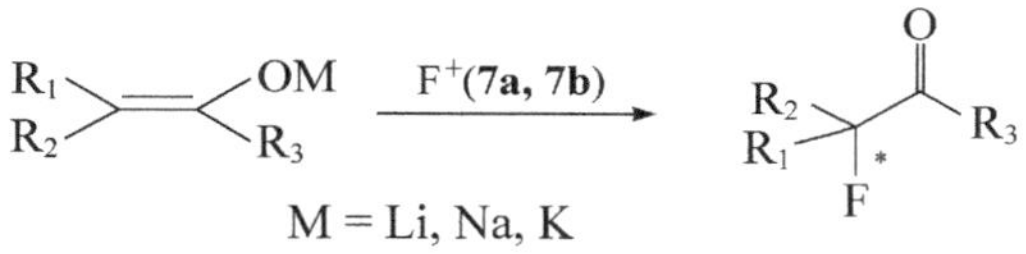

表 4-15 利用 7a 和 7b 处理烯醇金属盐生成相应氟化物的示例

编号	底物	反应条件	产物1)	产率/%	*ee*/%
1	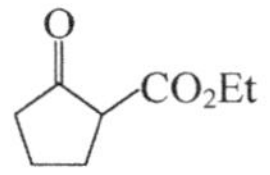	1.5eq. F^+(**7a**)，NaH，Et_2O，0℃～r. t.	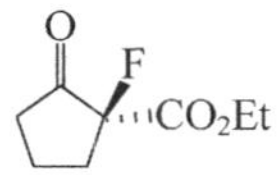	63	70
2	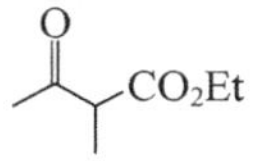	1.3eq. F^+(**7a**)，LiH，Et_2O，r. t.	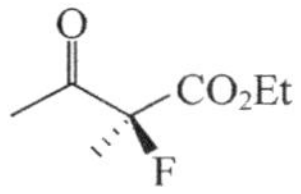	31	<10
3	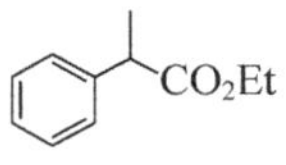	1.2eq. F^+(**7a**)，LDA，THF，－78℃～r. t.	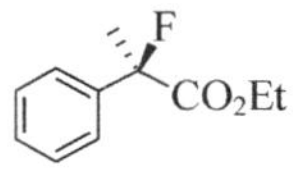	27	35
4	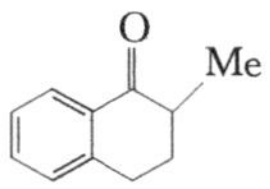	1.3eq. F^+(**7a**)，LDA，THF，－78℃～r. t.	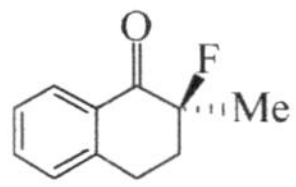	<5	35
5	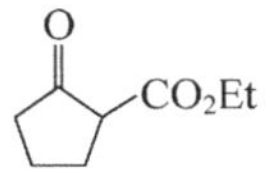	1.3eq. F^+(**7b**)，KH，甲苯/THF，0℃～r. t.	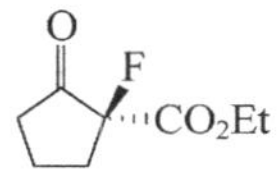	<5	<10
6	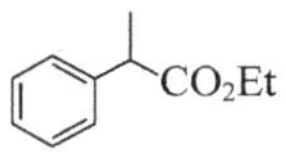	1.2eq. F^+(**7b**)，LDA，THF，－78℃～r. t.	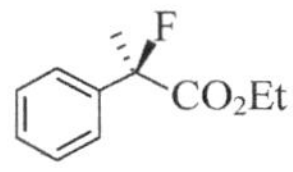	34	<10

1) 绝对构型未确定。

Davis 小组先后报道利用手性磺酰胺氟化试剂 **7a**、**7d** 和 **7e** 对羰基或酯基的 α 位进行不对称氟化，**7d** 的反应活性高于 **7a**，且反应过程中发现有氯化产物的生成[13g,14i]。他们认为 **7a**、**7d** 和 **7e** 对烯醇中间体的不对称氟化与烯醇结构、氟化试剂以及反应条件有很大的关系。但对所有使用的底物，不对称氟化结果并不理想，其中 **7e** 不对称效果最差(见表 4-16)。同时，他们详细地研究了 NF 手性樟脑磺酰胺不对称氟化反应的机理。

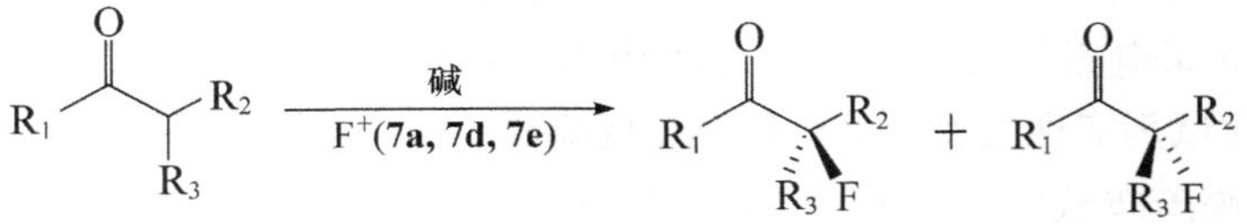

表 4-16　7a、7d、7e 不对称氟化不同烯醇结构底物在不同反应条件下的 *ee* 值及产率

编号	底物	产物	反应条件	*ee*/%	产率/%
1	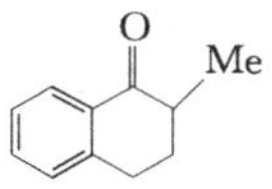	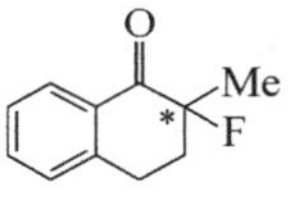	**7d**，LDA/THF，－78℃	10(*S*)	49
			7d，NaHMDS，THF，－78℃～r. t.	67(*S*)	41
			7d，NaHMDS，THF/－78℃	65(*S*)	40
			7e，NaHMDS，－78℃～r. t.	＜5	61
2	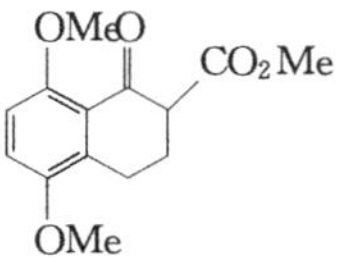	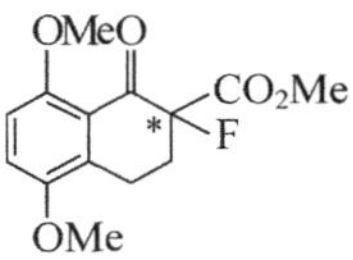	**7a**，NaH/Et_2O，0℃～r. t.	25	28
			7d，NaH/Et_2O，0℃～r. t.	46	＞95
			7d，NaHMDS/THF，－78℃～r. t.	26	57
			7e，NaHMDS，－78℃	14	83
			7e，LDA/THF，－78℃～r. t.	14	76
3	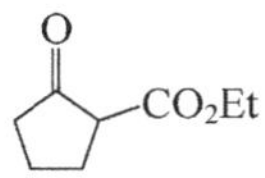	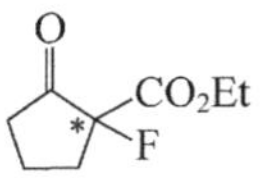	**7a**，NaH/Et_2O，0℃～r. t.	70	63
			7d，NaH/Et_2O，－78℃～r. t.	34	69
4	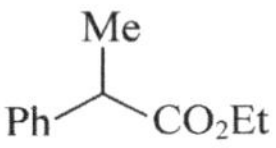	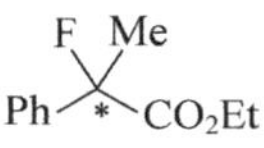	**7a**，LDA/THF，－78℃～r. t.	35	＜10
			7d，LDA/THF，－78℃	29	62
			7d，NaHDMS/THF，－78℃	33	54
			7e，NaHDMS/THF，－78℃	＜5	55

除了利用 NF 樟脑磺酰胺作为手性氟化试剂外，Takeuchi 等同样合成了手性 NF 磺酰胺 **3q**，**3r**，**3s**，并把它们应用于羰基化合物的不对称氟化反应，遗憾的是反应产率和不对称选择性都不理想[15a]（见表 4－17）。

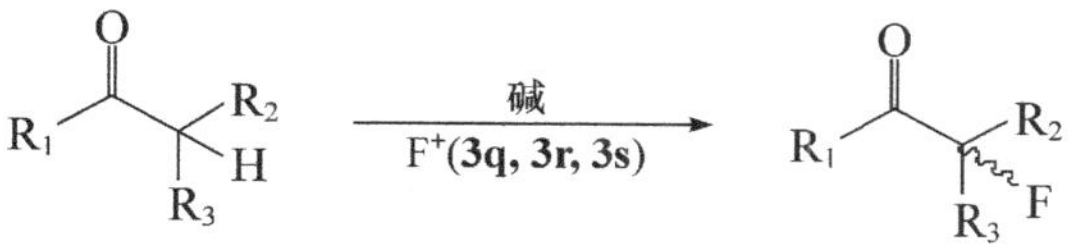

表 4－17 3q，3r，3s 应用于羰基化合物的不对称氟化反应示例

编号	底物	产物	条件	*ee*/%	产率/%
1	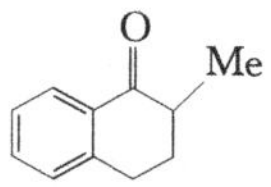	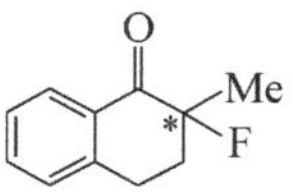	LDA，**3q**，－40～0℃	2	12
			KHMDS，**3q**，－40～0℃	8	8
			LDA，**3r**，－40～0℃	46	16
			LDA，**3r**，－40～0℃	32	37
			NaH，**3r**，－40～0℃	—	—
			KH，**3r**，－40～0℃	—	—
			KHMDS，**3r**，－40～0℃	46	46
			LHDMS，**3r**，－40～0℃	46	3
			NaHMDS，**3r**，－40～0℃	32	16
			LDA，**3s**，－40～0℃	20	11
2	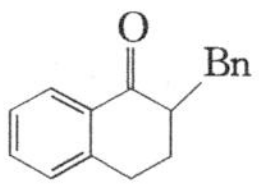	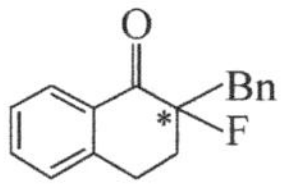	LDA，**3q**，－40～－20℃	9	6
			LDA，**3r**，－40～－20℃	54	26
			KHMDS，**3r**，－40～－20℃	48	53
			LDA，**3s**，－40～－20℃	6	8
3	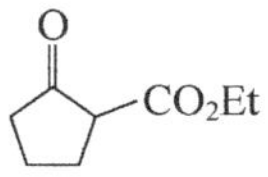	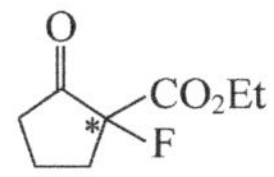	NaH，**3q**，0℃	6	23
			NaH，**3r**，0℃～r. t.	14	20
			NaH，**3s**，0℃	30	6
4	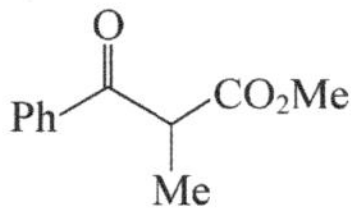	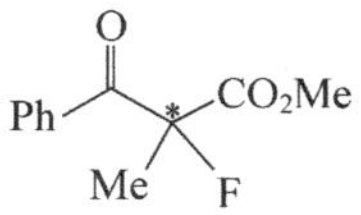	NaH，**3q**，0℃	8	4
			NaH，**3r**，0℃	18	21
			NaH，**3s**，0℃	6	21

考虑到手性 NF 磺酰胺 **3q**，**3r**，**3s** 是链状的，Takeuchi 小组设计并合成了新的手性刚性骨架 NF 磺酰胺 **8g**[15b]。**8g** 对苯并环状羰基化合物的羰基 α 位不对称氟化的结果与底物结构、反应条件都有很大的关系。反应最高 *ee* 值可达 88%，同时发现体系中加入 HMPA 会导致不对称选择性大幅度下降（见表 4－18），他们所提出的过渡态模型很好地解释了环己基团大位阻在氟化过程中的面诱导作用[15b]。

表 4-18　8g 对苯并环状羰基化合物的氟化

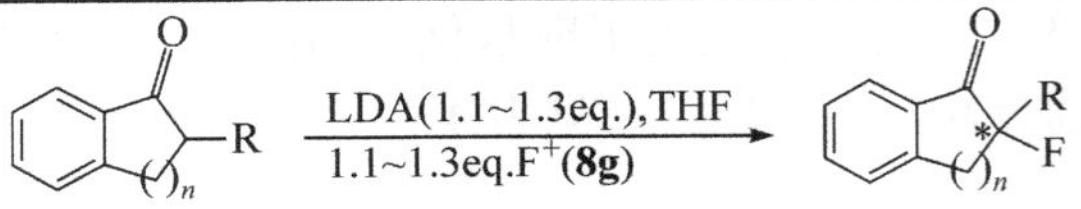

编号	n	R	ee/%	产率/%	构型
1	2	Me	74	67	S
2	2	Me	14	65	S
3	2	Et	72	70	S
4	2	Bn	88	79	S
5	1	Me	54	54	S
6	1	Et	20	73	S
7	1	Bn	54	63	S
8	3	Et	39	48	—
9	3	Bn	41	39	—

Takeuchi 和 Shibata 在不对称氟化方面的突破在于 2000 年报道了用金鸡纳生物碱衍生物和 Selectfluor **16a** 的结合物作为不对称氟化试剂[64]。他们所使用的金鸡纳生物碱为二氢奎宁对氯苯甲酸酯 DHQB 和二氢奎纳定乙酸酯 DHQDA。DHQB 和 DHQDA 分别于室温下在 MeCN 中与 Selectfluor **16a** 反应制备 DHQDA/Selectfluor **16a** 和 DHQB/Selectfluor **16a** 结合物，产生的结合物直接作用于苯并羰基化合物的烯醇硅醚、α-腈基酯以及 β-羰基酯化合物，能以中等到优的 ee 值得到相应的氟化物。研究还发现对于 α-腈基酯底物，以 $MeCN/CH_2Cl_2$(3/4)为溶剂，DHQDA/Selectfluor **16a** 结合物作为氟化试剂且在低温下进行反应比用 DHQB/Selectfluor **16a** 结合物能取得更好的不对称效果(见表 4-19)。通过 ^{19}F NMR检测结合物，Takeuchi 等认为 DHQDA/Selectfluor **16a** 和 DHQB/Selectfluor **16a** 结合物能进行不对称氟化是由于发生了“氟转移”反应生成了 NF-DHQDA-BF_4 和 NF-DHQB-BF_4 手性氟化试剂。

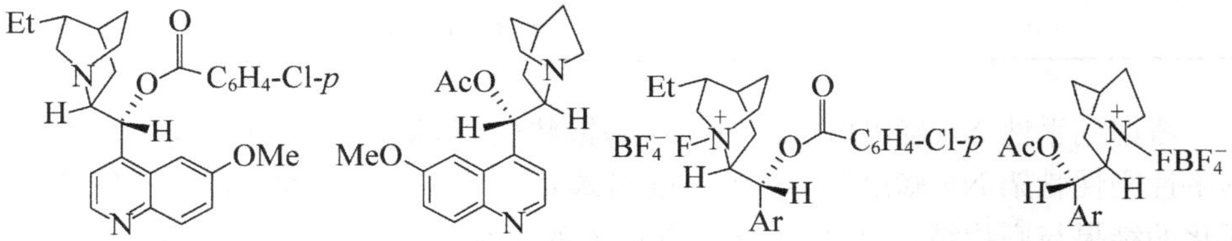

DHQB　　DHQDA　　NF-DHQB-BF_4　　NF-DHQDA-BF_4

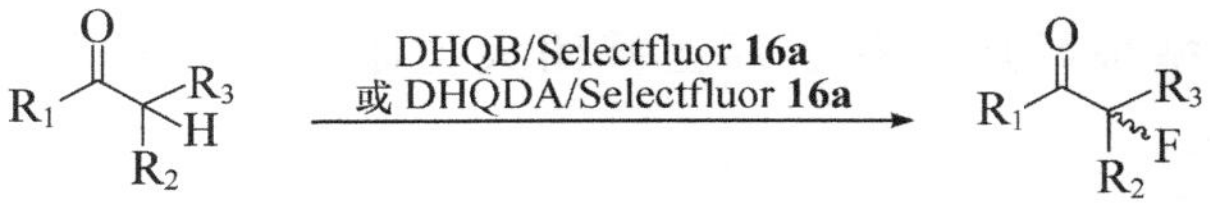

表 4-19　DHQB/Selectfluor 16a 和 DHQDA/Selectfluor 16a 结合物作氟化试剂的反应示例

编号	底物	产物	条件	ee/%	产率/%
1	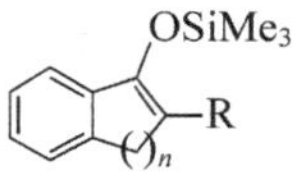	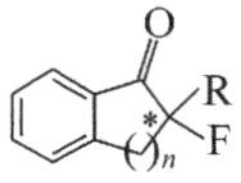	(n=1, R=Bn) DHQB/**16a**, MeCN, −20℃	89 (R)	99
			(n=1, R=Bn) DHQB/**16a**, MeCN/CH_2Cl_2, −80℃	91 (R)	86
			(n=1, R=Me) DHQB/**16a**, MeCN, −20℃	54 (R)	93
			n=1, R=Et DHQB/**16a**, MeCN, −20℃	73 (R)	99
			(n=2, R=Me) DHQB/**16a**, MeCN, −20℃	42 (R)	94
			(n=2, R=Et) DHQB/**16a**, MeCN, −50℃	67 (R)	71
			(n=2, R=Bn) DHQB/**16a**, MeCN, −20℃	71 (S)	95
2	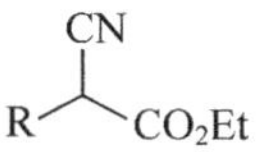	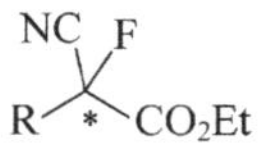	(R=Tol) DHQB/**16a**, MeCN, −20℃	29 (R)	58
			(R=Tol) DHQB/**16a**, MeCN/CH_2Cl_2, −80℃	51 (R)	99
			(R=Tol) DHQDA/**16a**, MeCN/CH_2Cl_2, −80℃	87 (S)	80
			(R=2-Np) DHQDA/**16a**, MeCN/CH_2Cl_2, −80℃	76	87
			(R=Ph) DHQDA/**16a**, MeCN/CH_2Cl_2, −80℃	83	81
			(R=4-^{i}Pr-Ph) DHQDA/**16a**, MeCN/CH_2Cl_2, −80℃	83	81
3	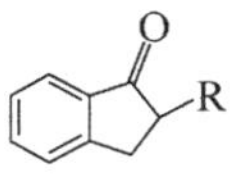	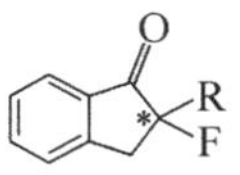	(R=CO_2Et) DHQDA/**16a**, MeCN/CH_2Cl_2, −80℃	78	89
4	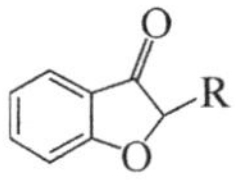	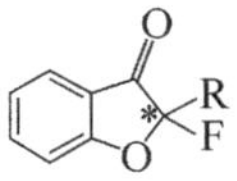	(R=CO_2Et) DHQDA/**16a**, MeCN/CH_2Cl_2, −80℃	80	92

Shibata 等进一步详细考察了其他金鸡纳生物碱衍生物和 Selectfluor **16a** 的结合物不对称氟化 2,3-二氢-1-茚酮衍生的烯醇硅醚、四氢萘酮衍生的烯醇硅醚、α-腈基-α-芳基乙酸酯、环状 β-酮酸酯以及羟吲哚的情况，所使用的金鸡纳生物碱包

括奎宁、奎纳定、二氢奎宁、辛可宁、辛可尼定、二氢辛可宁、二氢辛可尼定以及它们的衍生物[65]。由于上述金鸡纳生物碱和 Selectfluor **16a** 的结合物对羟吲哚的不对称氟化效果不理想（*ee* 值最高为 38%），Shibata 等发展了双金鸡纳生物碱 $(DHQ)_2AQN$ 和 $(DHQD)_2PYR$。用 $(DHQ)_2AQN$ 和 $(DHQD)_2PYR$ 作为手性源，且加入一当量 Selectfluor **16a** 所形成的结合物能使羟吲哚的不对称氟化 *ee* 值最高可达 82%（见表 4 - 20），然而如使用两当量 Selectfluor **16a** 会导致反应产率和 *ee* 值降低，这是因为使用一当量的 Selectfluor **16a** 时，双金鸡纳生物碱中一半碱基发生“氟转移”反应生成[N-F]$^+$ 亲电氟化中心，另一部分碱基则起碱的作用使羟吲哚反应中心形成阴离子进攻[N-F]$^+$ 亲电氟化部分从而生成产物。

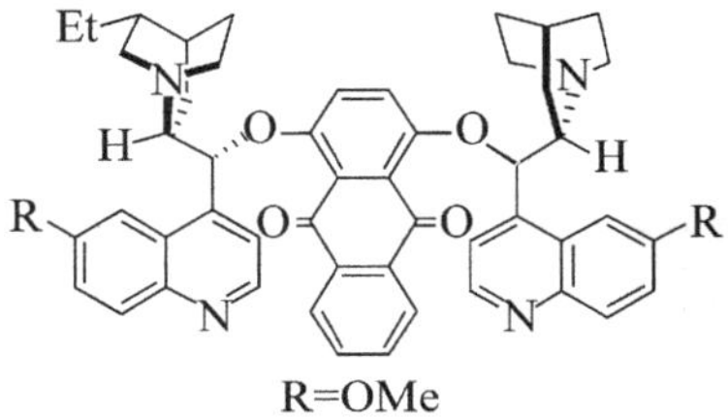

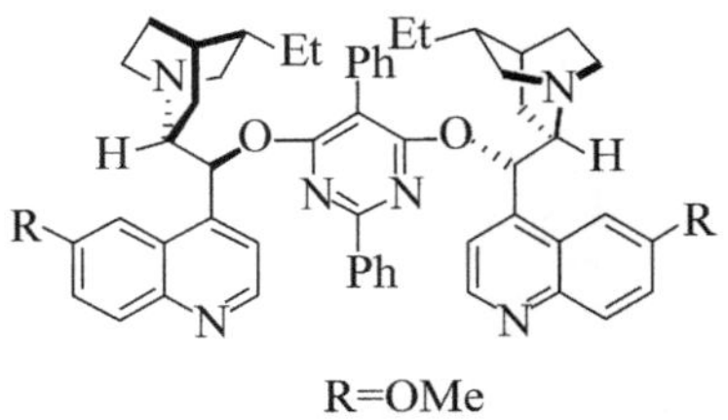

表 4 - 20　双金鸡纳生物碱与 16a 的结合物不对称氟化羟吲哚的 *ee* 值和产率

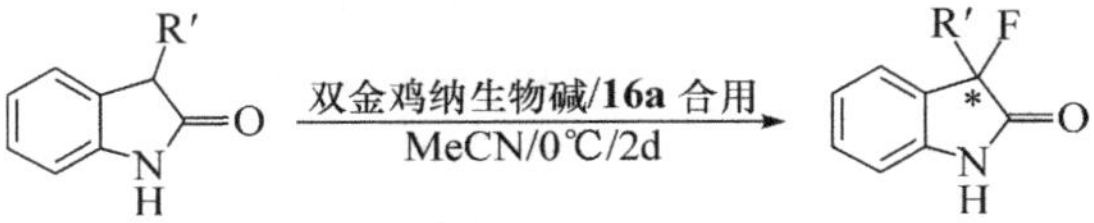

编号	R′	双金鸡纳生物碱	*ee*/%	产率/%
1	Bn	$(DHQD)_2PYR$	72	91
2	Bn	$(DHQ)_2AQN$	78	100
3	*p*-MeOBn	$(DHQD)_2PYR$	82	79
4	Me	$(DHQD)_2PYR$	67	94
5	Me	$(DHQ)_2AQN$	52	56
6	Et	$(DHQD)_2PYR$	76	79
7	Et	$(DHQ)_2AQN$	58	90
8	CO_2Et	$(DHQD)_2PYR$	37	93
9	CO_2Et	$(DHQ)_2AQN$	23	91

Cahard 等同样利用金鸡纳生物碱作为手性源实现了羰基化合物的不对称氟化，和 Takeuchi 小组不同的是他们首先通过 Selectfluor **16a** 的“氟转移”反应合成、分离并表征了弱金鸡纳碱、奎宁和奎纳定相应的 NF 化合物 NF-QD-BF_4、NF-CN-BF_4、NF-QN-BF_4 以及NF-CD-BF_4[66]。所合成的 NF 化合物对 2-甲基-1-四氢

萘酮的不对称氟化 *ee* 值并不理想，NF-CD-BF_4 对 2-苄基-1-四氢萘酮、环戊酮-2-甲酸乙酯以及二氢茚酮-甲酸甲酯的氟化同样不理想。进一步研究表明，以 NF-CD-BF_4 为氟化试剂且反应体系中加入 NaOH，以 2-甲基-1-四氢萘酮的烯醇硅醚作为底物，产物 2-甲基-2-氟-1-四氢萘酮的 *ee* 值可提高至 61%（见表 4－21）。

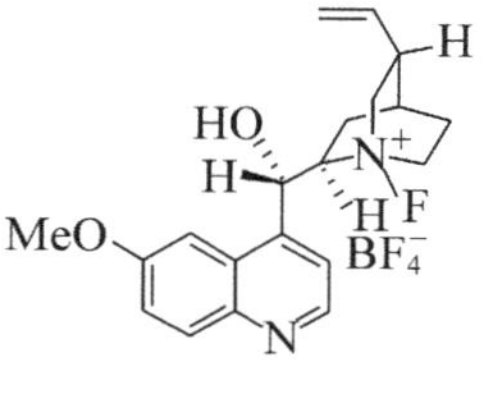
NF-QD-BF_4

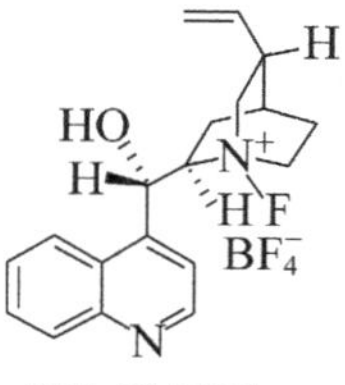
NF-CN-BF_4

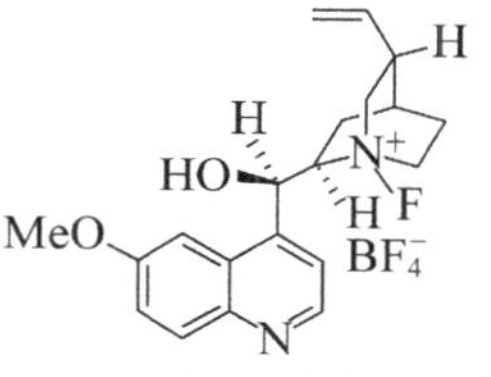
NF-QN-BF_4

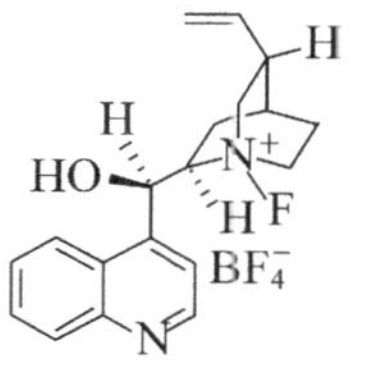
NF-CD-BF_4

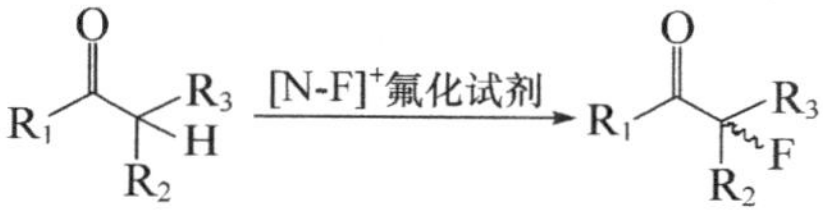

表 4－21　Cahard 小组合成的 NF 化合物不对称氟化羰基化合物的实例

底物	产物	条件	*ee*/%	产率/%
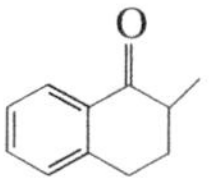	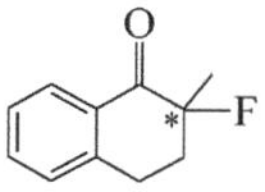	1)NaH，THF；2) NF-CD-BF_4，MeCN，－40～20℃	50 (*S*)	98
		1)NaH，THF；2) NF-CN-BF_4，MeCN，－40～20℃	40 (*R*)	70
		1)NaH，THF；2) NF-QD-BF_4，MeCN，－40～20℃	27 (*R*)	87
		1)NaH，THF；2) NF-QN-BF_4，MeCN，－40～20℃	20 (*S*)	98
		1)NaH，THF；2) NF-CD-BF_4，MeCN，－60～20℃	56 (*S*)	80
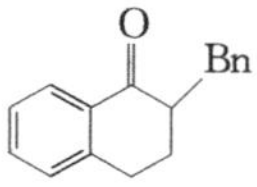	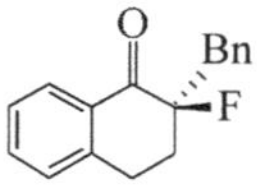	1)NaH，THF；2) NF-CD-BF_4，MeCN，－40～20℃	42	96
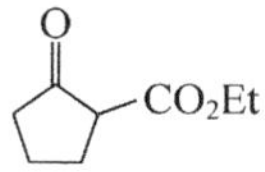	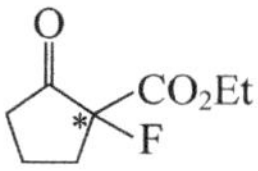	1)NaH，THF；2) NF-CD-BF_4，MeCN，－40～20℃	40	98
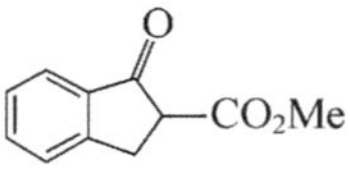	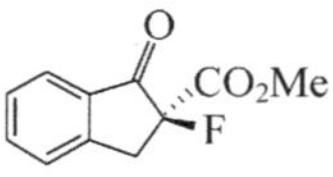	1)NaH，THF；2) NF-CD-BF_4，MeCN，－40～20℃	36	95
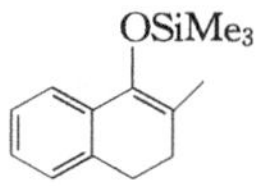	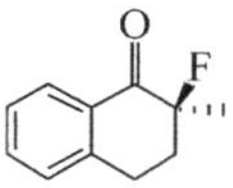	1) NaOH，THF；2) NF-CD-BF_4 －40～20℃	61	93

除了考察 NF-QD-BF_4、NF-CN-BF_4、NF-QN-BF_4 以及 NF-CD-BF_4 四个手性氟化试剂外，Cahard 等同样合成了它们的一系列类似物，并将它们用于 α-氟-α-苯基氨基乙酸衍生物的合成[67]。研究发现[CD-F]$^+$和[QN-F]$^+$比它们相应的差相异构体[CN-F]$^+$和[QD-F]$^+$能给出更好的 *ee* 值；[QN-F]$^+$比[CD-F]$^+$、[QD-F]$^+$比[CN-F]$^+$同样能给出更好的对映选择性，这是由于喹啉衍生物甲氧基的位阻在过渡态中起了作用。另外，保护羟基官能团对获得高对映选择性也是必要的(见表 4-22)。

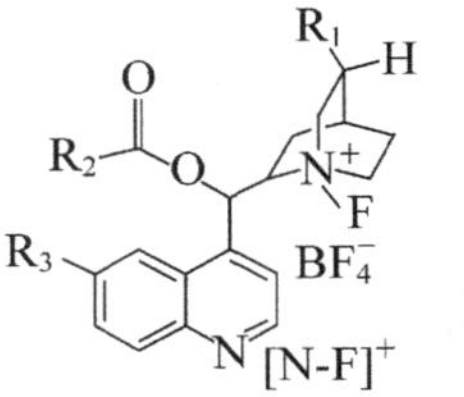

R_1 = Et; CH═CH_2
R_2 = Me, *p*-ClC_6H_4, *p*-$MeOC_6H_4$, *p*-$NO_2C_6H_4$
R_3 = H, OMe

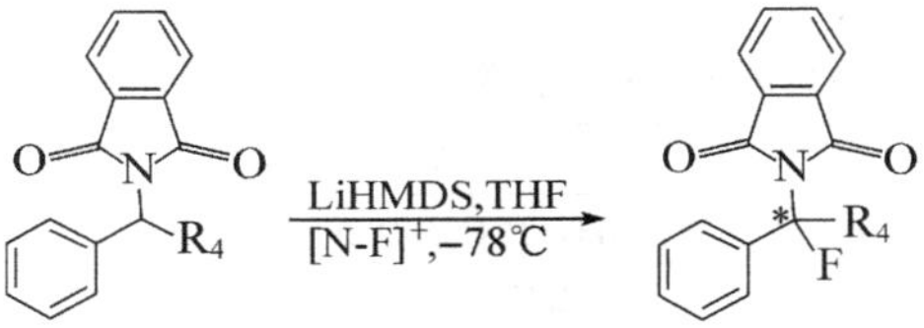

表 4-22　手性氟化试剂及其类似物氟化作用示例

[N-F]$^+$	R_4=CO_2Et		R_4=CN	
	ee/%	产率/%	*ee*/%	产率/%
NF-CD-BF_4	8	65	36	48
NF-AcCD-BF_4	42	87	52	91
NF-AcQN-BF_4	76	79	80	88
NF-pClBzQN-BF_4	68	73	91	70
NF-pClBzDHQN-BF_4	76	86	92	65
NF-pMeOBzQN-BF_4	66	64	94	56
NF-pNO_2BzQN-BF_4	60	60	90	58
NF-CN-BF_4	26	62	48	68
NF-pClBzCN-BF_4	28	67	66	70
NF-AcDHQD-BF_4	50	60	75	72
NF-pClBzDHQD-BF_4	38	65	82	64

Togni 和 Hintermann 利用手性钛络合物作为催化剂，成功地实现了 Selectfluor **16a** 对 β-酮酸酯的不对称氟化[68]。虽然单取代的 β-酮酸酯在室温下不能被 Selectfluor **16a** 顺利氟化，但路易斯酸的加入却能成功催化这一氟化反应。Togni 所使用的路易斯酸为[$TiCl_2$(R,R-TADDOLato)]，他们认为催化剂的钛和 β-酮酸酯中两个羰基氧首先配位，然后 β-酮酸酯进一步烯醇化接受 Selectfluor **16a** 的亲电进攻，其中催化剂 Cat. 2 由于空间位阻较大的原因能比 Cat. 1 给出更好的 *ee* 值（见表 4－23）。

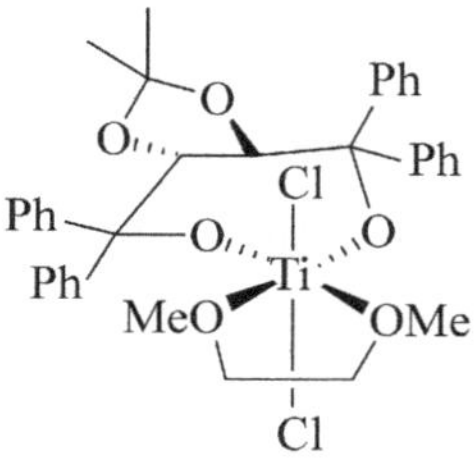

Cat. 1

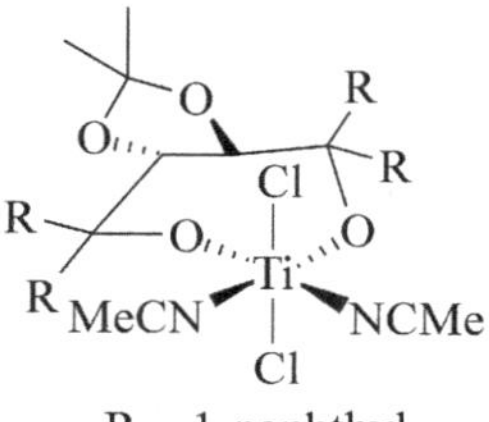

R = 1-naphthyl

Cat. 2

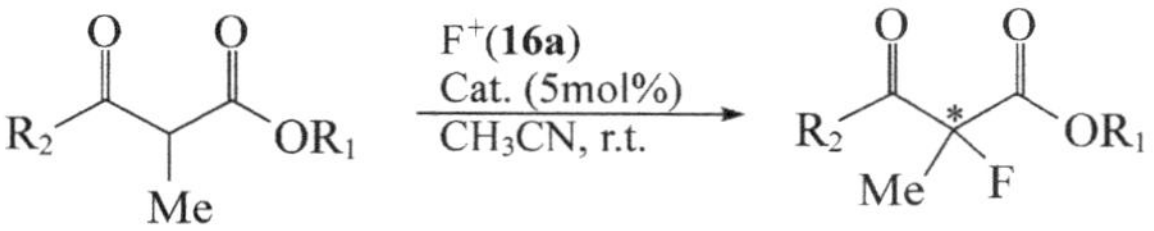

表 4－23　16a 氟化 β-酮酸酯在不同催化剂 Cat. 1 与 Cat. 2 催化下产物的 *ee* 值

底物	产物	选择性 *ee*/%（反应时间） Cat. 1	选择性 *ee*/%（反应时间） Cat. 2
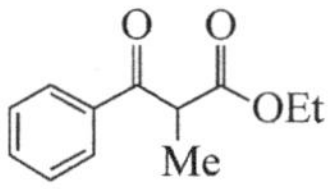	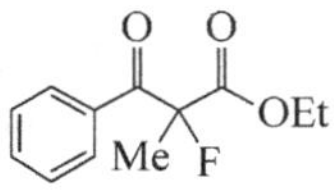	28 (4h)	62 (40min)
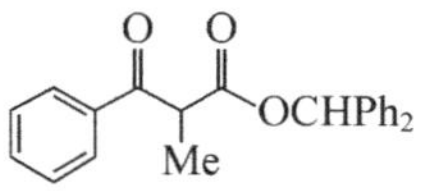	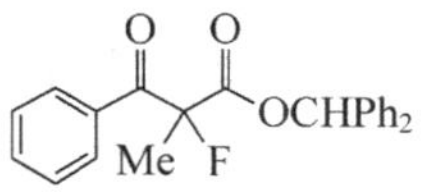	59 (1d)	82 (1d)
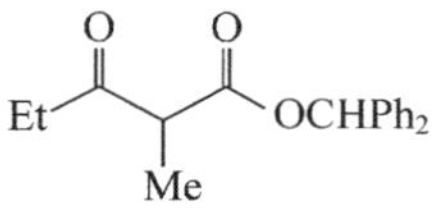	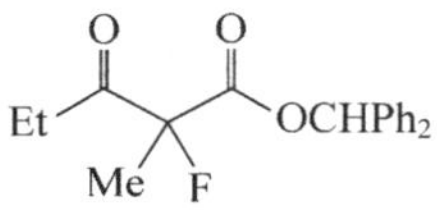	58 (2h)	81 (20min)
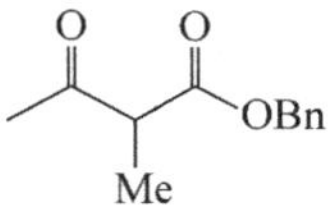	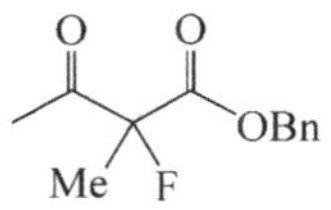	48 (15min)	71 (<7min)

续表

底物	产物	选择性 *ee*/%（反应时间）	
		Cat. 1	Cat. 2
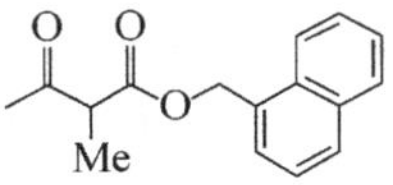	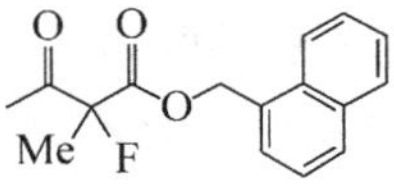	51（<15min）	68（<15min）
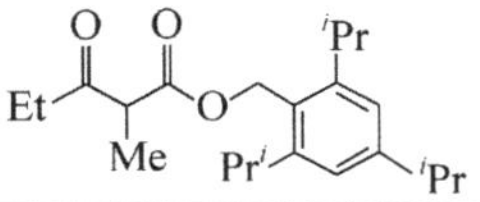	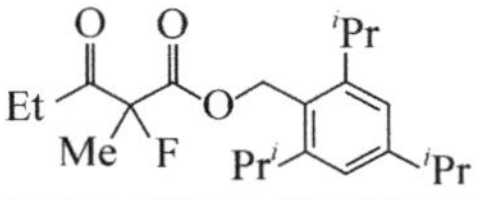	55（1h）	90（<15min）

2005 年有多篇文章报道了用有机小分子作手性催化剂，对羰基化合物（特别是醛）进行不对称 α-氟化[69]。如 Jorgensen[70]，Barbas[71] 和 MacMillan[72] 相继报道使用不同的光学活性的二级胺作催化剂和 *N*-氟代苯磺酰胺 **4** 对醛进行高对映选择性氟化，这是不对称形成 C-F 化学研究的重大突破。

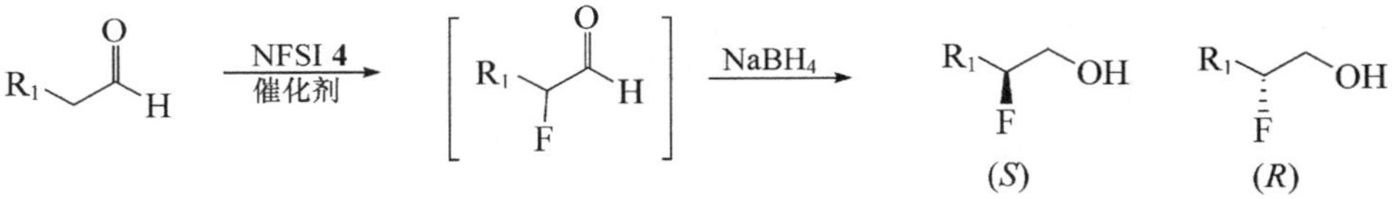

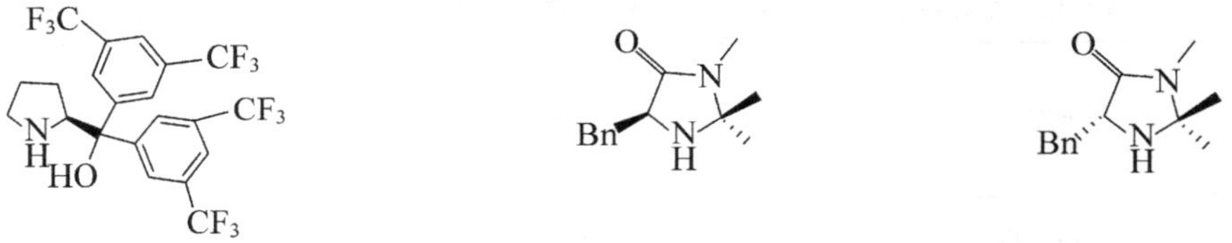

Jorgensen催化剂　91%~98% *ee* (*S*)

Barbas催化剂　86%~96% *ee* (*S*)

MacMillan催化剂　91%~99% *ee* (*R*)

四、亲电三氟甲基化试剂

1984 年，乌克兰的 Yagupolskii 等报道了含三氟甲基硫鎓离子 **17** 和 **18** 的合成及反应[73]。但由于这两个化合物的低反应性，没有引起人们的重视。

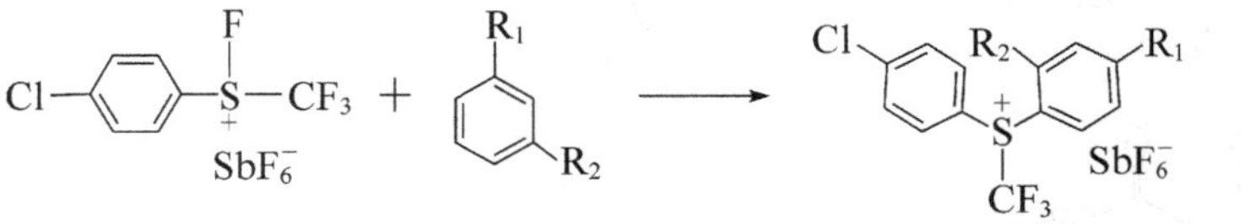

17 $R_1 = R_2 = Me$

18 $R_1 = OMe; R_2 = H$

直到 1990 年日本氟化学家 Umemoto 报道了化合物 **19** 后[74]，亲电三氟甲基化试剂才引起了人们的研究兴趣。研究表明化合物 **19** 是一种高活性的亲电三氟甲基化试剂，它可与一系列底物反应，通过亲电三氟甲基化反应向有机分子引入三氟甲基。

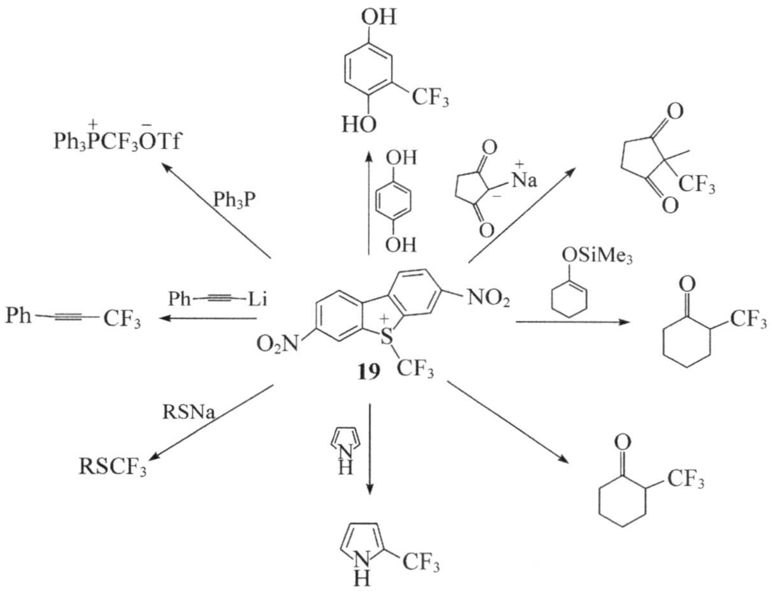

参考文献

1. (a) Rozen, S. *Acc. Chem. Res.* **1988**, *21*, 307-312; (b) Rozen, S. *Acc. Chem. Res.* **1996**, *29*, 243-248.
2. Barton, D. H. R.; Godinho, L. S.; Hesse, R. H.; Pechet, M. M. *Chem. Commun.* **1968**, 804.
3. Barton, D. H. R.; Ganguly, A. K.; Hesse, R. H.; Loo, S. N.; Pechet, M. M. *Chem. Commun.* **1968**, 806.
4. Schack, C. J.; Christe, K. O. *Inorg. Chem.* **1979**, *18*, 2619.
5. Tius, M. A. *Tetrahedron* **1995**, *51*, 6605.
6. Schmutzler, R. *Angew. Chem.* **1968**, *80*, 466; *Angew. Chem. Int. Ed. Engl.* **1968**, *7*, 440.
7. Rozen, S. *Chem. Rev.* **1996**, *96*, 1717.
8. Banks, R. E.; Williamson, G. E. *Chem. Ind.* (*London*) **1964**, 1864.
9. (a)Nyffeler, P. T.; Durón, S. G.; Burkart, M. D.; Vincert, S. P.; Wong, C.-H. *Angew. Chem. Int. Ed.* **2005**, *44*, 192. (b) Singh, R.; Shreeve, J. M. *Acc. Chem. Res.* **2004**, *37*, 44. (c) Taylor, S. D.; Kotoris, C. C.; Hum. G. *Tetrahedron* **1999**, *55*,

12431. (d) Banks, R. E. *J. Fluorine Chem.* **1998**, *87*, 1. (e) Lal, G. S.; Pez, G. P.; Syvret, R. G. *Chem. Rev.* **1996**, *96*, 1737.

10. Sigh, S.; DesMarteau, D. D.; Zubert, S. S.; Witz, M.; Huang, H.-N. *J. Am. Chem. Soc.* **1987**, *109*, 7194.
11. (a) DesMarteau, D. D. *U. S. Pat.* 4697011, 1987-09-29. (b) DesMarteau, D. D.; Witz, M. *J. Fluorine Chem.* **1991**, *52*, 7.
12. Banks, R. E.; Khazaei, A. *J. Fluorine Chem.* **1990**, *46*, 297.
13. (a) Barnette, W. E. *J. Am. Chem. Soc.* **1984**, *106*, 452. (b) Lee, S. H.; Schwartz, J. *J. Am. Chem. Soc.* **1986**, *108*, 2445. (c) Yagupolskii, Y. L.; Savina, T. I. *Zh. Org. Khim.* **1981**, *17*, 1330. (d) Barnette, W. E. *U. S. Pat.* 4479901, 1984-10-30. (e) Barton, D. H. R.; Hasse, R. H.; Pechet, M. M.; Toh, H. T. *J. Chem. Soc.*, *Perkin Trans. 1* **1974**, 732. (f) Leroy, J.; Dudragne, F.; Adenis, J. C.; Michaud, C. *Tetrahedron Lett.* **1973**, *14*, 2771. (g) Seguin, M.; Adenis, J. C.; Michaud, C.; Basselier, J. J. *J. Fluorine Chem.* **1980**, *15*, 201. (h) Davis, F. A.; Zhou, P.; Murphy, C. K. *Tetrahedron Lett.* **1993**, *34*, 3971. (i) Banks, R. E.; Tatlow, J. C. *J. Fluorine Chem.* **1986**, *33*, 71. (j) Satyamurthy, N.; Bida, G. T.; Phelps, M. E.; Barrio, J. R. *J. Org. Chem.* **1990**, *55*, 3373.
14. (a) Stavber, S.; Zupan, M. *Synlett* **1996**, 693. (b) Poss, A. J.; Shia, G. A. *Chem. Eng. News* **1995**, *73*, 45. (c) Differding, E.; Ofner, H. *Synlett* **1991**, 187. (d) Davis, F. A.; Han, W.; Murphy, C. K. *J. Org. Chem.* **1995**, *60*, 4730. (e) Cabrera, I.; Appel. W. K. *Tetrahedron* **1995**, *51*, 10205. (f) Differding, E.; Lang, R. W. *Tetrahedron Lett.* **1988**, *29*, 6087. (g) Differding, E. *J. Fluorine Chem.* **1989**, *45*, 99. (h) Davis, F. A.; Zhou, P.; Chen, B.-C. *Phosphorous, Sulfur Silicon Relat. Elem.* **1996**, *115*, 85. (i) Davis, F. A.; Zhou, P.; Murphy, C. K.; Sundarababu, G.; Qi, H.-G.; Han, W.; Przeslawski, R. M.; Chen, B.-C.; Carrol, P. J. *J. Org. Chem.* **1998**, *63*, 2273.
15. (a) Takeuchi, Y.; Satoh, A.; Suzuki, T.; Kameda, A.; Dohrin, M.; Satoh, T.; Koizumi, T.; Kirk, K. *Chem. Pharm. Bull.* **1997**, *45*, 1085. (b) Takeuchi, Y.; Suzuki, T.; Satoh, A.; Shiragami, T.; Shibata, N. *J. Org. Chem.* **1999**, *64*, 5708.
16. (a) Simons, T. C.; Hoffman, F. W.; Beck, R. B.; Holler, H. V.; Katz, T.; Koshar, R. J.; Larsen, E. R.; Mulvaney, J. E.; Paulson, K. E.; Rogers, F. E.; Singleton, B.; Sparks, R. E. *J. Am. Chem. Soc.* **1957**, *79*, 3429. (b) Banks, R. E.; Ginsberg, A. E.; Haszeldine, R. N. *J. Chem. Soc.* **1961**, 1740. (c) Banks, R. E.; Cheng, W. M.; Haszeldine, R. N. *J. Chem. Soc.* **1962**, 3407.
17. Banks, R. E.; Tsiliopoulos, E. *J. Fluorine Chem.* **1986**, *34*, 281.
18. (a) Purrington, S. T.; Jones, W. A. *J. Org. Chem.* **1983**, *48*, 761. (b) Purrington, S. T.; Jones, W. A. *J. Fluorine Chem.* **1984**, *26*, 43.
19. (a) Banks, R. E.; Du Boisson, R. A.; Tsiliopoulos, E. *J. Fluorine. Chem.* **1986**, *32*, 461. (b) Banks, R. E.; Du Boisson, R. A.; Morton, W. D.; Tsiliopoulos, E. *J. Chem. Soc.*, *Perkin Trans. 1* **1988**, 2805. (c) Banks, R. E.; Sharif, I. *J. Fluorine Chem.*

1988, *41*, 297. (d) Banks, R. E.; Sharif, I. *J. Fluorine Chem.* **1991**, *55*, 207. (e) Banks, R. E.; Besheesh, M. K. *J. Fluorine Chem.* **1996**, *76*, 161. (f) Abdul-Ghani, M.; Banks, R. E.; Besheesh, M. K.; Sharif, I.; Syvret, R. G. *J. Fluorine Chem.* **1995**, *73*, 255.

20. (a) Umemoto, T.; Tomita, K. *Tetrahedron Lett.* **1986**, *27*, 3271. (b) Umemoto, T.; Kawada, K.; Tomita, K. *Tetrahedron Lett.* **1986**, *27*, 4465. (c) Umemoto, T.; Fukami, S.; Tomizawa, G.; Harasawa, K.; Kawada, K.; Tomita, K. *J. Am. Chem. Soc.* **1990**, *112*, 8563. (d) Umemoto, T.; Tomita, K.; Kawada, K.; Tomizawa, G. *U. S. Pat.* 4996320, 1991-02-26. (e) Umemoto, T.; Tomizawa, G. *J. Org. Chem.* **1995**, *60*, 6563. (f) Umemoto, T.; Harasawa, K.; Tomizawa, G.; Kawada, K.; Tomita, K. *Bull. Chem. Soc. Jpn.* **1991**, *64*, 1081.
21. (a) Banks, R. E.; Besheesh, M. K.; Khaffaf, S. N.; Sharif, I. *J. Fluorine Chem.* **1991**, *54*, 207. *(b) Banks, R. E.; Mohialdin-Khaffaf, S. N.; Lal, G. S.; Sharif, I.; Syvret, R. G. Chem. Commun.* **1992**, 595. (c) Banks, R. E.; Besheesh, M. K. *J. Fluorine Chem.* **1997**, *81*, 157. (d) Umemoto, T.; Nagayoshi, M.; Adachi, K.; Tomizawa, G. *J. Org. Chem.* **1998**, *63*, 3379.
22. Umemoto, T.; Nagayoshi, M. *Bull. Chem. Soc. Jpn.* **1996**, *69*, 2287.
23. Banks, R. E. *U. S. Pat.* 5086178, 1992-02-04.
24. (a) Banks, R. E.; Besheesh, M. K.; Mohialdin-Khaffaf, S. N.; Sharif, I. *J. Chem. Soc., Perkin Trans. 1* **1996**, 2069. (b) Banks, R. E.; Besheesh, M. K.; Mohialdin-Khaffaf, S. N.; Sharif, I. *J. Fluorine Chem.* **1996**, *78*, 43. (c) Banks, R. E.; Mohialdin-Khaffaf, S. N.; Lal, G. S.; Sharif, I. Syvret, R. G. *J. Chem. Soc. Chem. Commun.* **1992**, 595. (d) Poss, A. J.; Shia, G. *U. S. Pat.* 5459267, 1995-10-17. (e) Banks, R. E.; Besheesh, M. K. *J. Fluorine Chem.* **1995**, *74*, 165. (f) Syvret, R. G. *U. S. Pat.* 5367071, 1994-11-22. (g) Stavber, S.; Zupan, M.; Poss, A. J.; Shia, G. A. *Tetrahedron Lett.* **1995**, *36*, 6769.
25. Abdul-Ghani, M.; Banks, R. E.; Besheesh, M. K.; Sharif, I.; Syvret, R. G. *J. Fluorine Chem.* **1995**, *73*, 255.
26. (a) Christe, K. O.; Schack, C. J.; Wilson, R. D. *J. Fluorine Chem.* **1976**, *8*, 541. (b) Olah, G. A.; Hartz, N.; Rasul, G.; Wang, Q.; Prakash, G. R. S.; Casanova, J.; Christe, K. O. *J. Am. Chem. Soc.* **1994**, *116*, 5671.
27. (a) Lal. G. S. *J. Org. Chem.* **1993**, *58*, 2791. (b) Poss, A. J.; Van Der Puy, M.; Nalewajek, D.; Shia, G. A.; Wagner, W. J.; Frenette, R. L. *J. Org. Chem.* **1991**, *56*, 5962. (c) Reydellet-Casey, V.; Knoechel, D. J.; Herrinton, P. M. *Org. Process Res. Dev.* **1997**, *1*, 217.
28. Dauben, W. G.; Greenfield, L. J. *J. Org. Chem.* **1992**, *57*, 1597.
29. (a) Umemoto, T.; Fukami, S.; Tomizawa, G.; Harasawa, K.; Kawada, K.; Tomita, K. *J. Am. Chem. Soc.* **1990**, *112*, 8563. (b) Davis, F. A.; Han, W. *Tetrahedron Lett.* **1991**, *32*, 1631. (c) Differding, E.; Ruegg, G. M.; Lang, R. W. *Tetrahedron Lett.*

1991, *32*, 1779. (d) Differding, E.; Lang, R. W. *Helv. Chim. Acta.* **1989**, *72*, 1248. (e)Xu, Z.; DesMarteau, D. D.; Gotoh, Y. *J. Chem. Soc., Chem. Commun.* **1991**, 179. (f) Resnati, G.; DesMarteau, D. D. *J. Org. Chem.* **1991**, *56*, 4925. (g) Resnati, G.; DesMarteau, D. D. *J. Org. Chem.* **1992**, *57*, 4281. (h) Xu, Z.; DesMarteau, D. D.; Gotoh, Y. *J. Fluorine Chem.* **1992**, *58*, 72. (i) Banks, R. E.; Lawrence, J. J.; Popplewell, A. L. *J. Chem. Soc., Chem. Commun.* **1994**, 343.

30. Bensoam, J.; Mathey, F. *Tetrahedron Lett.* **1977**, *32*, 2797.
31. Ying, W.; DesMarteau, D. D. Gotoh, Y. *Tetrahedron* **1996**, *52*, 15.
32. (a) Tomizawa, G.; Umemoto, T. *J. Fluorine Chem.* **1991**, *54*, 205. (b) Poss, A. J.; Shia, G. A. *Tetrahedron Lett.* **1999**, *40*, 2673. (c) Thomas, M. G.; Suckling, C. J.; Pitt, A. R.; Suckling, K. E. *J. Chem. Soc., Perkin Trans. 1* **1999**, *21*, 3191. (d) Choe, Y. S.; Katzenellenbogen, J. A. *Steroids* **1995**, *60*, 414.
33. Stavber, S.; Scotler, T.; Zupan, M. *Tetrahedron Lett.* **1994**, *35*, 1105.
34. DesMarteau, D. D.; Xu, Z.; Witz, M. *J. Org. Chem.* **1992**, *57*, 629.
35. Lal, G. S.; Pastore, W.; Pesaresi, R. *J. Org. Chem.* **1995**, *60*, 7340.
36. (a) Ge, P.; Kirk, K. L. *J. Fluorine Chem.* **1997**, *84*, 45. (b) Ge, P.; Kirk, K. L. *J. Org. Chem.* **1997**, *62*, 3340.
37. Zupan, M.; Iskra, J.; Stavber, S. *J. Org. Chem.* **1995**, *60*, 259.
38. Hewitt, C. D.; Silvester, M. J. *Aldrichim. Acta.* **1988**, *21*, 3.
39. (a) Lal, G. S. *Selectfluor™ (F-TEDA-BF4): A new broad-spectrum selective fluorinating agent*, In: Banks, R. E. Ed. Fluorine in Agriculture, Paper 16, Fluorine Technology, Manchester, 1995. (b) Lal, G. S. Syvret, R. G. *J. Fluorine Chem.* **1991**, *54*, 208. (c) Zupan, M.; Iskra, J.; Stavber, S. *J. Fluorine Chem.* **1995**, *70*, 7. (d) Zupan, M.; Iskra, J.; Stavber, S. *Tetrahedron* **1996**, *52*, 11341.
40. Zupan, M.; Iskra, J.; Stavber, S. *Bull. Chem. Soc. Jpn.* **1995**, *68*, 1655.
41. Cabrera, I.; Appel, W. K. *Tetrahedron* **1995**, *51*, 10205.
42. Stavber, S.; Jereb, M.; Zupan, M. *Synlett* **1999**, 1375.
43. (a) Snieckus, V.; Beaulieu, F.; Mohri, K.; Han, W.; Murphy, C. K.; Davis, F. A. *Tetrahedron Lett.* **1994**, *35*, 3465. (b) Lal, G. S. *U. S. Pat.* 5233074, 1993-08-03.
44. Stavber, S.; Zupan, M. *J. Chem. Soc., Chem. Commun.* **1994**, 149.
45. Mattews, D. P.; Miller, S. C.; Jarvi, E. T.; Sabol, J. S.; McCarthy, J. R. *Tetrahedron Lett.* **1993**, *34*, 3057.
46. (a) Hodson, H. F.; Madge, D. J.; Slawin, A. N. Z.; Widdowson, D. A.; Williams, D. J. *Tetrahedron* **1994**, *50*, 1899. (b) Hodson, H. F.; Madge, D. J.; Widdowson, D. A. *J. Chem. Soc., Perkin Trans. 1* **1995**, 2965.
47. McClinton, M. A.; Sik, V. *J. Chem. Soc., Perkin Trans. 1* **1992**, 1891.
48. Greddy, B.; Gouverneur, V. *Chem. Commun.* **2001**, 233.
49. Petasis, N. A.; Yudin, A. K.; Zavialov, I. A.; Prakash, G. K. S.; Olah, G. A. *Synlett* **1997**, 606.

50. Takeuchi, Y.; Tarui, T.; Shibata, N. *Org. Lett.* **2000**, *2*, 639.
51. Shibata, N.; Tarui, T.; Doi, Y.; Kirk, K. L. *Angew. Chem. Int. Ed.* **2001**, *40*, 4461.
52. (a) Sammes, P. G. *Chem. Rev.* **1976**, *76*, 113. (b) Hermann, P. *Organic Sulfur Chemistry*, Freidlima, R.; Skorova, A. E. Eds.; Pergamon Press: Oxford, **1981**, 51.
53. (a) Zupan, M. *J. Fluorine Chem.* **1976**, *8*, 305. (b) Marat, R. K.; Janzen, A. F. Can. *J. Chem.* **1977**, *55*, 3031. (c) Janzen, A. F.; Wang, P. M. C. Lemire, A. E. *J. Fluorine Chem.* **1983**, *22*, 557.
54. More, K. M.; Wemple, J. *Synthesis* **1977**, 791.
55. McCarthy, J. R.; Peet, N. P.; LeTourneau, M. E.; Inbasekaran, M. *J. Am. Chem. Soc.* **1985**, *107*, 735.
56. Umemoto, T.; Tomizawa, G. *Bull. Chem. Soc. Jpn.* **1986**, *59*, 3625.
57. Lal, G. S. *Synthetic Commun.* **1995**, *25*, 725.
58. Burkart, M. D.; Zhang, Z.; Hung, S.-C.; Wong, C.-H. *J. Am. Chem. Soc.* **1997**, *119*, 11743.
59. Vincent, S, P.; Burkart, M. D.; Tsai, C.-Y.; Zhang, Z.; Wong, C.-H. *J. Org. Chem.* **1999**, *64*, 5264.
60. (a) Albert, M.; Dax, K.; Ortner, J. *Tetrahedron* **1998**, *54*, 4839. (b) *Ortner, J.; Albert, M.; Weber, H.; Dax, K. J. Carbohydr. Chem.* **1999**, *18*, 297.
61. O'Hanlon, P. J.; Forrest, A. K. *Tetrahedron Lett.* **1995**, *36*, 2117.
62. Wang, J.; Scott, A. I. *J. Chem. Soc., Chem. Commun.* **1995**, 2399.
63. (a) Davis, F. A.; Han, W. *Tetrahedron Lett.* **1992**, *33*, 1153. (b) Enders, D.; Faure, S.; Potthoff, M.; Runsink, J. *Synthesis* **2001**, 2307.
64. Shibata, N.; Suzuki, E.; Takeuchi, Y. *J. Am. Chem. Soc.* **2000**, *122*, 10728.
65. Shibata, N.; Suzuki, E.; Asahi, T.; Shiro, M. *J. Am. Chem. Soc.* **2001**, *123*, 7001.
66. Cahard, D.; Audouard, C.; Plaquevent, J.-C.; Roques, N. *Org. Lett.* **2000**, *2*, 3699.
67. Mohar, B.; Baudoux, J.; Plaquevent, J.-C.; Cahard, D. *Angew. Chem. Int. Ed.* **2001**, *40*, 4214.
68. Hintermann, L.; Togni, A. *Angew. Chem. Int. Ed.* **2000**, *39*, 4359.
69. Pikho, P. M. *Angew. Chem. Int. Ed.* **2005**, *44*, 2.
70. Marigo, M.; Fielenbach, D.; Braunton, A. Kjarsgaard, A.; Jorgensen, K. A. *Angew. Chem. Int. Ed.* **2005**, *44*, 3703.
71. Steiner, D. D.; Mase, N.; Barbas III, C. F. *Angew. Chem. Int. Ed.* **2005**, *44*, 3706.
72. Beeson, T. D.; MacMillan, D. W. C. *J. Am. Chem. Soc.* **2005**, *127*, 8826.
73. Yagupolskii, L. N.; Kondrutenko, W. V.; Timofeeva, G. N. *J. Org. Chem. USSR*, **1984**, *20*, 103.
74. (a) Umemoto, T.; Ishihara, S. *Tetrahedron Lett.* **1990**, *31*, 3579. (b) Umemoto, T.; Ishihara, S. *J. Am. Chem. Soc.* **1993**, *115*, 2156.

第五章　亲核氟化

亲核氟化是将氟原子引入有机化合物的重要方法。反应过程是指氟负离子与底物的反应。本章主要讨论含氟硫键的亲核氟化试剂的制备及对有机化合物的氟化反应。

一、胺基氟化硫试剂

由于一些经典的亲核氟化试剂(如 F_2 和 SF_4)存在着诸如高毒性、反应不易控制和不易操作等缺点,发展新的氟化试剂吸引了众多氟化学工作者的目光,二烷胺基氟化硫化合物是 20 世纪开发的最重要的亲核氟化试剂之一[1,2]。作为氟化试剂,这一类化合物除具有反应速率快、条件温和、收率较高、反应选择性好优点外,同时还具有对温度的适应范围较大,操作方便,消除反应和重排反应少等优点。二烷胺基氟化硫易与羟基、羰基等官能团反应而实现氟的取代,已广泛应用于含氟有机天然产物的合成,如制备含氟糖类、含氟甾体、含氟氨基酸和含氟抗生素等。目前,已有多篇综述文章对其进行概述[1~4]。

二、二烷胺基氟化硫的制备及常规性质

二烷胺基三氟化硫化合物最早由 Demitras 小组在 1964 年首次合成[5]。首先用三甲基氯硅烷处理二甲胺得二甲胺基三甲基硅烷,然后再用 SF_4 氟化二甲胺基三甲基硅烷即得二甲胺基三氟化硫(dimethylaminosulfur trifluoride, methyl-DAST,**1a**)[6]。到了 20 世纪 70 年代,Markovskii[7] 和 Middleton[8] 制备了一系列二烷胺基三氟化硫化合物并较详细地研究了它在制备有机氟化合物上的应用。利用 Demitras 小组的类似方法,一些类似物得以合成,如二乙胺基三氟化硫(diethylaminosulfur trifluoride, DAST,**1b**)[8]、双二甲氧乙基胺三氟化硫([bis(2-methoxyethyl)aminosulfur trifluoride], Deoxofluor,**1c**)[9]、4-吗啉三氟化硫(4-morpholinsulfur trifluoride, Morpho-DAST,**1f**)[7a] 等。目前 DAST 和 Morpho-DAST 已实现商业化。

$$R_2NSiMe_3 + SF_4 \longrightarrow \underset{\mathbf{1}}{R_2NSF_3} + Me_3SiF$$

1a：R＝Me　　**1d**：R＝^{i}Pr

1b：R＝Et　　**1e**：R＝Bu

1c：R＝$CH_3OCH_2CH_2$

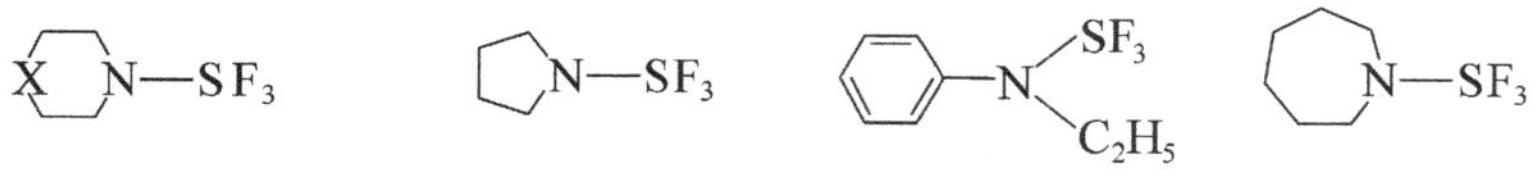

1f：X＝O　　**1h**　　**1i**　　**1j**

1g：X＝CH_2

另外，Markovskii 等报道用 SF_4 处理 *N*，*N*，*N′*，*N′*-四烷基亚磺酰胺[10]、*N*，*N*-二烷基磺酰胺[10b]、*N*，*N*-二烷基亚磺酰胺[10b]以及二烷胺基磺酰氟[10b]，同样可以实现二烷胺基三氟化硫的制备。

$$酰胺 + SF_4 \longrightarrow R_2NSF_3$$

酰胺：

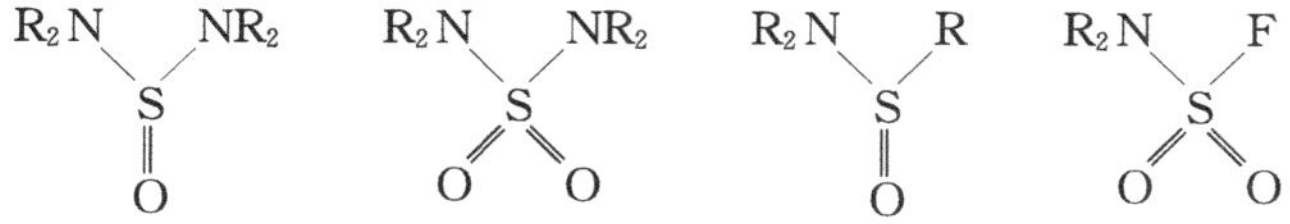

几个小组曾试图制备手性环状胺基三氟化硫化合物 **1k** 用于不对称氟化反应，然而研究发现 **1k** 在室温下极易发生降解反应[11]。Sampson 小组从 Morpho-DAST 较 DAST 稳定得到启发，认为边链氧原子的存在有利于胺基三氟化硫的稳定[12]。基于这种考虑，他们小组将 **1k** 中的异丙基用 CH_2OMe 取代成功制备了手性的环状胺基三氟化硫 **1l**[13]。

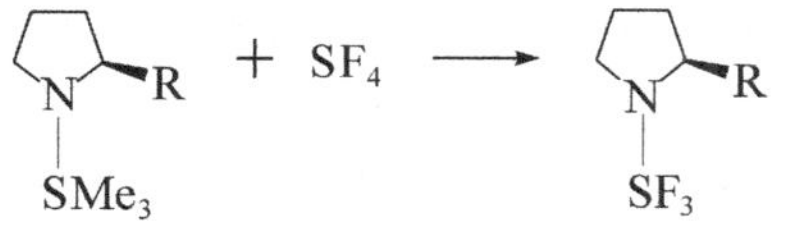

1k：R＝^{i}Pr，室温下不稳定

1l：R＝CH_2OMe，80℃下稳定

将等当量的二烷胺基三氟化硫和二烷胺基三甲基硅烷反应能顺利实现双(二烷胺基)二氟化硫的制备[8,10,14]。由于这类化合物在蒸馏时不稳定，因而通常不经纯化直接用于反应。另外，用二烷胺基三氟化硫氟化 *N*，*N*，*N′*，*N′*-四烷基亚磺酰胺同样可实现双(二烷胺基)二氟化硫的合成[10b]。

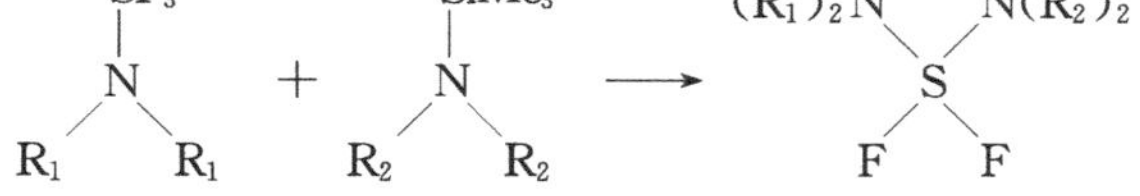

2

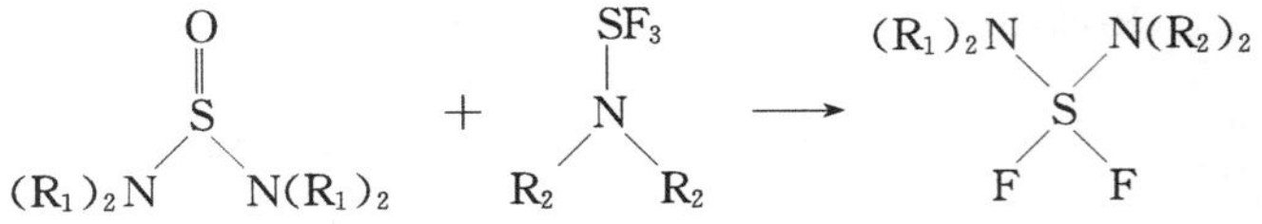

2

2a: $(Me_2N)_2SF_2$　**2b**: $(Et_2N)_2SF_2$　**2c**: $Me_2NSF_2NEt_2$　**2d**: $(^nBu_2N)_2SF_2$　**2e**: $[(C_6H_{13})_2N]_2SF_2$

2f:

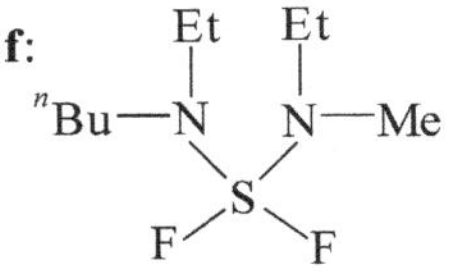

2g:

2h:

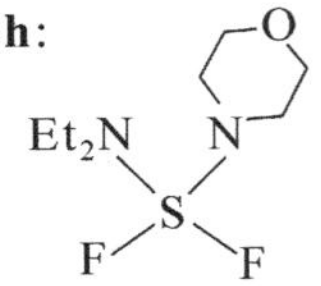

2i:

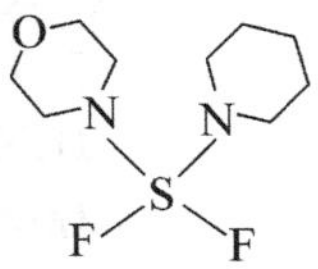

2j:

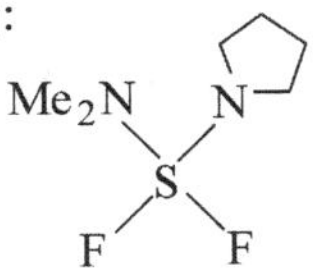

2k:

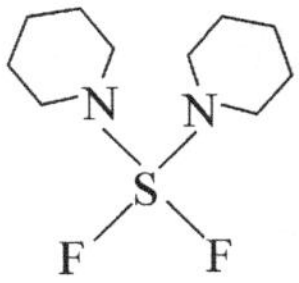

2l:

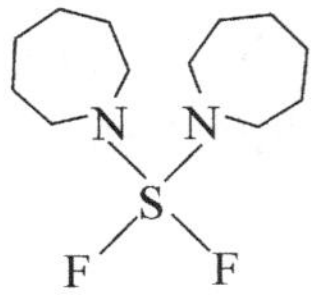

2m:

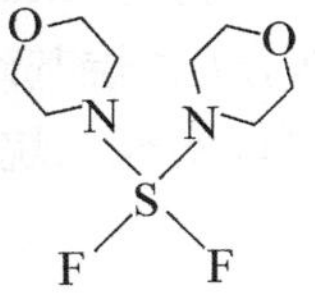

2n:

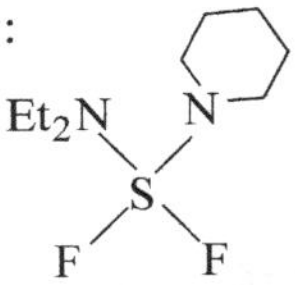

2o:

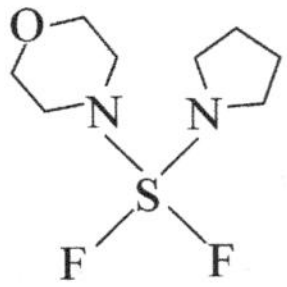

Middleton 小组对二烷胺基三氟化硫和双(二烷胺基)二氟化硫的稳定性进行了较为详细的研究[12a]，这两类化合物在一定温度下都会发生爆炸，且早在 1979 年就有关于 DAST 在其制备和使用过程中发生爆炸的报道[12b,12c]。Middleton 小组发现二烷胺基三氟化硫发生爆炸经历两个不同的阶段，即首先所有二烷胺基三氟化硫化合物在 90℃时都发生缓慢分解，放出 SF_4 和生成双(二烷胺基)二氟化硫化合物；当进一步加热时，生成的双(二烷胺基)二氟化硫化合物发生爆炸产生气体物质并得到大量的黑炭。爆炸温度与底物的量之间没有关系，但与升温速率有一定的关系，缓慢的升温速率使爆炸温度略有降低。

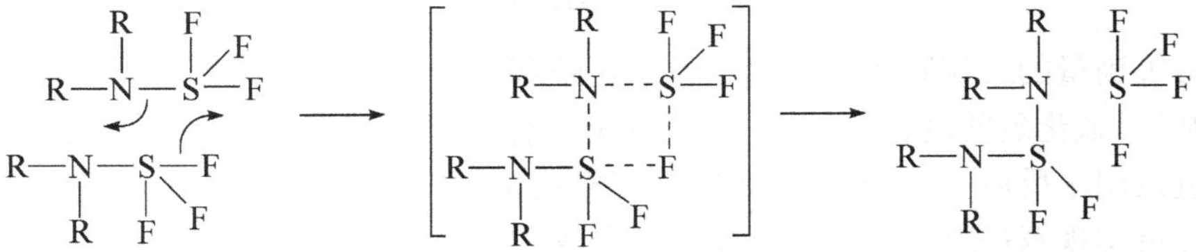

纯的双(二烷胺基)二氟化硫化合物的爆炸温度都比相应的二烷胺基三氟化硫低[12a]。例如，**2b** 的爆炸温度为 108℃，而 DAST 的爆炸温度为 147℃。W. J. Middleton 等认为二烷胺基三氟化硫发生爆炸仅在一定量的双(二烷胺基)二氟化硫化合物形成之后，和二烷胺基三氟化硫相比，双(二烷胺基)二氟化硫化合物爆炸

温度并不随升温速率的改变而改变(见表 5－1)。在被考察的一系列二烷胺基三氟化硫中,六亚甲基亚胺基三氟化硫 **1j** 最不稳定,爆炸温度仅为 130℃;Morpho-DAST(**1f**)最稳定,爆炸温度达到 175℃。研究还发现对于二烷胺基三氟化硫化合物,烷基位阻越大,化合物越稳定,如二甲胺基三氟化硫的爆炸温度为 144℃,而二丁胺基三氟化硫的爆炸温度为 153℃。Lal 的研究发现 Deoxofluor(**1c**) 和 **1l** 的热稳定性明显高于 DAST 和 Morpho-DAST[9b]。

表 5－1 二烷胺基三氟化硫和二烷胺基二氟化硫化合物的爆炸温度

编号	化合物	爆炸温度/℃
1	二甲胺基三氟化硫(Dimethylaminosulfur trifluoride,**1a**)	144
2	二乙胺基三氟化硫(Diethylsaminosulfur trifluoride,**1b**)	147
3	二丁胺基三氟化硫(Dibutylaminosulfur trifluoride,**1e**)	153
4	1-吡咯基三氟化硫(1-Pyrrolodinosulfur trifluoride,**1h**)	156
5	1-哌啶基三氟化硫(1-Piperidinosulfur trifluoride,**1g**)	172
6	六亚甲基亚胺基三氟化硫(Hexamethyleneiminosulfur trifluoride,**1j**)	130
7	4-吗啉基三氟化硫(4-Morpholinosulfur trifluoride,**1f**)	175
8	双(二乙胺基)二氟化硫[Bis(diethylamino)sulfur difluoride,**2b**]	108
9	双(1-哌啶基)二氟化硫[Bis(1-piperidino)sulfur difluoride,**2k**]	135
10	双(六亚甲基亚胺基)二氟化硫[Bis(hexamethyleneimino) sulfur difluoride,**2l**]	118
11	双(4-吗啉基)二氟化硫[Bis(4-morpholino) difluoride,**2m**]	138

将等当量的双(二烷胺基)二氟化硫和二烷胺基三甲基硅烷反应可以制备三(二烷胺基)锍二氟三甲基硅盐化合物,这一类化合物同样可以通过 SF_4 氟化 3 当量的二烷胺基三甲基硅烷直接制备[14]。大量的三(二烷胺基)锍二氟三甲基硅盐化合物通过这两种方法得以制备[14,15]。研究发现这一类化合物都为极易潮解的固体,因而需在严格的无水条件下操作;同时三(二烷胺基)锍二氟三甲基硅盐化合物的反应活性较低,大多数情况下不能顺利地氟化羰基和羟基官能团。它们易溶于有机溶剂因而是非常有用的 F^- 源,其中三(二甲胺基)锍二氟三甲基硅盐[tris(dimethylamino)sulfonium difluorotrimethylsilicate, TASF]是常用的氟化试剂,且已实现商业化。

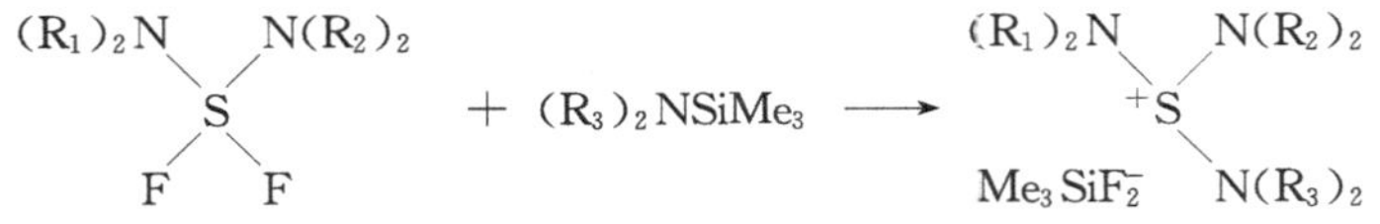

2 **3**

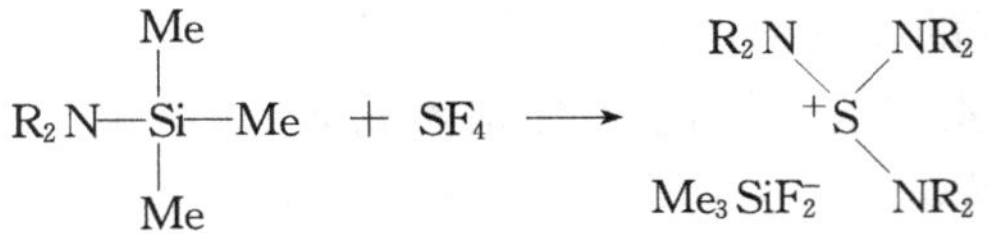

3a:

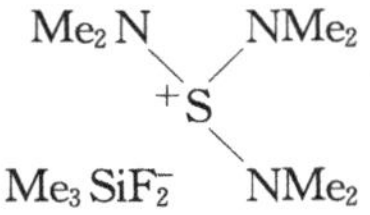

(TASF)

3b:

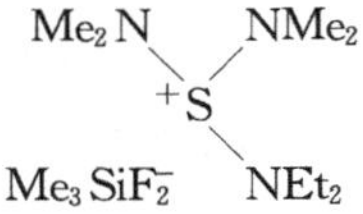

3c:

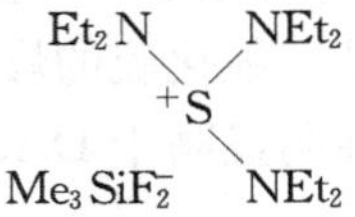

3d:

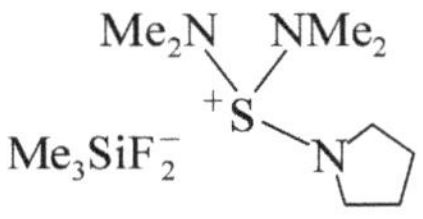

3e:

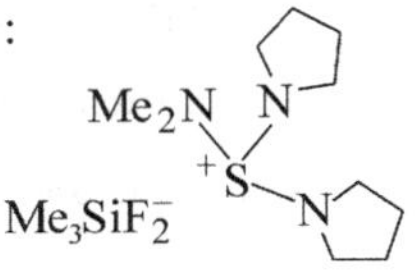

3f:

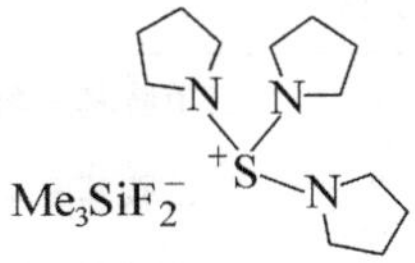

3g,**3h**:

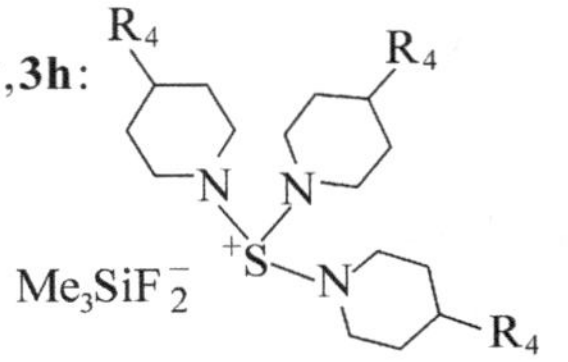

3g: $R_4 = H$; **3h**: $R_4 = Me$

3i:

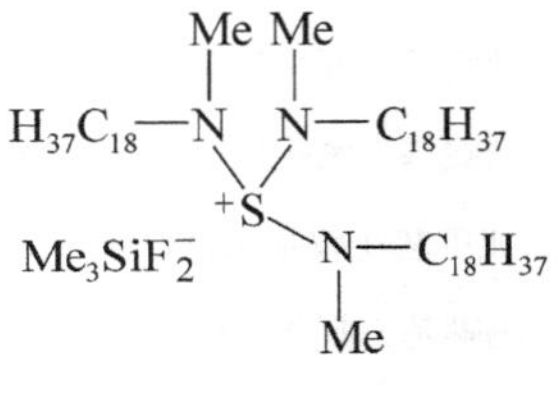

三、胺基氟化硫试剂的反应

1. 氟化羟基化合物

胺基氟化硫(**1**、**2**)对羟基的氟化机理在一定程度上和 SF_4 氟化羟基化合物相类似[16]。首先,底物的羟基氧原子亲核进攻氟化试剂硫中心同时消除一分子 HF 得到中间体化合物 **4**,中间体 **4** 的稳定性主要取决于它的结构。随后,F^- 进攻中间体 **4** 得到相应的氟化产物。虽然中间体 **4** 并没有被分离,但 ^{19}F NMR 对 DAST 与当量 1,2∶5,6-双-*O*-异亚丙基-*α*-D-呋喃葡萄糖混合物的跟踪能检测到其的存在。在 CH_2Cl_2 溶剂中,随着反应的进行 DAST 氟谱信号 40ppm(单峰)消失,在 59ppm 处新产生一个五重峰($J=2Hz$),这是中间体 **5** 的氟信号[17]。更为直接的证据来自于哌啶三氟化硫(**1g**)处理化合物 6*α*,9*α*-二氟-16*α*-甲基-11*β*,17,21-三羟基-1,4-孕甾二烯-3,20-二酮-21-三甲基乙酰酯时分离到中间体化合物 **6**[18]。

$$R{-}OH + F_3SNR_2 \longrightarrow \underset{\mathbf{4}}{ROSF_2NR_2} + HF$$

$$\underset{\mathbf{4}}{ROSF_2NR_2} + F^- \longrightarrow RF + FSONR_2 + F^-$$

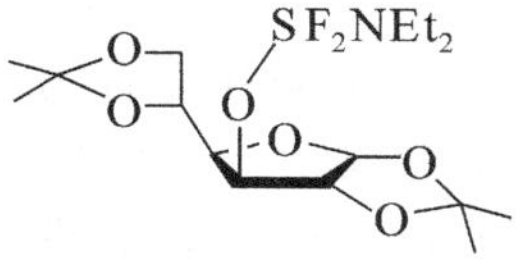
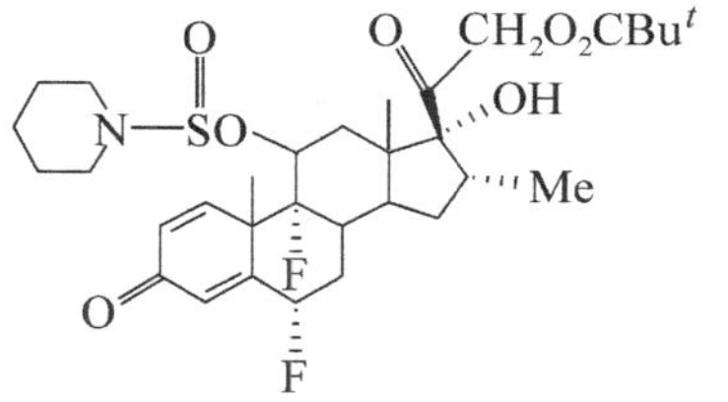

5　　　　　　6

DAST 氟化羟基化合物时常伴随重排反应发生，这主要是由于反应可同时按 S_N1 和 S_N2 反应历程进行。一方面，一些手性羟基官能团被 DAST 氟化时几乎完全发生构型反转，这说明反应可按 S_N2 反应历程进行[19]。另一方面，由于邻基参与一些底物被氟化时构型完全得以保持。S_N1 反应历程中，羟基首先被强烈活化生成了碳正离子过渡态，然后碳正离子中间体发生重排或消除反应导致副产物的生成。例如，环辛醇用 DAST 处理，除了正常的氟代环辛醇(70%)生成外，环辛烯也同时生成[8]。Petrakavo 等在研究糖化合物 **7** 的 DAST 氟化时，除了得到正常氟化化合物 **8** 外，也分离到了消除产物 **9** 和 **10**[20]。用 DAST 对异丁醇进行氟化时，除了有正常氟化产物异丁基氟生成外，还检测到叔丁基氟的生成，而对 2-莰醇氟化时，几乎全部生成重排的氟化物 **11**[8]。

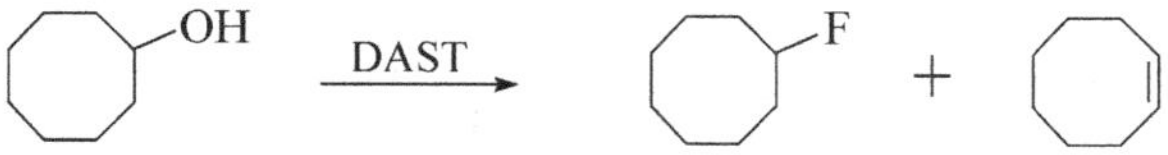

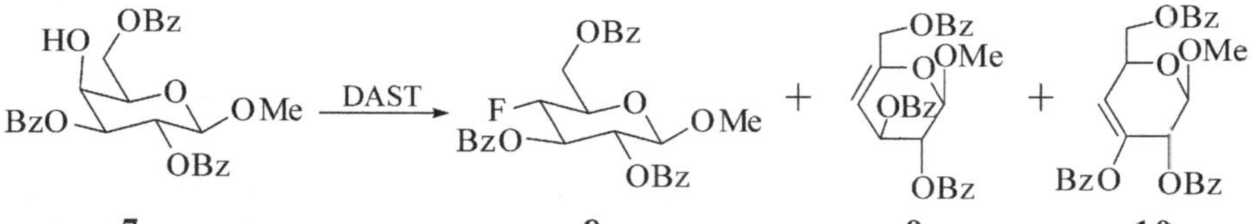

7　　　　8　　　　9　　　　10

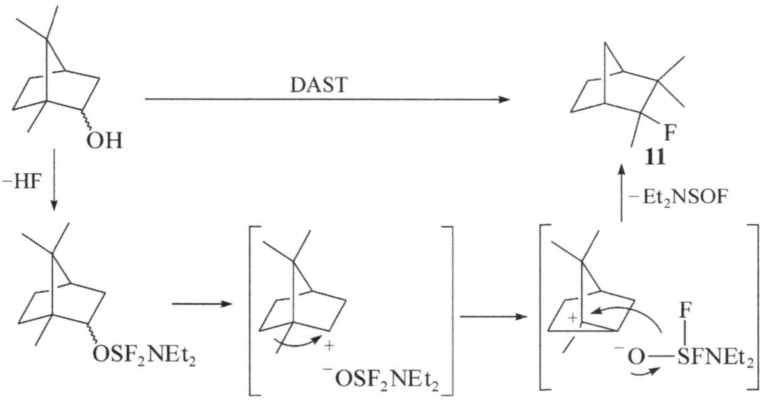

Uneme 等在研究二醇化合物 **12** 进行 DAST 氟化时，则发现发生了芳基的 1，2-迁移重排反应，得到两种重排产物 **13** 和 **14**[21]。Sutherland 等发现在反应体系中加入少量水，可抑制消除反应的发生[22]。如用 DAST 氟化化合物 **15** 和 **16** 时，仅分离得到脱水化合物 **17**，这主要是由于活性中间体 **18** 发生了消除反应。然而，当向反应体系中加入痕量水时，所形成的 HF 会增加中间体 **18** 的稳定性，从而抑制了消除反应的发生，能以 52%的收率得到单一构型的产物 **19**，消除产物 **17** 的产率仅为 7%。

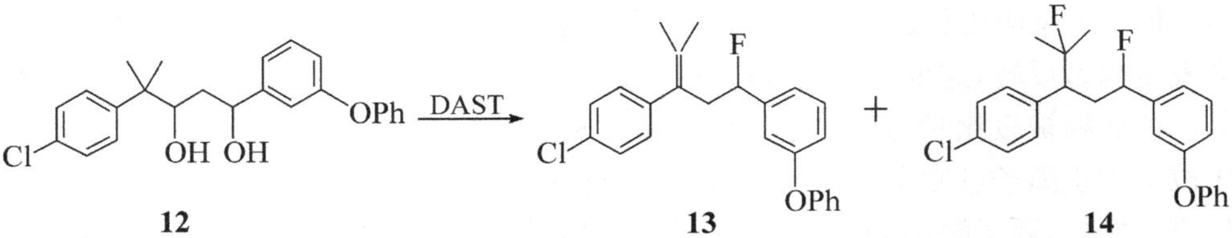

12　　**13**　　**14**

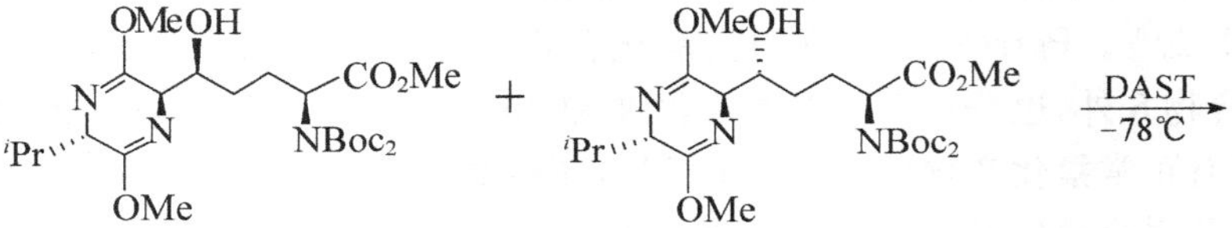

15　　**16**

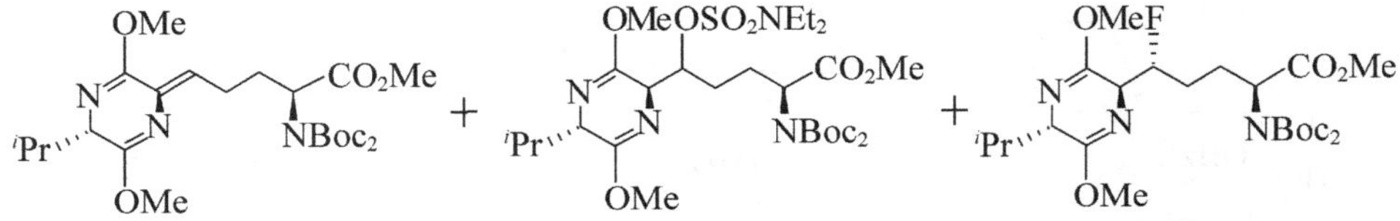

17(7%)　　**18**(12%)　　**19**(52%)

除了通过碳正离子重排外，研究还发现分子内氟可以从硫中心转移到羰原子上的例子。在以过量的 DAST 氟化甲基 α-D-吡喃甘露糖苷时，所得产物 **21** 中的 C-6 氟可能就是由中间体 **20** 通过分子内氟转移引入的[23]。另外一个例子就是 DAST 氟化乙酰丙酸时，产物 4-氟-4-羟基戊内酯 **23** 同样可能是经由中间体 **22** 分子内氟转移生成的[24]。

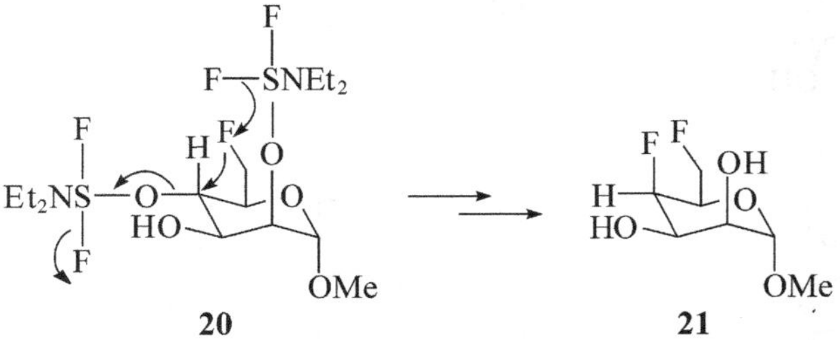

20　　**21**

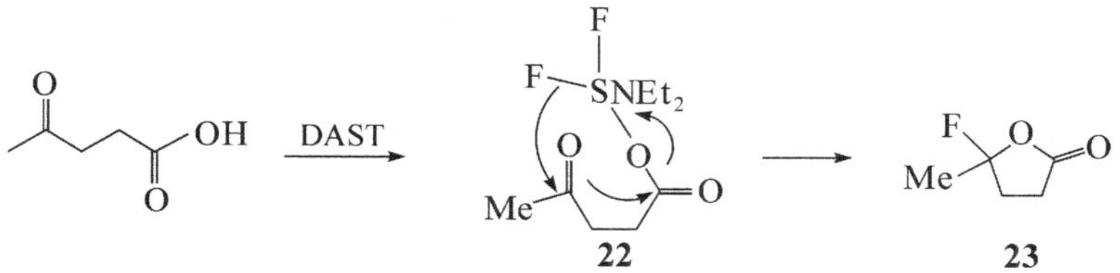

DAST 氟化烯丙醇时，反应生成异构烯丙氟产物。一般认为反应既可以通过 S_Ni'分子内氟转移方式进行，也可通过 S_N2'反应历程进行[25]。

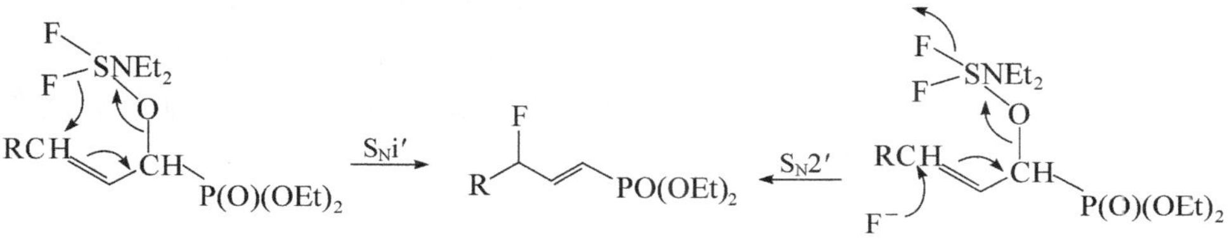

当羟基官能团的邻位有叠氮、保护的羟基或保护的氨基官能团存在时，DAST 对底物的氟化常伴随邻基参与。如糖类化合物 **24** 用 DAST 氟化时，由于羟基邻位叠氮和苄氧基的参与，反应除得到构型保持的产物 **25** 外，还生成化合物 **26** 和 **27**[26]。同样由于邻基参与的原因，*N*,*N*-二苄基-L-丝氨酸苄酯 **28** 和 *N*,*N*-二苄基-D-异丝氨酸苄酯 **29** 用 DAST 氟化时，都生成 *N*,*N*-二苄基-*α*-氟-*β*-丙胺酸苄酯 **30**[27]。

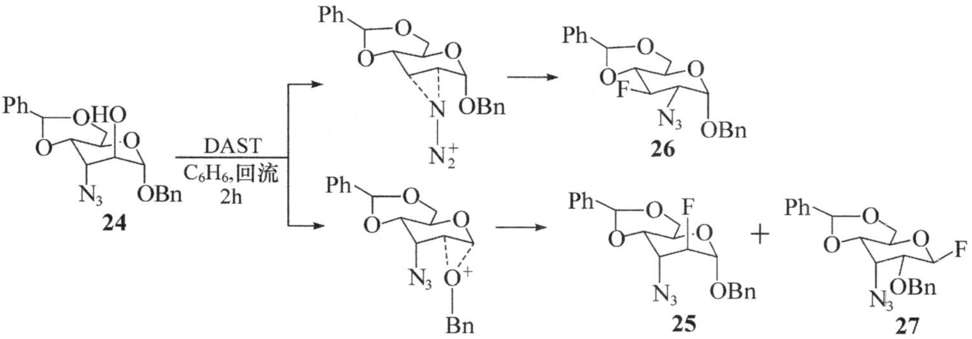

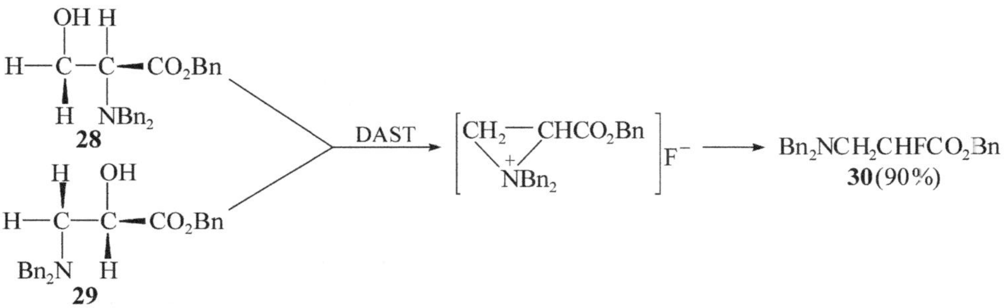

早期对胺基氟化硫氟化反应的机理研究主要以 DAST 作为研究对象，这可能是由于 DAST 在这一类氟化试剂中运用最为广泛，且最先实现商业化。其他胺基硫氟化试剂氟化羟基化合物的机理和 DAST 大多类似。胺基氟化硫(**1**、**2**)对羟基的氟化是向有机分子中引入一个氟原子常用的方法，因为 SF_4 氟化羟基化合物时需较高的温度，且只有那些羟基有一定酸性的底物能取得较好的结果，而胺基氟化硫化合物在室温甚至－78℃条件下能和所有类型的羟基底物反应。底物中酯基和其他卤素的存在都不会影响胺基氟化硫的反应，二甘醇二甲醚、戊烷、二氯甲烷、三氯氟甲烷都可作为反应溶剂，产率随着底物的不同有大的起伏(见表 5－2)。当底物中含有羰基官能团和内酰胺骨架时，通过控制胺基氟化硫的用量和降低反应温度可以实现底物羟基的选择性氟化，此方法已成功应用于一系列碳水化合物[17,28]、核苷[29]和甾体底物[18,30]中。

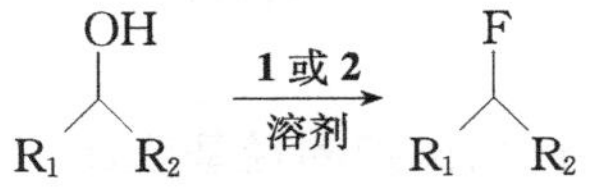

表 5－2　胺基氟化硫与羟基底物的反应示例

醇	反应条件	产物	产率/%	参考文献
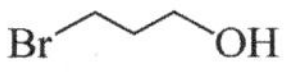	**1a**，二甘醇二甲醚	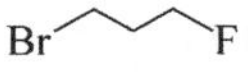	70	8
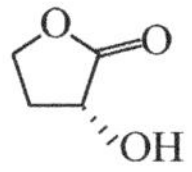	**1b**，CH_2Cl_2 －78～20℃	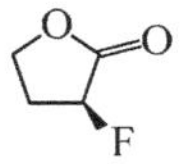	85	2
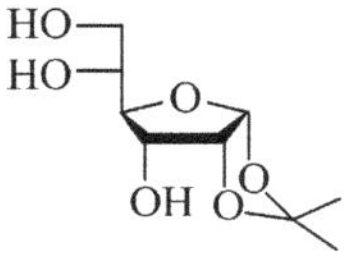	**1b** －40～r. t.	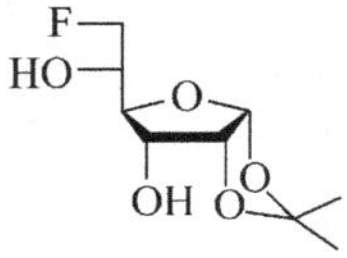	70	28c
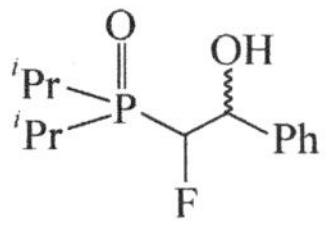	**1b**，CH_2Cl_2 －78℃	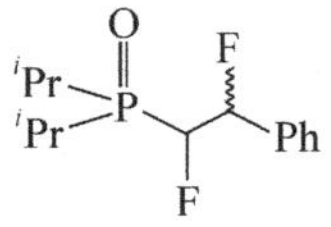	65	31
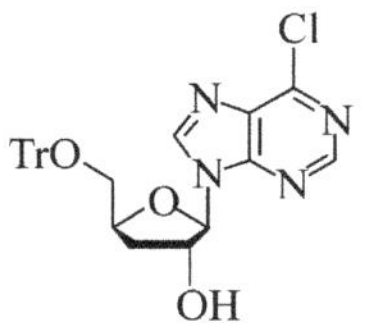	**1b**/吡啶，CH_2Cl_2	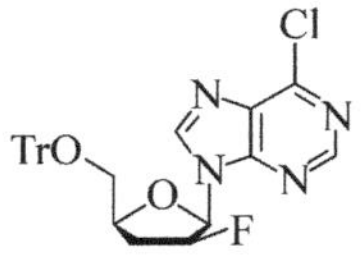	43	32
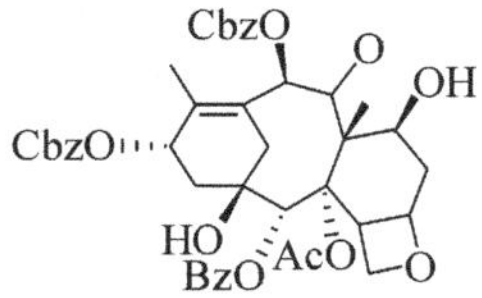	**1b**，Et_2O THF	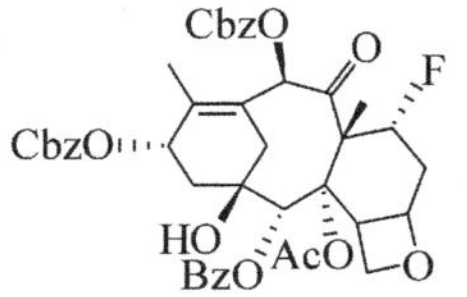	68	33

续表

醇	反应条件	产物	产率/%	参考文献
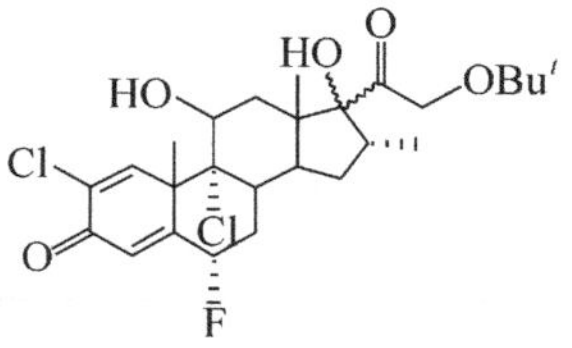	**1h**, CH_2Cl_2 −40℃	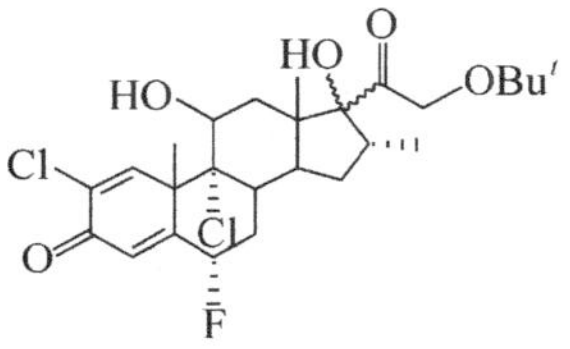	92	18
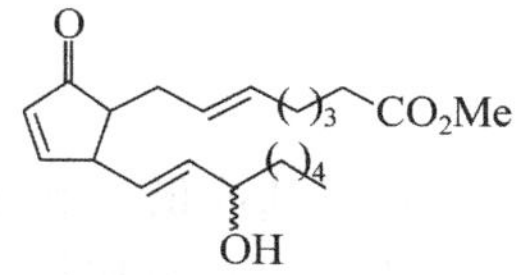	**1f**, CH_2Cl_2 −78～−10℃	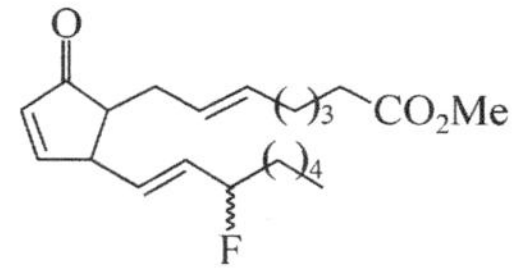	80	34
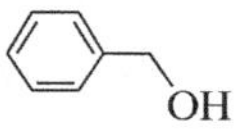	**2a**, CH_2Cl_2 −78℃至 r. t.	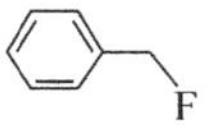	91	8
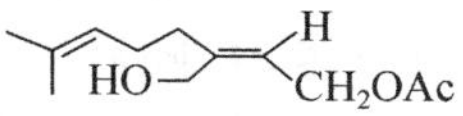	**2c**, 10min −65℃至 r. t.	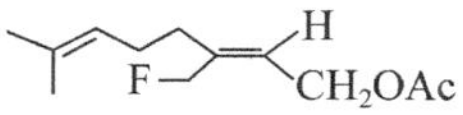	55	35

虽然 DAST 对一些伯醇和仲醇的氟化几乎给出定量的产率(分离前),但对仲醇和叔丁醇的氟化由于副反应的发生结果并不理想。Middleton 等以环己醇为底物考察了二烷胺基三氟化硫和双(二烷胺基)二氟化硫的反应活性(见表 5-3),虽然副产物环己烯是主要产物,但 DAST(**1b**)、methyl-DAST(**1a**)、morpho-DAST(**1f**)相比其他二烷胺基三氟化硫化合物仍能使反应以较好的产率得到氟代环己烷。另外,双(二烷胺基)二氟化硫(**2b**,**2k**,**2m**)同样能氟化环己醇,但产物氟代环己烷的产率明显低于使用二烷胺基三氟化硫氟化的产物[12a]。

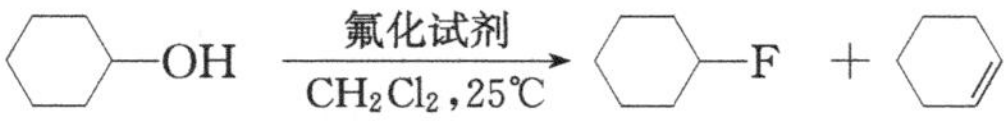

表 5-3 二烷胺基三氟化硫和双(二烷胺基)二氟化硫与环己醇的反应示例

编号	化合物	氟代环己烷产率/%
1	二甲胺基三氟化硫(**1a**)	31.8
2	二乙胺基三氟化硫(**1b**)	27.1
3	二丁胺基三氟化硫(**1e**)	18.4
4	1-吡咯基三氟化硫(**1h**)	19.1
5	1-哌啶基三氟化硫(**1g**)	21.1
6	六亚甲基亚胺基三氟化硫(**1j**)	17.2

续表

编号	化合物	氟代环己烷产率/%
7	4-吗啉基三氟化硫(**1f**)	39.4
8	双(二乙胺基)二氟化硫(**2b**)	16.6
9	双(1-哌啶基)二氟化硫(**2k**)	17.2
10	双(4-吗啉基)二氟化硫(**2m**)	10.0

2. 氟化羰基化合物

胺基氟化硫同样可以氟化醛酮所含的羰基官能团,得到二氟甲基或偕二氟甲基化合物。和羟基化合物相比,胺基氟化硫对醛、酮的氟化过程中并没有直接检测到含硫或含氮的中间体。通常认为首先是 HF(氟化试剂和体系中痕量的水反应产生)对羰基官能团加成生成 *α*-氟醇,然后与氟化羟基化合物一样,*α*-氟醇再和二烷胺基三氟化硫(**1**)或双(二烷胺基)二氟化硫(**2**)反应生成中间体 **31**,随后 F^- 对中间体 31 进行加成生成相应的氟化产物[8]。研究发现[36],DAST 对三氯乙醛的氟化可以分离到双(*α*-氟烷基)醚 **32** 和双(*α*-氟烷基)乙缩醛化合物 **33**。对单氯乙醛的氟化除分离到双(*α*-氟烷基)醚 **34** 外,由于相应 *α*-氟醇不太稳定而进一步被 DAST 氟化得到 1-氯-2,2-二氟乙烷 **35**。这两个实验充分证实胺基氟化硫对醛酮的氟化过程中产生了 *α*-氟醇中间体。

$$R_1R_2CO \xrightarrow{HF} R_1R_2CFOH \xrightarrow[-HF]{RRNSF_3} \underset{\mathbf{31}}{R_1R_2CFOSF_2NRR} \longrightarrow R_1R_2CF_2 + FSONRR$$

$$CCl_3CHO \xrightarrow{DAST} CCl_3CHFOH \xrightarrow{CCl_3CHFOH} \underset{\mathbf{32}}{(CCl_3CHF)_2O} \quad (27\%)$$

$$CCl_3CHFOH \xrightarrow{CCl_3CHO} \underset{\mathbf{33}}{CCl_3CH(OCHFCCl_3)_2} \quad (32\%)$$

$$ClCH_2CHO \xrightarrow{DAST} ClCH_2CHFOH \xrightarrow{ClCH_2CHFOH} \underset{\mathbf{34}}{(ClCH_2CHF)_2O} \quad (15\%)$$

$$ClCH_2CHFOH \xrightarrow{DAST} \underset{\mathbf{35}}{ClCH_2CHF_2} \quad (28\%)$$

F^- 对中间体 **31** 的加成可采取 S_N2 或 S_N1 反应历程。中间体 **31** 如按 S_N1 反应历程进行时会产生碳正离子中间体,这样含有 *α*-氢的羰基官能团在反应过程中有时会发生消除质子的反应得到烯基氟产物。当反应在极性溶剂中进行或体系中加入催化量的发烟硫酸时,烯基氟的产率提高,甚至成为主要产物。如 DAST 对

2-甲基环己酮氟化时，反应在 CH_2Cl_2 或甘醇二甲醚中进行时主要生成 α，α-二氟-甲基环己烷 **36**，但反应体系中加入发烟硫酸时主要得到烯基氟产物 **37**，**38**（见表 5-4）[37]。

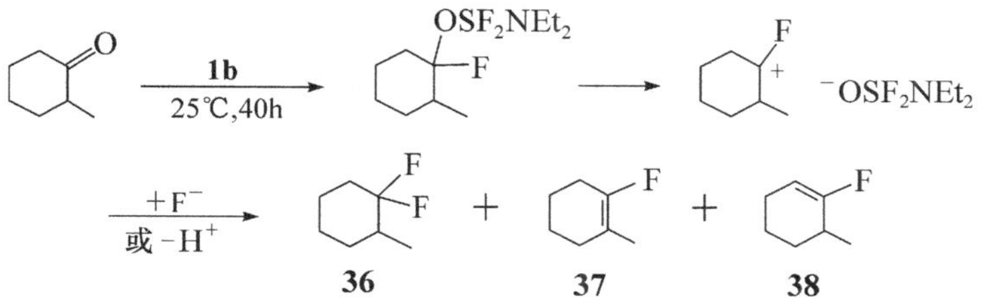

表 5-4　2-甲基环己酮与 DAST 在不同溶剂下反应时的产物及产率

编号	溶剂	产率/%		
		36	**37**	**38**
1	CH_2Cl_2	60	30	10
2	甘醇二甲醚	51	36	13
3	二甘醇二甲醚，H_2SO_4，SO_3	24	65	11
4	甘醇二甲醚，H_2SO_4，SO_3	22	67	11

值得指出的是烯基氟化合物的生成并非来自于偕二氟亚甲基产物发生消除 HF 的反应，因为该化合物在反应条件下十分稳定。另外，对于某些底物，氟碳正离子中间体在消除质子或发生 F^- 加成反应前还会发生 Wagner-Meerwein 重排。如 DAST 氟化新戊醛时，当在非极性溶剂如 CCl_3F 或正己烷中进行氟化时，能以 78%的产率得到 1，1-二氟-2，2-二甲基丙烷 **39**。然而反应在极性溶剂中进行时，碳正离子发生重排最终导致化合物 **40** 和 **41** 的生成（见表 5-5）[8]。

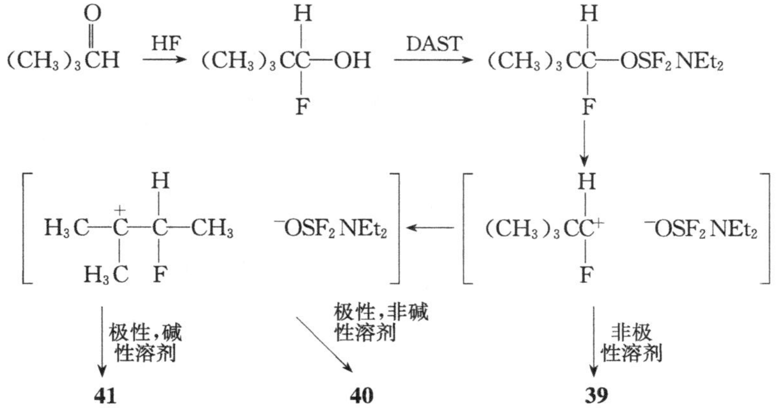

39～41 的结构式如下：

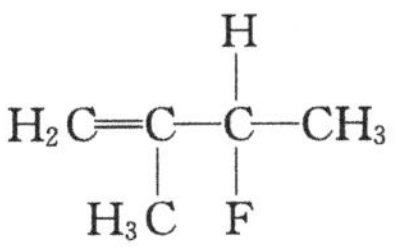
41

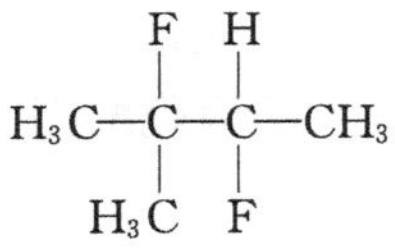
40

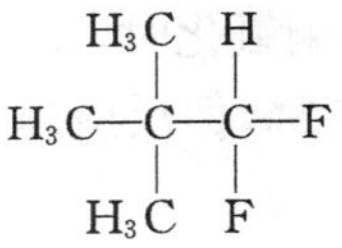
39

表 5-5 DAST 氟化新戊醛时溶剂对反应的影响

溶剂	产率/%		
	39	**40**	**41**
三氯氟甲烷	88	2	10
正戊烷	87	3	10
三氯甲烷	72	3	25
二氯甲烷	72	2	26
二甲苯	64	8	28
四氢呋喃	65	20	15
新戊醛	60	10	30
二甘醇二甲醚	30	30	38

胺基氟化硫对醛的氟化大多都能以中等到良好的产率生成相应的偕二氟化合物。反应通常使用非质子性溶剂(CH_2Cl_2 最为常见),在室温至 80℃之间加入当量或稍过量的氟化试剂。脂肪醛[7a,8]、芳香醛[7a,8]、杂环醛[38]都可顺利转化为 1,1-二氟化合物,即使底物中还存在除羟基外的其他官能团(见表 5-6)。由于醛羰基的反应活性高于酮羰基,因此许多含酮羰基的醛都可用胺基氟化硫实现醛羰基的选择性氟化[39]。酯基和酰胺基的存在同样不影响胺基氟化硫对醛羰基的选择性氟化,如 DAST 氟化头孢菌素时,可顺利得到二氟甲基产物[38b]。

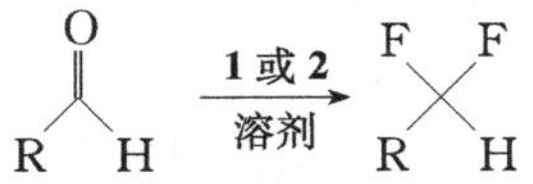

表 5-6 胺基氟化硫与醛的反应

醛	反应条件	产物	产率/%	参考文献
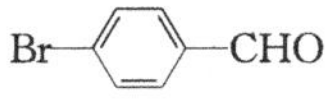	**1b** 60℃,15min	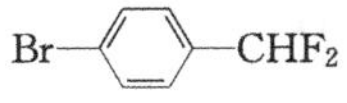	71	7a
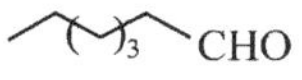	**1b** 60℃,15min	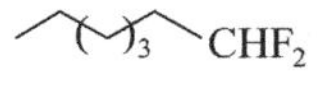	65	7a
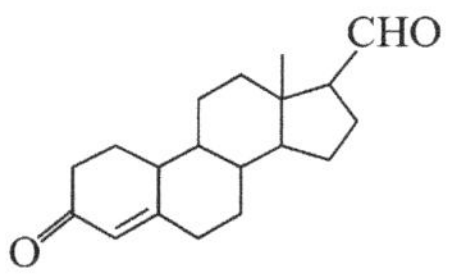	**1b**,CH_2Cl_2,0℃至 r. t.	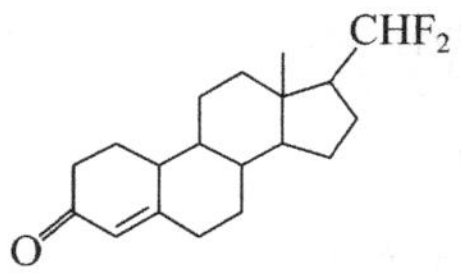	—	39b

续表

醛	反应条件	产物	产率/%	参考文献
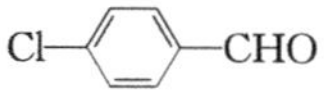	**1c**, CH_2Cl_2, r. t. 3h	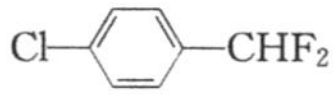	90	40
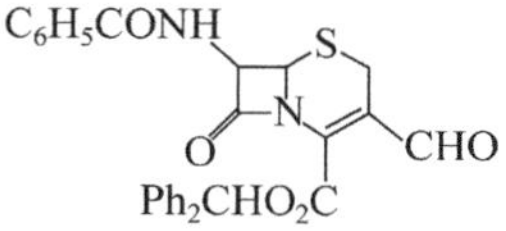	**1g**, 二噁烷 r. t., 7h	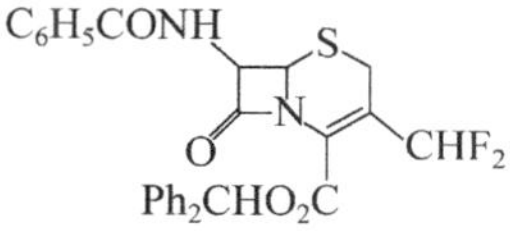	45	41
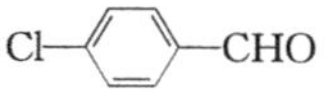	**2m**, C_6H_6 回流, 1.5h	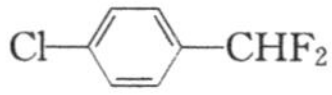	61	10a

二烷胺基三氟化硫对酮羰基的氟化反应情况和醛相似[双(二烷胺基)二氟化硫对酮羰基的氟化很少],反应需当量或稍过量的氟化试剂,反应温度通常在 25～80℃之间(见表 5－7)。由于羟基、醛羰基的反应活性比酮羰基高,因此当底物中含有这两类基团时不能实现对酮羰基的选择性氟化。对于羰基酯和羰基酰胺,二烷胺基三氟化硫同样可选择性氟化羰基官能团,底物的酯基和酰胺官能团不受影响。

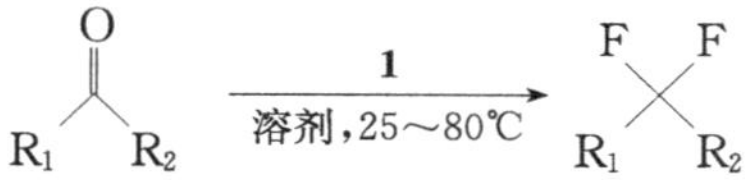

表 5－7　胺基氟化硫 1 与酮的反应

酮	反应条件	产物	产率/%	参考文献
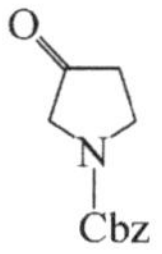	**1b**, 苯 r. t., 7d	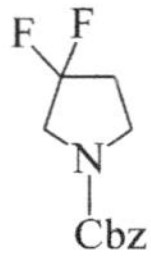	73	42
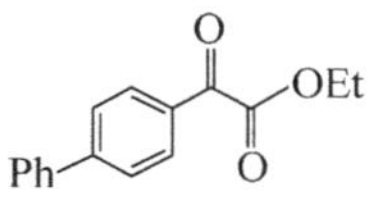	**1b** 45℃, 2h	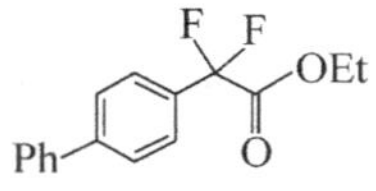	92	43
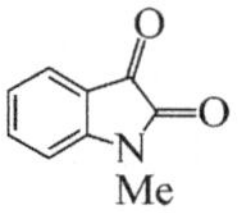	**1b** 60℃, 5min	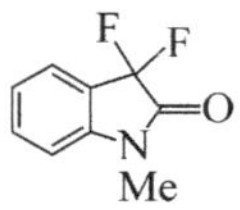	95	43
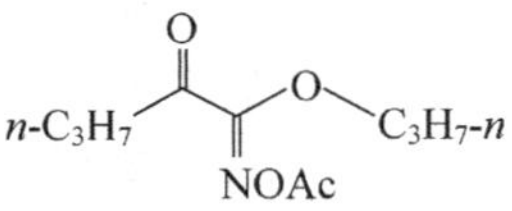	**1b**, CH_2Cl_2 16h	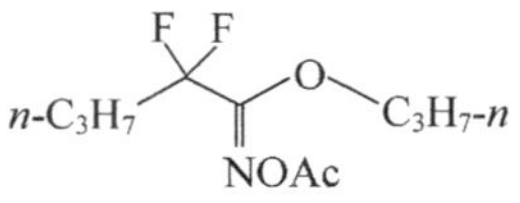	30	44
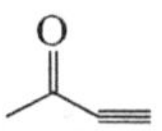	**1b**, 异辛烷 1h(－50℃), 2h(r. t.)		—	45

续表

酮	反应条件	产物	产率/%	参考文献
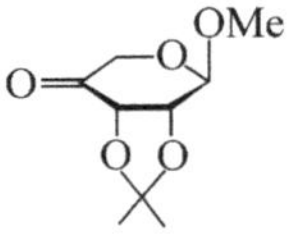	**1b**,苯 回流，16h	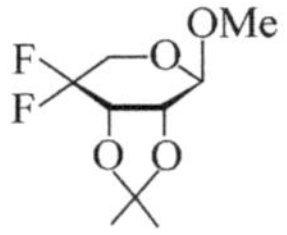	36	46
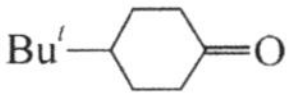	**1c**, HF r. t. ,16h	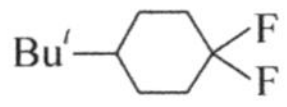	85	9
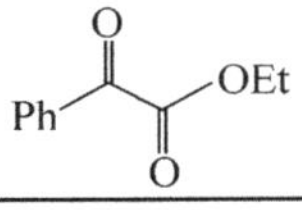	**1c**, HF r. t. ,16h	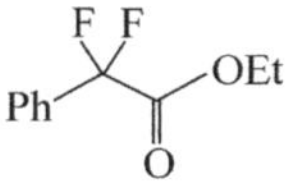	81	9

DAST 对 β-酮酯和 β-二酮的氟化所得主产物并非羰基被偕二氟甲基取代的产物，而是分别生成 α,β-二氟-α,β-不饱和酯和酮[47]。可能的反应机理涉及 DAST 首先作用于底物衍生的烯醇，通过分子内氟转移生成 α-氟-β-酮酯或 α-氟-β-二酮中间体；DAST 对此中间体的进一步氟化即得 α,β-二氟-α,β-不饱和酯或 α,β-二氟-α,β-不饱和酮。

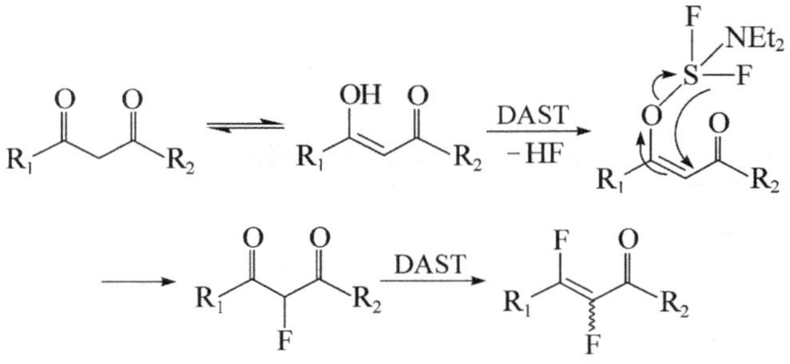

42

a: R_1 = Me, R_2 = OEt; **d**: R_1 = Me, R_2 = OBu;

b: R_1 = Me, R_2 = OMe; **e**: R_1 = Me, R_2 = Me;

c: R_1 = Bu, R_2 = OEt; **f**: R_1 = Ph, R_2 = OEt

Shreeve 小组发现 Deoxofluor 和一系列 β-二酮反应同样得到 α,β-二氟-α,β-不饱和酮化合物[48]。和利用 DAST 作氟化试剂比较，使用 **1c** 所生成的 α,β-二氟-α,β-不饱和酮不仅产率高，而且反应时间短。他们研究还发现生成的 α,β-二氟-α,β-不饱和酮可以进一步与 Deoxofluor 反应生成相应的四氟产物。如二苯甲酰甲烷 $PhCOCH_2COPh$ 和 3 当量的 Deoxofluor 在室温反应 5h 后能以 80%的产率得到 PhCF=CFCOPh(Z/E = 1/1)，反应还生成 10%的四氟产物 $PhCF{=}CFCF_2Ph$。乙酰丙酮在相同的反应条件下能以 72%的产率得到相应的 α,β-二氟-α,β-不饱和酮产物，而 DAST 对乙酰丙酮作用 α,β-二氟-α,β-不饱和酮的产率仅为 40%～

60%,且反应需 48～64h[47a]。反应机理和 DAST 类似,先得到 α-氟-β-二酮,然后 Deoxofluor 进一步和烯醇化的 α-氟-β-二酮作用,中间体经分子内氟转移生成 α,β-二氟-α,β-不饱和酮产物(见表 5-8)。

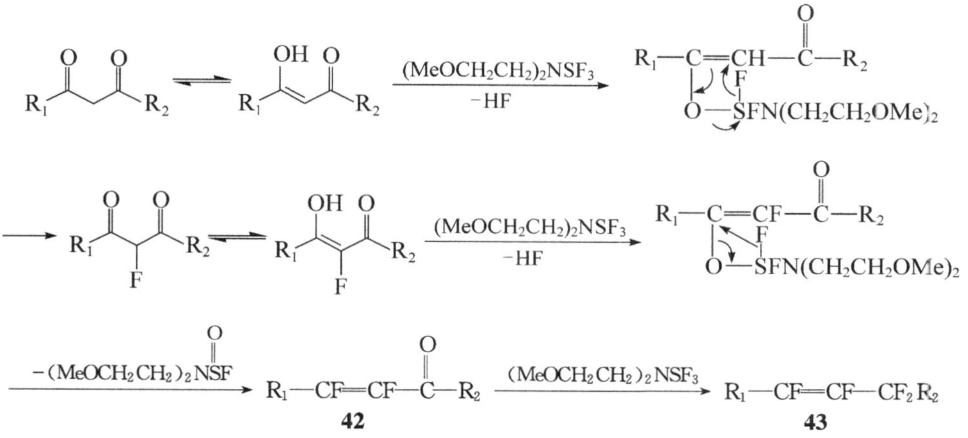

表 5-8　乙酰丙酮的氟化产物产率

R_1	R_2	产率/%		
		E-**42**	*Z*-**42**	**43**
Ph	Ph	42	38	10
Me	Me	39	33	—
Me	Ph	25	30	—

Deoxofluor 对 α-二酮的氟化与底物羰基相连的取代基有很大的关系。例如,偶苯酰 PhCOCOPh 在催化量 HF 存在下能和 3 当量的 Deoxofluor 反应以 75%的产率得到相应的四氟化合物,同时还有少许二氟产物生成,而 1-苯基-1,2-丙二酮在相同条件下则主要以 88%的产率生成二氟化合物。Shreeve 等认为连接在羰基上的苯基由于其共轭和吸电子效应提高了羰基碳的亲电性,而连接在羰基上的烷基由于其供电子效应降低了羰基碳的亲电性[48]。

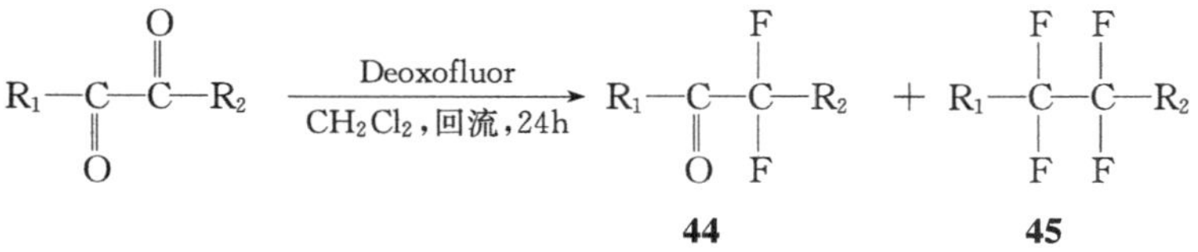

$R_1 = R_2 = Ph$,**44**(痕量),**45**(75%);$R_1 = R_2 = 4\text{-}MeC_6H_4$,**45**(72%);

$R_1 = Me, R_2 = Ph$,**44**(88%),**45**(痕量)

虽然链状 α-酮酰胺和 Deoxofluor 反应结果不理想，如 3 当量的 Deoxofluor 和 $PhCOCONEt_2$ 在 CH_2Cl_2 中回流 24h 仅以 20%的产率得到 $PhCF_2CONEt_2$，即使反应时间延长至 72h 产率也没有改变[48]。然而环状的 α-酮酰胺 **46** 在催化量 HF 存在下室温即可和 Deoxofluor 顺利反应，8h 后能以高于 90%的产率得到相应的 α,α-二氟内酰胺产物 **47**[48]。

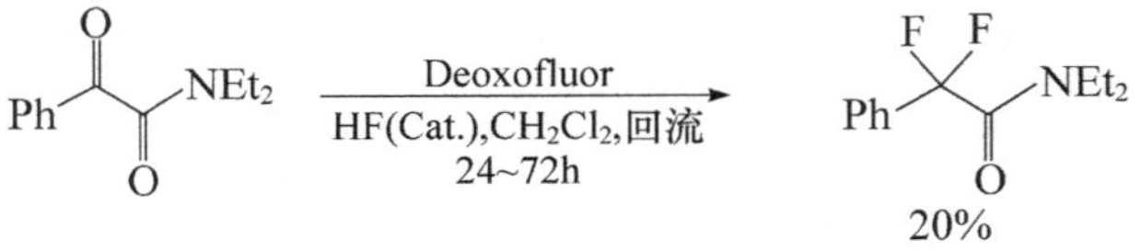

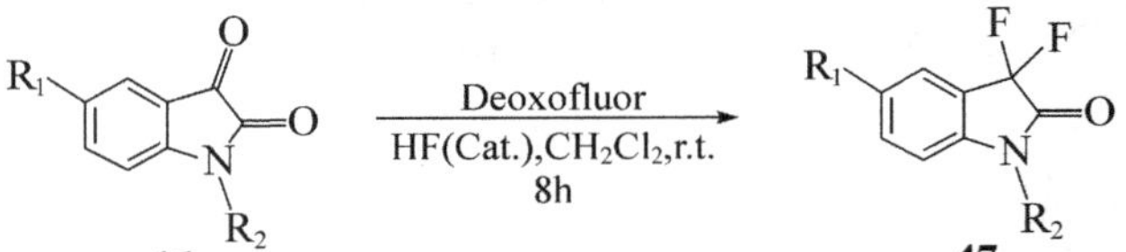

46 **47**

a: R_1 = H, R_2 = Ph 90%；**b**: R_1 = H, R_2 = Me 90%；
c: R_1 = H, R_2 = Bn 92%；**d**: R_1 = F, R_2 = Bn 88%；
e: R_1 = OCF_3, R_2 = Bn 90%

DAST 和 Morpho-DAST 氟化环己烯酮衍生物时，相应的偕二氟亚甲基产物产率并不高，同时反应还生成 2,6-二氟-环己烯副产物，即使把反应温度和氟化试剂的量分别提高至 80℃和 3 当量。Harwood 等研究发现反应在高压条件下进行可以提高偕二氟亚甲基产物的产率，且反应温度和氟化试剂的用量可以分别降至 40℃和 1.2 当量(见表 5－9)[49]。

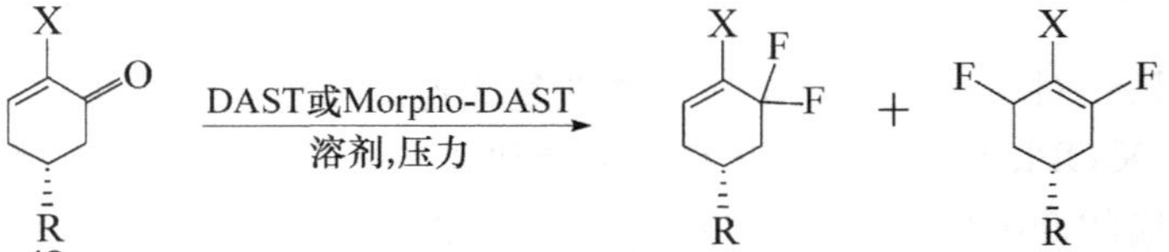

48 **49** **50**

a: R_1 = I, R_2 = H；**b**: R_1 = Br, R_2 = H；**c**: R_1 = CO_2Et, R_2 = H
d: R_1 = Me, R_2 = 2-propylenyl

51 **52**

表 5-9 加压对氟化反应的影响

底物	氟化试剂	溶剂	温度/℃	t/h	压力	产率/%		
						49	**50**	**52**
48a	DAST	苯	80	24	1atm	11	5	—
48a	Morpho-DAST	苯	80	24	1atm	13.5	12.5	—
48b	DAST	苯	80	24	1atm	14	11	—
48b	Morpho-DAST	苯	80	24	1atm	15	12	—
48c	DAST	苯	80	24	1atm	13	9	—
48c	Morpho-DAST	苯	80	24	1atm	9	8	—
48a	Morpho-DAST*	CH_2Cl_2	40	72	10kbar	38	25	—
48b	Morpho-DAST*	CH_2Cl_2	40	72	10kbar	25	19	—
48c	Morpho-DAST*	CH_2Cl_2	40	72	10kbar	34	5	—
48d	Morpho-DAST	CH_2Cl_2	40	72	1bar	9	—	—
48d	Morpho-DAST*	CH_2Cl_2	40	72	19kbar	36	—	—
51	Morpho-DAST	CH_2Cl_2	40	72	1bar	—	—	13
51	Morpho-DAST*	CH_2Cl_2	40	72	19kbar	—	—	53

* 表明使用 1.2eq. Morpho-DAST；其余的使用 3eq. 的氟化试剂。

有趣的是，Kumar 等发现 DAST 对呋喃酮化合物并非生成相应的偕二氟亚甲基化合物，而是以中等到良好的产率得到羰基 α 位单氟取代的化合物[50]。可能的反应机理涉及呋喃酮的烯醇进攻 DAST 的硫正离子得到中间体 **53**，中间体 **53** 消除一分子 HF 后得到中间体 **54**，最后 F^- 进攻中间体 **54** 羰基的 α 位即得产物。

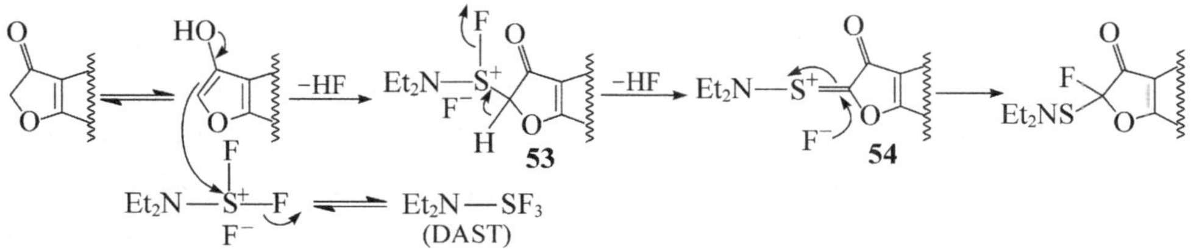

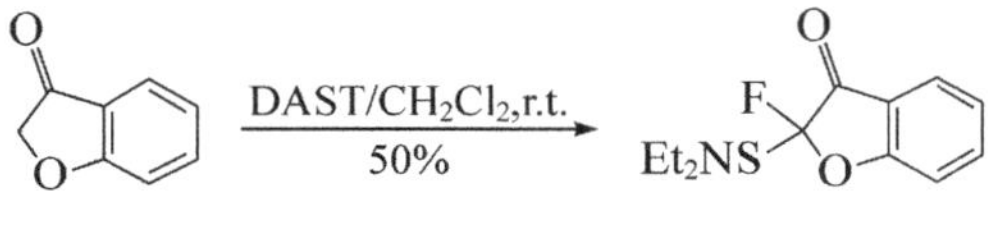

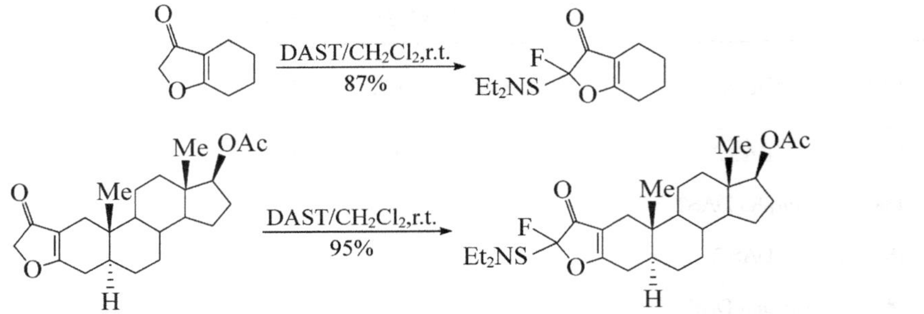

DAST 对羰基官能团的氟化还受到位阻的影响，对一些位阻大的羰基反应效果不理想，如 DAST 氟化 α,α'-反式二取代环戊酮 **55** 时其产率很低[51]；Zhang 和 Chu 甚至发现呋喃糖环底物 **56** 及其对映体用 DAST 氟化时，无论是在室温还是在加热回流条件下，均不能得到氟化产物[52]。有文献报道，在反应体系中加入碱性相对较弱的有机碱能使 DAST 氟化反应更顺利地进行，但在这一反应体系中，即使加入 DMAP、Et_3N、2，4，6-可力丁(2，4，6-collidine)、吡啶等碱时，也未能得到化合物 **57**。

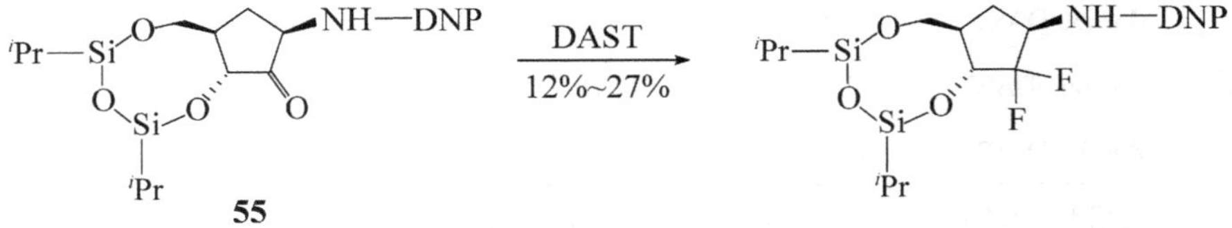

55

56　　57

3. 氟化内酯化合物

通常内酯化合物由于反应活性低，酯基并不和胺基氟化硫反应。然而当内酯的 α 位存在羟基官能团时，由于邻位羟基的参与，酯羰基可以顺利被氟化[53]。如 α-羟基内酯化合物 **58** 用 DAST 氟化时，除得到羟基被氟取代的产物 **59** 外，还分离到酯羰基被氟原子取代的产物 **60**。Albert 等认为酯羰基能被氟化是由于反应过程中生成了亚砜叉中间体 **61**。研究还发现 DAST 并不能进一步氟化所得产物 **59** 的酯羰基，这进一步佐证了羟基参与了酯羰基的氟化。

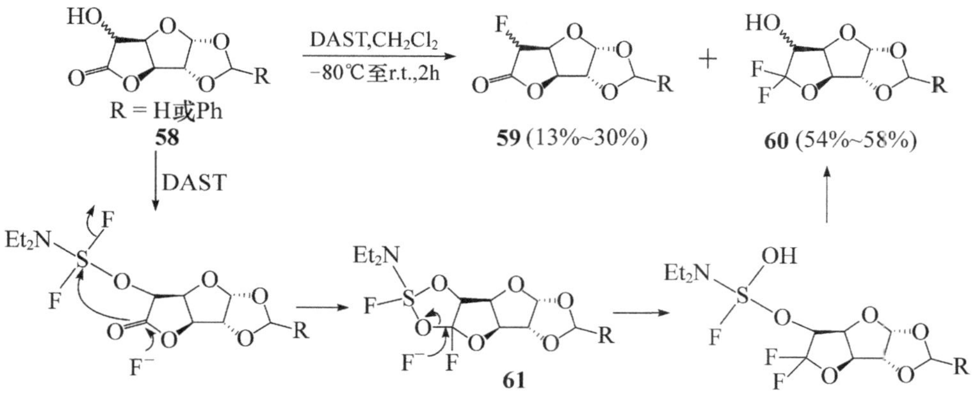

4. 氟化环氧化合物和环丙烷基硅基醚

环氧化合物和二烷胺基氟化物反应通常情况下生成偕二氟亚甲基产物、邻二氟产物以及双(2-氟烷基)醚，且反应结果和底物结构有很大的关系。如氧化环己烯用 DAST 氟化时生成顺-1，2-二氟环己烷和双(α-氟环己基)醚的混合物，而 DAST 氟化氧化苯乙烯则得到 1，2-二氟苯乙烷和 2，2-二氟苯乙烷的混合物[54]。这一类反应由于产物分离较为困难因而实际应用并不广泛。

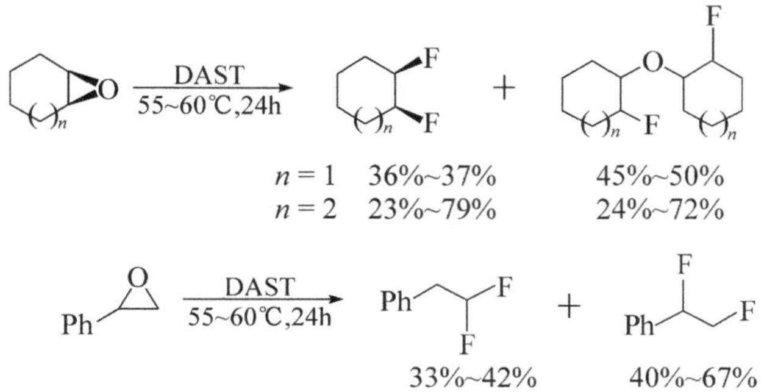

DAST 氟化环氧羟基化合物会导致 C—C 键的断裂，得到单氟烯基醚化合物。例如，环氧羟基化合物 **62** 用 DAST 氟化，能以 76％的产率得到单氟烯基醚化合物 **63**[55]。Grée 小组系统地研究了 α-羟基环氧化合物 **64** 和 DAST 的反应(见表 5－10)。通常反应生成环扩大氟化产物 **65** 和羟基直接被氟化的产物 **66**，同时还发现有四元环氧化合物 **67** 的生成[56]。环氧丙烷上的取代基、与羟基相连碳上的取代基以及环氧和羟基的立体构型都对产物有大的影响。

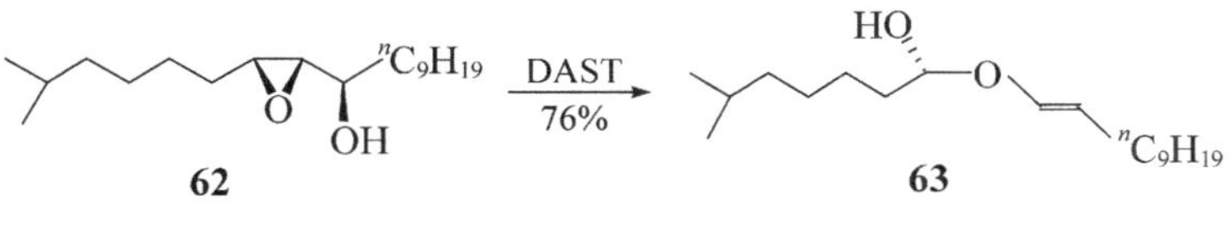

表 5-10　DAST 与 64 的反应

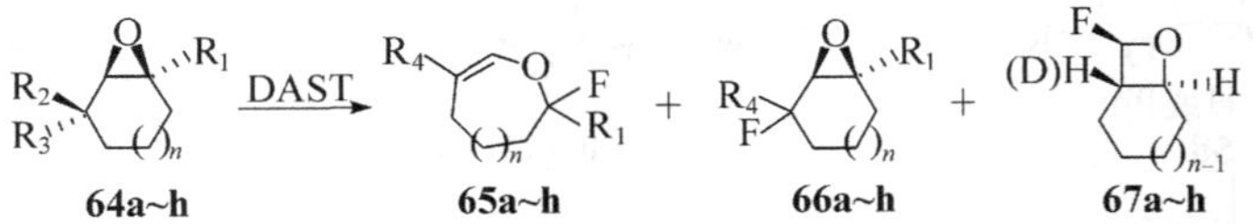

底物	R_1	R_2	R_3	R_4	*n*	产率/%		
						65	**66**	**67**
64a	H	OH	H(D)	H(D)	1	37	21	—
64b	H	H(D)	OH	H(D)	1	19	42	—
64c	Me	OH	H	H	1	**65c** ∶ **66c** = 83 ∶ 17		—
64d	Me	H	OH	H	1	**65d** ∶ **66d** = 80 ∶ 20		—
64e	H	OH	Me	Me	1	—	73	—
64f	H	OH	CF_3	CF_3	1	70	—	—
64g	H	OH	H	H	2	44	19	—
64h	H	H	OH	H	2	20	45	—
64i	H	OH	H	H	3	88	—	—
64j	H	H(D)	OH	H(D)	3	—	32	32
64l	H	OH	H	H	7	86	—	—
64m	H	H	OH	H	7	90	—	—

Momose 小组研究发现环丙烷基硅基醚 **68** 和 DAST 反应时，环丙烷会发生开环最终以中等到良好的产率生成烯丙基氟化合物[57]。烯丙基氟化合物的产率和其稳定性有关(见表 5-11)。有趣的是带有强给电子基团的底物和 DAST 反应并

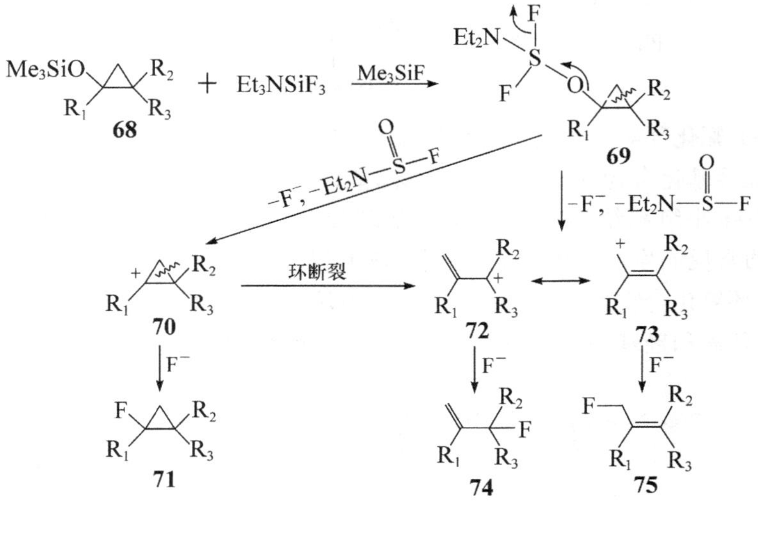

不生成烯丙基氟产物，如 α-萘基取代的环丙基三甲硅基醚以 63%的产率得到氟代环丙烷产物，这表明反应涉及碳正离子中间体。反应机理首先是底物中的醚氧原子亲核取代 DAST 中的氟原子，同时伴随消除三甲硅基氟得到中间体 **69**；然后 **69** 消除二甲胺基亚磺酰氟得到碳正离子中间体 **70**，氟离子直接进攻中间体 **70** 生成氟代环丙烷产物 **71**；中间体 **70** 经环丙烷开环异构可形成中间体 **72** 和 **73**，二者分别接受氟离子进攻即得烯丙基氟产物 **74** 和 **75**。

表 5-11　硅基醚与 DAST 的氟化反应示例

底物	产物(产率)
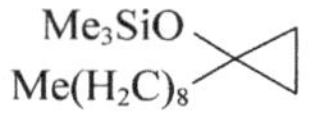	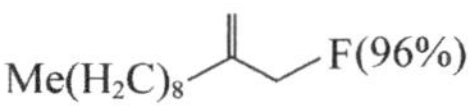
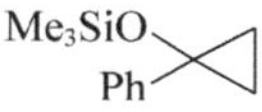	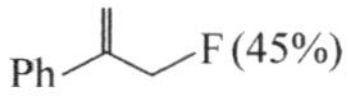
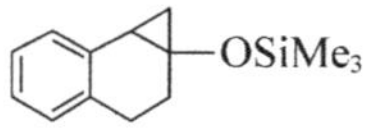	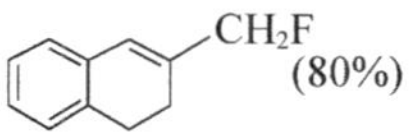
	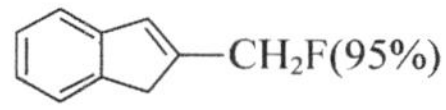
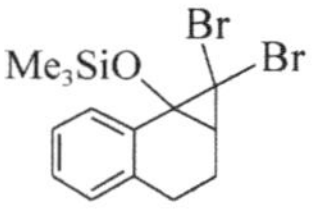	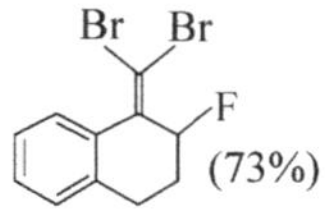
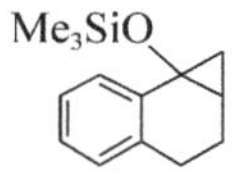	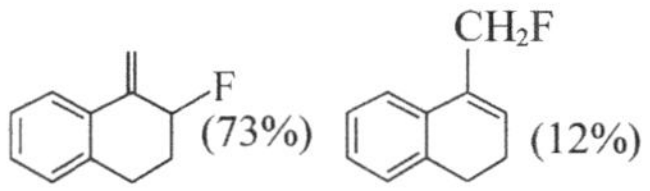
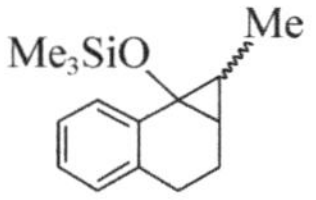	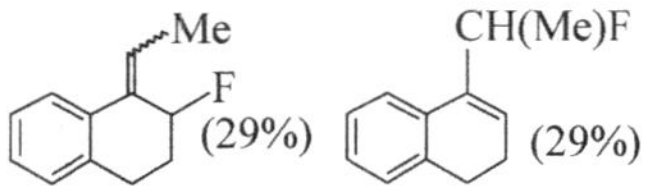
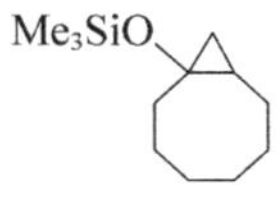	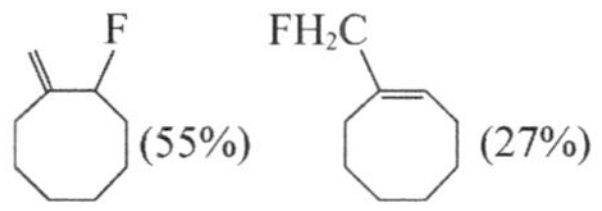
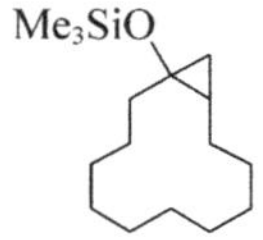	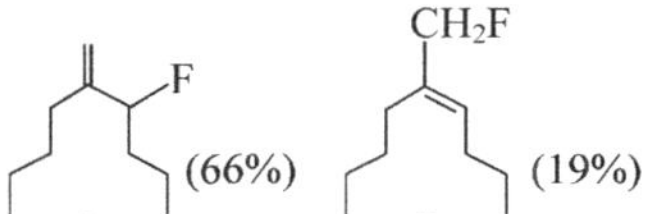
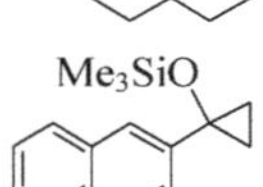	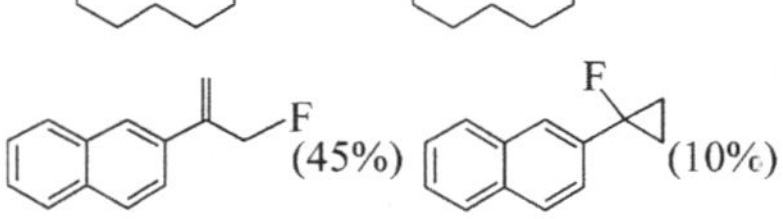
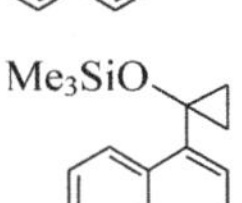	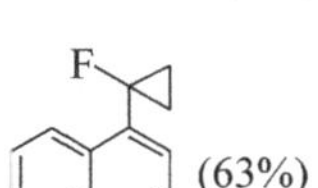

5. 氟化硫酯、硫醚、单缩硫醛、亚砜及硫代羰基化合物

由于酯基或酰胺基弱的亲电性，二烷胺基三氟化硫不能将酯基或酰胺基氟化生成相应的α,α-二氟醚化合物或α,α-二氟胺化合物。然而，研究发现首先利用Lawesson试剂将酯基或酰胺基转化成相应的硫酯或硫代酰胺[58]，然后用二烷胺基三氟化硫处理可以顺利生成α,α-二氟醚化合物或α,α-二氟胺化合物（见表5-12）[59]。DAST和Deoxofluor都适用于这一转化，反应条件温和且产率较高。DAST作氟化试剂时不需加入催化剂，Deoxofluor氟化硫酯或硫代酰胺时需加入催化量的$SbCl_3$催化，但对于相同的底物使用Deoxofluor时产率明显高于使用DAST所获得的产率。

表5-12 硫酯、硫代酰胺的氟化反应

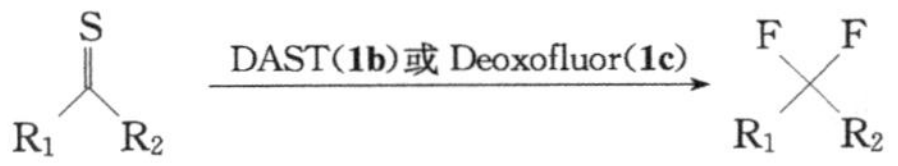

编号	R_1	R_2	反应条件	产率/%
1	n-C_7H_{15}	OMe	**1b**, CH_2Cl_2, 25℃, 36h	72
2	cyclohexyl	OMe	**1b**, CH_2Cl_2, 25℃, 26h	74
3	1-adamantyl	OMe	**1b**, CH_2Cl_2, 25℃, 34h	88
4	Ph	OMe	**1b**, CH_2Cl_2, 25℃, 26h	80
5	PhCH═CH	OEt	**1b**, CH_2Cl_2, 25℃, 22h	81
6	Ph	OCH_2SiMe_3	**1b**, CH_2Cl_2, 25℃, 36h	76
7	PhCH═CH	OCH_2SiMe_3	**1b**, CH_2Cl_2, 25℃, 24h	72
8	Me	2-萘氧基	**1b**, CH_2Cl_2, 25℃, 38h	29
9	Ph	OMe	**1c**, $SbCl_3$, CH_2Cl_2, r. t., 4h	96
10	n-C_7H_{15}	OMe	**1c**, $SbCl_3$, CH_2Cl_2, r. t., 2h	95
11	cyclohexyl	OMe	**1c**, $SbCl_3$, CH_2Cl_2, r. t., 0.5h	95
12	Ph	NMe_2	**1c**, $SbCl_3$, CH_2Cl_2, r. t., 48h	78
13	Ph	SMe	**1c**, $SbCl_3$, CH_2Cl_2, r. t., 1h	71

Bunnelle等认为DSAT氟化硫酯生成相应的α,α-二氟醚的机理和DAST氟化醛酮类似，即硫羰基首先进攻氟化试剂形成中间体**76**，随后F^-进攻硫羰基碳原子得到中间体**77**，中间体**77**进一步发生分子内氟转移生成相应的产物，遗憾的是他们在反应过程中没有鉴别出任何含硫副产物[59b]。

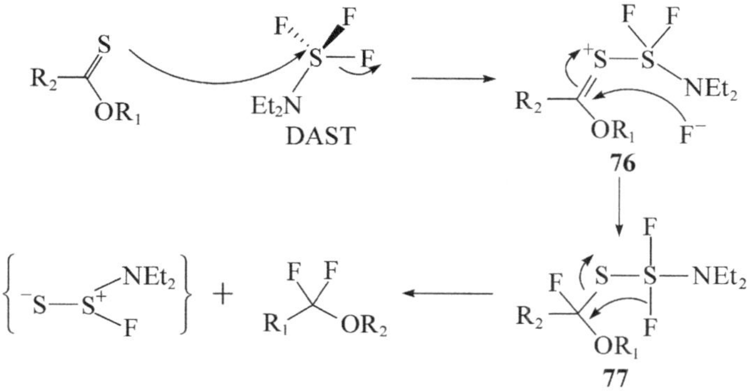

Peet 和 McCarthy 等研究发现 DAST(**1b**)和亚砜化合物反应可生成 α-氟代硫醚，伯烷基芳基亚砜和甲基烷基亚砜都是很好的反应底物，且底物中腈基、酯基、酰胺以及醚的存在都不影响反应(见表 5-13)[60]。虽然一些底物反应速率较慢，但芳基亚砜底物中苯基 4 位的甲氧基取代基可极大地提高反应速率；催化量 ZnI_2 的加入同样可以催化反应的进行。Robin 等后来发现 $SbCl_3$ 同样可以催化 DAST 对芳基亚砜的氟化[61]。所生成的 α-氟代硫醚可以进一步用 *m*-CPBA 氧化得到相应的 α-氟代亚砜或 α-氟代砜。另外，Lal 小组研究了 $SbCl_3$ 催化下 Deoxofluor(**1c**)和芳基亚砜核苷衍生物的反应，以 80%的产率顺利得到了 α-氟代硫醚化合物[9b]。

表 5-13　DAST 和 Deoxofluor 与亚砜化合物和芳基亚砜核苷衍生物的反应

编号	底物	反应条件	产物(产率)
1	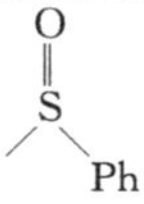	**1b**, r. t. 至 50℃, 30h	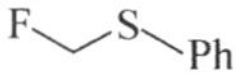 (85%)
2	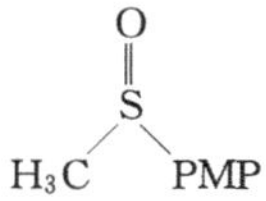	**1b**, r. t. , 8h	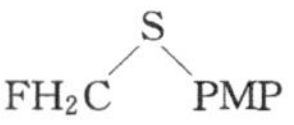 (95%)
3	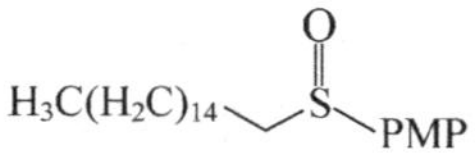	**1b**, r. t. , 16h	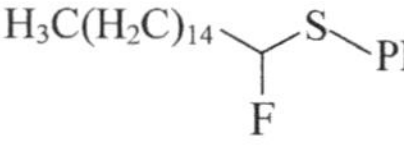 (8%)
4	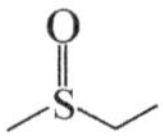	(a) **1b**, r. t. , 16h; (b) *m*-CPBA	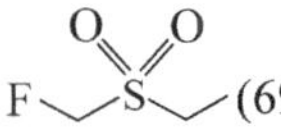 (69%)
5	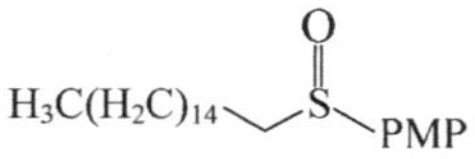	**1b**, ZnI_2, r. t. , 16h	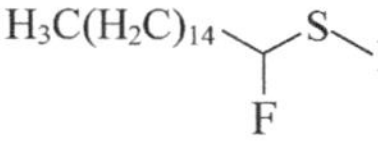 (94%)
6	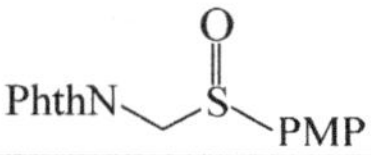	**1b**, ZnI_2, r. t. , 72h	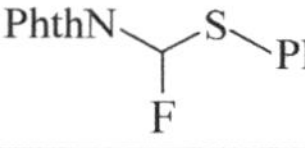 (91%)

续表

编号	底物	反应条件	产物(产率)
7	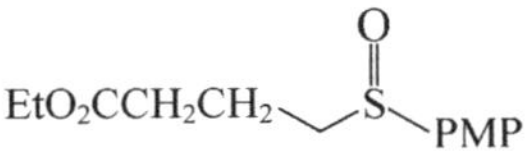	**1b**, ZnI_2, r. t. , 16h	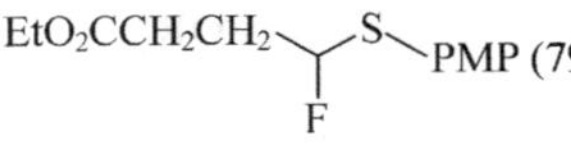 (79%)
8	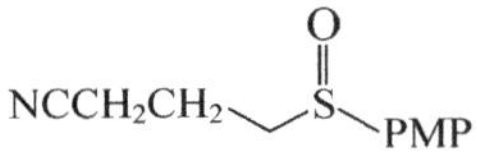	**1b**, ZnI_2, r. t. , 16h	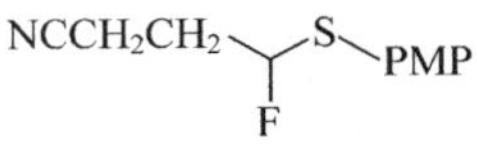 (89%)
9	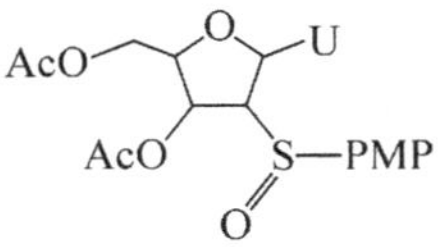	**1c**, $SbCl_3$, r. t. , 16h	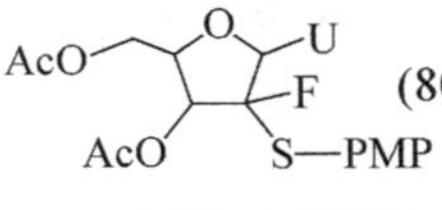 (80%)

注:PMP=对甲氧基苯基。

Peet 和 McCarthy 等认为 DAST 对亚砜的氟化机理和 Pummerer 重排反应机理类似[60]。(4-甲氧基)苯基烷基亚砜的反应速率高于相应的苯基烷基亚砜,说明反应的决定速率步骤和 Pummerer 重排一样为第一步;反应首先形成中间体 **79**,然后通过六元环过渡态重排产生中间体 **80**;F^- 进攻中间体 80 最终生成 α-氟代硫醚产物。DAST 氟化甲基乙基亚砜,然后经 *m*-CPBA 氧化得到氟甲基乙基砜进一步佐证了反应机理涉及六元环过渡态,因为甲基的位阻小于乙基的位阻,这样氮原子上的孤电子选择性地攫取甲基上的氢。ZnI_2 和 DAST 反应生成了高反应活性的硫亚胺阳离子 **78** 从而可以催化反应的进行。

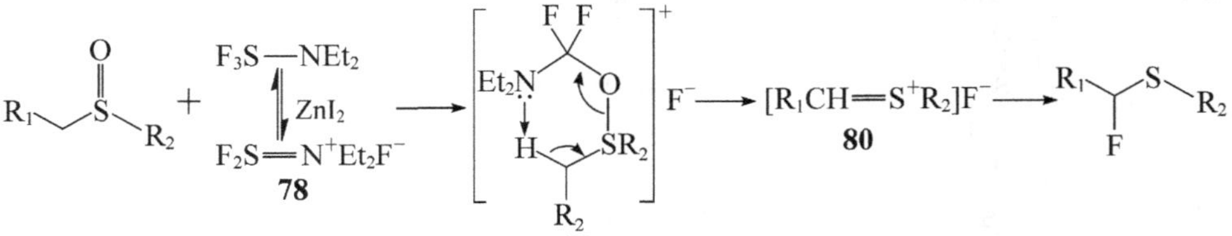

Robin 等的研究进一步发现用 DAST 或 DAST/$SbCl_3$ 体系直接氟化二烷基硫醚、烷基芳基硫醚以及核苷硫醚衍生物同样可以实现 α-氟代硫醚的制备(见表 5-14)[62]。苯基 4 位的甲氧基同样可以加速反应的进行;$SbCl_3$ 的用量通常为 0.05~0.07eq.,提高 $SbCl_3$ 的用量(0.75~10eq.)会抑制氟化反应的进行。Lal 小组研究了 Deoxofluor(**1c**)和芳基烷基硫醚的反应,结果发现反应仅需0.01eq. 的 $SbCl_3$ 催化就能使反应以高的产率生成相应的 α-氟代硫醚[9b]。由于产物在纯化过程中不稳定,因此通常将 α-氟代硫醚直接氧化得到相应的 α-氟代亚砜再进行纯化。

表 5-14　硫醚及核苷硫醚衍生物的氟化反应

编号	底物	反应条件	产物(产率)
1	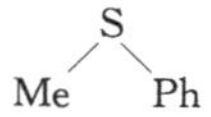	**1b**, $SbCl_3$, r. t., 3h	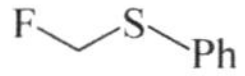 (定量)
2	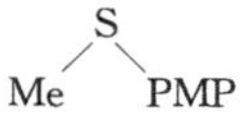	**1b**, $SbCl_3$, r. t., 1h	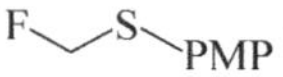 (定量)
3	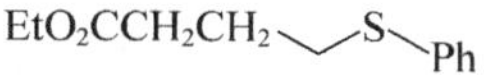	**1b**, $SbCl_3$, r. t., 3h	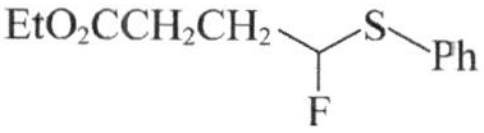 (定量)
4		(a) **1b**, $SbCl_3$, r. t., 4h (b) *m*-CPBA	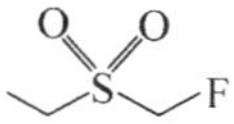 (88%)
5	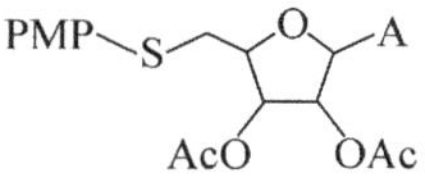	(a) **1b**, $SbCl_3$, r. t., 12h; (b) NH_3/MeOH	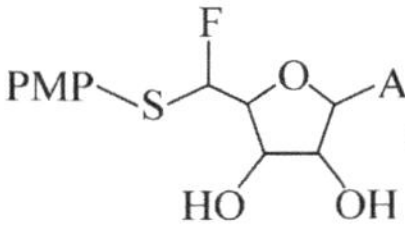 (59%)
6	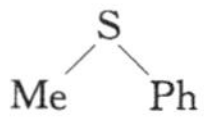	(a) **1c**, $SbCl_3$, r. t., 18h; (b) NBS, MeOH/H_2O	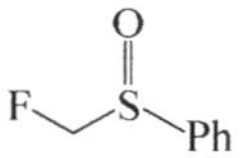 (94%)
7	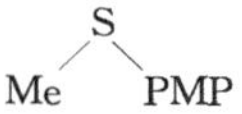	**1c**, $SbCl_3$, r. t., 3h	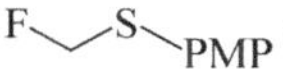 (83%)

注：PMP＝对甲氧基苯基。

反应机理涉及六元环过渡态 **81**，即氟原子从 DAST 转移到硫原子上；氮原子上的孤电子攫取硫醚的 α-质子[62]。所产生的中间体 **82** 经分子内三中心氟重排或 F^- 的共轭亲核加成可得到 α-氟代硫醚。

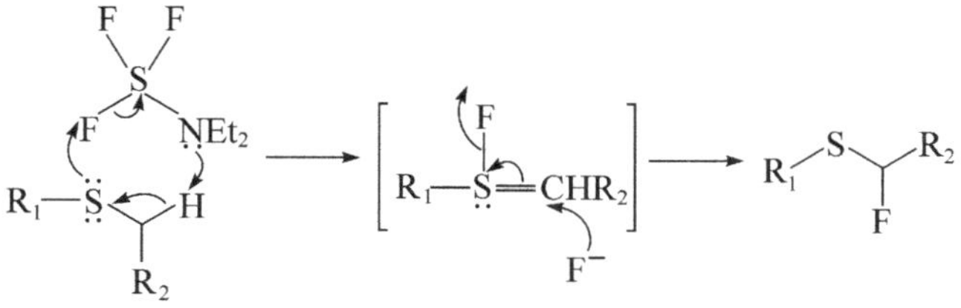

81　　**82**

Laali 小组研究发现虽然 Deoxofluor(**1c**)和 HF/吡啶分别作用于二芳基亚砜不能顺利反应生成相应的二芳基二氟化硫(Ar_2SF_2)，即使 Deoxofluor 作氟化试剂时向反应体系中加入路易斯酸 $B(C_6F_5)_3$ 或 $SbCl_3$ 也不行，但是 Deoxofluor 和 HF/吡啶的混合体系却能顺利实现这一转化[63]。反应产率和底物亚砜基位阻、Deoxofluor 和 HF/吡啶的用量有很大的关系。反应机理可能是 HF/吡啶的质子活化二芳基亚砜形成 Ar_2S^+OH 中间体，Ar_2S^+OH 被 Deoxofluor 氟化后进一步被 HF/吡啶的质子活化形成 Ar_2S^+F 中间体，Deoxofluor 最终氟化 Ar_2S^-F 生成产物 Ar_2SF_2。

$$Ar_2SO \underset{}{\overset{HF/吡啶}{\rightleftharpoons}} Ar_2S^+OH \xrightarrow{\mathbf{1c}} Ar_2S^+(OH)F \underset{}{\overset{HF/吡啶}{\rightleftharpoons}} Ar_2S^+F \xrightarrow{\mathbf{1c}} Ar_2SF_2$$

$$Ar = Ph;\ 4\text{-}ClC_6H_4—;4\text{-}MeC_6H_4—;1,4\text{-}Me_2C_6H_3—;$$
$$1,4,6\text{-}Me_3C_6H_2—;1,2,3,4,5\text{-}Me_5C_6—$$

Nicolaou 小组报道在 NBS 存在下用 DAST 处理糖类半缩硫醛化合物，异头碳上的苯基硫官能团能顺利被氟原子取代（见表 5－15）[64]。此反应产率高，且异头碳的立体构型能得以保持，底物中叠氮、酯基、甲氧基以及硅保护基都不会影响反应的进行。Nicolaou 小组利用这一反应成功实现了 Avermectin B_{1a}的合成。

表 5－15　半缩硫醛化合物的氟化反应产物

编号	底物	产物	产率/%
1	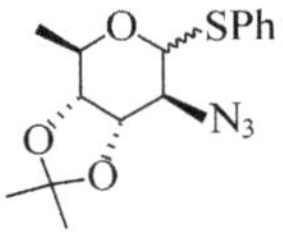	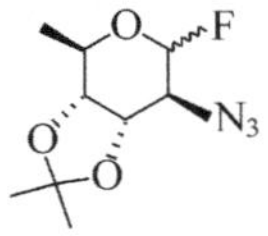	80
2	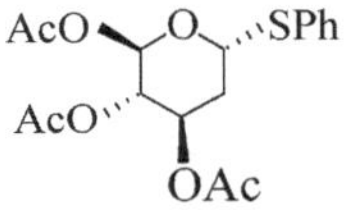	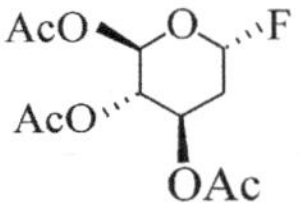	70
3	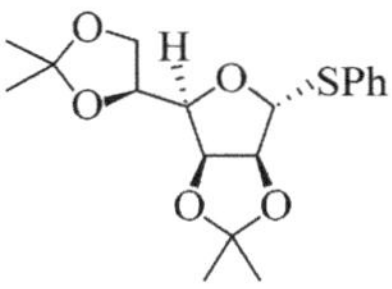	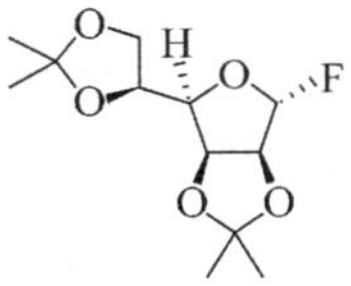	91
4	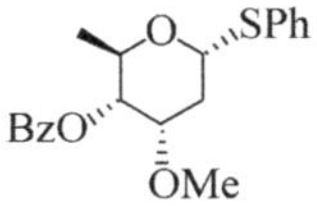	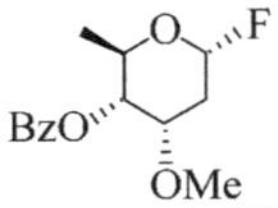	88

注：反应条件为 DAST，NBS，CH_2Cl_2。

硫代羰基化合物和羰基化合物一样可以被二烷胺基三氟化硫顺利氟化生成相应的偕二氟亚甲基产物。如在 $SbCl_3$ 存在下用 Deoxofluor（**1c**）处理二苯基硫代甲酮能以 89％的产率得到二苯基二氟甲烷[59a]。

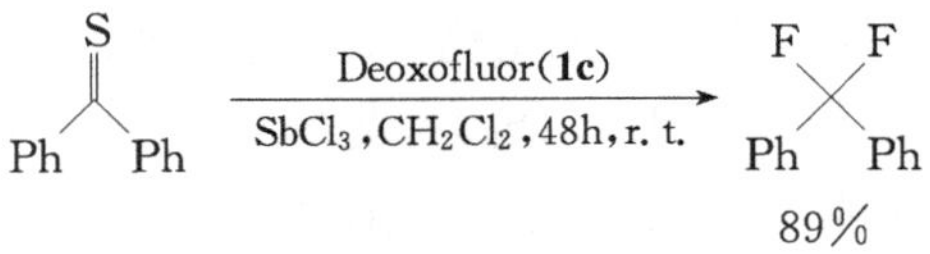

6. 氟化环状酮肟化合物

Kirihara 小组发现 DAST 和环状酮肟能发生 Beckmann 碎裂反应，生成氰基氟化物（见表 5－16）[65]。底物酮肟 α 位的取代基对反应结果有很大的影响。当 α

位有能稳定碳正离子的取代基存在时，反应能顺利进行得到相应的氰基单氟化物；反之反应生成复杂的混合物。反应第一步为酮肟氧原子亲核取代 DAST 中的氟原子得到中间体 **83**；然后 **83** 发生碎裂反应致使碳-碳键断裂生成中间体 **84**，同时消除二乙胺基亚磺酰氟(路径 a)；最后 F^- 进攻中间体 84 得到氰基单氟化物。另外，当酮肟 α 位缺少能稳定碳正离子的取代基时，反应采取和常规 Beckmann 重排相类似的机理生成中间体 **85**(路径 b)，F^- 进攻中间体 85 得到不稳定的单氟亚胺化合物 86。

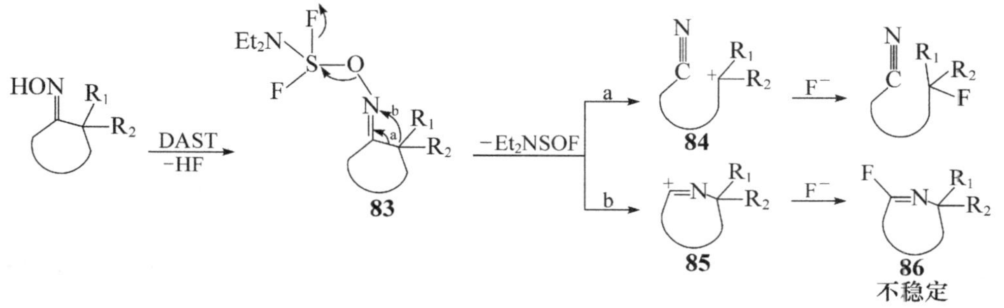

表 5-16　酮肟的氟化产物及产率

酮肟	产物	产率/%
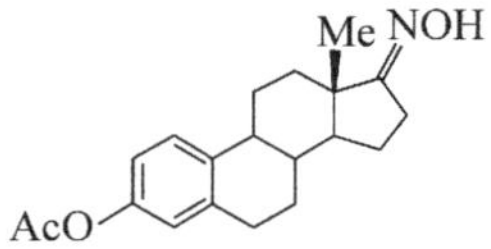	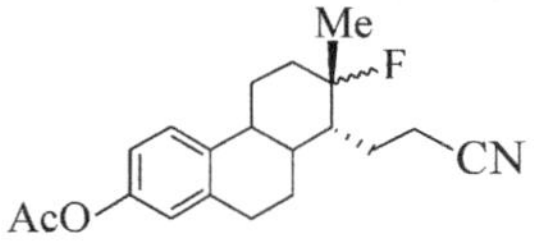	63
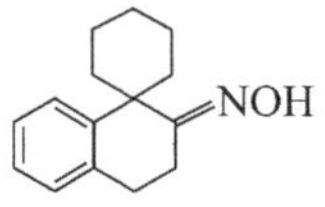	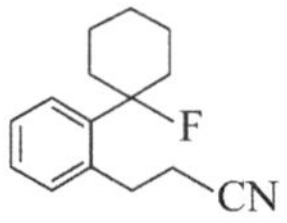	91
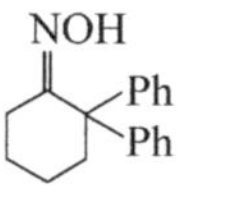	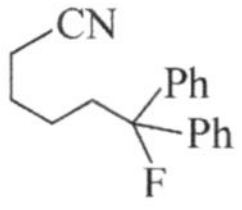	75
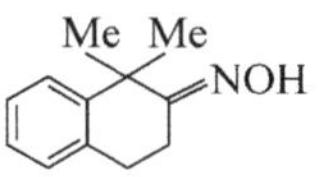	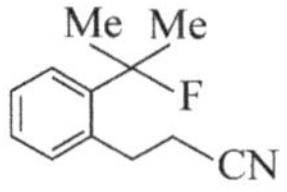	77
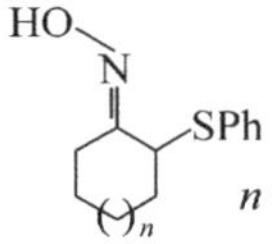 n = 2或3	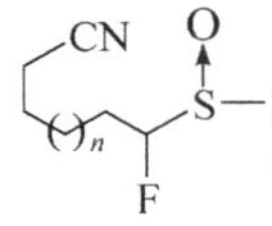 n = 2或3	51(n=2) 75(n=3)

续表

酮肟	产物	产率/%
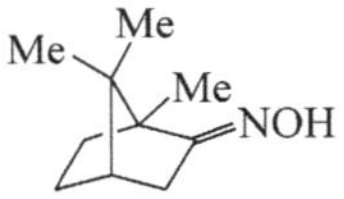	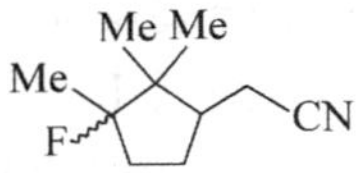	69
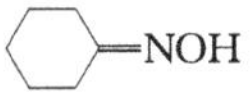	反应复杂	—
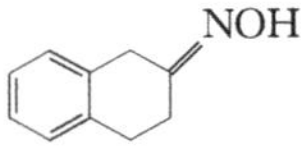	反应复杂	—

7. 氟化酰胺化合物

虽然一般酰胺官能团由于亲电性较弱不与二烷胺基三氟化硫反应，但已有研究发现芳基甲酰胺和乙酰胺可以和 DAST 反应得到相应的单氟亚胺化合物[66]。苯甲酰胺底物的 pK_a 对反应影响很大，当 pK_a>12.5 时底物和 DAST 不反应，当 pK_a<12.5 时反应能顺利进行(见表 5-17)。对于乙酰胺底物，当底物的 pK_a 值太高时反应剧烈生成复杂的混合物。酰胺的酸性对反应起关键作用，DAST 首先和底物结合生成中间体 **87**，然后 HF 与 **87** 加成得到中间体 **88**，中间体 **88** 最后发生消除反应得到单氟亚胺化合物，同时消除 HF 和二乙胺基亚磺酰氟。

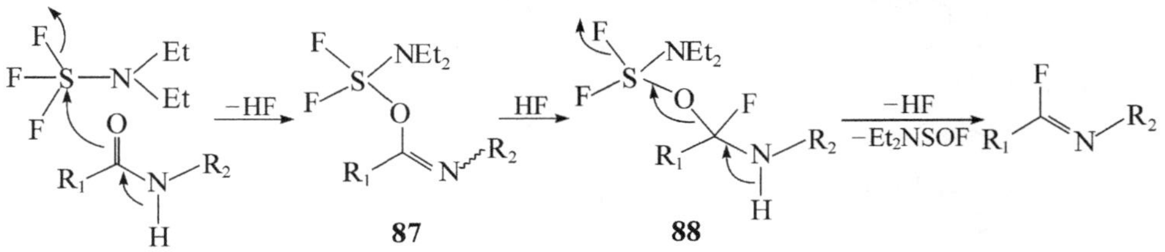

表 5-17　酰胺化合物的氟化

底物	pK_a	产物	产率/%
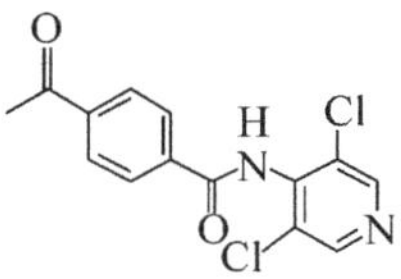	8.38±0.01	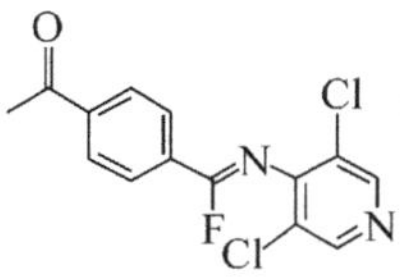	86
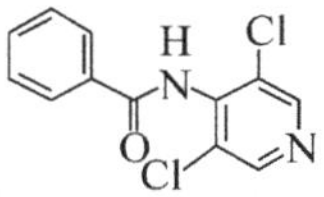	9.05±0.01	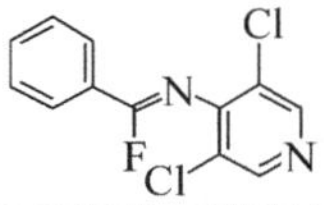	91

续表

底物	pK_a	产物	产率/%
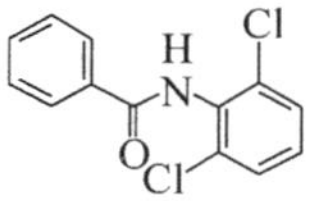	11.63±0.01	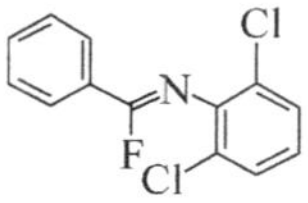	48
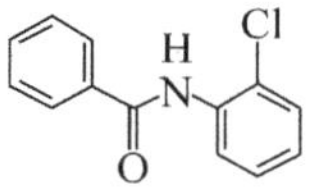	10.73±0.01	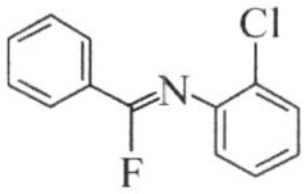	40
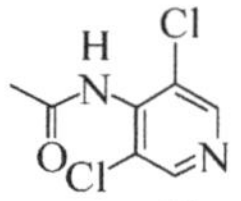	9.94±0.04	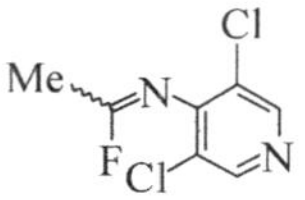	84
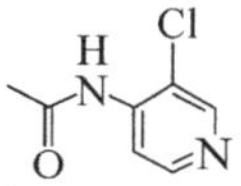	17.59	反应复杂	—
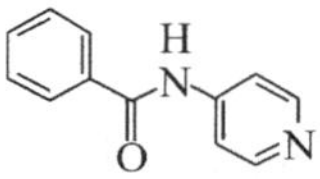	12.48±0.02	没有反应	—
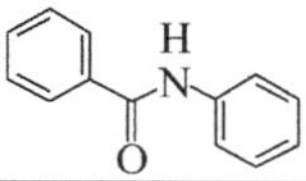	16.583	没有反应	—

8. 氟化羧酸、亚磺酸、磺酸及磺酸盐化合物

二烷胺基三氟化硫如 DAST(**1b**)、Deoxofluor(**1c**)和 Morph-DAST(**1f**)可以和羧酸、亚磺酸、磺酸及磺酸盐化合物反应生成相应的酰氟化合物(见表 5－18)[9b,67~72]。和 SF_4 不一样,二烷胺基三氟化硫对羧酸的氟化大多生成酰氟,仅有一例报道生成相应的三氟甲基化合物(编号 6)。

表 5－18　羧酸、亚磺酸、磺酸及磺酸盐化合物的氟化

编号	底物	反应条件	产物	产率/%	参考文献
1	$PhCH_2CO_2H$	**1b**, CH_2Cl_2	$PhCH_2COF$	79	67
2	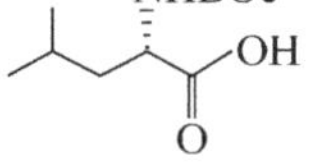	**1b**, CH_2Cl_2, 20℃	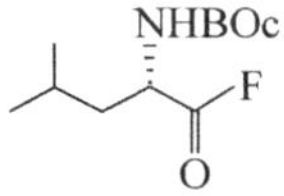	93	68
3	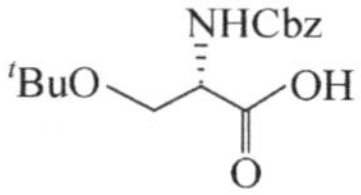	**1b**, CH_2Cl_2, 20℃	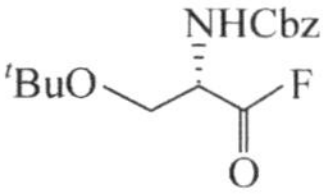	90	68
4	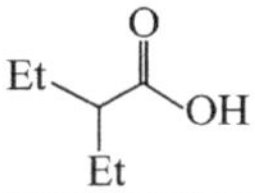	**1b**,CH_2Cl_2,0℃,15min	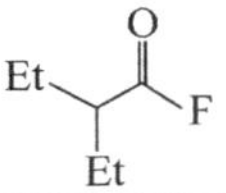	88	67

续表

编号	底物	反应条件	产物	产率/%	参考文献
5	$PhCO_2H$	**1c**，CH_2Cl_2，0℃，0.5h	PhCOF	96	9b
6	$PhCO_2H$	**1c**，NaF，80℃	$PhCF_3$	—	69
7	$C_{11}H_{23}CO_2H$	**1c**，CH_2Cl_2，0℃，0.5h	$C_{11}H_{23}COF$	97	9b
8	CF_3SO_2H	**1f**，r. t.	CF_3SOF	82	70
9	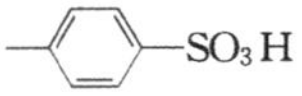	**1f**，CH_2Cl_2，80℃，r. t.	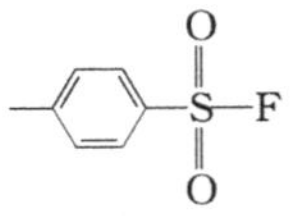	61	71
10	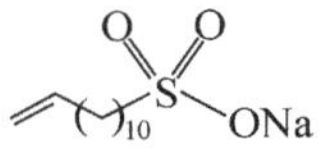	**1b**，$CHCl_3$，0～80℃	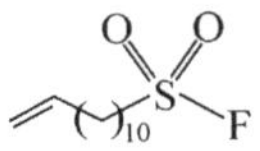	27	72

9. 氟化酰卤、亚磺酰卤及磺酰卤化合物

二烷胺基三氟化硫和酰氯、亚磺酰氯及磺酰氯反应生成相应的酰氟化合物，而与酰氟反应却得到相应的三氟甲基产物[7b,9b,73]。由于 SF_4 可以顺利将酸及酰卤转化为相应的三氟甲基产物，因而对二烷胺基三氟化硫和酰氯、亚磺酰氯及磺酰氯反应的研究较少。

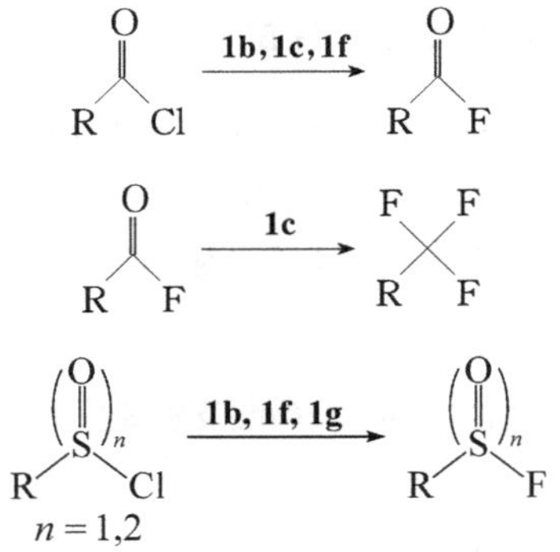

10. 氟化 *N*-芳基-*N*-羟基酰胺化合物

Kikugawaz 小组发现当 DAST 处理 *N*-芳基-*N*-羟基酰胺化合物时可以顺利将一个氟原子引入到芳基的对位（见表 5-19）[74]。反应首先是 DAST 和底物羟基作用生成中间体 **89**，中间体 **89** 的 N—O 键断裂形成氮正离子中间体 **90**，且中间体 **90** 由于芳环的存在能以其共轭式 **91** 存在，最后 F^- 进攻中间体 91 得到产物。和其他合成类似物的方法相比，该反应具有区域选择性好、产率高、反应时间短及条件温和等优点。

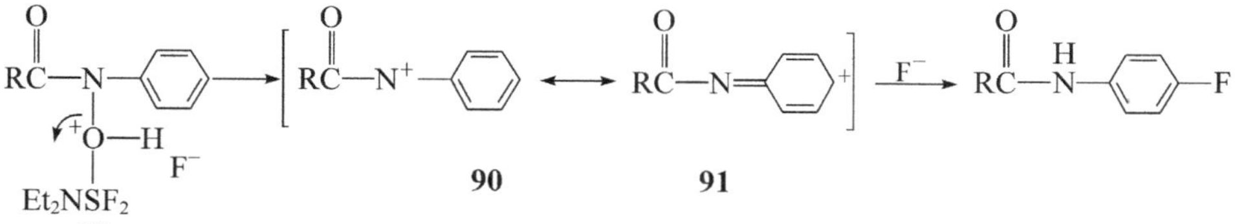

89　90　91

表 5-19 *N*-芳基-*N*-羟基酰胺化合物的氟化

底物	产物	产率/%
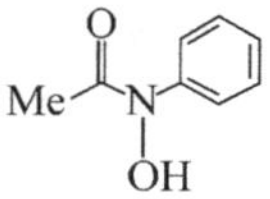	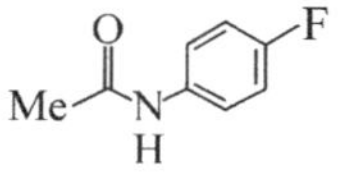	71
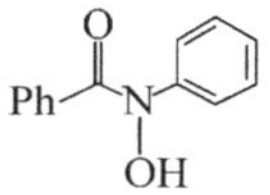	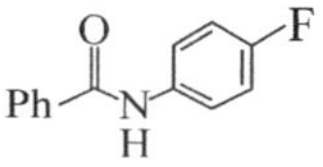	83
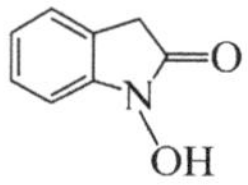	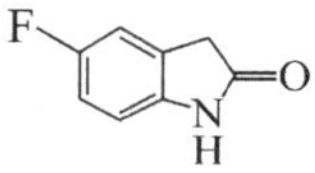	81
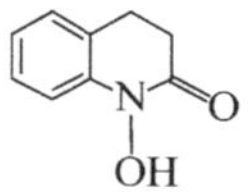	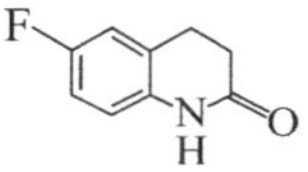	75
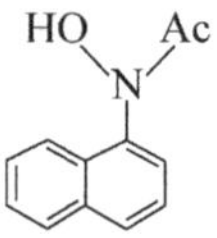	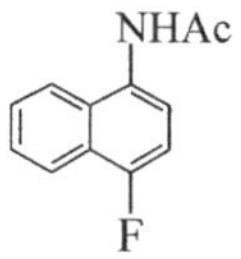	79
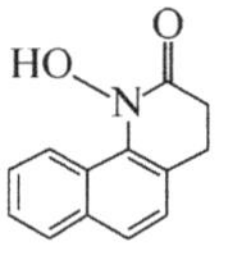	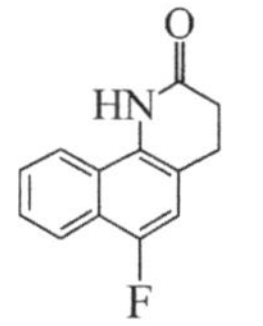	70

注：反应条件为 DAST，CH_2Cl_2，0℃。

11. 氟化含磷化合物

Markovskii 等研究发现二烷胺基三氟化硫可以氟化三苯基磷和硫化三苯基磷，分别以 93%和 82%的产率得到 Ph_3PF_2[7,75]。他们还发现二烷胺基三氟化硫同样可以与三氯化磷、磷酰氯反应生成三氟化磷和磷酰氟化合物。

$$Ph_3P(\text{或 } Ph_3PS) \xrightarrow{RRNSF_3} Ph_3PF_2$$

$$PCl_3 \xrightarrow{RRNSF_3} PF_3$$

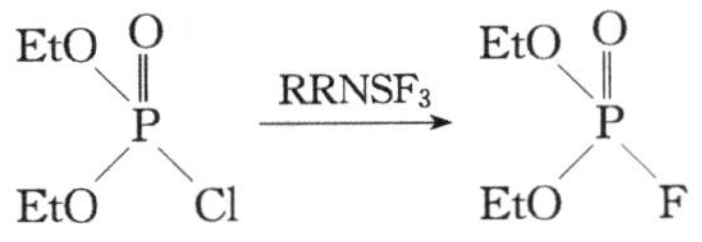

12. 氟化硅醚化合物

二烷胺基三氟化硫和硅醚反应能得到相应的氟化产物，反应同时得到烯烃化合物。Sampson 小组用 DAST 氟化 2-三甲硅氧基辛烷同时得到 2-氟辛烷和辛烯，二者比例为 71∶29。当使用手性氟化试剂 **1l** 时，氟化产物和辛烯比例没有什么改变(74∶26)；当用 0.5eq. 的 **1l** 处理 2-三甲硅氧基丙酸乙酯时，反应并没有丙烯酸乙酯的生成，产物 2-氟丙酸乙酯的 *ee* 值为 16%[13]。

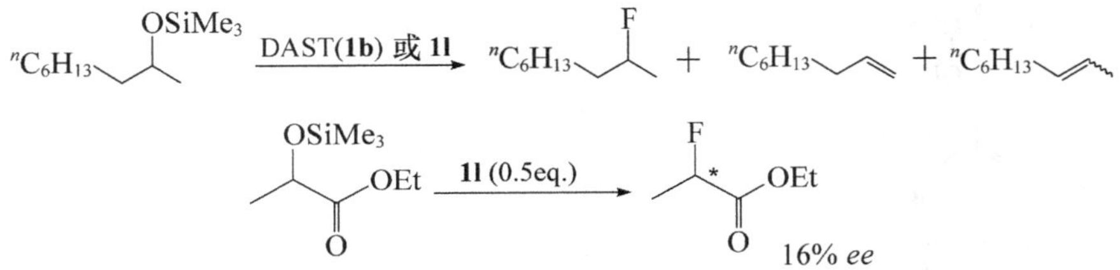

Effenberger 小组同样通过 DAST 对手性三甲基硅醚化合物的氟化合成了 β-氟代腈化物[76]。和相应的羟基底物相比，DAST 对三甲基硅醚化合物的氟化反应时间明显缩短(见表 5-20)，但一些三甲基硅醚底物在氟化过程中发生消旋化(编号 5)。

表 5-20　手性三甲基硅醚化合物的氟化

编号	R_1	R_2	反应时间/h	产率/%	产物 *ee* 值/%
1	n-C_3H_7	$SiMe_3$	4	58.1	95.4
2	n-C_4H_8	H	18	66.7	96.9
3	n-C_6H_{11}	$SiMe_3$	3.5	42.0	94.0
4	n-C_6H_{11}	H	18	45.9	96.1
5	Ph	$SiMe_3$	4	71.3	28.5

Matsumura 等研究发现[77]，虽然 2-辛醇用 DAST 氟化时几乎以相同的产率得到 2-氟辛烷和辛烯产物，但 DAST 处理 2-三甲基硅基辛烷时却主要生成 2-氟辛烷。他们认为反应选择性提高是由于氟化硅醚时不会生成促使底物发生消除反应

的 HF，而生成了相对惰性的 Me_3SiF。Matsumura 等进一步研究发现在非极性溶剂中哌啶三氟化硫 **1g** 和环前列腺素三甲基硅醚衍生物的反应，发现不仅反应得到单一异构体，而且三乙基硅醚和叔丁基二甲基硅醚官能团并不影响反应[77]。

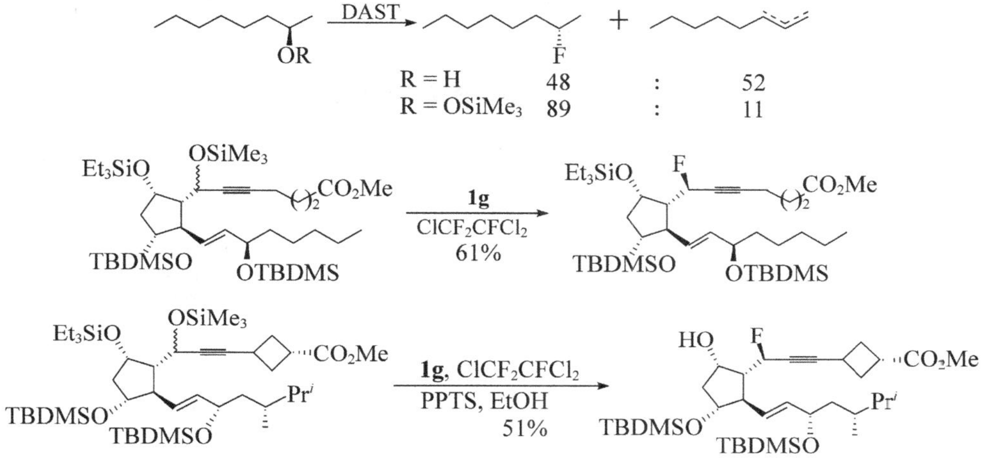

四、三(二烷胺基)锍二氟三甲基硅盐的反应

1. 氟化卤代物

研究发现三(二烷胺基)锍二氟三甲基硅盐可以和卤代物反应得到卤素被氟原子取代的产物。氘代三氯甲烷、碘乙烷、烯丙基溴都曾被报道是这一反应的底物[14a]。

$$CDCl_3 \xrightarrow[94\%]{TASF(\mathbf{3a})} CDCl_2F$$

$$C_2H_5I \xrightarrow[CH_3CN\text{或无溶剂}]{\mathbf{3a,3d,3e,3f,3g}} C_2H_5F$$

$$CH_2{=}CHCH_2Br \xrightarrow[83\%]{\mathbf{3a},CH_3CN,r.t.,2h} CH_2{=}CHCH_2F$$

2. 氟化三氟甲磺酸酯

虽然三(二烷胺基)锍二氟三甲基硅盐的反应活性不足以氟化羟基化合物生成相应的单氟化合物，但研究发现在温和条件下 TASF 可以和三氟甲磺酸酯反应，以中等至良好的产率得到三氟甲磺酸酯基被氟原子取代的产物（见表 5－21）[78~81]。这一方法在合成一些含氟糖衍生物方面具有一定的优势，如在合成 1-去氧-1-氟-D-果糖衍生物时，用 DAST 直接氟化羟基底物不能得到所需产物，用

TBAF(四丁基氟化铵)处理甲磺酰底物时也仅能以 9%的产率分离到不纯的产物，但是当用 TASF 处理其相应的三氟甲磺酸酯化合物时能以高达 80%的产率得到 1-去氧-1-氟-D-果糖衍生物(编号 1)[79]。值得注意的是并不是所有糖环上的羟基被三氟甲磺酸酯保护后都可用 TASF 氟化得到相应的氟取代产物，一些三氟甲磺酸酯底物用 TASF 处理时得到消除产物(编号 6)[81]。

表 5-21　三氟甲磺酸酯的氟化

编号	底物	反应条件	产物(产率)	参考文献
1	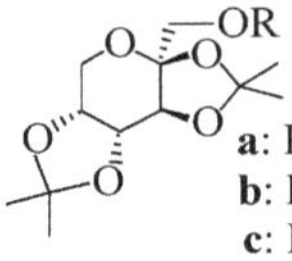 **a**: R = H **b**: R = Ms **c**: R = Tf	**a**：DAST **b**：TBAF **c**：TASF	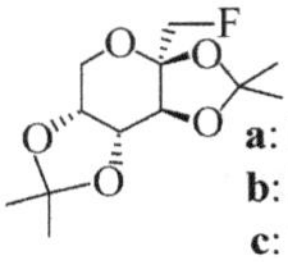 **a**: R = H(–) **b**: R = Ms(9%) **c**: R = Tf(80%)	79
2	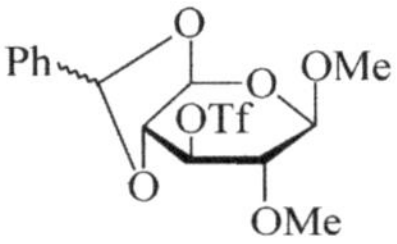	TASF，CH_2Cl_2，20℃，10min	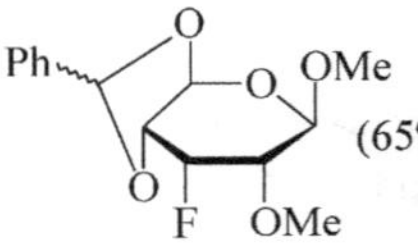 (65%)	80
3	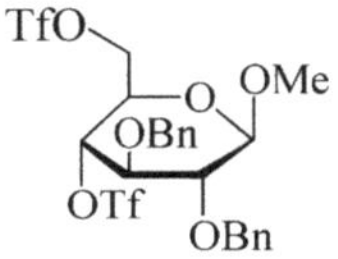	TASF，CH_2Cl_2，40℃，30min	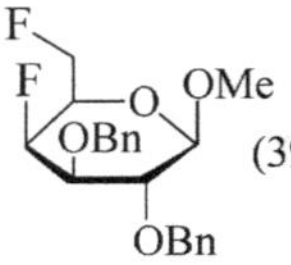 (39%)	80
4	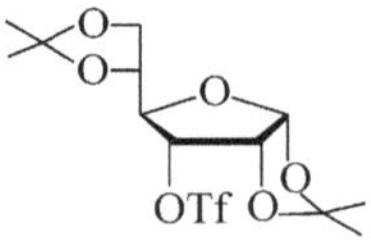	TASF，CH_2Cl_2，20℃，10min	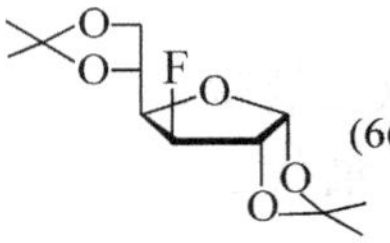 (66%)	80
5	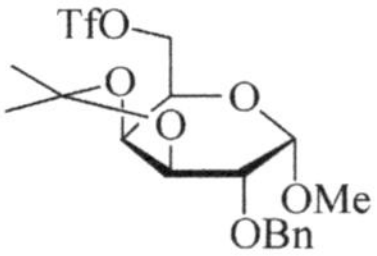	TASF，CH_2Cl_2，−30℃至 r. t.	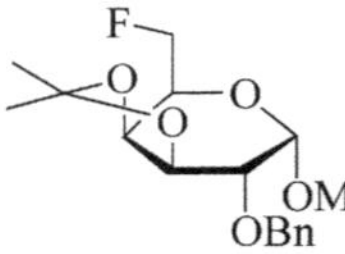 (83%)	80
6	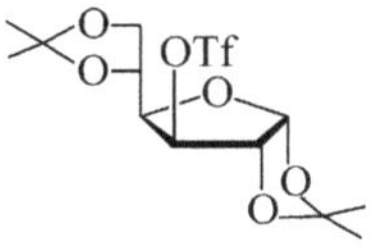	TASF，CH_2Cl_2，20℃，10min	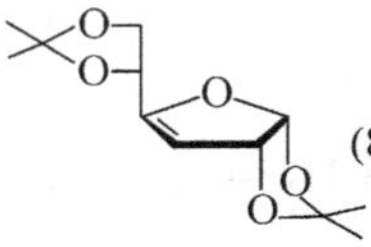 (83%)	81

3. 氟化环氧化合物

Ley 等用 TASF 处理环氧化合物 **92** 时，得到相应的开环产物[82]。这一反应时间长，且区域选择性不好。

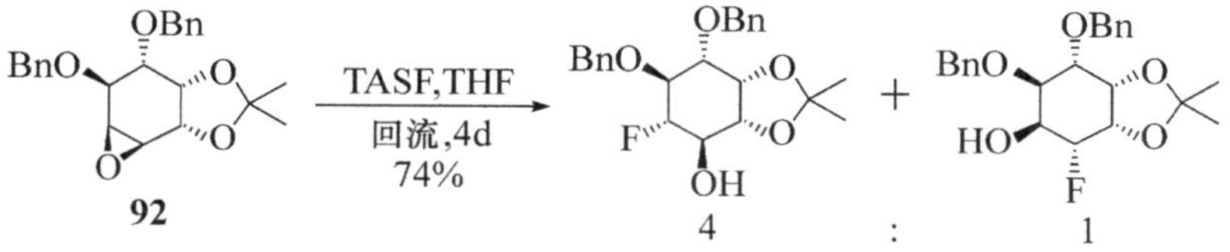

参 考 文 献

1. Middleton, W J,; Bingham, E. M. *Org. Synth*, **1979**, *57*, 50.
2. Hudlicky, M. *Org. React.* **1988**, *35*, 513.
3. (a) 王忠文，刘天麟，李正名. 化学试剂，**1996**，*18*，276-278. (b) 陈德化，庄亚雄，吉景顺. 有机化学，**1991**，*11*，326-334.
4. (a) Singh, R. P.; Shreeve, J. M. *Synthesis* **2002**, 2561-2578. (b) Wilkinson, J. A. *Chem. Rev.* **1992**, *92*, 505-519.
5. (a) Demitras, G. C.; Kent, R. A.; MacDiarmid, A. G. *Chem. Ind.* (*London*) **1964**, 1712. (b) Demitras, G. C.; MacDiarmid, A. G. *Inorg. Chem.* **1967**, *6*, 1093.
6. von Halasz, S. P.; Glemser, O. *Chem. Ber.* **1970**, *103*, 594.
7. (a) Markovskii, L. N.; Pashinnik. V. E.; Kirsanov, A. V. *Synthesis* **1973**, 787. (b) Markovskii, L. N.; Pashinnik. V. E. *Synthesis* **1975**, 801.
8. Middleton, W. J. *J. Org. Chem.* **1975**, *40*, 574.
9. (a) Lal, G. S.; Pez, G. P.; Pesaresi, R. J.; Prozonic, F. M. *Chem. Commun.* **1999**, 215. (b) Lal, G. S.; Pez, G. P.; Pesaresi, R. J.; Prozonic, F. M.; Cheng, H. *J. Org. Chem.* **1999**, *64*, 7048-7054.
10. (a) Markovskii, L. N.; Pashinnik, V. E.; Kirsanov, A. V. Zh. *Org. Khim.* **1975**, *11*, 72. (b) Markovskii, L. N.; Pashinnik, V. E.; Kirsanov, A. V. *Zh. Org. Khim.* **1976**, *12*, 973.
11. (a) Sone, T.; Hiroi, K.; Yamada, S. *Chem. Pharm. Bull.* **1973**, *21*, 2331. (b) Asami, M.; Ohno, H.; Kobayashi, S.; Mukaiyama, T. *Bull. Chem. Soc. Jpn.* **1978**, *51*, 1869. (c) Hassner, A.; Alexanian, V. *Tetrahedron Lett.* **1978**, *19*, 4475-4478.
12. (a) Messina, P. A.; Mange, K. C.; Middleton, *J. Fluorine Chem.* **1989**, *42*, 137. (b) Middleton, W. J. *Chem. Eng. News*, **1979**, *5*, 43. (c) Cochran, J. *Chem. Eng. News*, **1979**, *3*, 4.
13. Hann, G. L.; Sampson, P. *J. Chem. Soc., Chem. Commun.* **1989**, 1650-1651.
14. (a) Middleton, W. J. *U. S. Pat.* 3940402. 1976-02-24. (b) Middleton, W. J. *U. S. Pat.* 3888924. 1975-06-10.
15. Farnham, W. B.; Harlow, R. L. *J. Am. Chem. Soc.* **1981**, *103*, 4608, ref. 3.
16. (a) Boswell, G. A. Jr.; Ripka, W. C.; Scribner, R. M.; Tullock, C. W. *Org. React.* **1974**, *21*, 1. (b) Wang, C.-L. J. *Org. React.* **1985**, *34*, 319.
17. Tewson, T. J.; Welch, M. J. *J. Org. Chem.* **1978**, *43*, 1090.

18. Biollaz, M.; Kalvoda, J. *Helv. Chim. Acta.* **1977**, *60*, 2703.
19. Leroy, J.; Hebert, E.; Wakselman, C. *J. Org. Chem.* **1979**, *44*, 3406.
20. Petrakova, E.; Yeh, H. J. C.; Kowac, P. *J. Carbohydr. Chem.* **1992**, *11*, 407.
21. Uneme, H.; Okada, Y. *Bull. Chem. Soc. Jpn.* **1992**, *65*, 2401.
22. Sutherland, A.; Vederas, J. C. *Chem. Commun.* **1999**, 1739.
23. Card, P. J. *J. Org. Chem.* **1983**, *48*, 393.
24. Patrick, T. B.; Poon, Y.-F. *Tetrahedron Lett.* **1984**, *25*, 1019.
25. Blackburn, G. M.; Kent, D. E. *J. Chem. Soc., Chem. Commun.* **1981**, 511.
26. (a) Castillon, S.; Dessinges, A.; Faghih, R.; Lukacs, G.; Olesker, A.; Thang, T. T. *J. Org. Chem.* **1985**, *50*, 4913. (b) Hasegawa, A.; Goto, M.; Kiso, M. *J. Carbohydr. Chem.* **1985**, *4*, 627.
27. Somekh, L.; Shanzer, A. *J. Am. Chem. Soc.* **1982**, *104*, 5836.
28. (a) Klemm, G. H.; Kaufman, R. J.; Sidhu, R. *Tetrahedron Lett.* **1982**, *23*, 2927. (b) Bliard, C.; Herczegh, P.; Olesker, A.; Lukacs, G. *J. Carbohydr. Chem.* **1989**, *8*, 103. (c) Card, P. J.; Reddy, G. S. *J. Org. Chem.* **1983**, *48*, 4734. (d) Merecek, J. F.; Prestwick, G. D. *Tetrahedron Lett.* **1989**, *30*, 5401. (e) Nicolaou, K. C.; Ladduwahetty, T.; Randell, J. L.; Chucholowski, A. *J. Am. Chem. Soc.* **1986**, *108*, 2466. (f) Magnusson, G.; Kihilberg, J. Frejd, T.; Jansson, K. *Carbohydr. Res.* **1988**, *176*, 287.
29. Imbach, J. L.; Puech, F.; Gosselin, G. *J. Chem. Soc., Chem. Commun.* **1989**, 955.
30. (a) Yakhimovich, P. I.; Fursaeva, N. F. *Pashinnik, Khim. Prir. Soedin.* **1985**, 102. (b) Bird, T. G. C.; Felsky, G.; Fredericks, P. M.; Jones, E. R. H.; Meakins, G. D. *J. Chem. Soc., Chem. Commun.* **1979**, 65. (c) Bird, T. G. C.; Felsky, G.; Fredericks, P. M.; Jones, E. R. H.; Meakins, G. D. *J. Chem. Res.* **1979**, 4728.
31. Blacburn, G. M.; Parratt, M. J. *J. Chem. Soc., Perkin Trans. 1*, **1986**, 1425.
32. (a) Takamatsu, S.; Maruyama, T.; Katayama, S.; Hirose, N.; Naito, M.; Izawa, K. *J. Org. Chem.* **2001**, *66*, 7469. (b) Takamatsu, S.; Maruyama, T.; Katayama, S.; Hirose, N.; Naito, M.; Izawa, K. *Tetrahedron Lett.* **2001**, *42*, 2325.
33. Roth, G. P.; Marshall, D. R.; Chen, S. H. *Tetrahedron Lett.* **1995**, *36*, 1609.
34. Beyuglov, V. V.; Bergelson, L. D. *Bioorg. Chem. USSR (Engl. Trans.)* **1979**, 1137.
35. Poulter, C. D.; Wiggins, P. L.; Plummer, T. L. *J. Org, Chem.* **1981**, *46*, 1532.
36. Siegemund, G. *Justus Liebigs Ann. Chem.* **1979**, 1280.
37. (a) Boswell, G. A. Jr. *U. S. Pat.* 4212815. 1980-07-15. (b) Boswell, G. A. Jr.; Henderson, R. M. *U. S. Pat.* 4241065. 1980-12-23.
38. (a) Boswell, G. A. Jr.; Brittelli, D. R. *U. S. Pat.* 3919204. 1975-11-11. (b) Boswell, G. A. Jr.; Brittelli, D. R.; Middleton, W. J. *U. S. Pat.* 3950329. 1976-04-13.
39. (a) Biollaz, M.; Kalvoda, J. *U. S. Pat.* 4092310. 1978-05-30. (b) Campbell, J. A. *U. S. Pat.* 4416822. 1983-11-22.

40. Sigh, R. P.; Chakraborty, D.; Shreeve, J. M. *J. Fluorine Chem.* **2002**, *111*, 153.
41. Müller, B.; Peter, H.; Schneider, P.; Bickel, H. *Helv. Chim. Acta* **1975**, *58*, 2469.
42. Giardina, G.; Dondio, G.; Grugni, M. *Synlett* **1995**, 56.
43. Middleton, W. J.; Bingham, E. M. *J. Org. Chem.* **1950**, *45*, 2883.
44. Erni, B.; Khorana, H. G. *J. Am. Chem. Soc.* **1980**, *102*, 3888.
45. Guirgis, G. A.; Bell, S.; Durig, J. R. *J. Raman Spectroscopy* **2000**, *31*, 987.
46. Sharma, R. A.; Kavai, I.; Fu Y. L.; Bobek, M. *Tetrahedron Lett.* **1977**, *18*, 3433.
47. (a) Asato, A. E.; Liu, R. S. H. *Tetrahedron Lett.* **1986**, *27*, 3337-3340. (b) Bildstein, S.; Ducep, J.-B.; Jacobi, D.; Zimmermann, P. *Tetrahedron Lett.* **1995**, *36*, 5007-5010. (c) Colmenares, L. U.; Zou, X.-l.; Liu, J.; Asato, A. E.; Liu, R. S. H. *J. Am. Chem. Soc.* **1999**, *121*, 5803-5804.
48. Singh, R. P.; Majumder, U.; Shreeve J. M. *J. Org. Chem.* **2001**, *66*, 6263.
49. Box, J. M.; Harwood, L. M.; Whitehead, R. *Synlett* **1997**, 571-573.
50. Kumar, V.; Bell, M. R. *Heterocycles* **1992**, *34*, 1289.
51. (a) Borthwick, A. D.; Evans, D. N.; Kirk, B. E.; Biggadike, K.; Exall, A. M.; Youds, P.; Roberts, S. M.; Knight, D. J.; Coates, J. A. V. J. *Med. Chem.* **1990**, *33*, 179-186. (b) Biggadike, K.; Borthwick, A. D.; Evans, D.; Exall, A. M.; Kirk, B. E.; Roberts, S. M.; Stephenson, L.; Youds, P.; Slawin, A. M. Z.; Williams, D. J. *J. Chem. Soc., Chem. Commun.* **1987**, *4*, 251-254.
52. (a) Gumian, G.; Schinazi, R. F.; Chu, C. K. *Org. Lett.* **2001**, *3*, 4177. (b) 张新刚. 中国科学院上海有机化学研究所博士论文. **2003**.
53. Albert, R.; Dax, K.; Katzenbeisser, U.; Sterk, H.; Stütz, A. E. *J. Carbohydr. Chem.* **1985**, *4*, 521-528.
54. Hudlicky, M. *J. Fluorine Chem.* **1987**, *36*, 373-384.
55. Filmon, J.; Grée, D.; Grée, R. *J. Fluorine Chem.* **2001**, *107*, 271-273.
56. Lakshmipathi, P.; Grée, D.; Grée, R. *Org. Lett.* **2002**, *4*, 451-454.
57. Kirihara, M.; Kambayashi, T.; Momose, T. *Chem. Commun.* **1996**, 1103-1104.
58. Cava, M. P.; Levinson, M. L. *Tetrahedron* **1985**, *41*, 5061.
59. (a) Lal, G. S.; Lobach, E.; Evans, A. *J. Org. Chem.* **2000**, *65*, 4830-4832. (b) Bunnelle, W. H.; McKinnis, B. R.; Narayanan, B. A, *J. Org. Chem.* **1990**, *55*, 768-770.
60. McCarthy, J. R.; Peet, N.; LeTourneau, M. E.; Inbasekaran, M. *J. Am. Chem. Soc.* **1985**, *107*, 735-737.
61. Robin, M. J.; Wnuk, S. F. *Tetrahedron Lett.* **1988**, *29*, 5729-5732.
62. Robins, M. J.; Wnuk, S. F. *J. Org. Chem.* **1993**, *58*, 3800-3801.
63. Laali, K. K.; Borodkin, G. I. *J. Fluorine Chem.* **2002**, *115*, 169-773.
64. Nicolaou, K. C.; Dolle, R. E.; Papahatjis, D. P.; Randall, J. L. *J. Am. Chem. Soc.* **1984**, *106*, 4189-4192.
65. (a) Kirihara, M.; Niimi, K.; Momose, T. *Chem. Commun.* **1997**, 599-600. (b) Kirihara,

M. ; Niimi, K. ; Okumura, M. ; Momose, T. *Chem. Pharm. Bull.* **2000**, *48*, 220-222.

66. Ratcliffe, A. J. ; Warner, I. *Tetrahedron Lett*. **1995**, *36*, 3881-3884.
67. O'Sullivan, A. C. ; Struber, F. ; Ley, S. V. *J. Org. Chem.* **1999**, *64*, 6252-6256.
68. Babu, Suresh V. V. ; Gopi, H. N. ; Ananda, K. *Indian J. Chem. Sect. B* **2000**, *39*, 384-386.
69. Middleton, W. J. *U.S. Pat.* 3914265. 1975-10-21.
70. Radchenko, O. A. ; Il'chenko, A. Y. ; Yagupol'skii, L. M. *J. Org. Chem. USSR* (*Engl. Transl.*) **1980**, *16*, 758-761.
71. Yagupol'skii, Y. L. ; Savina, T. I. *Zh. Org. Khim.* **1983**, *19*, 71.
72. Segall, Y. ; Quistad, G. B. ; Casida, J. E. *Synth. Commun.* **2003**, *33*.
73. Bromidge, S. M. ; Brown, F. ; Cassidy, F. ; Clark, M. S. G. ; Dabbs, S. ; Hawkins, J. ; Loudon, J. M. ; Oriek, B. S. ; Riley, G. J. *Bioorg. Med. Chem. Lett.* **1992**, *2*, 791.
74. Kikugava, Y. ; Matsumoto, K. ; Mitsui, K. ; Sakamoto, T. *J. Chem. Soc.*, *Chem. Commun.* **1992**, 921-922.
75. Holmes, R. R. ; Chandrasekhar, V. ; Day, R. O. ; Harland, J. J. ; Payne, J. S. ; Holmes, J. M. *Phosphorus Sulfur* **1987**, *30*, 409-412.
76. Stelzer, U. ; Effenberger, F. *Tetrahedron: Asymmetry* **1993**, *4*, 161-164.
77. Matsumura, Y. ; Shimada, T. ; Nakayama, T. ; Urushihara, M. ; Asai, T. ; Morizawa, Y. ; Yasuda, A. *Tetrahedron* **1995**, *51*, 8771-8782.
78. Doboszewski, B. ; Hay, G. W. ; Szarek, W. A. *Can. J. Chem.* **1987**, *65*, 412.
79. Card, P. J. ; Hitz, W. D. *J. Am. Chem. Soc.* **1984**, *106*, 5384.
80. Mulard, L. A. ; Kovac, P. ; Glaudemans, P. J. *Carbohydr. Res.* **1994**, *259*, 117.
81. Szarek, W. A. ; Hay, G. W. ; Doboszewski, B. *J. Chem. Soc.*, *Chem. Commun.* **1985**, 663.
82. (a) Ley, S. V. ; Parra, M. ; Redgrave, A. J. ; Sternfeld, F. *Tetrahedron* **1990**, *46*, 4994-5026; (b) Ley, S. V. ; Parra, M. ; Redgrave, A. J. ; Sternfeld, F. ; Vidal, A. *Tetrahedron Lett*. **1989**, *30*, 3557-3560.

第六章　含氟合成子:单氟合成砌块

通过氟化试剂(亲电和亲核氟化试剂)可直接合成有机氟化合物,但由于氟化试剂活性高、反应条件激烈、反应复杂等特点都导致其在合成复杂的含氟化合物时不太适用,这就需要新的合成含氟有机化合物的方法。含氟砌块法,即利用一些含氟中间体作为含氟砌块,通过适当的反应途径合成含氟目标分子,是合成有机氟化合物的一个重要方法。一方面,含氟试剂的工业化,给含氟砌块的合成带来了极有利的条件;另一方面,含氟砌块法由于反应中一般不涉及 C—F 键的断裂而只是普通的官能团转换和 C—C 键的形成,从而具有反应温和、选择性好、产率较高等诸多特点。而且未来有机化学的发展方向是高选择性、原子经济性的“绿色化学”,因此发展高选择性的含氟砌块法成了目前有机氟化学的一个研究热点。

在设计含氟砌块时一般应具有三方面的要求:一是要原料方便易得,可以大批量地合成;二是反应位点要多,可以进行多种转化;三是不能太大,2～5 个碳为最好。但是小分子含氟砌块由于空间结构和官能团的限制,在经典有机反应条件下其应用范围受到大的限制,而金属有机化学经过上百年的发展出现了大量的有机金属试剂和新反应,尤其是过渡金属如 Pd、Rh、Ni 等的应用,大大开拓了底物的范围。因此如果在氟化学中引入金属有机化学,含氟砌块的应用范围将会大大拓宽。下面主要依据分子中含氟原子的个数将含氟砌块分为单氟砌块、二氟亚甲基砌块、三氟甲基砌块和含氟有机硅试剂进行叙述。本章主要讨论单氟合成砌块。在论述含氟合成子时,主要选择一些在含氟有机化合物的制备中得到广泛应用的合成砌块进行讨论。

一、2-氟-2-膦酰基乙酸三乙酯

2-氟-2-膦酰基乙酸三乙酯 **1**(triethyl 2-fluoro-2-phosphonoacetate)自 20 世纪 60 年代被合成以来就受到了广泛的关注。作为一个含单氟原子的含氟砌块,其运用十分广泛。化合物中醛基、羰基、酯基、缩醛部分、酰氯部分以及卤代烷烃、酸酐等化合物在一定条件下都能和 2-氟-2-膦酰基乙酸三乙酯反应,且反应条件温和、选择性好、产率较高。

1. 2-氟-2-膦酰基乙酸三乙酯的制备

2-氟-2-膦酰基乙酸三乙酯有多种合成方法。早在 1966 年 Grell 等研究发现在 EtOH 溶剂中用 $FClO_3$ 氟化 α-羰基羧酸酯钾盐化合物 **2** 能得到 2-氟-2-膦酰基乙酸三乙酯 **1**[1]。反应首先是 $FClO_3$ 氟化底物生成单氟中间体 **3**，随后 EtO^- 进攻中间体 3 的羰基形成中间体 4；中间体 **4** 发生分子内 C—C 键断裂得到中间体 **5**，同时生成草酸二乙酯；最后 EtOH 对中间体 **5** 质子化即得到 2-氟-2-膦酰基乙酸三乙酯 **1**。

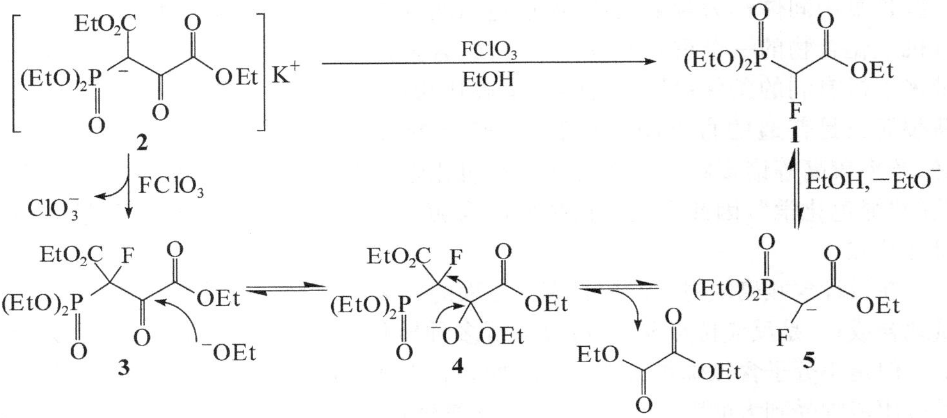

Davis 等利用 NF 亲电氟化试剂 NFOBS 对 2-膦酰基乙酸三乙酯 **6** 的氟化能以 78%的产率制备 2-氟-2-膦酰基乙酸三乙酯 **1**；NFOBS 可从邻苯二磺酸出发经三步以 81%的产率合成，它能用于氟化一系列羰基底物，使羰基 α 位 H 原子被氟原子取代[2]。而 Hamilton 等认为 NFOBS 虽然能以较高产率制备 2-氟-2-膦酰基乙酸三乙酯 **1**，但是制备 NFOBS 需使用难以控制的 F_2 对邻苯二磺酸进行氟化，因而他们研究使用 NFSI 或 Selectfluor 替代 NFOBS 对 2-膦酰基乙酸三乙酯进行氟化；结果发现在 THF-DMF 混合溶剂中以 Selectfluor 为氟化试剂时，反应最好，能以 17%的产率得到 2-氟-2-膦酰基乙酸三乙酯 **1**[3]。

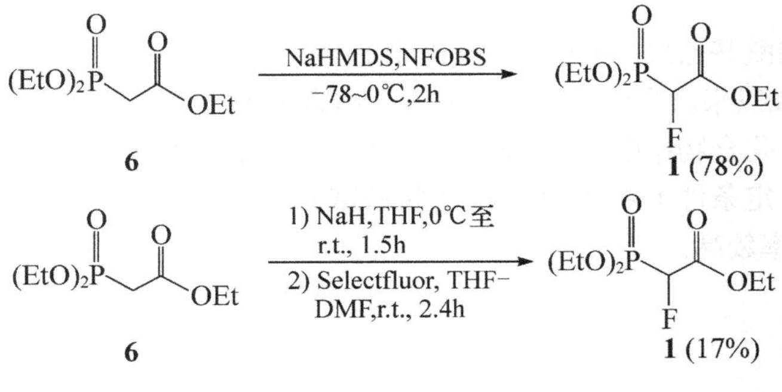

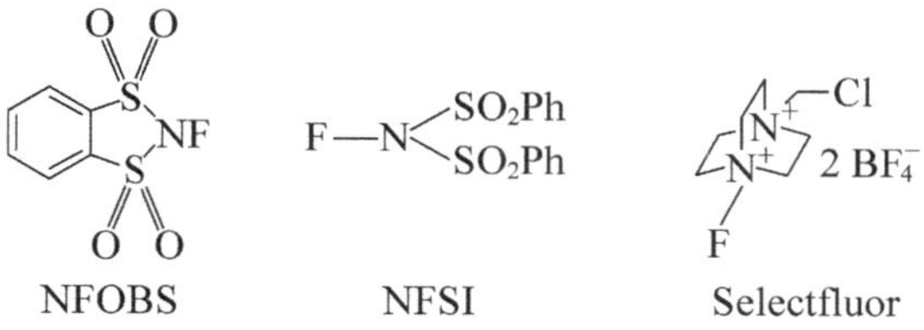

Chambers 等首先利用 NaH 处理 2-膦酰基乙酸三乙酯，所得钠盐直接用 F_2 处理同样能制备 2-氟-2-膦酰基乙酸三乙酯 **1**[4]。该反应虽然转化率高达 90%，但 2-氟-2-膦酰基乙酸三乙酯 **1** 产率只有 35%，反应同时还以 15%的产率生成 2,2-二氟-2-膦酰基乙酸三乙酯 **7**。

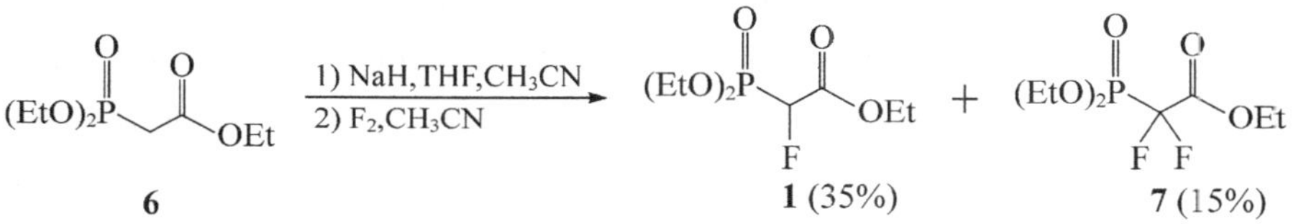

除了利用氟化方法外，亚磷酸三乙酯和 2-溴-2-氟乙酸乙酯 **8** 反应同样能生成 2-氟-2-膦酰基乙酸三乙酯 **1**，二者之间通常不需要溶剂，直接在加热回流或微波照射的条件下进行反应，产率为 64%～94%[5～15]。Kvíčala 等则用 2-碘-2-氟乙酸乙酯 **9** 替代 2-溴-2-氟乙酸乙酯参与反应制备 2-氟-2-膦酰基乙酸三乙酯 **1**；他们认为使用 2-碘-2-氟乙酸乙酯更为经济，因为 2-溴-2-氟乙酸乙酯的制备需使用价格昂贵的三氟溴甲烷，而 2-碘-2-氟乙酸乙酯则可从较为经济的三氟氯甲烷出发首先制备 2-氯-2-氟乙酸乙酯，后者在回流条件下用 NaI 处理可方便地实现 2-碘-2-氟乙酸乙酯的制备[16]。

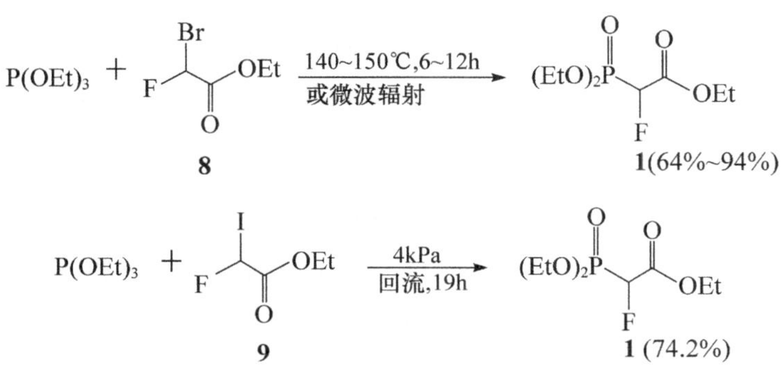

Patois 等将亚磷酸三乙酯与三溴一氟甲烷反应高产率得到二溴一氟甲基膦酸二乙酯 **10**，后者在−78℃温度下加入 2 当量的 *n*-BuLi 和 1 当量的三甲基氯硅烷，所得锂盐中间体直接用 $ClCO_2Et$ 处理即生成中间体化合物 **11**；化合物 **11** 不用分离，依次用无水 EtOH 和 HCl(2N)处理后即可实现 2-氟-2-膦酰基乙酸三乙酯 1 的

制备[17,18]。

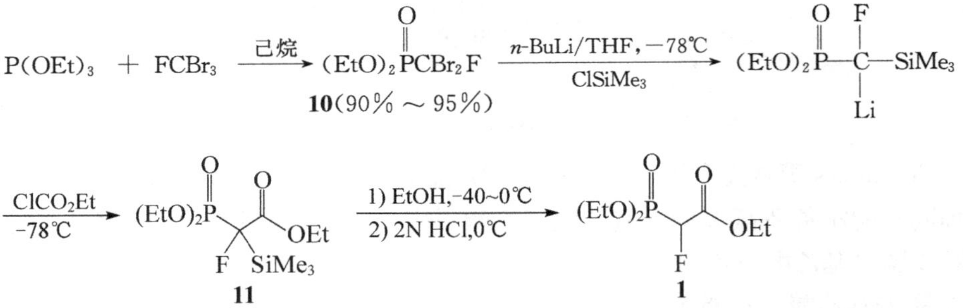

Burton 小组从二溴一氟甲基膦酸二乙酯 **10** 出发制备了一溴一氟甲基膦酸二乙酯 **12**[$(EtO)_2P(O)CFHBr$]，后者首先做成 Zn 试剂后再与 $ClCO_2Et$ 反应，同样能以 70% 的产率制备 2-氟-2-膦酰基乙酸三乙酯 **1**[19]。他们研究发现由 $(EtO)_2P(O)CFHBr$ 衍生的金属试剂 $(EtO)_2P(O)CFHMBr$（M=Zn, Cu）不仅可与烯丙基卤以及单质碘等许多亲电化合物反应，还能与烯基卤、炔基卤以及芳基卤代物发生偶联反应[19]。

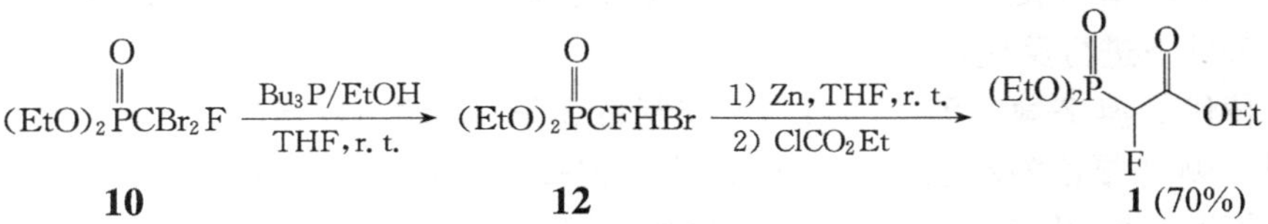

2. 2-氟-2-膦酰基乙酸三乙酯的反应

1）2-氟-2-膦酰基乙酸三乙酯和醛、酮的反应

2-氟-2-膦酰基乙酸三乙酯 **1** 与羰基化合物的反应是其作为合成子最为广泛的用途，通过这一反应可方便实现 *α*-氟-α, *β*-不饱和羧酸酯 **13** 的制备，这类反应被称为 2-氟-2-膦酰基乙酸三乙酯 **1** 的 Horner-Wadaworth-Emmons（HWE）反应。反应首先涉及 2-氟-2-膦酰基乙酸三乙酯在碱（LDA、*n*-BuLi、DBU、NaH、NaHMDS 以及 K_2CO_3 等）存在下生成叶立德，然后加入羰基底物反应。醛羰基比酮羰基反应活性高，因而一些含酮羰基的醛可以在不用保护酮羰基的条件下实现醛的选择性反应。醛和 2-氟-2-膦酰基乙酸三乙酯 **1** 反应产率都较高，反应选择性好，主要得到 *E* 式烯烃产物。一些反应实例如表 6-1 所示[20~25]。

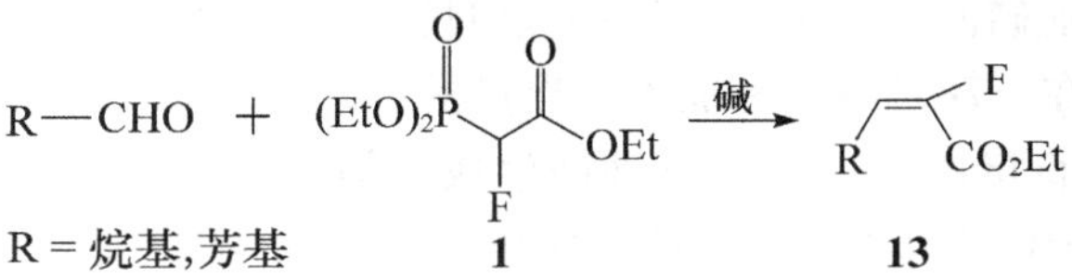

表 6－1　醛与 1 的反应示例

醛	反应条件	产物(产率)	E/Z	参考文献
	**1**, LDA	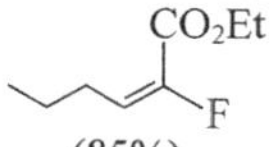 (85%)	91/9	20
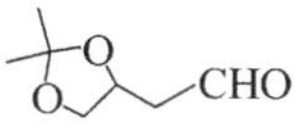	**1**, LDA, Et_2O −78℃, 2h	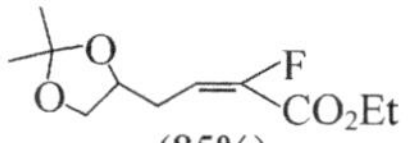 (85%)	80/5	21
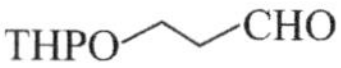	**1**, LiCl, DBU	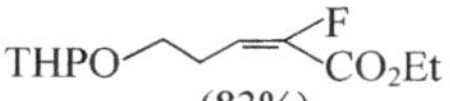 (83%)	7/1	22
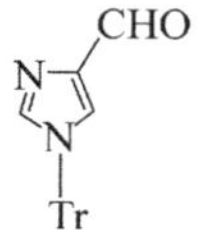	**1**, *n*-BuLi, DME	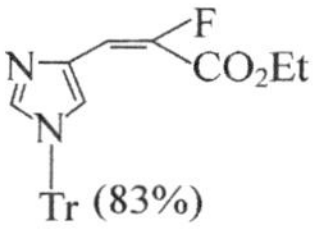 (83%)	仅 *E*	22
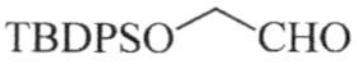	**1**, *n*-BuLi, THF, −78℃至 r. t. , 3h	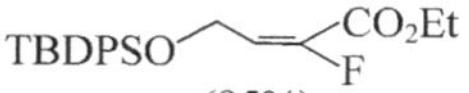 (95%)	仅 *E*	23
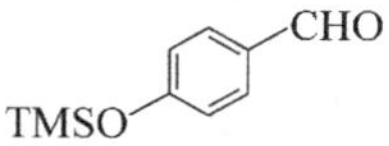	1) **1**, *n*-BuLi, THF, −78℃至 r. t. ; 2) H^+	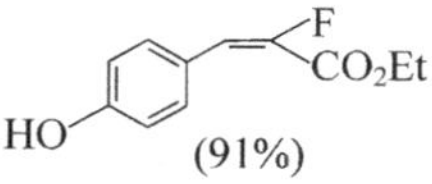 (91%)	9/1	24
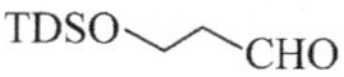	**1**, LDA, THF, −70℃	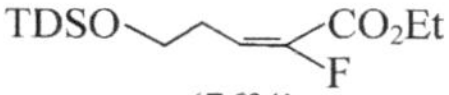 (76%)	仅 *E*	25

Kitazume 小组考察了在离子液体中 2-氟-2-膦酰基乙酸三乙酯 **1** 和醛的反应(见下列反应式及表 6－2)，他们所使用的离子液体为 8-乙基-1，8-二氮双环[5，4，0]-7-十一碳烯三氟甲磺酸盐 **14**、8-甲基-1，8-二氮双环[5，4，0]-7-十一碳烯三氟甲磺酸盐 **15** 以及 1-乙基-3-甲基咪唑三氟甲磺酸盐 **16**[26]。研究结果表明该反应不需要使用 NaH 或 *n*-BuLi 强碱，仅需加入 K_2CO_3 或 DBU 即可使反应顺利发生，且 98％的离子液体能被回收重新利用。另外，当使用 K_2CO_3 作碱时反应主要生成 *E* 式异构体，而在 DBU 作碱的条件下则主要得到 *Z* 式异构体，Kitazume 等对不同的立体反应结果提出了相应的反应机理。

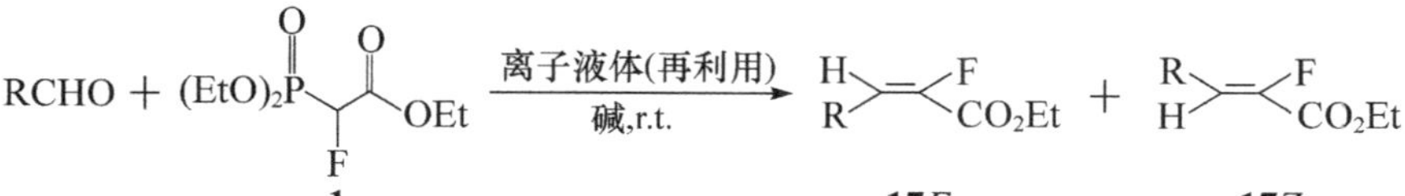

1　　**17*E***　　**17*Z***

离子液体：
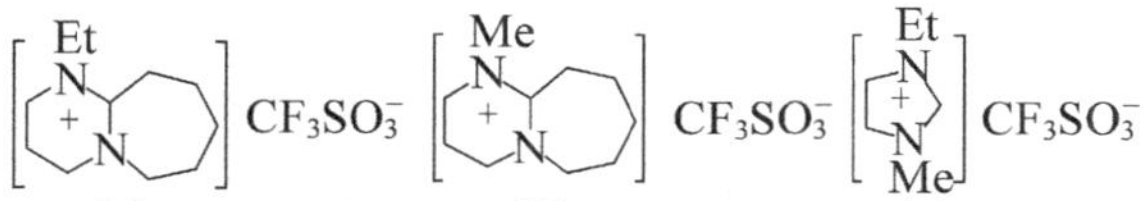

14　　**15**　　**16**

表 6-2　醛与 1 在离子液体中的氟化反应

编号	RCHO	离子液体	碱	**17** 产率/%	E/Z
1	PhCHO	**14**	K_2CO_3	74	73/37
2	PhCHO	**15**	K_2CO_3	68	69/31
3	PhCHO	**16**	K_2CO_3	65	70/30
4	PhCHO	**14**	DBU	81	35/65
5	PhCHO	**15**	DBU	70	39/61
6	PhCHO	**16**	DBU	79	35/65
7	$C_6H_{13}CHO$	**14**	K_2CO_3	35	67/33
8	$C_6H_{13}CHO$	**14**	DBU	77	33/67
9	$PhCH(CH_3)CHO$	**14**	K_2CO_3	37	71/29
10	$PhCH(CH_3)CHO$	**14**	DBU	69	30/70
11	2-吡啶甲醛	**14**	K_2CO_3	56	74/26
12	2-吡啶甲醛	**14**	DBU	79	36/64

虽然一溴一氟乙酸乙酯在碱存在下生成的叶立德同样可和醛反应生成 α-氟-α,β-不饱和羧酸酯产物，但产物双键的顺反选择性并不好。例如，n-Bu_3P 和一溴一氟乙酸乙酯产生的叶立德与甘油醛反应所得产物 **18** 的双键顺反比例为 1∶1；然而当 n-BuLi 和 2-氟-2-膦酰基乙酸三乙酯 **1** 产生的叶立德用于反应时，反应单一性地生成 E 式产物[27]。

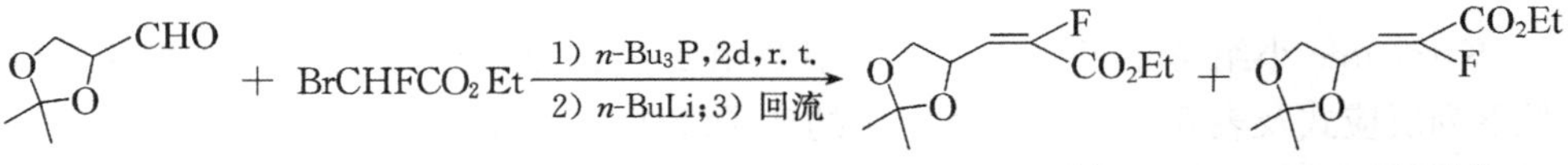

18*E*(26%)　　**18** *Z*(26%)

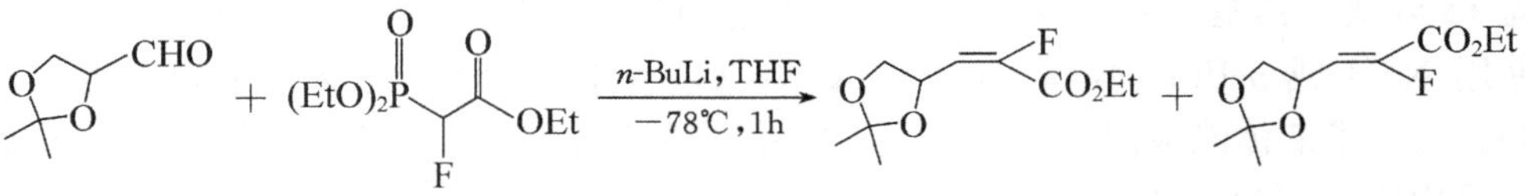

1　　**18***E*(51%)　　**18** *Z*(0%)

2-氟-2-膦酰基乙酸三乙酯 **1** 和酮羰基同样能以中等到良好的产率生成 α-氟-α,β-不饱和羧酸酯 **19**

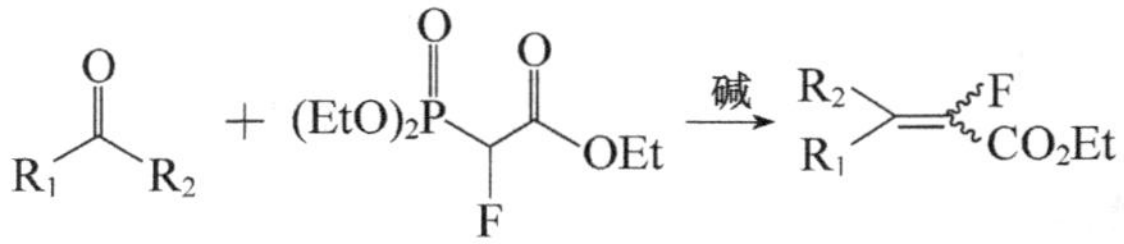

R_1,R_2 = 烷基，芳基　**1**　　**19**

但反应产物双键的顺反选择性并不如醛羰基理想。当反应中同时存在醛羰基和酮羰基时,需对醛羰基进行保护后才能实现酮羰基的选择性反应,一些典型反应实例如表 6－3 所示[9,11,28,29]。

表 6－3　酮羰基与 1 的反应示例

酮	反应条件	产物(产率)	E/Z	参考文献
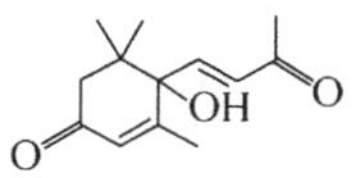		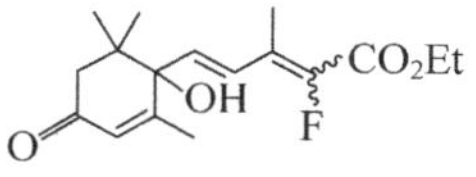 (83%)	1/1	9
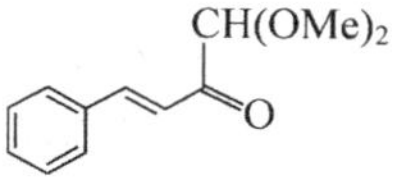	**1**, NaH, THF, 0 ℃至 r. t. , 30min	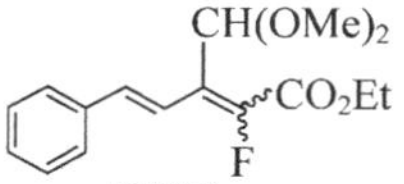 (87%)	3. 2/1	28
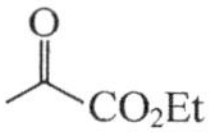	**1**, *n*-BuLi, THF −78℃	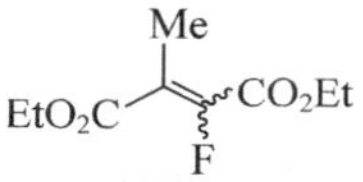 (65%)	45/55	11
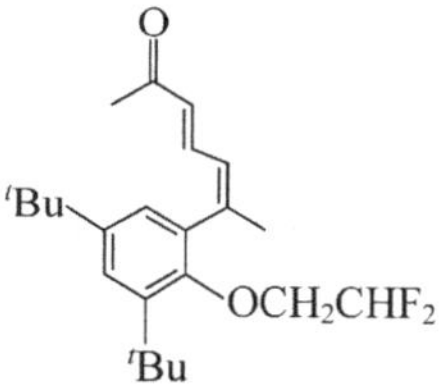	**1**, NaH, DMF, 0℃至 r. t.	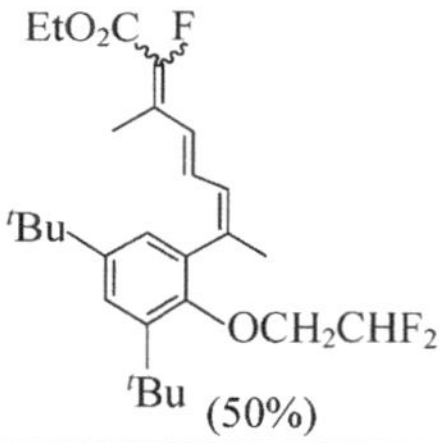 (50%)	1/1	29

Nagao 小组发现:虽然在 NaH/THF/0℃条件下,一系列烷基芳基酮和 2-氟-2-膦酰基乙酸三乙酯 **1** 反应生成 α-氟-α,β-不饱和羧酸酯 **20** 的产率和双键顺反选择性不高,但当反应在 $Sn(OSO_2CF_3)_2$/*N*-乙基哌啶/CH_2Cl_2/0℃条件下进行时,反应产率和双键顺反选择性明显提高,主要生成 *E* 式双键产物 *E*-**20**[30]。他们研究还发现当底物为某些醛时,如果当反应在 $MgBr_2/Et_3N$/THF 或 *i*-PrMgBr/THF 条件下进行时,反应产物双键的构型和反应温度有很大的关系。当在室温下进行时反应主要生成 *Z* 式双键产物,而当反应温度进一步降低时 *E* 式双键 α-氟-α,β-不饱和羧酸酯是这一反应的主要产物。

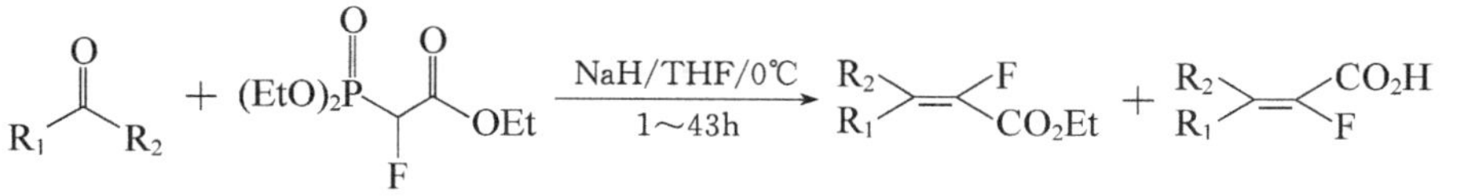

1　　*E*-**20**　　*Z*-**20**

a: R_1 = Ph, R_2 = Me, 78%(E/Z = 85/15); **b**: R_1 = Ph, R_2 = Et, 93%(E/Z = 87/13);
c: R_1 = Ph, R_2 = *i*-Pr, 49%(E/Z = 78/22); **d**: R_1 = Ph, R_2 = *t*-Bu, 40%(E/Z = 72/28);
e: R_1 = 2-naphthyl, R_2 = Et, 97%(E/Z = 86/14); **f**: R_1 = Ph, R_2 = C_5H_{11}, 84%(E/Z = 90/10)

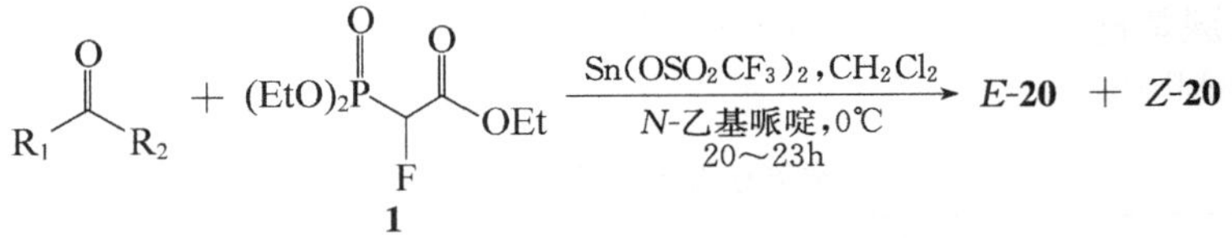

a: R_1 = Ph, R_2 = Me, 91%(E/Z = 97/3); **b**: R_1 = Ph, R_2 = Et, 92%(E/Z = 99/1);
c: R_1 = Ph, R_2 = i-Pr, 95%(E/Z = 93/7); **d**: R_1 = Ph, R_2 = t-Bu, 97%(E/Z = 98/2);
e: R_1 = 2-naphthyl, R_2 = Et, 94%(E/Z = 98/2); **f**: R_1 = Ph, R_2 = C_5H_{11}, 73%(E/Z = 99/1)

2) 2-氟-2-膦酰基乙酸三乙酯和酰氯的反应

Burton 小组首先报道一溴一氟乙酸乙酯和三丁基膦形成的内鎓盐在 n-BuLi 存在下能与酰氯反应制备相应的 α-氟-β-酮酸酯化合物，但是对于全氟或多氟酰氯却不能顺利进行该反应。然而 2-氟-2-膦酰基乙酸三乙酯 **1** 在 n-BuLi 存在下却能和各种酰氯反应制备 α-氟-β-酮酸酯；当全氟或多氟酰氯用于该反应时，反应生成的中间体 **21** 需首先在 $NaHCO_3$ 水溶液中水解生成 α-氟-β-酮酸酯的水合物，后者再于浓硫酸中蒸馏得到 α-氟-β-酮酸酯 **22**；其他非氟酰氯用于该反应时，中间体 **23** 需在 KF 存在下实现去膦酰基团[31,32]。

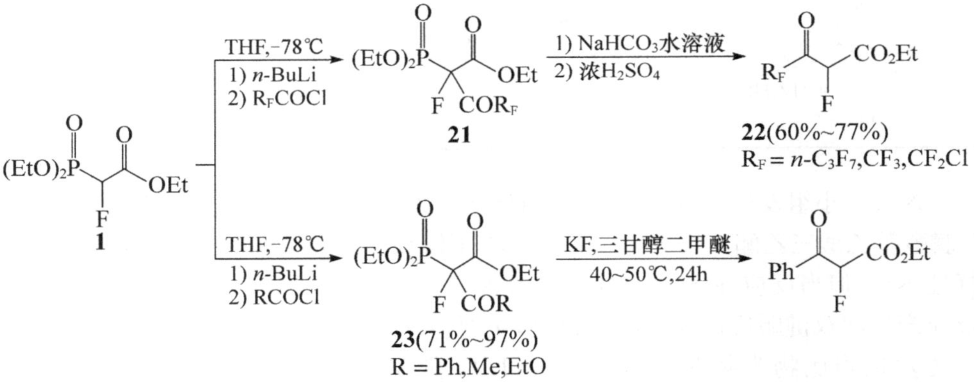

另外，2-氟-2-膦酰基乙酸三乙酯 **1** 在碱性条件下同样能与磷酰氯和亚磷酰氯

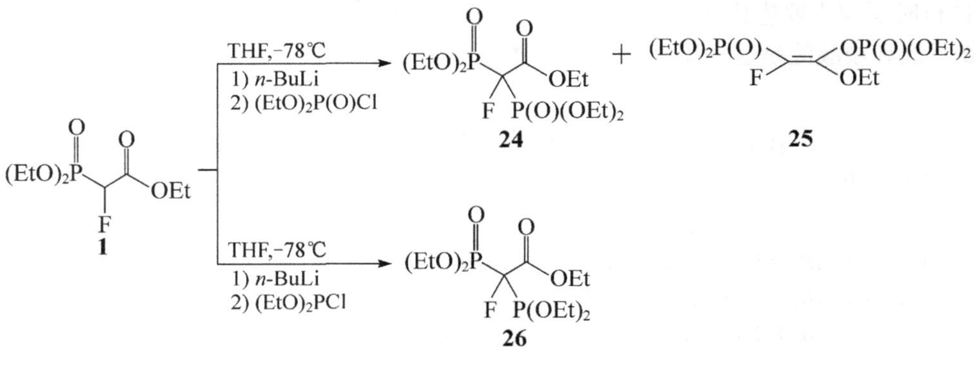

反应生成一些双磷酸酯化合物**24**～**26**[32]。

Kim 等研究发现首先用 $MgCl_2/Et_3N$ 处理 2-氟-2-膦酰基乙酸三乙酯 **1**，然后向所得悬浮液中加入 2.2eq. 芳香族羧酸相应的酰氯化合物能得到双酰基化产物 **27**，后者在 $EtOAc/H_2O$ 两相溶剂中用 SiO_2 处理能高产率地实现 α-氟-β-酮酸酯化合物 **30** 的制备，然而当脂肪族羧酸相应的酰氯用于该反应时，反应得到的却是复杂的化合物[33]。Kim 等认为该反应首先生成单酰基化中间体 **28**，中间体 **28** 在 $MgCl_2$ 作用下发生 P—C 键断裂得到烯醇中间体 **29**，后者进一步发生酰基化反应生成双酰基化产物 **30**。

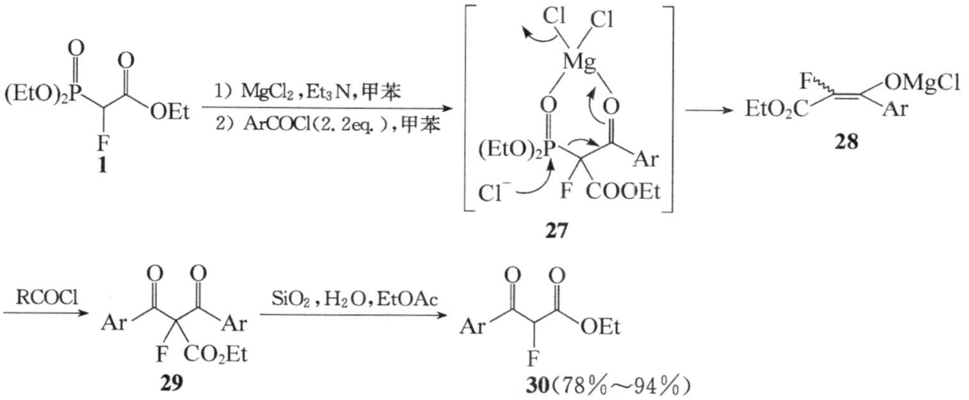

a：Ar＝Ph，78%；**b**：Ar＝*p*-Me-C_6H_4，88%；**c**：Ar＝*p*-Cl-C_6H_4，82%；
d：Ar＝*m*-Br-C_6H_4，83%；**e**：Ar＝*o*-Cl-*p*-Cl-C_6H_3，94%；
f：Ar＝*o*-Cl-*p*-Cl-*o*-F-C_6H_2，81%

Kim 小组研究还发现当酰氯的量降低至 1 当量时，反应会得到单酰基化产物，芳香族羧酸相应的酰氯、脂肪族羧酸相应的酰氯以及一些烷氧基碳酰氯都可用于该反应[34～36]。单酰基化产物依次用 $MgCl_2$/甲苯和 NH_4Cl 处理，同样能高产率实现 α-氟-β-酮酸酯化合物 **31** 的合成。

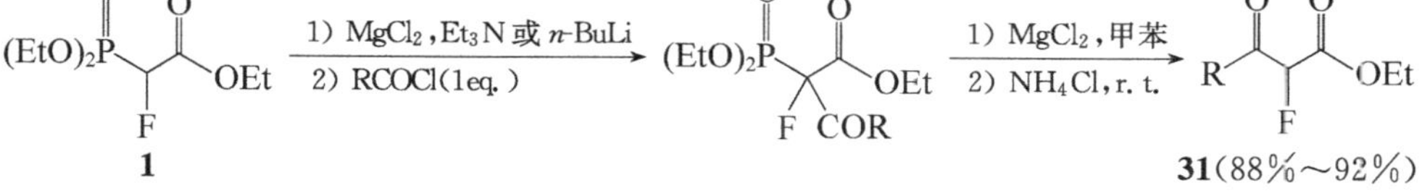

R＝Ph；*p*-Me-C_6H_4；*p*-Cl-C_6H_4；*o*-Cl-*p*-Cl-C_6H_3；*n*-pentyl；
cyclohexyl；MeO；EtO；MeCHClO；Cl_3CCH_2O

Burton 等同样发现在碱存在下 2-氟-2-膦酰基乙酸三乙酯 **1** 能和等当量草酸单酯酰氯反应高产率地得到单酰基化产物 **32**，后者直接用格氏试剂(R_2MgX)处理能成功实现 α-氟-α,β-不饱和羧酸二酯 **34** 的制备[11,37]。Burton 等从各种碱、格氏试剂类型以及溶剂方面系统地考察了这一反应，并认为反应经由中间体 **33** 的分子内消除反应生成产物 **34**。

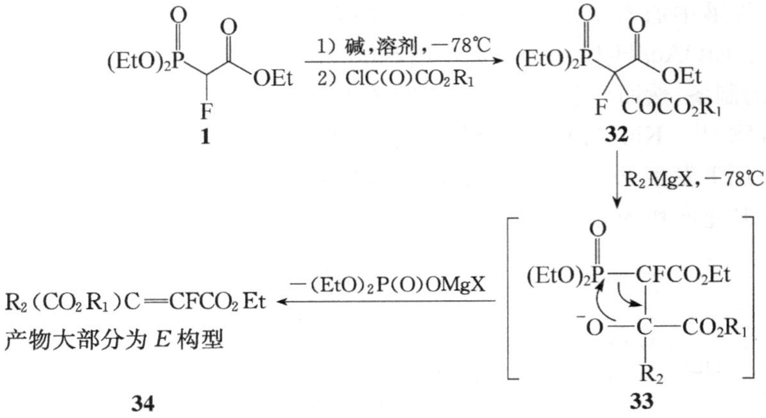

R_1 = alkyl, aryl 或 vinyl

R_2 = alkyl, aryl 或 vinyl

X = I, Br 或 Cl

碱 = *n*-BuLi, LDA, LHMDS, KHMDS, *t*-BuOK 或 NaH

溶剂 = THF, Et_2O, THF/HMPT 或 THF/DMPU

3) 2-氟-2-膦酰基乙酸三乙酯和酯的反应

Burton 小组早在 20 世纪 90 年代就报道有机化合物中的酯基官能团一般不和 2-氟-2-膦酰基乙酸三乙酯 **1** 反应，当时仅发现甲酸乙酯在一定条件下能发生反应，生成的产物在 DIBAL-H 作用下可直接转化为 2-氟丙烯酸乙酯 **35**[38]。后来他们又报道反应产物在 DIBAL-H 还原之前即可进行鉴定，反应其实生成了 2-氟-2-乙氧基丙烯酸乙酯 **36** 和羰基酯化合物 **37**，二者比例为 4∶1[39]。另外，当 γ-丁内酯用于该反应时，反应生成烯醇醚 **38** 和内酯开环酰基化产物 **39** 的混合物[39]。

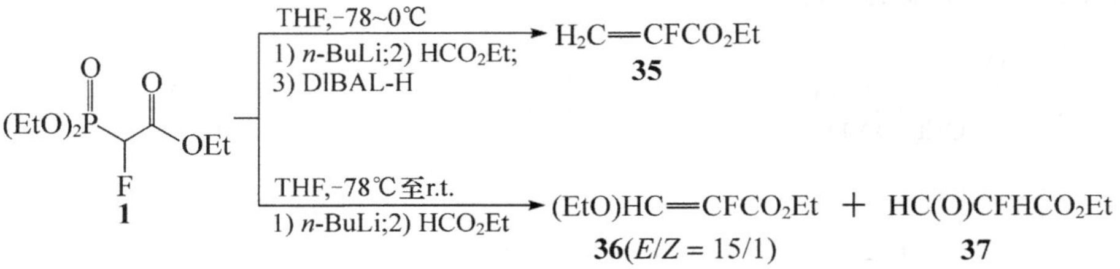

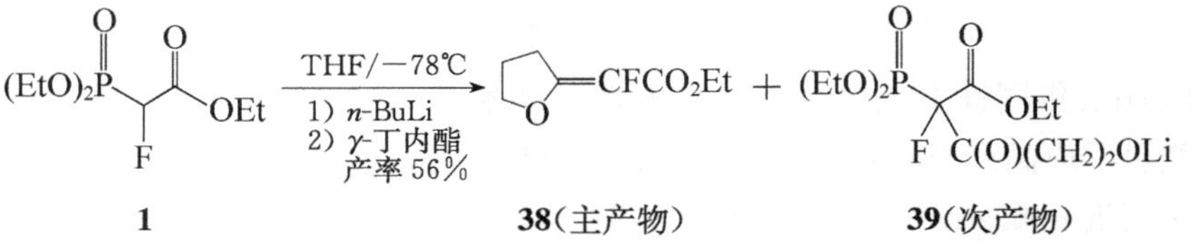

虽然有机化合物中酯基官能团一般不和2-氟-2-膦酰基乙酸三乙酯**1**反应，但Burton小组研究发现用DIBAL-H还原酯化合物现场生成的醛可和2-氟-2-膦酰基乙酸三乙酯**1**顺利反应，以中等产率生成*α*-氟-*α*,*β*-不饱和羧酸乙酯**40**[13]。具体的操作方法是先用*n*-BuLi处理2-氟-2-膦酰基乙酸三乙酯**1**得到$[(EtO)_2P(O)CFC(O)OEt]^-Li^+$的THF溶液，然后再将此溶液滴加到用DIBAL-H现场生成的醛溶液中。Burton的方法可以间接实现R_FCHO和2-氟-2-膦酰基乙酸三乙酯**1**之间的反应，因为R_FCHO在通常情况下不能稳定存在，而它对应羧酸的酯却能稳定存在，这样通过还原相应酯R_FCO_2R现场生成的R_FCHO，可不经处理直接用于反应。Burton等研究还发现$[(EtO)_2P(O)CFC(O)OEt]^-M^+$中不同的金属阳离子可直接影响产物双键的选择性，当$M^+$为$Li^+$时产物主要以*E*式构型为主，当$M^+$为$K^+$或$Na^+$时产物双键构型基本无选择性(见表6-4)[13]。

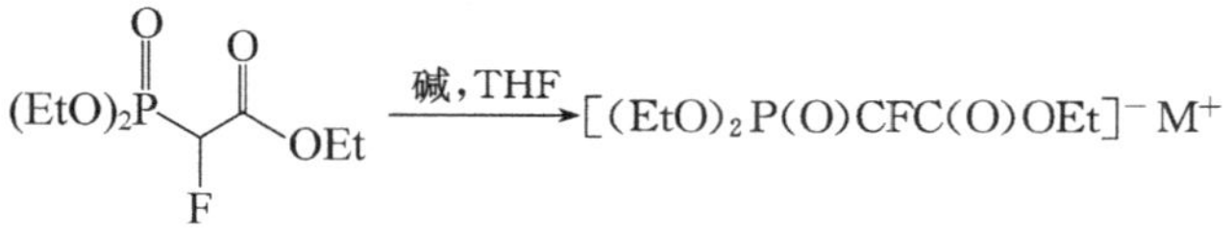

1

表6-4　碱中不同金属阳离子对产物构型的影响

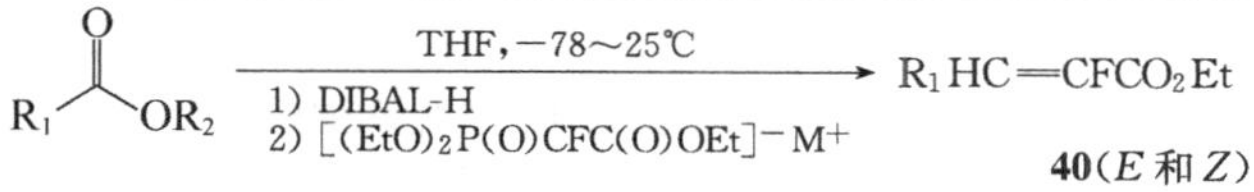

40(*E*和*Z*)

R_1	R_2	碱	产率/%	*E*/*Z*
C_2F_5	Et	*n*-BuLi	44	80/20
CF_2Cl	Et	*n*-BuLi	64	89/11
CF_2Br	Et	*n*-BuLi	64	88/12
Me_2CH	Me	*n*-BuLi	54	95/5
Ph	*n*-C_4H_9	*n*-BuLi	56	100/0
(*E*)-MeCH=CH	Me	*n*-BuLi	55	5/95[1)]
—$(CH_2)_3C(O)O$—	—	*n*-BuLi	76	95/5
CF_3	Et	*n*-BuLi	63	83/17
CF_3	Et	$KOBu^t$	—	55/45
CF_3	Et	NaH	—	45/55

1) *EE*/*EZ*比率。

4) 2-氟-2-膦酰基乙酸三乙酯和酸酐的反应

中国科学院上海有机化学研究所沈延昌课题组研究了2-氟-2-膦酰基乙酸三

乙酯 **1** 和全氟酸酐的反应(见表 6－5)[40]。2-氟-2-膦酰基乙酸三乙酯 **1** 首先在 n-BuLi作用下形成负离子中间体 **41**,中间体 **41** 随后直接与全氟酸酐反应生成全氟酰基磷酸酯 **42**,中间体 **42** 然后和现场制备的有机锂 RLi 反应生成中间体 **43**,后者发生分子内消除反应可顺利实现 α-氟-α,β-不饱和羧酸乙酯 **44** 的制备。该反应产物双键的顺反选择性好,主要得到 E 式双键构型产物。沈延昌等还从溶剂、有机碱以及反应温度等方面考察了这一反应,并对反应主要生成 E 式双键产物提出了可能的反应机理如下:

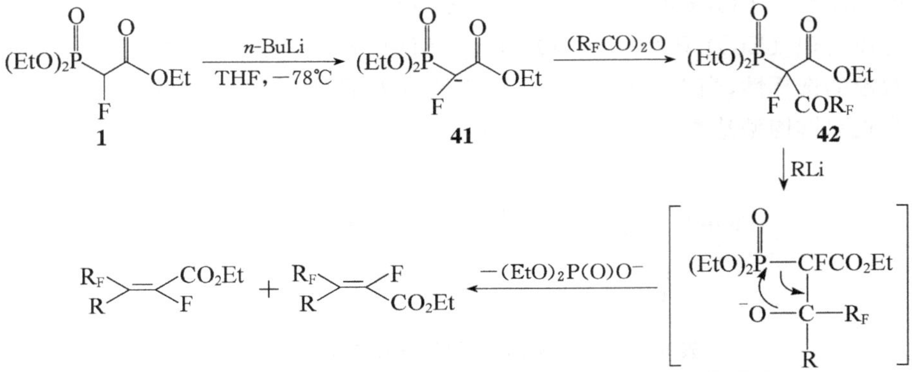

1　41　42　43　(E)-44　(Z)-44

表 6－5　2-氟-2-膦酰基乙酸三乙酯和酸酐的反应

R	R_F	产率/%	E/Z
n-butyl	CF_3	58	80/20
n-butylethyn	CF_3	75	94/6
phenylethynyl	CF_3	73	95/5
2-thienyl	CF_3	80	0/100
2-furyl	CF_3	65	100/0
phenylethynyl	C_2F_5	71	100/0
2-thienyl	C_2F_5	82	0/100
2-furyl	C_2F_5	56	100/0
phenylethynyl	n-C_3F_7	70	100/0
2-thienyl	n-C_3F_7	87	12/88
2-furyl	n-C_3F_7	61	100/0

5) 2-氟-2-膦酰基乙酸三乙酯和卤代烷烃的反应

2-氟-2-膦酰基乙酸三乙酯 **1** 可以与卤代烷烃反应,生成 2-氟-2-膦酰基乙酸三乙酯 2 位氢被烷基取代的产物 **45**[14]。碘甲烷、烯丙基溴以及苄溴都可顺利进行这一反应，Burdon 等进一步尝试了在碱性条件下或通过还原方法去除产物 **45** 中的膦酰基官能团，遗憾的是未获得成功。

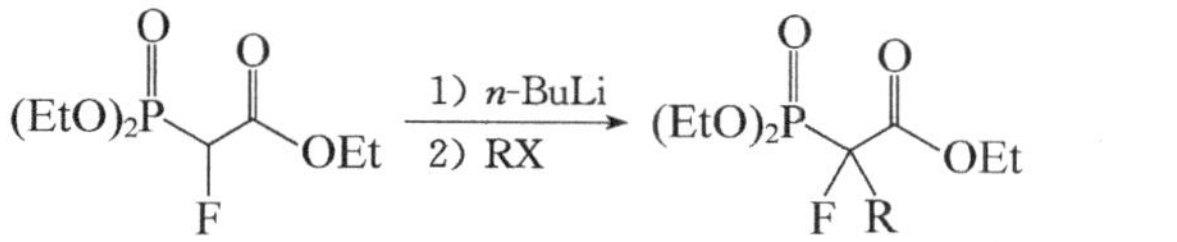

1　　**45**(60%～86%)

6) 2-氟-2-膦酰基乙酸三乙酯发生卤化反应

研究发现，用 NaOCl 或 NaOBr 处理 2-氟-2-膦酰基乙酸三乙酯 **1**，底物中 2 位的氢原子能顺利被卤素原子取代，高产率地生成 2-氟-2-卤代-2-膦酰基乙酸三乙酯 **46** 或 **47**[41]。另外，在 NaH 存在下用亲电氟化试剂 *F*-TEDA-BF_4 处理 2-氟-2-膦酰基乙酸三乙酯可顺利得到氟化产物 2,2-二氟-2-膦酰基乙酸三乙酯 **48**[42]。

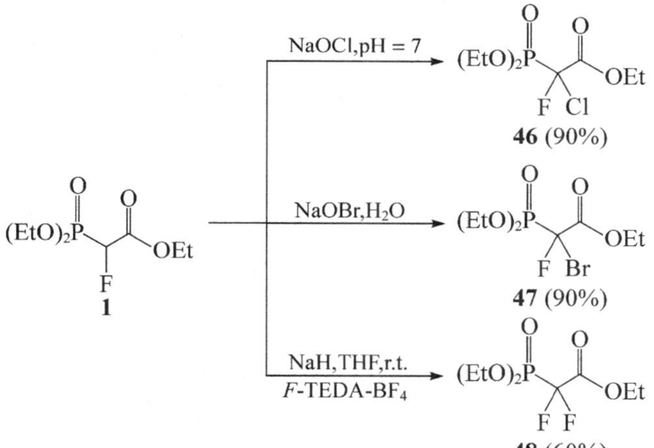

1

46 (90%)

47 (90%)

48 (60%)

二、单氟甲基苯基砜

单氟甲基苯基砜（fluoromethyl phenyl sulfone）**49** 作为单氟合成子近年来得到了广泛的应用，尤其是在其制备方法得以不断改进后。在一定条件下它可和醛酮等羰基化合物反应，根据反应条件的不同可方便实现单氟末端烯基氟和氟代烯烃化合物的制备。

1. 单氟甲基苯基砜的制备

Yagupolskii 小组最早于 1968 年报道了单氟甲基苯基砜 **49** 的制备[43]。他们发现在用 KOH 或 NaOH 处理烯基氟化合物 **50** 或乙基酯化合物 **51** 时，能得到单氟甲基苯基砜。但这种方法并不十分实用，因为起始原料 **50** 和 **51** 的制备需要多步反应。

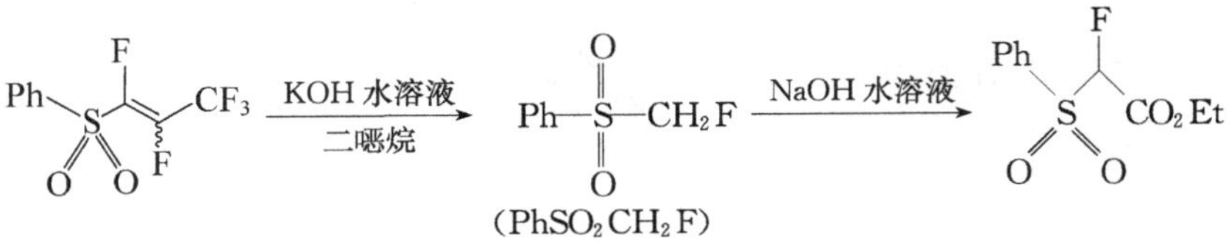

50　　**49**　　**51**

1985 年 McCarthy 等发展了一种新的合成单氟甲基苯基砜 **49** 的方法[44]。他们的路线首先从甲基苯基亚砜 **52** 出发，通过 DAST 氟化法经由 Fluoro-Pummerer 反应得到单氟甲基苯基硫醚 **53**；然后再对所得硫醚用 *m*-CPBA 进行氧化，可高产率地实现单氟甲基苯基砜 **49** 的制备。后来，他们[45]和 Robins 小组[46]在第一步合成单氟甲基苯基硫醚 **53** 时都加入了 $SbCl_3$ 催化剂，因为 $SbCl_3$ 的加入不仅可以提高该反应的速率和产率，还可降低 DAST 的用量。另外，McCarthy 小组还发现用较为经济的 oxone（过硫酸氢钾制剂）替代 *m*-CPBA，同样可将硫醚 **53** 氧化为单氟甲基苯基砜[47,48]。

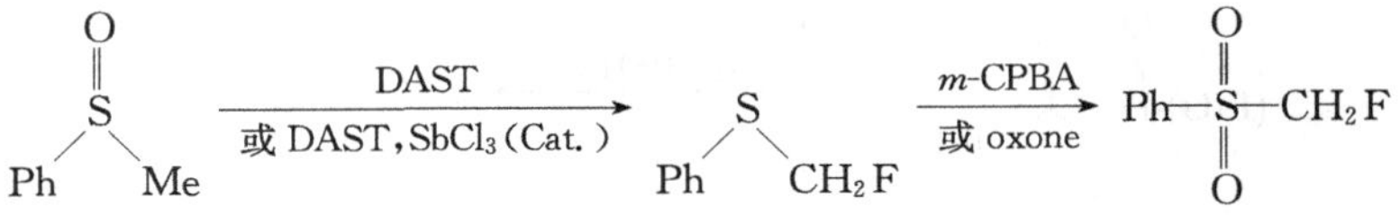

52　　**53**　　**49**

考虑到 DAST 比较昂贵且大量操作时较危险，McCarthy 小组进一步对单氟甲基苯基砜 **49** 的合成方法进行了改进。单氟甲基苯基硫醚 **53** 可由单氯甲基苯基硫醚 **54** 通过 S_N2 取代反应制备。虽然早在 1977 年 Wemple 等[49]就在相转移催化剂 18-冠-6 的存在下用 KF 处理化合物 **54** 高产率地制备了单氟甲基苯基硫醚 **53**，并对产物用 NBS 氧化合成了单氟甲基苯基亚砜 **55**，但 Wemple 小组的方法不仅需使用昂贵的 18-冠-6，而且需在回流的条件下反应 100h，因而其适用性受到了大大的限制。然而 McCarthy 等[48]于 1994 年报道在聚乙二醇-200（PEG-200）存在的条件下，用 2 当量的 CsF 处理单氯甲基苯基硫醚 **54** 能以几乎定量的产率生成单氟甲基苯基硫醚 **53**，反应时间仅需 1.75h，产物 **53** 不经处理直接用 oxone 即可制备单氟甲基苯基砜 **49**。

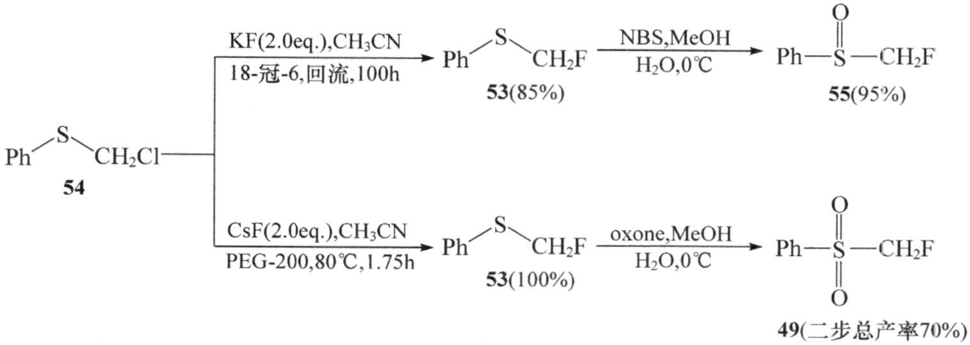

除了 DAST 直接氟化或利用 S_N2 亲核取代反应将氟原子引入外，Kaneko 小组还研究了利用 F_2 直接氟化甲基苯基亚砜 **52** 制备单氟甲基苯基砜 **49** 的方法[50,51]。Kaneko 等用 5% F_2/N_2 对底物进行氟化，结果发现在 −20℃ 时反应生成单氟甲基苯基砜 **49**、二氟甲基苯基砜 **56**、三氟甲基苯基砜 **57** 和甲基苯基砜**58**的混合物：

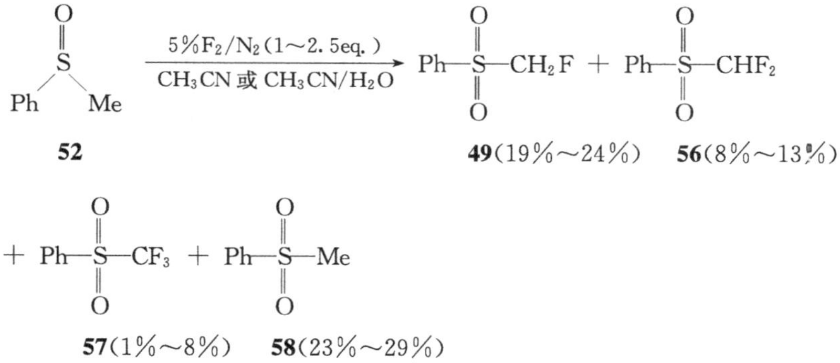

产物的比例与 5% F_2/N_2 的用量以及反应体系中是否有水的存在没有多大关系。他们认为反应过程中首先生成了甲基苯基二氟代一氧化硫[$PhS(F_2)(O)Me$]，并提出了相应的反应机理。

Tsuboi 小组最近报道了单氟甲基苯基砜 **49** 的另外一种合成方法[52]，即首先在以 DMF/H_2O 为溶剂且存在 $Na_2O_2SCH_2OH$ 的条件下，用 $CFCl_3$ 处理二苯基二硫化物 **59**，得到单氟二氯甲基苯基硫醚 **60**，产物再用 H_2O_2 氧化，高产率地生成相应的苯基砜化合物 **61**。后者在 MeOH 中用 Zn 粉进行还原，能以 76%的产率得到单氟甲基苯基砜 **49**，反应同时还以 16%的产率生成单氟单氯甲基苯基砜 **62**。

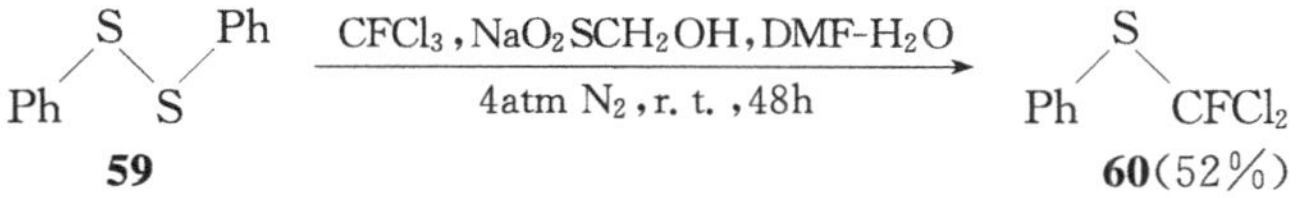

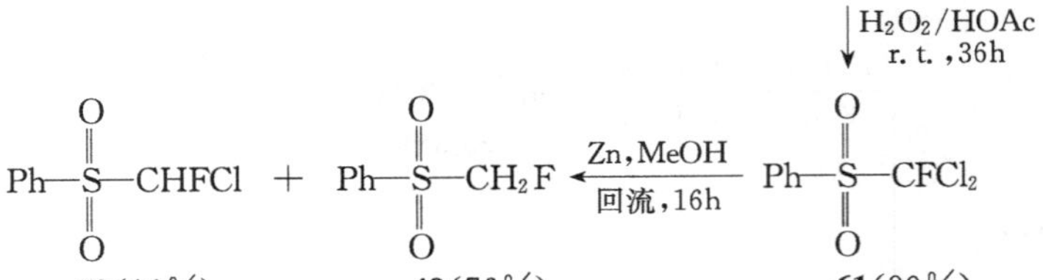

62(16%)　49(76%)　61(90%)

2. 单氟甲基苯基砜的反应

单氟甲基苯基砜 **49** 作为合成子,最为广泛的用途是和醛酮反应。McCarthy 小组对单氟甲基苯基砜 **49** 的反应做了深入的研究。单氟甲基苯基砜 **49** 首先和 *n*-BuLi反应形成单氟甲基苯基砜锂盐[$PhSO_2\overset{-}{C}HF\overset{+}{L}i$]中间体,后者可直接和芳香醛 **63** 反应得到相应的 α-氟-β-羟基砜化合物 **64**[44]。用 MsCl/Et_3N 处理 α-氟-β-羟基砜化合物 **64**,能高产率地得到单一构型的 *E*-α-氟-α,β-不饱和砜 **65**。后者在 THF/H_2O 溶剂中直接用 Al-Hg 齐处理可顺利脱除苯基砜官能团得到烯基氟产物 **66**,反应过程中双键构型发生异构化。从这一反应结果来看,单氟甲基苯基砜 **49** 可看作单氟甲基 Wittig 等当体。

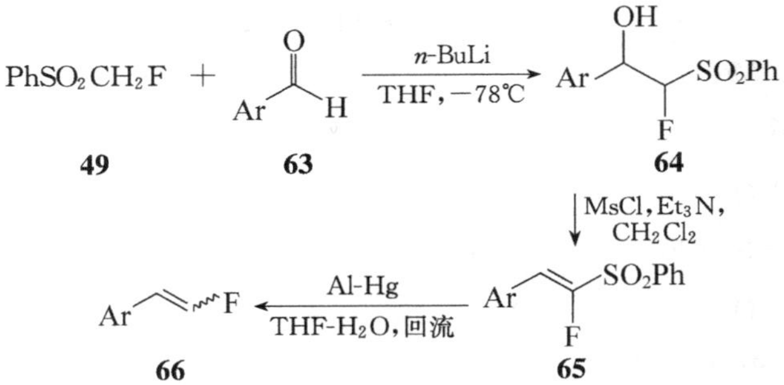

49　63　64　65　66

McCarthy 小组随后发展了从醛酮一步合成 α-氟-α,β-不饱和砜 **67** 的方法[45,53]。首先在氯代磷酸二乙酯[$ClP(O)(OEt)_2$]存在下用 2 当量的碱(LDA 或 LHMDS)处理单氟甲基苯基砜 **49**,所产生的碳负离子锂盐[$PhSO_2CFP(O)(OEt)_2$]$^-$ Li^+ 直接和醛酮反应即能高产率地制备相应的 α-氟-α,β-不饱和砜 **67**。脂肪醛、脂肪酮、芳香醛和芳香酮在反应中都能获得很好的反应结果,这一类反应称之为单氟甲基苯基砜 **49** 的 Wittig-Horner 反应(见如下反应式及表 6-6)。

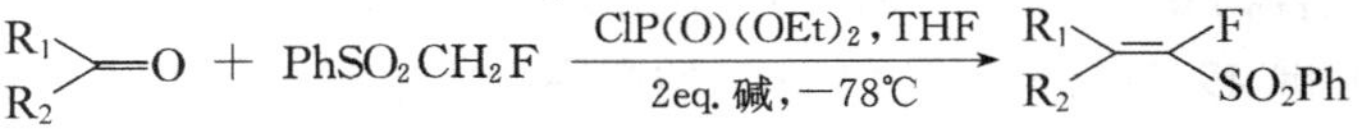

49　67

表 6-6 单氟甲基苯基砜与醛酮的反应示例

底物	碱	产物	67 产率/%	E/Z
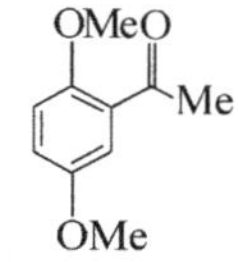	LDA	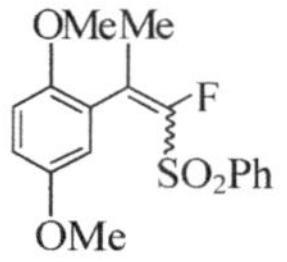	87	1/1
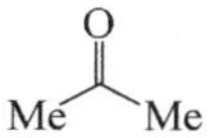	LDA	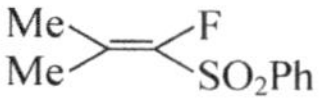	84	—
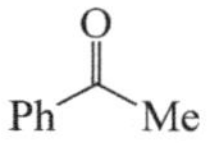	LDA	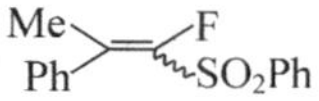	95	1.3/1
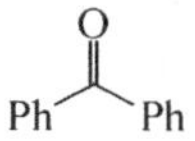	LHMDS	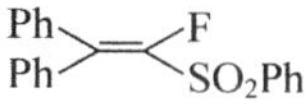	80	—
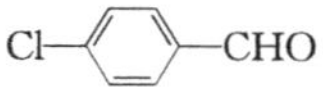	LDA	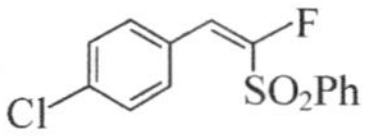	85	4.4/1
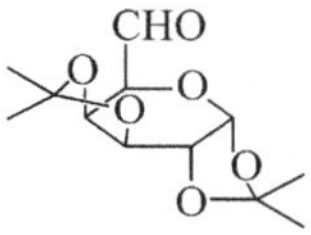	LHMDS	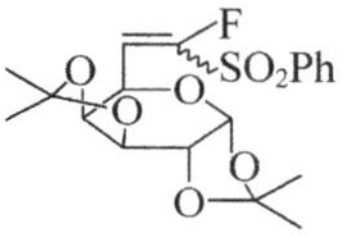	44	1.9/1
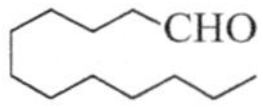	LDA	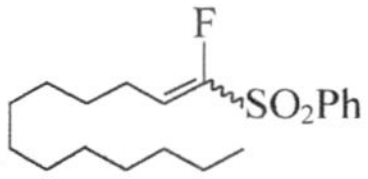	71	2.7/1

然而，并非所有的羰基化合物在 Wittig-Horner 反应条件下都生成 α-氟-α,β-不饱和砜。Shimizu 等[54]发现在 Wittig-Horner 反应条件下单氟甲基苯基砜 **49** 和羰基化合物 **68** 反应以中等产率生成 α-氟-β-羟基砜化合物 **69**，而并非 α-氟-α,β-不饱和砜 **72**。这一反应结果与底物直接在 LDA 存在下和单氟甲基苯基砜 **49** 之间的反应结果一样。研究还发现，产物 **69** 在 MsCl/Et_3N 条件下并不能顺利转化为相应的 α-氟-α,β-不饱和砜 **72**，而只能在 Na-Hg 齐的作用下生成末端烯基氟产物 **70**，且还得到单氟甲基醇化合物 **71**。

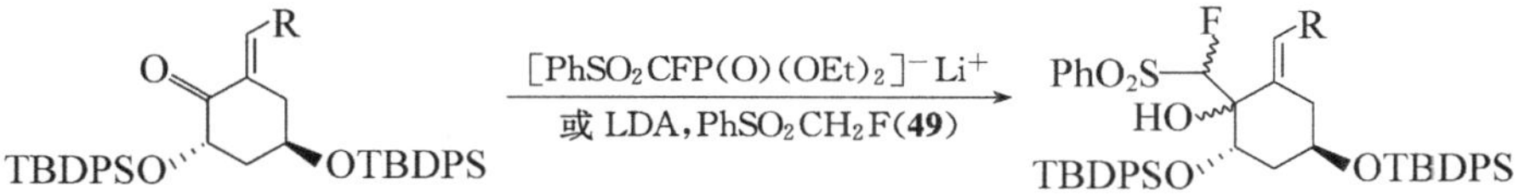

68 **69**

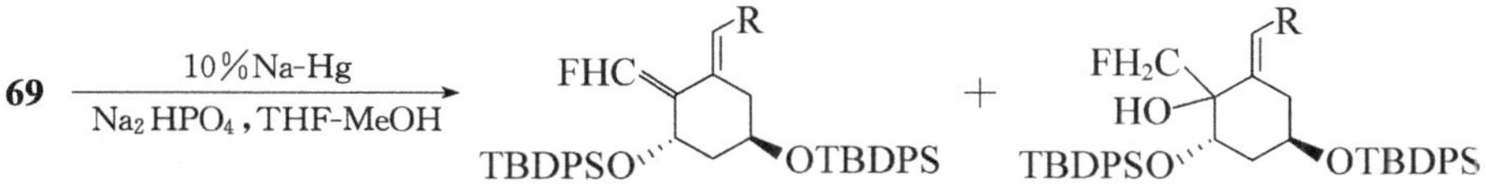

70 **71**

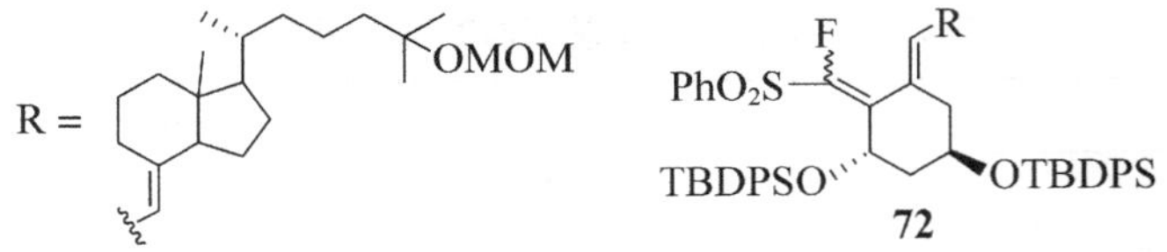

72

虽然单氟甲基苯基砜 **49** 和羰基化合物反应生成的 α-氟-α,β-不饱和砜化合物可直接在一些 Hg 齐存在下脱除苯基砜基团得到末端烯基氟产物，但这种方法并不常用，特别是对一些醛反应生成的 α-氟-α,β-不饱和砜化合物。这是因为有研究发现即使单一构型的 α-氟-α,β-不饱和砜产物在 Hg 齐条件下脱除苯基砜基团时双键同样会发生异构化，这样就不能得到单一构型的末端烯基氟化合物[55]。McCarthy 等[56]发现可先将 α-氟-α,β-不饱和砜转化为相应的氟代乙烯基锡化合物，后者双键顺反异构体通常能经柱层析分离，最后只需将氟代乙烯基锡中的锡部分移除即可得到单一构型的烯基氟产物。氟代乙烯基锡化合物通常可以利用三种方法直接脱除锡部分得到末端烯基氟化合物：第一种方法是将底物在回流的 MeOH/THF 中用 NaOMe 处理；第二种方法是在 MeOH 或 EtOH 溶剂中用 CsF 处理；最后一种常用的方法是用甲醇的氨水溶液处理[56]。在这三种方法中，以 NaOMe/MeOH 条件最为适用，但对于核苷底物则采用 MeOH/CsF 反应条件为最佳。

下面对 McCarthy 小组在这方面的工作加以论述[56]。用新生成的 $[PhSO_2CFP(O)(OEt)_2]^- Li^+$ 处理苯乙基甲基酮 **73** 能以 94% 的产率得到可以通过柱层析分离的 α-氟-α,β-不饱和砜 **74a** 和 **74b**；随后所得产物分别在 AIBN 催化下用 Bu_3SnH 处理能高产率地得到相应的氟代乙烯基锡化合物 **75a** 和 **75b**，最后化合物 **75a** 和 **75b** 在 NaOMe/MeOH 的条件下顺利脱除三丁基锡部分得到相应的末端烯基氟化合物 **76a** 和 **76b**，双键的构型在反应过程中得以保持。然而，当用 $[PhSO_2CFP(O)(OEt)_2]^- Li^+$ 处理苯基丙醛 **77** 时虽然同样能高产率生成相应的 α-氟-α,β-不饱和砜 **78a** 和 **78b**，但这两个异构体分离较为困难，且没有分离的必要。因为即使单一构型的产物 **78a** 或 **78b**，在用 Bu_3SnH 处理时双键的构型也不能得到保持，而是得到两种构型的产物 **79a** 和 **79b**，且二者可通过柱层析分离；同样，用 NaOMe/MeOH 处理化合物 **79a** 和 **79b** 即能得到双键单一构型的末端烯基氟化合物 **80a** 和 **80b**，这样 MaCarthy 小组就发展了从醛出发合成单一构型末端烯基氟化合物的方法。

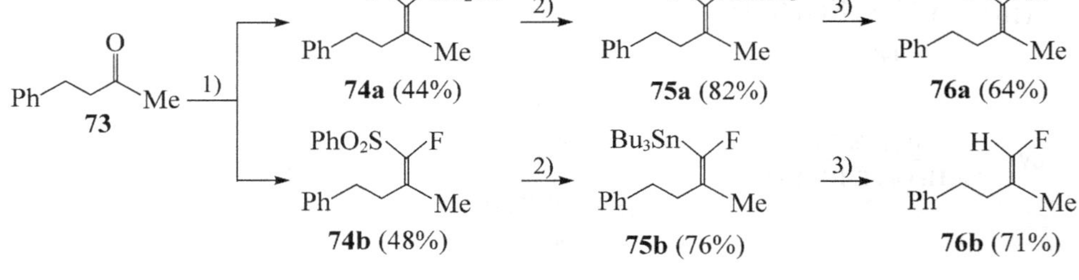

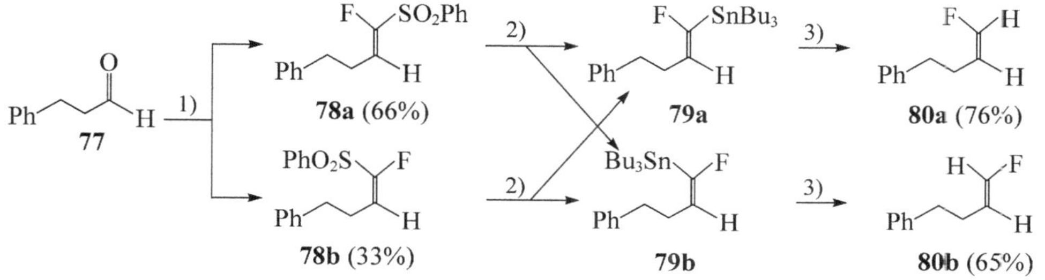

试剂和反应条件:1) $PhSO_2CH_2F$, $ClP(O)(OEt)_2$, *n*-BuLi, THF, −78℃; 2) Bu_3SnH, AIBN(Cat.), 苯, 回流; 3) NaOMe, MeOH, THF, 回流

氟代烯基锡化合物除了消除三丁基锡部分得到相应的末端烯基氟化合物外,还可以发生其他化学转化。例如,醛 **81** 和单氟甲基苯基砜 **49** 反应可得到化合物 **82**,后者利用 McCarthy 小组的方法能转化为相应的氟代烯基锡化合物 **83**,化合物 **83** 在 Et_2O 溶剂中直接用单质碘处理能生成相应的氟代烯基碘 **84**,氟代烯基碘 **84** 可顺利发生 Suzuki 偶联反应得到烯基氟化合物 **85**[57]。通过这种方法可成功将烷基引入到和烯基氟原子相连的烯基碳上。

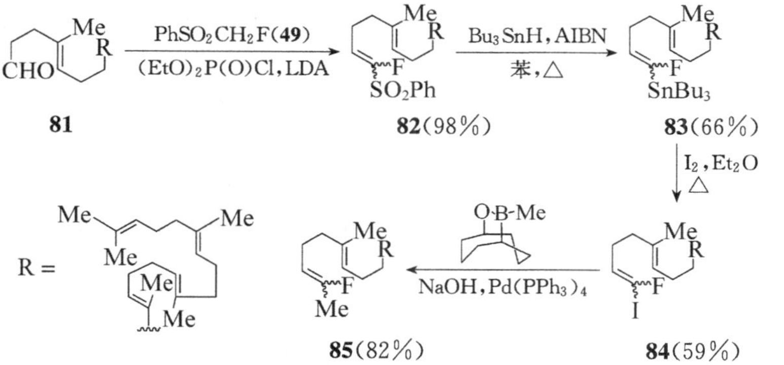

除了上面叙述的 Suzuki 偶联反应外,由单氟甲基苯基砜 **49** 反应合成的氟代烯基碘化合物 **87** 的进一步转化也得以研究。McCarthy 小组研究发现,在 $PdCl_2(PPh_3)_2$ 催化下氟代烯基碘化合物 **87** 可和亚磷酸二乙酯 HPO_3Et_2 发生偶联反应得到相应的氟代烯基磷酸二乙酯 **88**(见表 6-7)[58]。

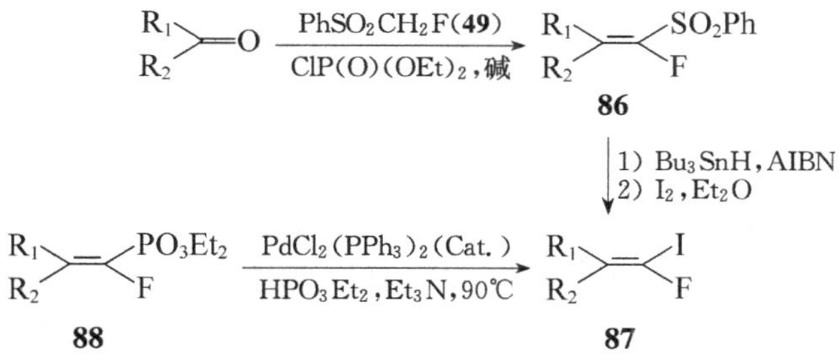

表 6-7 氟代烯基碘化合物与 HPO_3Et_2 的偶联反应示例

氟代烯基碘 87	产物 88(产率)	氟代烯基碘 87	产物 88(产率)
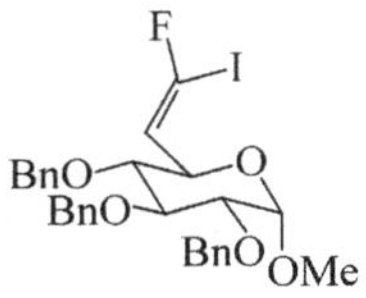	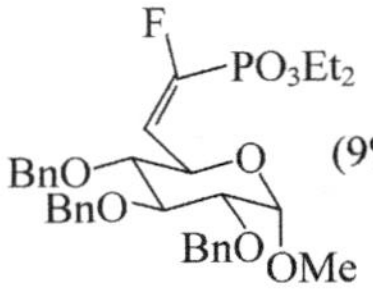 (9%)	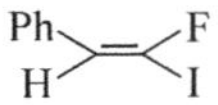	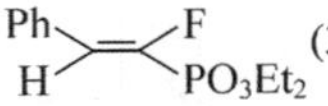 (38%)
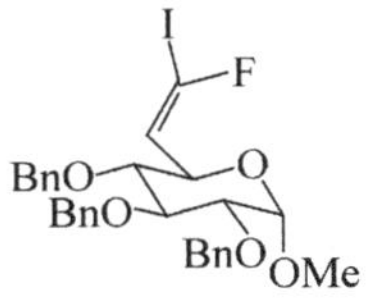	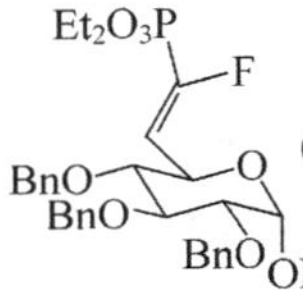 (67%)	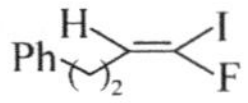	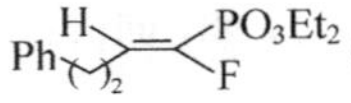 (37%)
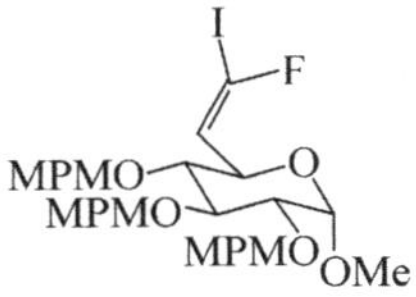	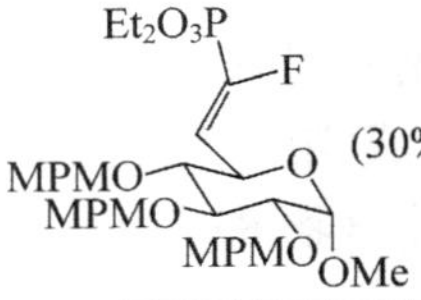 (30%)	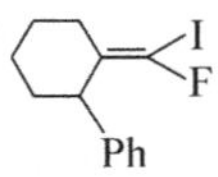	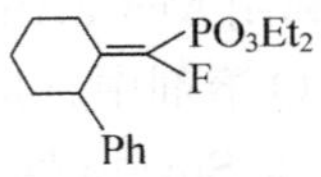 (71%)

虽然在 Pd(0)催化下氟代烯基锡化合物和 $ClP(O)(OEt)_2$ 之间不能发生偶联反应制备相应的氟代烯基磷酸酯，但 McCarthy 等后来研究发现由单氟甲基苯基砜 **49** 和羰基化合物反应制备的氟代烯基锡化合物 **89** 在 $Pd(PPh_3)_4$/CuI 催化下，能和芳基碘化物、杂芳环碘化物、烯基碘化物以及酰氯发生 Still 偶联反应生成相应的产物 **90**[59,60]。McCarthy 等从催化剂、溶剂以及反应温度等方面对这一偶联反应进行了考察，结果发现以 THF 为溶剂在室温或回流温度，以 $Pd(PPh_3)_4$ 为催化剂、CuI 为助催化剂的条件下该反应能顺利进行。

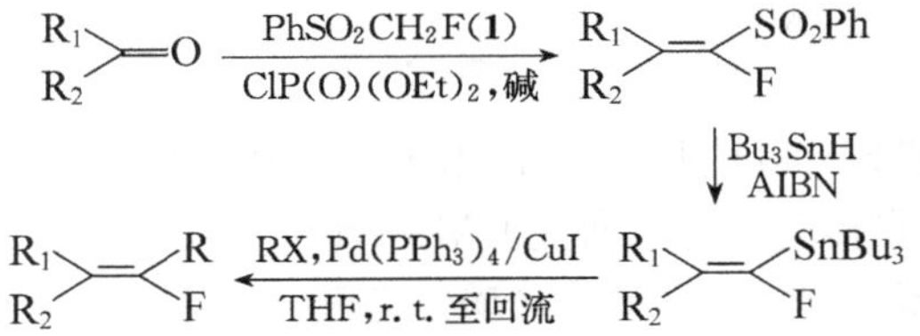

90 **89**

RX：PhI；4-AcC_6H_4I；4-ClC_6H_4I；4-$MeOC_6H_4I$；
trans-BuCH=CHI；*trans*-EtOOCCH=CHI；
$PhCH_2CH_2COCl$；PhCOCl；EtOCOCl；
5-iodo-1,3-二甲基嘧啶酮；3-碘代吡唑

单氟甲基苯基砜 **49** 和羰基化合物的 Wittig-Horner 反应以及 McCarthy 小组关于产物 α-氟-α,β-不饱和砜的转化方法目前已广泛用于各种活性化合物的合成中。早在 1991 年，McCarthy 等就利用他们自己发展的方法合成了含末端单氟烯

烃的核苷 **96** 和 **97**，并对其生物活性进行了测试[56,61,62]。羰基化合物 **91** 首先利用 Wittig-Horner 反应条件和单氟甲基苯基砜 **49** 反应得到 α-氟-α，β-不饱和砜 **92** 和 **93**，二者在 AIBN 催化下分别和 Bu_3SnH 反应生成相应的三丁基锡化合物 **94** 和 **95**，然后 **94** 和 **95** 脱出硅基保护基，和三丁基锡基团即能合成末端单氟烯烃化合物 **96** 和 **97**。生物测试表明化合物 **96** 具有较强的细胞毒性(IC_{50} = 58nmol/L)，而其异构体 **97** 活性很低(IC_{50} = 3870nmol/L)，这也充分表明末端单氟烯烃双键的构型对底物生物活性有较大的影响。

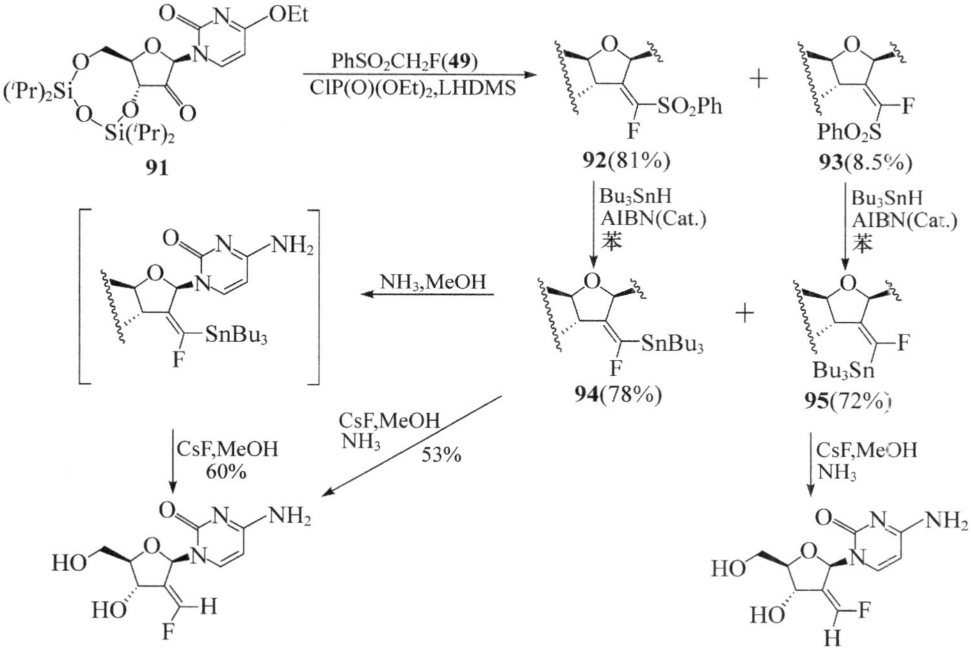

Sciotti 小组利用 McCarthy 小组的方法同样合成了一系列含氟唑烷酮抗菌剂类似物 **101**[63]。他们的合成始于芳基甲醛化合物 **99**，利用 Wittig-Horner 反应合成氟代烯基锡化合物 **100**，后者在 CuI/Pd_2dba_3 催化下可与多种芳基卤代物发生偶联反应得到含氟烯烃 **101**。

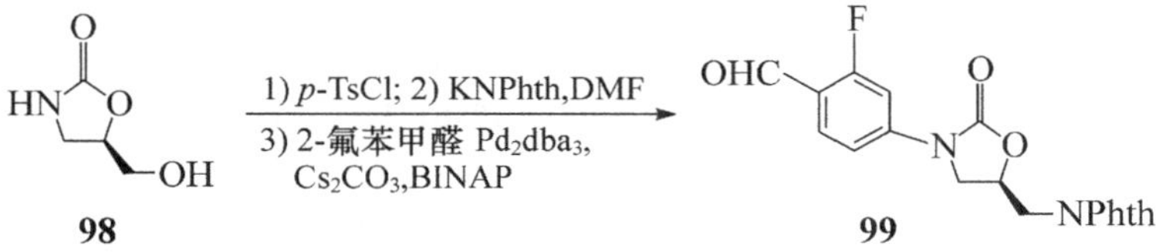

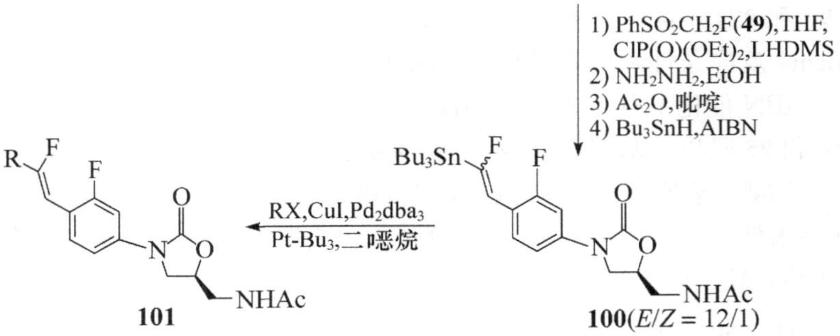

最近,Gerner 等利用 Wittig-Horner 反应合成氟代类维生素 X 受体调节剂(the retinoid X receptor modulator, TXR modulator)**105**[64]。α,β-不饱和醛 **102** 和现场产生的[$PhSO_2CFP(O)(OEt)_2$]$^-$ Li^+ 生成相应的 α-氟代-α,β-不饱和砜 **103**,后者用 AIBN/Bu_3SnH 处理得到相应的三丁基锡化合物 **104**,主要异构体在 $Pd(PPh_3)_2Cl_2$ 催化下直接与 3-碘-2-丁烯酸发生偶联反应即完成所需产物 **105** 的制备,生物活性测试表明产物 **105** 是同型二聚体(RXR)的激动剂。

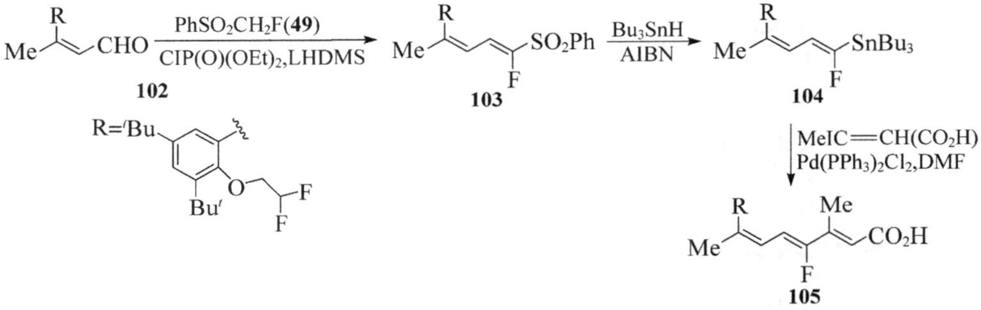

参 考 文 献

1. Grell, W.; Machleidt, H. *Justus Lie. Ann. Chem.* **1966**, *693*, 134.
2. Davis, F. A.; Han, W.; Murphy, C. K. *J. Org. Chem.* **1995**, *60*, 4730.
3. Hamilton, C. J.; Roberts, S. M. *J. Chem. Soc., Perkin Trans. 1* **1999**, 1051.
4. Chambers, R. D.; Hutchinson, J. *J. Fluorine Chem.* **1998**, *92*, 45.
5. Hudlicky, M. *J. Fluorine Chem.* **1979**, *14*, 189.
6. Kiddle, J. J.; Gurley, A. F. *Phosphorus Sulfur* **2000**, *160*, 195.
7. Tsai, H.-J.; Burton, D. J. *Phosphorus Sulfur* **1998**, *140*, 135.
8. Tsai, H.-J. *Phosphorus Sulfur* **1997**, *126*, 1-10.
9. Kim, B. T.; Min, Y. K.; Asami, T.; Park, N. K.; Kwon, O. Y. et al. *Tetrahedron Lett.* **1997**, *38*, 1797.
10. Tsai, H.-J.; Thenappan, A.; Burton, D. J. *Phosphorus Sulfur* **1995**, *105*, 205-212.

11. Tsai, H.-J.; Thenappan, A.; Burton, D. J. *J. Org. Chem.* **1994**, *59*, 7085-7091.
12. Elkik, E.; Imbeaux, M. *Synthesis* **1989**, 861-862.
13. Thenappan, A.; Burton, D. J. *J. Org. Chem.* **1990**, *55*, 4639-4642.
14. Thenappan, A.; Burton, D. J. *J. Org. Chem.* **1990**, *55*, 2311-2317.
15. Machleidt, H.; Wessendorf, R. *Justus Liebigs Ann. Chem.* **1964**, *674*, 1-10.
16. Kvíčala, J.; Vlasáková, R.; Plocar, J.; Paleta, O.; Pelter, A. *Collect. Czech. Chem. Commun.* **2000**, *65*, 772.
17. Patois, C.; Savignac, P. *Phosphorus Sulfur* **1993**, *77*, 163.
18. Patois, C.; Savignac, P. *Synth. Commun.* **1994**, *24*, 1317-1322.
19. Zhang, X.; Qiu, W.; Burton, D. J. *Tetrahedron Lett.* **1999**, *40*, 2681.
20. Camps, F.; Coll, J.; Fabrias, G.; Guerrero, A. *Tetrahedron* **1984**, *40*, 2871.
21. Taguchi, T.; Takigawa, T.; Igarashi, A.; Kobayashi, Y.; Tanaka, Y.; Jubiz, W.; Briggs, R. G. *Chem. Pharm. Bull.* **1987**, *35*, 1666.
22. Pirrung, M. C.; Rowley, E. G.; Holmes, C. P. *J. Org. Chem.* **1993**, *58*, 5683.
23. López, S.; de Lera, A. R. *J. Org. Chem.* **1997**, *62*, 310.
24. Michael, M. C.; Chen, J.; Rowley, E. G.; McPhail, A. T. *J. Am. Chem. Soc.* **1993**, *115*, 7103.
25. Allmendinger, T.; Furet, P.; Hungerbühler, E. *Tetrahedron Lett.* **1990**, *31*, 7297.
26. Kitazume T.; Tanaka, G. *J. Fluorine Chem.* **2000**, *106*, 211-215.
27. Patrick, T. B.; Lanahan, M. V.; Yang, C.; Walker, J. K. *J. Org. Chem.* **1994**, *59*, 1210-1212.
28. Komatsu, Y.; Kitazume, T. *J. Fluorine Chem.* **1998**, *87*, 101-103.
29. Gernert, D. L.; Ajamie, R.; Ardecky, R. A.; Bell, M. G.; Leibowitz, M. D.; Mais, D. A.; Mapes, C. M.; Michellys, P. Y.; Rungta, D.; Reifel-Miller, A.; Tyhonas, J. S.; Yumibe, N.; Grese, T. A. *Bioorg. Med. Chem. Lett.* **2003**, *13*, 3191-3195.
30. Sano, S.; Ando, T.; Yokoyama, K.; Nagao, Y. *Synlett* **1998**, 777-779.
31. Thenappan, A.; Burton, D. J. *Tetrahedron Lett.* **1989**, *30*, 6113-6116.
32. Thenappan, A.; Burton, D. J. *J. Org. Chem.* **1991**, *56*, 273-277.
33. Kim, D. Y.; Rhie, D. Y.; Oh, D. Y. *Tetrahedron Lett.* **1996**, *37*, 653-654.
34. Kim, D. Y.; Choi, J. S.; Rhie, D. Y. *Syn. Commun.* **1997**, *27*, 1097-1103.
35. Kim, D. Y.; Kim, J. Y. *Syn. Commun.* **1998**, *28*, 2483-2489.
36. Kim, D. Y.; Lee, Y. M.; Choi, Y. J. *Tetrahedron* **1999**, *55*, 12983-12990.
37. Tsai, H.-J.; Thenappan, A.; Burton, D. *Tetrahedron Lett.* **1992**, *33*, 6579-6582.
38. Thenappan, A.; Burton, D. J. *J. Fluorine Chem.* **1990**, *48*, 153-157.
39. Thenappan, A.; Burton, D. J. *J. Fluorine Chem.* **1996**, *77*, 45-50.
40. Shen, Y.; Ni, J. *J. Org. Chem.* **1997**, *62*, 7260-7262.
41. Mckenna, C. E.; Khawli, L. A. *J. Org. Chem.* **1986**, *51*, 5467-5471.
42. Arnone, A.; Bravo, P.; Frigerio, M.; Viani, F.; Carmela, Z. *Synthesis* **1998**, 1511-1518.

43. Yagupolskii, L. M.; Aleksandrov, A. M. *J. Gen. Chem. USSR* (*Engl. Trans 1*) **1968**, *38*, 1453-1458.

44. Inbasekaran, M.; Peet, N. P.; McCarthy, J. R.; LeTourneau, M. E. *J. Chem. Soc.*, *Chem. Commun.* **1985**, 678-679.

45. McCarthy, J. R.; Mattews, D. P.; Edwards, M. L.; Stemerick, D. M.; Jarvi, E. T. *Tetrahedron Lett.* **1990**, *31*, 5449-5452.

46. Wnuk, S. F.; Robins, M. J. *J. Org. Chem.* **1990**, *55*, 4757-4760.

47. McCarthy, J. R.; Mattews, D. P.; Paolini, J. P. *Org. Syn.* **1993**, *72*, 209.

48. Matthews, D. P.; Persichett. R. A.; McCarthy, J. R. *Org. Prep. Proced. Int.* **1994**, *26*, 605-608.

49. More, K. M.; Wemple, J. *Synthesis* **1977**, 791-792.

50. Toyota, A.; Ono, Y.; Chiba, J.; Sugihara, T.; Kaneko, C. *Chem. Pharm. Bull.* **1996**, *44*, 703-708.

51. Chiba, J.; Sugihara, T.; Kaneko, C. *Chem. Lett.* **1995**, 581-582.

52. Saikia, A. K.; Tsuboi, S. *J. Org. Chem.* **2001**, *66*, 643-647.

53. McCarthy, J. R.; Matthews, D. P.; Paolini, J. P. *Org. Syn.* **1993**, *72*, 216.

54. Shimizu, M.; Ohno, A.; Yamada, S. *Chem. Pharm. Bull.* **2001**, *49*, 312-317.

55. Khrimian, A. P.; DeMilo, A. B.; Waters, R. M.; Liquido, N. J.; Nicholson, J. M. *J. Org. Chem.* **1994**, *59*, 8034-8039.

56. McCarthy, J. R.; Huber, E. W.; Le, T. B.; Laskovics, F. M.; Matthews, D. P. *Tetrahedron* **1996**, *52*, 45-58.

57. Moore, W. R.; Schatzman, G. L.; Jarvi, E. T.; Gross, R. S.; McCarthy, J. R. *J. Am. Chem. Soc.* **1992**, *114*, 360-361.

58. Gross, R. S.; Mehai, S.; McCarthy, J. R. *Tetrahedron Lett.* **1993**, *34*, 7197-7200.

59. Chen, C.; Wilcoxen, K.; Zhu, Y.-F.; Kim, K.-i.; McCarthy, J. R. *J. Org. Chem.* **1999**, *64*, 3476-3482.

60. Chen, C.; Wilcoxen, K.; Kim, K.-i.; McCarthy, J. R. *Tetrahedron Lett.* **1997**, *38*, 7677.

61. McCarthy, J. R.; Matthews, D. P.; Stemerick, D. M.; Huber, E. W.; Bey, P.; Lippert, B. J.; Snyder, R. D.; Sunkara, P. S. *J. Am. Chem. Soc.* **1991**, *113*, 7439-7440.

62. Miller, S. C.; McCarthy, J. R.; Sabol, J. S. *Nucleosides & Nucleotides* **1998**, 17, 1099-1113.

63. Sciotti, R. J.; Pliushchev, M.; Wiedeman, P. E.; Balli, D.; Flamm, R.; Nilius, A. M.; Marsh, K.; Stolarik, D.; Jolly, R.; Ulrich, R.; Djuric, S. W. *Bioorg. Med. Chem. Lett.* **2002**, *12*, 2121-2123.

64. Gerner, D. L.; Ajamie, R.; Ardecky, R. A.; Bell, M. G.; Leibowitz, M. D.; Mais, D. A.; Mapes, C. M.; Michellys, P. Y.; Rungta, D.; Reifel-Miller, A.; Tyhonas, J. S.; Yumibe, N.; Grese, T. A. *Bioorg. Med. Chem. Lett.* **2003**, *13*, 3191-3195.

第七章 含氟合成子:二氟亚甲基合成砌块

由于偕二氟亚甲基(CF_2)被认为是氧原子的等极体和等体体,同时,由于它的强吸电子性和 C—F 键的稳定性,向有机分子引入二氟亚甲基将改变分子的物理和化学性能。因此,向有机分子引入二氟亚甲基被用作修饰生物活性化合物的一种策略。从目前有关含二氟亚甲基生物活性物质的合成来看,二氟亚甲基合成砌块是常用的方法。本章将主要说明几种在合成中用得多的二氟亚甲基合成砌块。

一、一溴二氟乙酸乙酯

由于分子里含有酯基和 α-溴原子,一溴二氟乙酸乙酯(ethyl bromodifluoroacetate,$BrCF_2CO_2Et$)被用作合成砌块向有机分子引入二氟亚甲基。特别在合成含氟生物活性物质中得到广泛应用。

1. 一溴二氟乙酸乙酯的制备

一溴二氟乙酸乙酯的制备最早始于 Cohen 等[1],他们以 1,1-二溴-2,2-二氟乙烯 **2** 为原料,在乙醇溶剂中用氧气对其进行氧化得到一溴二氟乙酸乙酯 **1**。

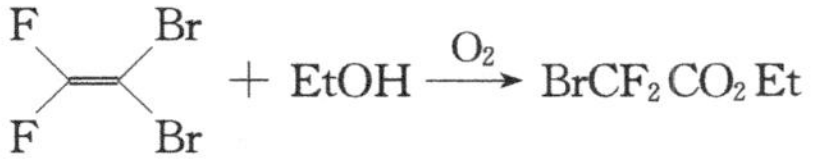

2 **1**

Knunyants 等以环丁砜为溶剂在 100℃下将 2-氟磺酰基-2,2-二氟乙酸乙酯 **3** 和 NaBr 反应 12h 能以 31%的产率得到一溴二氟乙酸乙酯($BrCF_2CO_2Et$,**1**)[2];他们研究还发现如果以 NaI 或 PhSNa 替代反应中的 NaBr 还能制备相应的一碘二氟乙酸乙酯(ICF_2CO_2Et)或苯硫基二氟乙酸乙酯($PhSCF_2CO_2Et$)。

$$FSO_2OCF_2CO_2Et + NaBr \xrightarrow[100℃,12h]{\text{环丁砜}} BrCF_2CO_2Et$$

3 **1**(31%)

在 100℃温度下用 30%的发烟硫酸处理四溴二氟乙烷 **4**、Hg_2SO_4 和 $HgSO_4$ 的混合物,所得产物进一步用 EtOH 酯化,最终能以 60.5%的产率得到 $BrCF_2CO_2Et$[3]。

$$\mathrm{CF_2BrCBr_3} \xrightarrow[\text{2) EtOH, r.t., 16h}]{\text{1) }\mathrm{Hg_2SO_4, HgSO_4}\text{, 30\% 发烟硫酸}} \mathrm{BrCF_2CO_2Et}$$

4 **1**(60.5%)

Morel 和 Dawans 报道首先用发烟硫酸处理 2-氯-1,2-二溴-1,1,2-三氟乙烷 **5**,然后将所生成的一溴二氟乙酰氟用 EtOH 酯化同样能以 85%的产率制备一溴二氟乙酸乙酯[4],这是目前工业上制备一溴二氟乙酸乙酯的常用方法。

$$\mathrm{CF_2BrCFClBr} \xrightarrow[\text{2) EtOH}]{\text{1) }\mathrm{H_2SO_4\text{-}SO_3}\text{, 75℃, 20h}} \mathrm{BrCF_2CO_2Et}$$

5 **1**(85%)

Okuhara 等研究发现用 H_2SO_4 处理(1,2-二溴-1,2,2-三氟乙基)乙基醚 **6**,反应后用水进行后处理同样可实现一溴二氟乙酸乙酯的制备[5]。

$$\mathrm{BrCF_2CFBrOEt} \xrightarrow[\text{2) }\mathrm{H_2O}]{\text{1) }\mathrm{H_2SO_4}} \mathrm{BrCF_2CO_2Et}$$

6 **1**

2. 一溴二氟乙酸乙酯的反应

1) 与醛酮的反应

卤代乙酸酯和醛酮发生 Reformatsky 反应是有机分子延伸碳链和向有机分子引入官能团常用的方法[6],例如早在 20 世纪 50 年代 McBee 就利用 Reformatsky 反应合成了 *α*-氟-*β*-羟基酯化合物[7]。$BrCF_2CO_2Et$ 和醛酮之间的 Reformatsky 反应研究开始于 Fried 小组[8],他们以中等到良好的产率合成了 *α*,*α*-二氟-*β*-羟基酯化合物 **8**。具体的实验操作可以分为"一锅法"和"分步法"。"一锅法"是将活化的 Zn 粉、$BrCF_2CO_2Et$ 和醛酮 **7** 一起置于 THF 中加热回流反应;"分步法"是首先将 Zn 粉和 $BrCF_2CO_2Et$ 置于 THF 中加热回流以制备 $BrZnCF_2CO_2Et$ 中间体,然后滴加醛酮继续回流以完成反应。Fried 等研究发现,"分步法"与"一锅法"相比反应产率有所提高。

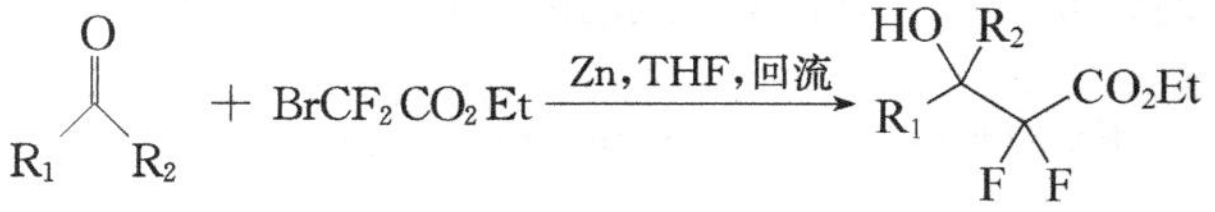

7 **1** **8**

a:R_1 = Ph,R_2 = H(一步,57%;二步,78%);
b:R_1 = *n*-C_5H_{11},R_2 = H(一步,35%);
c:R_1,R_2 =—$(CH_2)_5$—(一步,72%)

Boudjouk 等报道超声波可以加速 $BrCH_2CO_2Et$ 和醛酮之间的 Reformatsky

反应[9]。受此启发，Thaisrivongs 小组同样将超声波用于 $BrCF_2CO_2Et$ 和醛酮的反应[10]。他们研究发现当氨基醛底物 **9** 和 $BrCF_2CO_2Et/Zn$ 在 THF 溶剂中于超声波条件下反应时，反应 15min 后能以 54%和 25%的产率生成两个非对映异构体 **10a** 和 **10b**，然而当反应在回流条件下反应 30min 时则以 60%的产率得到单一异构体 **10a**。Thaisrivongs 等认为出现这样的反应结果是由于产物热力学平衡原因引起的，因为当在超声波条件下反应所生成的异构体混合物加热回流 30min 后能完全得到单一异构体 **10a**。另外，从动力学角度分析，在加热回流条件下也倾向于生成异构体 **10a**，因为底物在反应过程中会形成 Zn 螯合中间体 **11**，这样 $BrZnCF_2CO_2Et$ 会选择位阻较小的面去进攻羰基从而生成产物 **10a**。

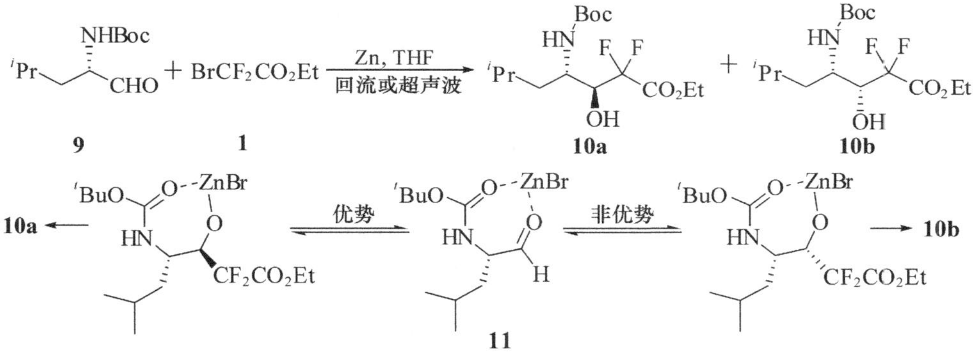

9　**1**　**10a**　**10b**

11

Schirlin 等详细地考察了不同反应条件和反应具体操作对 Reformatsky 反应的影响[11]。他们以一些硝基醛化合物 **12** 为底物尝试了四种不同的反应条件，即：A. "一锅法"，加热回流；B. "一锅法"，室温下超声波反应；C. "分步法"，加热回流；D. "分步法"，室温下超声波反应。结果发现：条件 A 和 B 都不能使反应顺利进行生成产物；条件 C 虽然能使反应进行，但相应产物的产率低；条件 D 最好，能使反应以较高产率生成 α,α-二氟-β-羟基酯化合物 **13**(见表 7-1)。他们研究还发现，虽然 Reformatsky 试剂 $BrZnCF_2CO_2Et$ (THF 溶剂中)在加热回流条件下不稳定[12]，但是在氩气保护及室温条件下，即使用超声波也能稳定存在，在−18℃温度下甚至能保存 24h。

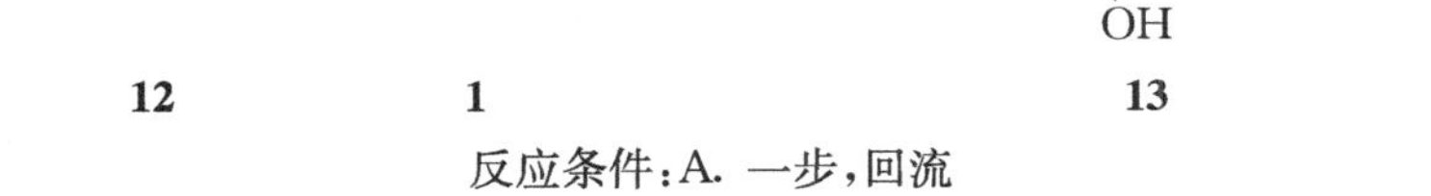

12　**1**　**13**

反应条件：A. 一步，回流

B. 一步，室温超声

C. 二步，回流

D. 二步，室温超声

表 7-1　硝基醛化合物在不同反应条件下的产物产率

12	13	条件和产率/%			
		A	B	C	D
o-NO_2—C_6H_4—CHO	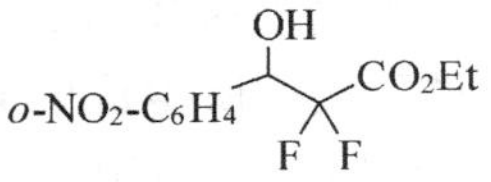	0	0	50	80
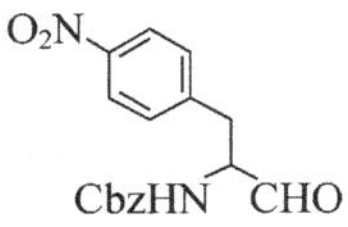		—	—	30.5	72
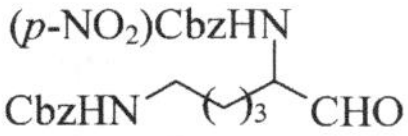	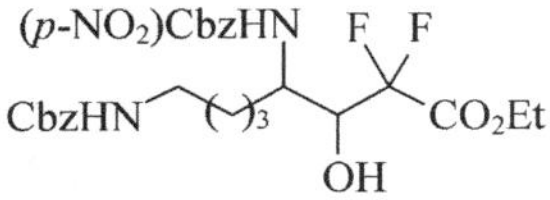	—	—	52.5	72
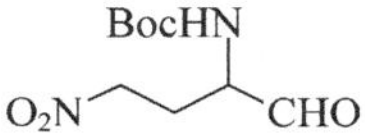	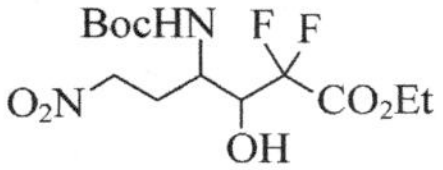	—	—	—	74

1993 年 Curran 对 $BrCF_2CO_2Et$ 和醛酮之间的 Reformatsky 反应进行了改进[13]，他研究发现向反应体系中加入一定量的 AgOAc(0.3eq.)和 Et_2AlCl(1.1～2.0eq.)能使反应在 0℃至室温温度下顺利发生且反应重现性好，反应并不需要超声波和加热回流的反应条件。Curran 的方法并不需要首先制备 $BrZnCF_2CO_2Et$ 中间体，而是在 0℃下向醛酮底物 **14**、Zn 粉和 AgOAc 的混合物中依次加入 $BrCF_2CO_2Et$ 和 Et_2AlCl，加完后自然升至室温反应即可。该反应条件下 $BrCF_2CO_2Et$ 的 Reformatsky 反应具有一定的广谱性，芳香醛、脂肪醛、芳香酮、脂肪酮都能以中等产率生成相应的 α,α-二氟-β-羟基酯产物 **15**(见表 7-2)，且一些氨基醛底物的反应产率高于利用加热回流条件所取得的产率。

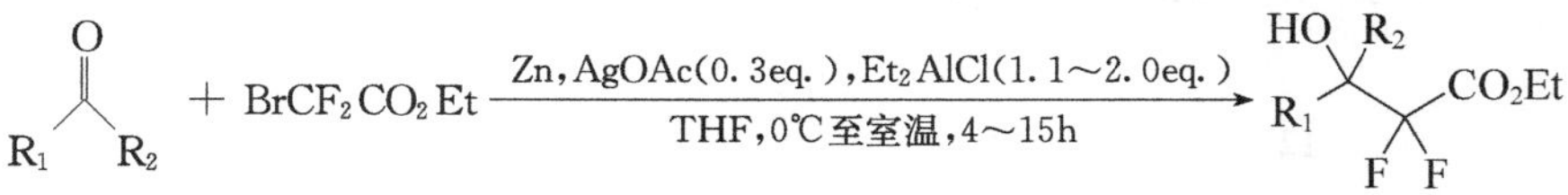

14　　**1**　　**15**(51%～69%)

表 7-2　改进后的 Reformatsky 反应的产物产率

14	15	产率/%
PhCHO	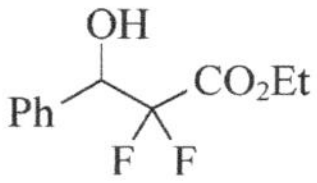	69
	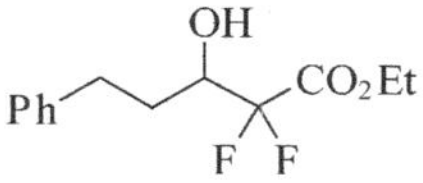	64
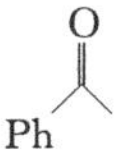	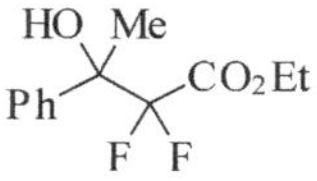	62
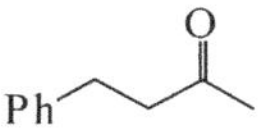	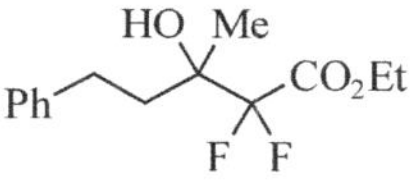	51
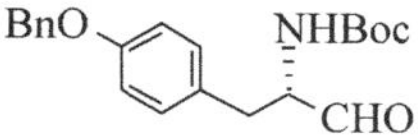	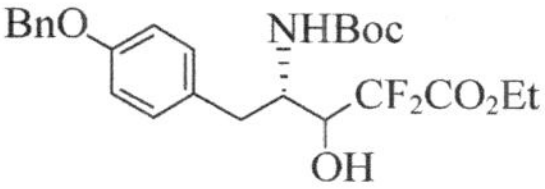	64
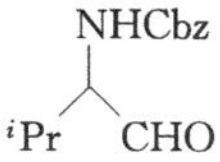	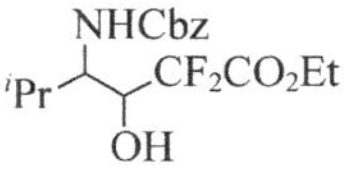	55
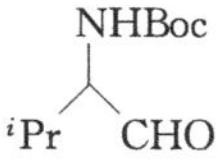	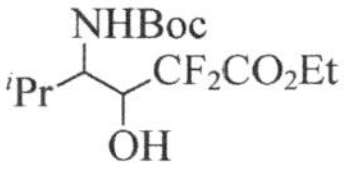	54

中国科学院上海有机化学研究所沈延昌同样对 $BrCF_2CO_2Et$ 和醛酮 **16** 之间的 Reformatsky 反应进行了改进[14]。他们小组研究发现，虽然 Reformatsky 试剂（$BrZnCF_2CO_2Et$）在室温下就能和一系列芳香醛、脂肪醛、芳香酮反应高产率地生成 α,α-二氟-β-羟基酯产物 **17**（见表 7-3），但是对于脂肪酮底物的产率（编号 10～12）却很低（30%～32%）。研究表明向反应体系中加入催化量的 $CeCl_3$ 或 $CeCl_3\cdot7H_2O$ 能大幅度提高脂肪酮和 $BrZnCF_2CO_2Et$ 的反应产率。由于 $CeCl_3\cdot7H_2O$ 中的结晶水能破坏一定量的 Reformatsky 试剂，因此当反应用 $CeCl_3\cdot7H_2O$ 催化时，$BrCF_2CO_2Et$ 的用量应提高至 1.3eq.。另外，他们还比较了醛酮底物和 Reformatsky 试剂的反应活性，结果发现芳香醛和芳香酮与 $BrZnCF_2CO_2Et$ 反应时化学选择性差，而醛与脂肪酮与 $BrZnCF_2CO_2Et$ 反应时，醛的反应活性明显高于脂肪酮。

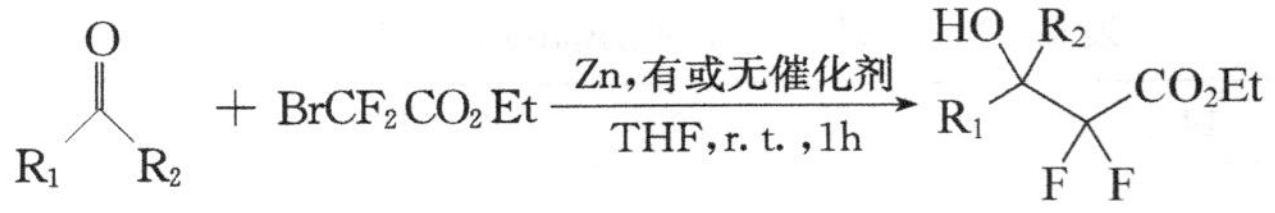

16　　1　　17

表 7-3　醛酮与 Reformatsky 试剂在有无催化剂条件下的反应

编号	16		17 的产率/%	
	R_1	R_2	无催化剂	催化剂 A 或 B
1	Ph	H	94	92(B)
2	4-MeC_6H_4	H	93	95(B)
3	4-ClC_6H_4	H	93	95(B)
4	(E)-MeCH=CH_2	H	86	90(B)
5	$CH_3(CH_2)_3$	H	90	91(B)
6	$CH_3(CH_2)_5$	H	92	92(B)
7	$CH_3(CH_2)_2$	H	90	94(B)
8	Ph	Me	90	92(B)
9	Ph	Me	86	90(B)
10	—$(CH_2)_5$—		32	90(A),89(B)
11	—$(CH_2)_4$—		32	90(A),90(B)
12	$CH_3(CH_2)_2$	Me	30	92(A),90(B)

注：催化剂 A，2mol%$CeCl_3$；催化剂 B，2mol% $CeCl_3 \cdot 7H_2O$。

除了使用金属 Zn 外，Yoshida 等研究发现 SmI_2 同样能引发 $BrCF_2CO_2Et$ 和醛酮 **18** 之间的 Reformatsky 反应(见表 7-4)[15,16]。用 SmI_2 替代 Zn 引发的 Reformatsky 反应具有反应速率快(通常仅需 1min 即完成反应)、反应温度低(室温即能反应)、底物广谱性好以及产率高等优点。该反应操作简单，仅需将 $BrCF_2CO_2Et$ 和醛(酮)的 THF 溶液加入到 SmI_2 的 THF 溶液中，体系颜色由紫色变为黄色即表明反应完成。苯甲醛作底物时产率低的原因是由于苯甲醛直接和 SmI_2 发生了反应(编号 9)。

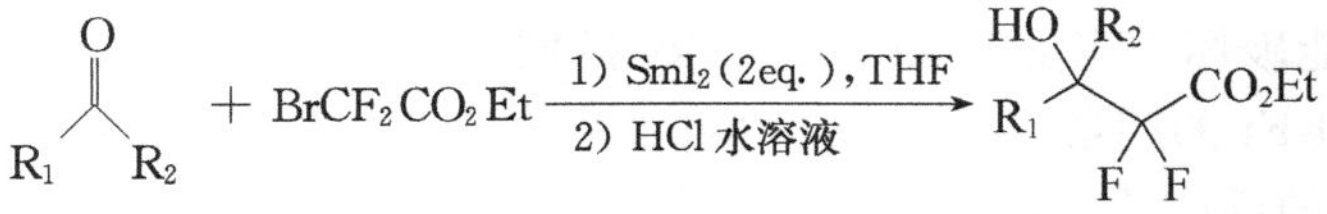

18　　1　　19

表 7-4　SmI_2 引发的 Reformatsky 反应

编号	18	19	产率/%
1	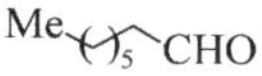	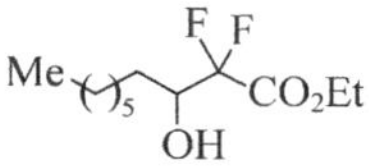	67
2	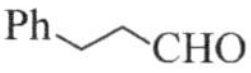	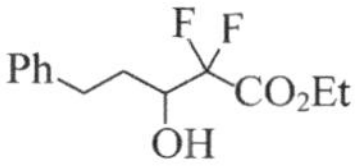	79
3	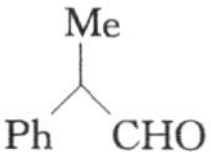	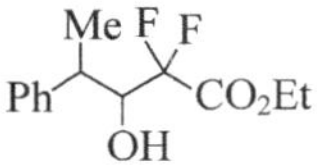	90
4	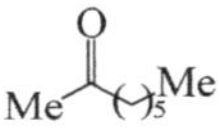	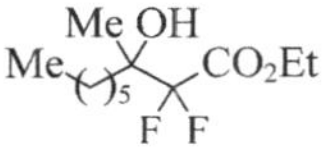	71
5	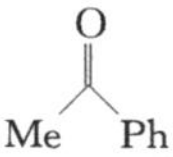	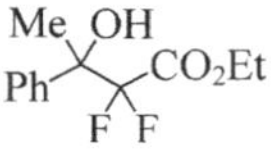	58
6	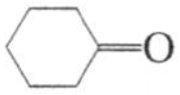	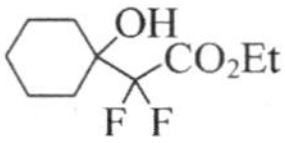	91
7	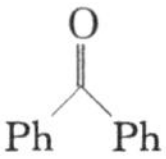	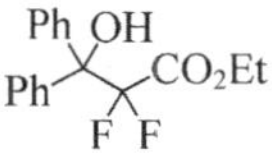	47
8	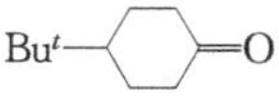		72
9	PhCHO	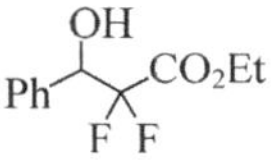	27

化学家们除了研究 $BrCF_2CO_2Et$ 和醛酮之间的 Reformatsky 反应外，还对所得产物 α,α-二氟-β-羟基酯进行了相应的转化。Taguchi 等报道 α,α-二氟-β-羟基酯可进一步通过自由基反应制备偕二氟亚甲基环状化合物[17]。$BrCF_2CO_2Et$ 分别与醛 **20**、**21** 以及 **22** 发生 Reformatsky 反应得到相应的 α,α-二氟-β-羟基酯 **23**、**24** 和 **25**，化合物 **23**、**24** 和 **25** 通过简单的官能团转化分别在 α,α-二氟-β-羟基酯的不同位置引入双键和碘原子得到烯烃化合物 **26**、**27** 和 **28**，这些烯烃化合物在苯溶剂中用 AIBN/Bu_3SnH 处理即可实现相应偕二氟亚甲基环状化合物 **29**、**30** 和 **31** 的制备。

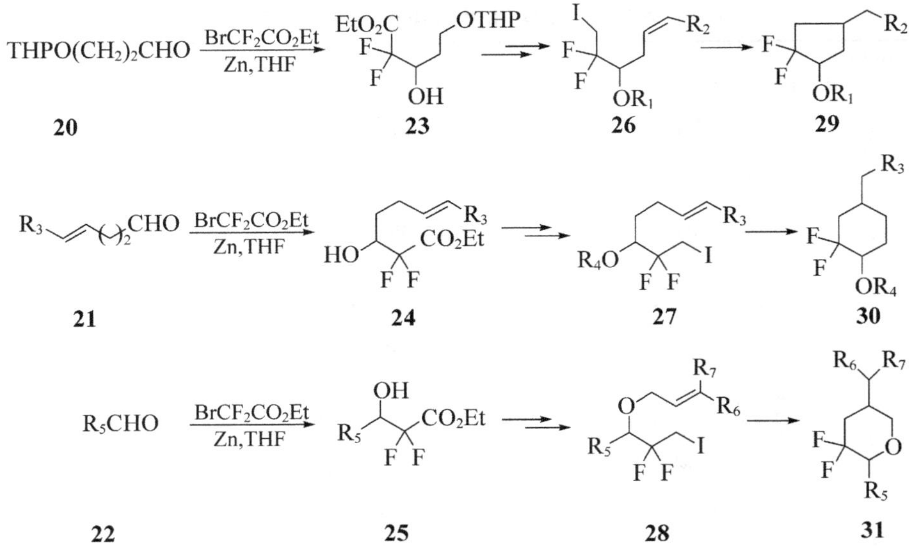

Dolbier 小组首先利用 $BrCF_2CO_2Et$ 和酮 **32** 之间发生 Reformatsky 反应制备了 α,α-二氟-β-羰基酯 **33**，后者皂化得到相应的羧酸 **34**，然后在吡啶存在下用 $PhSO_2Cl$处理所得羧酸 **34** 即可实现 α,α-二氟-β-内酯 **35** 的制备[18]。研究发现 α,α-二氟-β-内酯 **35** 不稳定，在质子性溶剂中或加热条件下易发生质解或去羧基化反应生成相应的 α,α-二氟-β-羟基羧酸、α,α-二氟-β-羟基羧酸酯或 1,1-二氟烯烃化合物 **36**。

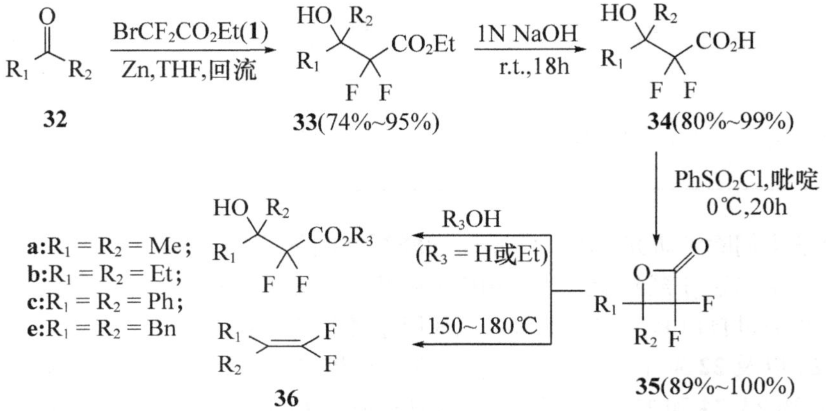

Watanabe 等报道了通过 $BrCF_2CO_2Et$ 发生 Reformatsky 反应进行 α,α-二氟-β-羰基酯和 α,α-二氟-β-羟基酰胺化合物的合成[19]。$BrCF_2CO_2Et$ 首先和一些萜烯醛和香料醛发生 Reformatsky 反应高产率地生成 α,α-二氟-β-羟基酯 **37**，后者直接进行 Swern 氧化即实现 α,α-二氟-β-羰基酯 **38** 的制备。另外，在脂肪酶 MY、脂肪

酶 PS 或 Novozym 435 存在下 α,α-二氟-β-羟基酯 **37** 还能和苄胺或丁胺反应生成 α,α-二氟-β-羟基酰胺化合物 **39**,遗憾的是该反应产率很低。

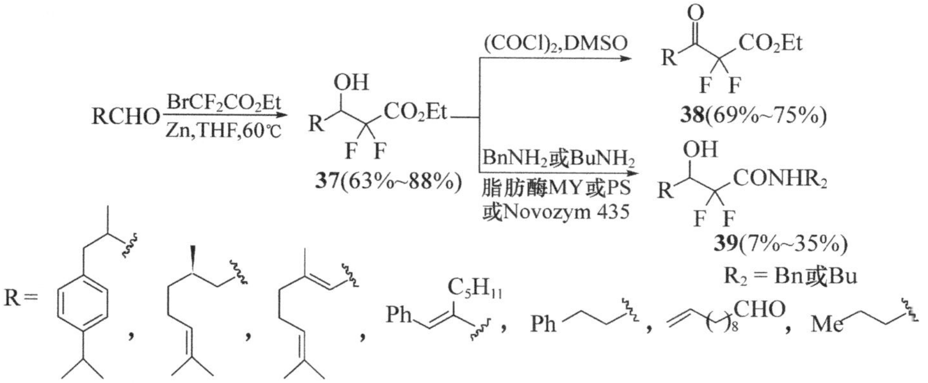

最近 Guerrero 等从 α,α-二氟-β-羟基酯出发合成了 α,α-二氟羧酸酯化合物 **43**[20](见表 7-5)。首先同样通过 $BrCF_2CO_2Et$ 和一系列醛 **40** 发生 Reformatsky 反应合成 α,α-二氟-β-羟基酯化合物 **41**,后者羟基用二硫代羧酸甲基酯保护得到化合物 **42**,最后产物 **42** 在二噁烷溶剂中直接用 $Ph_2P(O)H/{}^tBuOOBu^t$ 处理即能高产率地得到相应的 α,α-二氟羧酸酯 **43**。然而这种方法并不适用于那些含有对自由基反应敏感的官能团(如双键和炔键)的底物(编号 4～6),因为含有这些官能团的底物在用自由基反应去羟基化时双键易发生异构化和聚合反应。

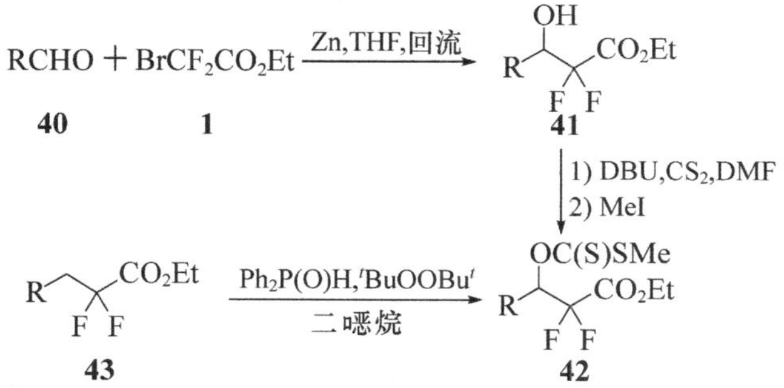

表 7-5　醛合成 α,α-二氟羧酸酯化合物示例

序号	R	产率/%		
		41	**42**	**43**
1	$C_{10}H_{21}$	64	90	97
2	$C_{14}H_{29}$	67	90	87
3	$C_{15}H_{31}$	71	97	91
4	(*Z*)-10-$C_{15}H_{29}$	72	96	49

续表

序号	R	产率/%		
		41	**42**	**43**
5	(*E*)-10-$C_{13}H_{25}$	54	88	42
6	Yn-10-$C_{15}H_{27}$	60	93	38
7	4-MePh	77	90	83
8	4-MeOPh	81	91	75
9	4-FPh	88	94	72
10	4-NCPh	86	87	62

2001 年，Fokina 等利用 $BrCF_2CO_2Et$ 和一系列醛的 Reformatsky 反应完成了 α,α-二氟-β-氨基酸 **47** 的制备[21]。反应首先始于 $BrCF_2CO_2Et$/Zn 和醛 **44** 反应以 81%～92%的产率得到 α,α-二氟-β-羟基酯 **45**，后者通过 Mitsunobu 反应顺利将羟基转化为氨基得到氨基酸衍生物 **46**，最后产物 **46** 于酸性条件下脱除氨基和羧基保护基即实现 α,α-二氟-β-氨基酸 **47** 的制备。

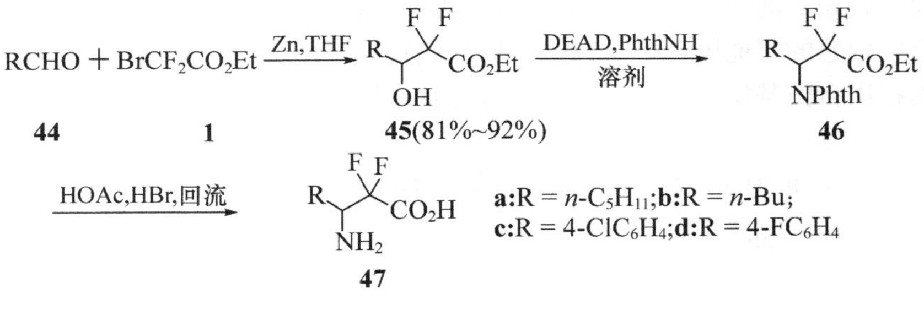

2）与亚胺及噁唑烷的反应

$BrCF_2CO_2Et$ 和亚胺以及噁唑烷之间的反应主要用于合成一些 α,α-二氟-β-内酰胺和 α,α-二氟-β-氨基酸，与 $BrCF_2CO_2Et$ 和醛酮发生 Reformatsky 反应一样，这一类反应大多用 Zn 粉引发。1991 年，Baldwin 小组将甘油醛缩丙酮的亚胺衍生物 **48** 和 **49** 分别与 $BrCF_2CO_2Et$/Zn 反应，结果发现除了得到相应的 α,α-二氟-β-内酰胺衍生物 **50** 和 **51** 外，还生成 α,α-二氟-β-氨基酸衍生物 **52** 和 **53**[22,23]。从所得的 α,α-二氟-β-内酰胺 **50** 和 **51** 出发，Baldwin 等最终制备了相应的氨基酸并将其用于异青霉素 N 合成酶的研究。

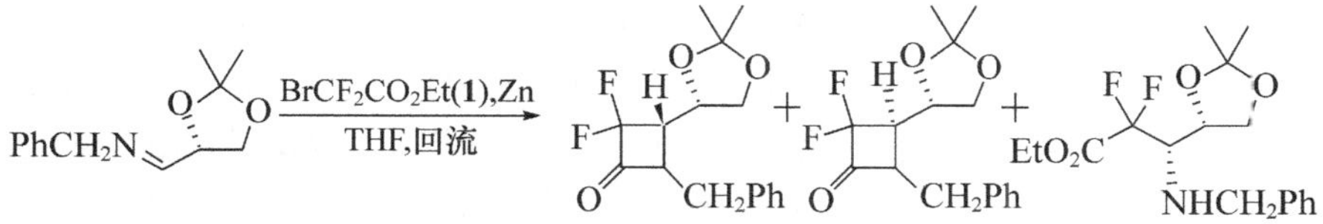

48　50a(51%)　50b(13%)　52(12%)

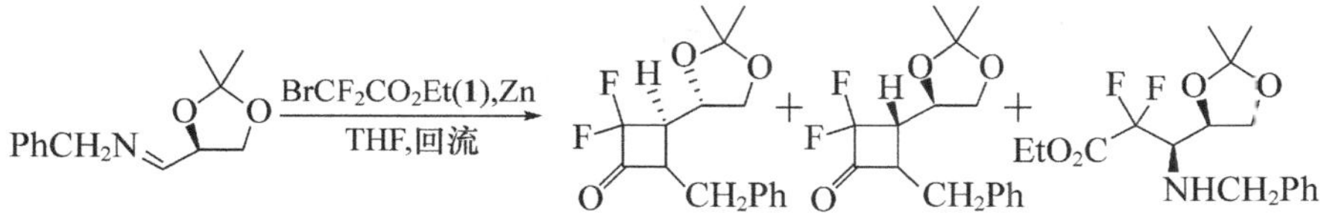

49　51a(29%)　51b(8%)　53(22%)

Soga 等同样利用 $BrCF_2CO_2Et$ 和亚胺 **54** 之间的反应以 50%～62%的产率合成了 α,α-二氟-β-内酰胺 **55**[24]。亚胺 **54** 直接由杂芳醛以及环己基醛与对甲氧基苯胺发生缩合反应制备，所合成的 α,α-二氟-β-内酰胺化合物 **55** 随后通过碱性条件开环、乙酯化、氧化去 PMP 保护等操作得到相应的 α,α-二氟-β-氨基酸 **56**。Soga 等还将 α,α-二氟-β-氨基酸 **56** 和紫杉醇片断缩合完成了紫杉醇含氟类似物 **57** 的合成，并进一步考察了紫杉醇类似物的结构-活性关系(structure-activity relationships，SARs)。

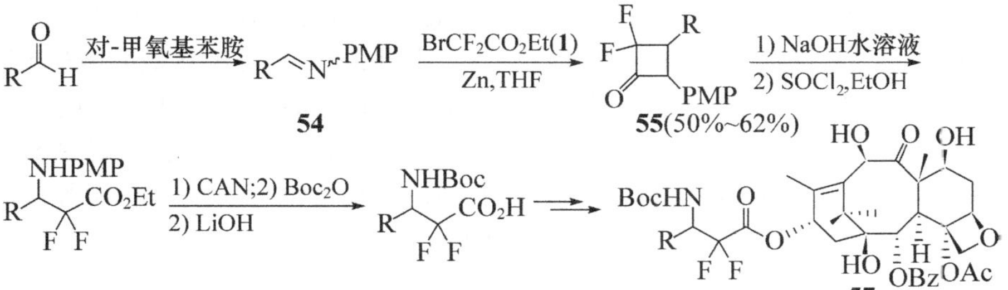

54　55(50%~62%)　56　57

a:R = 2-furyl;**b**:R = 2-thenyl;**c**:R = 3-furyl;**d**:R = cyclohexyl

Houghten 等则将固相合成技术引入 $BrCF_2CO_2Et$ 和亚胺的反应中[25]，他们首先将 MBHA 树脂键合于氨基底物上得到化合物 **58**，后者紧接着和醛反应生成亚胺中间体 **59**；亚胺进一步直接与 $BrCF_2CO_2Et/Zn$ 反应，所得产物经皂化等操作能实现 α,α-二氟-β-氨基酸 **60** 的制备，但该方法产率低且有一定量的副产物生成。

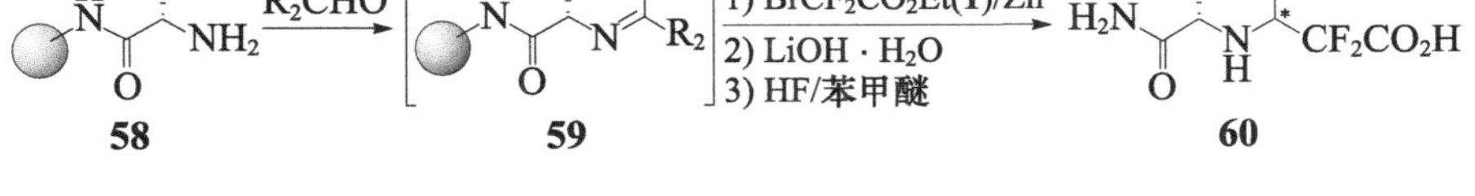

58　59　60

2002 年 Soloshonok 小组首次将手性对甲苯亚磺酰基(辅基)引入亚胺底物得到相应的亚胺衍生物 **61**，后者在 THF 溶剂中回流条件下与 $BrCF_2CO_2Et/Zn$ 反应最终能以 60%～85%的产率生成 α,α-二氟-β-氨基酸衍生物 **62**，产物的 *de* 值最高可达 98%[26,27]。产物 **62** 依次用 HCl 和环氧丙烷处理可方便地完成对映纯 α,α-二氟-β-氨基酸 **63** 的制备。和其他合成光学纯 α,α-二氟-β-氨基酸的方法相比，该方法所使用的手性辅基不仅经济、易于合成，而且反应完全后易于从产物中脱出。Soloshonok 等进一步研究后还发现 $BrCF_2CO_2Et$ 中的氟原子对反应立体选择性没有影响[26,27]。

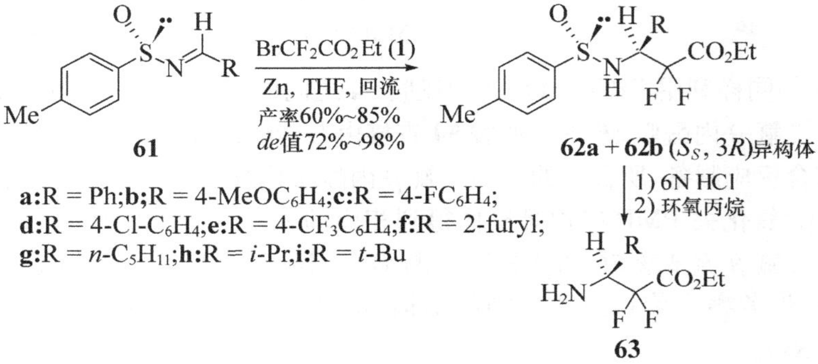

Staas 小组同样报道了和 Soloshonok 小组相类似的工作，他们所使用的辅基为 Ellman 等发展的叔丁基亚磺酰胺 **65**[28]。手性的叔丁基亚磺酰胺 **65** 首先在 $CuSO_4$ 存在下与醛 **64** 缩合高产率地得到相应的亚胺 **66**，后者用 3eq. 的 Reformatsky 试剂 $BrZnCF_2CO_2Et$ 处理能以 51%～82%的产率生成 α,α-二氟-β-氨基酸衍生物 **67**，产物的非对映选择性比例在(81∶19)～(95∶5)之间。Staas 等从产物 **67d** 出发方便地合成两个三肽化合物 **68** 和 **69**。

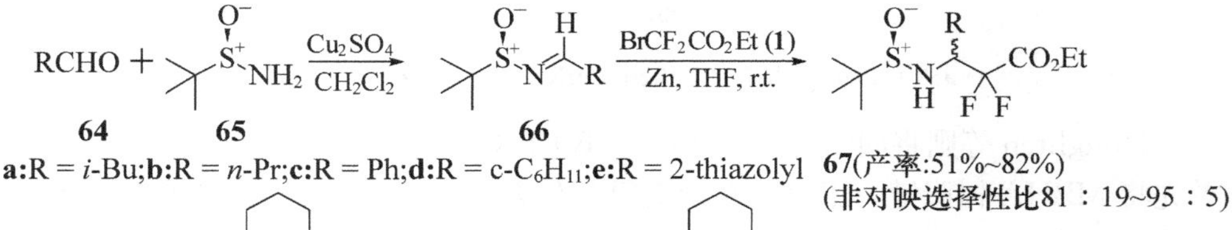

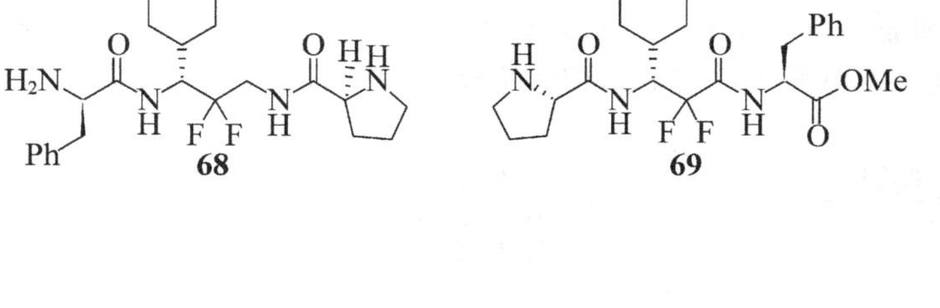

Quirion 小组研究了 $BrCF_2CO_2Et/Zn$ 与手性 1,3-噁唑烷 **70** 之间的反应,反应能以中等产率(32%～69%)和较高的 *de* 值(85%～99% *de*)生成 3,3-二氟氮杂环丁-2-酮 **71**[29]。从产物 **71** 出发通过简单的官能团转化,Quirion 等方便地实现了 α,α-二氟-β-氨基酸 **72** 和 α,α-二氟-β-内酰胺 **73** 的制备。

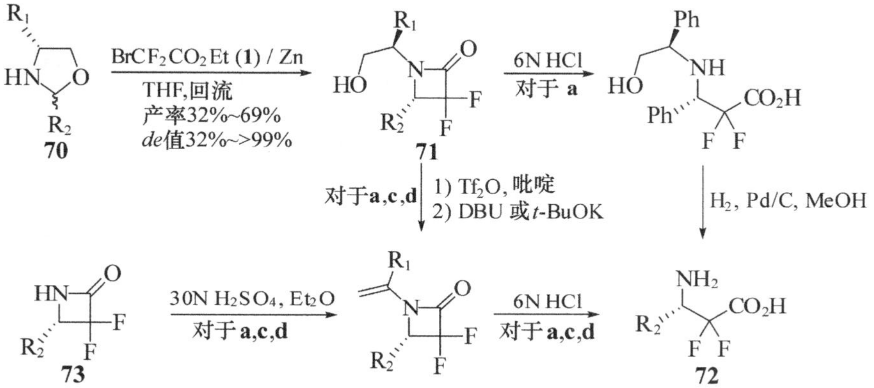

a:$R_1 = R_2 =$ Ph;**b**:$R_1 =$ Et,$R_2 =$ Ph;**c**:$R_1 =$ Et,$R_2 =$ *n*-C_5H_{11};
d:$R_1 =$ Et,$R_2 =$ 2-furyl;**e**:$R_1 =$ Et,$R_2 =$ *trans*-CH═CHMe

3) 与 α,β-不饱和羰基化合物发生 1,4-加成反应

2000 年,Kumadaki 小组研究发现 $BrCF_2CO_2Et$ 在一定条件下能和 α,β-不饱和羰基化合物 **74** 发生 1,4-加成反应生成 α,α-二氟-δ-羰基(腈基或砜基)羧酸酯化合物 **75**(见表 7 - 6)[30]。他们对反应温度和反应溶剂进行了考察,结果发现以 DMSO 为溶剂和 Cu(2.2eq.)存在的条件下,$BrCF_2CO_2Et$ 和 α,β-不饱和羰基化合物在 55℃下反应能以中等产率生成相应的 α,α-二氟-δ-羰基(腈基或砜基)羧酸酯化合物 **75**,反应过程中并没有检测到 1,2-加成产物的生成。然而当 α,β-不饱和羰基化合物的 β 位存在能稳定自由基的基团(如苯基)时,α,α-二氟-δ-羰基(腈基或砜基)羧酸酯的产率很低,反应主要生成底物羰基 α 位 CF_2CO_2Et 取代的产物 **76** 和 **77** (编号 7)。Kumadaki 等认为这是由于当底物羰基 β 位存在苯基取代时,反应经由自由基加成-消除反应机理,而其他底物则牵涉阴离子中间体的生成[30]。

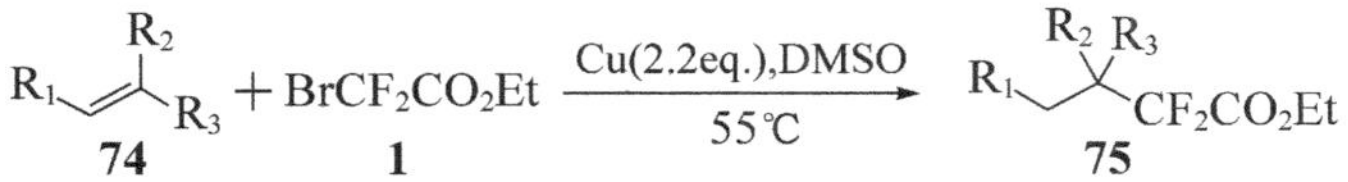

74 **1** **75**

$R_1 =$ BnOC(O),NC,$PhSO_2$,MeC(O),EtC(O);R_2,$R_3 =$ H,aryl,alkyl

表 7-6　$BrCF_2CO_2Et$ 在溶剂 DMSO、Cu 作用下，55℃时与 74 发生的加成反应

序号	**74**	时间/h	**75**	产率/%
1	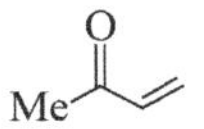	5	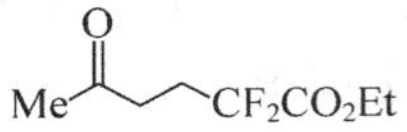	54
2	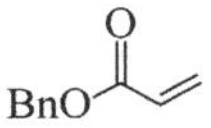	3	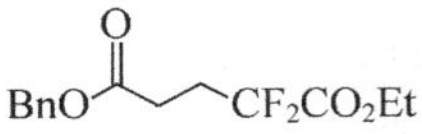	16
3	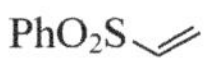	7	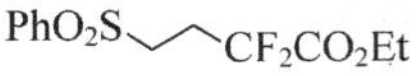	40
4	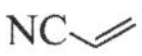	5		42
5	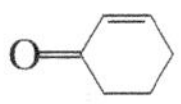	3	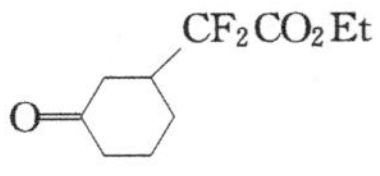	45
6	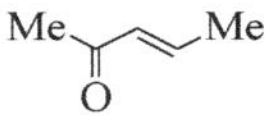	3	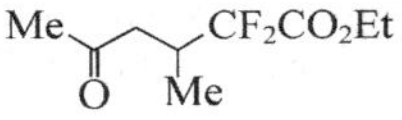	49
7	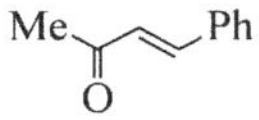	8	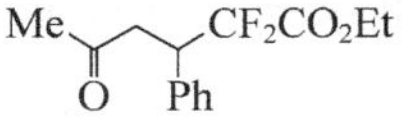	8*
			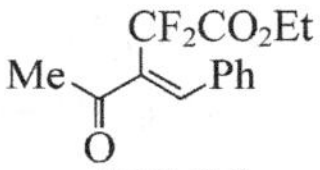 **76**(16%)	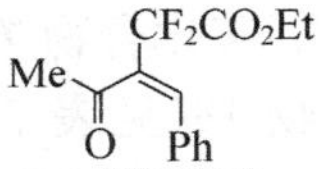 **77**(10%)

* 化合物 **76** 和 **77** 是主要副产物。

Kumadaki 小组还对 $BrCF_2CO_2Et$ 和 α,β-不饱和羰基化合物 **78** 之间的 1,4-加成反应做了进一步的研究(见表 7-7)[31]。他们发现当在反应体系中加入催化量 TMEDA 时，反应不仅可以在 THF 溶剂中顺利进行，而且反应产率还有所提高，同时一些底物甚至在室温下就能反应。值得指出的是在该反应条件下，对于羰基 β 位带有苯基的底物同样能顺利反应生成相应的 α,α-二氟-δ-酮酸酯产物 **79**（编号 8～9)。另外，所有底物在反应过程中都未检测到 1,2-加成产物和自由基加成-消除反应产物的生成。

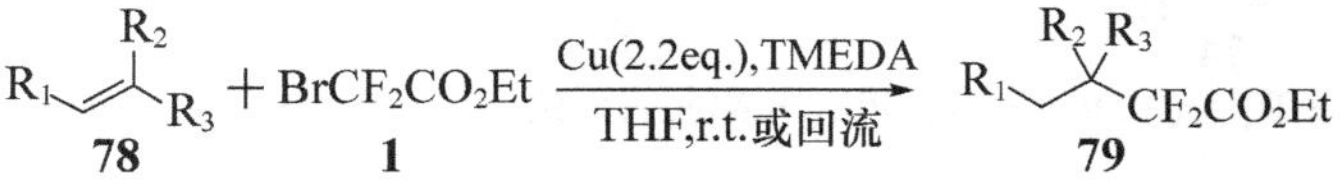

R_1 = BnOC(O),NC,$PhSO_2$,MeC(O),EtC(O),HC(O),PhC(O);
R_2,R_3 = H,aryl,alkyl

表 7-7 在 $BrCF_2CO_2Et$ 加成反应中加入 TMEDA 后的产物及产率

序号	**78**	温度	时间/h	**79**	产率/%
1	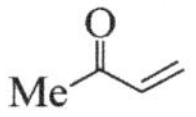	r. t.	5	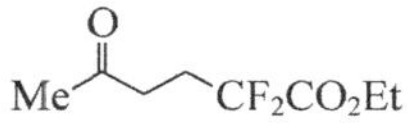	62
2	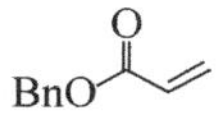	r. t.	5	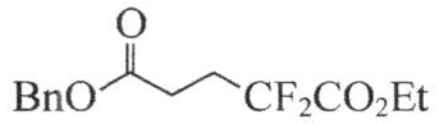	60
3	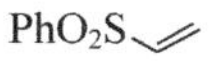	回流	1	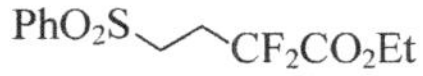	73
4	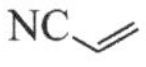	r. t.	2		40
5	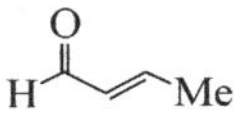	回流	3	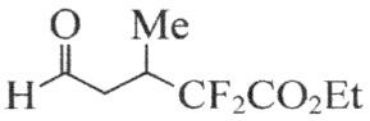	23
6	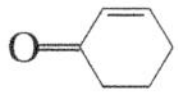	回流	7	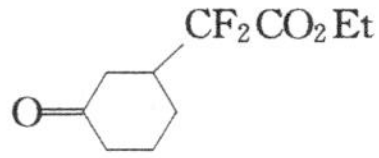	73
7	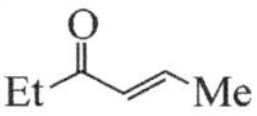	回流	2	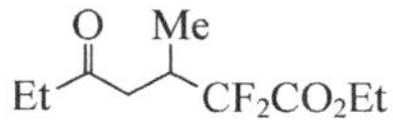	68
8	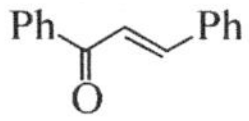	回流	1	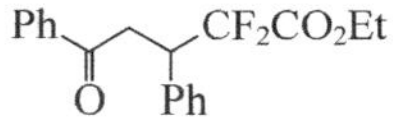	23
9	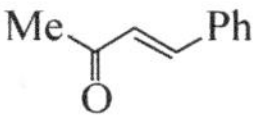	回流	2	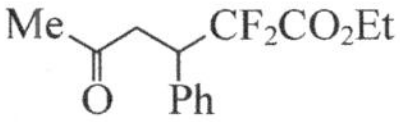	21

中国科学院上海有机化学研究所赵刚小组研究了 $BrCF_2CO_2Et$ 与 α,β-不饱和偕二腈基化合物 **80** 之间的 1,4-加成反应[32]。他们发现在催化量 Cp_2TiCl_2(10mol%)和 1.2eq. Zn 粉存在下,$BrCF_2CO_2Et$ 和 α,β-不饱和偕二腈基化合物 **80** 于室温下进行反应能以中等到良好的产率生成 α,α-二氟-γ,γ-双腈基羧酸酯 **81**。然而,这一反应并不适用于 α,β-不饱和酯、肉桂腈或烯基苯基砜。另外,$ClCF_2CO_2Et$ 同样不适用于这一反应。

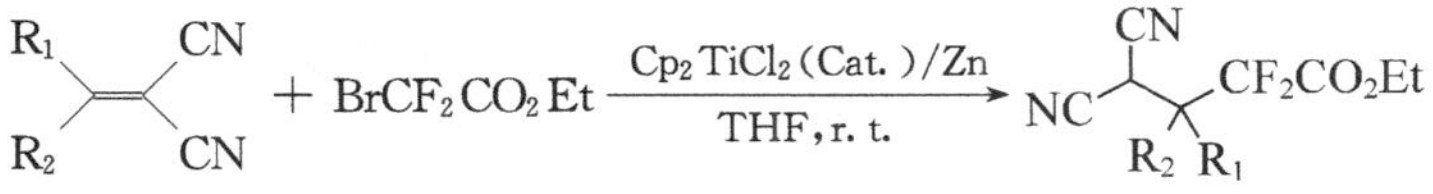

80 **1** **81**

a: R_1 = Ph, R_2 = H(80%); **b**: R_1 = *p*-ClC_6H_4, R_2 = H(63%);

c: R_1 = *p*-FC_6H_4, R_2 = H(64%); **d**: R_1 = *p*-$MeOC_6H_4$, R_2 = H(48%);

e: R_1 = 2-furyl, R_2 = H(85%); **f**: R_1 = R_2 =—$(CH_2)_5$—(58%);

g: R_1 = *m*-BrC_6H_4, R_2 = H(58%)

4）与 *N*-(*α*-氨烷基)苯并三唑化合物的反应

N-(*α*-氨烷基)苯并三唑化合物在反应过程中可作为亚胺盐等当体，它可方便地由相应胺、醛和苯并三唑反应合成，目前已被广泛用于多种化学反应中[33]。1998 年，Katritzky 小组首次研究了 *N*-(*α*-氨烷基)苯并三唑化合物 **82** 与 $BrCF_2CO_2Et/Zn/TMSCl$ 的反应[34]。在 THF 溶剂中回流条件下，*N*-(*α*-氨烷基)苯并三唑化合物 **82** 与 $BrCF_2CO_2Et/Zn/TMSCl$ 反应能高产率地得到 *α*,*α*-二氟-*β*-氨基酸酯化合物 **83**，作为该方法可用于合成 *α*,*α*-二氟-*β*-氨基酸的实例，产物 **83** 进一步脱除氨基保护基制备了 *ω*-苯基-*α*,*α*-二氟-*β*-氨基戊酸乙酯 **84**。另外，Katritzky 等还研究了 $BrCF_2CO_2Et/Zn/TMSCl$ 和双[*N*-(*α*-氨烷基)苯并三唑]化合物 **85** 之间的反应，并以较好的产率制备了四氟代-双(*β*-氨基酯)化合物 **86**。

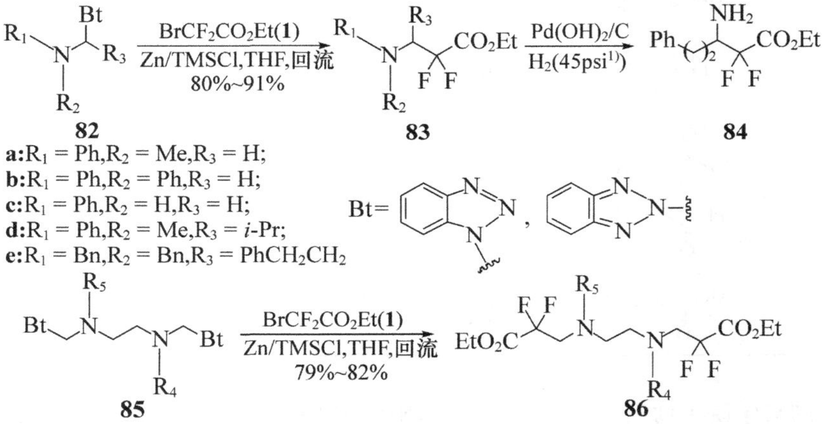

a:$R_4 = R_5 =$ —CH_2CH_2—;**b**:$R_4 = R_5 =$ Ph

Marchand-Brynaert 小组研究了 *N*,*N*-(双苄基)-苯并三唑基-1-甲基胺 **87** 与 $BrCF_2CO_2Et/Zn/TMSCl$ 的反应[35]。Marchand-Brynaert 等发现如果采用 Katritzky 等[34]报道的 THF 溶剂回流条件，产物 *N*,*N*-双苄基-2,2-二氟-3,3-氨基丙酸乙酯 **88** 的产率仅为 70%，反应同时生成二氟乙酸乙酯和苯并三唑基-1-甲基胺副产物；随后他们考察了反应温度对反应的影响，结果发现当反应在室温下进行时产物 **88** 的产率可提高至 94%。最后，从所得产物 **88** 出发，Marchand-Brynaert 小组制备了 *α*,*α*-二氟-*β*-氨基丙酸 **89** 和 *N*-(邻苯二甲酰亚胺基)-2,2-二氟-3-氨基-丙酸 **90**。Marchand-Brynaert 小组还将 1*H*-苯并三唑基-1-甲基胺化合物 **91** 与 $BrCF_2CO_2Et/Zn/TMSCl$ 的反应用于制备 *α*,*α*-二氟-*β*-内酰胺[36]；该反应能以 85%～95%的产率生成氨基保护的 *α*,*α*-二氟-*β*-丙氨酸乙酯 **92**，后者在 Et_2O 溶剂

1）psi 为非法定单位。1psi＝6.894 76×10^3Pa。

中用格氏试剂^{t}BuMgCl 处理即实现相应的 α,α-二氟-β-内酰胺 **93** 的制备。

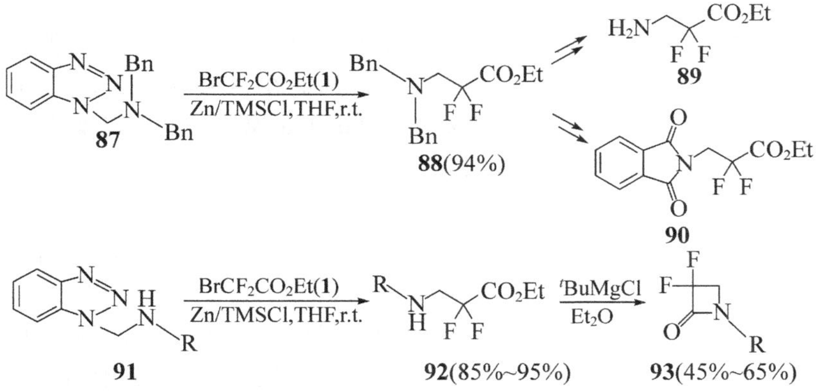

a:R = 4-MeOC$_6$H$_4$CH$_2$;**b**:R = 4-MeOC$_6$H$_4$;**c**:R = Ph$_2$CH

2001 年，Houghten 等将固相合成技术引入 $BrCF_2CO_2Et$ 和苯并三唑衍生物的反应中[25]，他们首先将 MBHA 树脂键合于氨基底物上得到化合物 **94**，后者紧接着利用 Katritzky 报道的方法[34]制备了苯并三唑衍生物 **95**。**95** 作为亚胺盐前体直接与 $BrCF_2CO_2Et$/Zn/TMSCl 反应得到 α,α-二氟-β-氨基酸乙酯 **96**，反应具有中等的非对映选择性。将产物 **96** 皂化并脱除 MBHA 树脂即得到 α,α-二氟-β-氨基酸衍生物 **97**，遗憾的是由于反应非对映选择性差，最终产物 **97** 是非对映体的混合物。值得指出的是在 $BrCF_2CO_2Et$/Zn/TMSCl 和 **95** 的反应过程中，如果 $BrCF_2CO_2Et$ 的用量大大过量时（14eq.），反应还生成两个四氟代副产物 **98** 和 **99**，适当降低 $BrCF_2CO_2Et$ 的用量（10eq.）可抑制副产物的生成。

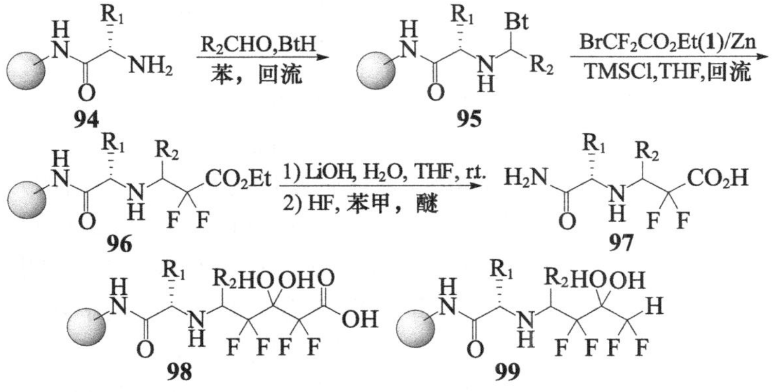

a：R$_1$ = Me，R$_2$ = m-NO$_2$C$_6$H$_4$；**b**：R$_1$ = Me$_2$CH，R$_2$ = p-MeOC$_6$H$_4$；

c：R$_1$ = Me，R$_2$ = 2-Me-5-MeC$_6$H$_3$；**d**：R$_1$ = H，R$_2$ = 2-furyl；

e：R$_1$ = Me$_2$CHCH$_2$，R$_2$ = Ph；**f**：R$_1$ = H，R$_2$ = 2-furyl；**g**：R$_1$ = Bn，R$_2$ = Ph

5）与烯烃发生加成反应

Dawans 等早在 1977 年就研究了 $BrCF_2CO_2Et$ 与烯烃的反应[4]，他们发现在光敏剂$(PhCO)_2O_2$ 存在下，$BrCF_2CO_2Et$ 与乙烯能在 95℃和 2626.2Torr 压力条件下生成加成产物 4-溴-2，2-二氟丁酸乙酯 **100** 和 6-溴-2，2-二氟己酸乙酯 **101**，反应经由自由基反应机理。反应式如下：

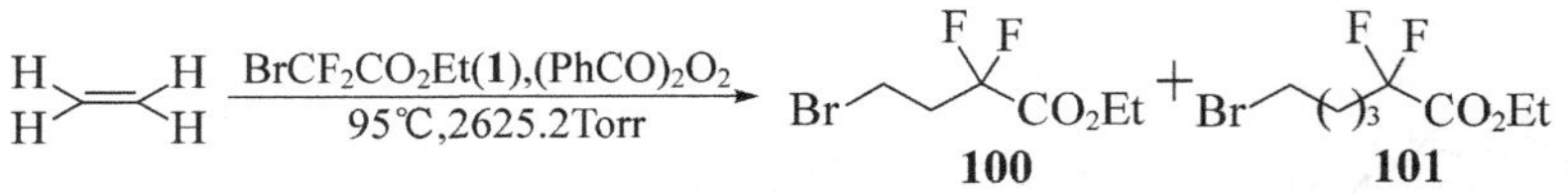

在电化学还原条件[DMF-TEAT-(Al)-(Pt)]和二苯二硒存在下，$BrCF_2CO_2Et$ 现场产生的 $EtO_2CCF_2·$ 能与烯烃发生加成反应，以中等产率得到 γ-苯硒基-α，α-二氟羧酸酯化合物 **102～104**，烯基醚、烷基烯烃以及环状烯烃都能生成相应的加成产物[37]。反应所生成的产物可用 H_2O_2 或 NBS 处理脱除苯硒基得到 α，α-二氟-β，δ-不饱和羧酸酯 **105**、**106** 或 δ-羰基-α，α-二氟羧酸酯化合物 **107**。

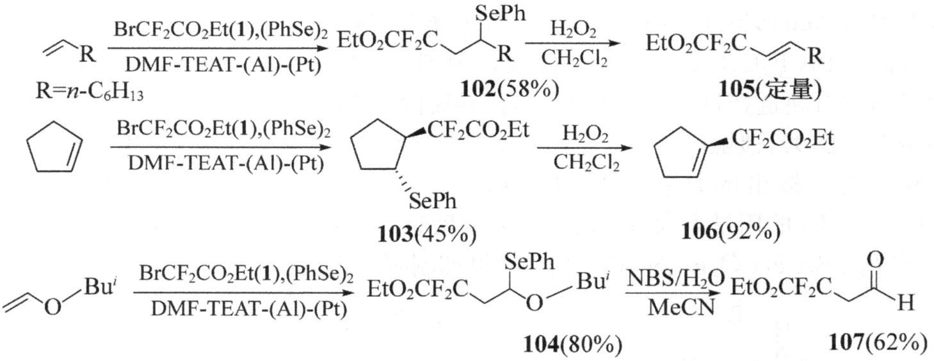

Kumadaki 等详细地研究了 $BrCF_2CO_2Et$ 与烯烃之间的加成反应[38]。他们研究发现在 Cu 粉存在下 $BrCF_2CO_2Et$ 能与一些没有活化的烯烃发生自由基加成反应，该反应在极性非质子性溶剂 DMSO 中能较好地进行，值得指出的是不同的底物有不同的反应结果。烯丙基苯 **108** 在反应过程中除了生成加成产物 **109** 外，还得到还原溴原子和消除 HBr 的产物 **110**、**111**；α-甲基苯乙烯 **112** 主要生成二聚 α，α-二氟羧酸酯化合物 **113**；1-苯基-1-三甲硅氧基乙烷 **114** 在反应中除生成 γ-羰基-α-氟-α，β-不饱和羧酸酯 **115** 外，还主要得到苯乙酮产物 **116**；以三丁基烯丙基锡 **117** 为底物，反应能以 48%的产率生成 2，2-二氟-4-戊酸乙酯 **118**；1-癸烯 **119** 在反应中生成 4-溴-2，2-二氟十二酸乙酯 **120**，后者未经分离直接用 $Bu_3SnH/AIBN$ 处理能以 22%的产率得到 2，2-二氟十二酸乙酯 **121**。

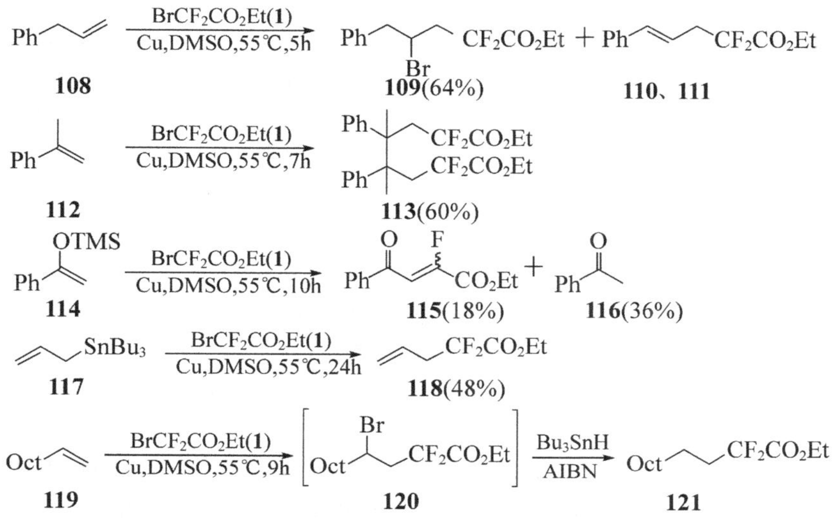

6）与烯基卤化物、炔基卤化物、烯丙基卤化物以及芳基卤化物的偶联反应

早在20世纪80年代，Kobayashi小组就报道ICF_2CO_2Me在Cu粉催化下能和烯基或芳基卤化物发生偶联反应生成2,2-二氟乙基酯衍生物[39]，虽然这一方法能适用于一系列卤化物，但这一方法存在一定的局限性，即ICF_2CO_2Me并没有实现商业化，需从已商业化的一溴二氟乙酸酯制备，且反应过程中需3当量的ICF_2CO_2Me。随后Kitazume等发展了$BrCF_2CO_2Et$与烯丙基卤化物之间的偶联反应[40]（见表7-8）。他们的反应需将$BrCF_2CO_2Et$首先做成锌铜试剂$ZnCu(CN)CF_2CO_2Et$，进一步研究还发现该反应同样能被Pd(0)催化，但是用Pd(0)催化时还生成一定量的异构化产物**124**，且用BuLi现场还原$PdCl_2(PPh_3)_2$产生的Pd(0)比直接用$Pd(PPh_3)_4$效果更好。Kitazume等还提出了相应的反应机理，他们认为反应生成异构化产物是由于烯丙钯中间体发生了异构化。

表7-8 $BrCF_2CO_2Et$与烯丙基卤化物之间的偶联反应

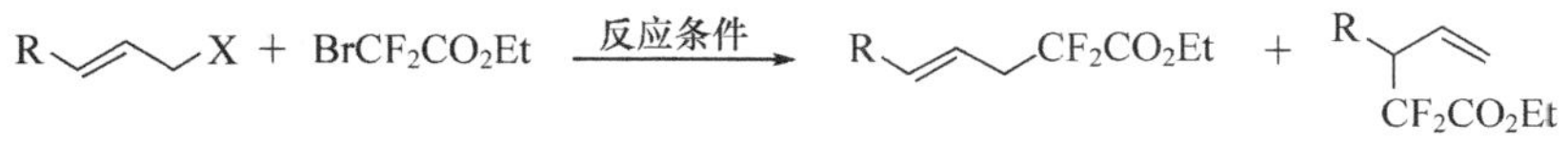

122 **1** **123** **124**

122	反应条件	产率/%	
		123	**124**
$CH_2CH═CHCH_2Cl$	Zn,CuCN,三甘醇二甲醚/THF,12h	89	0
$PhCH═CHCH_2Cl$	Zn,CuCN,三甘醇二甲醚/THF,12h	74	0
$EtO_2CCH═CHCH_2Br$	Zn,CuCN,三甘醇二甲醚/THF,24h	58	0

续表

122	反应条件	产率/%	
		123	124
$Me_2C{=}CHCH_2Br$	Zn,CuCN,三甘醇二甲醚/THF,3h	58	0
$Et(Ph)CH{=}CHCH_2Cl$	Zn,CuCN,三甘醇二甲醚/THF,24h	79	0
$PhCH{=}CHCH_2Cl$	Zn,CuCN,$PdCl_2(PPh_3)_2$/BuLi,THF,12h	99	0
$PhCH{=}CHCH_2Cl$	Zn,$PdCl_2(PPh_3)_2$/BuLi,THF,36h	34	0
$Me_2C{=}CHCH_2Br$	Zn,CuCN,$Pd(PPh_3)_4$,THF,12h	56	6
$Me_2C{=}CHCH_2Br$	Zn,$Pd(PPh_3)_4$,THF,12h	8	18
$Me_2C{=}CHCH_2Br$	Zn,$PdCl_2(PPh_3)_2$/BuLi,THF,3h	30	60

Kumadaki 小组随后报道了 $BrCF_2CO_2Et$ 与烯基碘化物或芳基碘化物 **125** 之间的偶联反应[41](见表 7-9)。他们以铜粉为催化剂、DMSO 为溶剂,取得了好的反应结果,反应过程中烯基碘双键的立体构型得以保持。研究发现 $BrCF_2CO_2Et$ 的用量从 3 当量降低至 1 当量时反应产物 2,2-二氟乙基酯衍生物 **126** 产率有大的提高,因为这样能有效抑制副产物 α-氟-α,β-不饱和羧酸乙酯的生成。他们的研究还进一步确证了中间体 $BrCuCF_2CO_2Et$ 是十分不稳定的,易于降解生成 CuBr。Kumadaki 等认为虽然该反应对于芳基溴化物、炔基碘化物和烷基碘化物不适用,但由于 $BrCF_2CO_2Et$ 已商业化且反应温度较低(55℃),因而相比 Kobayashi 小组报道的方法有一定的优势[39]。Kumadaki 小组还将这一反应成功地用于 4,4-二氟-α-维生素 E 的制备过程中[42]。

表 7-9 $BrCF_2CO_2Et$ 与碘化物之间的偶联反应

$$\underset{\mathbf{125}}{R{-}X} + \underset{\mathbf{1}}{BrCF_2CO_2Et} \xrightarrow[55℃]{Cu,DMSO} \underset{\mathbf{126}}{RCF_2CO_2Et}$$

125	时间/h	126	产率/%
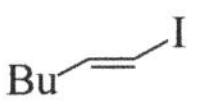	12	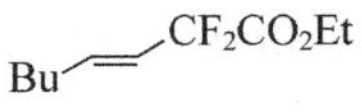	64
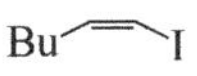	12		69
	—	—	—
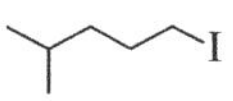	6	—	—

续表

125	时间/h	126	产率/%
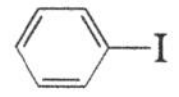	5	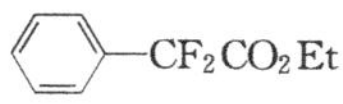	53
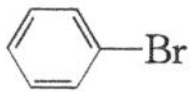	5	—	—
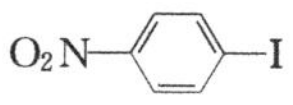	9	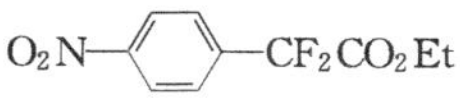	66
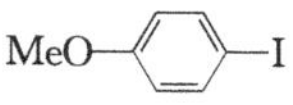	5	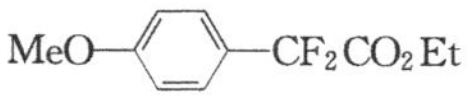	55
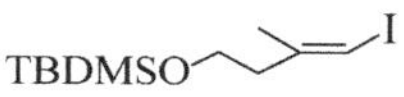	9	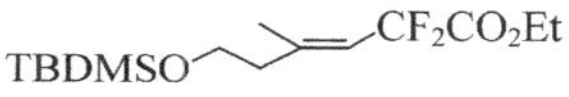	62
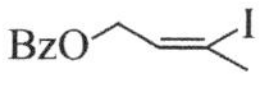	8	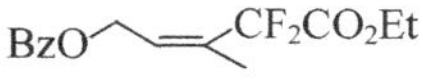	60
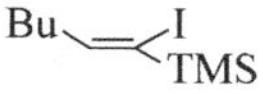	30		21

Eto 等同样利用杂芳环卤代物 **127** 与 $BrCF_2CO_2Et$ 之间的偶联反应合成了一系列 2,2-二氟乙基酯衍生物 **128**,并将所得产物成功地用于抗菌剂 1,2,4-三唑氟代类似物的合成中[43]。他们发现以 DMSO 为溶剂时的反应效果比 DMF 好,且该反应在室温即可顺利进行,大多底物都能以中等到良好的产率生成产物;他们研究还发现向反应体系中加入 CuI 有利于反应的进行。

$$\underset{\mathbf{127}}{\text{HeteroAr—X}} + \underset{\mathbf{1}}{BrCF_2CO_2Et} \xrightarrow{\text{Cu,DMSO,r.t.}} \underset{\mathbf{128}}{\text{HeteroAr—}CF_2CO_2Et}$$

HeteroAr—X:

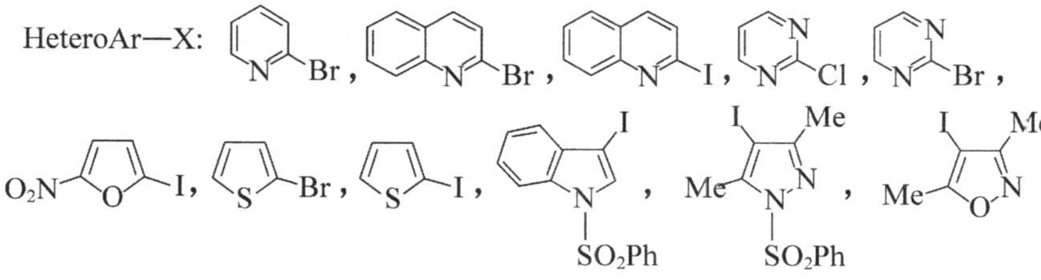

2002 年 Ashwood 等报道了 2-溴代吡啶及 2-氯代吡啶衍生物 **129** 与 $BrCF_2CO_2Et$ 之间的偶联反应[44],反应同样用铜催化,以中等到良好的产率生成 (2′-吡啶基)-2,2-二氟乙酸乙酯 **130**。2-氯代吡啶衍生物由于其反应活性较低不能进行该反应,但是当吡啶 3 位有硝基取代基存在时能使底物 C—Cl 键的反应活性增强,这样一些 2-氯-3-硝基-吡啶衍生物同样能进行该反应生成相应的偶联产物。

他们研究还发现以 DMSO 或 DMF 为溶剂时都能取得好的反应结果，产率几乎一样，但以 DMF 为溶剂时反应较慢。值得指出的是该反应需使用 2.1 当量的铜以使反应进行完全，1 当量的铜仅使底物转化 50%。

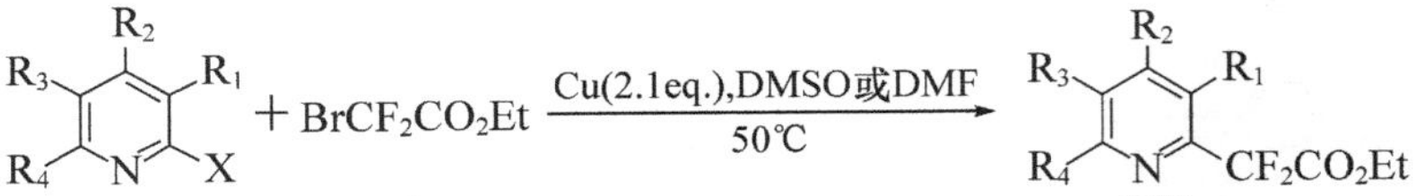

129　　1　　130

a: X = Br, $R_1 = R_2 = R_3 = R_4$ = H, 82%；　**b**: X = Br, R_1 = Me, $R_2 = R_3 = R_4$ = H, 75%；
c: X = Br, $R_1 = R_3 = R_4$ = H, R_2 = Me, 66%；　**d**: X = Br, $R_1 = R_2 = R_4$ = H, R_3 = Me, 70%；
e: X = Br, $R_1 = R_2 = R_3$ = H, R_4 = Me, 85%；　**f**: X = Br, $R_1 = R_2 = R_4$ = H, R_3 = NO_2, 66%；
g: X = Br, R_1 = OH, $R_2 = R_3 = R_4$ = H, 53%；　**h**: X = Br, $R_1 = R_2 = R_3$ = H, R_2 = MeO, 50%；
i: X = Br, $R_1 = R_2 = R_4$ = H, R_3 = Br, 53%；　**j**: X = Cl, R_1 = NO_2, $R_2 = R_3$ = H, R_4 = Cl, 71%；
k: X = Cl, R_1 = NO_2, $R_2 = R_3 = R_4$ = H, 65%；　**l**: X = Cl, R_1 = NO_2, R_2 = Me, $R_3 = R_4$ = H, 38%

最近 Holmes 小组发现在 CuBr 存在下 *N*-取代的 2-卤代苯甲酰胺 **131** 与 $BrZnCF_2CO_2Et$ 反应能高产率地生成 α,α-二氟高邻苯二甲酰亚胺化合物 **133**[45]（见表 7-10）。反应首先涉及 CuBr 诱导的 $BrZnCF_2CO_2Et$ 与底物之间的偶联反应，所得中间体产物 **132** 进一步发生环化反应。对于该反应 DMF 作溶剂比 THF 好，因为 CuBr 催化剂在 THF 中溶解性不好，研究还发现 CuBr 用量为 0.7～0.8 当量时能取得很好的反应结果，当 CuBr 用量大于 1 当量时，反应体系生成大量的 2-溴代苯甲酰胺副产物。

表 7-10　卤代苯甲酰胺与 $BrZnCF_2CO_2Et$ 之间的偶联反应

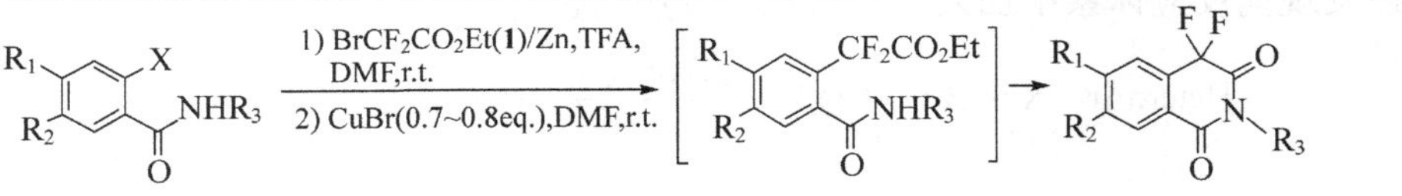

131　　132　　133

131				133 的产率/%
R_1	R_2	X	R_3	
Me	H	I	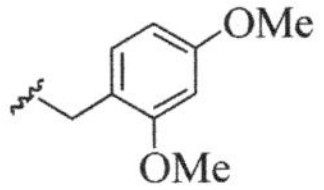	88
Me	H	I	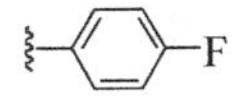	85
Me	H	I	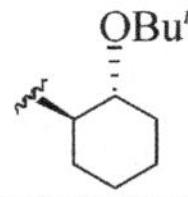	81

续表

131				133 的产率/%
R_1	R_2	X	R_3	
H	H	I	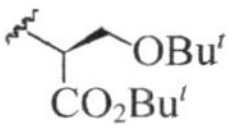	82
H	H	I	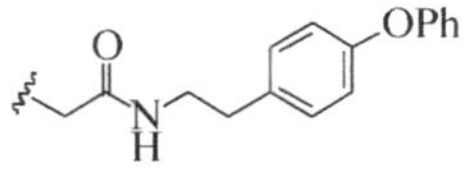	90
H	H	I	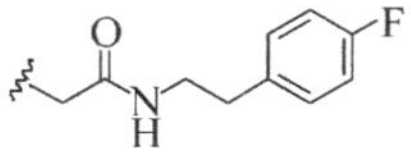	90
H	NO_2	Br	H	88
$EtOCH_2(CH_2)_2NHC(O)—$	H	I	H	92

在 $Ni(PPh_3)_4$ 催化下,烯基锆化合物同样能与 $BrCF_2CO_2Et$ 发生偶联反应生成 α,α-二氟-β,δ-不饱和羧酸乙酯 **134** 和 **135**[46],遗憾的是该反应产率低,还发生烯基锆对酯基的加成反应生成 α,β-不饱和酮的水合物 **136**。

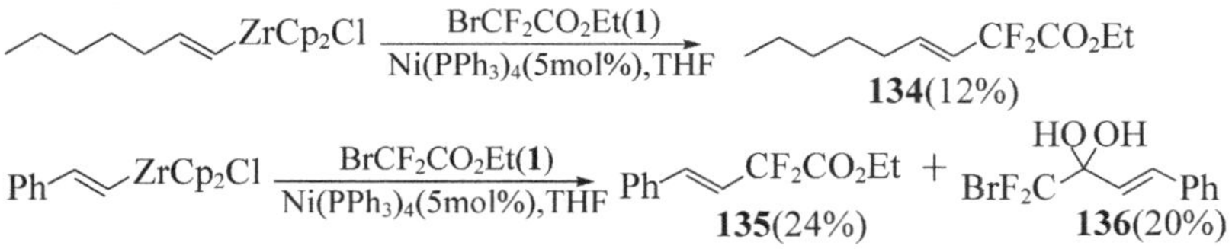

7）与醇、硫醇、胺以及酚等质子性化合物之间的反应

醇、胺、硫醇以及酚等质子性化合物在一定条件下可与 $BrCF_2CO_2Et$ 反应,但是反应位点和底物有很大的关系。Schwaebe 等报道在催化量^tBuOK 存在下且以正己烷为溶剂时,$BrCF_2CO_2Et$ 能与正丁醇、异丙醇以及叔丁醇反应,高产率得到一溴二氟乙酸酯化合物 **137**[47]。与醇和 $BrCF_2CO_2Et$ 反应相类似,伯胺和仲胺同样能与 $BrCF_2CO_2Et$ 反应得到相应的一溴二氟乙酰胺化合物 **138**[48,49]。

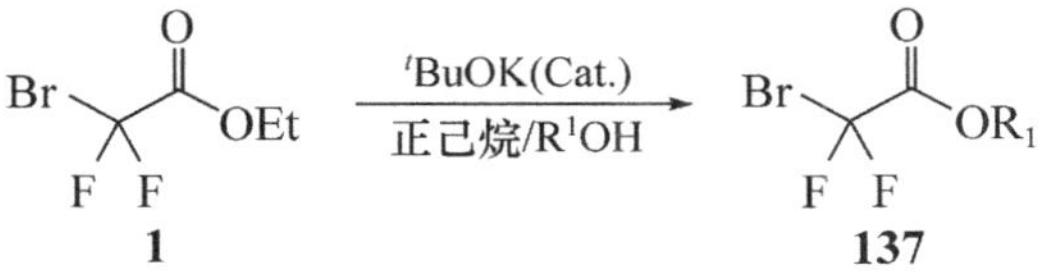

a: $R_1 = n$-Bu(83%); **b**: $R_1 = i$-Pr(85%); **c**: $R_1 = t$-Bu(92%)

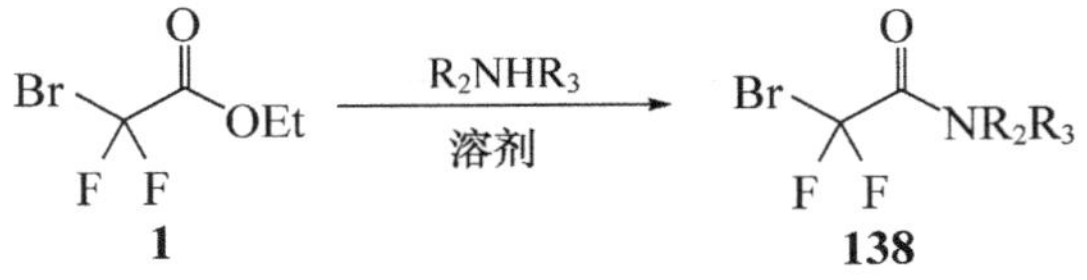

a: R_2 = Bn, R_3 = Me; **b**: R_2 = Bn, R_3 = H;
c: R_2 = R_3 =—($CH_2CH_2OCH_2CH_2$)—

Dolbier 等研究了 2-羟基苯胺 **139** 以及偕胺肟 **142** 同 $BrCF_2CO_2Et$ 之间的反应[50]。化合物 **139** 在三乙胺催化下能与 $BrCF_2CO_2Et$ 反应以 82%的产率得到一溴二氟酰胺产物 **140**，后者用多聚磷酸处理即实现 2-(一溴二氟甲基)苯并噁唑 **141** 的制备；对于这一反应，Dolbier 等认为以下三方面需引起注意：首先，$BrCF_2CO_2Et$ 中氟原子的存在促使了反应的进行，作为溶剂的 EtOAc 在反应条件下不与 **139** 反应；其次，体系中不加入 Et_3N 时没有反应发生，说明 Et_3N 在反应中起催化剂功效；最后，处于苯胺 2 位的羟基对反应的进行同样必不可少，因为在相同条件下 2-氨基联苯不能发生发应。另外，偕胺肟 **142** 在 Et_3N 催化下同样能与 $BrCF_2CO_2Et$ 反应生成相应的 5-一溴二氟甲基-1，2，4-噁二唑衍生物 **143**，虽然这一反应产率较低，但操作简单且能放大进行。

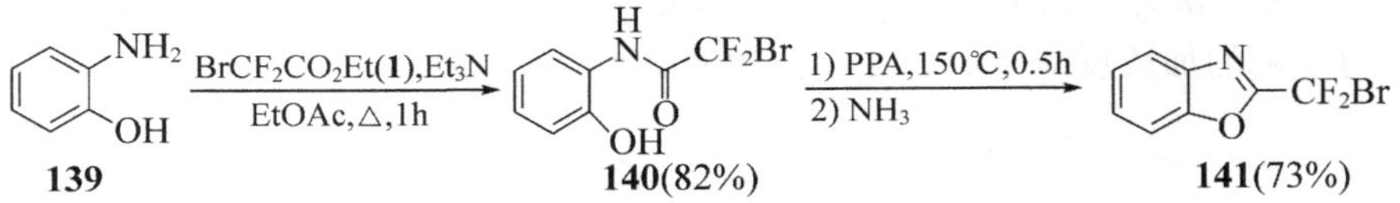

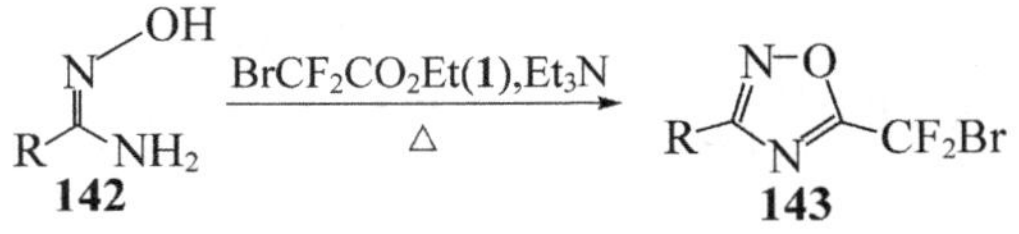

a: R = Ph(35%)；**b**: R = Me(24%)；**c**: R = *n*-Pr(41%)

苯酚、硫酚以及硫醇和 $BrCF_2CO_2Et$ 之间的反应与醇和胺底物不同，反应主要生成溴原子被酚羟基或巯基取代的产物。Gao 等就利用萘酚衍生物 **144** 与 $BrCF_2CO_2Et$ 之间的反应以 40%的产率合成了 α,α-二氟乙酸酯衍生物 **145**[51]。Sigh 等报道 1-氨基-2-巯基吡啶衍生物 **146** 在 *i*-PrOH 和 $NaBH_4$ 存在下与 $BrCF_2CO_2Et$ 反应制备 2，2-二氟-1，4-噻嗪-3(4*H*)-酮衍生物 **147**，反应可能首先涉及 $BrCF_2CO_2Et$ 与巯基反应得到 α,α-二氟乙酸酯中间体，后者进一步发生分子内闭环反应[52]。Eto 小组则利用硫醇以及苯硫酚与 $BrCF_2CO_2Et$ 之间的反应合成了 β-巯基-α,α-二氟乙酸乙酯化合物 **148**[53]。

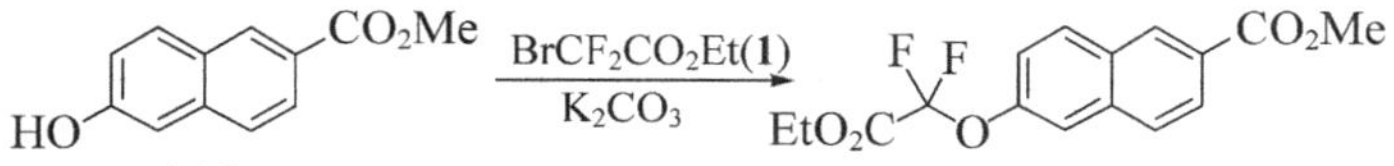

144　　145(40%)

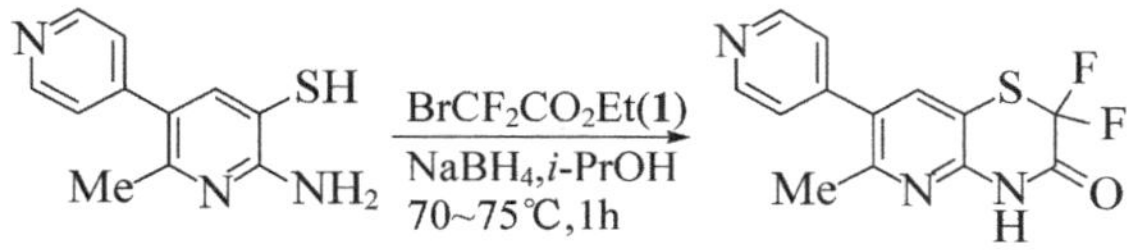

146　　147(25%)

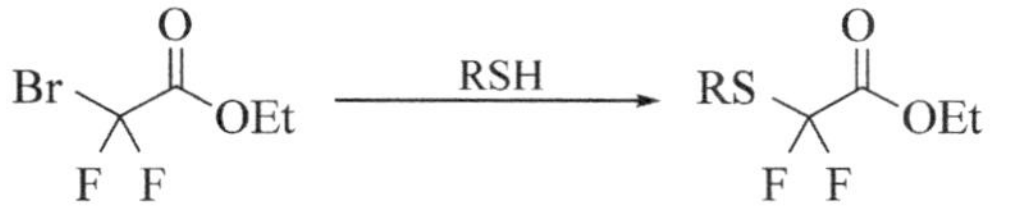

1　　148

a: R = *t*-Bu; **b**: R = 4-MeC$_6$H$_4$; **c**: R = Bn;
d: R = 4-MeOC$_6$H$_4$CH$_2$

8) 其他反应

用 Zn 粉和 TMSCl 于 THF 溶剂中依次处理 $BrCF_2CO_2Et$ 能得到二氟乙烯酮乙基三甲硅基乙缩醛 **149**,Iseki 等利用手性路易斯酸 **150**、**151** 作为手性配体催化缩醛 **149** 和醛之间的不对称 Mukaiyama-Aldol 反应取得了好的反应结果,反应以高产率和中等到良好的 *ee* 值生成 β-羟基-α,α-二氟羧酸酯 **152**[54,55](见表7-11)。Iseki 小组还从反应温度等方面系统地考察了这一反应并提出了可能的反应机理。

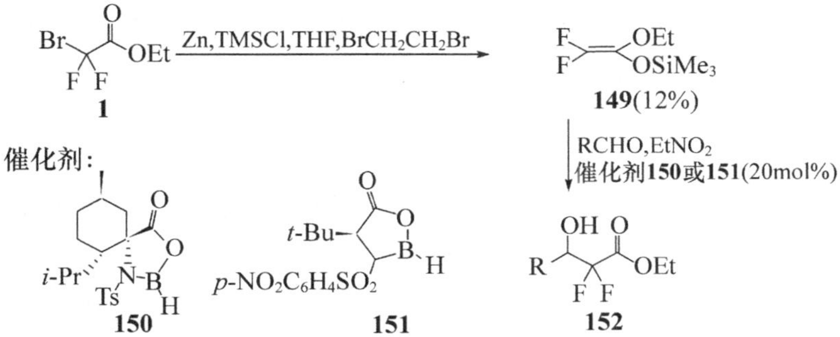

表 7-11　路易斯酸 150、151 催化缩醛与醛之间的反应示例

RCHO	催化剂(20mol%)	温度/℃	产物 152 产率/%	产物 152 *ee*/%
PhCHO	**150**	−78	99	97(*R*)
PhCHO	**151**	−20	96	65(*R*)
(*E*)-PhCH═CHCHO	**150**	−78	99	96
(*E*)-PhCH═CHCHO	**151**	−45	65	26

续表

RCHO	催化剂(20mol%)	温度/℃	产物 152	
			产率/%	*ee*/%
$PhCH_2CH_2CHO$	**150**	−78	98	76
$PhCH_2CH_2CHO$	**151**	−45	99	70
$PhCH_2OCH_2CHO$	**150**	−78	94	98
$PhCH_2OCH_2CHO$	**151**	−45	60	54
c-$C_6H_{11}CHO$	**150**	−78	87	76
c-$C_6H_{11}CHO$	**151**	−45	97	94
$CH_3CH_2CH_2CHO$	**150**	−78	91	97
$CH_3CH_2CH_2CHO$	**151**	−45	90	94
$CH_3(CH_2)_8CHO$	**150**	−78	93	92
$CH_3(CH_2)_8CHO$	**151**	−45	90	63
$(CH_3)_2CHCH_2CHO$	**150**	−78	85	82
$(CH_3)_2CHCH_2CHO$	**151**	−45	85	96
$(C_2H_5)_2CHCHO$	**150**	−78	81	64
$(C_2H_5)_2CHCHO$	**151**	−45	90	95

用 DIBAL-H 还原 $BrCF_2CO_2Et$ 能生成一溴二氟乙醛半缩醛 **153**[56]，Taguchi 等[57]将半缩醛 **153** 与磷叶立德**154**反应能以中等产率生成 *N*-(4-溴-4,4-二氟丁烯酰基)噁唑烷酮 **155**，产物 **155** 中双键为单一的 *E* 式构型；Taguchi 等进一步在碱 LDA 和 Et_3B 的存在下用二苯甲酮衍生的亚胺 **156** 处理噁唑烷酮 **155**，以大于 95%的非对映选择性得到二氟亚甲基环丙烷 **157**，后者脱除噁唑烷酮辅基和各种保护基即实现相应含氟谷氨酸 **158** 的制备。

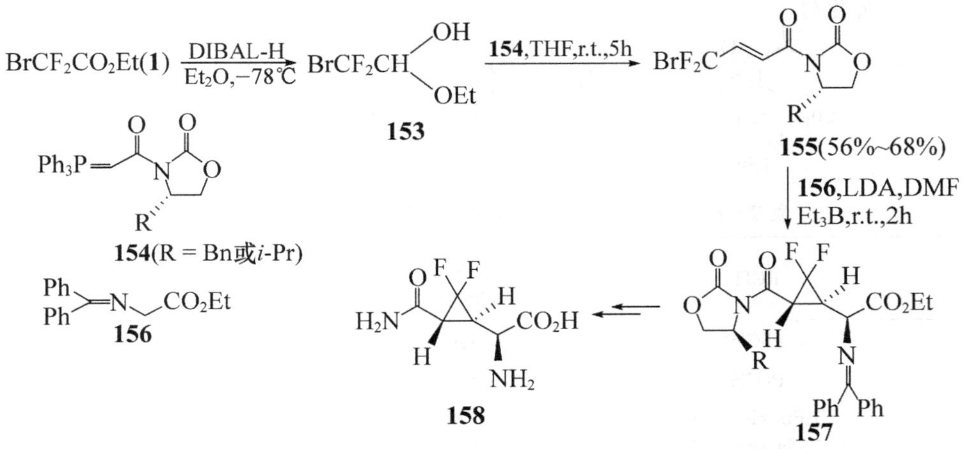

Bruché 小组报道以 LDA 作碱,(*R*)-甲基对甲苯基亚砜 **159** 与 $BrCF_2CO_2Et$ 反应能以高达 93%的总产率得到含氟亚砜产物 **160** 及其水合物,二者的混合物直接在 K_2CO_3 存在下用硫酸二甲酯处理即实现手性亚磺酰基取代的含氟烯醇醚 **161** 的制备[58]。

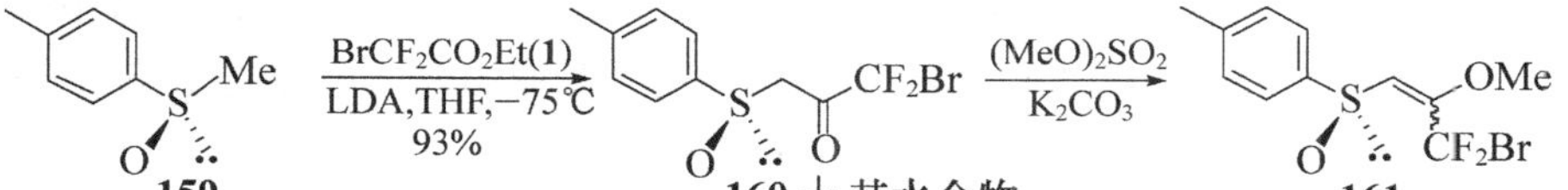

159 **160**＋其水合物 **161**

Yoshid 和 Iyoda 等研究发现以苯为溶剂且在 Bu_3SnH 存在下,$BrCF_2CO_2Et$ 能与富勒烯 C_{60} 反应以 37%的产率得到 1-氟烷基-2-氢[60]富勒烯 **162**[59]。除了 $BrCF_2CO_2Et$ 外,该反应还适用于其他氟烷基卤代物。他们认为反应经由自由基中间体且提出了相应的反应机理,如下所示:

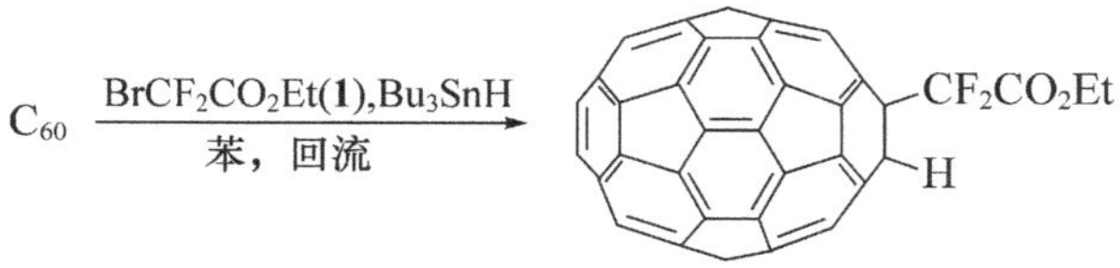

162(37%)

最近,Kitazume 等报道用格氏试剂处理 $BrCF_2CO_2Et$ 能以中等到良好的产率得到一溴二氟甲基酮 **163**[60],后者可进一步与 $(EtO)_2P(O)CH_2CO_2Et$ 发生 HWE 反应制备(*E*)-3-取代-4-溴-4,4-二氟-3-丁烯酸乙酯 **164**。随后,他们在 DMF 溶剂中用 Zn 粉处理产物 **164** 能高产率地得到(*E*)-3-取代-4,4-二氟-3-丁烯酸乙酯 **165**,后者在 12～14℃下与 TBAF 反应即实现(*E*)-3-取代-4,4-二氟-2-丁烯酸乙酯 **166** 的制备,反应机理牵涉氟负离子催化的质子迁移反应。另一方面,用 Pd/C 氢化末端二氟烯烃 **165**,随后对所得产物进行动力学拆分可完成手性 3-取代-4,4-二氟-丁酸乙酯 **167** 和 3-取代-4,4-二氟-丁酸 **168** 的制备。

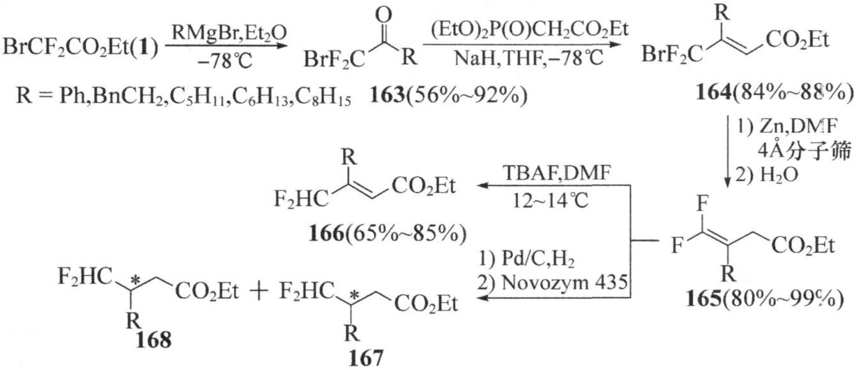

二、3-溴-3,3-二氟丙烯

由于3-溴-3,3-二氟丙烯(3-bromo-3,3-difluoropropene，$BrCF_2CH{=}CH_2$)分子中含有C—Br键和双键，可进行一系列化学转化。因此，3-溴-3,3-二氟丙烯可作为二氟亚甲基的合成砌块向有机分子中引入二氟亚甲基。特别是近5年来，该化合物在含氟生物活性有机分子的合成中得到越来越多的应用。

1. 3-溴-3,3-二氟丙烯的制备

3-溴-3,3-二氟丙烯**169**是一种易挥发和低沸点的无色透明液体(沸点41～42℃)。由于分子中含有一个溴原子和二个氟原子，它的密度比水大(密度$1.54g/cm^3$)。3-溴-3,3-二氟丙烯的制备过程分为二步：首先，在高压釜中通过过氧化物引发二氟二溴甲烷与乙烯加成生成1,3-二溴-1,1-二氟丙烷[61～63]；然后，加成物在KOH水溶液中脱去溴化氢生成3-溴-3,3-二氟丙烯**169**[62～64]。反应式如下：

$$CF_2Br_2 + CH_2{=}CH_2 \xrightarrow{Bz_2O_2} BrCH_2CH_2CF_2Br$$

$$BrCH_2CH_2CF_2Br \xrightarrow{KOH} \underset{\mathbf{169}}{BrCF_2CH{=}CH_2}$$

2. 3-溴-3,3-二氟丙烯的反应

有关3-溴-3,3-二氟丙烯反应的研究主要集中于烯丙位碳—溴键的反应。也就是说，采用什么反应方式使溴—溴键断裂生成碳—金属键，然后与有关的亲电试剂进行二氟烯丙基化反应。

1) 通过二氟烯丙基锂中间体进行偕二氟烯丙基化反应

美国麻省理工学院的Seyfeth首先探索3-溴-3,3-二氟丙烯与丁基锂的卤素交换反应[64]。他发现，在低温(−95℃)和过量三烷基氯硅烷的存在下，3-溴-3,3-二氟丙烯与正丁基锂作用，可高产率地生成$R_3SiCF_2CH{=}CH_2$ **170**。

$$Br_2CF_2CH{=}CH_2 + R_3SiCl \xrightarrow[-95℃]{n\text{-}BuLi} \underset{\mathbf{170}}{R_3SiCF_2CH{=}CH_2}$$

$$R = Me, Et, n\text{-}Pr$$

Seyfeth认为在该反应过程中产生了二氟烯丙基锂试剂，因此，该锂试剂应该与羰基发生烯丙基化反应。正如他们期望的那样，反应中生成的二氟烯丙基锂试剂能与二烷基酮及烷基芳基酮反应以良好的产率得到烯丙基化产物。烷基醛在同

样的反应条件下也能得到二氟烯丙基醇产物 **171**。但是，苯甲醛由于易与丁基锂反应，而不能形成二氟烯丙基醇化合物。

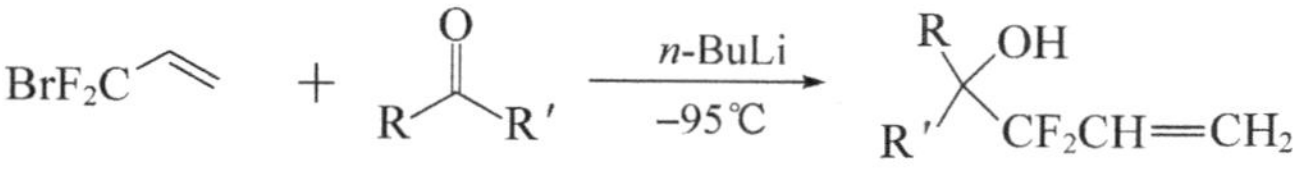

171

反应过程中产生的二氟烯丙基锂也能与酯反应生成二氟烯丙基酮 **172**。

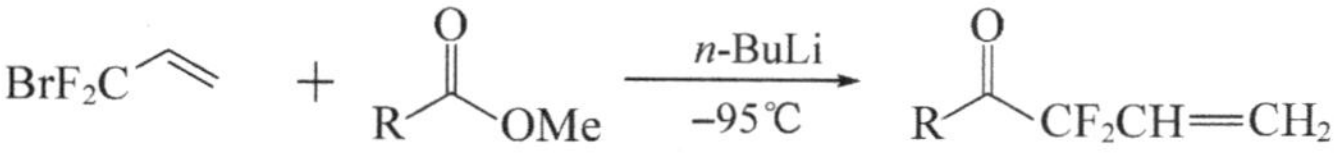

172

2）锌参与的醛和酮的偕二氟烯丙基化反应

虽然羰基化合物与在反应过程中产生的偕二氟烯丙基锂试剂的偕二氟烯丙基化反应能以较好的产率得到化合物 **171**，但是与芳香醛和 α,β-不饱和醛反应的产率很低，这主要是由于丁基锂和这些羰基化合物会发生竞争反应。1991 年，Burton 报道了通过用酸活化的锌粉和 3-溴-3,3-二氟丙烯的原位反应直接对醛和酮进行偕二氟烯丙基化反应[65]。这一方法避免了使用热力学不稳定的锂试剂中间体和羰基化合物与丁基锂会发生竞争反应的问题。

在锌粉存在下，一系列醛和酮与 3-溴-3,3-二氟丙烯之间的偕二氟烯丙基化反应以良好的产率得到了相应的偕二氟高烯丙醇化合物 **171**。醛和酮与 3-溴-3,3-二氟丙烯的反应之间没有差异。锌参与的 3-溴-3,3-二氟丙烯对 α,β-不饱和醛和酮的反应专一地生成相应的 1,2-加成产物 **173** 和 **174**，没有 1,4-加成产物形成。值得注意的是在这些加成反应中，CF_2 端选择性专一地进攻羰基的碳原子。这是因为偕二氟烯丙基中间体的锥体结构比平面结构更稳定，负电荷处在碳原子 $\alpha(CF_2)$位上[66]。

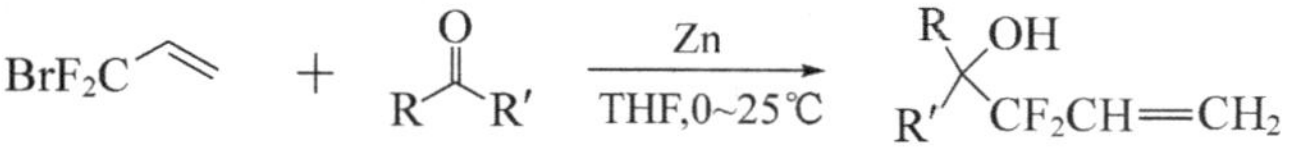

171

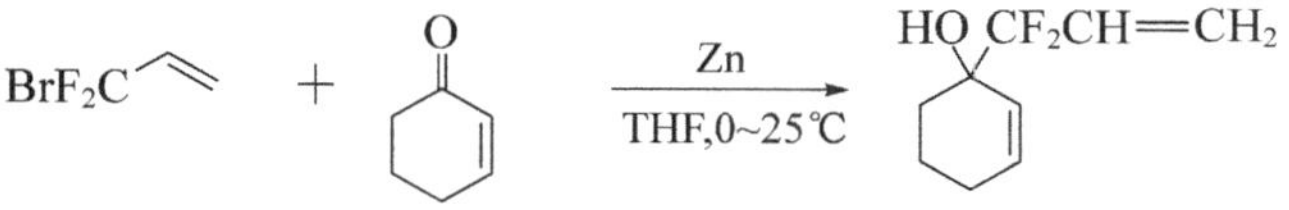

173

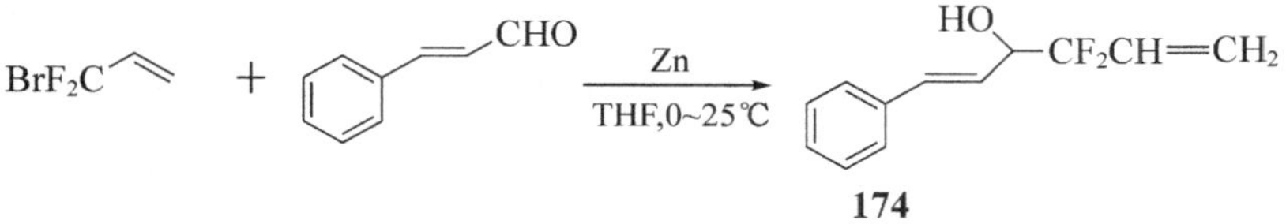

174

但是，其他羰基化合物，如苯甲酸甲酯和苯甲酰氯在相同的条件下得不到 α,α-二氟高烯丙醇产物。

3）铟参与的醛的偕二氟烯丙基化反应

在铟的存在下，3-溴-3，3-二氟丙烯与醛在室温下反应生成偕二氟高烯丙醇化合物 **175**[67]。该反应以 DMF 作溶剂，产物的产率很高。更具有意义的是，在铟的存在下，以水作溶剂，3-溴-3，3-二氟丙烯能与醛很好地反应，这和其他要求无水条件的偕二氟烯丙基化反应形成了鲜明的对比。但是，该反应在 THF 作溶剂时却不能进行。3-溴-3，3-二氟丙烯与 α,β-不饱和醛反应专一地生成 1，2-加成产物。有趣的是，酮、酰氯、环氧官能团在该反应条件下都不与 3-溴-3，3-二氟丙烯发生反应。对于同时具有醛和酮官能团的化合物，3-溴-3，3-二氟丙烯会选择性地与醛羰基发生反应生成化合物 **176**。

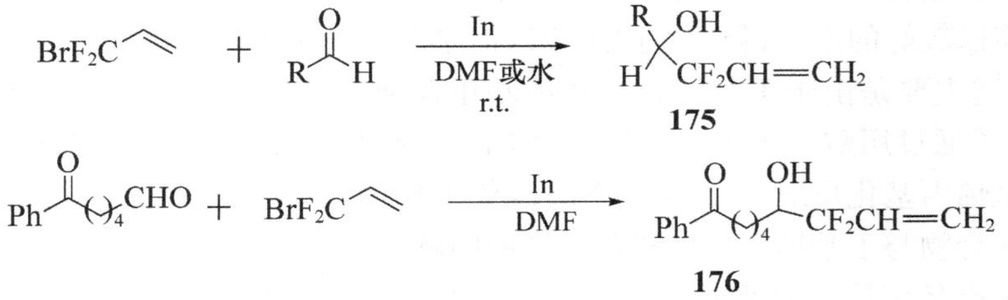

4）偕二氟烯丙基化反应在合成含偕二氟亚甲基生物活性化合物中的应用

偕二氟亚甲基（CF_2）被认为是氧原子的等极体和等排体，被用作修饰生物活性化合物的一种策略。近来，偕二氟烯丙基化反应在合成偕二氟亚甲基化合物中的应用受到了关注。

内酯 **177** 与 3-溴-3，3-二氟丙烯在正丁基锂的存在下，于－100℃发生偕二氟烯丙基化反应，以 82％的产率得到乳醇 **178**，以化合物 **178** 为关键中间体，可合成含偕二氟亚甲基的碳糖 **179**[68]。

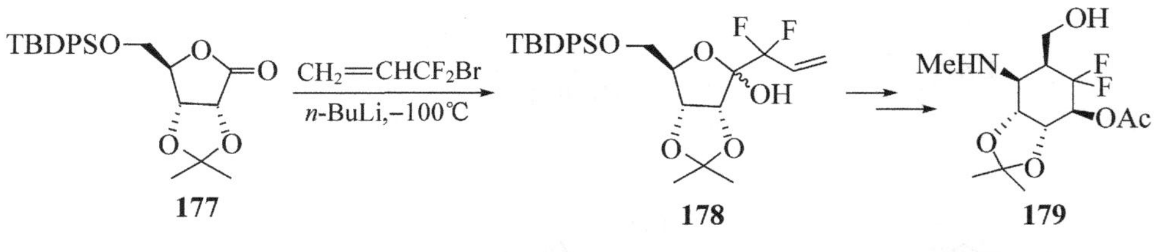

醛 **180** 与 3-溴-3，3-二氟丙烯在铟的存在下反应，以高产率得到偕二氟高烯丙醇 **181**。化合物 **181** 依次经过乙酰化、烯烃复分解反应（RCM 反应）和双羟基化反应得到 4，4-二氟糖 **182**[69]。

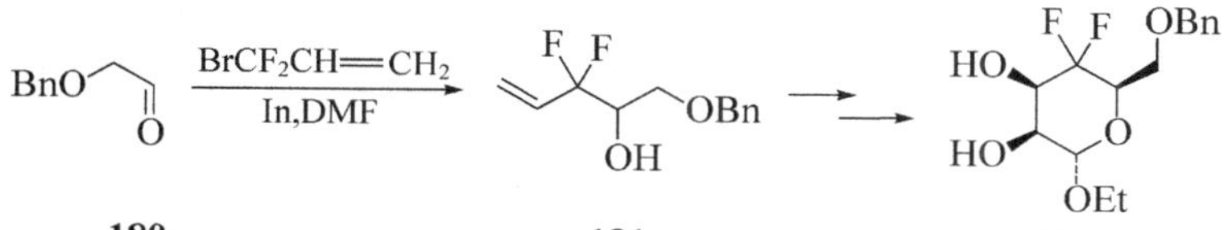

180　181　182

中国科学院上海有机化学研究所卿凤翎系统地研究了在铟存在下，3-溴-3，3-二氟丙烯与 (*R*)/(*S*)-甘油醛缩丙酮 **183** 的反应，以 90%的产率得到二氟高烯丙醇 **184**。从关键中间体 **184** 出发，制备了 2′，3′-双脱氧-6′，6′-二氟-3′-硫代核苷 **185**[70]和 *N*-1-(3-脱氧-3，3-二氟-D-阿拉伯呋喃糖)胞嘧啶 **186**[71]。

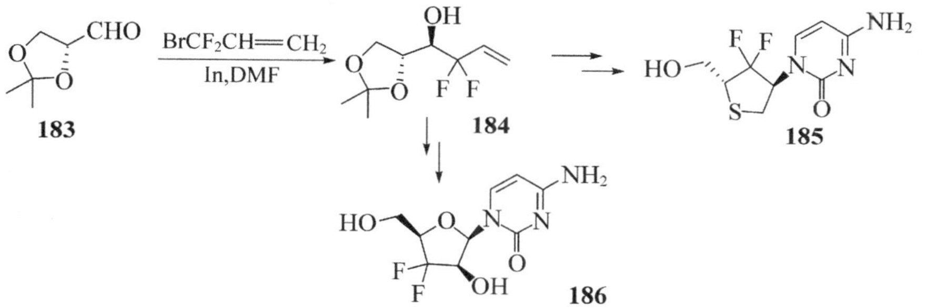

183　184　185　186

5）与[(二乙氧基氧磷基)二氟亚甲基]溴化锌的偶联反应

[(二乙氧基氧磷基)二氟亚甲基]溴化锌 **187** 与 3-溴-3，3-二氟丙烯在催化量的 CuBr 存在下，区域选择性地得到单一的化合物 **188**。反应混合物的^{19}F NMR 谱表明该反应没有另一异构体 **189** 生成[72]。

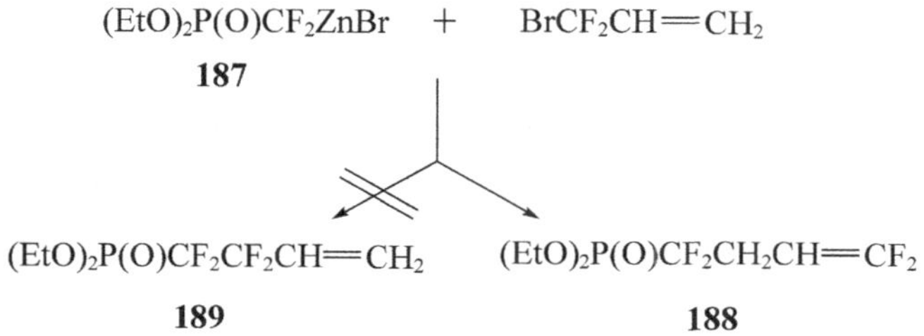

187　189　188

6）亲核取代反应

软的碳亲核试剂 **190** 在钯的催化下区域选择性地与 3-溴-3，3-二氟丙烯反应得到 3 位取代的 1，1-二氟烯烃 **191**[73]。

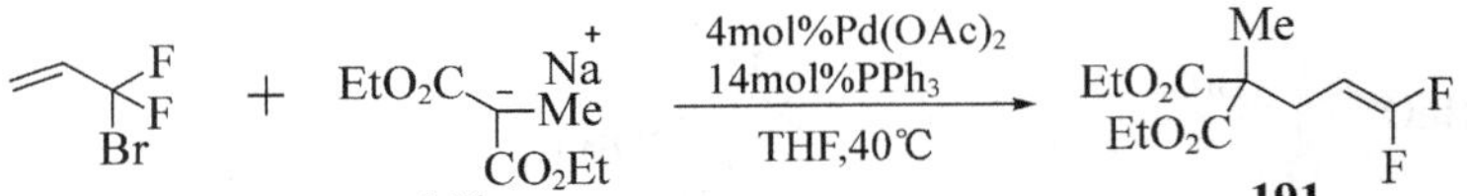

190 **191**

三、二氟甲基苯基砜

由于二氟甲基苯基砜(difluoromethyl phenyl sulfone,$C_6H_5SO_2CF_2H$)既可作为二氟甲基阴离子(CF_2H^-)的等效合成子,又可作为二氟亚甲基双阴离子的等效体,因此近年来二氟甲基苯基砜在含氟化合物合成中的应用引起了人们的研究兴趣。

1. 二氟甲基苯基砜的制备

二氟甲基苯基砜的制备过程分为二步:首先,苯硫酚与二氟一氯甲烷在碱存在下反应生成二氟甲基苯硫醚[74a];然后,用过氧化氢氧化二氟甲基苯硫醚得到二氟甲基苯基砜 **192**[74b]。

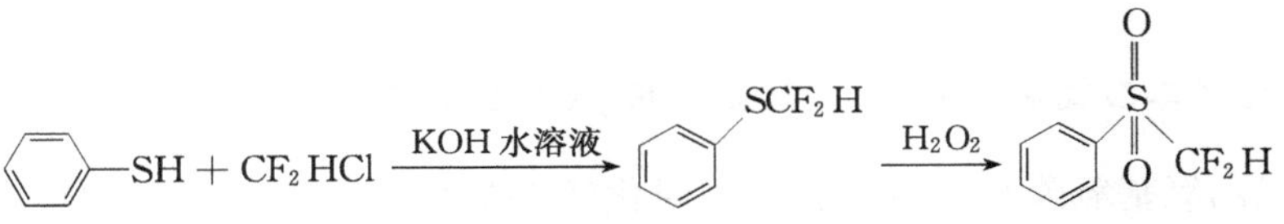

192

2. 二氟甲基苯基砜的反应

1) 还原二氟甲基化反应

在还原性金属的作用下,二氟甲基苯基砜 **192** 能够作为二氟甲基阴离子(CF_2H^-)的等效合成子来使用。例如,二氟甲基三烷基硅烷 **193**(R_3SiCF_2H)可以通过二氟甲基苯基砜 **192** 在金属镁的作用下与三烷基氯硅烷反应来制备[75]。在这一单电子转移反应中,电子给体金属镁将电子转移至二氟甲基苯基砜,从而产生二氟甲基阴离子活性物种,这一物种与三烷基氯硅烷反应得到二氟甲基三烷基硅烷。运用这一方法,已成功地制备了二氟甲基三甲基硅烷和二氟甲基三乙基硅烷。这些二氟甲基三烷基硅烷 **193** 可进一步作为其他亲电试剂(如羰基化合物)的二氟甲基化试剂。

$$\underset{\textbf{192}}{PhSO_2CF_2H} + Me_3SiCl \xrightarrow[76\%]{Mg,DMF,0℃,1.5h} \underset{\textbf{193}}{Me_3SiCF_2H}$$

2）亲核性苯磺酰基二氟甲基化反应

二氟甲基苯基砜 **192** 在一般强碱(如氢氧化钠)的作用下，可以很容易地脱去质子形成苯磺酰基二氟甲基阴离子。反应中生成的苯磺酰基二氟甲基阴离子与不能烯醇化的醛反应，能高产率地得到相应的苯磺酰基二氟甲基化的醇 **194**[76]。这些醇可进一步转化为许多其他含氟的重要化合物，如通过还原脱磺化生成二氟甲基代甲醇类化合物，通过氟化和消除生成 1，1，2-三氟-1-烯烃类化合物。类似的，运用不同的碱拔氢，酮与 α,β-不饱和酮的亲核性苯磺酰基二氟甲基化反应也已经有所报道。与酮 **195** 反应的产物 **196** 是合成 2′-脱氧′-2-二氟亚甲基核苷相当有用的前体。与 α,β-不饱和酮 **197** 的亲核性苯磺酰基二氟甲基化反应的产物以 1，4-加成产物 **198** 为主。除了羰基化合物外，类似的反应有由碱引发的二芳基二硫化物的苯磺酰基二氟甲基化反应，生成芳硫基二氟甲基苯基砜[77]。

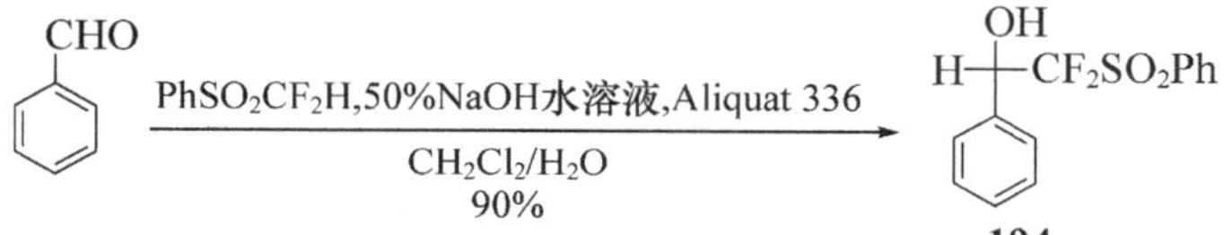

194

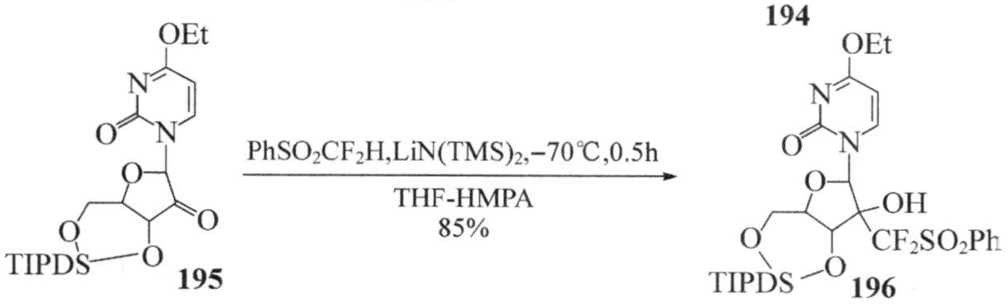

195　**196**

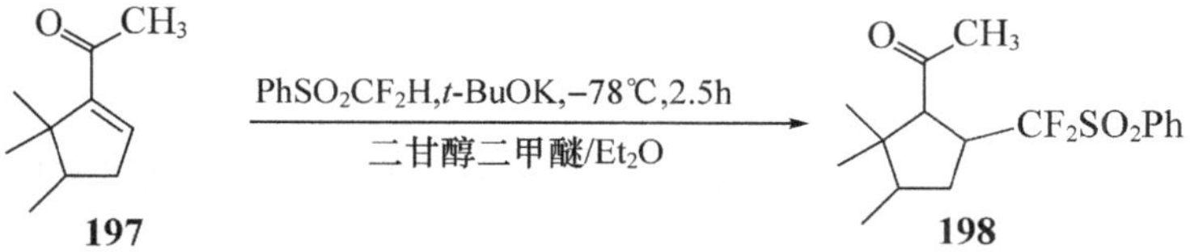

197　**198**

二氟甲基苯基砜 **192** 与 LHDMS 作用形成的苯磺酰基二氟甲基阴离子对手性的烯胺 **199** 可进行高立体选择性(*de* 99％)亲核加成反应生成化合物 **200**，对化合物 **200** 进行还原脱砜形成光学活性的 α-二氟甲基胺 **201**[78]。

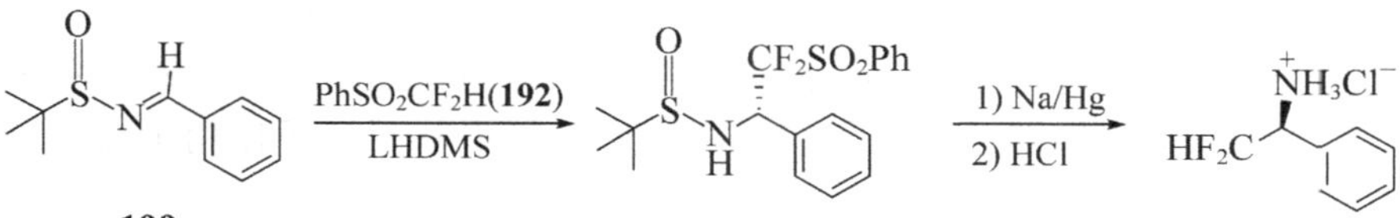

199　**200**　**201**

3）立体选择性的二氟甲基化反应

由于 CF_2H 基团中氢原子的高酸性和 S—C 键的高极性，二氟甲基苯基砜 **192** 也可作为二氟亚甲基双阴离子的等效体[77]。因此，当叔丁醇钾既是碱又是亲核试剂的作用下，二氟甲基苯基砜 **192** 与两分子的二苯基二硫化物的反应，几乎定量生成二苯硫基二氟甲烷 **202**。类似的，二氟甲基苯基砜能与两分子不能烯醇化的醛反应，高立体选择性地生成反-2,2-二氟-1,3-丙二醇类化合物 **203**（*de* 值达 94%）。这一非同寻常的高立体选择性，是通过分子内负电荷的相互排斥作用来实现的，而非传统的立体控制（Cram 规则）。这一方法，除了可以合成对称的反-2,2-二氟-1,3-丙二醇类化合物外，当以二氟（苯磺酰基）甲基取代的醇 **194** 作为底物与其他结构相异的醛反应时，也可以合成不对称的反-2,2-二氟-1,3-丙二醇类化合物 **204**。

$$PhSO_2CF_2H + PhSSPh \xrightarrow[99\%]{t\text{-BuOK, DMF, r.t., 4h}} PhSCF_2SPh$$

202

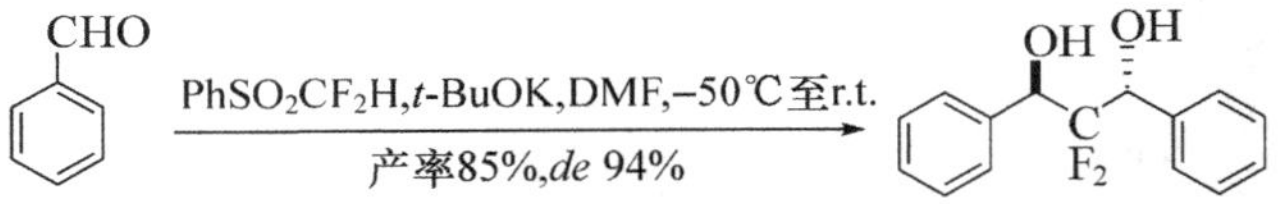

203

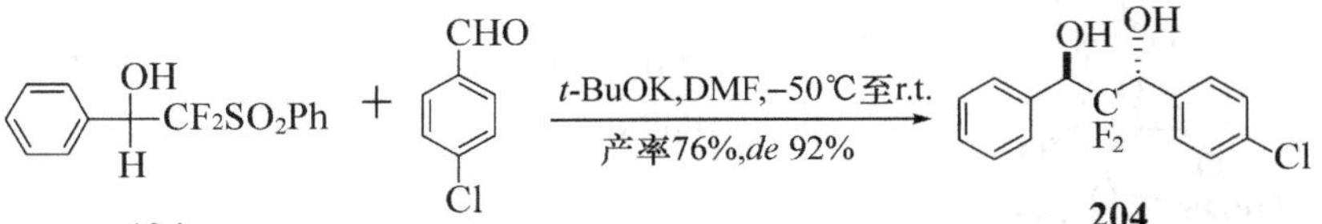

194　　**204**

4）二氟卡宾反应

二氟甲基苯基砜 **192** 易被碱拔氢作用生成（苯磺酰基）二氟甲基阴离子 **205**，接着消除脱去苯磺酰基（生成苯亚磺酸负离子离去）从而产生二氟卡宾 **206**[79]。在无亲电试剂（如羰基化合物、二硫化物等）存在的体系中，二氟甲基苯基砜用强碱处理很容易产生二氟卡宾。二氟卡宾与苯硫酚钠反应生成二氟甲基苯基硫醚，或者与甲醇钠反应生成二氟甲基甲基醚。另有报道，二氟甲基苯基砜 **192** 在氢氧化钠水溶液中反应 66h 后，单一地生成（苯磺酰基）二氟甲基苯基硫醚 **207**[76]。这一反常反应的可能机理是：产生的二氟卡宾与副产物苯亚磺酸钠反应生成二苯基二硫化物，二苯基二硫化物则进一步与（苯磺酰基）二氟甲基阴离子作用生成（苯磺酰基）二氟甲基苯基硫醚。

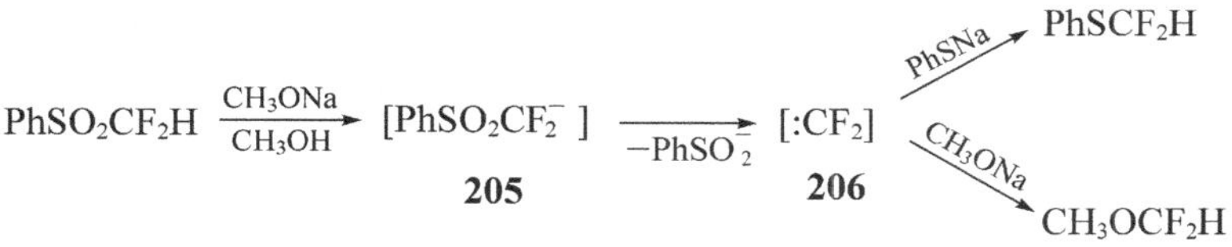

205　**206**

$$PhSO_2CF_2H \xrightarrow[\text{Aliquat 336, r. t. , 66h}]{\text{50\% NaOH 水溶液}, CH_2Cl_2,} PhSO_2CF_2SPh$$

207

四、二氟卡宾试剂

二氟卡宾是一类含氟的活泼中间体,它易与活泼的 O—H 或 S—H 发生插入反应生成相应的 OCF_2H 和 SCF_2H;更为重要的是二氟卡宾能与双键和三键发生环加成反应,生成相应的二氟亚甲基环丙烷(烯)的化合物。因此,二氟卡宾试剂是向有机分子引入二氟亚甲基的一种合成砌块。

1. 二氟卡宾试剂的分类

依据产生原料的不同和产生二氟卡宾反应的不同可进行如下分类:

① 含三氟甲基的金属化合物在加热或碘负离子存在下,产生二氟卡宾。如,Me_3SnCF_3[80]、$PhHgCF_3$[81]和 $BrZnCF_3$[82]等。这类化合物都具有强的毒性,使用时要特别小心。

② 使用氟里昂 $CHClF_2$ 在碱存在下产生二氟卡宾[83]。该方法在合成芳基二氟甲基醚中得到广泛应用。但由于氟里昂的禁止生产,使得今后原料不易得到。

③ 一些氟碳化合物在高温下裂解产生二氟卡宾。如,四氟乙烯和全氟环氧丙烷等的高温裂解[84]。

④ 通过还原剂与二卤二氟甲烷反应产生二氟卡宾。如,$CF_2Br_2/Zn/I_2$ 和 $CF_2Br_2/TiCl_4/LiAlH_4$ 等[85]。

⑤ 有关含二氟甲基的乙酸盐的分解。如,$ClCF_2CO_2Na$ 的热分解[86],但该试剂的热分解温度高,对一些含有官能团的化合物会有影响,在有机合成中会受到限制。近年来,已经发现一类通过负离子引发分解而产生的温和的二氟卡宾试剂:$FSO_2CF_2CO_2SiMe_3$。下面将主要说明该试剂的制备方法和反应。

2. 氟砜基二氟乙酸三甲基硅酯

中国科学院上海有机化学研究所陈庆云和美国 Fluorida 大学的 Dolbier 课题组通过三步反应合成了氟砜基二氟乙酸三甲基硅酯(trimethylsilyl fluorsulfonyldifluoroacetate,$FSO_2CF_2CO_2TMs$,TFDA **208**)[87]。用催化量的三乙胺处理全氟磺内酯(由四氟乙烯与三氧化硫反应得到)得到氟砜基二氟乙酰氟，酰氟水解得到羧酸，最后氟砜基二氟乙酸与三甲基氯硅烷反应制得 TFDA 。

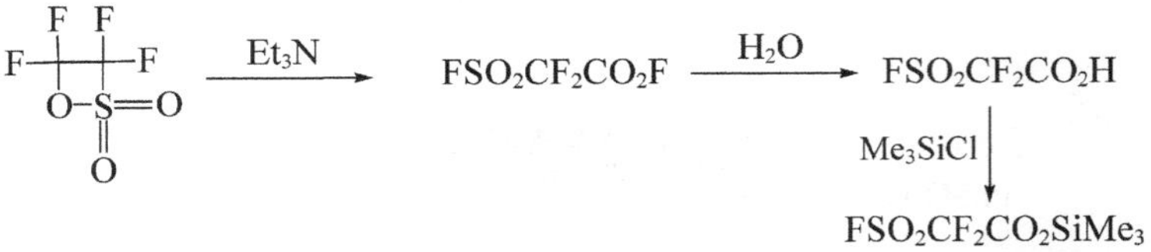

TFDA **208**

TFDA 在催化量的 NaF 存在下，与烯烃发生环加成反应高产率地生成二氟亚甲基环丙烷化合物。特别是缺电子的烯烃，也能与 TFDA 很好地反应。如，丙烯酸酯化合物 **209** 与 TFDA 反应以 73%的产率生成环丙烷产物 **210**。

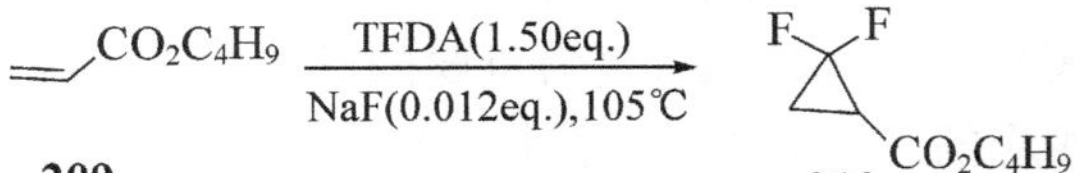

209 **210**

TFDA 也能与炔烃 **211** 和 1-碘炔烃 **212** 反应高产率地生成相应的二氟环丙化产物 **213** 和 **214**[88]。

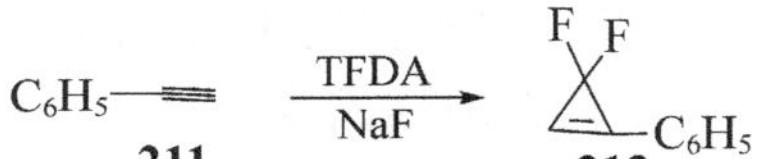

211 **213**

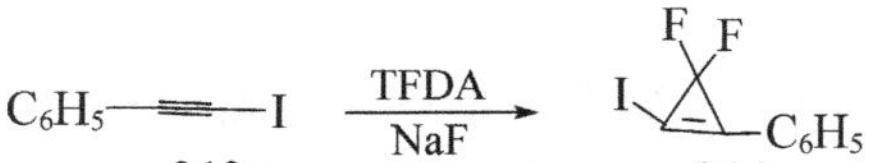

212 **214**

值得指出的是，在 NaF 的存在下，富电子的芳基酮 **215** 和 α,β-不饱和酮 **216** 与过量的 TFDA 反应生成相应的二氟甲基二氟环丙基醚 **217** 和 **218**[89]。

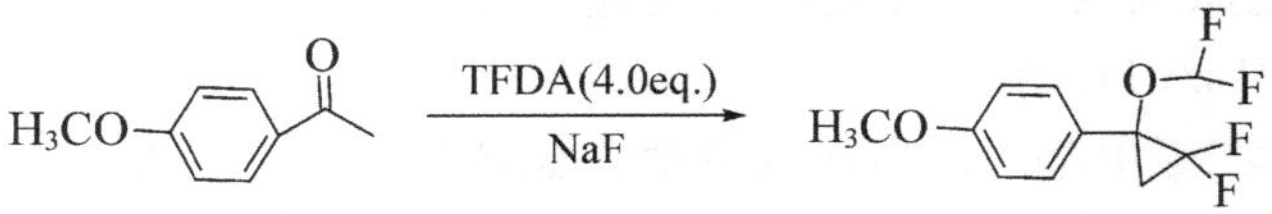

215 **217**

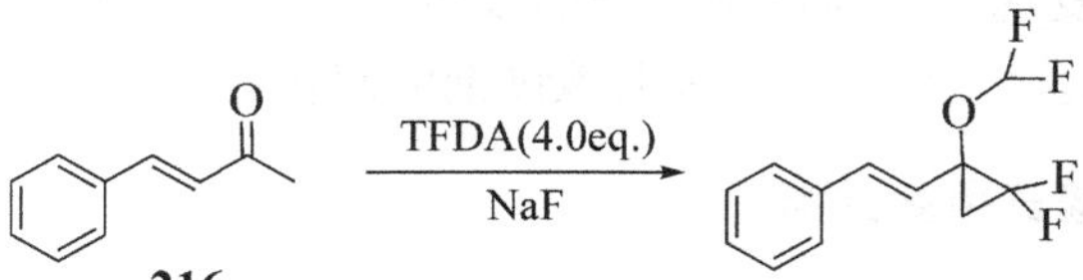

216 **218**

TFDA 形成二氟卡宾及与烯烃的反应过程如下：

$$FSO_2CF_2CO_2SiMe_3 + F^- \longrightarrow FSO_2CF_2CO_2^- + Me_3SiF$$

$$FSO_2CF_2CO_2^- \longrightarrow :CF_2 + SO_2 + CO_2 + F^-$$

（以上两步：链式过程）

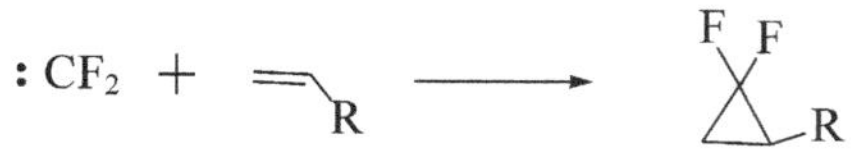

参 考 文 献

1. Cohn, H.; Bergmann, E. D. *Isr. J. Chem.* **1964**, 355-361.
2. Knunyants, I..; Mukhmethin,. M.; Germn, L. S.; eygina, N. I.; Korovushkin, G. G. *Bull. Acad. Sci. USSR Div. Chem. Sci.* (*Engl. Transl.*) **1985**, *34*, 1314-1316.
3. Grindahl, G. A.; Bajzer, W. X.; Pierce, O. R. *J. Org. Chem.* **1967**, *32*, 603-607.
4. Morel, D.; Dawans, F. *Tetrahedron* **1977**, *33*, 1445-1447.
5. Okuhara, K.; Baba, H.; Kojima, R. *Bull. Chem. Soc. Jpn.* **1962**, *35*, 532-535.
6. Fürstner, A. *Synthesis* **1989**, 571.
7. McBee, E. T.; Pierce, O. R.; Christman, D. L. *J. Am. Chem. Soc.* **1955**, *77*, 1581.
8. Hallinan, E. A.; Fried, J. *Tetrahedron Lett.* **1984**, *25*, 2301-2302.
9. Han, B.-H.; Boudjouk, P. *J. Org. Chem.* **1982**, *47*, 5030-5032.
10. Thaisrivongs, S.; Pals, D. T.; Kati, W. M.; Turner, S. R.; Thomasco, L. M.; Watt, W. *J. Med. Chem.* **1986**, *29*, 2080-2087.
11. Altenburger, J. M.; Schirlin, D. *Tetrahedron Lett.* **1991**, *32*, 7255-7258.
12. Kitagawa, O.; Taguchi, T.; Kobayashi, Y. *Tetrahedron Lett.* **1988**, *29*, 1803-1806.
13. Curran, T. C. *J. Org. Chem.* **1993**, *58*, 6360-6363.
14. Sheng, Y.; Qi, M. *J. Fluorine Chem.* **1994**, *67*, 229-232.
15. Yoshida, M.; Suzuki, D.; Iyoda, M. *Synth. Commun.* **1996**, *26*, 2523-2529.
16. Yoshida, M.; Suzuki, D.; Iyoda, M. *J. Chem. Soc.*, *Perkin Trans. 1* **1997**, 643-648.
17. Morikawa, T.; Kodama, Y.; Uchida, J.; Takano, M.; Washio, Y.; Taguchi, T. *Tetrahedron* **1992**, *48*, 8915-8926.
18. Dolbier, W. R., Jr; Ocampo, R. *J. Org. Chem.* **1995**, *60*, 5378-5379.
19. Watanabe, S.; Fujita, T.; Sakanoto, M.; Takeda, H.; Kitazume, T.; Yamazaki, T. *J. Fluorine Chem.* **1997**, *82*, 1-7.
20. Jiménez, O.; Bosch, M. P.; Guerrero, A. *Synthesis* **2000**, 1917-1924.
21. Fokina, N. A.; Kornilov, A. M.; Kukhar, V. P. *J. Fluorine Chem.* **2001**, *111*, 69.
22. Baldwin, J. E.; Lynch, G. P.; Schifield, C. J. *J. Chem. Soc.*, *Chem. Commun.* **1991**, 736-738.
23. Baldwin, J. E.; Lynch, G. P.; Schifield, C. J. *Tetrahedron* **1992**, *48*, 9085-8100.
24. Uoto, K.; Ohsuki, S.; Takenoshita, H.; Ishiyama, T.; Iimura, S.; Hirota, Y.; Mitsui, I.; Terasawa, H. Soga, T. *Chem. Pharm. Bull.* **1997**, *45*, 1793-1804.
25. Vidal, A.; Nefzi, A.; Houghten, R. A. *J. Org. Chem.* **2001**, *66*, 8268-8272.

26. Soloshonok, V. A.; Ohkura, H.; Sorochinsky, A.; Voloshin, N.; Markovsky, A.; Belik, M.; Yamazaki, T. *Tetrahedron Lett.* **2002**, *43*, 5445-5448.

27. Sorochinsky, A.; Voloshin, N.; Markovsky, A.; Belik, M.; Yasuda, N.; Uekusa, H.; Ono, T.; Berbasov, D. O.; Soloshonok, V. A. *J. Org. Chem.* **2003**, *68*, 7448-7454.

28. Staas, D. D.; Savage, K. L.; Homnick, C. F.; Tsou, N. N.; Ball, R. G. *J. Org. Chem.* **2002**, *67*, 8276-8279.

29. Marcotte, S.; Pannecoucke, X.; Feasson, C.; Quirion, J. -C. *J. Org. Chem.* **1999**, *64*, 8461-8464.

30. Sato, K.; Tamura, M.; Tamoto, K.; Omote, M.; Ando, A.; Kumadaki, I. *Chem. Pharm. Bull.* **2000**, *48*, 1023-1025.

31. Sato, K.; Nakazato, S.; Enko, H.; Tsujita, H.; Fujita, K.; Yamamoto, T.; Omote, M.; Ando, A.; Kumadaki, I. *J. Fluorine Chem.* **2003**, *121*, 105-107.

32. Zhao, G.; Sun, H. -l.; Qian, Z. -s.; Yin, W. -X. *J. Fluorine Chem.* **2001**, *111*, 217-219.

33. Katritzky, A. R.; Lan, X.; Yang, J. Z.; Denisko, O. V. *Chem. Rev.* **1998**, *98*, 409-548.

34. Katritzky, A. R.; Nichols, D. A.; Qi, M. *Tetrahedron Lett.* **1998**, *39*, 7063-7066.

35. Cheguillaume, A.; Lacroix, S.; Marchand-Brynaert, J. *Tetrahedron Lett.* **2003**, *44*, 2375-2377.

36. Lacroix, S.; Cheguillaume, A.; Gérard, S.; Marchand-Brynaert, J. *Synthesis* **2003**, 2483-2486.

37. Asai, H.; Uneyama, K. *Chem. Lett.* **1995**, 1213-1214.

38. Sato, K.; Ogawa, Y.; Tamura, M.; Harada, M.; Ohara, T.; Omote, M.; Ando, A.; Kumadaki, I. *Collect. Czech. Chem. Commun.* **2002**, *67*, 1285-1295.

39. Taguchi, T.; Kitagawa, O.; Morikawa, T.; Nishiwaki, T.; Uehara, H.; Endo, H.; Kobayashi, Y. *Tetrahedron Lett.* **1986**, *27*, 6103-6106.

40. Kawasaki, T.; Kitazume, T. *J. Fluorine Chem.* **1998**, *88*, 99-103.

41. Sato, K.; Kawata, R.; Ama, F.; Omote, M.; Ando, A.; Kumadaki, I. *Chem. Pharm. Bull.* **1999**, *47*, 1013-1016.

42. Sato, K.; Nishimoto, T.; Tamoto, K.; Omote, M.; Ando, A.; Kumadaki, I. *Heterocycles* **2002**, *56*, 403-412.

43. Eto, H.; Kaneko, Y.; Sakamoto, T. *Chem. Pharm. Bull.* **2000**, *48*, 982-990.

44. Ashwood, M. S.; Cottrell, I. F.; Cowden, C. J.; Wallace, D. J.; Davies, A. J.; Kennedy, D. J.; Dolling, U. H. *Tetrahedron Lett.* **2002**, *43*, 9271-9273.

45. Pan, Y.; Holmes, C. P.; Tumelty, D. *J. Org. Chem.* **2005**, *70*, 4897-4900.

46. Schwaebe, M. K.; McCarthy, J. R.; Whitten, J. P. *Tetrahedron Lett.* **2000**, *41*, 791-794.

47. Schwaebe, M. K.; McCarthy, J. R.; Whitten, J. P. *Tetrahedron Lett.* **2000**, *41*, 791-794.

48. Roberts, J. L.; Borgese, J.; Chan, C.; Keith, D. D.; Wei, C. -C. *Heterocycles* **1993**, *35*, 115-120.

49. Annedi, S. C.; Li, W.; Samson, S.; Kotra, L. P. *J. Org. Chem.* **2003**, *68*, 1043-1049.

50. Dolbier, W. R., Jr.; Burkholder, C. R.; Médebielle, M. *J. Fluorine Chem.* **1999**, *95*, 127-130.

51. Gao, Y.; Voigt, J.; Zhao, H.; Pais, G. C. G.; Zhang, X.; Wu, L.; Zhang, Z.-Y.; Burke, T. R, Jr. *J. Med. Chem.* **2001**, *44*, 2869-2878.

52. Sigh, B.; Bacon, E. R.; Robinson, S.; Fritz, R. K.; Lesher, G. Y.; Kumar, V.; Dority, J. A.; Reuman, M.; Kuo, G.-H.; Eissenstat, M. A.; Pagani, E. D.; Bode, D. C.; Bentley, R. G.; Connell, M. J.; Hamel, L. T.; Silver, P. J. *J. Med. Chem.* **1994**, *37*, 248-254.

53. Eto, H.; Kaneko, Y.; Takeda, S.; Tokizawa, M.; Sato, S.; Yoshida, K.; Namiki, S.; Ogawa, M.; Maebashi, K.; Ishida, K.; Matsumoto, M.; Asaoka, T. *Chem. Pharm. Bull.* **2001**, *49*, 173-182.

54. Iseki, K.; Kuroki, Y.; Asada, D.; Takahashi, M.; Kishimoto, S.; Kobayashi, Y. *Tetrahedron* **1997**, *53*, 10271-10280.

55. Ikesi, K.; Kuroki, Y.; Asada, D.; Kobayashi, Y. *Tetrahedron Lett.* **1997**, *38*, 1447-1448.

56. Taughi, T.; Sasaki, H.; Shibuya, A.; Morikawa, T. *Tetrahedron Lett.* **1994**, *35*, 913-916.

57. Shibuya, A.; Kurishita, M.; Ago, C.; Taguchi, T. *Tetrahedron* **1996**, *52*, 271-278.

58. Bravo, P.; Bruché, L.; Crucianelli, M.; Merli, A. *J. Fluorine Chem.* **1995**, *74*, 127-130.

59. Yoshida, M.; Suzuki, D.; Iyoda, M. *Chem. Lett.* **1996**, 1097-1098.

60. Nihei, T.; Iwai, N.; Matsuda, T.; Kitazume, T. *J. Org. Chem.* **2005**, *70*, *5912*.

61. Tarrant, P.; Lovelace, A. M. *J. Am. Chem. Soc.* **1954**, *76*, 3466.

62. Tarrant, P.; Lovelace, A. M.; Lilyquist, M. R. *J. Am. Chem. Soc.* **1955**, *77*, 2783.

63. Blomquist, A. T.; Longone, D. T. *J. Am. Chem. Soc.* **1957**, *79*, 4982.

64. (a) Seyfeth, D.; Simon, R. M.; Sepelak, D. J.; Klein, H. *J. Org. Chem.* **1980**, *45*, 2273. (b) Seyfeth, D.; Simon, R. M.; Sepelak, D. J.; Klein, H. A. *J. Am. Chem. Soc.* **1983**, *105*, 4634.

65. (a) Yang, Z. Y.; Burton, D. J. *J. Fluorine Chem.* **1989**, *44*, 339. (b) Yang, Z. Y.; Burton, D. J. *J. Org. Chem.* **1991**, *56*, 1037.

66. Tonachini, G.; Canepa, C. *Tetrahedron* **1989**, *45*, 5163.

67. (a) Kirihara, M.; Takuwa, T.; Takizawa, S.; Momose, T. *Tetrahedron Lett.* **1997**, *38*, 2853. (b) Kirihara, M.; Takuwa, T.; Takizawa, S.; Momose, T. Nemoto, H. *Tetrahedron* **2000**, *56*, 8275.

68. Jiang, S.; Singh, G.; Batsanov, A. S. *Tetrahedron: Asymmetry* **2000**, *11*, 3873.

69. Audouare, C.; Fawcett, J.; Griffiths, G. A.; Percy, J. M.; Pintat, S.; Smith, C. A. *Org. Biomol. Chem.* **2004**, *2*, 528.

70. Wu, Y. Y.; Zhang, X.; Meng, W. D.; Qing, F. L. *Org. Lett.* **2004**, *6*, 3941.

71. Zhang, X.; Xia, H.; Dong, X.; Jin, J.; Meng, W. D.; Qing, F. L. *J. Org. Chem.* **2003**, *68*, 9026.

72. Burton, D. J.; Sprague, L. G. *J. Org. Chem.* **1989**, *54*, 613.

73. Kirihara, M.; Takuwa, T.; Okumura, M.; Wakikawa, T.; Takahata, H.; Momose, T.;

Takeuchi, Y. ; Nemoto, H. *Chem. Pharm. Bull.* **2000**, *48*, 885.

74. (a) Miller, T. G. ; Thanassi, J. W. *J. Org. Chem.* **1960**, *25*, 2009. (b) Hine, J. ; Porter, J. J. *J. Am. Chem. Soc.* **1960**, *82*, 6178.
75. Prakash, G. K. S. ; Hu, J. ; Olah, G. A. *J. Org. Chem.* **2003**, *68*, 4457.
76. Stahly, G. P. *J. Fluorine Chem.* **1989**, *43*, 53.
77. Prakash, G. K. S. ; Hu, J. ; Mathew, T. ; Olah, G. A. *Angew. Chem. Int. Ed.* **2003**, *42*, 5216.
78. Li, Y. ; Hu, J. *Angew. Chem. Int. Ed.* **2005**, *44*, 5882.
79. Hine, J. ; Porter, J. J. *J. Am. Chem. Soc.* **1960**, *82*, 6178.
80. Serferth, D. ; Dentouros, H. ; ZuzKi, R. ; Muy, J. Y. B. *J. Org. Chem.* **1967**, *32*, 2980.
81. Seyferth, D. ; Hopper, S. P. *J. Org. Chem.* **1972**, *37*, 4070.
82. Naumann, D. ; Mockel, R. ; Tyrra, W. *Angew, Chem. Int. Ed.* **1994**, *33*, 323.
83. Miller, T. G. ; Thanassi, J. W. *J. Org. Chem.* **1960**, *25*, 2009.
84. Brahns, D. L. S. ; Dailey, W . P. *Chem. Rev.* **1996**, *96*, 1585.
85. Dolbier, W. R. ; Bukholder, J. *J. Org. Chem.* **1990**, *55*, 589.
86. Burton, D. J. ; Wheaton, G. A. *J. Org. Chem.* **1978**, *43*, 2643.
87. (a) Tian, F. ; Kruger, V. ; Bautista, O. ; Duan, J. X. ; Li, A. R. ; Dolhier, W. R. ; Chen, Q. Y. *Org. Lett.* **2000**, **2**, 563. (b) Dolbier, W. R. ; Tian, F. ; Duan, J. X. ; Chen, Q. Y. *Organic Synthesis*, **2003**, *80*, 172.
88. Xu, W. ; Chen, Q. Y. *J. Org. Chem.* **2002**, *67*, 9421.
89. Cai, X. ; Zhai, Y. ; Chiviriga, I. ; Abboud, K. A. ; Dolbier, W. R. *J. Org. Chem.* **2004**, *69*, 4210.

第八章　含氟合成子:三氟甲基合成砌块

由于三氟甲基具有强的吸电子性和亲脂特性,一系列含三氟甲基的医药、农药已进入市场。三氟甲基合成砌块的化学转化是制备含三氟甲基生物活性物质最主要的方法。因此,三氟甲基合成砌块是含氟合成中最丰富的一类。本章将从含氟原料能大量易得、无毒及环境友好出发,选择一些有重要用途的三氟甲基合成砌块进行论述,另外,还将特别介绍我国学者在这方面做出的创新工作。

一、(*Z*)-3-碘-4,4,4-三氟-2-丁烯酸乙酯

由于(*Z*)-3-碘-4,4,4-三氟-2-丁烯酸乙酯(ethyl (*Z*)-3-iodo-4,4,4-trifluoro-2-butenoate)含有三个官能团:C—I 键、共轭双键和酯基。因此,该化合物是一个在合成上很有用的含三氟甲基合成砌块。

1. (*Z*)-3-碘-4,4,4-三氟-2-丁烯酸乙酯的制备

中国科学院上海有机化学研究所卿凤翎课题组首次报道了(*Z*)-3-碘-4,4,4-三氟-2-丁烯酸乙酯 **2** 的制备方法。在乙酸存在下,4,4,4-三氟-2-丁炔酸乙酯 **1** 与 NaI 反应高位置和立体选择性地生成单一产物(*Z*)-3-碘-4,4,4-三氟-2-丁烯酸乙酯 **2**[1]。

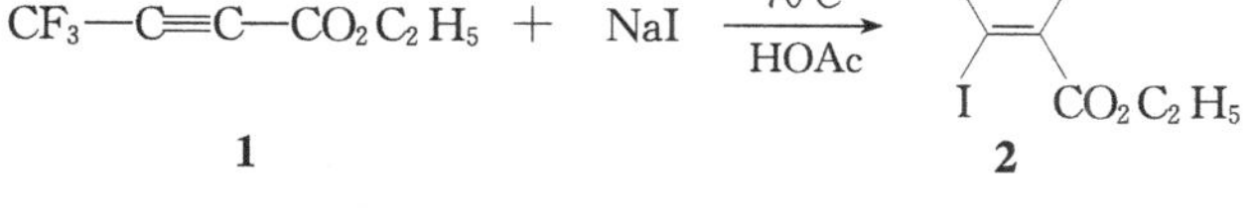

1　　**2**

此后不久,法国的 Duchene 小组也报道了类似的制备方法,他们是采用化合物 **1** 与氢碘酸在比较低的温度下得到化合物 **2**[2]。

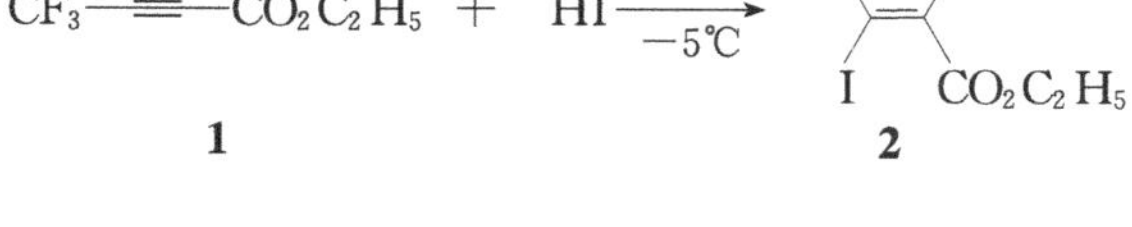

1　　**2**

2. (*Z*)-3-碘-4,4,4-三氟-2-丁烯酸乙酯的反应

在合成出化合物 **2** 后,卿凤翎课题组开展了 **2** 与末端炔烃的 Sonogashina 反应。化合物 **2** 与末端炔烃 **3** (脂肪或芳香炔烃) 在 $PdCl_2(PPh_3)_2$ 催化下高产率生

成带有三氟甲基共轭的烯烃酯 **4** [1]。在反应过程中双键的构型保持不变。

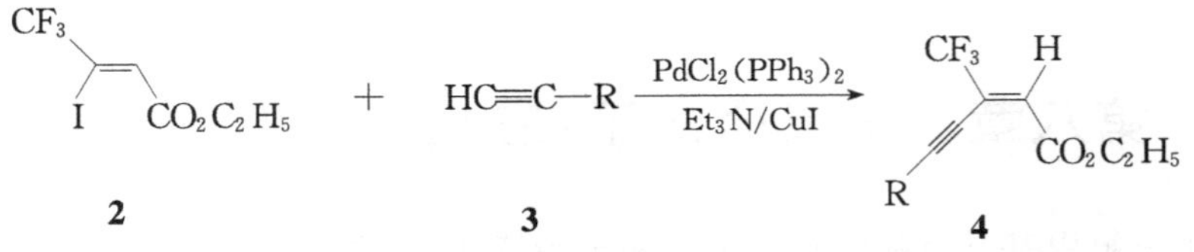

同时，利用化合物 **5** 作为关键中间体，制备了含三氟甲基的维甲酸类似物 **6**[3]。

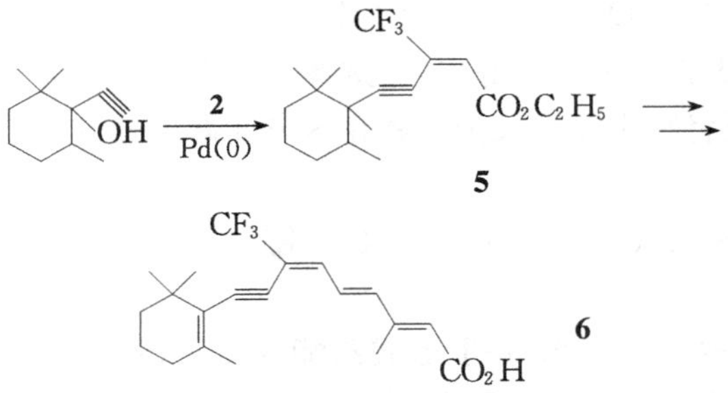

中国科学院上海有机化学研究所的邓敏智课题组较系统地研究了化合物 **2** 的 Suzuki 偶联反应。他们发现芳香硼酸 **7**[4]、烯基硼酸 **8** 和环丙基硼酸 **9**[5] 都能与化合物 **2** 顺利地发生 Suzuki 偶联反应生成相应的偶联产物 **10**、**11** 和 **12**，产率都在 80%以上。

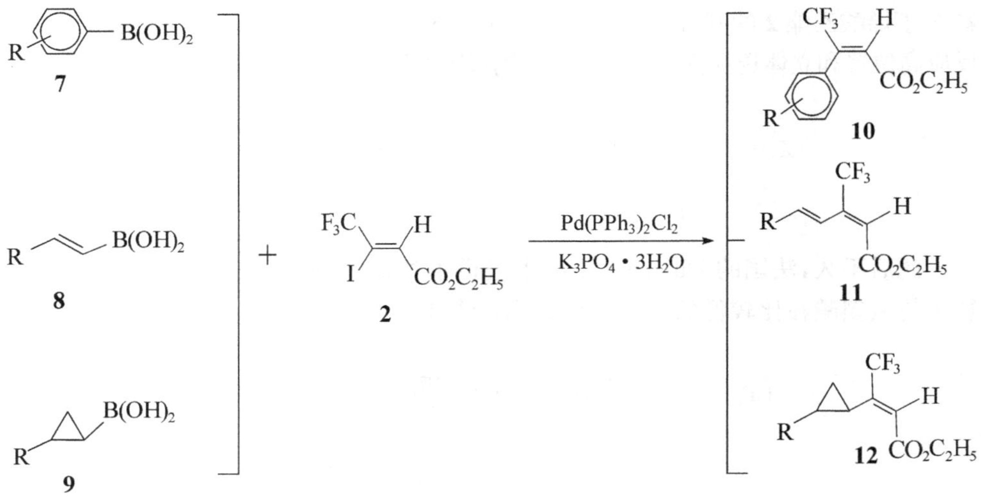

Duchene 小组详细地研究了化合物 **2** 的 Still 偶联反应，他们发现化合物 **2** 在 $PdCl_2(MeCN)_2$ 催化下与烯基锡 **13** 和炔基锡试剂 **14** 发生反应生成相应的偶联产物 **15** 和 **16**[6]。

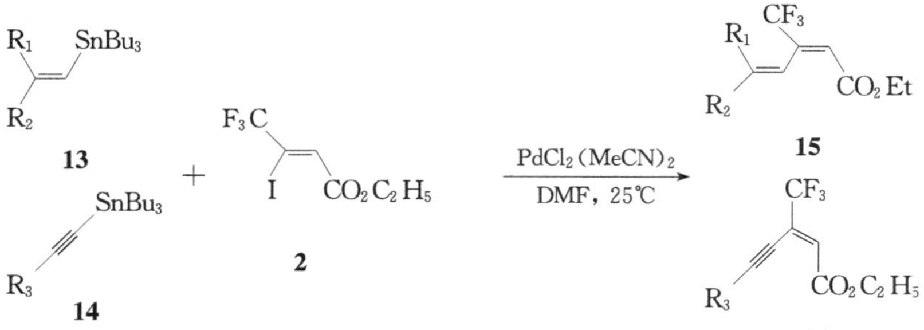

他们也对化合物 **15** 的化学转化进行了探索,对化合物 **15** 进行选择性还原和水解生成相应的共轭醇 **17** 和共轭酸 **18**。

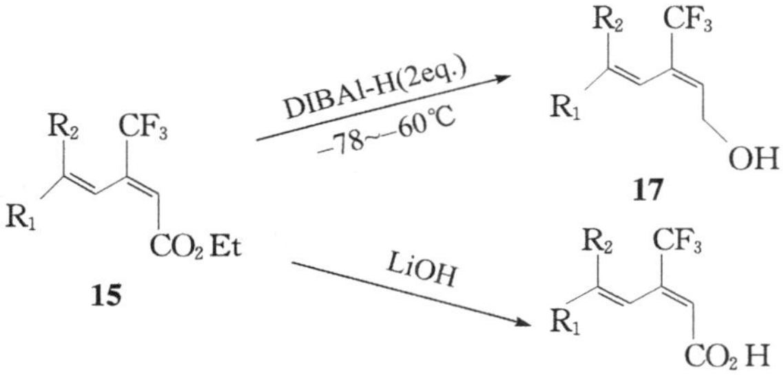

中国科学院上海有机化学研究所的林国强课题组发现在活化的锌粉存在下,化合物 **2** 能与 Bu_3SnCl 反应生成含三氟甲基的烯基锡试剂 **19**[7]。值得指出的是,通常来说三氟甲基 2 位的金属试剂是很难制备的,因为易发生脱氟反应。

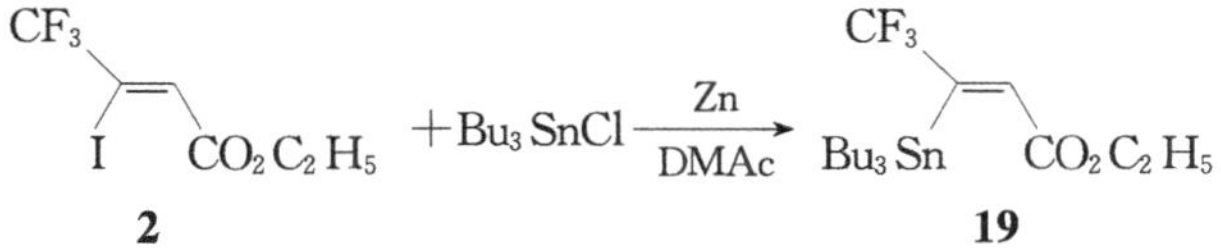

在钯催化下,化合物 **19** 与环状碳酸酯 **20** 发生偶联反应生成醇 **21**,从 **21** 出发,可合成(+)-goniodiol 的三氟甲基类似物 **22**[7]。

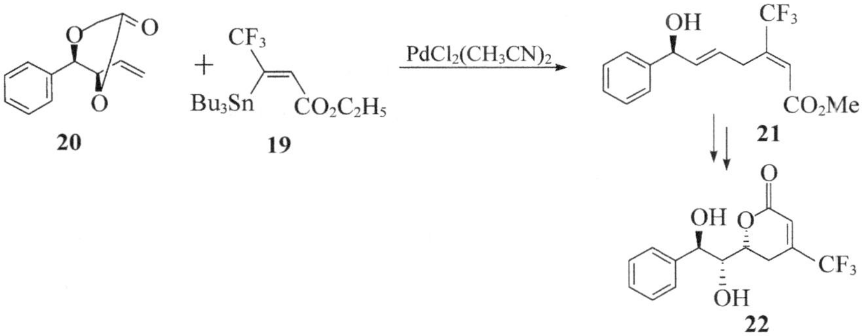

Abarbri 也研究了化合物 **2** 中烯基碘的金属交换反应[8]。他们发现在 −78℃ 下，当化合物 **2** 与异丙基格氏试剂反应可生成稳定的烯基镁试剂 **23**。

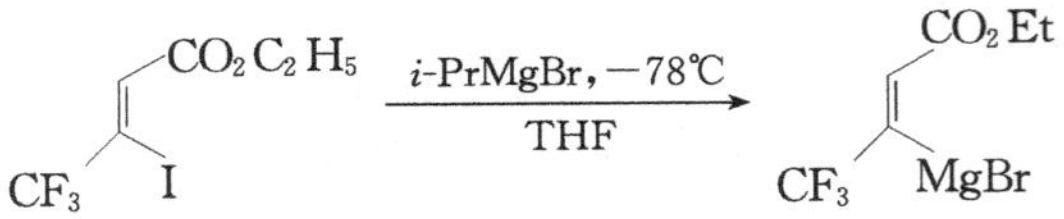

2　　**23**

在路易斯酸（$BF_3\cdot OEt_2$）存在下，烯基镁试剂 **23** 与醛反应高产率地生成带三氟甲基的共轭不饱和内酯 **24**。

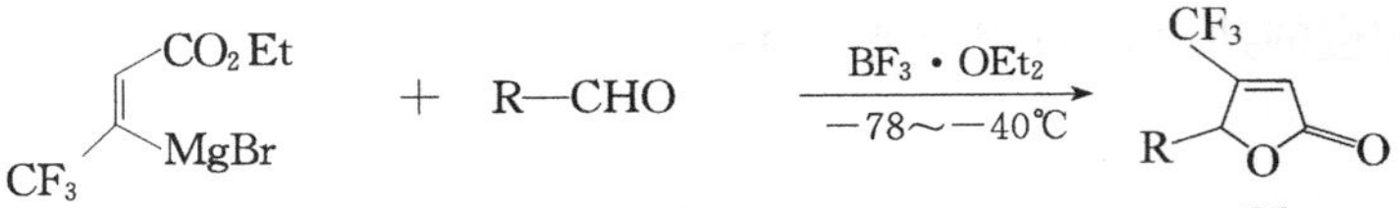

23　　R = n-Hex，n-Bu，Ph　　**24**

烯基镁试剂 **23** 可与 $CuCN\cdot 2LiCl$ 发生转金属化反应，生成中间体烯基铜化合物，烯基铜可与一系列的亲电试剂（如烯基溴化物和酰卤等）反应生成偶联产物 **25**。

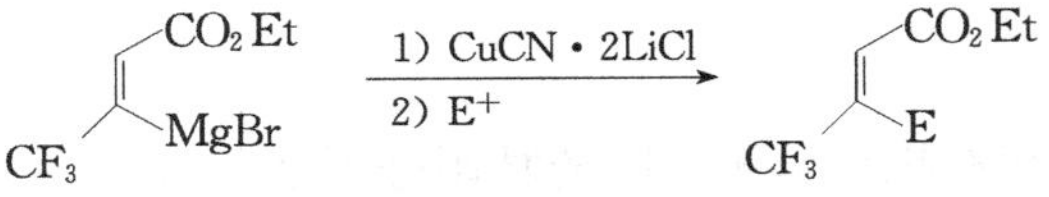

23　　**25**

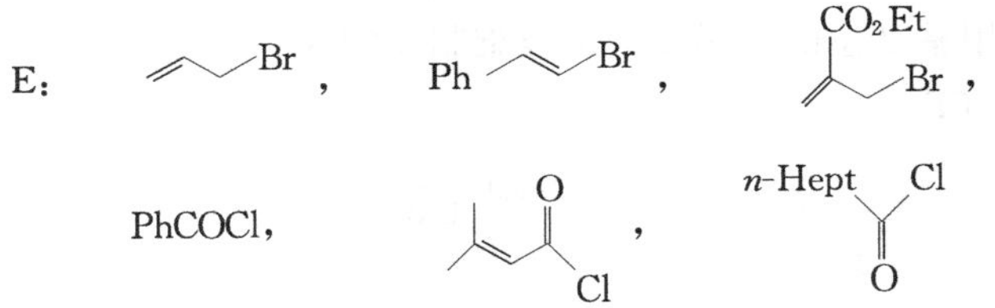

二、2-溴-3，3，3-三氟丙烯

2-溴-3，3，3-三氟丙烯 **26**（2-bromo-3，3，3-trifluoropropene）由于具有烯基溴的结构特点，它是一种结构简单、应用广泛的含三氟甲基砌块。

1. 2-溴-3，3，3-三氟丙烯的制备

2-溴-3，3，3-三氟丙烯的制备过程分为二步：首先，3，3，3-三氟丙烯 **27** 与溴反应得到加成产物 **28**；然后 **28** 在碱的作用下消除一分子溴化氢得到 2-溴-3，3，3-三氟丙烯 **26**，碱为氢氧化钾或者三乙胺等均可[9]。

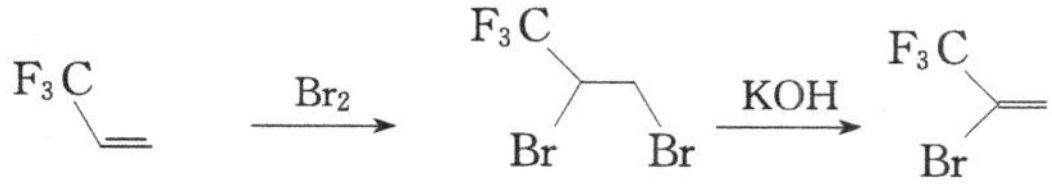

27 28 26

2. 2-溴-3,3,3-三氟丙烯的反应

1）偶联反应

2-溴-3,3,3-三氟丙烯 **26** 由于含有烯基溴,故可以发生偶联反应。中国科学院上海有机化学研究所姜标等从 2-溴-3,3,3-三氟丙烯出发制备了三氟异丙烯锌试剂 **29**,然后在四(三苯基膦)钯的催化下与芳基卤化物发生偶联反应生成一系列 α-三氟甲基苯乙烯的系列物 **30**[10]。这种稳定的三氟异丙烯锌试剂 **29** 在与烯基卤化物反应方面也有着广泛的应用。然而它对于空气和水比较敏感,因此发生交叉偶联反应时需在惰性氛围中,不易操作。2001 年,该课题组采用"一锅法"用 2-溴-3,3,3-三氟丙烯与烷基硼酸酯和镁制备了 α-三氟甲基乙烯基硼酸 **31**[11]。这种硼酸对空气和水比较稳定,且可以与芳基卤化物在钯催化的条件下发生偶联反应。这样就发展了一种条件温和、易于操作的制备 α-三氟甲基苯乙烯的系列物 **30** 的方法。

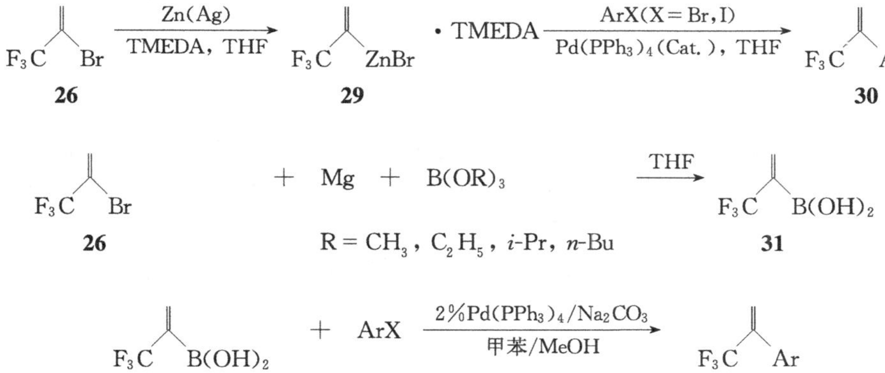

26 29 30

26 31

31 30

Mori 等利用 **31** 制备了邻位甲烯胺取代的 α-三氟甲基苯乙烯的系列化合物 **32**[12]。化合物 **32** 在 DBU 活化和氰化钾催化的条件下,通过分子内环化得到 4-二氟甲基取代的喹啉衍生物 **33**。这个反应经历了三个过程:①亚胺产生碳负离子;②碳负离子发生 S_N2'反应,同时伴随着氟负离子的离去;③通过链状烯烃异构化而芳香化。

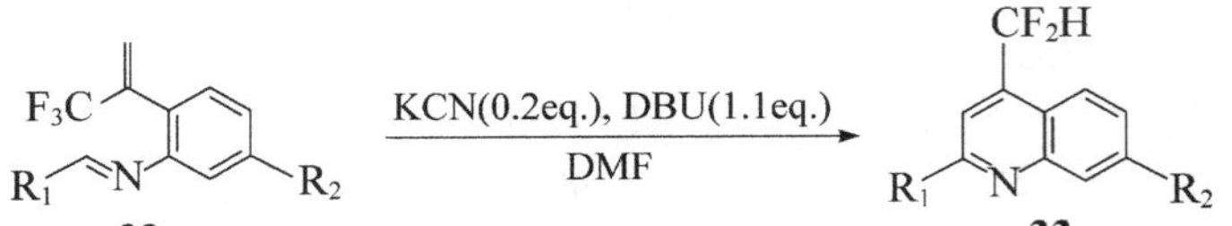

32　　33

R_1 = Ph, R_2 = H; R_1 = Ph, R_2 = Cl; R_1 = Ph, R_2 = OMe; R_1 = *p*-MeC_6H_4, R_2 = H;
R_1 = *p*-BrC_6H_4, R_2 = H; R_1 = *p*-$CF_3C_6H_4$, R_2 = H; R_1 = *p*-$CF_3C_6H_4$, R_2 = Cl;
R_1 = *p*-$CF_3C_6H_4$, R_2 = OMe; R_1 = PhCO, R_2 = H; R_1 = EtO_2C, R_2 = H

中国科学院上海有机化学研究所徐元耀在 1994 年制备了一种可以用来合成具有 α-三氟甲基烯酮结构化合物的三氟异丙烯锡试剂 **35**[13]。他们将 2-溴-3,3,3-三氟丙烯通入三丁基锡烷基铜酸锂 **34** 的四氢呋喃溶液中，得到了主要产物三氟异丙烯三丁基锡 **35**，还有少量产物 **36**。从这个三氟异丙烯锡试剂 **35** 出发，与酰基氯 **37** 发生偶联反应可以制备众多的 α-三氟甲基烯酮化合物 **38**。

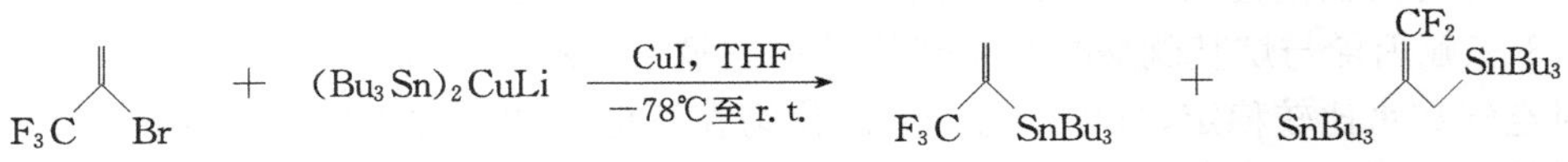

26　　34　　35　　36

95　：　5

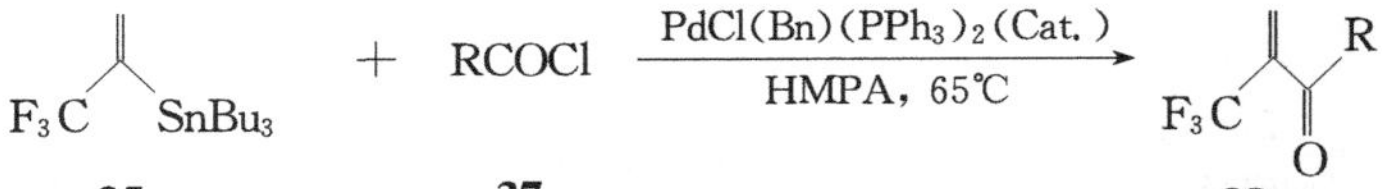

35　　37　　38

1998 年，Ichikawa 等报道了一类三氟甲基诱导的 Nazarov 环化反应[14]。从 2-溴-3,3,3-三氟丙烯出发制备了相应的锡试剂 **35**，化合物 **35** 在催化量的 CuCN 和 $Pd(PPh_3)_2Cl_2$ 的条件下与 α,β-不饱和酰氯发生 Still 偶联反应得到 Nazarov 环化底物 1-三氟甲基烯基烯基酮 **39**。由于三氟甲基强的吸电子效应，使得在发生 Nazarov 环化反应时对于环状或非环的底物均能区域选择性地生成 5-三氟甲基-2-环戊烯酮类化合物 **40**。

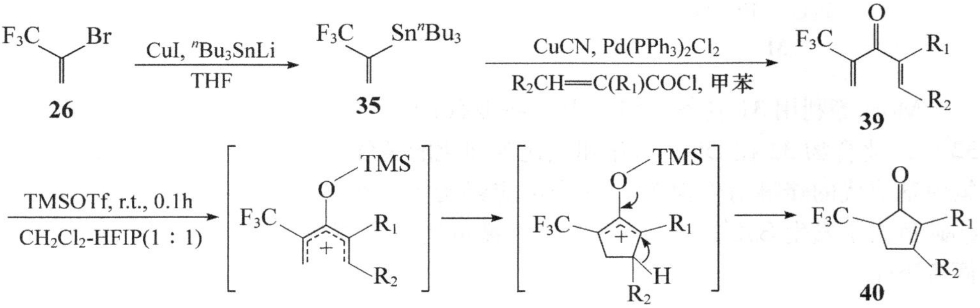

26　　35　　39

40

中国科学院上海有机化学研究所胡昌明小组通过钯催化的 2-溴-3,3,3-三氟丙烯与单取代炔 **41** 的交叉偶联反应，制备了一系列的三氟甲基取代的共轭烯炔化合物 **42**[15]，这类化合物可以作为合成三氟甲基取代杂环化合物的前体。

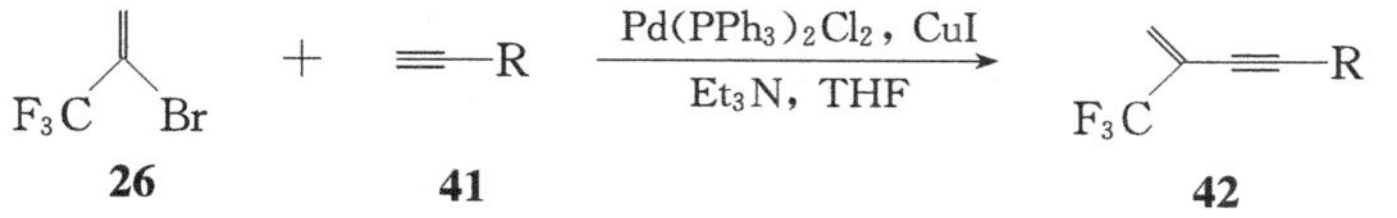

2-溴-3,3,3-三氟丙烯还可以在 $Pd(PPh_3)_2Cl_2$ 的催化下发生羰基化反应[16]，反应的转化率很高。但是在醇存在下，产物丙烯酸酯 **43** 的产率不高，这是由于得到的不饱和酯还可以与另一分子醇反应得到化合物 **44**；与仲胺反应时，另一分子胺对双键的加成同样存在，但与环状仲胺如吗啉和哌啶等反应时，加成反应很难发生。

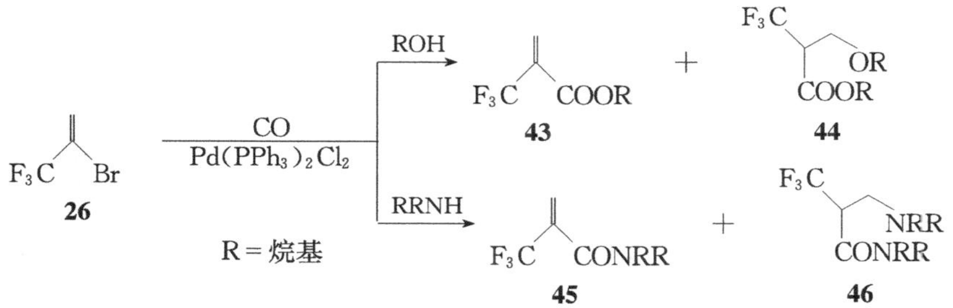

化合物 2-三氟甲基丙烯酸 **47** 同样由 2-溴-3,3,3-三氟丙烯在 $Pd(PPh_3)_2Cl_2$ 的催化下羰基化制备而得，它与 1,3-双取代的尿素或者硫脲 **48** 反应一步可制备 5-三氟甲基-5,6-双氢尿嘧啶和 5-三氟甲基-5,6-双氢-2-硫代尿嘧啶以及它们的衍生物 **49**[17]。

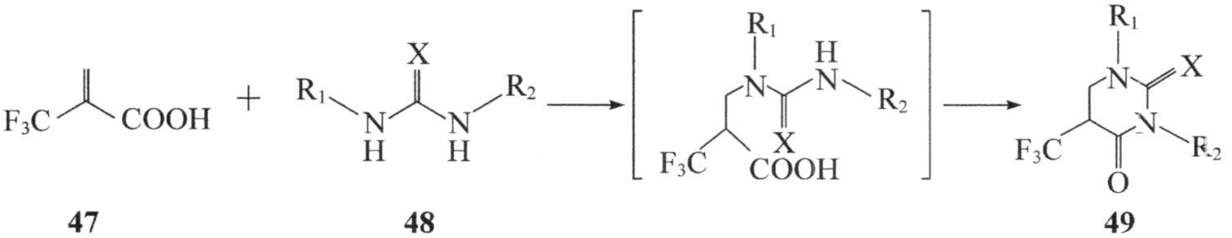

X = O, R_1 = H, R_2 = H; X = O, R_1 = H, R_2 = Bn; X = O, R_1 = H, R_2 = Ph; X = O, R_1 = H, R_2 = Me; X = O, R_1 = Me, R_2 = H; X = O, R_1 = Me, R_2 = Me; X = S, R_1 = H, R_2 = H; X = S, R_1 = H, R_2 = Me; X = S, R_1 = H, R_2 = Ph; X = S, R_1 = Me, R_2 = Me

2）转化为 2-三氟甲基乙烯基负离子的反应

Ichikawa 等报道了从 2-溴-3,3,3-三氟丙烯制备 1,1-二氟-1-烯烃衍生物的方法[18,19]。该方法包括以下两个步骤：①亲核试剂与硅试剂 **50** 的 S_N2' 反应；②亲电试剂对烯基硅基团的取代。通过 1-三氟甲基烯基镁试剂与二甲基苯基氯硅烷反应得到二甲基苯基(1-三氟甲基烯基)硅试剂 **50**,亲核试剂如锂试剂等可以与硅试剂 **50** 发生 S_N2' 反应得到产物 **51**。当化合物 **51** 用四正丁基氟化胺脱去硅保护基时,得到单取代的二氟烯基化合物 **52**;溴原子也可以对硅试剂发生取代,化合物 **53** 与溴反应然后消除掉硅试剂可以得到 2,2-二氟烯基溴的衍生物 **54**;当化合物 **50** 与丁基锂反应后,再与苯甲醛和 TASF 反应可以生成二氟取代的烯丙醇 **55**。

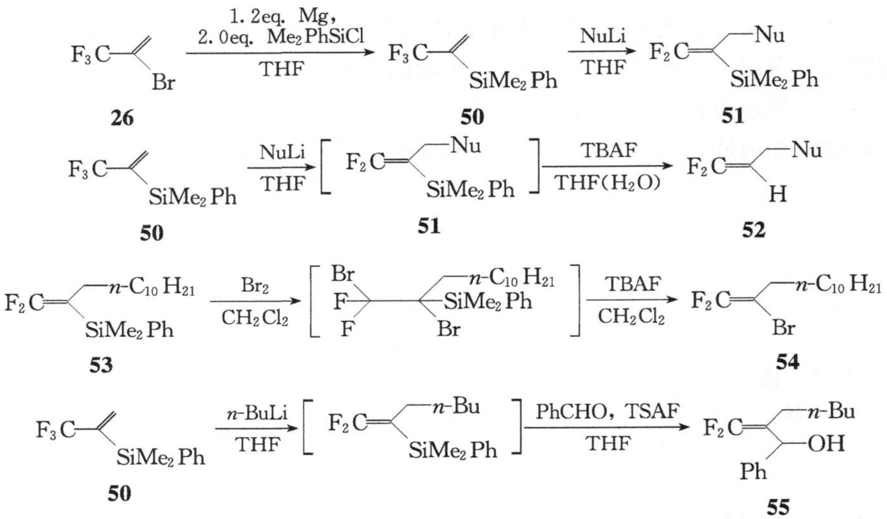

胡昌明等报道了 2-溴-3,3,3-三氟丙烯与芳香醛或者脂肪醛 **56** 在锌粉活化下发生 Barbier 型反应以良好的产率得到三氟甲基取代的烯醇结构化合物 **57**[20]。中国科学院上海有机化学研究所的卿凤翎等将该方法进一步扩展到手性的Garner 醛 **58**,以中等产率和大于 98%的 *de* 值得到了 *anti* 产物 **59**[21]。

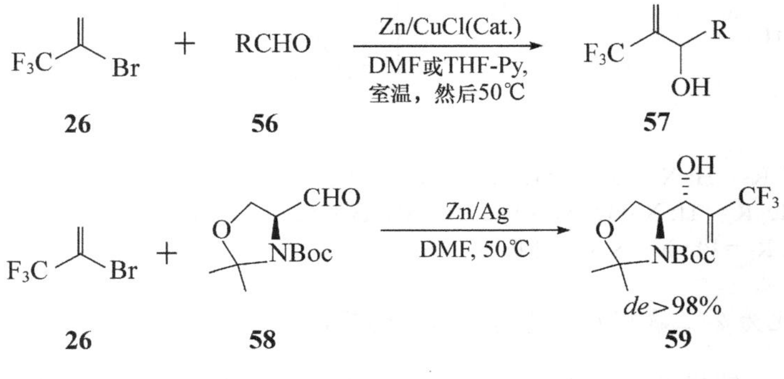

3）转化为 3,3,3-三氟丙炔负离子的反应

2-溴-3,3,3-三氟丙烯在 2 当量 LDA 的条件下生成三氟丙炔负离子,可与亲电试剂反应[22,23]。三氟丙炔负离子与醛酮均可很好地反应生成醇 **60**;与酯反应时产物复杂,可能是由于得到活性的 α,β-不饱和酮的中间体 **61**,这个中间体可以被另一分子三氟丙炔负离子或 LDA 进攻;与亚胺不反应,可能是由于亚胺碳的活性不高;与二甲基苯基氯硅烷能够很好地反应得到相应的炔硅烷 **62**。

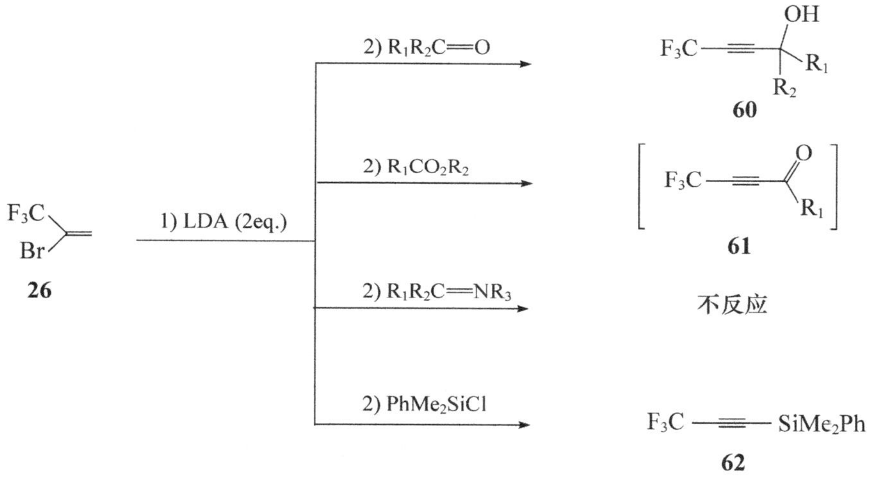

2003 年,Konno 等报道了从 2-溴-3,3,3-三氟丙烯“一锅法”很方便地制备三氟甲基化的乙炔系列物 **63** 的方法[24]。首先用 2 当量的 LDA 产生三氟甲基炔基锂试剂,然后向反应体系中加入 $ZnCl_2$ · TEMDA、$Pd(PPh_3)_4$ 和芳基碘化物以良好的产率得到最终产物 **63**。

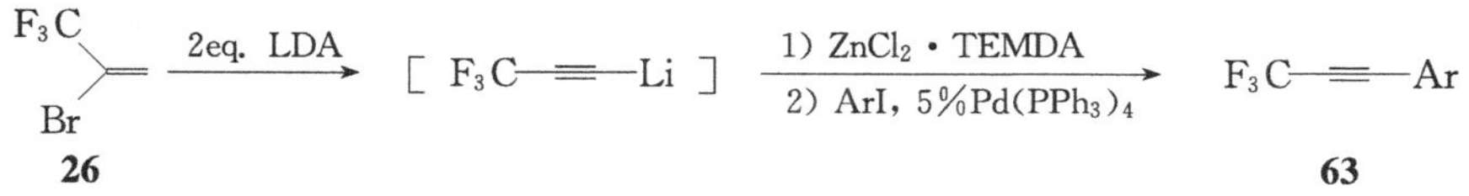

卿凤翎课题组利用 2-溴-3,3,3-三氟丙烯与醛在 2 当量 LDA 的条件下反应制备了三氟甲基炔丙醇 **64**,化合物 **64** 经过氢碘化反应区域选择性和立体选择性地得到了(*Z*)-2-碘-3-三氟甲基烯丙醇 **65**[25]。化合物 **65** 与端基炔在四(三苯基)膦钯催化下发生偶联反应得到(*Z*)-2-炔基-3-三氟甲基烯丙醇 **67**,接着在 $PdCl_2(CH_2CN)_2$催化的条件下化合物 **67** 发生环化反应,随后异构化得到 3-三氟乙基呋喃的衍生物 **68**。

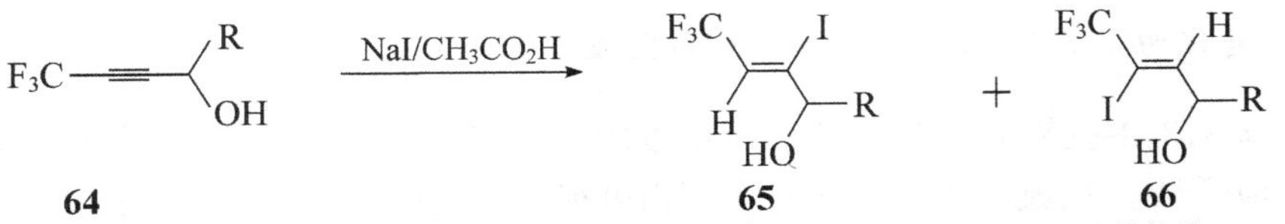

$R = H, Ph, n\text{-}C_3H_7, p\text{-}CH_3OPh$　主产物　副产物

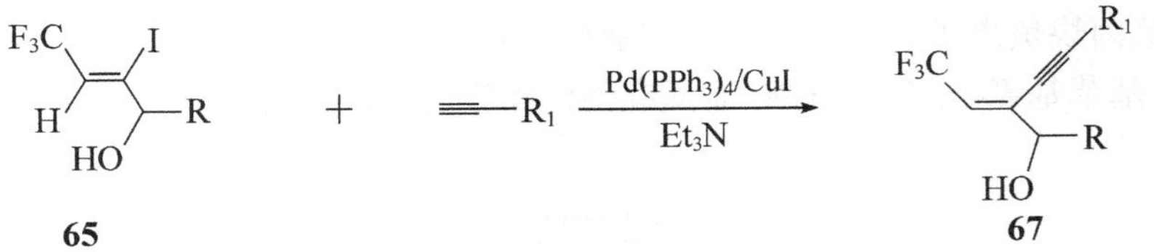

$R = Ph, R_1 = Ph; R = Ph, R_1 = n\text{-}C_6H_{13}; R = Ph, R_1 = (CH_3)_3Si; R = Ph, R_1 = p\text{-}CH_3OPh;$
$R = H, R_1 = Ph; R = H, R_1 = n\text{-}C_6H_{13}; R = n\text{-}C_6H_{13}, R_1 = Ph; R = n\text{-}C_6H_{13}, R_1 = n\text{-}C_6H_{13}$

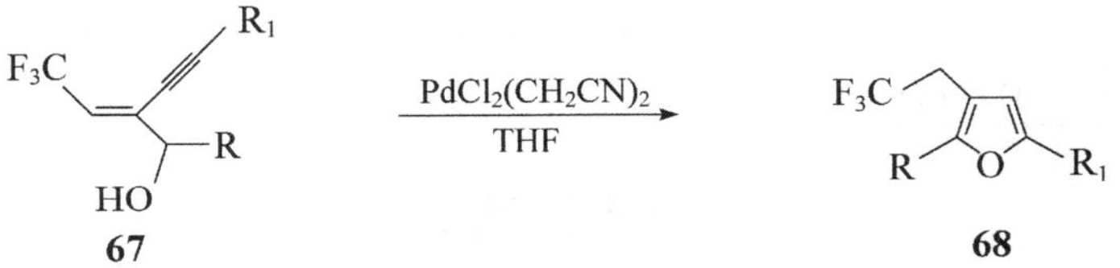

$R = Ph, R_1 = Ph; R = Ph, R_1 = n\text{-}C_6H_{13}; R = Ph, R_1 = p\text{-}CH_3OPh;$
$R = H, R_1 = n\text{-}C_6H_{13}; R = n\text{-}C_6H_{13}, R_1 = Ph; R = n\text{-}C_6H_{13}, R_1 = n\text{-}C_6H_{13}$

该课题组从三氟甲基炔丙醇 **64** 出发在四氢铝锂和单质碘的条件下制备了(Z)-3-碘-3-三氟甲基烯丙醇 **66**[26]。化合物 **66** 与端基炔同样在四(三苯基)膦钯和碘化亚铜存在的条件下反应得到(E)-3-炔基-3-三氟甲基烯丙醇 **69**，然后在 $PdCl_2(CH_2CN)_2$ 催化的条件下化合物 **69** 发生环化反应制备了 4-三氟甲基-2H-吡喃的衍生物 **70**。这一步环化反应的结果与没有三氟甲基取代的 3-炔基烯丙醇在钯催化下反应的结果不同，没有三氟甲基取代的 3-炔基烯丙醇闭环时单一地得到呋喃环的产物；化合物 **69** 由于三氟甲基强的吸电子原因闭环时得到吡喃环的产物。

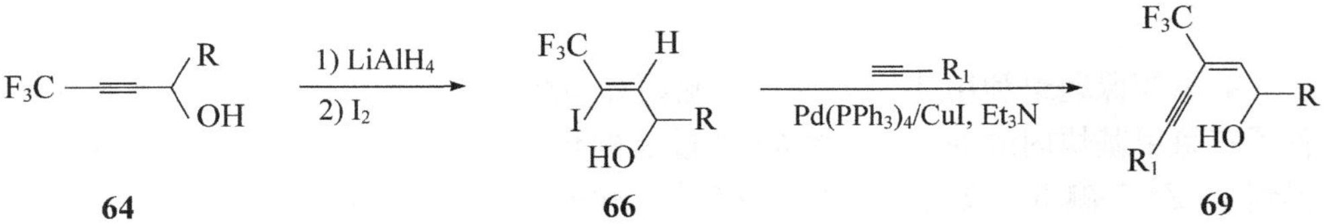

$R = n\text{-}C_3H_7, R_1 = Ph; R = n\text{-}C_3H_7, R_1 = n\text{-}C_6H_{13}; R = n\text{-}C_3H_7, R_1 = p\text{-}CH_3OPh;$
$R = n\text{-}C_3H_7, R_1 = p\text{-}O_2NC_6H_4; R = Ph, R_1 = Ph; R = Ph, R_1 = n\text{-}C_6H_{13}$

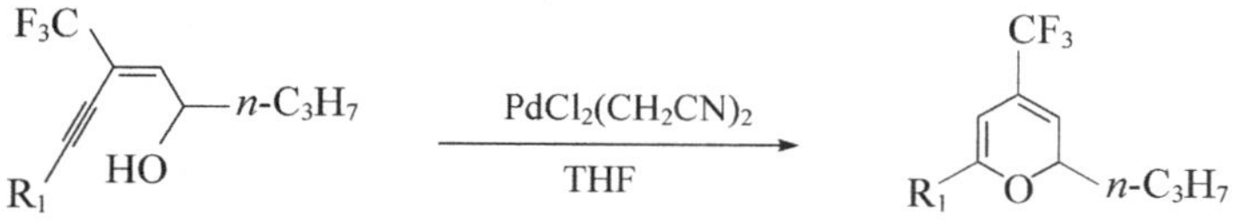

69　　70

R_1 = Ph, n-C_6H_{13}, p-CH_3OPh

该课题组从另外一类三氟甲基炔丙醇 **60** 出发制备了 3-三氟甲基-2(5H)-呋喃酮类化合物 **72** 和 3-(2,2,2-三氟亚乙基)-2-oxetanone 类化合物 **74**[27~29]。化合物 **60** 先在四氢铝锂和单质碘的条件下反应得到(Z)-3-碘-3-三氟甲基烯丙醇 **71**，然后通过钯催化的环羰基化反应得到了 3-三氟甲基-2(5H)-呋喃酮类化合物 **72**。后来经改进条件，化合物 **60** 与一氧化碳和氢气在乙酸钯和三苯基膦的催化下一步便可合成化合物 **72**。化合物 **60** 在碘化钠和乙酸的条件下可以制备(Z)-2-碘-3-三氟甲基烯丙醇 **73**，**73** 通过钯催化的环羰基化反应可以用来合成 3-(2,2,2-三氟亚乙基)-2-环丁内酯类化合物 **74**。

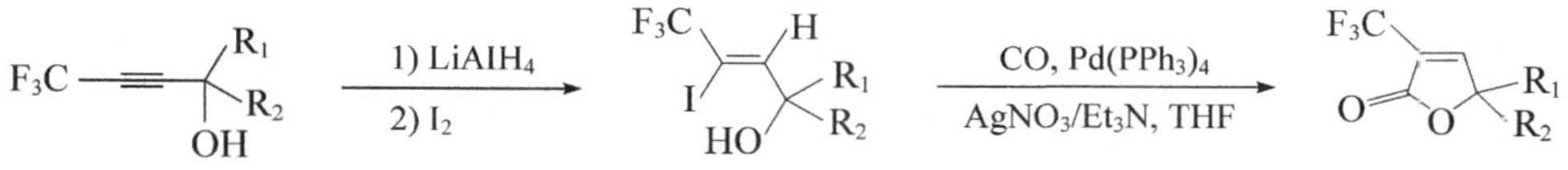

60　　71　　72

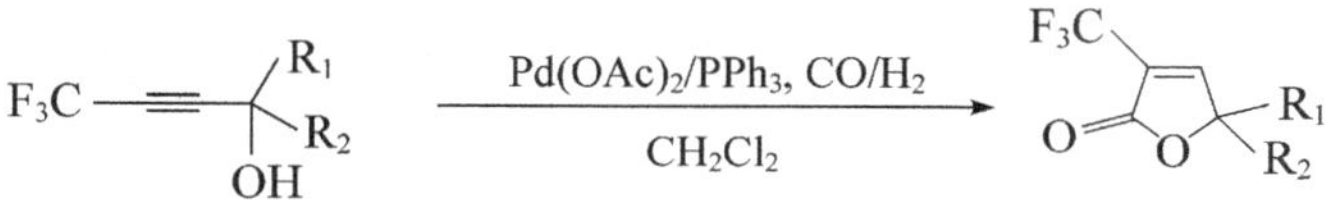

60　　72

R_1 = $CH(CH_3)_2$, R_2 = CH_3; R_1 = CH_3, R_2 = Ph; R_1 = Ph, R_2 = Ph;
R_1 = CH_2CH_3, R_2 = n-C_7H_{15}; R_1, R_2 = —$(CH_2)_4$—; R_1,R_2 = —$(CH_2)_5$—

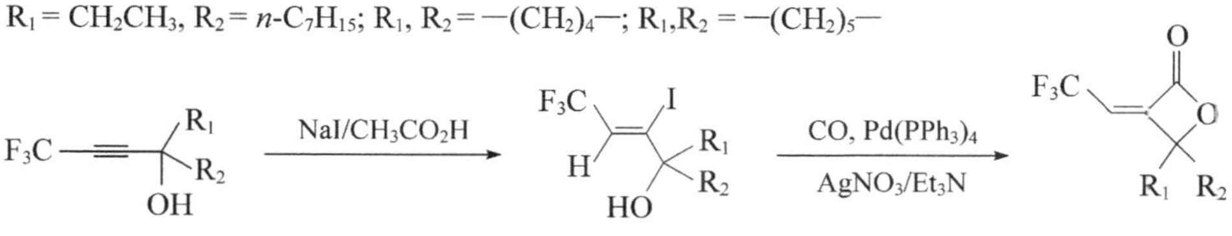

60　　73　　74

R_1 = $CH(CH_3)_2$, R_2 = CH_3; R_1 = CH_2CH_3, R_2 = n-C_7H_{15}; R_1,R_2 = —$(CH_2)_4$—; R_1,R_2 = —$(CH_2)_5$—

Yamazaki 等于 2004 年报道了一例三氟甲基促进的 Payne 重排反应[30]。三氟甲基炔丙醇 **60** 在 Red-Al 还原的条件下得到 E 式的烯丙醇 **75**，然后先后用 PDC 与 Ac_2O 和 Urea-H_2O_2 与 DBU 的条件环氧化得到化合物 **76**。化合物 **76** 用 DIBAL-H 还原时得到 *syn* 构型的环氧醇 **77**；用 $NaBH_4$-ZnI_2 体系还原化合物 **76** 时得到 *anti* 构型的环氧醇 **79**。接着 3-三氟甲基-2,3-环氧醇 **77** 和 **79** 在碱性条件下发生 Payne 重排反应。E-*anti*-**79** 很易重排为 E-*anti*-**80**；E-*anti*-**77** 由于三氟甲

基较强的吸电子性质，同样也可以发生重排生成空间上阻碍的 *E-anti*-**78**。

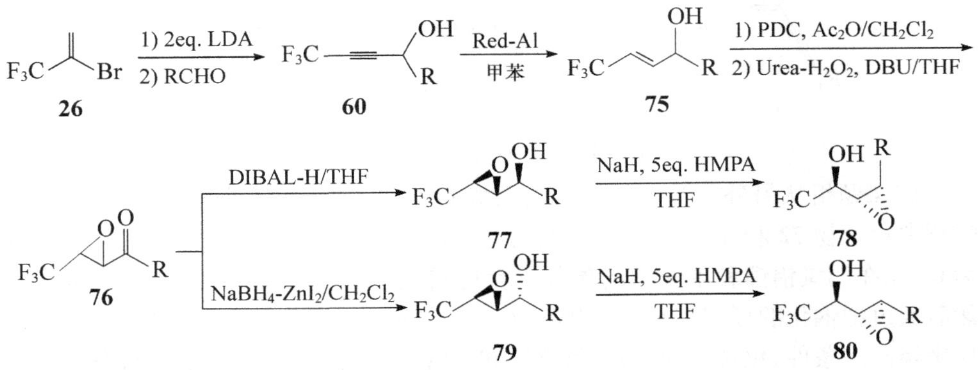

R = Ph; $PhCH_2CH_2$; $PhCH_2C(CH_3)_2$; *n*-C_6H_{13}

近年来，有关含氟氨基酸的合成引起了人们的研究兴趣。卿凤翎课题组从 2-溴-3，3，3-三氟丙烯出发制备了一系列三氟甲基取代的氨基酸[31]。三氟炔丙醇 **81** 经过还原和苄基保护得到反式二取代的烯 **82**，化合物 **82** 经过不对称双羟化和叠氮进攻磺酸酯等关键反应得到化合物 **85**，接着通过氢化还原脱苄基、醇氧化为酸和脱除氨上保护基合成了(2*S*，3*R*)-4，4，4-三氟苏氨酸 **88**。通过相类似的路线，从化合物 **82** 出发分别制得化合物 **89**、**90** 和 **91**。

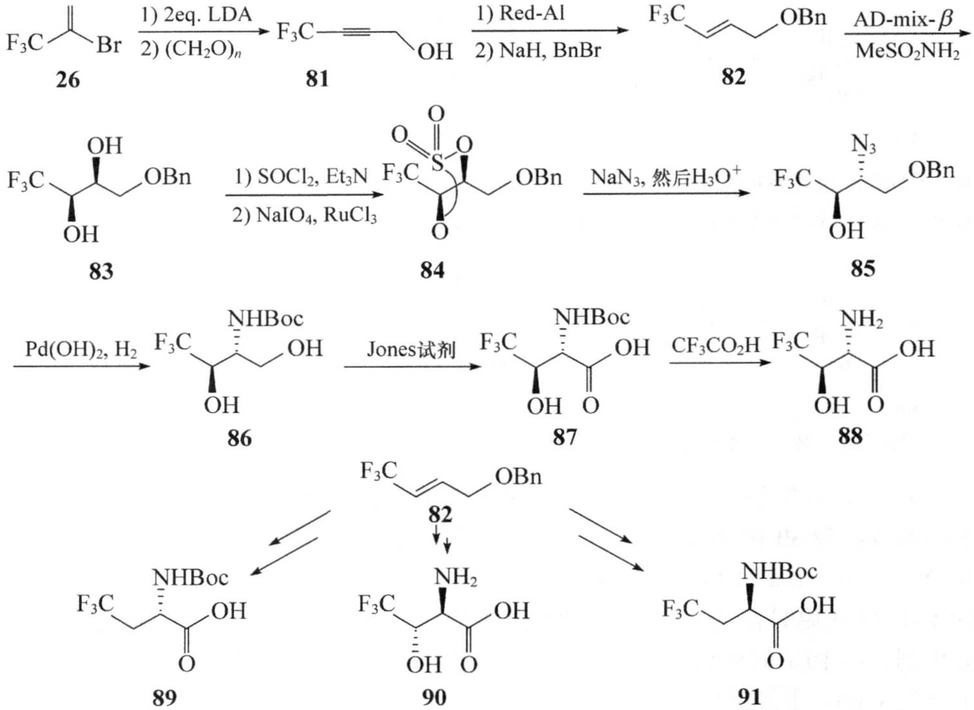

4）与1,3-偶极子的环加成反应

2-溴-3,3,3-三氟丙烯被报道可以与一些重氮化合物发生1,3-偶极环加成反应[32]。2-溴-3,3,3-三氟丙烯在乙醚回流的条件下消除掉α-溴得到2-溴-3,3,3-三氟丙炔后，与重氮化合物**92**发生环加成反应区域选择性地得到三氟甲基取代的吡唑类化合物**93**。

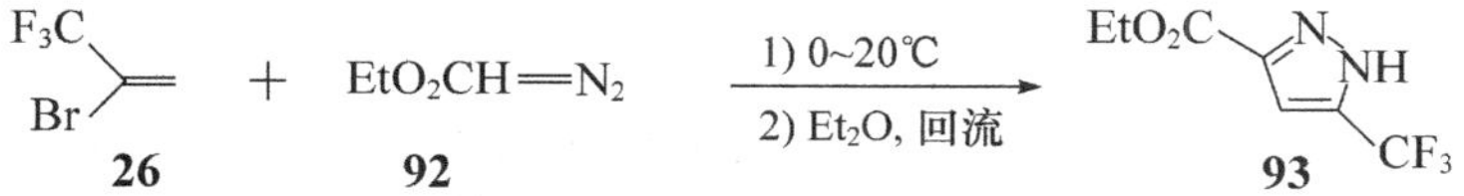

26　**92**　**93**

2004年，Hanamoto等制备了三丁基(3,3,3-三氟-1-丙炔)锡**94**，化合物**94**可以与重氮甲烷、叠氮化苯和氧化乙腈等发生1,3-偶极环加成反应[33]。当与重氮甲烷在乙醚中进行环加成得到三氟甲基化的吡唑锡试剂**95**后，接着与4-碘乙酰苯发生偶联反应制备三氟甲基取代的芳基吡唑**96**。当化合物**94**与叠氮化苯环加成可得化合物**97**，接着与碘单质反应制得4-碘-1-苯基-5-三氟甲基-1,2,3-三唑**98**。

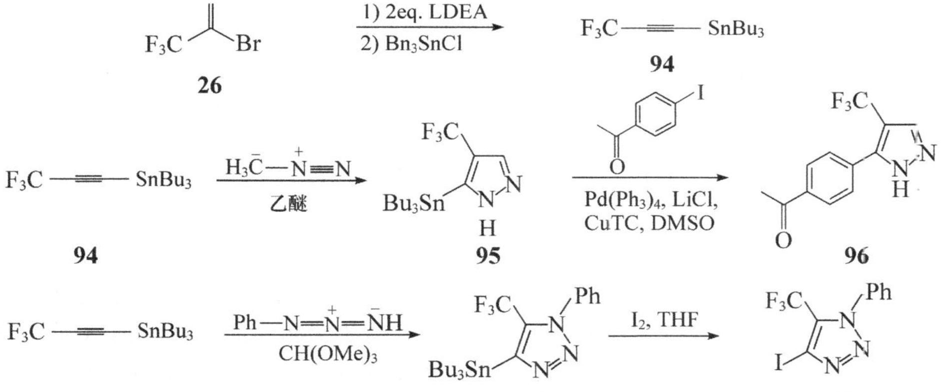

26　**94**　**94**　**95**　**96**　**94**　**97**　**98**

由于甾体化合物在合成化学和药物化学方面有着相当重要的地位，姜标等研究了化合物**99**与2-溴-3,3,3-三氟丙烯和三乙胺在室温下发生环加成的反应，发展了一种有效的制备含三氟甲基杂环甾体**100**的方法[34]。

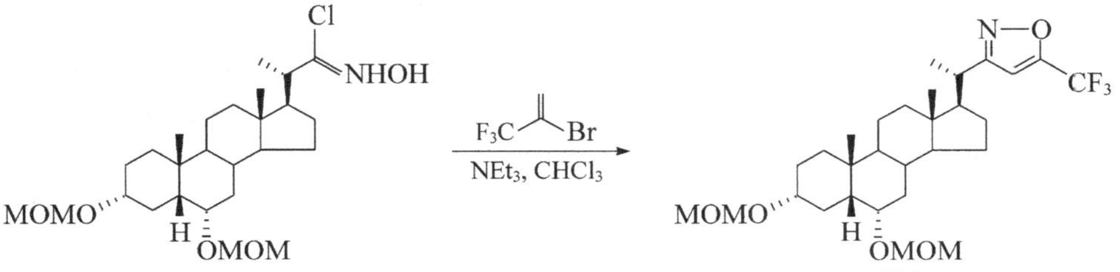

99　**100**

中国科学院上海有机化学研究所黄维垣等报道了 2-溴-3,3,3-三氟丙烯可以在碱性条件下,与吡啶、4-甲基吡啶、异喹啉和哒嗪酮等的叶立德 **101** 发生 1,3-偶极环加成反应,一步生成 1-三氟甲基 Indolizone 类化合物 **102**[35]。

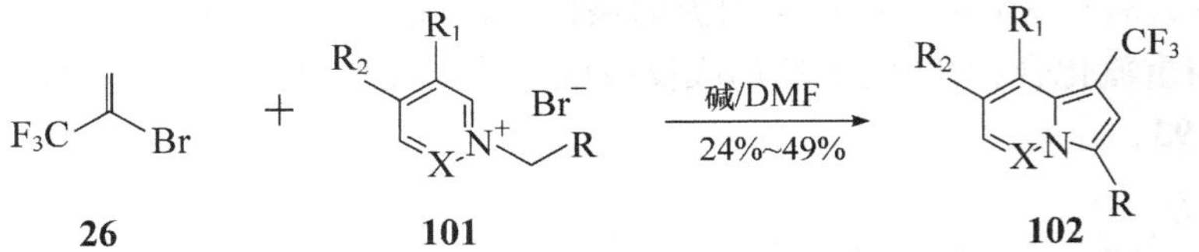

26　　**101**　　**102**

a: X = CH, R = COPh, $R_1 = R_2 =$ H; **b**: X = CH, R = COMe, $R_1 = R_2 =$ H;
c: X = CH, R = CO_2Et, $R_1 = R_2 =$ H; **d**: X = CH, R = COPh, R_1 = H, R_2 = Me;
e: X = CH, R = COMe, R_1 = H, R_2 = Me; **f**: X = N, R = COPh, $R_1 = R_2 =$ H;
g: X = CH, R = COPh, R_1,R_2 = —$(CH)_4$—; **h**: X = CH, R = CO_2Et, R_1,R_2 = —$(CH)_4$—

5) 其他类型的反应

虽然(*Z*)-3,3,3-三氟丙烯甲基酯和(*Z*)-3,3,3-三氟丙烯乙基酯早在 1953 年已被合成[36],但该方法的起始原料为 3,3,3-三氟丙烯气体,限制了该方法的广泛应用。胡昌明等报道了应用 2-溴-3,3,3-三氟丙烯与醇 **103** 在氢氧化钾溶液中反应,高产率、立体专一性地得到(*Z*)-3,3,3-三氟丙烯烷基酯 **104**[37]。

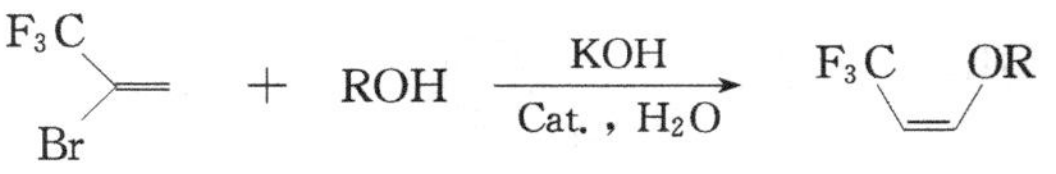

26　　**103**　　**104**

姜标课题组利用 2-溴-3,3,3-三氟丙烯和 *N*-烷基甲苯磺胺 **105** 在叔丁醇钾存在下,“一锅法”通过 Michael 加成和消除反应较高产率和立体选择性地得到(*Z*)-*β*-三氟甲基烯胺 **106**[38]。(*Z*)-*β*-三氟甲基烯胺 **106** 在路易斯酸催化下可转化为热力学稳定的 *E* 型异构体 **107**。

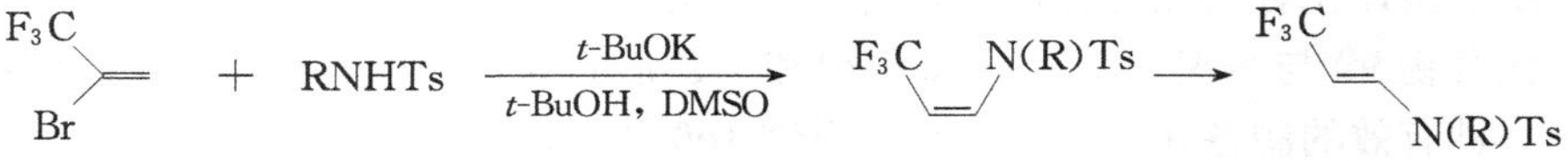

26　　**105**　　**106**　　**107**

2003 年,姜标课题组通过 2-溴-3,3,3-三氟丙烯与活化了的亚甲基 **108** 通过“一锅法”反应,发展了一种温和高效的立体选择性合成三氟甲基取代的多官能团环丙烷 **109** 的方法[39]。

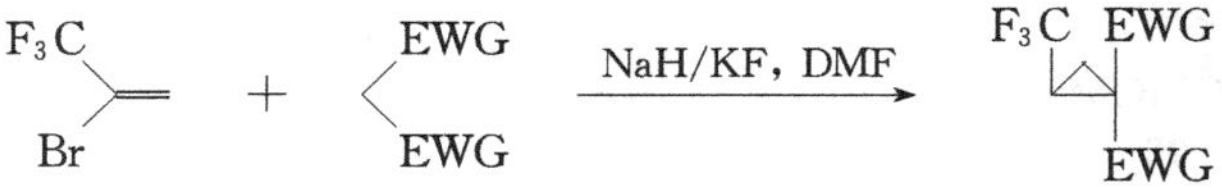

26　　**108**　　**109**

三、三氟乙酰乙酸乙酯

三氟乙酰乙酸乙酯(ethyl 4,4,4-trifluoroacetoacetate)是一种已经工业化生产的含三氟甲基的原料。它价廉易得,从它或一些用它制备的合成子出发,可以方便地合成多种含三氟甲基的化合物。

1. 三氟乙酰乙酸乙酯的制备

Swartz 报道了通过三氟乙酸乙酯和乙酸乙酯在乙醇钠作用下的 Claisen 缩合反应,以 54%的产率制备了三氟乙酰乙酸乙酯 **110**[40]。Mcbee 改进了这一方法,用 NaH 作为碱,于 30～70℃下反应 6～8h,以大于 75%的产率制备了三氟乙酰乙酸乙酯 **110**[41]。

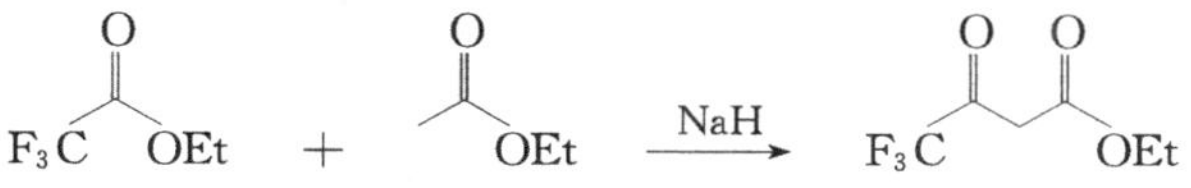

110

2. 三氟乙酰乙酸乙酯的反应及其在合成中的应用

1) 在含三氟甲基杂环化合物的合成中的应用

含三氟甲基杂环化合物由于其潜在的生物活性引起了人们对它的兴趣。合成三氟甲基杂环化合物最为常见的方法是三氟甲基砌块法。由于三氟乙酰乙酸乙酯易发生缩合和环化反应,所以它是一种重要的制备含三氟甲基杂环化合物的合成砌块。从三氟乙酰乙酸乙酯出发,可以方便地合成一系列氧或氮杂的五元或六元的含三氟甲基杂环化合物。如 2-(三氟甲基)呋喃化合物[42],3,5-二氢-4-三氟甲基-2-呋喃酮[43],三氟甲基取代的糖[44,45]或环己酮[46],4-三氟甲基-苯并吡喃酮,3-(三氟甲基)吡咯[47,48],5-(三氟甲基)吡唑[49,50],3-(三氟甲基)-5-吡咯啉酮[51～55],1,4-二氢-2,6-二(三氟甲基)吡啶[56],2 位杂原子取代的 4-(三氟甲基)-6-吡啶酮[57～59],2 位氨基取代的 4-(三氟甲基)嘧啶[60,61]或嘧啶酮[62～64]和(三氟甲基)喹啉酮等[65～69]。

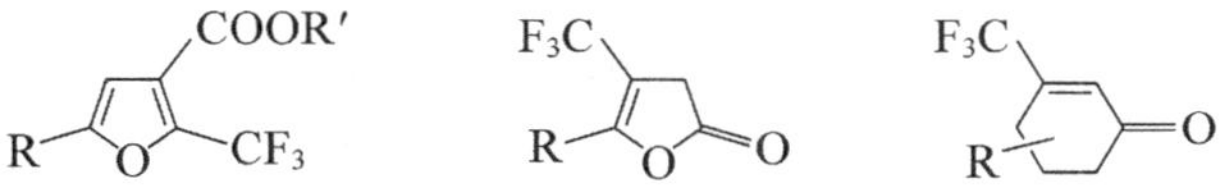

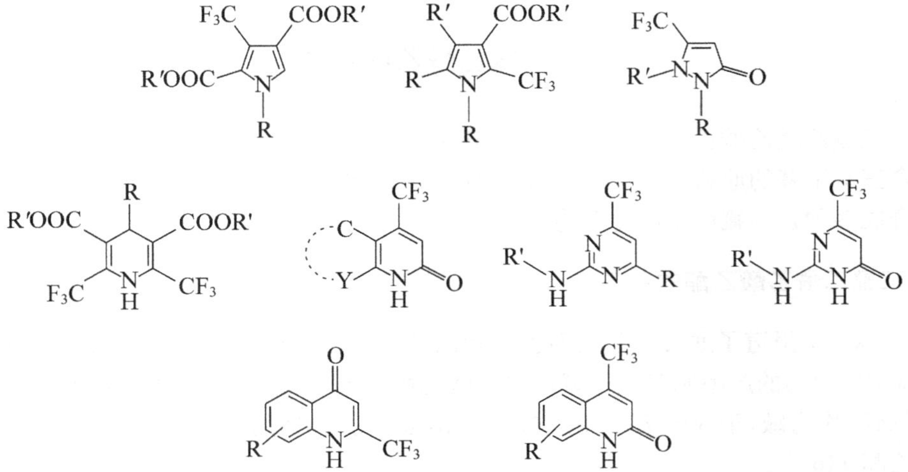

Begue 小组从三氟乙酰乙酸乙酯 **110** 出发合成了 2-(三氟甲基)呋喃化合物 **114**[42]。首先 **110** 进行烯丙基烷基化反应得到 γ,δ 不饱和 β 羰基酯 **111**，化合物 **111** 的三氟甲基酮羰基发生烯醇化后通过碘醚化反应可生成化合物 **113**，化合物 **113** 再经过多步转化成功地合成了 2-(三氟甲基)呋喃化合物 **114**。由于三氟甲基的吸电子性使得烯醇羟基的亲核性减弱，在无水条件下，碘醚化反应难以进行，向体系中加入 $Na_2CO_3 \cdot 5H_2O$ 后，碘醚化反应能顺利发生。

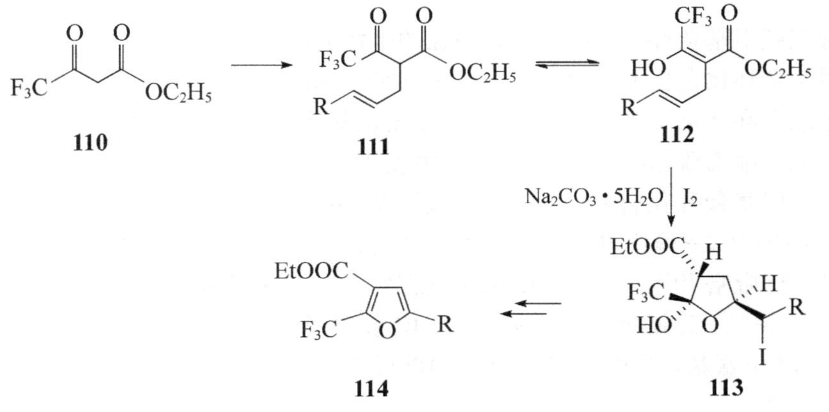

110 **111** **112** **113** **114**

2) 在 epothilone 三氟甲基类似物合成中的应用

2003 年，Danishefsky 小组发现埃波霉素（epothilone）的三氟甲基类似物 Fludelone **118** 具有优异的抑制肿瘤的活性[70]。动物实验显示，Fludelone 展现出比现有任何抗癌药物更强大功效、更少副作用和更少毒性的潜力，2005 年已进入人体临床实验；动物实验也显示 Fludelone 可治愈肿瘤使之不再复发，而且可口服，换句话说，如果"Fludelone"真的发展成药物，则患者不需要到医院躺在病床上做静脉注射，而是可带着药在身上，过正常的生活。Danishefsky 从三氟乙酰乙酸乙酯 **110** 出发，通过 In 粉引发烯丙基溴对三氟乙酰乙酸乙酯酮羰基的加成，紧接着在 $SOCl_2$、吡啶的条件下脱水立体选择性地得到化合物 **115**。化合物 **115** 经还原生成烯丙基碘化合物 **116**。然后通过不对称诱导反应合成了含三氟甲基的关键中间体 **117**。从 **117** 出发，利用他课题组在 epothilone 全合成中发展的方法得到了 epothilone 的三氟甲基类似物 Fludelone **118**。

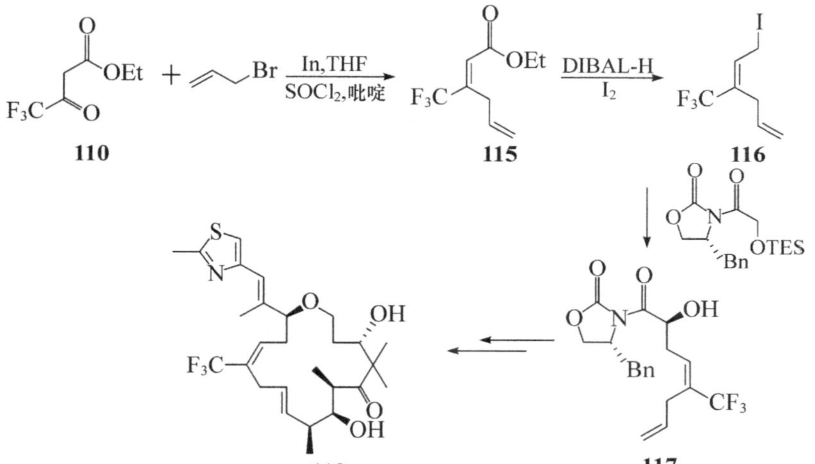

3）在含氟氨基酸合成中的应用

Soloshonok[71,72]小组在研究中发现，与碳氢化合物的亚胺不同，由氟烷基与苄胺形成的 Schiff 碱 **119** 在三乙胺存在下，能在非常温和的条件下发生 1,3 质子迁移异构化（PSR）以高产率生成亚胺 **120**，平衡几乎完全向亚胺 **120** 的方向移动。而亚胺 **120** 水解生成相应的氨基化合物 **121**。这是一个仿生的转胺化反应，是合成含氟氨基化合物的有效方法。

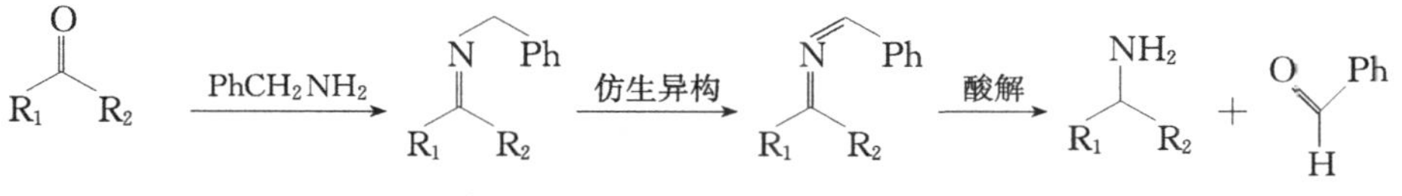

R_1 = fluoroalkyl，fluoroaryl；R_2 = H，alkyl，aryl，benzyl，COOR，CH_2COOR

1996 年，Soloshonok[72g]利用仿生的转胺化反应从三氟乙酰乙酸乙酯出发，合成了 β-三氟甲基-β-氨基酸。作者首先用三氟乙酰乙酸乙酯与苄胺反应合成了亚

胺 **122**，然后用三乙胺作碱，亚胺 **122** 发生 1,3 质子迁移反应生成亚胺 **123**，用 2N HCl 水解亚胺 **123** 最终得到了消旋的 β-三氟甲基-β-氨基酸 **124**。

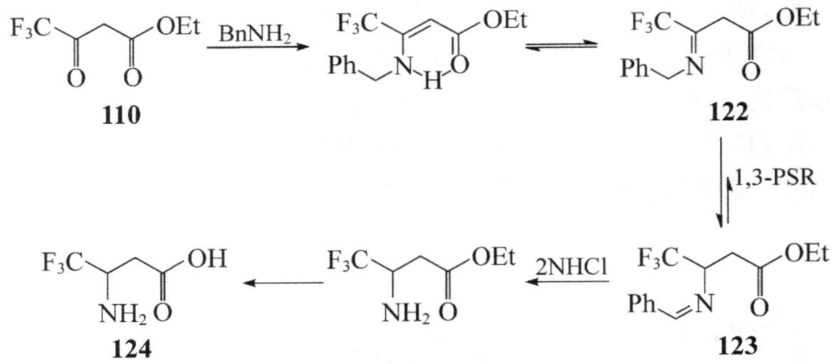

1997 年，Soloshonok[73] 进一步通过使用手性胺发展了手性的仿生转胺化反应，并利用这一方法从三氟乙酰乙酸乙酯出发立体选择性地合成了光学活性的 β-三氟甲基-β-氨基酸。手性胺(*S*)-α-苯基乙胺与三氟乙酰乙酸乙酯反应合成了烯胺 **125**，烯胺 **125** 在弱碱三乙胺的作用下反应很慢，用 DBU 作碱，顺利地发生了手性的 1,3 质子迁移反应生成亚胺 **126**。值得注意的是，烯胺 **125** 由于分子内氢键的作用，构型是 Z 式的。亚胺 **126** 水解后以 87%的 *ee* 值立体选择性地得到了 β-三氟甲基-β-氨基酸 **127**。

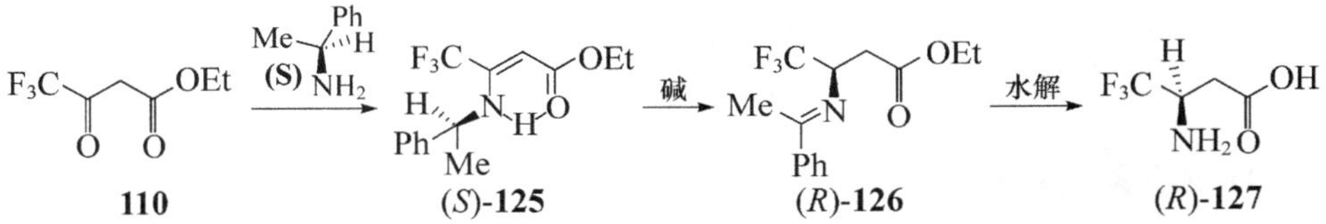

4）在重要含三氟甲基合成子制备中的应用

(1) 1,1,1-三氟-4-溴-2-丁烯的制备及反应

Loh[74] 报道了化合物 **128** 依次经过 $LiAlH_4$ 还原和 PBr_3 溴化生成三氟甲基合成砌块 1,1,1-三氟-4-溴-2-丁烯 **129**。从三氟乙酰乙酸乙酯出发通过二步反应可大量地合成 4,4,4-三氟丁烯酸酯 **128**[75]。

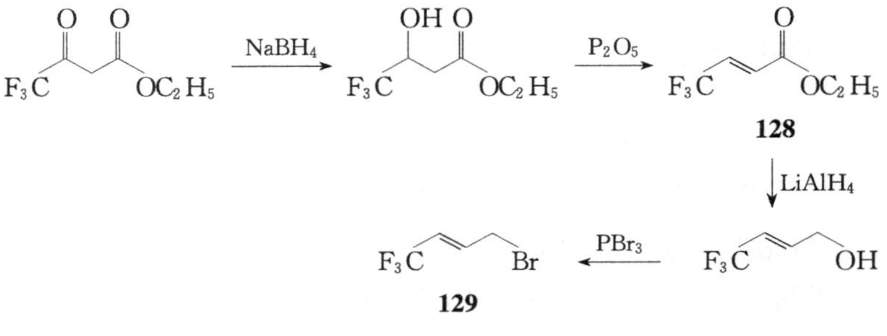

同时，Loh[74]研究了铟参与的1,1,1-三氟-4-溴-2-丁烯 **129** 与醛的烯丙基化反应。在铟的存在下，以水作溶剂，1,1,1-三氟-4-溴-2-丁烯 **129** 可以与包括脂肪醛、芳香醛和水溶性醛在内的一系列底物发生烯丙化反应，以高产率得到单一的 γ 加成产物（见表 8-1）。反应有良好的非对映选择性，一般情况下反应的产物 *anti* 构型占绝对优势，这可以用醛和烯丙基铟试剂反应形成六元环过渡态来解释（见图 8-1）。当底物是2-吡啶甲醛和乙醛酸时，产物构型以 *syn* 为主，作者认为这是因为醛和烯丙基铟试剂在形成六元环过渡态的同时，醛 α 位碳原子上的杂原子与烯丙基铟试剂发生了络合反应，形成了一个五元环（见图 8-1），使得反应的选择性发生了变化。值得注意的是，与甲基烯丙基溴的烯丙基化反应没有非对映选择性相比，1,1,1-三氟-4-溴-2-丁烯 **129** 的烯丙基化反应有优异的选择性，这和三氟甲基的立体位阻有关。

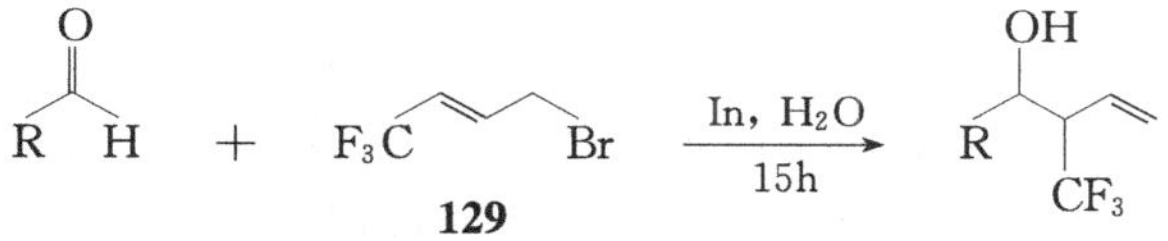

129

表 8-1　铟参与的1,1,1-三氟-4-溴-2-丁烯 129 与醛的烯丙基化反应

编号	醛	产物	*anti* : *syn*	产率/%
1	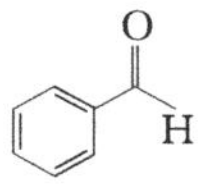	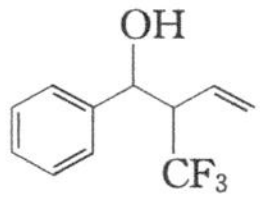	92 : 8	87
2	HCHO	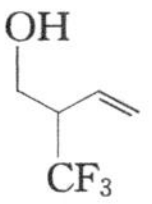	—	86
3	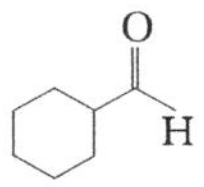	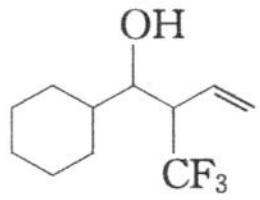	>99 : <1	90
4	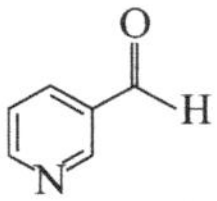	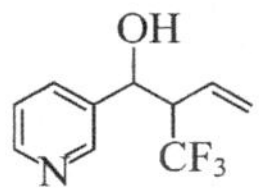	>99 : <1	95
5	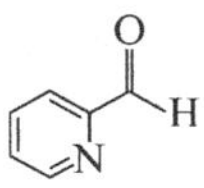	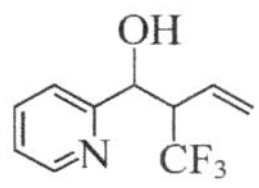	<1 : >99	88
6	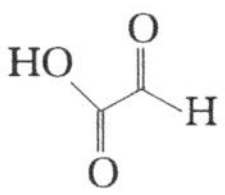		4 : 96	80

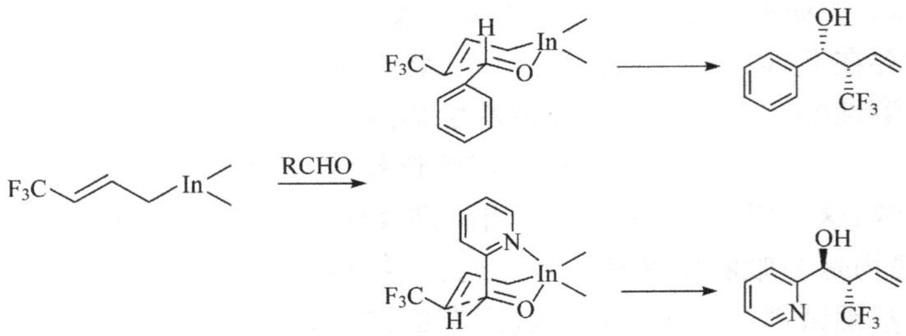

图 8-1　过渡态对产物构型的解释

高烯丙醇和高烯丙基胺类化合物在生物活性分子的合成中有着广泛的应用，铟参与的 1,1,1-三氟-4-溴-2-丁烯 **129** 的烯丙基化反应在合成光学活性的含三氟甲基生物活性分子中有着很好的应用前景。中国科学院上海有机化学研究所的卿凤翎小组[76]将这一反应应用于廉价易得的手性源 *R*-甘油醛缩丙酮上，以 DMF 作溶剂，与由 *R*-甘油醛缩丙酮和苄胺原位产生的亚胺 **130** 反应，以 61%的产率和 95%的非对映选择性得到 *β*-三氟甲基高烯丙基胺砌块 **131**。从 **131** 出发合成了在蛋白质工程研究中有着广泛应用的 4,4,4-三氟甲基异亮氨酸 **132** 和 4,4,4-三氟甲基缬氨酸 **133**。

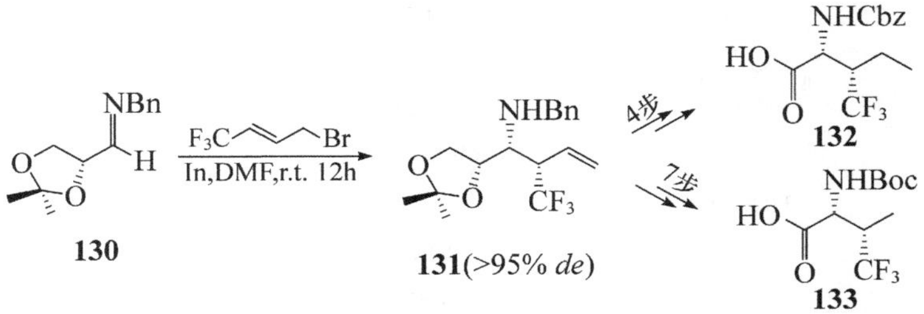

(2) 2-重氮-三氟乙酰乙酸乙酯的制备及反应

二羰基重氮化合物是一类重要的合成子，它可以发生一系列转化，如环丙烷化、Wolff 重排、偶极加成、二聚、氧化等，因而在合成中受到了人们的关注。从氟烷基二羰基重氮化合物出发，可以高区域和立体选择性地合成一系列含氟有机化合物。2-重氮-三氟乙酰乙酸乙酯 **134** 可以从三氟乙酰乙酸乙酯经过重氮转移的方法制备[77]。由于两个羰基的强吸电子性，使得 2-重氮-三氟乙酰乙酸乙酯能够在室温下稳定地存在。

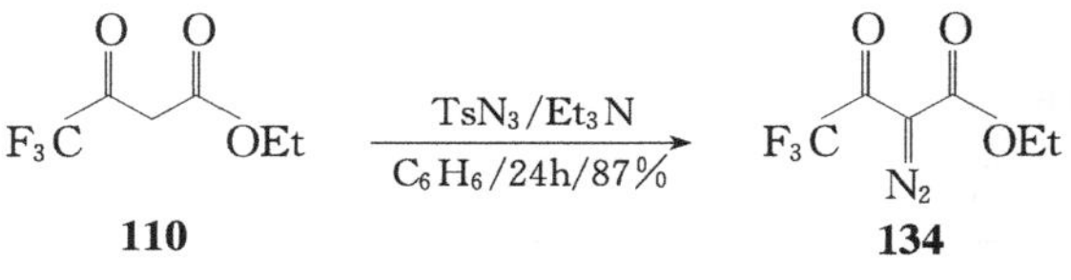

中国科学院上海有机化学研究所的朱士正小组改进了这一方法,在0℃下和以乙醚作溶剂,采用亲核性更强的多氟烷磺酰基叠氮与三氟乙酰乙酸乙酯反应制备了2-重氮-三氟乙酰乙酸乙酯[78]。

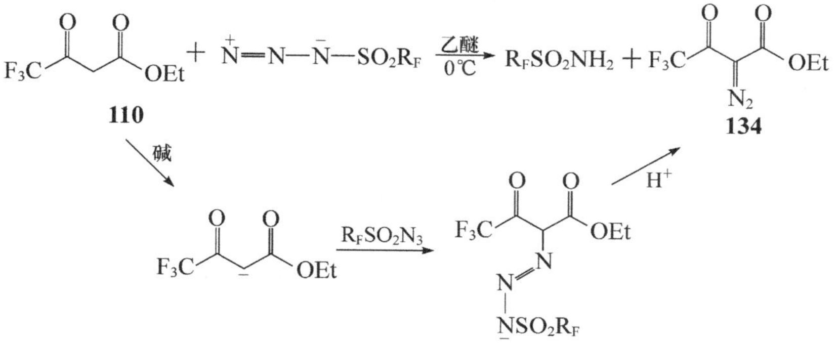

同时,朱士正小组研究了在 $Rh(OAc)_2$ 催化下2-重氮-三氟乙酰乙酸乙酯**134**与一系列化合物的反应。在 $Rh(OAc)_2$ 的催化下和无溶剂的情况下,2-重氮-三氟乙酰乙酸乙酯**134**与烷基或芳基腈发生加成反应高产率地生成2-取代-4-羧基-5-三氟甲基-1,3-唑环化合物**135**[78]。

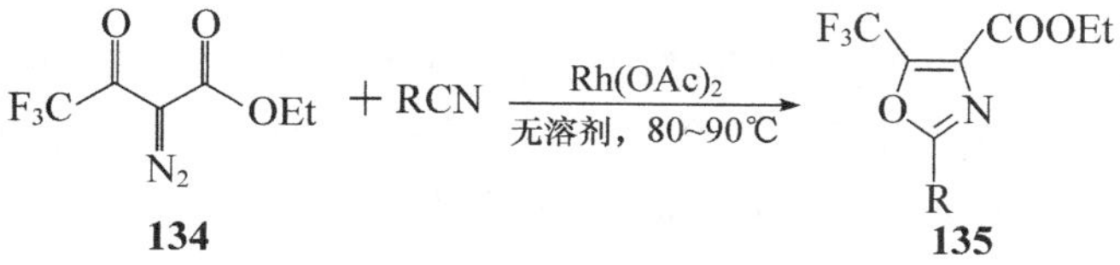

R=C_6H_5(**a**); *m*-$CH_3C_6H_5$(**b**); $CH_2C_6H_5$(**c**); *E*式和*Z*式 $CH{=}CHCH_3$(**d**); $ClCH_2$(**e**);

在 $Rh(OAc)_2$ 的催化下,2-重氮-三氟乙酰乙酸乙酯**134**与烯醇醚发生偶极加成反应,可合成三氟甲基取代的二氢呋喃化合物**136**[79]。

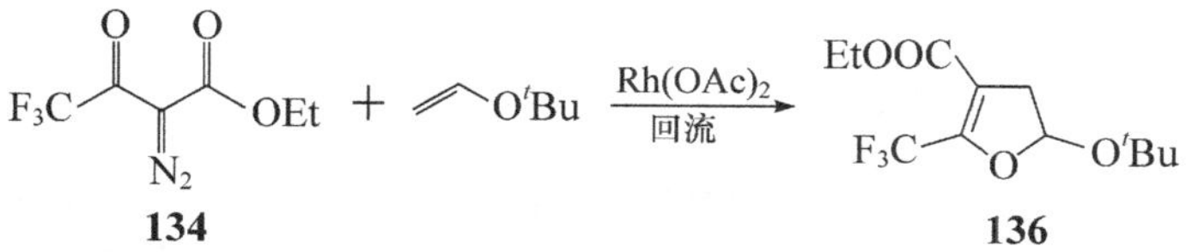

在 $Rh(OAc)_2$ 的催化下,2-重氮-三氟乙酰乙酸乙酯**134**与硫醚和三苯基胂在苯或甲苯中回流,以45%~90%的产率合成了硫化物**137**和砷叶立德**138**。由于三氟甲基的吸电子性,砷叶立德**138**很稳定。但2-重氮-三氟乙酰乙酸乙酯**134**与三苯基膦反应不能产生磷叶立德[80]。

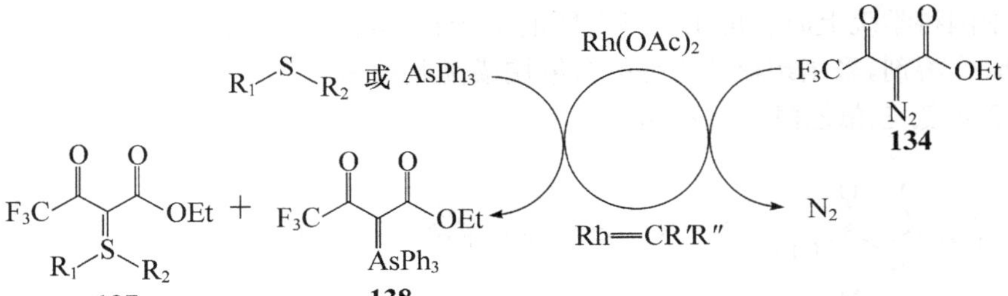

137　138　134

四、三氟甲基铜试剂

三氟甲基铜试剂[trifluoromethyl copper(I)]是向有机分子引入三氟甲基的一种重要合成子，它通常是现场产生的。

1. 三氟甲基铜的生成方式

到目前为止，有许多可以生成三氟甲基铜的方法，现简要叙述如下。

1) CF_3I/Cu

日本的 Kobayashi 课题组在 20 世纪 60 年代末发现，三氟碘甲烷和铜粉在 HMPA 中加热可生成三氟甲基铜，新生成的三氟甲基铜可与芳基碘和烯基碘发生 Ullmann 反应[81]。利用该反应可合成一系列的含三氟甲基的化合物，例如对核苷 **139** 进行三氟甲基化反应制备含三氟甲基的核苷 **140**[82]。

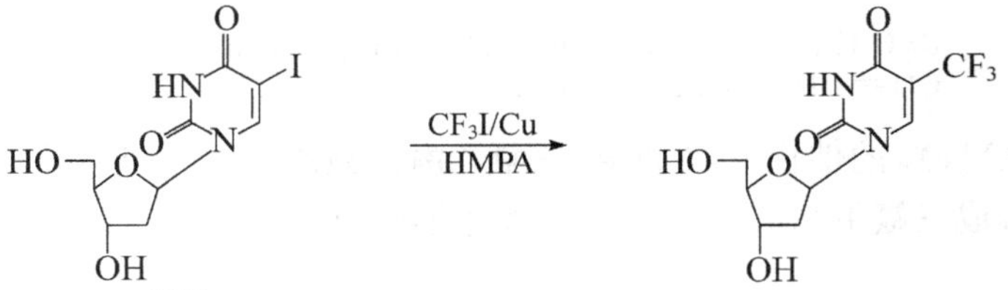

139　140

2) $CF_2Br_2/Cd(Zn)/CuI$

1986 年，美国 Burton 发现以 DMF 为溶剂，将 CF_2Br_2 先与 Zn 或 Cd 反应，然后加入 CuI 可生成 CF_3Cu，新生成的 CF_3Cu 能与芳基碘反应高产率地生成三氟甲基化产物[83]。

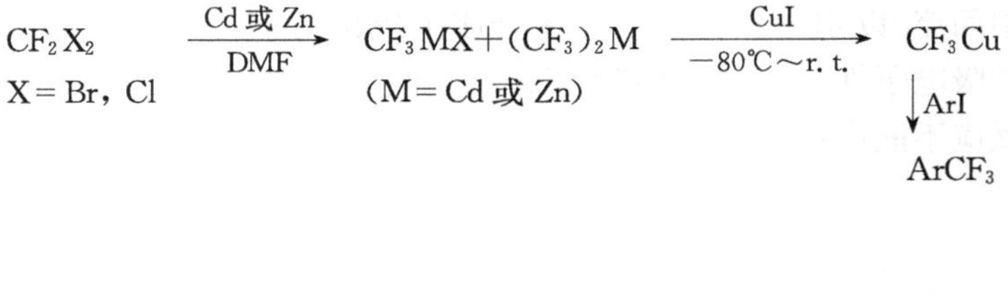

3) CF_3SiMe_3/KF/CuI

日本 Fuchikami 发现 CF_3SiMe_3 在 KF 和 CuI 存在下也能生成 CF_3Cu，现场生成的 CF_3Cu 能对芳香碘进行三氟甲基化反应[84]。

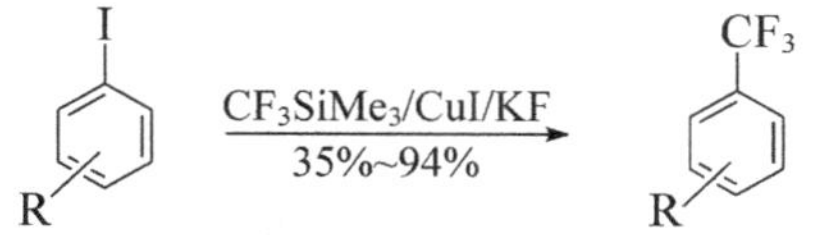

瑞士的 Schlosser 课题组利用该方法合成了一系列的三氟甲基吡啶化合物[85]。

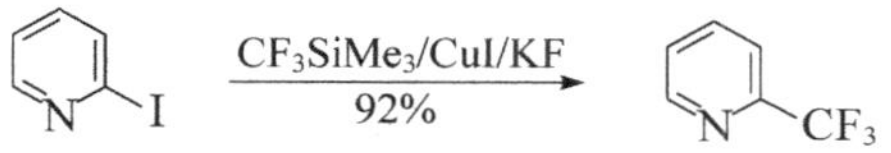

2. 一种有效的产生三氟甲基铜的试剂：$FSO_2CF_2CO_2Me$/CuI

中国科学院上海有机化学研究所陈庆云自 20 世纪 80 年代末以来，发展了好几种三氟甲基铜试剂。如，ICF_2SO_2F/Cu[86]，$ClCF_2CO_2Me$/KF/CuI[87]，其中 $FSO_2CF_2CO_2Me$/CuI 是有效的产生三氟甲基铜的试剂，在国内外学术界和工业界得到广泛的应用，下面将重点论述。

在前面的讨论中我们已经谈到 CF_3^- 是一很不稳定的中间体，它易失去 F^- 而形成二氟卡宾：

$$CF_3^- \rightleftharpoons :CF_2 + F^-$$

实际上，研究结果表明二氟卡宾也可与 F^- 结合形成三氟甲基负离子（CF_3^-）。也就是说，上式是一个平衡反应。如果能把 CF_3^- 稳定下来，那将是一个很好的三氟甲基化试剂。即通过二氟卡宾与氟负离子的结合形成三氟甲基化试剂。实际上通过理论计算和实验分别发现 CF_3^- 能被过渡金属的空轨道(Cu)稳定下来，这也是为什么 CF_3Cu 能成为三氟甲基化试剂的原因所在。陈庆云在研究中发现，$FSO_2CF_2CO_2Me$ 是一个很好的二氟卡宾前体[88]；当在催化量的 CuI 存在下，$FSO_2CF_2CO_2Me$ 在 DMF 中加热至 60～80℃可生成 CF_3Cu，生成的 CF_3Cu 可与卤化物进行三氟甲基化反应[89]。

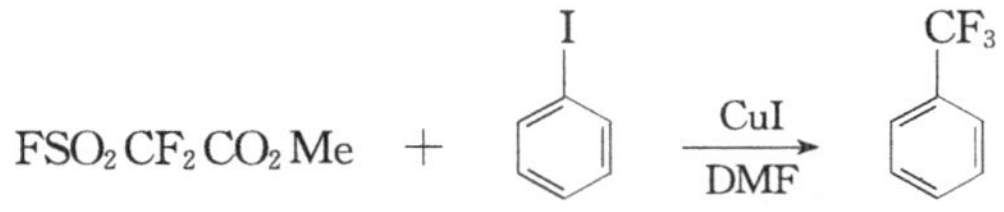

该三氟甲基化试剂生成的 CF_3Cu 与三氟甲基化反应的可能机理为：CuI 与 $FSO_2CF_2CO_2Me$ 生成相应的羧酸铜盐和 CH_3I。铜盐很不稳定，在加热条件下分

解产生二氟卡宾和氟负离子。二氟卡宾与氟负离子结合形成三氟甲基负离子，在 CuI 存在下生成三氟甲基铜（CF_3Cu），然后与卤代烷发生三氟甲基化反应。

$$FSO_2CF_2CO_2Me \xrightarrow{CuI} FSO_2CF_2CO_2Cu \xrightarrow[-SO_2]{-CO_2}$$

$$:CF_2 + F^- \rightleftharpoons CF_3^- \xrightarrow{CuI} CF_3Cu \xrightarrow{RX} RCF_3$$

发现该三氟甲基铜试剂之后，陈庆云课题组对该试剂在有机合成中的应用进行了研究。对甾体 **141** 进行三氟甲基化可生成含三氟甲基的甾体 **142**。化合物 **142** 具有很好的 5α-还原酶的抑制活性和较低的毒性[90]。

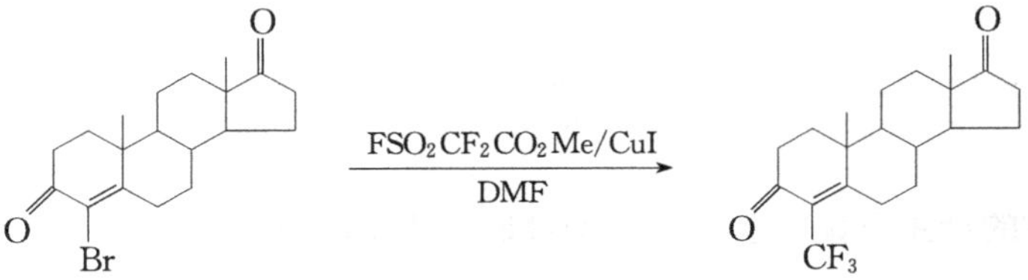

141　　**142**

同时也发现，三氟甲基铜能选择性地对烯基碘进行三氟甲基化反应，对化合物 **143** 和 **144** 进行三氟甲基化分别得到产物 **145** 和 **146**[91]。

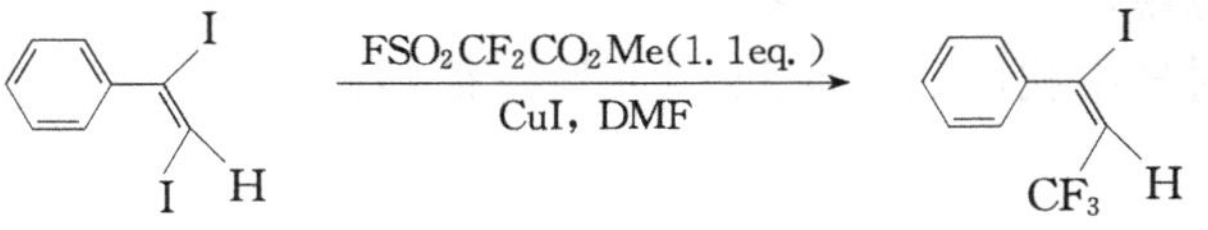

143　　**145**

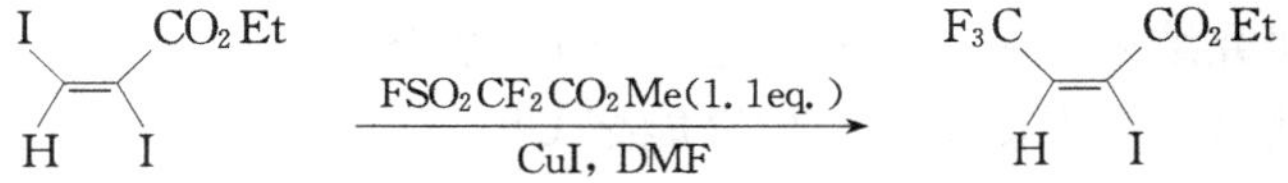

144　　**146**

中国科学院上海有机化学研究所的吕龙课题组也采用类似的选择性三氟甲基化反应合成了（*Z*）-2-溴-4，4，4-三氟丙烯酸甲酯 **147**，并研究了 **147** 的 Songashira 和 Suzuki 偶联反应[92]。

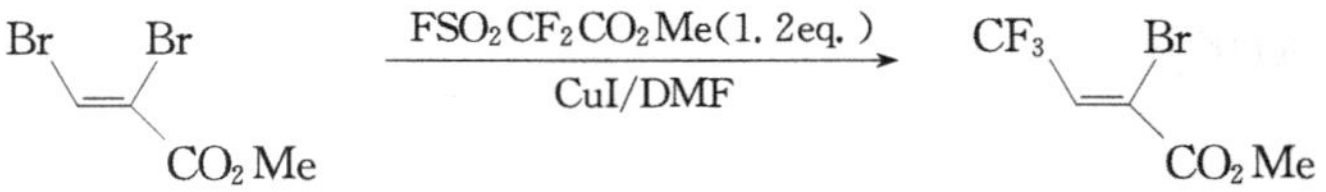

147

卿凤翎课题组在应用 $FSO_2CF_2CO_2Me$/CuI 试剂在合成含三氟甲基化合物中做了许多探索。通常利用 $FSO_2CF_2CO_2Me$/CuI 产生 CF_3Cu 的溶剂为 DMF。当在该反应体系中加入少量 HMPA，可对邻碘苯磺酸酯进行三氟甲基化反应，利用该反应首次合成邻三氟甲基苯磺酸酯 **148**，在此基础上制备了含三氟甲基的维甲酸类似物 **150** [93]。

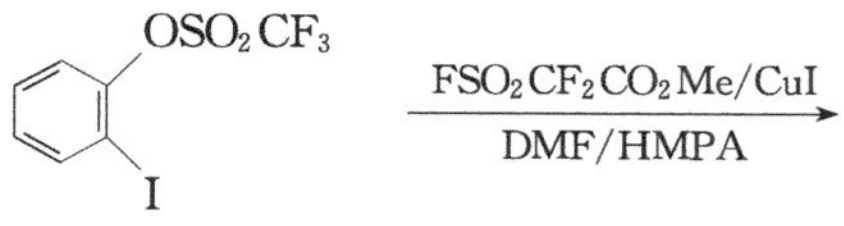

148

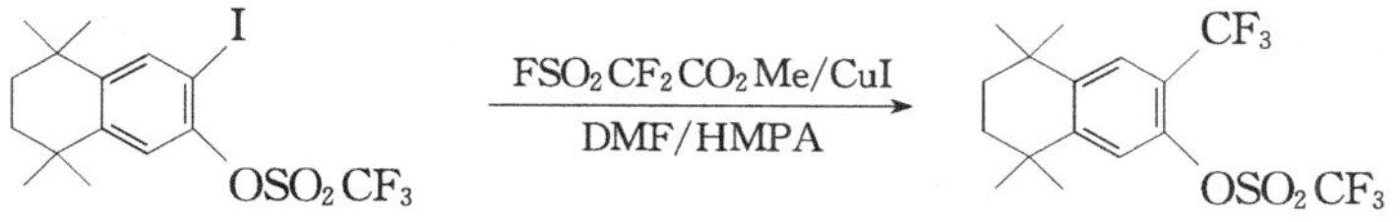

149

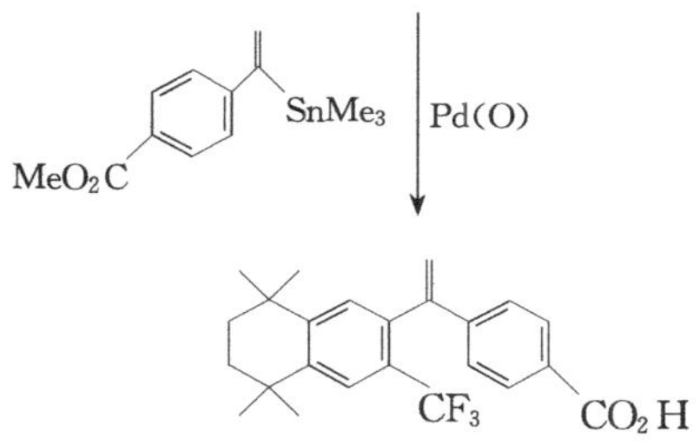

150

美国的 Beal 利用该三氟甲基化反应条件，合成了碱基带有三氟甲基的核苷 **151** [94]。

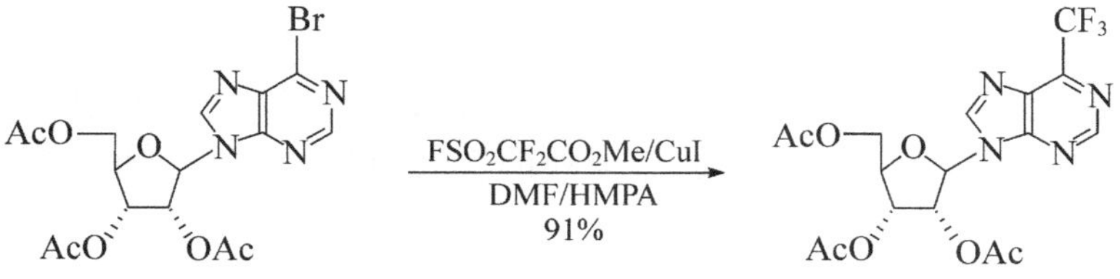

151

利用新产生的 CF_3Cu，也可合成邻三氟甲基苯基硼酸 **152** [95]。

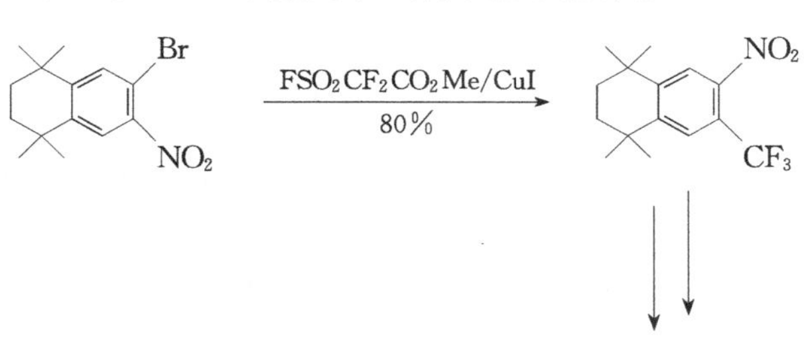

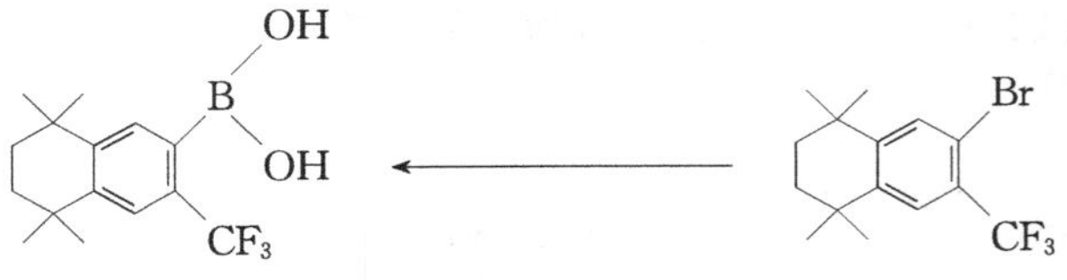

152

对 α-卤代-α,β-不饱和酯进行三氟甲基化反应可制备 α-三氟甲基-α,β-不饱和酯 **153**[96]。从化合物 **154** 出发，可合成 2′,3′-二去氧-2′-三氟甲基核苷 **155**[97]。

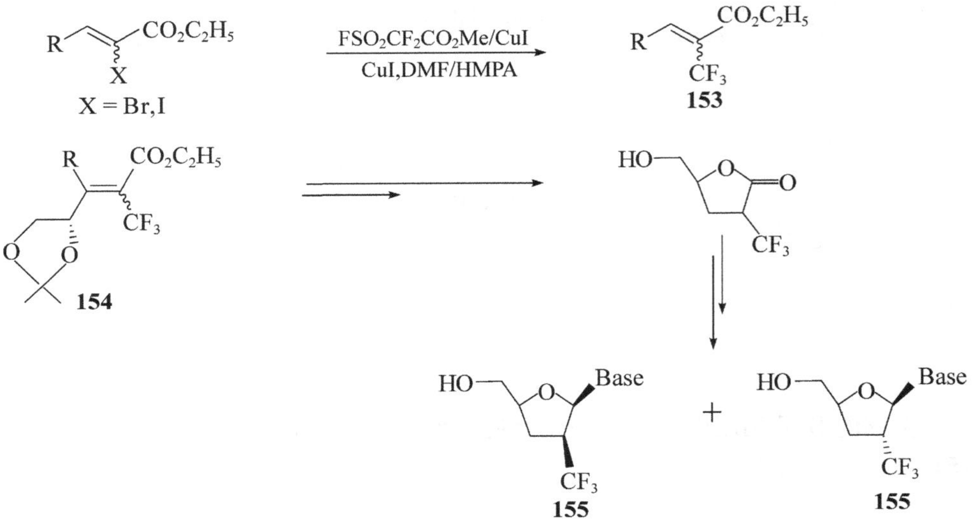

对 α-溴代-α,β-不饱酯 **156** 进行三氟甲基化反应得到 α-三氟甲基-α,β-不饱和酯 **157**，从化合物 **157** 出发，通过一系列的转化，可合成含三氟甲基的脯氨酸 **158**[98]。

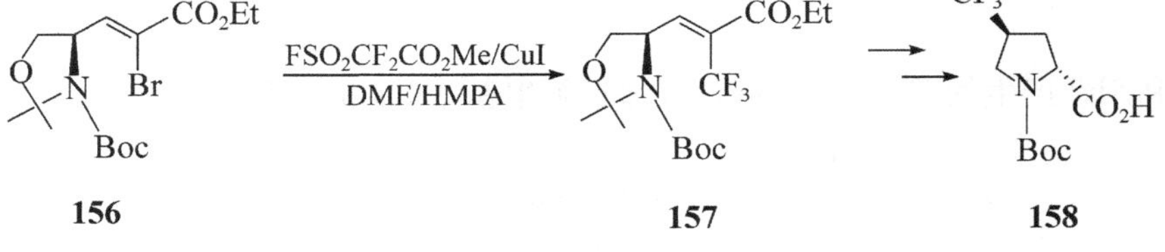

对 1,1-二溴-1-烯烃进行三氟甲基化时，产物复杂，有单三氟甲基化产物的异构混合物（Z 和 E）以及双三氟甲基化产物形成。有趣的是，当向反应体系加入催化量的 Pd(0)时，三氟甲基化反应具有选择性，对芳基取代的 1,1-二溴-1-烯烃生成单一的 1,1-二(三氟甲基)烯烃 **159**，而对烷基取代的 1,1-二溴-1-烯烃则得到单三氟甲基化的产物 **160**[99]。

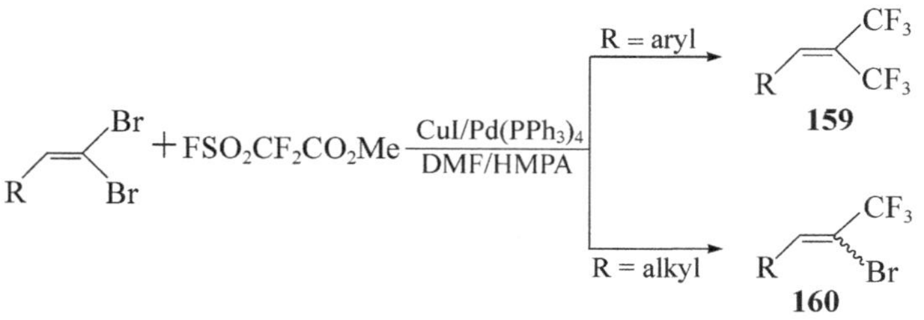

对碘化黄酮 **161** 进行三氟甲基化反应得到三氟甲基取代的黄酮 **162**[100]。

类似地，对黄酮的 3-位烯基碘化合物 **163** 进行三氟甲基化反应可得到 3-位三氟甲基取代的黄酮 **164**[101]。

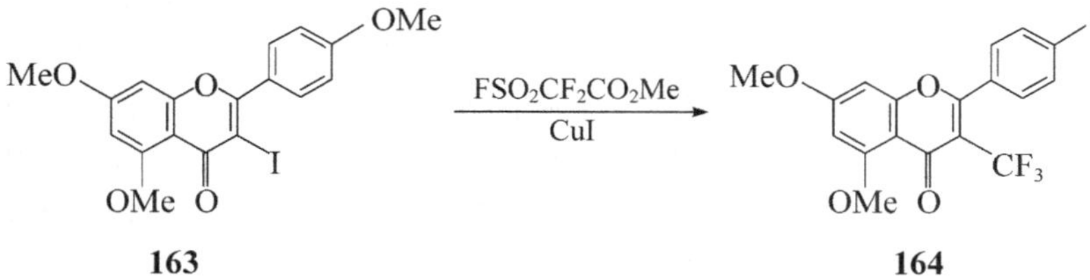

近年来，由 $FSO_2CF_2CO_2Me$/CuI 现场生成的 CF_3Cu 试剂在合成含三氟甲基的配体和生物活性物质方面得到越来越广泛的应用。Chong 通过三氟甲基化反应合成了配体 **165**，然后制得试剂 **166**。研究结果表明 **166** 与醛酮进行烯丙基化反应产物的选择性高（$r>99:1$）[102]。

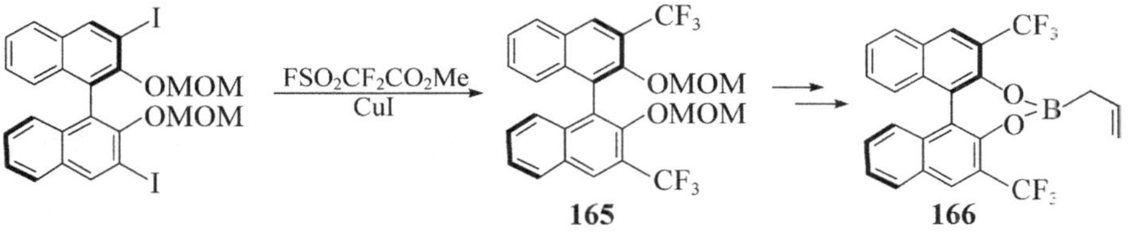

新生成的 CF_3Cu 也能对杂环上的溴进行三氟甲基化反应，得到具有生物活性的三氟甲基化合物 **167**[103]。

167

Wipf 利用三氟甲基化反应合成了化合物 **168**，并将 **168** 与其他氨基酸缩合制备得到 Gramicidin 的三氟甲基类似物[104]。

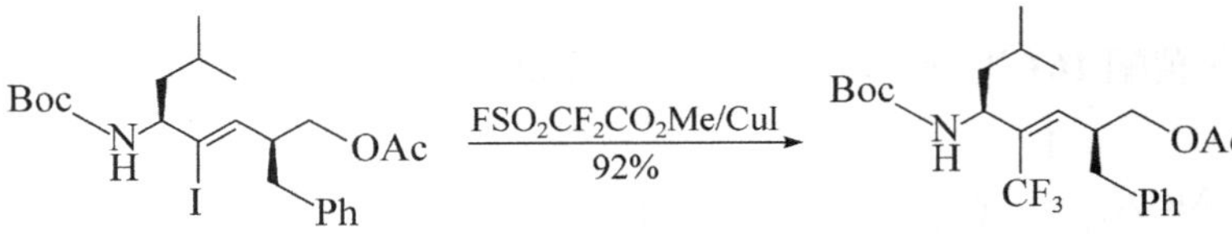

168

五、三氟乙醛亚胺化合物

1. 三氟乙醛亚胺化合物的制备

由于三氟甲基强的吸电子效应，三氟乙醛具有更强的反应性而使三氟乙醛是一种不稳定的气体，但是它的水合物和半缩醛衍生物[$CF_3CH(OH)_2$ 和 $CF_3CH(OH)(OR)$]是稳定的。因此，从三氟乙醛的半缩醛出发，可制备在合成上有用的含三氟甲基的砌块。在对甲苯磺酸或分子筛的作用下，三氟乙醛半缩醛与胺在室温下反应能方便地制备 *N*,*O*-缩醛 **169** 和唑烷 **170**，亚胺 **171** 也能在甲苯回流条件下用亲核胺与三氟乙醛半缩醛反应来制备。值得指出的是，*N*,*O*-缩醛 **169** 和唑烷 **170** 在路易斯酸存在下，可现场产生亚胺 **171**。

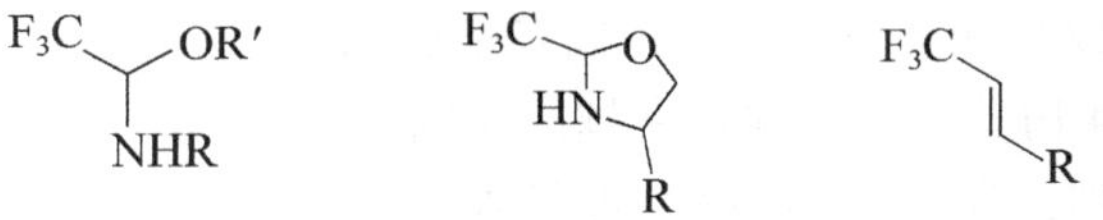

169　**170**　**171**

2. 三氟乙醛亚胺化合物的反应

1）与有机金属试剂的反应

有机金属试剂对亚胺的加成反应是合成胺包括光学活性胺的一个常用的方法。由于三氟甲基的强吸电子性，含三氟甲基的亚胺与亲核试剂很容易反应，不需要加入活化剂。Higashiyama 和 Mikami 研究了半缩醛胺 **169a** 和有机金属试剂的反应。现场产生的 **169a** 与过量的格氏试剂反应能以高的 *de* 值(＞90％)和好的收率得到胺 **172**[105]。

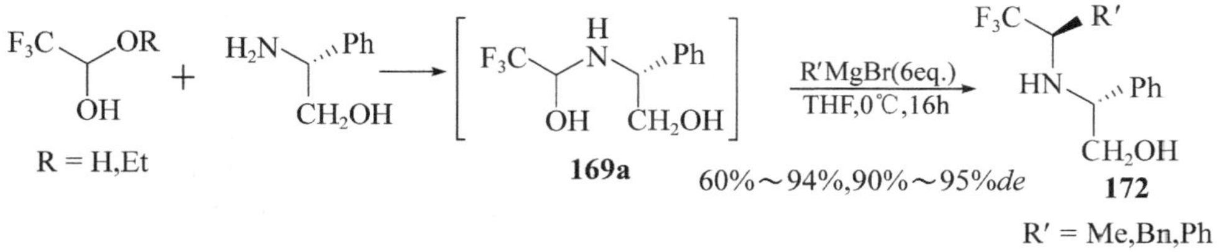

Funabiki 和 Enders 报道了 **171a** 和烷基锂试剂的不对称烷基化反应，用SAMP 法或 RAMP 法能以极好的非对映选择性（*de* 值＞96％）得到烷基化产物[106]。

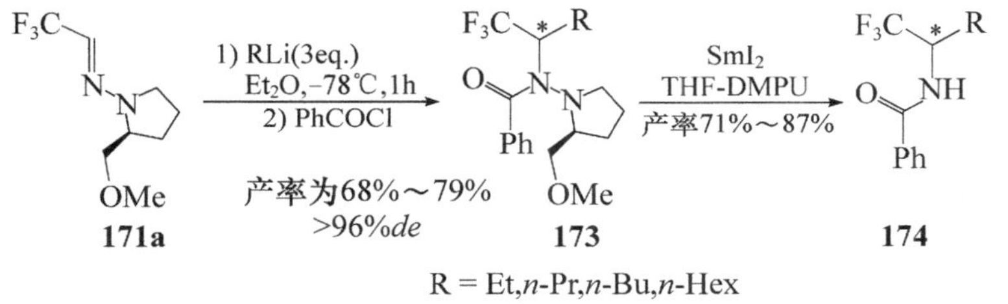

高烯丙基和烯丙基胺是有用的合成子，能被进一步地转化。对醛亚胺和一些母体化合物的烯丙基化反应是合成这些分子的有效方法。有不少研究小组致力于将此方法应用于三氟甲基化的底物。如，在锌存在下，亚胺 **171b**～**171d** 与烯丙基溴反应生成含三氟甲基的高烯丙基胺 **175**[107]。

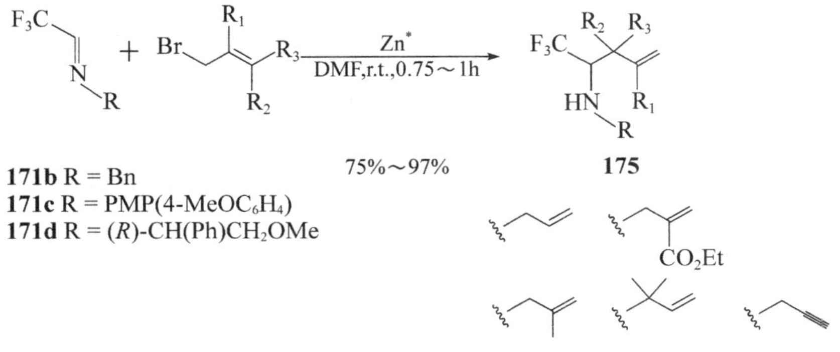

进一步的研究表明以上的 Barbier 反应在更剧烈的条件和过量的烯丙基（或炔丙基）溴存在下，能发生 *C*-和 *N*-烯丙基取代产生二取代不饱和胺 **176**[108]。化合物 **176** 进行 RCM 关环可生成脱氢哌啶的衍生物 **177**。当两个取代基为烯丙基和炔丙基时，**176** 发生 Pauson-Khand 反应可得到双环产物 **178**。

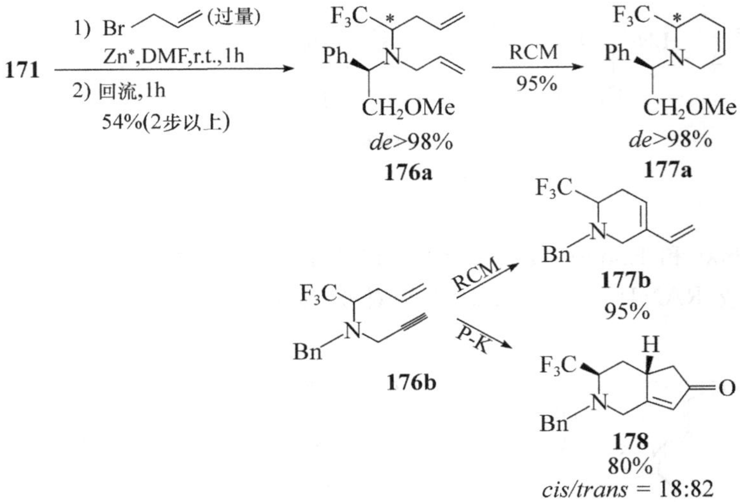

以乙醚或甲苯作溶剂，**171b**～**171d** 与乙烯基溴格氏试剂能有效地发生反应（产率 86%～95%）。以光学活性的亚胺 **171d** 为底物时能以 98%的 *de* 值得到烯丙基产物 **179**。先乙酰化保护氮原子，接着溴化、水解生成溴代醇，在碱性条件下该化合物通过手性诱导转化成为手性的环氧乙烷 **180**（*de* 98%）[109]。

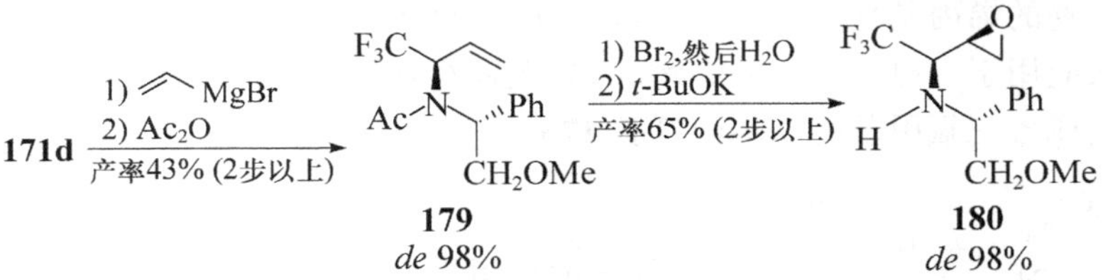

炔基锂试剂能作为有效的炔基化试剂与亚胺 **171b**～**171d** 反应（产率 60%～98%）。当用手性亚胺 **171d** 反应时产物的 *de* 值高达 98%。在碱性条件下，化合物 **181** 易发生脱氢和脱氟反应，然后进行还原反应得到二氟炔丙醇胺 **182**[110]。

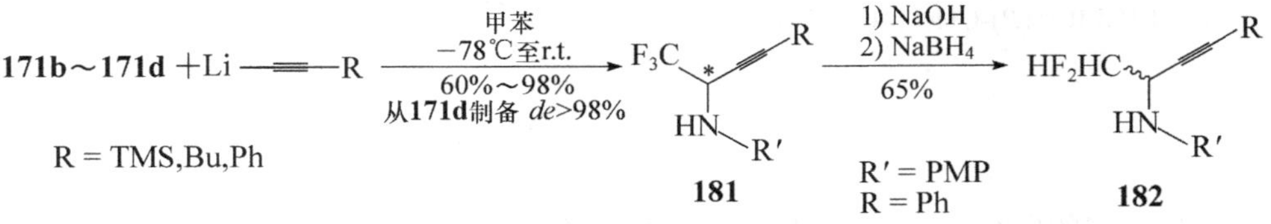

2）Aza-aldol 反应

烯醇化合物对醛亚胺的加成反应（曼尼奇反应）是构建 C—C 键的一个普遍的方法。对于三氟甲基取代的底物，该反应能产生 *β* 位含三氟甲基的氨基酮。鉴于此，Akiyama 用 $GaCl_3$ 催化硅基烯醇化合物对 **169c** 加成以较好的收率得到氮杂

aldol 反应产物 **183** [111]。

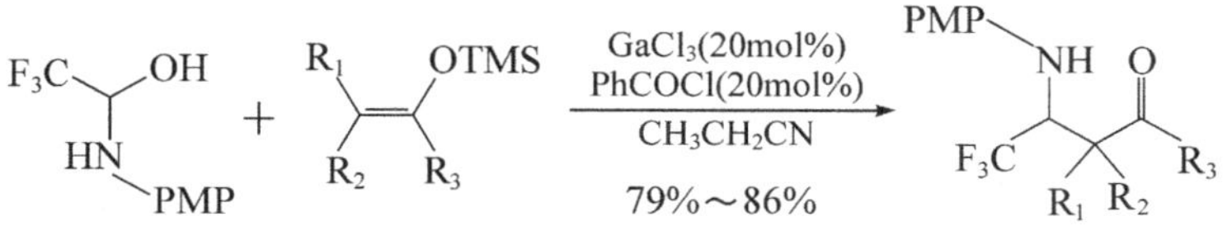

169c　　**183**

不对称曼尼奇反应是近来研究的热点。例如，在路易斯酸的条件下唑烷 **170b** 与烯基氧硅烷 **184** 和烯酮硅缩醛 **185** 反应，非对映选择性地生成相应的 **186** 和 **187**[112]。对化合物 **187** 进行脱保护基和水解，得到 β-三氟甲基-β-氨基酸 **188**。

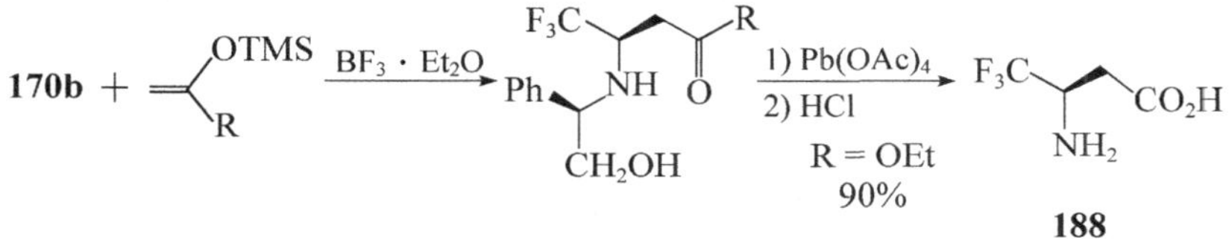

188

R = Ph(**184**),OEt(**185**)　　R = Ph(**186**),产率 66%,*de* 92%
R = OEt(**187**),产率 73%,*de* 68%

以酯作为亲核试剂运用曼尼奇反应能得到 β-内酰胺。烯醇硫酯锂化合物 **189** 和亚胺 **171b** 反应得到曼尼奇产物 **190**，化合物 **190** 发生关环反应得到 β-内酰胺 **191** [113]。

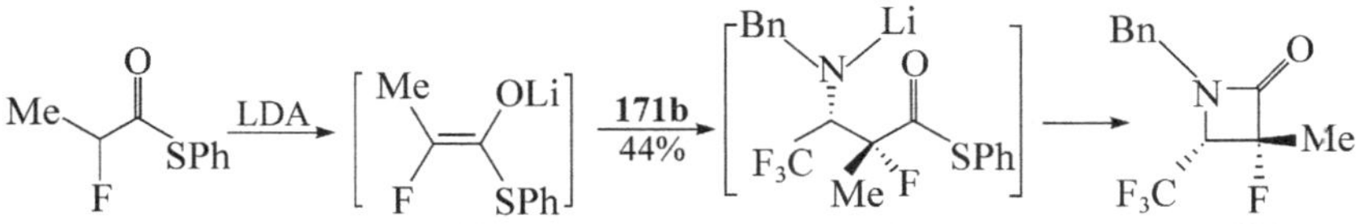

189　　**190**　　**191**

trans/*cis* 97:3

Soloshonok 和 Avilov 曾报道过用一个类似的方法来制备 β-三氟甲基-α,β-二氨基酸 **192**。在碱性条件下，光学纯的化合物 **193** 与 **171c** 反应以优异的产率和非对映选择性得到 **194** [114]。LiCl 的存在对其非对映选择性是至关重要的：没有它曼尼奇产物的 *de* 值只有 32%。化合物 **194** 水解后即得氨基酸 **192**。

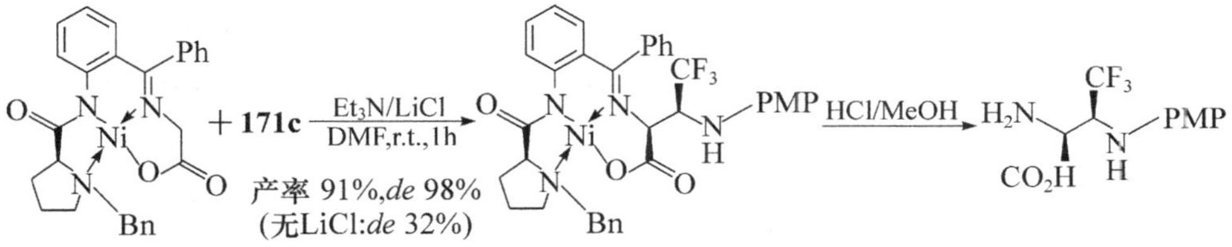

(*S*)-**193**　　**194**　　**192**

在路易斯酸存在下，亚胺 **171b**，**c**，**e**(**171e**：R=烯丙基)可与化合物 **195** 进行曼

尼奇反应[115]。该反应产率高、立体选择性好。加成产物 **196** 能转化成 α-三氟甲基-β-羟基哌啶 **197**。

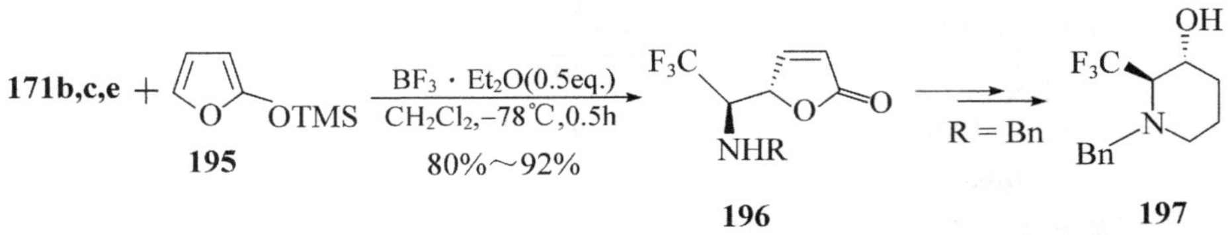

3）其他类型的加成反应

化合物 **169d** 与 **198** 发生 Reformatsky 反应，以 72%的收率生成 α-三氟甲基-β-氨基酸酯 **199** [116]。

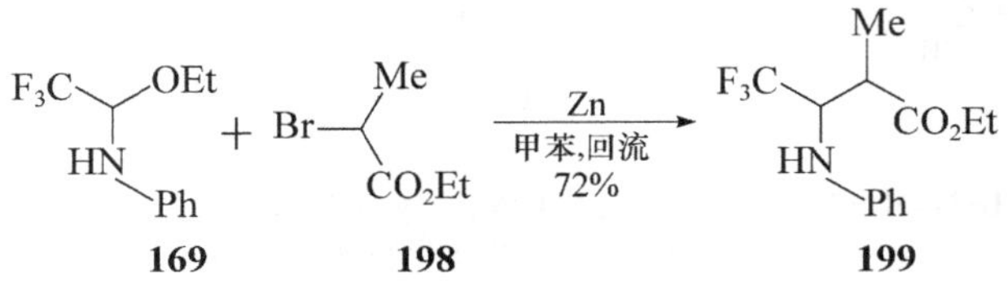

TMS-CN 的加成反应是向分子中引入羧基的一个普遍的方法。TMS-CN 对唑烷 **170b** 的 Strecker 反应能得到氰基加成的产物，该产物去保护基后水解可得到三氟甲基取代的丙氨酸 **200**（*ee* 65%）[112]。由于三氟甲基和羧基的吸电子效应使得 **200** 在 pH>6 时就极易消旋化，因此在反应的后处理及纯化过程中要特别小心。

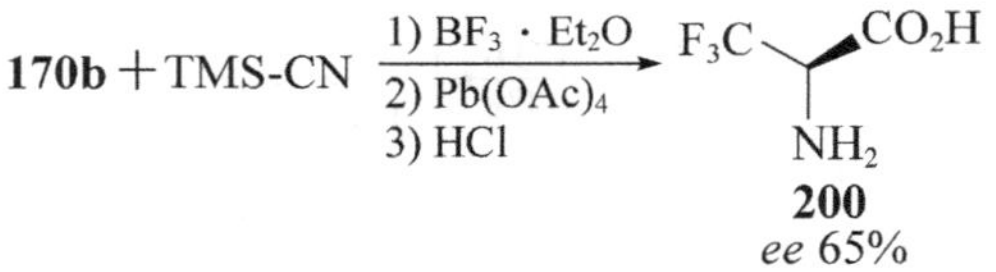

手性的亚磺酰基是不对称反应的有用的辅剂。光学纯亚砜 **201** 和 **202** 的锂化物对亚胺 **171c** 的加成反应以 72%的 *de* 值生成相应的化合物 **203** 和 **204** [117]。加成产物经过转化后可得到光学活性的 α-三氟甲基取代的胺 **205**、**206** 和氨基醇 **207**。

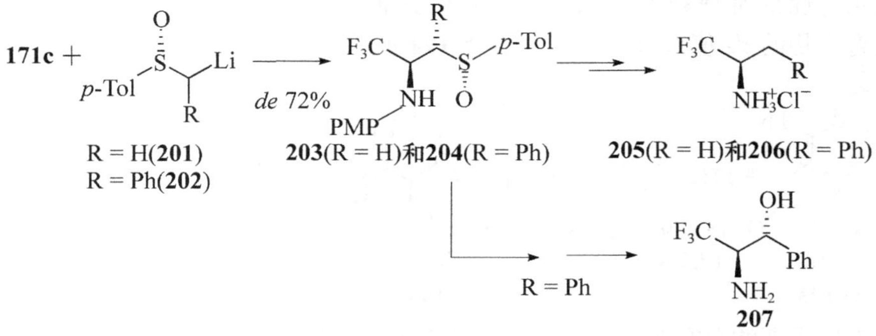

4）傅-克类型的反应

由芳基化合物和亚胺通过傅-克反应能生成有意义的苄胺类似物。Kato 报道了在 $BF_3 \cdot Et_2O$ 存在下，亚胺 **171** 与富电子的芳烃（苯酚，*N*，*N*-二甲基苯胺）或含杂原子的芳烃（吡咯、吲哚、噻吩）反应得到 α-三氟甲基-α-芳基甲胺[118]。采用手性亚胺 **171f** 为原料反应可生成具有优异 *de* 值（*de* 98%）的产物 **209**。

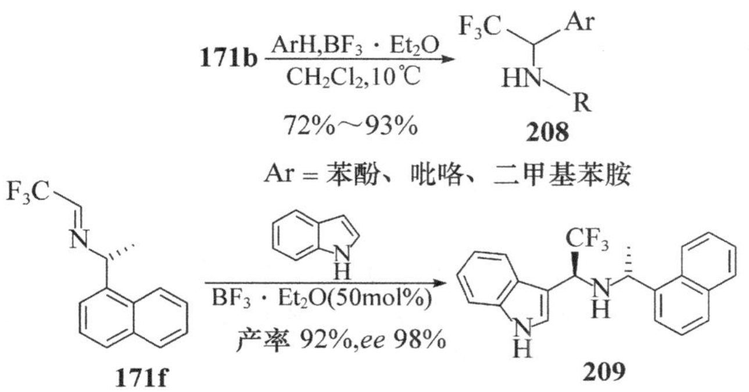

5）其他杂原子的取代反应

PCl_5 与 *N*-保护的 *N*，*O*-缩醛反应可合成氯代衍生物 **210～212**[119]。氯代衍生物 **210～212** 可以与 *O*-，*N*-，*S*-代亲核试剂和羰亲核试剂（丙二酸阴离子、二噻烷阴离子、硝基甲烷阴离子等）反应得到化合物 **213**[120]。

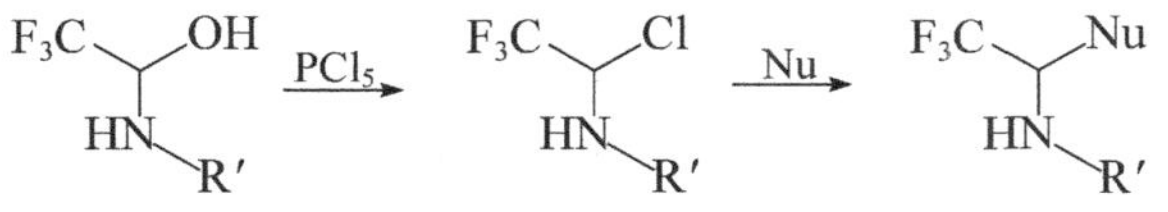

210～212　　**213**

R′ = COMe(**210**),COPh(**211**),COOBn(**212**)
Nu = 碳负离子、烷氧负离子、氨基负离子、巯基负离子……

Gagosz 和 Zard 报道了此方法一个很有意义的应用[121]。由氯代衍生物 **210** 可制备黄原酸酯 **214**，然后 **214** 在过氧化月桂酰的作用下产生氨基三氟乙烷自由基 **215**。这个自由基能被大量的烯烃捕获产生新的自由基，因此以较高的产率（62%～95%）得到黄原酸酯 **216**。根据烯烃的结构它们可以转化为各种有用的合成子。令人惊奇的是，自由基 **215** 在没有烯烃捕获剂存在时能发生同型二聚得到双三氟甲基乙胺 **217**（内消旋和外消旋异构体的比例为 1∶1），它可以作为潜在的金属配体。

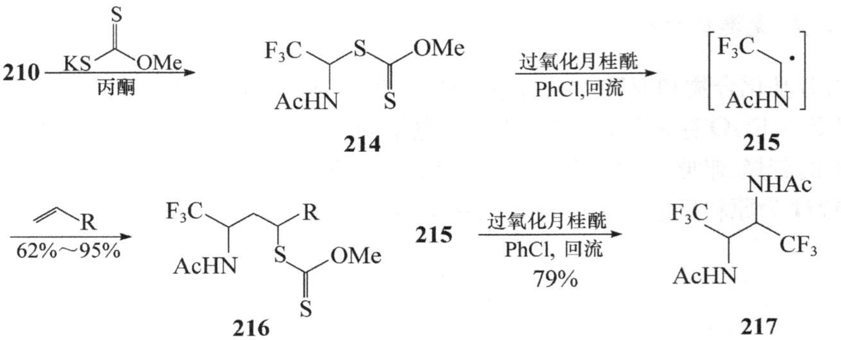

214　　215

216　　217

R = OAc, CH_2SiMe_3, $CH_2P(O)OEt$　　*meso*/*dl* 1:1

异构比：1:1或6:4

Ingrassia 报道了 *N*,*O*-缩醛 **169e** 直接被各种不同的亚膦酸酯取代产生三氟甲基氨基亚膦酸 **219**[122]。化合物 **219** 是 *β*-三氟甲基膦酰胺酸的前体，它可以作为细菌转肽酶的稳定过渡态的类似物。

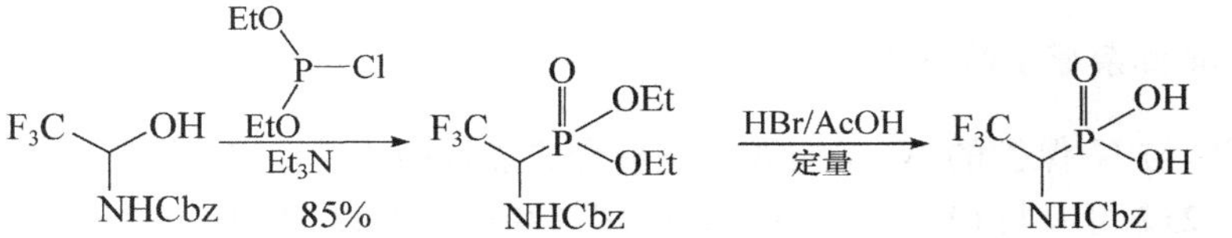

169　　218　　219

6）环加成反应

亚胺作为底物用于环加成反应是合成含氮杂环化合物的一个直接有效的方法。亚胺 **171** 已经用于[2+1]，[2+2]，[4+2]环加成反应，制备了一些非常有意义的含三氟甲基的氮杂环丙烷、*β*-内酰胺和哌啶衍生物。在路易斯酸催化剂[$BF_3 \cdot Et_2O$ 或 $Yb(OTf)_3$]的存在下，三氟甲基亚胺 **171b** 与重氮乙酸乙酯反应，以较高的产率和较好的对映选择性得到顺式的氮杂环丙烷-2-羧酸酯 **220**[123]。

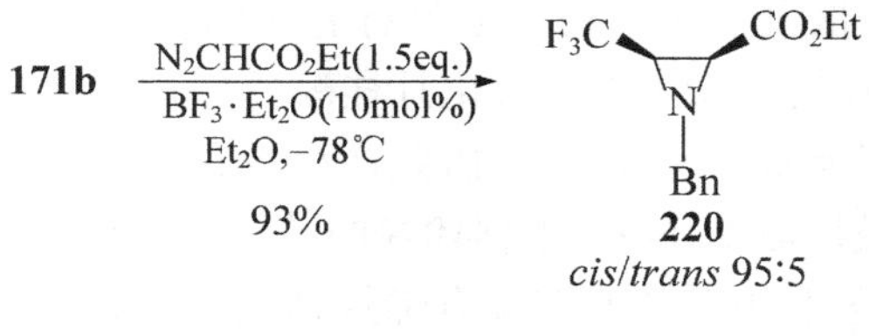

220

cis/*trans* 95:5

2003 年，Akiyama 指出根据重氮乙酸酯的性质可以选择性地得到顺式和反式的氮杂环丙烷。例如，重氮乙酸芳基酯生成反式产物。有意义的是，手性的重氮乙酸酯也可以用于顺式氮杂环丙烷 **222** 的不对称合成(*de* 94%)[124]。

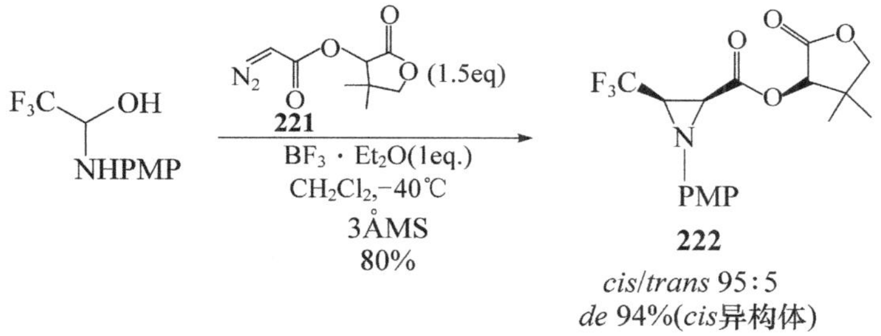

在盐酸、水/三氟乙酸或硫醇/三氟甲磺酸存在下，顺式氮杂环丙烷 **220** 发生立体选择性开环反应，以较高的收率生成相应的顺式 β-氯代胺、β-氨基醇或 β-氨基硫化物 **223**。与相应的碳氢类似物不同，该亲核进攻选择性地发生在 C-2 位上，这是由于三氟甲基 α 位正电荷的存在需要高得多的能量。酸催化的开环反应中 C-2 位的构型完全翻转了得到一个单一的 β-氨基酯的非对映异构体[123]。

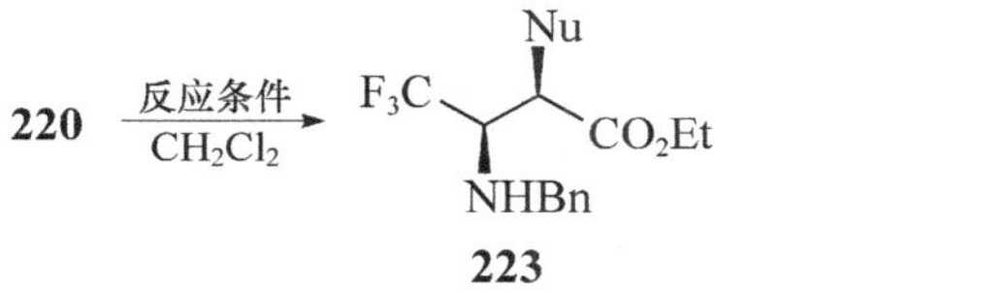

反应条件：	HCl	Nu = Cl	95%;
	H_2O/CF_3CO_2H	Nu = OH	50%;
	$BnSH/CF_3SO_3H$	Nu = SBn	98%;
	$EtSH/CF_3SO_3H$	Nu = SEt	91%

烯酮和亚胺的[2+2]环加成反应（Staudinger 反应）是制备 β-内酰胺的经典方法。为了制备异丝氨酸的含氟类似物，苄氧基烯酮和亚胺 **171** 进行 Staudinger 反应，立体选择性地制备了顺式氮杂环丙烷 **224**～**225**[125]。**225** 的顺式异构体可通过

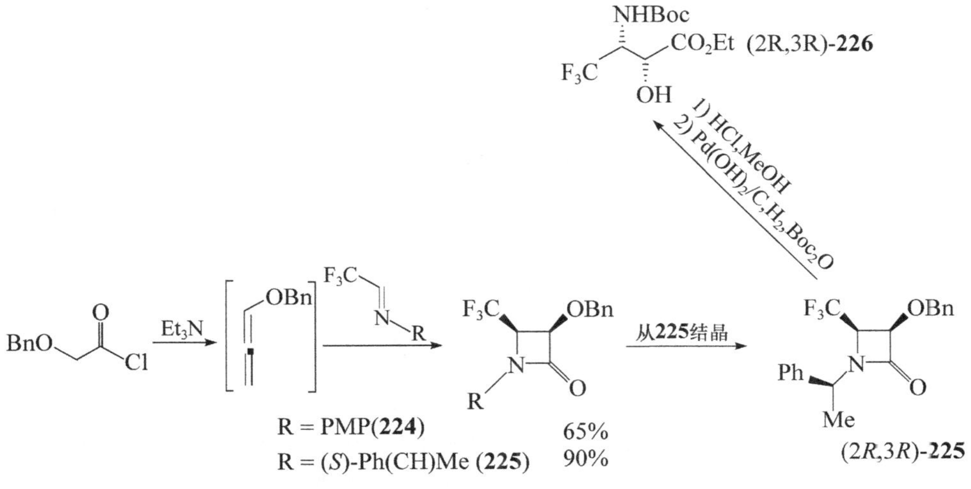

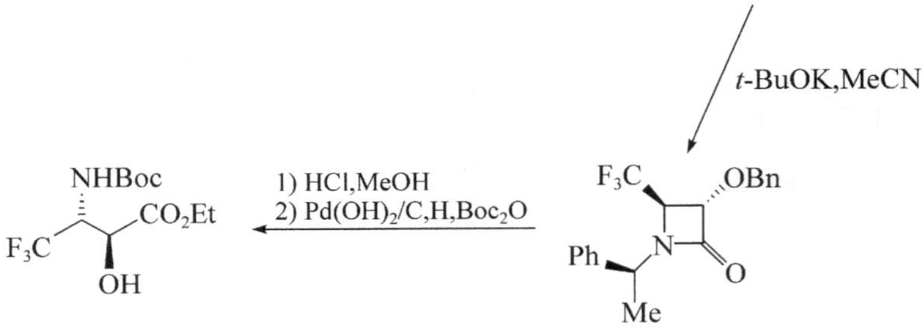

(2*S*,3*R*)-**226**　　(2*S*,3*R*)-**225**

重结晶的方法分离。在碱存在下,**225** 的顺式异构体可转化为它的反式异构体,进一步转化后可得到含三氟甲基的异丝氨酸 **226**。

在路易斯酸的存在下,亚胺 **171c** 作为亲双烯体与 Danishefsky 二烯反应,区域选择性地得到相应的二氢吡啶酮 **227** [126]。

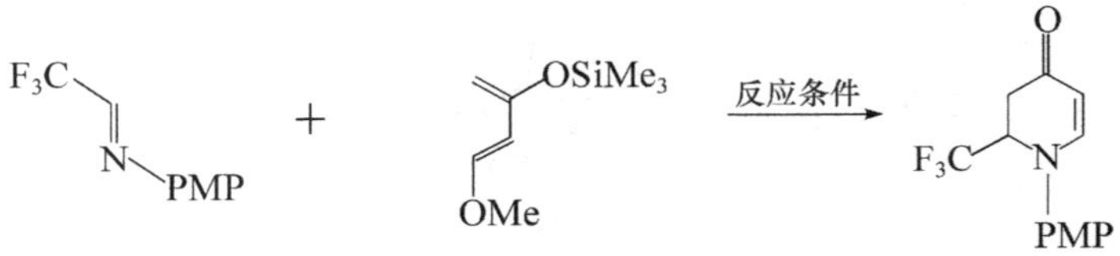

171c　　**227**

反应条件 $BF_3 \cdot Et_2O$/THF, −78℃　65%
　　　　$Yb(OTf)_3$/MeCN, 0 ℃　70%

值得注意的是,亚胺 **171c** 也能作为二烯与富电子的亲双烯体(乙烯基醚、乙烯基硫化物、乙烯基胺和乙烯基氨基甲酸酯)或苯乙烯在 $BF_3 \cdot Et_2O$ 或 $Yb(OTf)_3$ 的作用下反应,以极高的产率和中等的顺式立体选择性得到一系列三氟甲基取代的四氢喹啉 **228**,环加成产物酸解后都能得到喹啉化合物 **229**。

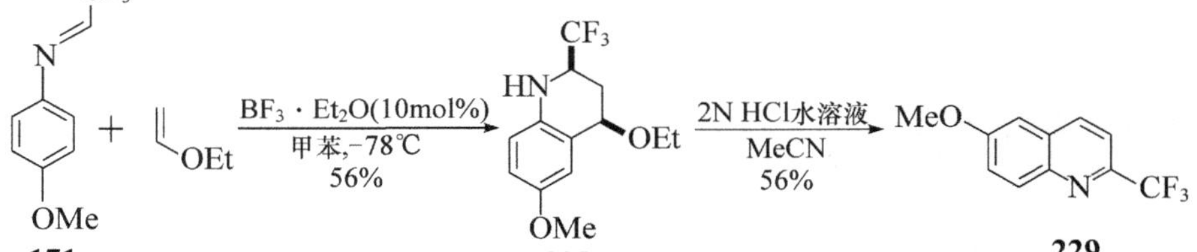

171c　　**228** *cis/trans* 98:2　　**229**

参 考 文 献

1. Qing, F. L.; Zhang, Y. *Tetrahedron Lett*. **1997**, *38*, 6729.
2. Prie, G.; Thibonnet, J.; Abarbri, M.; Duchene, A.; Parrain, J. L. *Synlett*. **1998**, 839.
3. Qing, F. L.; Ying, J.; Zhang, Y. *J. Fluorine Chem*. **2000**, *101*, 31.

4. Pan, R. Q.; Wang, P. A.; Deng, M. Z. *Heteroatom. Chem.* **2002**, *13*, 287.
5. Wang, P. A.; Peng, M. Z.; Pan, R. Q.; Zhang, S. Y. *J. Fluorine Chem.* **2003**, *124*, 93.
6. Prie, G.; Abarbri, M.; Thibonnet, J.; Parrain, J. L.; Duchene, A. *New J. Chem.* **2003**, *27*, 432.
7. Chen, J.; Lin, G. Q.; Wang, Z. M.; Liu, H. Q. *Synlett*, **2002**, 1265.
8. Thibonnet, J.; Duchene, A.; Parrain, J. L.; Abarbri, M. *J. Org. Chem.* **2004**, *69*, 4262.
9. Henne, A. L.; Neger, M. *J. Am. Chem. Soc.* **1951**, *73*, 1042.
10. Jiang, B.; Xu, Y.-Y. *J. Org. Chem.* **1991**, *56*, 7336.
11. Jiang, B.; Wang, Q.-F.; Yang, C.-G.; Xu, M. *Tetrahedron Lett.* **2001**, *42*, 4083.
12. Mori, T.; Ichikama, J. *Chem. Lett.* **2004**, *33*, 1206.
13. Xu, Y.-Y.; Jin, F.-Q.; Huang, W.-Y. *J. Org. Chem.* **1994**, *59*, 2638.
14. Ichikawa, J.; Fujiwara, M.; Okauchi, T.; Minami, T. *Syn. Lett.* **1998**, 927.
15. Hu, C.-M.; Hong, F.; Xu, Y.-Y. *J. Fluorine Chem.* **1993**, *64*, 1.
16. Matteoli, U.; Botteghi, C.; Surogiò, F.; Beghetto, V.; Paganelli, S.; Scrivanti, A. *Journal of Molecular Catalysis A: Chemical* **1999**, *143*, 287.
17. Fuchikami, T.; Yamanouchi, A.; Ojima, I. *Synthesis* **1984**, 766.
18. Ichikawa, J.; Ishibashi, Y.; Fukui, H. *Tetrahedron Lett.* **2003**, *44*, 707.
19. Ichikawa, J.; Fukui, H.; Ishibashi, Y. *J. Org. Chem.* **2003**, *68*, 7800.
20. Hong, F.; Tang, X.-Q.; Hu, C.-M. *J. Chem. Soc., Chem. Commun.* **1994**, 289.
21. Peng, S.; Qing, F.-L.; Gao, W.-Z. *Synlett* **1998**, 859.
22. Yamazaki, T.; Mizutani, K.; Kitazume, T. *J. Org. Chem.* **1995**, *60*, 6046.
23. Katritzky, A. R.; Qi, M.; Wells, A. P. *J. Fluorine Chem.* **1996**, *80*, 145.
24. Konno, T.; Chae, J.; Kanda, M.; Nagai, G.; Tamura, K.; Ishihara, T.; Yamanaka, H. *Tetrahedron* **2003**, *59*, 7571.
25. Qing, F.-L.; Gao, W.-Z.; Ying, J.-W. *J. Org. Chem.* **2000**, *65*, 2003.
26. Qing, F.-L.; Gao, W.-Z. *Tetrahedron Lett.* **2000**, *41*, 7727.
27. Qing, F.-L.; Jiang, Z.-X. *Tetrahedron Lett.* **2001**, *42*, 5933.
28. Jiang, Z.-X.; Qing, F.-L. *Tetrahedron Lett.* **2001**, *42*, 9051.
29. Qing, F.-L.; Jiang, Z.-X. *J. Fluorine Chem.* **2002**, *114*, 177.
30. Yamazaki, T.; Ichige, T.; Kitazume, T. *Org. Lett.* **2004**, *6*, 4073.
31. Jiang, Z.-X.; Qing, Y.-Y.; Qing, F.-L. *J. Org. Chem.* **2003**, *68*, 7544.
32. Plancquaert, M.-A.; Redon, M.; Janousek, Z.; Viehe, H. G.. *Tetrahedron* **1996**, *52*, 4383.
33. Honamoto, T.; Hakoshima, Y.; Egashira, M. *Tetrahedron Lett.* **2004**, *45*, 7573.
34. Jiang, B.; Liu, Y.; Zhou, W.-S. *J. Org. Chem.* **2000**, *65*, 6236.
35. Zhang, X.-C.; Huang, W.-Y. *Synthesis* **1999**, 51.

36. Henne, A. L.; Neger, M. *J. Am. Chem. Soc.* **1952**, *74*, 650.
37. Hong, F.; Hu, C.-M. *Chem. Commun.* **1996**, 57.
38. Jiang, B.; Zhang, F.-J.; Xiong, W.-N. *Tetrahedron* **2002**, *58*, 265.
39. Jiang, B.; Zhang, F.-J.; Xiong, W.-N. *Chem. Commun.* **2003**, 536.
40. Swartz, F. *Bull. Soc. Chim. Belg.* **1926**, *35*, 412.
41. Mcbee, E. T.; Pierce, O. R.; Kilbourne, H. W.; Wilson, E. R. *J. Am. Chem. Soc.* **1953**, *75*, 3152.
42. Begue, J.-P.; Bonnet-Delpon, D.; Dogbeavou, D. R.; Ourevitch, M. *J. Chem. Soc., Perkin Trans. 1* **1993**, 2787.
43. Kawada, K.; Kitagawa, O.; Taguchi, T.; Hanzawa, Y.; Kobayashi, Y.; Iitaka, Y. *Chem. Pharm. Bull.* **1985**, *33*, 4216.
44. Molines, H.; Wakselman, C. *J. Chem. Soc., Perkin Trans. 1* **1980**, 1114.
45. Begue, J.-P.; Bonnet-Delpon, D.; Dogbeavou, A. *Synth. Commun.* **1992**, *22*, 573.
46. Bissell, E. R.; Mitchell, A. R.; Smith, R. E. *J. Org. Chem.* **1980**, *45*, 2283.
47. Ogoshi, H.; Homma, M.; Yokota, K.; Toi, H.; Aoyama, Y. *Tetrahedron Lett.* **1983**, *24*, 929.
48. Jones, R. A.; Rustidge, D. C.; Cushman, S. M. *Synth. Commun.* **1984**, *14*, 575.
49. Bravo, P.; Dillido, D.; Resnati, G. *Tetrahedron* **1994**, *50*, 8827.
50. Sanfilippo, P. J.; Jetter, M. C.; Cordovy, R.; Noe, R. A.; Chourmouzis, E.; Lau, C. Y.; Wang, E. *J. Med. Chem.* **1995**, *38*, 1057.
51. Grillot, G. F.; Aftergut, S.; Botteron, D. G. *J. Org. Chem.* **1958**, *23*, 119.
52. De Stevens, G.; Halamandaris, A.; Wenk, P.; Dorfman, L. *J. Am. Chem. Soc.* **1959**, *81*, 6292.
53. Pilgram, K. H.; Skiles, R. D. *J. Heterocycl. Chem.* **1988**, *25*, 139.
54. Lee, L. F.; Schleppnik, F. M.; Schneider, R. W.; Campbell, D. H. *J. Heterocycl. Chem.* **1990**, *27*, 243.
55. Gaede, B. J.; McDermott, L. L. *J. Heterocycl. Chem.* **1993**, *30*, 49.
56. Balicki, R.; Nantka-Namirski, P. *Acta Pol. Pharm.* **1974**, *31*, 261; *Chem. Abstr.* **1975**, *82*, 72739p.
57. Balicki, R. *Pol. J. Chem.* **1984**, *58*, 97.; *Chem. Abstr.* **1985**, *103*, 104908p.
58. Lang, R. W.; Wenk, P. F. *Helv. Chim. Acta* **1988**, *71*, 596.
59. Ferrarini, P. L.; Mori, C.; Primofiori, G.; Calzolari, L. *J. Heterocycl. Chem.* **1990**, *27*, 881.
60. Kreutzberger, A.; Sellheim, M. *J. Fluorine Chem.* **1985**, *27*, 203.
61. Kreutzberger, A.; Gillessen, J. *J. Fluorine Chem.* **1985**, *29*, 387.
62. Kreutzberger, A.; Schimmelpfennig, H. *Arch. Pharm.* (*Weinheim*) **1981**, *314*, 34; *Chem. Abstr.* **1981**, *95*, 97700.
63. Angelo, M.; Ortwine, D.; Worth, D.; Werbel, L. M. *J. Med. Chem.* **1983**, *26*, 1258.

64. Angelo, M. M.; Ortwine, D.; Worth, D.; Werbel, L. M. *J. Med. Chem.* **1982**, *26*, 1311.

65. Dey, A. S.; Joullie, M. M. *J. Heterocycl. Chem.* **1965**, *2*, 113.

66. Pinder, R. M.; Burger, A. *J. Med. Chem.* **1968**, *11*, 267.

67. Patel, A. R.; Ohnmacht, C. J.; Clifford, D. P.; Crosby, A. S.; Lutz, R. E. *J. Med. Chem.* **1971**, *14*, 198.

68. Ohnmacht, C. J.; Patel, A. R.; Lutz, R. E. *J. Med. Chem.* **1971**, *14*, 926.

69. Bajwa, G. S.; Joullie, M. M. *J. Heterocycl. Chem.* **1972**, *9*, 1403.

70. (a) Chou, T. -C.; Dong, H. J.; Rivkin, A.; Yoshimura, F.; Gabarda, A. E.; G.; Cho, Y. S.; Tong, W. P.; Danishefsky, S. J. *Angew. Chem. Int. Ed.* **2003**, *42*, 4762. (b) Rivkin, A.; Yoshimura, F.; Gabarda, A. E.; Cho, Y. S.; Chou, T. -C.; Dong, H. J.; Danishefsky, S. J. *J. Am. Chem. Soc.* **2004**, *126*, 10913. (c) Rivkin, A.; Chou, T. C.; Danishefaky, S. J. *Angew. Chem. Int. Ed.* **2005**, *44*, 2838.

71. (a) Soloshonok, V. A.; Yagupolskii, Yu. L.; Gerus, I. I.; Kukhar, V. P. *Zh. Org. Khim.* **1988**, *24*, 993; *Chem. Abst.* **1989**, *110*, 134824. (b) Kukhar, V. P.; Soloshonok, V. A.; Galushko, S. V.; Rozhenko, A. B. *Dokl. Akad. Nauk SSSR* **1990**, *310*, 886; *Chem. Abstr.* **1991**, *113*, 78920w. (c) Soloshonok, V. A.; Kirilenko, A. G.; Kukhar, V. P.; Resnati, G. *Tetrahedron Lett.* **1994**, *35*, 3119.

72. (a) Soloshonok, V. A.; Yagupolskii, Y. L.; Kukhar, V. P. *Zh. Org. Khim.* **1988**, *24*, 1638; *Chem. Abstr.* **1989**, *110*, 154827b. (b) Khotkevich, A. B.; Soloshonok, V. A.; Yagupolskii, Y. L. *Zh. Obshch. Khim.* **1990**, *60*, 1005; *Chem. Abstr.* **1991**, *113*, 171274y. (c) Soloshonok, V. A.; Kirilenko, A. G.; Kukhar, V. P.; Resnati, G. *Tetrahedron Lett.* **1993**, *34*, 3621. (d) Soloshonok, V. A.; Kirilenko, A. G.; Galushko, S. V.; Kukhar, V. P. *Tetrahedron Lett.* **1994**, *35*, 5063. (e) Soloshonok, V. A.; Kirilenko, A. G.; Fokina, N. A.; Shishkina, I. P.; Galushko, S. V.; Kukhar, V. P.; Svedas, V. K.; Kozlova, E. V. *Tetrahedron: Asymmetry* **1994**, *5*, 1119. (f) Soloshonok, V. A.; Kirilenko, A. G.; Fokina, N. A.; Galushko, S. V.; Kukhar, V. P.; Svedas, V. K.; Resnati, G. *Tetrahedron: Asymmetry* **1994**, *5*, 1225. (g) Soloshonok, V. A.; Kukhar, V. P. *Tetrahedron* **1996**, *52*, 6953.

73. Soloshonok, V. A.; Ono, T.; Soloshonok, I. V. *J. Org. Chem.* **1997**, *62*, 7538.

74. (a) Loh, T.-P.; Li, X.-R. *Angew. Chem. Int. Ed.* **1997**, *36*, 980. (b) Loh, T.-P.; Li, X.-R. *Eur. J. Org. Chem.* **1999**, 1893.

75. (a) Bevilacqua, P. F.; Keith, D. D.; Roberts, J. L. *J. Org. Chem.* **1984**, *49*, 1430. (b) Mcbee, E. T.; Pierce, O. R.; Smith, D. D. *J. Am. Chem. Soc.* **1954**, *76*, 3722.

76. Chen, Q.; Qiu, X. L.; Qing, F. L. *J. Org. Chem.* **2006**, *71*, 3762.

77. (a) Doering, W. V. E.; Depuy, C. H. *J. Am. Chem. Soc.* **1953**, *75*, 5955. (b) M. Regitz, G. Maas (Eds.), *Diazo Compounds: Properties and Synthesis*, New York: Academic Press, **1986**, 326.

78. Wang, Y. L.; Zhu S. Z. *J. Fluorine Chem.* **2000**, *103*(*2*), 139.
79. Wang, Y. L.; Zhu S. Z. *Tetrahedron*, **2001**, *57*(*16*), 3383.
80. Zhu S. Z.; Zhu, S. F.; Liao, Y. X. *J. Fluorine Chem.* **2004**, *125*(*7*), 1071.
81. Kobayashi, Y.; Kumadaki, I. *Tetrahedron Lett.* **1969**, *10*, 4095.
82. Kobayashi, Y.; Kumadaki, I.; Yamamoto, K. *J. Chem. Soc. Chem. Commun.* **1977**, 536.
83. Wiemers, D. M.; Burton, D. J. *J. Am. Chem. Soc.* **1986**, *108*, 832.
84. Urata, H. T. Fuchikami. T. *Tetrahedron Lett.* **1991**, *32*, 91.
85. Cottet, F.; Schlosser, M. *Eur. J. Org. Chem.* **2002**, 327.
86. Chen, Q. Y.; Wu, S. W. *J. Chem. Soc. Perkin Trans 1*, **1989**, 2385.
87. Duan, J. X.; Su, D. B.; Chen, Q. Y. *J. Fluorine Chem.* **1993**, *61*, 279.
88. Chen, Q. Y.; Zhu, S. Z. *Scientic Sinica B.* **1987**, *30*, 561.
89. Chen, Q. Y.; Wu, S. W. *J. Chem. Soc. Chem. Commun.* **1989**, 705.
90. Fei, X. S.; Tian, W. S.; Chen, Q. Y. *Bioorg. & Med. Chem. Lett.* **1997**, *24*, 3113.
91. Duan, J. X.; Dolbier, W. R.; Chen, Q. Y. *J. Org. Chem.* **1998**, *63*, 9486.
92. (a) 王毅:中国科学院上海有机化学研究所理学博士论文;(b) Wang, Y.; Zhao, X.; Li, Y.; Lu, L. *Tetrahedron Lett.* **2004**, *45*, 7775.
93. Qing, F. L.; Fan, J.; Sun, H.; Yun, X. *J. Chem. Soc. Perkin Trans 1*, **1997**, 3053.
94. Veliz, E. A.; Stephens, O. M.; Beal, P. A. *Org. Lett.* **2001**, *3*, 2969.
95. Qing, F. L.; Fan, J. *Bioorg. & Med. Chem. Lett.* **1997**, *7*, 2117.
96. (a)Zhang, X.; Qing, F. L.; Yang, Y.; Yu, J; Fu, X. K. *Tetrahedron Lett.* **2000**, *41*, 2953. (b) Zhang, X.; Qing, F. L.; Peng, Y. *J. Fluorine Chem.* **2001**, *108*, 79. (c)Qing, F. L.; Zhang, X. *Tetrahedron Lett.* **2001**, *42*, 5959.
97. (a) Zhang, X.; Qing, F. L.; Yu, Y. *J. Org. Chem.* **2000**, *65*, 7075. (b)Zhang, X.; Qing, F. L. *J. Org. Chem.* **2002**, *67*, 1016.
98. Qiu, X. L.; Qing, F. L. *J. Chem. Soc. Perkin Trans 1*, **2002**, 2052.
99. Qing, F. L.; Zhang, X.; Peng, Y. *J. Fluorine Chem.* **2001**, *111*, 185.
100. Zhang, X.; Meng, M. D.; Xu, Y. Y.; Cao, J. G.; Qing, F. L. *Bioorg & Med. Chem. Lett.* **2003**, *13*, 881.
101. Wang, C. L.; Li, H. Q.; Meng, W. D.; Qing, F. L. *Bioorg & Med. Chem. Lett.* **2005**, *15*, 4456.
102. Wu, T. R.; Shen, L.; Chong, J. M. *Org. Lett.* **2004**, *6*, 2701.
103. Angelis, M. D.; Stossi, F.; Carlson, K. A.; Katzenellenbogen, B. S.; Katzenellenbogen, J. A. *J. Med. Chem.* **2005**, *48*, 1132.
104. Xiao, J.; Wessblum, B.; Wipf, P. *J. Am. Chem. Soc.* **2005**, *127*, 5742.
105. Ishii, A.; Higashiyama, K.; Mikami, K. *Synlett.* **1997**, 1381.
106. Enders, D.; Funabiki, K. *Org. Lett.* **2001**, *3*, 1575.
107. Legros, J.; Meyer, F.; Coliboeuf, M.; Crousee, B.; Bonnet-Delpon, D. Begue, J. P.

J. Org. Chem. **2003**, *68*, 6444.

108. Magueur, G.; Legros, J.; Meyer, F.; Ourevitch, M.; Crousee, B.; Bonnet-Delpon, D. *Eur. J. Org. Chem.* **2005**.

109. Ngoc Tam, N. T.; Magueur, G.; Ourevitch, M.; Crousee, B.; Begue, J. P Bonnet-Delpon, D. *J. Org. Chem.* **2005**, *70*, 699.

110. Magueur, G.; Crousee, B.; Bonnet-Delpon, D. *Tetrahedron Lett.* **2005**, *46*, 2219.

111. Takaya, J.; Kagoshima, H.; Akiyama, T. *Org. Lett.* **2000**, *2*, 1577.

112. Lebouvier, N.; Laroche, C.; Huguenot, F. Brigaud, T. *Tetrahedron Lett.* **2002**, *43*, 2827.

113. Ishihara, T.; Ichihara, K.; Yamanaka, H. *Tetrahedron* **1996**, *52*, 255.

114. Soloshonok, V. A.; Avilov, D. V.; Kukhar, V. P.; Van Meervelt, L. Mischenko, N. *Tetrahedron Lett.* **1997**, *38*, 4671.

115. Spanedda, M. V.; Ourevitch, M.; Crousee, B.; Begue, J. P Bonnet-Delpon, D. *Tetrahedron Lett.* **2004**, *45*, 5023.

116. Gong, Y.; Kato, K. *J. Fluorine Chem.* **2001**, *111*, 77.

117. Brovo, P. Guidetti, M.; Viani, F.; Zanda, M.; Markovsky, A. L.; Sorochinsky, A. E.; Soloshonok, I. V.; Sonoshonok, V. A. *Tetrahedron* **1998**, *54*, 12789.

118. (a) Gong, Y.; Kato, K.; Kimoto, H. *Bull. Chem. Soc. Jpn.* **2002**, *75*, 2637. (b) Gong, Y.; Kato, K. *Tetrahedron: Asymmetry* **2001**, *12*, 2121.

119. Weygand, F.; Steglich, W.; Lengyel, I.; Fraunberger, F.; Maierhofer, A.; Oettmeier, W. *Chem. Ber.* **1966**, *99*, 1944.

120. Tanaka, T.; Ishiguro, Y.; Mitsuhashi, K. *Bull. Chem. Soc. Jpn.* **1993**, *66*, 661.

121. Gagosz, F.; Zard, S. Z. *Org. Lett.* **2003**, *6*, 2655.

122. de Medina, P.; Ingrassia, L. S.; Mulliez, M. E. *J. Org. Chem.* **2003**, *68*, 8424.

123. Crousse, B.; Narizuka, S.; Bonnet-Delpon, D. Begue, J. P. *Synlett.* **2001**, 679.

124. Akiyama, T.; Ogi, S.; Fuchibe, K. *Tetrahedron Lett.* **2004**, *44*, 4011.

125. (a) Abouabdellah, A.; Begue, J. P.; Bonnet-Delpon, D. *Synlett.* **1996**, 399. (b) Abouabdellah, A.; Begue, J. P.; Bonnet-Delpon, D. Thanh Nga T. T. *J. Org. Chem.* **1997**, *62*, 8826.

126. (a) Crousse, B.; Begue, J. P.; Bonnet-Delpon, D. *Tetrahedron Lett.* **1998**, *39*, 5765. (b) Crousse, B.; Begue, J. P.; Bonnet-Delpon, D. *J. Org. Chem.* **2000**, *65*, 5009.

第九章　含氟合成子：亲核性的含氟有机硅化合物

一、含氟有机硅化合物 R_3SiR_F

近年来，有机硅氟化试剂得到了广泛的应用，它充分利用了硅的亲氧性和亲氟性，可以将全氟烷基引入到分子中，反应选择性好、产率高[1]。全氟烷基硅烷相当于"R_F^-"，能与许多亲电试剂反应。含氟有机硅烷具有较低的毒性、高稳定性、可操作性强以及便于合成等特点。目前，大量有机硅氟化试剂得以合成，R_F 可以为：CF_3、CF_2X（X＝H，Cl，Br）、$CF{=}CF_2$、C_nF_{2n+1}、C_6H_5、$(CF_2)_n$、CF_2R（R＝alkyl，alkenyl）。

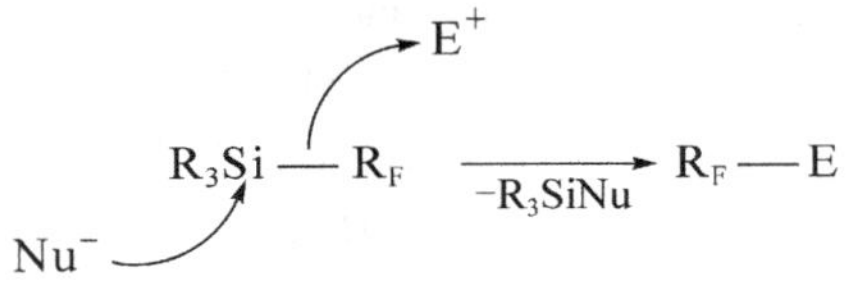

二、含氟有机硅化合物 R_3SiR_F 的合成

合成有机硅化合物的最常用的方法是卤硅烷与有机金属试剂的反应[2]。大多数全氟烷基有机硅烷都可以用这种方法合成[3,4]，唯一例外的是含三氟甲基的有机硅烷，因为含三氟甲基有机金属试剂（CF_3—M）十分不稳定，易于分解成相应的卡宾和形成强的 F—M 键[5]。为了解决这个问题，目前已发展了其他一些方法，下面介绍一些制备含氟有机硅烷的方法。

1. Ruppert 方法及其改进

Ruppert 等在 1984 年报道了将 CF_3Br、Me_3SiCl 与 $(Et_3N)_3P$ 一起反应可方便地实现 CF_3SiMe_3（Ruppert 试剂）的制备[6]。反应首先通过 $(Et_3N)_3P$ 进攻 CF_3Br 形成鏻盐化合物 **1**，然后 **1** 与五配位中间体 **1a** 之间形成一个平衡，中间体 **1a** 可进一步与 Me_3SiCl 反应得到 CF_3SiMe_3 **2**（无色易挥发液体，b. p. 55℃）。Prakash 等在随后的报道中简化了这一方法，但反应仍需要 2 当量的 CF_3Br[7]。Gassman 等的方法仅需要 1.2 当量的 CF_3Br[8]，他们的改进只是把反应温度降低到－78℃，而不是 Prakash 等利用的－30～60℃。大量全氟烷基硅烷都可以用这种方法合成（见表 9－1）[6,7,9,10]。

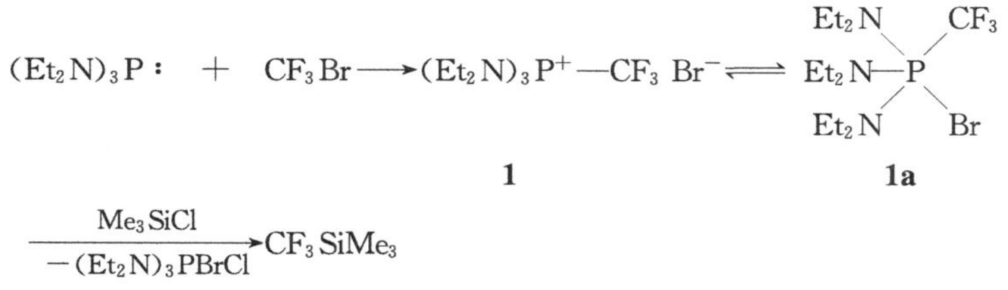

1 1a 2

表 9-1 R_FX 与 R_3SiY 反应合成全氟烷基硅烷的反应

编号	R_FX	R_3SiY	产率/%
1	CF_3Br	Me_3SiCl	95
2	CF_3Br	Et_3SiCl	—
3	CF_3Br	$PhMe_2SiCl$	—
4	CF_3Br	$Ph_2MeSiCl$	—
5	CF_2ClBr	Me_3SiCl	10
6	CF_2Br_2	Me_3SiCl	80
7	$CFClBr_2$	Me_3SiCl	75
8	C_2F_5Br	Me_3SiCl	50
9	n-C_3F_7Br	Me_3SiCl	68
10	CF_2=CFBr	Me_3SiCl	85
11	$(CF_3)_2CFCF$=CFI	Me_3SiCl	77
12	C_6H_5Br	Me_3SiCl	70
13	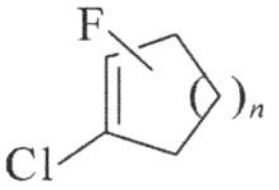	Me_3SiCl	41(n=1)
14	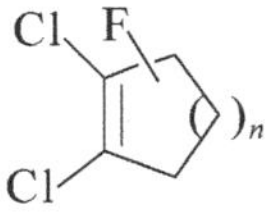	Me_3SiCl	78 (n=1) 59 (n=2) 54 (n=3)
15	$(CF_3)_2CFO(CF_2)_4I$	Me_3SiCl	75
16	$C_3F_7OCF(CF_3)CF_2OCF(CF_3)I$	Me_3SiCl	69
17	$C_3F_7O[CF(CF_3)CF_2O]_2CF(CF_3)I$	Me_3SiCl	89

同样,Ruppert 等发现多氯代硅烷也可与 CF_3Br 反应得到相应的多三氟甲基硅烷衍生物[6,11],另外,三氟甲基三氯硅烷 CF_3SiCl_3 可与 MeMgCl 反应得到 CF_3SiMe_3。用 Ruppert 的方法,Burger 等合成并表征了化合物 $(CF_3)_2SiHN(NR_2)$ (R=Me, Et, ^{i}Pr),他们也首次合成了三(三氟甲基)硅烷衍生物——$(CF_3)_3SiNEt_2$[12]。Bardin 小组也利用 Ruppert 的方法将 $Me_2SiClOEt$ 转化成相应的全氟苯基衍生

物[10c]。

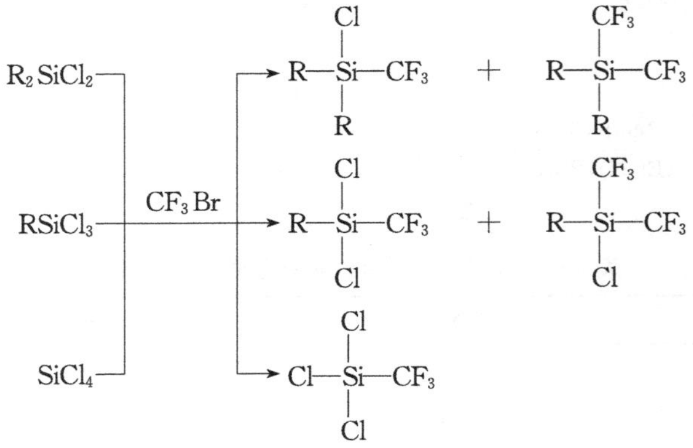

Pawelke 报道了 CF_3I 和四(二甲胺)-乙烯反应可形成中间体 **3**,其作为一个三氟甲基化试剂与 Me_3SiCl 反应能以 94%的产率得到 Me_3SiCF_3[13]。较意外的是,反应中如以 CF_3Br 替代 CF_3I,仅有少量的 Me_3SiCF_3 产物被检测到。后来,Burger 等把 Pawelke 的方法应用于有机硅卤化合物的二溴氟甲基化反应合成了一系列二溴氟甲基硅烷化合物 $R_{4-n}SiCl_{n-1}(CFBr_2)$ (见表 9-2)[14]。研究还发现,化合物 CH_2FSiBr_2Me 放置在甲苯中几周后会生成重排产物 $CH_2BrSiFBrMe$,这是氟亲硅性的结果。进一步研究还发现,还原 $R_{4-n}SiCl_{n-1}(CFBr_2)$ 中的 C—Br 键能高产率得到相应的 $R_{4-n}SiCl_{n-1}(CH_2F)$ 衍生物。

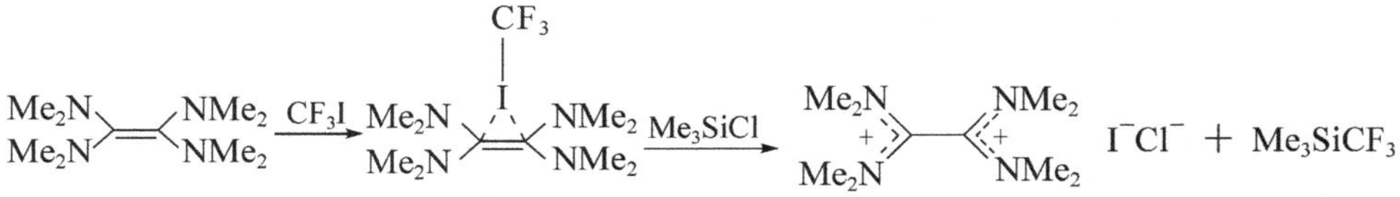

3 **2**

表 9-2 制备含 $CFBr_2$—的有机硅烷

编号	$R_{4-n}SiCl_n$	产物	产率/%
1	$SiCl_4$	$CFBr_2SiCl_3$	30
2	$MeSiCl_3$	$CFBr_2SiMeCl_2$	44
3	Me_2SiCl_2	$CFBr_2SiMe_2Cl$	35
4	Me_3SiCl	$CFBr_2SiMe_3$	54
5	$EtSiCl_3$	$CFBr_2SiEtCl_2$	49
6	Et_2SiCl_2	$CFBr_2SiEt_2Cl$	51
7	*n*-$PrSiCl_3$	$CFBr_2Si(i\text{-}Pr)Cl_2$	42
8	*i*-$PrSiCl_3$	$CFBr_2Si(i\text{-}Pr)Cl_2$	36
9	*i*-$BuSiCl_3$	$CFBr_2Si(i\text{-}Bu)Cl_2$	39
10	*s*-$BuSiCl_3$	$CFBr_2Si(s\text{-}Bu)Cl_2$	27

2. Al 还原法

Ruppert 和 Pawelke 方法主要的缺点是反应过程中需使用较贵的化学试剂[Ruppert 方法需用$(Et_2N)_3P$，Pawelke 方法用 CF_3I]，金属 Al 还原法解决了这一问题。虽然还原过程中会产生极不稳定的三氟甲基负离子，化学家们仍发现了能使 CF_3^- 有效生成并被 $MeSiCl_3$ 捕获的反应条件。利用牺牲铝阳极技术能以高产率从 CF_3Br 制备 CF_3SiMe_3[15]，并且极易被氧化的铝阳极能充分地抑制氯气的生成。CF_3Br 在镍阴极表面被还原后与 Me_3SiCl 结合得到 CF_3SiMe_3。这种方法同样适用于 CF_2Br_2 的单和双三氟甲基硅化反应[15c]。更有甚者，Grobe 小组报道了仅用 Al/NMP（*N*-甲基吡咯烷酮）就能还原 CF_3Br，并以 62%的分离产率大量制备 CF_3SiMe_3，而不需要电化学活化[16]。

$$\text{阳极}\quad Al^0 \longrightarrow Al^{3+} + 3e$$

$$\text{阴极}\quad CF_3Br \xrightarrow[-Br^-]{e^-} CF_3^- \xrightarrow[-Cl^-]{e^-,\ R_3SiCl} R_3SiCF_3$$

$$\text{总反应}\quad CF_3Br + R_3SiCl + 2/3Al \xrightarrow{2e^-} R_3SiCF_3 + Br^- + Cl^- + 2/3Al^{3+}$$

不同的全氟烷基硅烷也可利用 Grobe 的方法在室温得以合成(见表 9-3)[15c,16,17]。Prakash 小组研究发现，利用 Al/NMP 体系，CF_2BrCl 的 C—Br 键能被选择性还原并且产物 Me_3SiCF_2Cl 能以 75%的收率大量制备[17]。而且，Al/NMP 还原体系并不足以还原产物 Me_3SiCF_2Cl 中仍然存在的 C—Cl 键。

$$-\overset{|}{\underset{|}{Si}}-X(1.5eq.) \xrightarrow[NMP,\ Al(0.7eq.)\ r.t.]{YCF_2Br} -\overset{|}{\underset{|}{Si}}-CF_2Y$$

(X＝卤素)

表 9-3　利用 Al/NMP 体系制备全氟烷基硅烷

编号	R_3SiX	Y	产率/%
1	Me_3SiCl	F	62
2	Me_3SiCl	CO_2Et	80
3	Me_3SiCl	Cl	75
4	Me_3SiBr	Br	55
5	Me_2SiCl_2	Cl	45
6	$MeSiCl_3$	Cl	38

3. 有机金属试剂法

根据 Gilman 小组的研究，全氟烷基卤化物和三甲基氯硅烷之间可通过 Grignard 和 Barbier 反应方便地合成长链全氟有机硅烷[3,4]。值得注意的是这种方法不适用于 CF_3 卤化物，因为在反应过程中会发生 α-消除氟负离子的反应。另一方面，长链全氟烷基有机金属化物比较稳定，使它们能被卤硅烷捕获而生成长链全氟有机硅烷，产率几乎定量。在三甲基氯硅烷存在的时候，长链全氟有机硅烷 R_FBr 和甲基或乙基溴化镁格氏试剂之间的金属-卤原子交换是制备 R_FSiMe_3 的可行方法。Farnham 研究表明双硅烷衍生物也可通过这种方法制备，且生成少量的 R_FH 副产物[18]。

$$R_FBr \quad + \quad Me_3SiCl \xrightarrow[\text{2) HCl}]{\text{1) Mg, THF}} R_FSiMe_3$$

产率　80%～85%

$R_F = CF_3(CF_2)_n \quad n = 5, 7$

$R_F = —(CF_2)_m \quad m = 6, 8, 9$

$R_F = (CF_3)_2CFO(CF_2)_4$

Tarrant 等利用三乙基氯硅烷捕获通过 n-BuLi 与三氟乙烯之间的 H-Li 交换得到的 $CF_2{=}CFLi$ 合成了全氟乙烯基三乙基硅烷(见表 9－4)[19]。Hiyama 对 Tarrant 的方法进行了改进，他们小组利用 n-BuLi 实现了三氟氯乙烯与相应氯硅烷之间的偶联，以高产率得到了目标化合物[19b]。甲基锂也可用于这一反应，并能使产物的纯化简单化[19c]。偕二氟烯丙基锂与二甲基正丁基氯硅烷之间的反应也被用于制备 $Me_2(n\text{-}Bu)SiCF_2CH{=}CH_2$[20]，$Me_2(n\text{-}Bu)SiCF_2CH{=}CH_2$ 可看作是偕二氟烯丙基负离子等当体。

表 9－4　全氟乙烯基三乙基硅烷的合成

编号	烯	氯硅烷	金属试剂	产率/%	参考文献
1	$CF_2{=}CFH$	Et_3SiCl	n-BuLi	79	19a
2	$CF_2{=}CClH$	Et_3SiCl	n-BuLi	10	19b
3	$CF_2{=}CFCl$	Et_3SiCl	n-BuLi	85	19b
4	$CF_2{=}CFCl$	$(n\text{-}Pr)_3SiCl$	n-BuLi	93	19b
5	$CF_2{=}CFCl$	$Me_2PhSiCl$	n-BuLi	88	19b
6	$CF_2{=}CFCl$	$PhCH_2Me_2SiCl$	n-BuLi	93	19b
7	$CF_2{=}CFCl$	$Ph_2MeSiCl$	n-BuLi	79	19b
8	$CF_2{=}CFCl$	Et_2SiCl_2	n-BuLi	88	19b
9	$CF_2{=}CFCl$	Ph_2SiCl_2	n-BuLi	88	19b
10	$CF_2{=}CFCl$	$PhSiCl_3$	n-BuLi	52	19b
11	$CF_2{=}CFBr$	Et_3SiCl	MeLi	88	19c

α 碳上连有吸电子基团的氟烷烃通过 H-Li 交换反应，再对所得的锂中间体进

行硅化,这样可容易地转化为相应的含硅衍生物。所得的含硅衍生物反应过程中产生的负离子由于吸电子取代基的存在而稳定,减少了发生 α 消除反应的可能[21]。

$$HCF_2P(O)(OEt)_2 \xrightarrow[\text{2) } Me_3SiCl]{\text{1) LDA, THF, }-78^\circ C} Me_3SiCF_2P(O)(OEt)_2$$

Ojima 小组通过苯基二甲基硅锂(通过 $PhMe_2SiCl$ 的金属锂化现场产生)取代一氯二氟硅烷中的氯原子制备了二氟甲基苯基二甲基硅烷 $PhMe_2SiCF_2H$[22]。研究发现,α-溴代丁二酰亚胺(NBS)能对 $PhMe_2SiCF_2H$ 中的 C—H 键进行溴化生成相应的一溴二氟甲基衍生物 $PhMe_2SiCF_2Br$,$PhMe_2SiCF_2Br$ 在 AgBr 催化下进一步与格氏试剂发生反应得到偶联产物,以 $NiCl_2$ 为催化剂时则生成自身偶联产物。

$$PhMe_2SiCl \xrightarrow[\text{2) } CF_2ClH]{\text{1) Li, THF}} PhMe_2SiCF_2H \xrightarrow{NBS} PhMe_2SiCF_2Br$$

$$PhMe_2SiCF_2Br \xrightarrow[\text{乙醚}, -75^\circ C]{EtMgBr,\ AgBr(Cat.)} PhMe_2SiCF_2Et \quad 46\%$$

$$PhMe_2SiCF_2Br \xrightarrow[\text{乙醚}, -75^\circ C]{EtMgBr,\ NiCl_2(Cat.)} PhMe_2SiCF_2CF_2SiMe_2Ph \quad 95\%$$

4. 电化学法

在 Me_3SiCl 的存在下,电化学还原 CF_3I 能以 32%的产率制备 Me_3SiCF_3[23]。由于 CF_3Br 的减少使用,化学研究者们目前也在开发通过利用 CF_3H 和其他含三氟甲基的化合物来合成 Me_3SiCF_3 的有效途径[24]。

$$CF_3I \xrightarrow[Me_3SiCl]{+2e} Me_3SiCF_3$$

5. 其他合成方法

虽然 Eaborn 等利用 CF_3I 与 $Me_3SiSiMe_3$ 之间的钯催化偶联反应观察到了 Me_3SiCF_3 的生成,但仅有少量的产物被检测到[25]。Prakash 等利用 Me_3SiCF_3 作为起始原料首先合成三氟甲基三丁基锡,然后 Bu_3SnCF_3 与二硅基硫醚在 TBAF 催化下发生"转三氟甲基化"可高产率地制备三氟甲基硅衍生物[26]。反应可通过软硬酸碱理论得到合理的解释,即锡相对于硅是一个软酸,因此锡对硫的亲和力强于其对硅的亲和力,这是反应的驱动力。利用这一方法能方便地合成三氟甲基二甲基硅烷(HMe_2SiCF_3),它由于含有 Si—H 键,因此可作为双键氢硅化反应的潜在试剂。

$$Bu_3SnOSnBu_3 \xrightarrow[\text{TBAT(引发剂), THF, r. t.}]{Me_3SiCF_3\text{(2eq.)}} 2Bu_3SnCF_3 + (Me_3Si)_2O$$

$$Bu_3SnCF_3 \xrightarrow{\text{TBAF (引发剂)}} \begin{cases} \xrightarrow[\text{THF}]{(Me_3Si)_2S} Me_3SiCF_3 + Me_3SiSSnBu_3 \quad 95\% \\ \xrightarrow[\text{THF}]{(HMe_2Si)_2S} HMe_2SiCF_3 + HMe_2SiSSnBu_3 \quad 80\% \\ \xrightarrow[\text{THF}]{(Et_3Si)_2S} Et_3SiCF_3 + Et_3SiSSnBu_3 \quad 92\% \end{cases}$$

Yoshida 等在 Me_3SiCl 存在下用二碘化钐对 $ArCF_2Cl$ 进行双电子还原能高产率地制备 $ArCF_2SiMe_3$[27]。Bordeau 等采用电解还原 $ArCF_3$ 同样可实现 $ArCF_2SiMe_3$ 的合成[28]。$ArCF_2SiMe_3$ 可当作"$ArCF_2^-$"的合成等当体。

100%

Fritz 和 Bauer 报道单线态的二氟卡宾能对$(FMe_2Si)_2$ 分子中的 Si—Si 键发生插入反应，得到 $FMe_2SiCF_2SiMe_2F$，$FMe_2SiCF_2SiMe_2F$ 可从反应混合物中通过气相色谱分离[29]。二氟卡宾通过热解 Me_3SnCF_3 制备。研究还发现用 MeMgCl、MeLi、PhMgBr、PhLi 和 $LiAlH_4$ 处理 $FMe_2SiCF_2SiMe_2F$ 可制备一系列二硅基二氟甲烷 $RMeSiCF_2SiMe_2F$ 和 $RMeSiCF_2SiMe_2R$。

$$FMe_2SiSiMe_2F + :CF_2 \longrightarrow FMe_2SiCF_2SiMe_2F$$

$$FMe_2SiCF_2SiMe_2F \xrightarrow{\text{RMgX 或 RLi}} RMe_2SiCF_2SiH_2Me_2F + RMe_2SiCF_2SiMe_2R$$

$$R = Me, Ph$$

$$FMe_2SiCF_2SiMe_2F \xrightarrow{LiAlH_4} HMe_2SiCF_2SiH_2Me_2F + HMe_2SiCF_2SiMe_2H$$

三、有机硅氟化试剂的反应

1. Ruppert 试剂：Me_3SiCF_3

Ruppert 试剂是向有机化合物分子中引入一个三氟甲基最为常用的方法，它所发生的亲核三氟甲基化反应和烯丙基三甲基硅烷或氰基三甲基硅烷所发生的烯丙基化或氰化反应相类似[30]。Me_3SiCF_3 中的 Si—CF_3 化学键由于三氟甲基强的吸电子性是相当弱的[31]，这样，它非常易被 F^- 裂解产生游离的 CF_3^-；随后，CF_3^- 作为一个亲核试剂进攻有机分子中的亲电碳原子从而实现三氟甲基基团的转移。

Me_3SiCF_3 所实现的三氟甲基化反应和底物有很大的关系。醛、酮、酯、酰胺、亚胺等都可实现 Me_3SiCF_3 的三氟甲基化反应。

1) Ruppert 试剂和醛、酮的反应

Ruppert 试剂和醛或酮的羰基官能团的反应总反应式如下所示。反应需加入适当的亲核试剂引发，并且引发剂和反应所使用的溶剂对反应都有一定的影响。常用的反应条件为：THF 作为溶剂，TBAF 为引发剂，用 HCl 水溶液作为脱硅化试剂[32]。其他的亲核引发剂，如二甲胺硫二氟三甲基硅（TASF）、氟化钾、CsF、$Ph_3SnF_2^-NBu_4^+$ 和 RO^-M^+ 也可用于这一反应。引发剂中亲核部分 F^- 首先进攻 Me_3SiCF_3 的硅原子（以 TBAF 为例），导致 Si—CF_3 化学键断裂形成“CF_3^-”，同时生成 Me_3SiF（气体），“CF_3^-”作为亲核负离子进攻醛或酮的羰基官能团形成中间体。中间体同时又作为亲核试剂进攻另一分子 Me_3SiCF_3 产生五配位中间体。五配位中间体然后与底物反应得到三氟甲基硅醚产物，同时再生成另一分子中间体完成循环。三氟甲基硅醚化合物可用 HCl 脱除硅醚保护基得到三氟甲基醇化合物。从反应机理看，引发剂只需催化量即可。

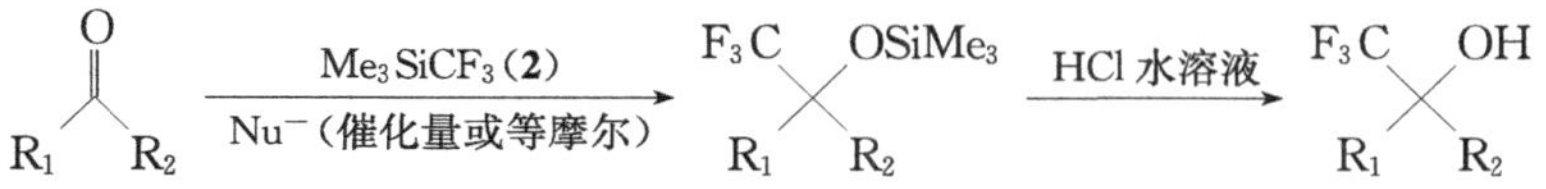

$R_1, R_2 = H, alkyl, aryl$

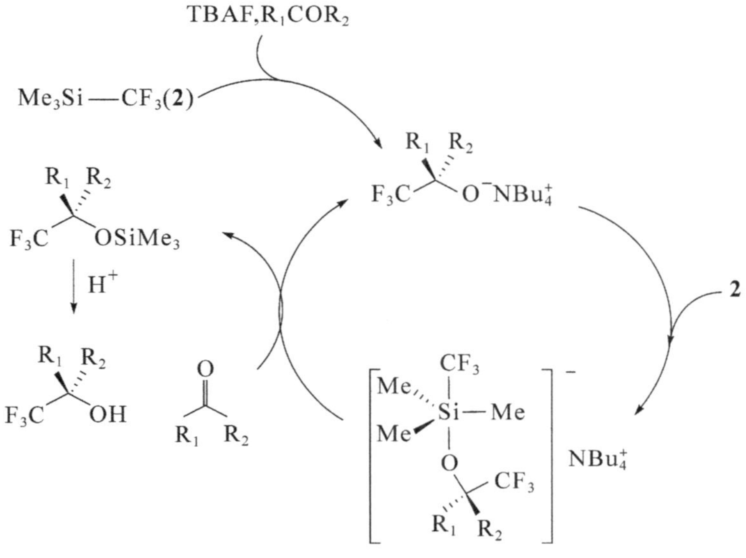

值得提出的是，虽然大量的高配位硅化合物已被观察到且被表征，化学家们在对假设的五配位中间体的表征却一直未能成功，这归因于五配位中间体的极不稳

定性[33]。而且“CF_3^-”极不稳定，易发生 α-消除反应和攫氢反应，如在乙腈或丙腈溶剂中，观察到如下反应的发生。

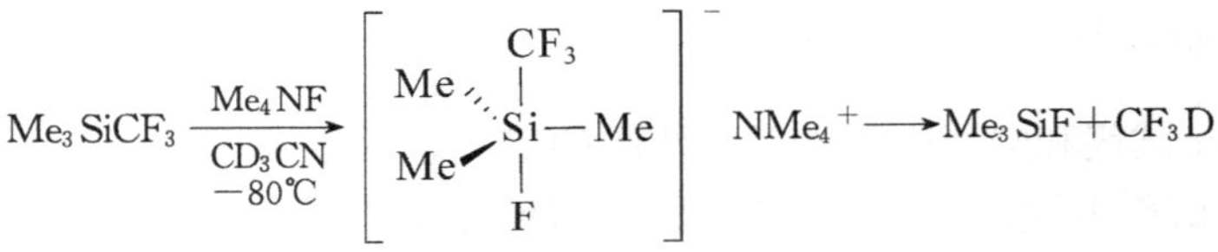

不稳定

Bürger 进一步研究发现，将 F^- 配位在硅上可增加五配位三氟甲基硅化合物的稳定性。他们小组在分解$(CF_3)_2SiHNEt_3$ 时得到并表征了稳定的 $F_4SiCF_3^-$[12]。

自从 1989 年 Prakash 小组报道了在 TBAF 存在下 Me_3SiCF_3 和醛酮反应后，Me_3SiCF_3 对醛酮的三氟甲基化反应得到了进一步的研究和应用(见表 9 - 5、表 9 - 6)。与醛反应所得的三氟甲基醇化合物可进一步通过 Dess-Martin 氧化制备相应的三氟甲基酮[34]。

表 9 - 5　Me_3SiCF_3 与各种醛的反应

编号	醛	产物	产率/%	参考文献
1	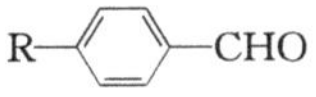	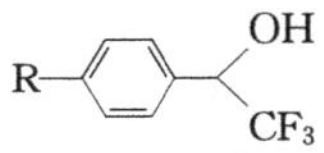	R = H 85 Cl OCH_3 $(EtO)_2CH$	32 9b 35
2	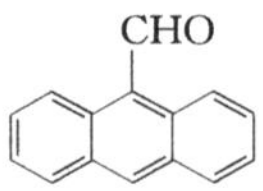	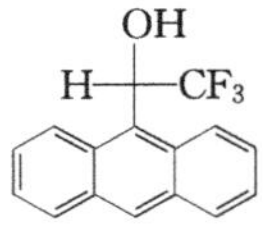		36
3	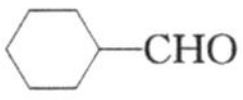	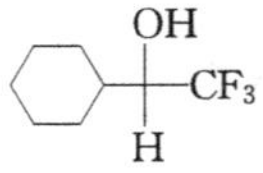	80	32
4		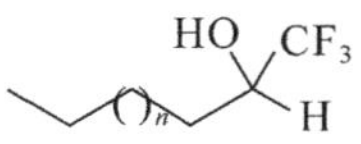	n = 1 2	36 9b
5	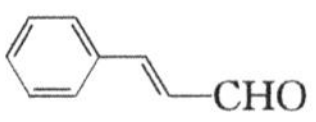	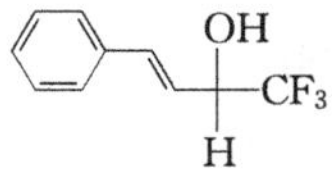		9b
6	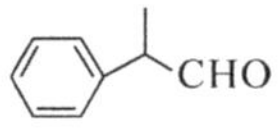	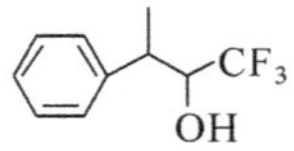		9b
7	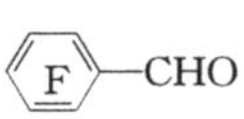	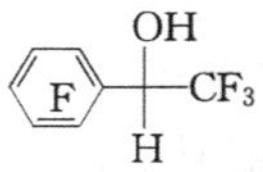		10d

续表

编号	醛	产物	产率/%	参考文献
8	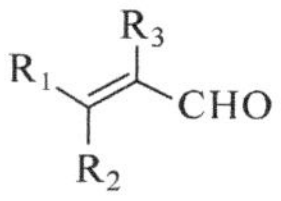	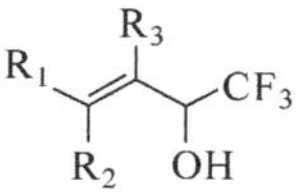	$R_1=R_2=H$, $R_3=H$	36
			$R_1=R_2=CH_3$, $R_3=H$	36
			$R_1=H$, $R_2=CH_3$, $R_3=H$	36
			$R_1=Ph$, $R_2=Cl$, $R_3=H$	37
			$R_1=Ph$, $R_2=Cl$, $R_3=CH_3$	37
			$R_1=Ph$, $R_2=Cl$, $R_3=Ph$	37

注：产率未注明者表明原文献中没有报道。

表 9-6　Me_3SiCF_3 与各种酮的反应

编号	酮	产物	产率/%	参考文献
1	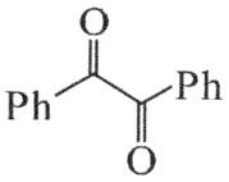	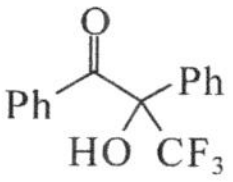	85	36
2	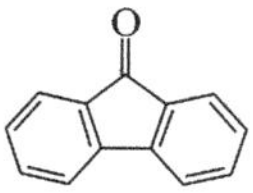	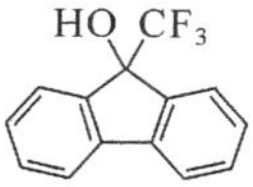	90	36
3	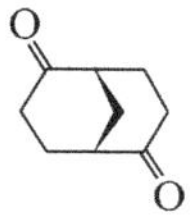	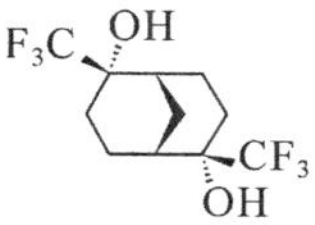	93	38
4	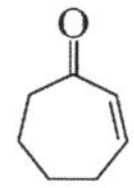	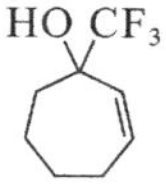	89	36
5	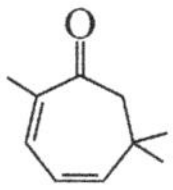	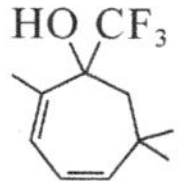	56	36
6	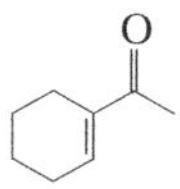	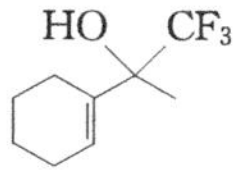	84	36
7	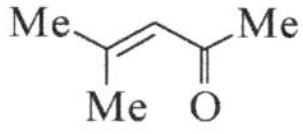	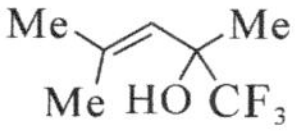	78	36

1999 年，Shreeve 小组报道了一系列醛、酮的 Me_3SiCF_3 三氟甲基化反应，反应通过 CsF 引发，能以好的产率得到目标分子(见表 9-7)[39a]。他们还发现当底物为液体时，即使不用溶剂，反应也能很好地进行。Shreeve 小组同样报道了

Me_3SiCF_3 对一系列芳香醛的三氟甲基化反应。

表 9-7　CsF 催化 Me_3SiCF_3 对不同醛、酮的三氟甲基化反应[39]

编号	酮	溶剂	反应时间/h	产物	产率/%
1	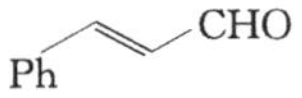	甘醇二甲醚	1.5	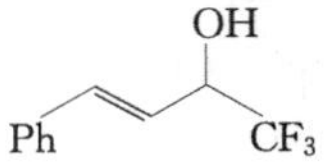	92
2	PhCHO	无	6	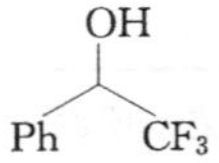	88
3	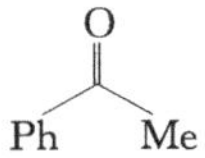	无	5	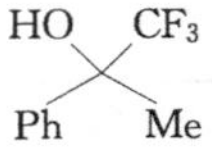	93
4	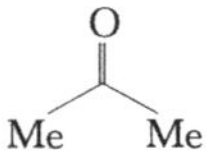	无	1.5	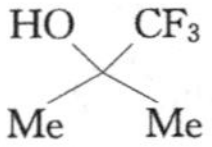	89
5	MeCHO	无	1	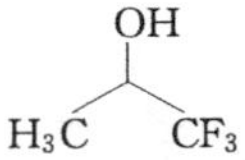	85
6	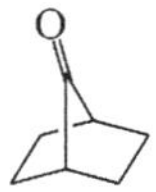	甘醇二甲醚	1	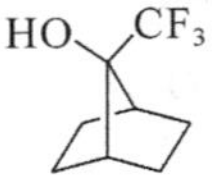	90
7		甘醇二甲醚	1.5	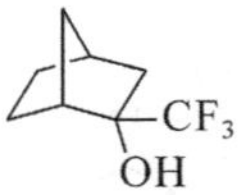	95

另外，Shreeve 小组[39b]、Prakash 小组[39c]和 Tidwell 小组[39d]还发现在 CsF 或 TBAF 催化下，Me_3SiCF_3 对一系列反式-α,β-不饱和酮和环状 α,β-不饱和酮的羰基亲核进攻可方便地合成含氟烯丙醇化合物。Shreeve 小组的方法和 Shen 等[39e]利用含氟叶立德与醛反应合成含氟烯丙醇的方法产率高且操作简便。

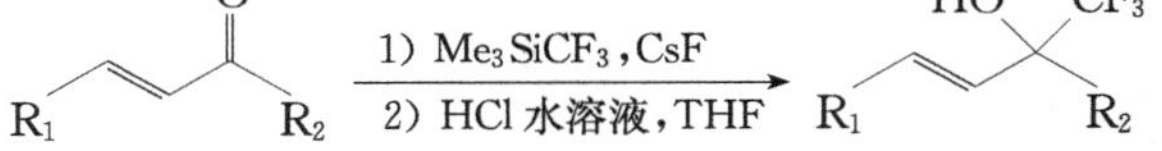

$R_1 = R_2 = Ph$　96%；

$R_1 = Ph, R_2 = Me$　96%；

$R_1 = Ph, R_2 = CF_3$　95%；

$R_1 = Me, R_2 = Et$　91%；

$R_1 =$ 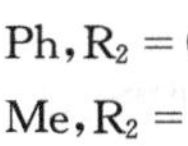，$R_2 = Me$　95%

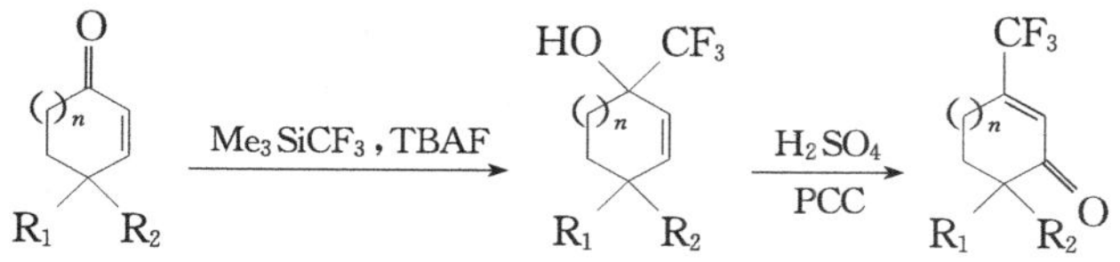

$n=1, R_1=R_2=H$;

$n=1, R_1=R_2=Me$;

$n=1, R_1=H, R_2=$ 2-propenyl;

$n=2, R_1=R_2=H$

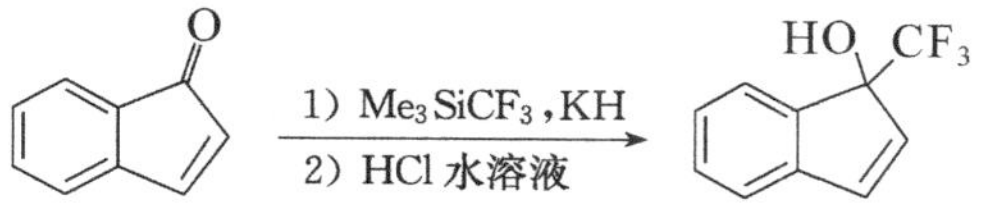

中国科学院上海有机化学研究所卿凤翎小组近年来也充分利用 Me_3SiCF_3 对醛酮的三氟甲基化反应合成了一些含氟氨基酸[40]。如从 Garner 醛出发合成了(2*R*)-*N*-叔丁氧羰基-2-氨基-4,4,4-三氟丁酸；从天然反式-4-羟基-L-脯氨酸衍生物出发合成了 *N*-Boc-顺-4-三氟甲基-脯氨酸。

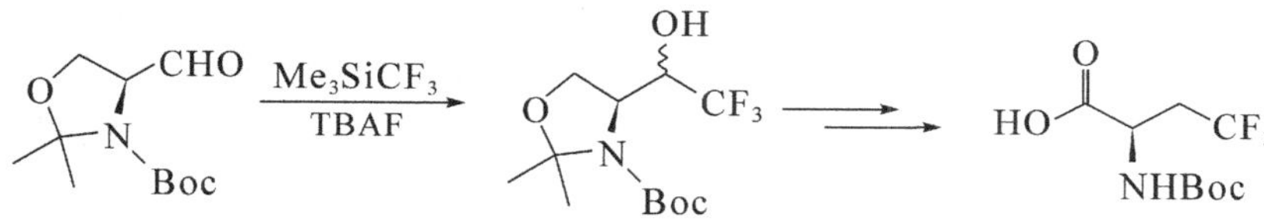

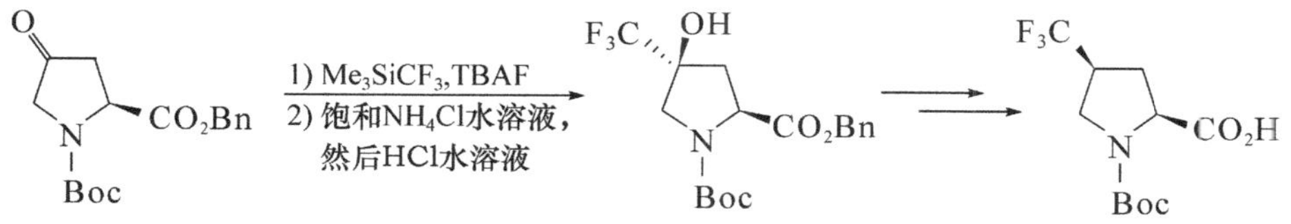

Fuchikami 小组报道了 Me_3SiCF_3 对醛酮的三氟甲基化反应被路易斯碱催化的实例，所用的路易斯碱包括 Et_3N，*n*-Bu_2NH，吡啶，Ph_3P 等[41]。他们发现，相比 F^- 催化，路易斯碱催化的三氟甲基化反应速率较慢，且最终产物收率较低。他们同样报道了苯醌催化苯甲醛的不对称三氟甲基化反应，*ee* 值仅为 9%。

R_1 = alkyl 或 aryl

R_2 = H, alkyl 或 CF_3

Shreeve 等报道在 CsF 催化下 Me_3SiCF_3 对一系列芳香醛发生亲核加成，能以几乎定量的产率得到相应的三氟甲基硅醚，三氟甲基硅醚在 CH_2Cl_2 中 −78℃下用 BBr_3 处理后接着水解能以高于 92%的分离产率制备相应的三氟甲基醇[42]。

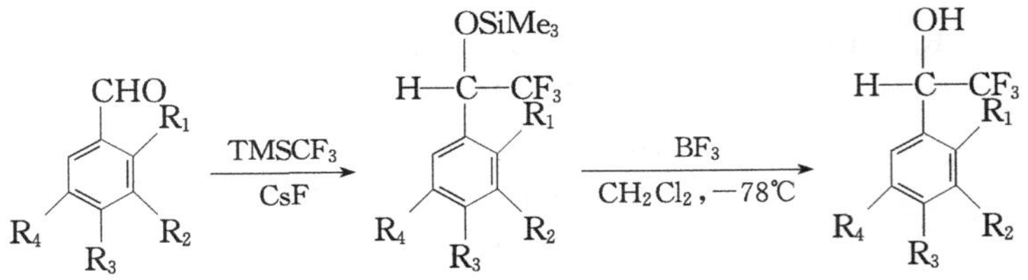

$R_1 = R_2 = R_4 = H, R_3 = NMe_2$　95%；
$R_1 = R_2 = R_4 = H, R_3 = NEt_2$　95%；
$R_1 = OMe, R_2 = R_3 = R_4 = H$　92%；
$R_2 = OMe, R_1 = R_3 = R_4 = H$　94%；
$R_3 = OMe, R_1 = R_2 = R_4 = H$　92%；
$R_1 = R_4 = H, R_2 = Me, R_3 = OMe$　93%；
$R_1 = H, R_2 = Me, R_3 = OMe, R_4 = Me$　92%

Fuchikami 等发现氨基酮化合物与 Me_3SiCF_3 在没有引发剂存在的条件下同样可发生三氟甲基化反应，并以中等到良好的产率得到目标产物(见表 9-8)[43]。反应活性与氨基和羰基之间的距离有很大的关系。他们发现反应有一定的非对映选择性，并提出了相应的反应机理。

R_1 = alkyl 或 aryl　　24%～82%
R_2 = 含氨基的烷基

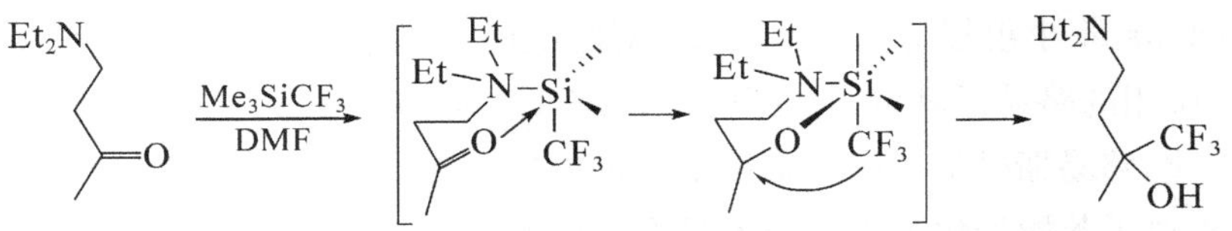

表 9-8　氨基酮与 Me_3SiCF_3 在无引发剂的条件下发生三氟甲基化反应

编号	酮	产物	产率/%
1	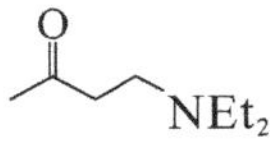	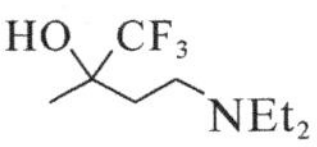	82
2	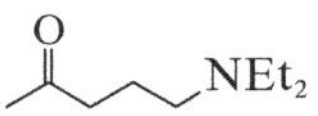	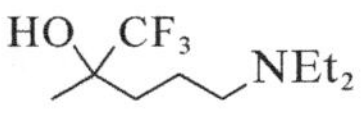	78

续表

编号	酮	产物	产率/%
3	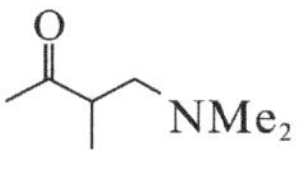	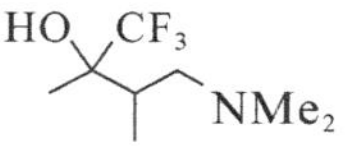	51
4	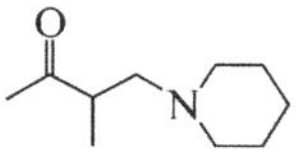	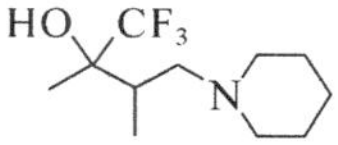	44
5	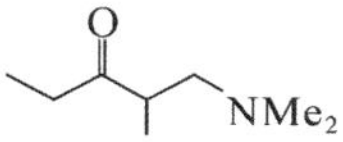	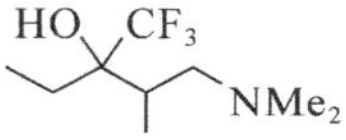	67
6	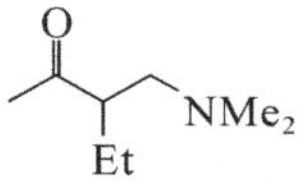	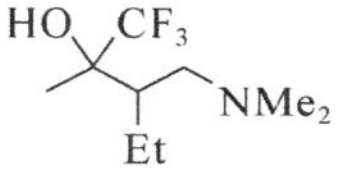	36
7	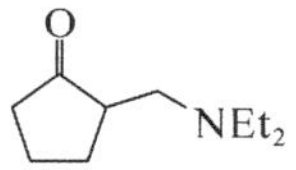	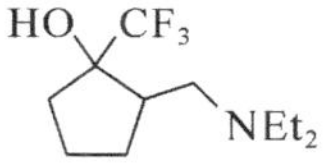	24
8	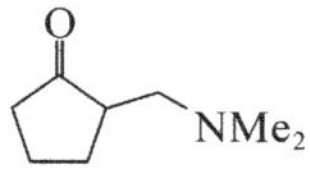	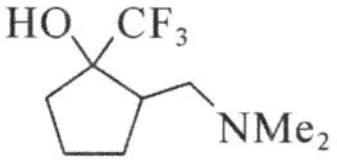	32
9	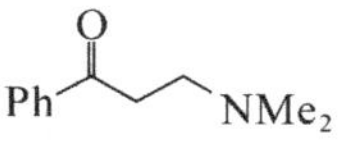	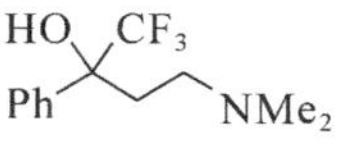	52

Portella小组发现 Me_3SiCF_3 也是一个向有机分子中引入偕二氟亚甲基的氟化试剂。他们报道了 Me_3SiCF_3 在引发剂 $Bu_4N^+Ph_3SnF_2^-$ 存在下与酰硅化合物反应生成偕二氟烯基硅化合物，然后，偕二氟烯基硅化合物在路易斯酸[$TiCl_4$、$BiCl_3$、$BF_3 \cdot Et_2O$、$Yb(OTf)_3$]催化下与亲电试剂（E—X、醛、酮）作用，得到偕二氟亚甲基化合物[44]。生成偕二氟烯基硅化合物的过程中牵涉到 Brook 重排反应。

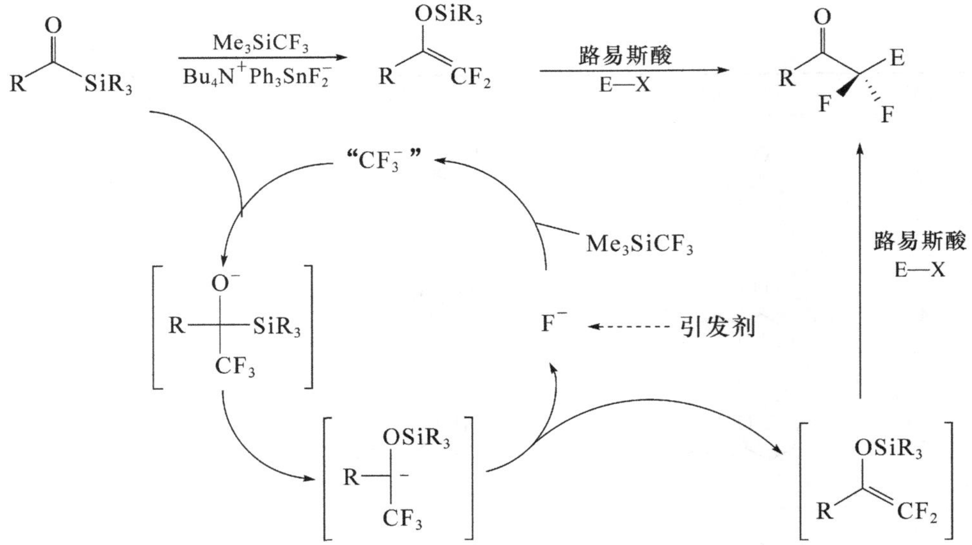

酮与 Me_3SiCF_3 之间通过 Ritter 反应可成功实现三氟甲基酰胺的合成[45]。芳基酮、环状羰基化合物以及链状羰基化合物都可反应，且底物中的酯基并不影响反应，芳基酮的产率高于脂肪酮的产率。

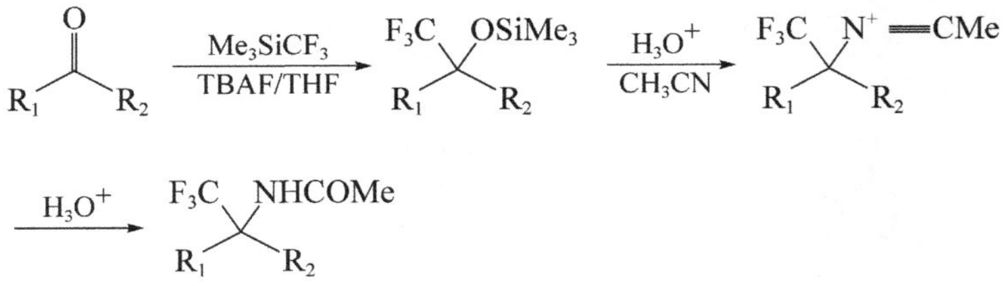

$R_1 = R_2 = Ph$　68%；	$R_1 = Ph, R_2 = CO_2Et$　59%；
$R_1 = p\text{-}MeC_6H_4, R_2 = Ph$　81%；	$R_1 = Ph, R_2 = Me$　54%；
$R_1 = p\text{-}MeOC_6H_4, R_2 = Ph$　66%；	$R_1 = Bn, R_2 = Et$　49%；
$R_1 = p\text{-}FC_6H_4, R_2 = Ph$　57%；	$R_1 = n\text{-}Bu, R_2 = n\text{-}Bu$　32%

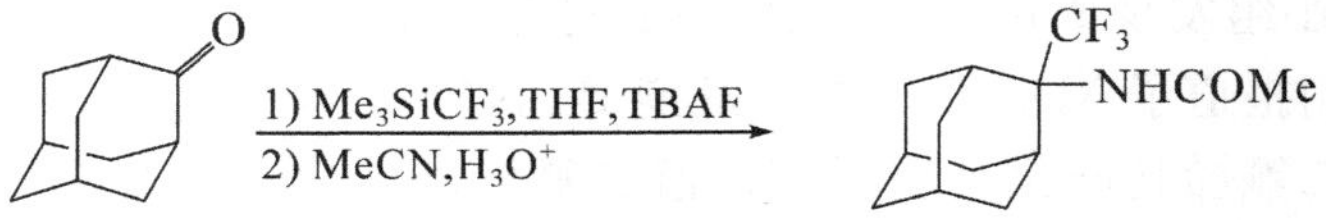

40%

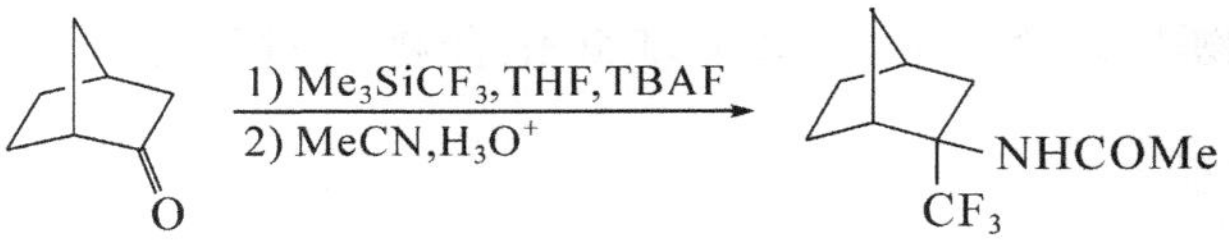

32%

Kobayashi 小组利用 *N*-[4-(三氟甲基)苯基]金鸡纳啶氟化物作为催化剂,实现了 Me_3SiCF_3 对芳基醛酮的不对称加成,遗憾的是产物的 *ee* 值并不高[46]。

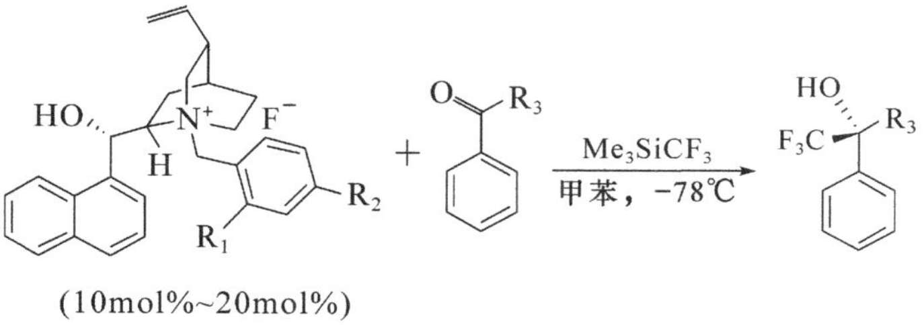

$R_1=CF_3, R_2=CF_3, R_3=H$　*ee* 46%;
$R_1=H, R_2=CF_3, R_3=Me$　*ee* 48%;
$R_1=H, R_2=CF_3, R_3={}^iPr$　*ee* 51%

2) Ruppert 试剂和酯的反应

Prakash 等早期认为简单的羧酸酯由于亲电性较弱不能和 Ruppert 试剂反应生成相应的三氟甲基酮[1d]。然而当酯基被吸电子基活化时,反应便可顺利发生。如三氟甲基酯和草酸二叔丁酯由于羧基被活化,能接受 Ruppert 试剂的进攻生成相应的产物[35,47]。

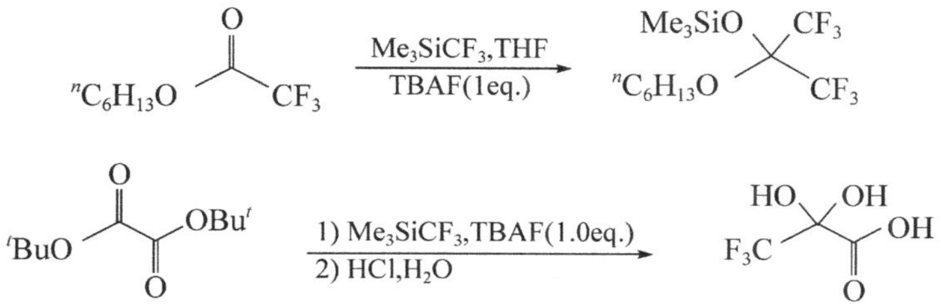

Prakash 小组后来发现 TBAF 能催化一系列羧酸甲酯与 Ruppert 试剂发生反应,以 68%~95%的产率得到了三氟甲基酮(见表 9-9)[48]。使反应成功进行的前提是所使用的试剂和溶剂都须绝对的无水(TBAF 可加入活化的 4Å 分子筛在氩气保护下干燥 4h)。苯丙炔酸甲酯由于在反应条件下发生了聚合而未能得到相应的三氟甲基酮。

表 9-9　羧酸甲酯与 Ruppert 试剂的反应

编号	酯	溶剂	反应时间/h	产物	产率/%
1	*p*-O_2NPhCO_2Me	CH_2Cl_2	18	*p*-$O_2NPhCOCF_3$	81
2	$PhCO_2Me$	甲苯	18	$PhCOCF_3$	95
3	Ph—≡—CO_2Me	戊烷	24	Ph—≡—$COCF_3$	0

续表

编号	酯	溶剂	反应时间/h	产物	产率/%
4	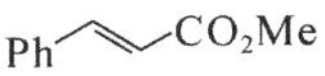	戊烷	24	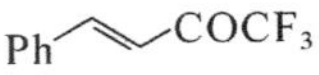	85
5	t-$BuCO_2Me$	甲苯	72	t-$BuCOCF_3$	68
6	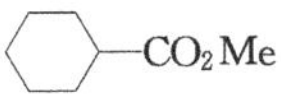	戊烷	48	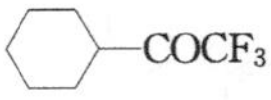	72
7	$CH_3(CH_2)_{12}CO_2Me$	甲苯	24	$CH_3(CH_2)_{12}COCF_3$	75
8	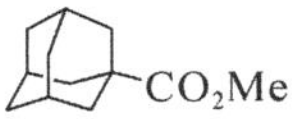	戊烷	72	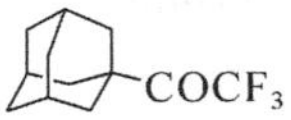	70

Shreeve小组报道了羧酸酯和Ruppert试剂的反应，他们的反应使用CsF作为引发剂、甘醇二甲醚作为溶剂（对于液体底物可以不使用溶剂），能高产率地得到三氟甲基酮（见表9-10）[39a]。值得指出的是，Shreeve所使用的反应条件可实现Prakash小组不能实现的苯丙炔酸酯的三氟甲基化。

表9-10　Shreeve方法制备三氟甲基酮

编号	酯	溶剂	反应时间/h	产物	产率/%
1	CH_3CO_2Et	无	1	CH_3COCF_3	86
2	$PhCO_2Me$	无	1	$PhCOCF_3$	90
3	$PhCH_2CH_2CO_2Et$	无	4	$PhCH_2CH_2COCF_3$	90
4	E-$PhCH=CHCO_2Me$	甘醇二甲醚	3	E-$PhCH=CHCOCF_3$	90
5	$CH=C(CH_3)CO_2Me$	无	3	$CH=C(CH_3)COCF_3$	84
6	$Ph—\equiv—CO_2Me$	无	3	$Ph—\equiv—COCF_3$	86
7	$Ph—\equiv—CO_2Et$	无	3	$Ph—\equiv—COCF_3$	87

Shreeve小组同样发现CsF能催化Ruppert试剂对亚磺酸酯、磺酸酯和硒酸酯的三氟甲基化反应，以77%～95%的产率得到相应的三氟甲基化合物（见表9-11）[39a]。反应温度随底物的不同有大的差别。

表9-11　亚磺酸酯、磺酸酯和硒酸酯的三氟甲基化反应

编号	酯	溶剂	温度/℃	反应时间/h	产物	产率/%
1	$MeOSeO_2Me$	无/PhCN	50	2	CF_3SeOCF_3	84
2	$MeOSO_2Me$	无/PhCN	50	0.5	CF_3SOCF_3	77
3	$PhSO_2Me$	无	25	6	$PhSOCF_3$	95
4	$MeSO_3Me$	PhCN	100	6	$MeSO_2CF_3$	88
5	$PhSO_3Me$	无	100	6	$PhSO_2CF_3$	85

一系列内酯化合物同样可作为 Ruppert 试剂亲核反应的底物，反应以 TBAF 催化，能以中等到良好的产率得到相应的缩酮产物[35,49]。环的大小对反应有大的影响，例如 Prakash 等发现四元环丙内酯所生成的半酮缩醛不稳定，在蒸馏过程中发生降解；七元环内酯除生成缩酮产物外，还得到开环产物[35]。

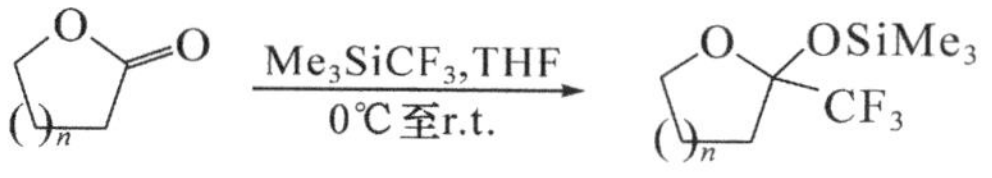

$n=1$　70%;
$n=2$　75%

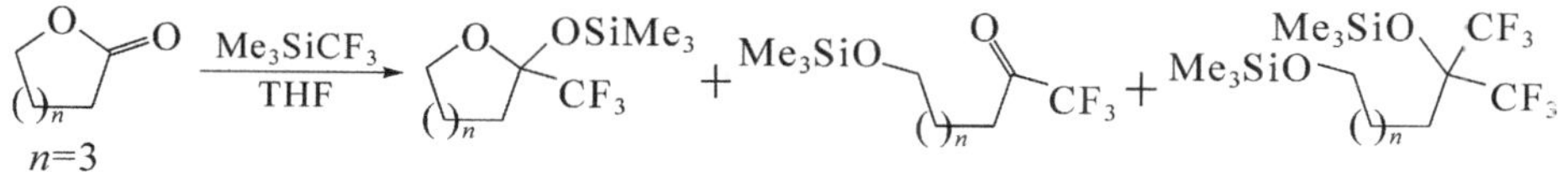

$n=3$

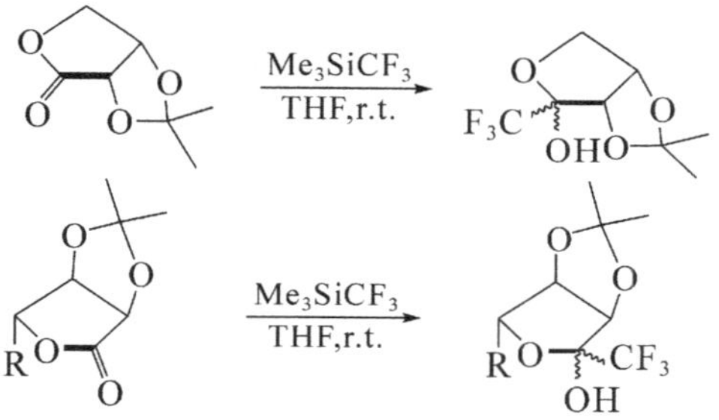

91%

R= HOCH$_2$—　92%;

R = 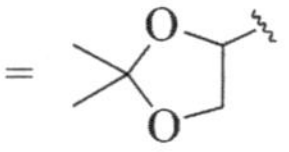　98%

氨基酯和噁唑烷酮同样可与 Me_3SiCF_3 反应生成 α-氨基三氟甲基酮的水合物和 α-氨基三氟甲基酮，反应都用 CsF 催化[50]。值得指出的是噁唑烷酮与 Me_3SiCF_3 反应时如用 TBAF 催化，产率和立体选择性都很低；用 CsF 催化且用超声波处理反应能高产率地得到单一构型的加成产物。加成产物用强酸性离子交换树脂可方便地实现五元环开环得到 α-氨基三氟甲基酮化合物。

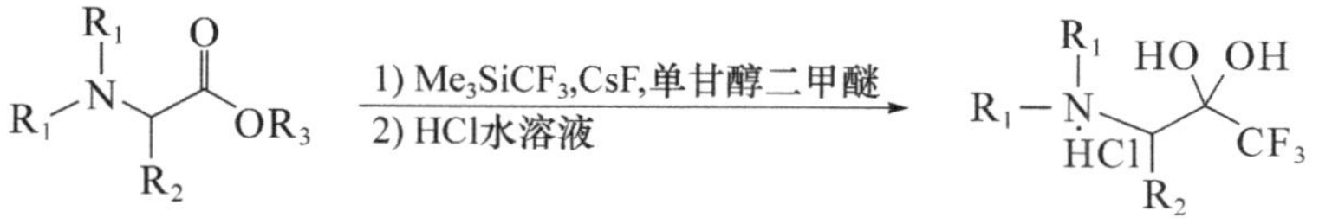

$R_1=Me,R_2=H,R_3=Et$　85%；　$R_1=Me,R_2=Bn,R_3=Et$　81%；
$R_1=Me,R_2=H,R_3=Me$　85%；　$R_1=Bn,R_2=Me,R_3=Me$　82%
$R_1=Bn,R_2=H,R_3=Me$　83%；

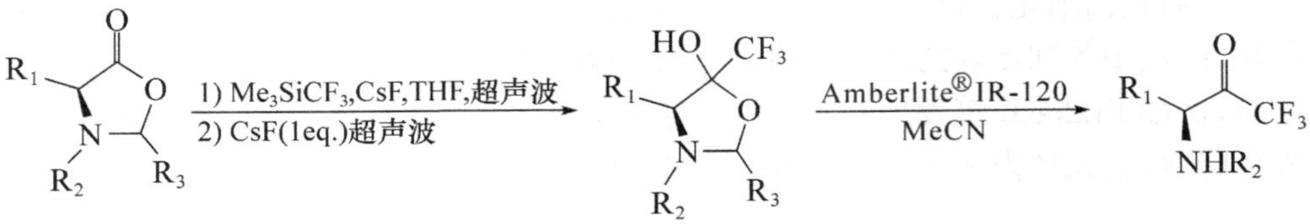

$R_1 = Bn, R_2 = Cbz, R_3 = H$ 95%；
$R_1 = Me, R_2 = Cbz, R_3 = H$ 85%；
$R_1 = Me, R_2 = Boc, R_3 = H$ 85%；
$R_1 = H, R_2 = Boc, R_3 = H$ 60%；
$R_1 = Bn, R_2 = Cbz, R_3 = PMB$ 95%；
$R_1 = Bn, R_2 = Cbz, R_3 = Ph$ 60%；
$R_1 = Me, R_2 = Cbz, R_2 = PMB$ 95%；
$R_1 = CH_2CO_2Me, R_2 = Cbz, R_3 = H$ 50%；
$R_1 = (CH_2)_2CO_2Me, R_2 = Cbz, R_3 = H$ 70%；
$R_1 = CH(CH_3)_2, R_2 = Boc, R_3 = H$ 85%；
$R_1 = CH_2CH(CH_3)_2, R_2 = Boc, R_3 = H$ 95%；
$R_1 = CH_2SBn, R_2 = Boc, R_3 = H$ 65%；
$R_1 = Bn, R_2 = Boc, R_3 = H$ 80%

Me_3SiCF_3 同样可以与硫氰酸酯和硒氰酸酯反应，并以中等到良好的产率生成三氟甲基硫化物和三氟甲基硒化物[51a]。由于反应仅需少量的 TBAF 催化，因此 Langlois 认为 Si—CN 键比 Si—CF_3 键更稳定，同时提出了相应的反应机理[51b]。

$$RYCN + Me_3SiCF_3 \xrightarrow{TBAF(Cat.)} RYCF_3 + Me_3SiCN$$

$R = PhCH_2, Y = S$；
$R = PhCH_2, Y = S$；
$R = n\text{-}C_8H_{13}, Y = S$；
$R = Ph, Y = S$；
$R = 4\text{-}O_2NC_6H_4, Y = S$；
$R = 2,4\text{-}(MeO)_2C_6H_4, Y = S$；
R = 1-Me-2-pyrolyl, Y = S；
$R = PhCH_2, Y = Se$；
$R = n\text{-}C_8H_{13}, Y = Se$；
$R = Ph, Y = Se$

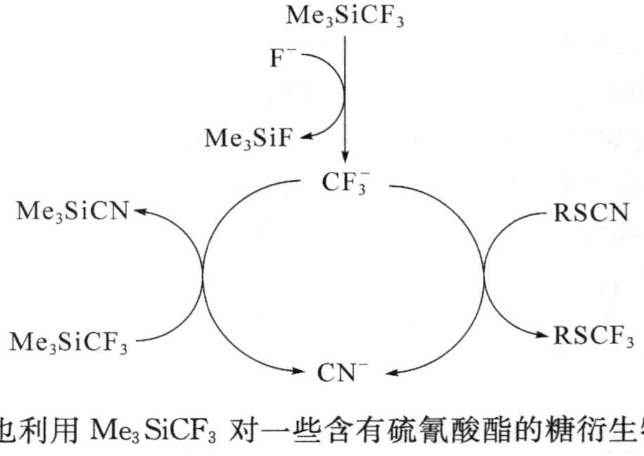

Praly 小组也利用 Me_3SiCF_3 对一些含有硫氰酸酯的糖衍生物的三氟甲基化反应合成了三氟甲基硫糖化物[52]。反应同样需 TBAF 催化，且硫氰酸酯官能团可处于糖化合物的不同位置。

$$R—SCN \xrightarrow[TBAF]{Me_3SiCF_3} R—SCF_3$$

R =

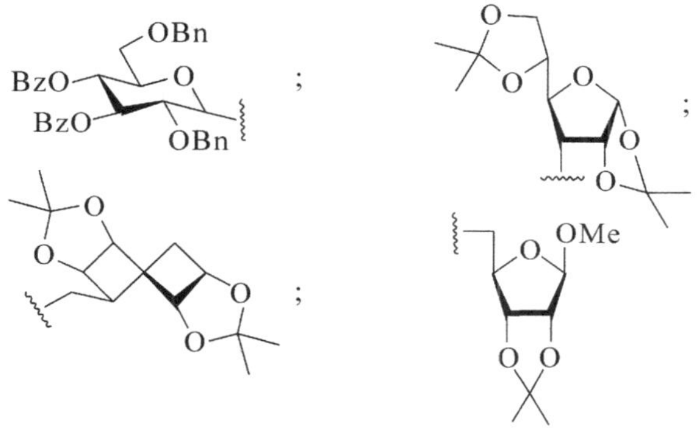

3) Ruppert 试剂和酰卤的反应

Prakash 小组在 1991 年首次报道了酰氯与 Ruppert 试剂的反应[32b,35]。他们发现苯甲酰氯与 Me_3SiCF_3 反应可得到三氟甲基苯基酮和双(三氟甲基)叔丁醇醚化合物。反应需要 1 当量多的 TBAF,因为 Me_3SiCF_3 与苯甲酰氯合成三氟甲基苯基酮的反应需要等当量的 TBAF,而三氟甲基苯基酮与 Me_3SiCF_3 的反应却可以被 F^- 催化。

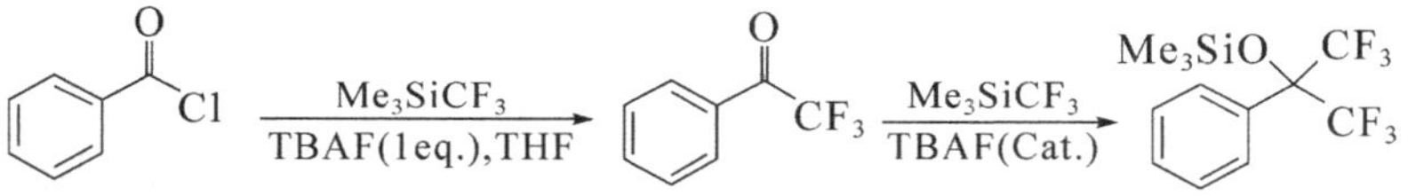

相对于酰氯,酰氟和 Me_3SiCF_3 的反应却被认为可以被 TBAF 催化,因为在第一步反应所生成的 F^- 为叔丁基铵阳离子所稳定,进而可继续催化反应的进行。DesMarteau 等发现,全氟酰氟化合物在 KF 作引发剂的条件下非常容易和 Me_3SiCF_3 反应生成相应的全氟叔丁醇[53],且反应中间体酮化合物可以被分离。

$$CF_3(CF_2)_nCOF \xrightarrow[KF, CH_3CN]{Me_3SiCF_3} CF_3(CF_2)_nC(CF_3)_2OK \xrightarrow{酸} CF_3(CF_2)_nC(CF_3)_2OH$$

n	产率
1	66.7%
2	73.5%
6	10.4%

1,5-全氟戊二酰氟在过量 KF 的存在下与 Me_3SiCF_3 反应生成环状半缩酮盐中间体,中间体进一步用硫酸二甲酯处理得到六元环半缩酮产物。另外,改变反应条件能生成相应的三氟甲基二酮化合物,当反应用水淬灭时,高缺电子的二酮化合

物可转化为环状二醇[54]。

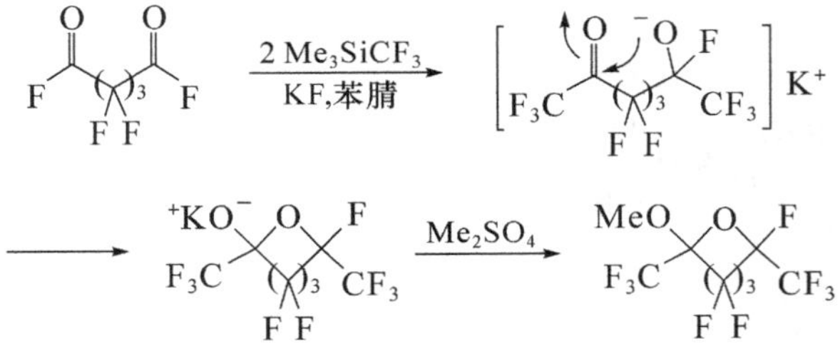

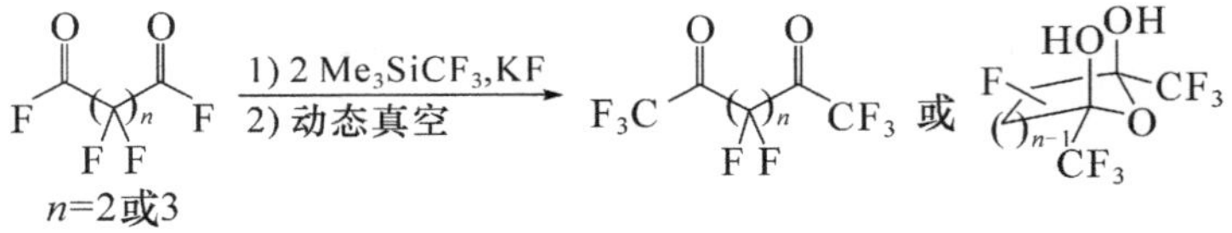

Shreeve 等研究了全氟乙酰氟以及全氟苯甲酰氟在 CsF 存在下和 Me_3SiCF_3 的反应,结果发现所产生的中间体可被强亲电试剂 $C_6F_5CH_2Br$ 捕获生成多氟芳香醚化合物[55]。

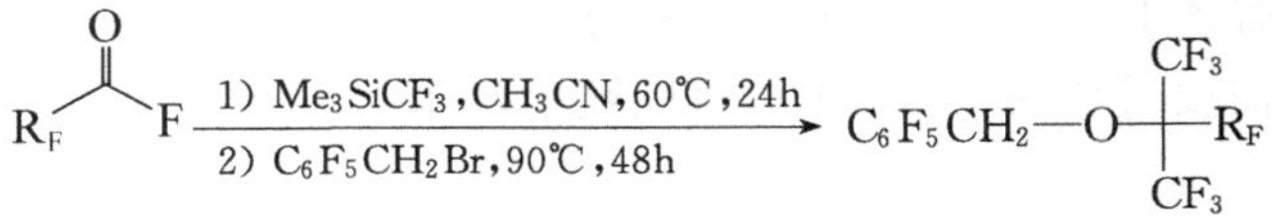

$R_F = CF_3$　75%;

$R_F = C_6F_5$　40%

Me_3SiCF_3 对磺酰氟的三氟甲基化反应于 1990 年被 Yagupolskii 小组报道(见表 9-12)[56]。芳基磺酰氟在 TASF(10mol%)催化下与 Me_3SiCF_3 反应能高产率地得到芳基三氟甲基砜。反应通常需加入 2 当量的 Ruppert 试剂,且在 0.5～1.5h内完成。芳基磺酰氯也能用于这一反应[57]。需要指出的是,这是一个放热反应,用 TASF 作引发剂比用 TBAF 或三(二乙基氨)二氟化锍效果好。芳基取代基的电子效应并不影响产率,且反应也不受溶剂极性的影响(DMF 和石油醚作溶剂反应结果一样)。

表 9-12　Me_3SiCF_3 对磺酰氟(氯)的三氟甲基化反应

编号	磺酰氟	产物	产率/%	参考文献
1	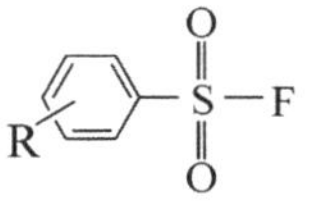	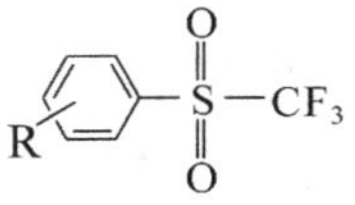	R=H　99 3-NO_2　73 4-Cl　96 4-Me　96	56,57 56,57 56,57 56,57

续表

编号	磺酰氟	产物	产率/%	参考文献
2	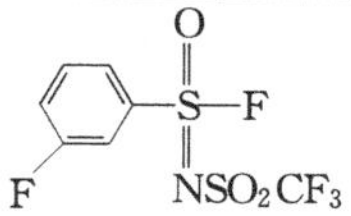	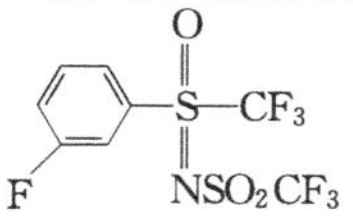	70	58
3	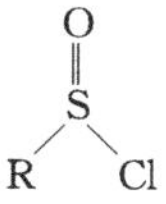	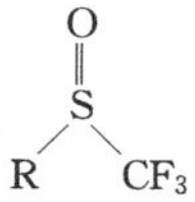	R＝4-NO_2Ph　56	57
			4-ClPh　58	57
			4-MePh　61	57
4	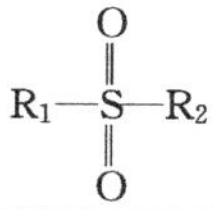	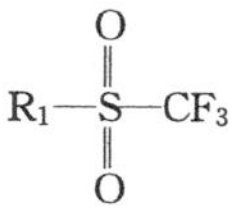	$R_1 = R_2 = Cl$	57
			$R_1 = R_2 = F$	57
			$R_1 = CF_3$，$R_2 = Cl$	57

4）Ruppert 试剂和酰胺、亚胺的反应

一般的酰胺，如苯甲酰胺、乙酰胺并不和 Ruppert 试剂反应，即使加入等当量的引发剂[1d,35]。然而，Shreeve 小组发现在催化量的 CsF 条件下，N'，N'-二甲基乙酰胺和 N'，N'-二甲基苯甲酰胺与 Me_3SiCF_3 有放热现象发生，但反应的细节目前还不清楚[1e]。Kantamneni 发现保护氨基的琥珀酰亚胺可以和 Ruppert 试剂反应生成相应的三氟甲基醇化合物[36]。而未保护氨基的琥珀酰亚胺和 Ruppert 试剂反应由于体系中存在活泼质子不能得到相应的产物，而是生成大量的 CF_3H。他还发现 N-三氟乙酰哌啶由于三氟甲基的存在使羰基亲电性增强，同样可和 Me_3SiCF_3 反应得到双(三氟甲基)醇化合物，产物进一步水解可方便地制备六氟丙酮的水合物[36]。

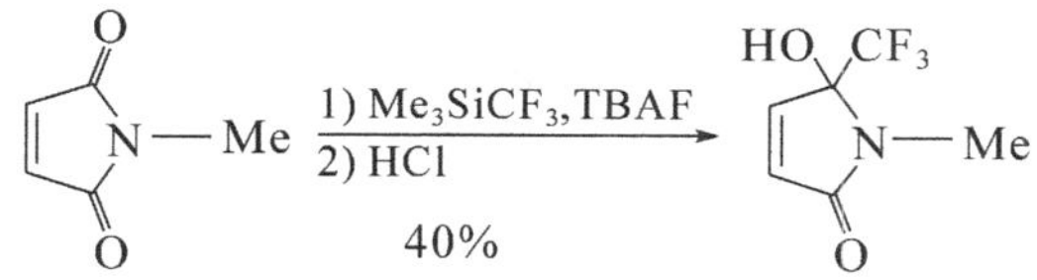

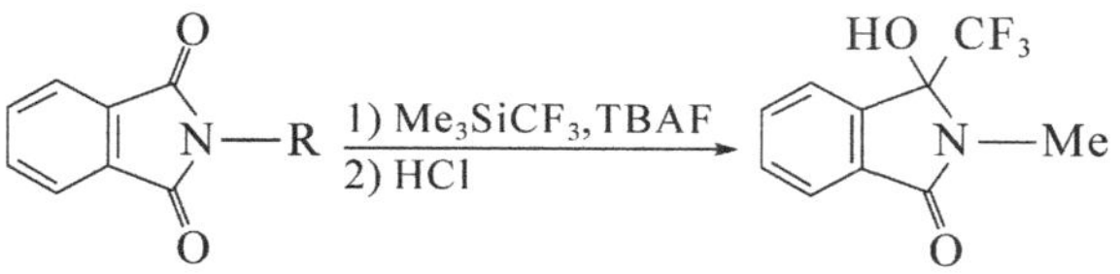

R	产率
n-Bu	68%
$CH_2CH(OC_2H_5)_2$	78%
$CO_2C_2H_5$	87%

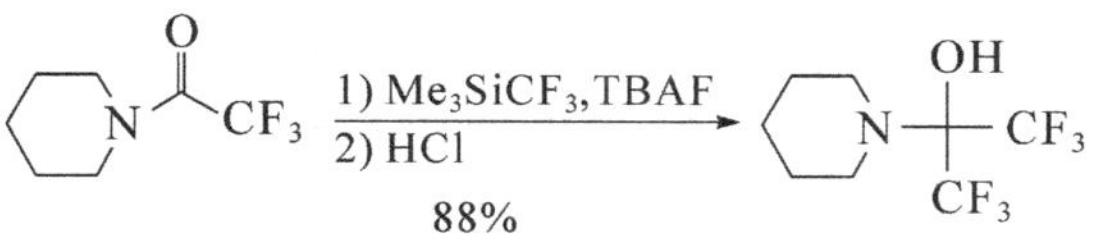

同样,咪唑啉三酮化合物由于含有亲电性强的酰胺羰基基团,因而也可在THF 催化下和 Ruppert 试剂反应生成 5-(三氟甲基)-5-羟基-咪唑-2,4-二酮化合物[59]。这些化合物可进一步用于合成其他含三氟甲基的杂环化合物。

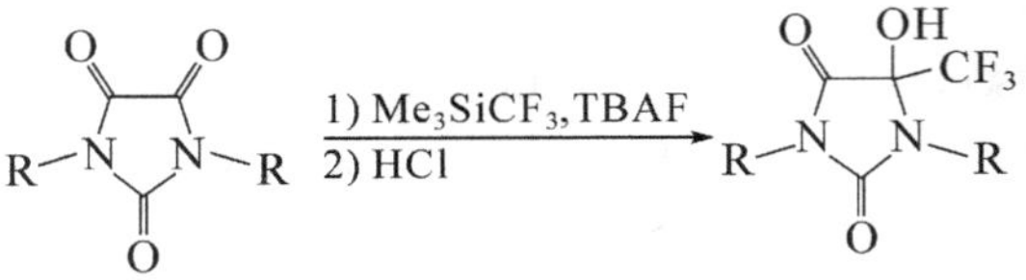

R	产率
CH_3	50%
cyclohexyl	58%
C_6H_5	25%

Me_3SiCF_3 和亚胺之间在常规的条件下没有反应发生,这是因为 N—Si 键比 O—Si 键键强度弱,不足以提供使反应发生的驱动力。这是可以理解的,因为 F^- 能引发 Ruppert 试剂的三氟甲基化反应的一个主要驱动力是氧硅之间强的亲和力。然而,含有碳氮双键的氮杂环丙烷由于三元环强的张力而使亚胺亲电性增强。Laurent 小组用 F^-(TBAF、TEAF)作引发剂成功实现了 Me_3SiCF_3 对环丙亚胺的三氟甲基化(见表 9 - 13)[60]。通过这一反应,一些生化上重要的含三氟甲基的(*E*)-氮杂环丙烷化合物得以合成。

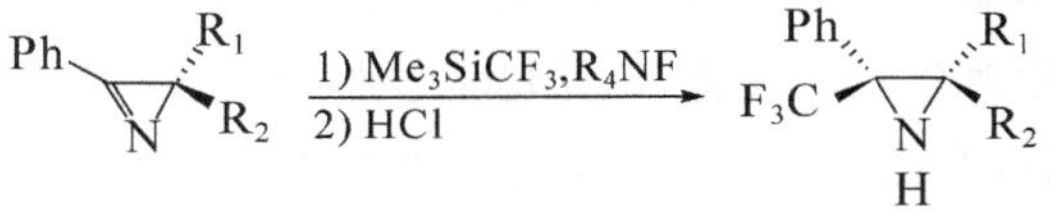

表 9 - 13　Me_3SiCF_3 对环丙亚胺丙三氟甲基化反应

编号	R_4NF	R_1	R_2	产率/%
1	Et_4NF	Me	H	51
2	Bu_4NF	Me	Me	41
3	Et_4NF	Ph	H	86
4	Bu_4NF	CO_2Me	H	67

Blazejewski 小组同样报道了 Me_3SiCF_3 对亚胺的三氟甲基化反应[61]。反应成功的关键在于用亲电试剂 *N*-三甲硅基咪唑捕获反应过程中易分解的中间体。在 CsF 和 TMS-咪唑存在下,一系列亚胺和 Me_3SiCF_3 反应能以中等产率得到三氟甲基胺化合物,同时也观察到少量双三氟甲基胺的生成。三氟甲基胺化合物的产率与亚胺底物的碱性有大的关系,亚胺碱性越强,产率越低。Blazejewski 认为副产物双(三氟甲基)胺是 Me_3SiCF_3 对三氟甲基亚胺三氟甲基化反应的结果,而反应体系是如何将三氟甲基胺氧化为三氟甲基亚胺的机理目前还不清楚[61]。

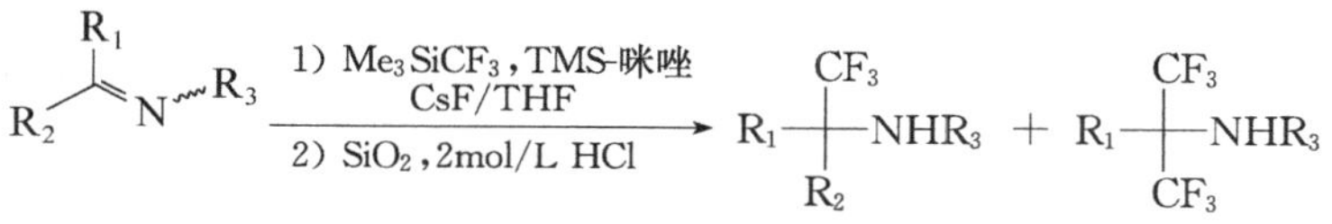

a～j　　　　a～j　　　　a,c～f

a: $R_1 = Ph, R_2 = H, R_3 = Ph$;

b: R_1 = 2-naphthyl, $R_2 = H, R_3 = Ph$;

c: R_1 = 2-furyl, $R_2 = H, R_3 = Ph$;

d: R_1 = 3-$MeOC_6H_4$, $R_2 = H, R_3 = Ph$;

e: $R_1 = PhCH{=}CH, R_2 = H, R_3 = Ph$;

f: $R_1 = Ph, R_2 = H, R_3$ = 3-$CF_3C_6H_4$;

g: $R_1 = Ph, R_2 = CF_3, R_3 = Ph$;

h: $R_1 = Ph, R_2 = Me, R_3 = Ph$;

i: $R_1 = R_2 = -(CH_2)_5-, R_3 = Ph$;

j: $R_1 = Ph, R_2 = H, R_3 = PhCH_2$

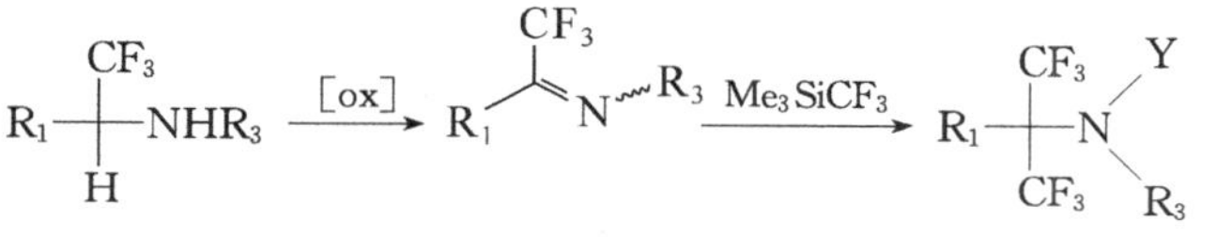

a,c～f　　　　Y = H 或 $SiMe_3$

5) Ruppert 试剂与烷基、烯丙基、芳基和烯基卤的反应

以 DMF 作溶剂,在 80℃用氟化钾和碘化亚酮处理 Me_3SiCF_3 能现场制备 CF_3Cu。Fuchikami 小组研究表明现场制备产生的 CF_3Cu 能与许多烯基和芳基碘或氯化物发生偶联反应(见表 9-14)。CF_3Cu 与芳基底物反应时,除了偶联产物外,还有一定量的全氟乙基化合物生成[62]。他们认为副产物是由于 CF_3Cu 发生消除反应产生的二氟卡宾对芳环进行插入反应的结果。除 CuI 以外,CuCN、CuBr、CuCl 都可用于这一反应,但是 Zn(Ⅱ)、Ni 及 Pd 化合物却不能用于这一反应。烯基卤、苄氯和烯丙基氯都可作为偶联反应底物参与反应,值得指出的是烯基卤双键的立体构型在反应中得以保持。

表 9-14　CF_3Cu 与烯基和芳基卤化物的偶联反应

编号	卤化物	产物	产率/%
1	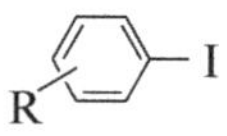	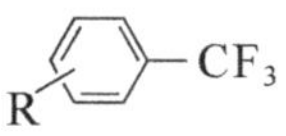	R = 4-NO_2　85 2-Me　86 3-Me　78 4-Me　82 4-OCH_3　48 4-Cl　33 4-CO_2Et　94 4-$COCH_3$　45
2	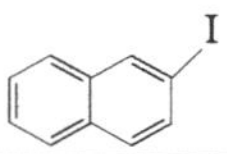	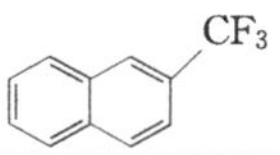	94

续表

编号	卤化物	产物	产率/%
3	(*E*)-PhCH ═CHBr	(*E*)-PhCH ═CHCF$_3$	51
4	(*Z*)-^{n}C$_8$H$_{17}$CH ═CHI	(*Z*)-^{n}C$_8$H$_{17}$CH ═CHCF$_3$	90
5	BnBr	BnCF$_3$	73
6	(*E*)-PhCH ═CHCH$_2$Br	(*E*)-PhCH ═CHCH$_2$CF$_3$	23

Shreeve 等发现 Me_3SiCF_3 能与含有烯基氯的缺电子氮烯反应生成相应的三氟甲基化合物，反应很可能是通过加成-消除机理进行的[63]。

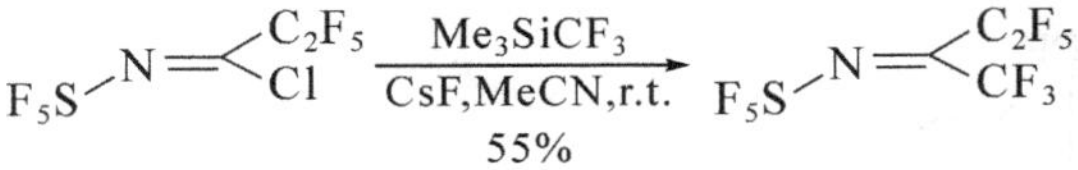

6）Ruppert 试剂和有机磷化合物的反应

最近 Shreeve 小组报道了 Me_3SiCF_3 和六氟环三磷腈的反应。反应以 THF 作溶剂，在 CsF 催化下能以高达 90% 的产率得到六-三氟甲基环三磷腈[64]。Shreeve 小组对产物进行了单晶分析，其合成方法相比以前报道的合成方法具有明显的优势产率（以前报道的合成方法产率为 12%[65]）。

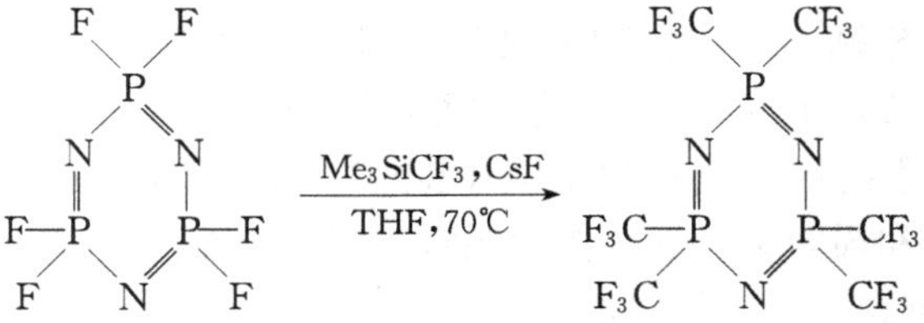

7）Ruppert 试剂和芳基化合物芳环的反应

在一定条件下，Ruppert 试剂现场产生的"CF_3^-"可作用于活化的芳香化合物的芳环，发生加成反应或加成-消除反应，且在一些情况下迈森海默（Meisenheimer）配合物能够被分离。例如，Me_3SiCF_3 和等当量的$(Me_2N)_3SF$ 反应现场产生的"CF_3^-"作用于 1，2，4，5-四（三氟甲基）苯能生成并分离到相应的迈森海默配合物；底物苯环上三氟甲基的存在活化了芳环使其极易接受"CF_3^-"的进攻，且$(Me_2N)_3S^+$ 能稳定所生成的配合物避免了消除反应的发生[66]。

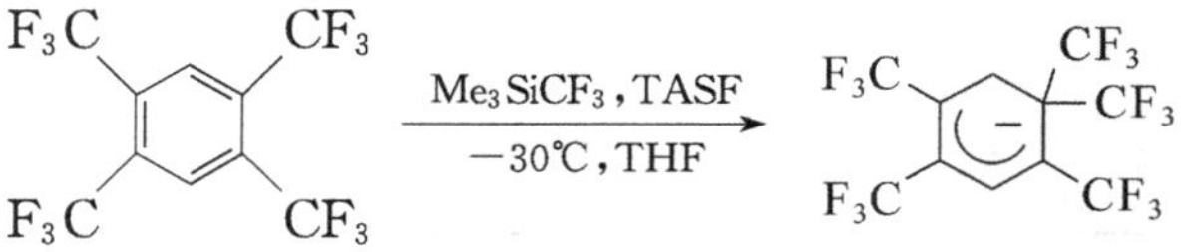

全氟芳基氟化合物的芳环也可接受现场产生的“CF_3^-”的亲核进攻，反应在室温下 2～3h 即可完成，以 40%～70%的产率得到芳环氟原子被三氟甲基取代的产物，同时生成三甲基氟硅烷[67]。

$$\text{Ar—F} \xrightarrow[\text{THF, r.t.}]{Me_3SiCF_3\text{, TASF}} \text{Ar—}CF_3 + Me_3SiF$$

40%～70%

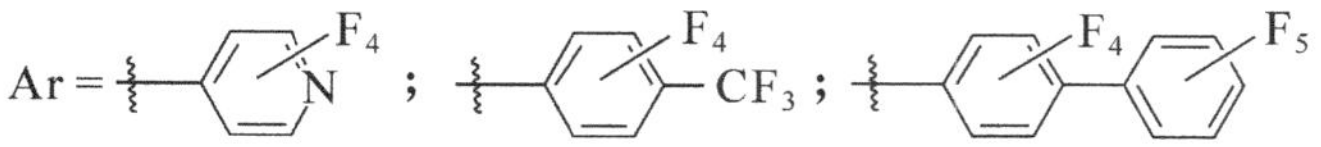

全氟硝基苯同样可接受 Ruppert 试剂的亲核进攻，硝基和氟原子被三氟甲基原位取代生成全氟甲苯和双(三氟甲基)全氟苯，二者比例为 9∶1[35]。值得指出的是，反应中所使用的 TBAF 应绝对无水以减少副产物 CF_3H 的生成。研究还发现，反应如以二硝基苯为底物，则生成三氟甲基混合物。

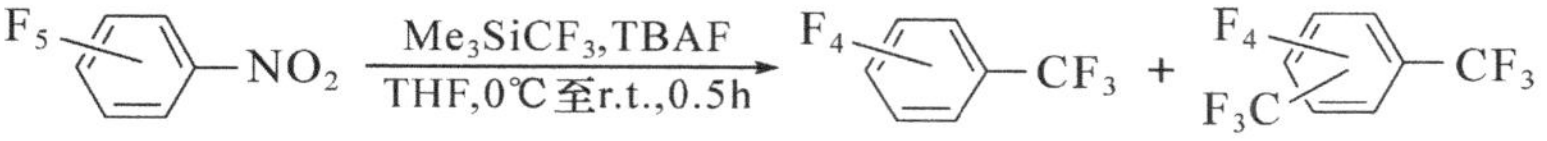

9 : 1

Clark 小组发现 KF 和 Me_3SiCF_3 现场产生的“CF_3^-”可亲核取代一些硝基苯化合物中的硝基或腈基(见表 9－15)[68]。反应以 *N*,*N*-二甲基乙酰胺为溶剂，且升高反应温度和增加 KF 的用量可提高反应产率，但产率普遍较低。Clark 等认为产率低是由于现场产生的“CF_3^-”作为一个强碱致使底物去质子化从而生成了大量的副产物。

表 9－15　CF_3^- 对于硝基苯化合物中硝基或腈基的亲核取代

编号	底物	产物(产率)
1	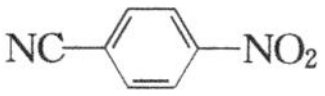	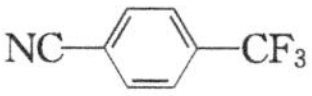 (7%)；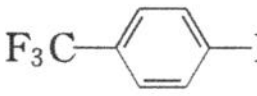 (痕量)
2	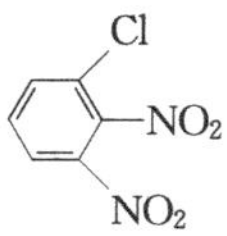	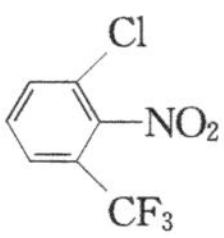 (51%)；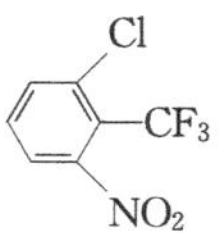 (20%)
3	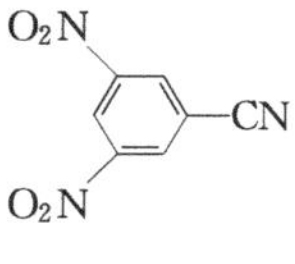	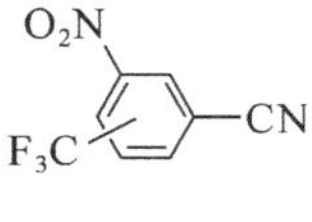 (5%)；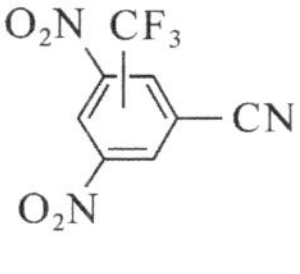 (14%)；
4	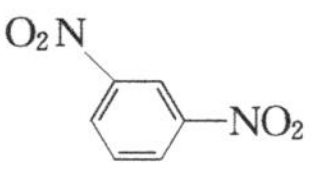	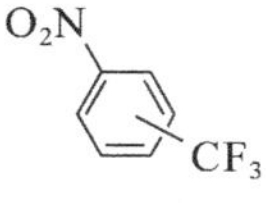 (15%)；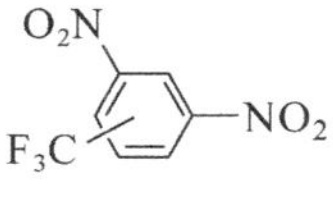 (10%)

续表

编号	底物	产物(产率)
5	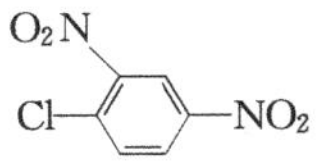	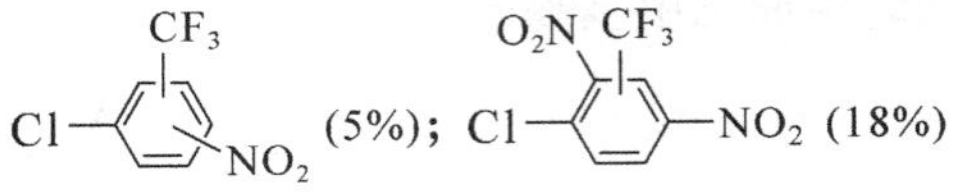
6	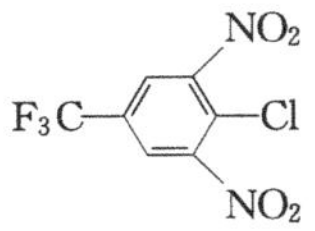	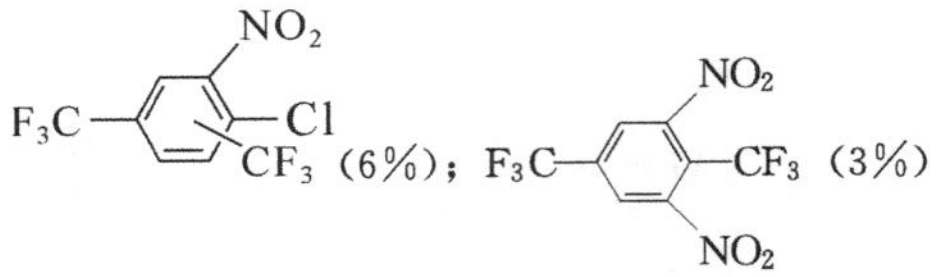
7	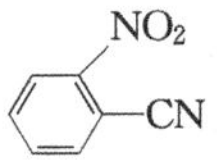	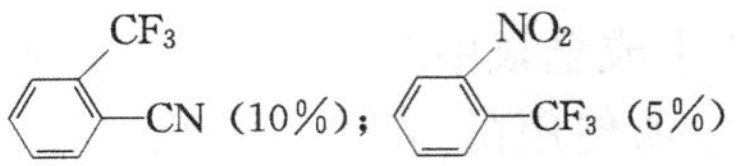
8	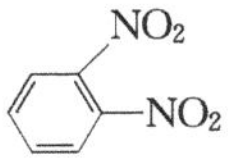	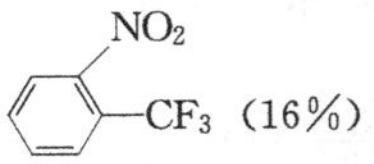

8）Ruppert 试剂合成络合物

近年来，Ruppert 试剂在一些含氟金属和含氟非金属络合物的合成方面的应用同样得以研究。Caulton 小组发现，在 CsF 存在下用 Me_3SiCF_3 处理羰基钌络合物 $RuHF(CO)L_2$（$L=P^tBu_2Me$），可定量地生成 Me_3SiF 和含 $Ru{=}CF_2$ 键的六配位络合物，反应过程经由 $RuH(CF_3)(CO)L_2$ 中间体[69]。

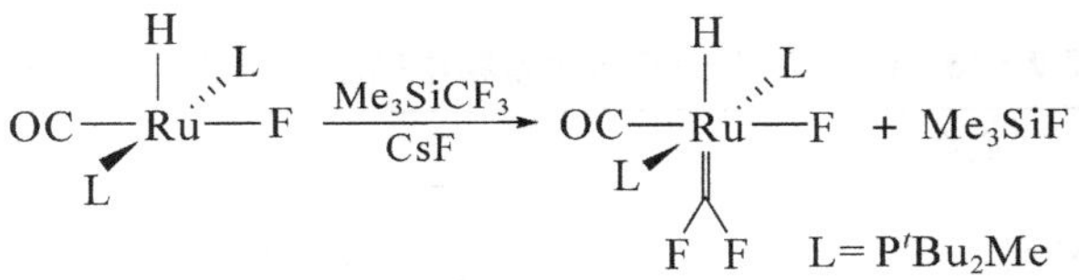

Naumann 等研究发现 Me_4NF 和 Me_3SiCF_3 现场产生的"CF_3^-"可作用于三(三氟甲基)铋生成四(三氟甲基)铋化合物 $[N(CH_3)_4]^+[Bi(CF_3)_4]^-$，反应以 Et_2O、THF 或甘醇二甲醚为溶剂[70]。需指出的是反应温度不能高于－50℃，否则会生成$[N(CH_3)_4]^+[Bi(CF_3)_3F]^-$副产物。

$$Bi(CF_3)_3+[Me_4N]^+F^- \xrightarrow[-70\sim-50℃]{Me_3SiCF_3} [Me_4N]^+[Bi(CF_3)_4]^- + Me_3SiCF_3$$

另外，Me_4NF 和 Me_3SiCF_3 在以 CH_3CN 作溶剂的条件下能生成五配位硅络合物$[Me_3SiF(CH_2CN)]^-[Me_4N]^+$，该络合物可以作为 F^- 或$[CH_2CN]^-$供体和羰基化合物反应[71]。例如，当底物为 2-氯-6-硝基苄腈时，$[Me_3SiF(CH_2CN)]^-$

$[Me_4N]^+$ 提供 F^- 反应生成 2-氯-6-氟苄腈；当底物为二苯甲酮时，络合物提供 $[CH_2CN]^-$ 反应生成 $Ph_2C{=}CHCN$。

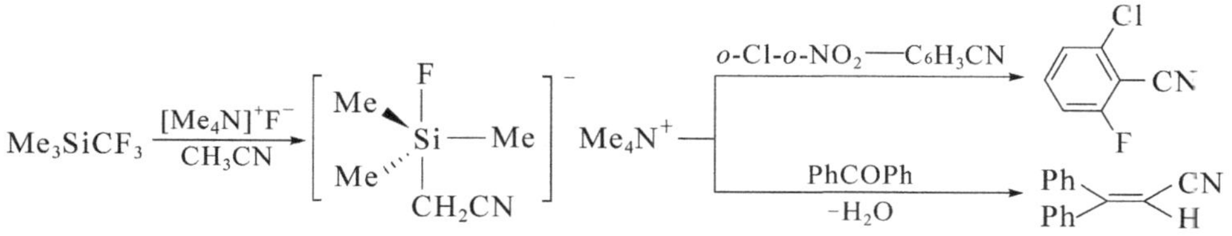

1999 年，Naumann 等研究了 Me_4NF 和 Me_3SiCF_3 在 THF 溶剂中反应的情况，反应在 −90～−60℃温度下进行[72]。他们通过 ^{19}F NMR 和 ^{29}Si NMR 表征了反应中间体 $[Me_3Si(CF_3)_2]^-[Me_4N]^+$ 和 $[Me_3Si(CF_3)F]^-[Me_4N]^+$，并提出 $[Me_3Si(CF_3)_2]^-[Me_4N]^+$ 和 $[Me_3Si(CF_3)F]^-[Me_4N]^+$ 具有三角双锥结构。

$$\underset{(>1eq.)}{Me_3SiCF_3} + [Me_4N]^+F^- \xrightarrow[-90\sim60℃]{THF} [Me_3Si(CF_3)_2]^-[Me_4N]^+ + Me_3SiF$$

$$\underset{(<1eq.)}{Me_3SiCF_3} + [Me_4N]^+F^- \xrightarrow[-90\sim60℃]{THF} [Me_3Si(CF_3)F]^-[Me_4N]^+ + Me_3SiF$$

研究发现在一定条件下，五配位三氟甲基硅络合物具有一定的稳定性。Röschenthaler 等报道 2 当量的 Me_3SiCF_3 和 1 当量的 $[(Me_2N)_3S]^+[Me_3SiF_2]^-$、$Me_4NF$、$[(Me_2N)_3C]^+[F]^-$ 及 $[(Me_2N)_4P]^+[F]^-$ 反应能得到相应的双(三氟甲基)硅络合物，在 −50℃下以单甘醇二甲醚作溶剂或 −78℃下以 THF 为溶剂都可使反应顺利进行[73]。产物 $[Me_3Si(CF_3)_2]^-[(Me_2N)_3S]^+$ 可通过单晶 X 射线分析表征，且其在 0℃下较稳定，在 0～5℃发生分解。Röschenthaler 等认为 $[Me_3SiF(CF_3)]^-Q^+$ 是反应中间体。

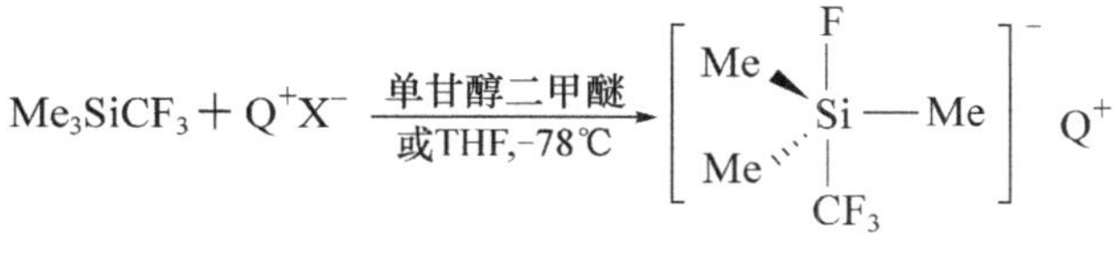

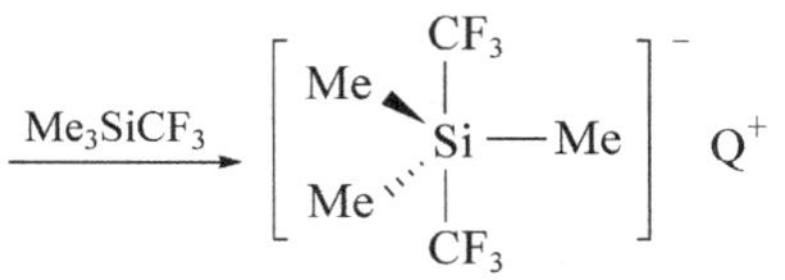

$Q^+=(Me_2N)_3S^+$，$X^-=Me_3SiF_2^-$；　$Q^+=(Me_2N)_3C^+$，$X^-=F^-$；

$Q^+=Me_4N^+$，$X^-=F^-$；　$Q^+=(Me_2N)_4P^+$，$X^-=F^-$

Röschenthaler 小组还发现二(二甲氨基)二氟甲烷 $(Me_2N)_2CF_2$ 和二甲氨基

三甲基硅烷反应能高产率地生成胍盐$(Me_2N)_3C^+F^-$。有趣的是，在-80℃下以单甘醇二甲醚为溶剂，$(Me_2N)_3C^+F^-$和Me_3SiCF_3反应能生成单一产物$[Me_3Si(CF_3)_2]^-[(Me_2N)_3C]^+$。化合物$[Me_3Si(CF_3)_2]^-[(Me_2N)_3C]^+$于$-60$℃下在单甘醇二甲醚中能稳定存在，高于$-50$℃时发生分解生成$(Me_2N)_3CCF_3$[74]。

$$(Me_2N)_2CF_2 + Me_2NSiMe_3 \xrightarrow[2.5h]{CH_3CN} (Me_2N)_3C^+F^-$$

$$(Me_2N)_3C^+F^- \xrightarrow{\text{单甘醇二甲醚},\ Me_3SiCF_3} [Me_3Si(CF_3)_2]^-[(Me_2N)_3C]^+$$

$$[Me_3Si(CF_3)_2]^-[(Me_2N)_3C]^+ \xrightarrow[\text{高于}-50℃]{\text{单甘醇二甲醚}} (Me_2N)_3CCF_3$$

2. 二氟有机硅化合物及全氟有机硅化合物的一些反应

相对于Me_3SiCF_3的反应研究，对二氟有机硅和全氟有机硅化合物的反应研究受到的关注较少，但近年来也有不少关于二氟有机硅和全氟有机硅化合物的反应的报道。它们的反应和Me_3SiCF_3的反应有许多相同之处，很多Me_3SiCF_3可进行的反应二氟有机硅及全氟有机硅化合物都可进行。

1）二氟有机硅化合物的一些反应

Me_3SiCF_2Cl可与芳香醛和脂肪醛反应生成相应的一氯二氟甲基化合物（见表9-16）[17]。Prakash等研究发现，在TBAF作引发剂时，Me_3SiCF_2Cl的反应活性较Me_3SiCF_3低，这是由于Si—CF_3与Si—CF_2Cl之间的键极性有大的差别。然而，使用易发生配位的试剂作为反应溶剂可提高Me_3SiCF_2Cl的反应活性，因为易发生配位的试剂可活化Me_3SiCF_2Cl并能稳定催化循环中产生的阴离子中间体。THF/NMP(1∶1)和DME(1,2-二甲氧乙烷)都可作为反应适宜的溶剂，特别是用DME作溶剂时，由于其低的沸点而使反应在后处理时非常方便。引发剂方面，TBAF比KF和CsF好，但由于TBAF极易潮解，使用前必须干燥以阻止反应过程中生成CF_2ClH。Me_3SiCF_2Cl和酮在F^-催化下也可反应，但反应活性不如醛好。

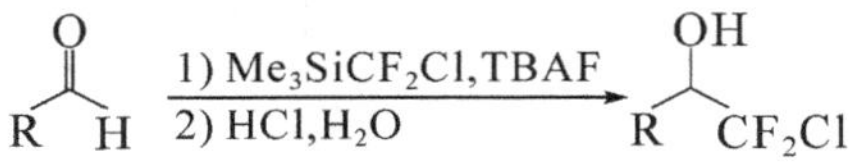

表9-16 Me_3SiCF_2Cl与醛的反应

编号	醛	溶剂	引发剂	产物	产率/%
1	PhC(O)H	DME	TBAF	$PhC(OH)CF_2Cl$	75
2	$PhCH_2CH_2C(O)H$	NMP	CsF	$PhCH_2CH_2C(OH)CF_2Cl$	45
3	$PhCH_2CH_2C(O)H$	DME	TBAF	$PhCH_2C(OH)CF_2Cl$	80

续表

编号	醛	溶剂	引发剂	产物	产率/%
4	$n\text{-}C_6H_{13}C(O)H$	DME	TBAF	$n\text{-}C_6H_{13}C(OH)CF_2Cl$	64
5	PhC(O)Ph	THF/NMP(1∶1)	TBAF	$Ph_2C(OH)CF_2Cl$	32
6	PhC(O)H	THF	TBAF	$PhC(OH)CF_2Cl$	35
7	PhC(O)H	THF/NMP(1∶1)	TBAF	$PhC(OH)CF_2Cl$	68
8	$PhCH_2CH_2C(O)H$	DME	KF	$PhCH_2CH_2C(OH)CF_2Cl$	30
9	$PhCH_2C(O)H$	DME	TBAF	$PhCH_2CH_2C(OH)CF_2Cl$	85

Geffken 小组也报道 Me_3SiCF_2Cl 和 Me_3SiCF_2Br 能与活泼的羰基化合物反应生成相应的一卤二氟甲基化合物[10a,47b,59]。以草酸二叔丁酯为底物,可成功实现一氯二氟丙酮酸水合物的合成;5-(一卤二氟甲基)-5-羟基咪唑啉-2,4-二酮化合物同样可由相应的咪唑啉三酮与 Me_3SiCF_2Cl 或 Me_3SiCF_2Br 反应制备。

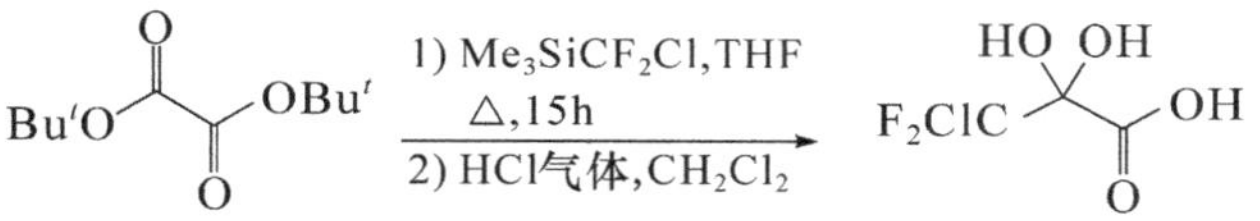

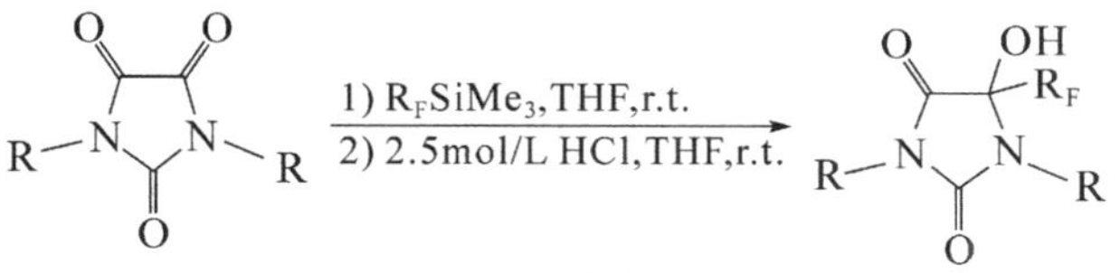

$R = CH_3$, cyclohexyl, C_6H_6

$R_F = CF_2Cl, CF_2Br$

Yudin 研究了 Me_3SiCF_2X 和 Ph_3P 的反应,并以中等到良好的产率得到了相应的膦盐[15c]。有机磷首先亲核进攻 Me_3SiCF_2X 中的卤原子,所得中间体接着发生质解去硅化从而得到产物。膦盐产物可视为亲核 CF_2H 官能团的供体,在适当的碱作用下能产生磷叶立德。

$$R_3P + Me_3SiCF_2X \xrightarrow{MeCN,\ H_2O} R_3P^+{-}CF_2H\ X^-$$

$R = Ph, X = Br$　35%;

$R = NMe_2, X = Cl$　80%;

$R = Ph, X = Cl$　43%

双(三甲基硅)二氟甲烷——($Me_3SiCF_2SiMe_3$)在反应过程中可作为“CF_2H^-”等当体,它可用于对醛的直接二氟甲基化生成相应的二氟甲基醇化合物[17]。羰基化合物同样能反应,只是反应速率较慢。和 Me_3SiCF_2Cl 一样,反应通常使用 TBAF 作引发剂,以 THF/NMP 和 DME 为溶剂,且反应过程中会产生

CF_2H_2 和 $TMSCF_2H$ 副产物。从反应机理看，反应首先产生硅中间体 **A** 并开始催化循环，中间体 **A** 还可发生三甲硅基迁移生成中间体 **C**，**A** 和 **C** 的质解即得二氟甲基产物 **B**。考虑到全氟烷基负离子强的碱性，反应也可认为首先生成了 Me_3SiCF_2H，然后 Me_3SiCF_2H 对醛加成得到了产物。相比较于三氟甲基化反应，该反应需较多的催化剂 TBAF 才能使底物有效转化，因为三甲硅基迁移生成的中间体 *C* 由于缺少亲核氧负离子不能参与催化循环。

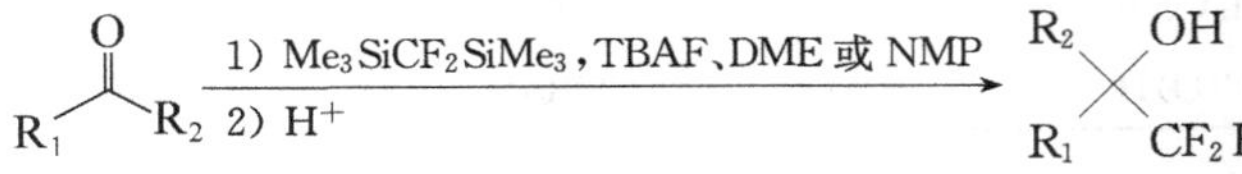

$R_1 = Ph, R_2 = H$　75%；　$R_1 = n\text{-}C_6H_{13}, R_2 = H$　55%；
$R_1 = PhCH_2CH_2, R_2 = H$　66%；　$R_1 = Ph, R_2 = Ph$　40%
$R_1 = PhCH_2, R_2 = H$　78%；

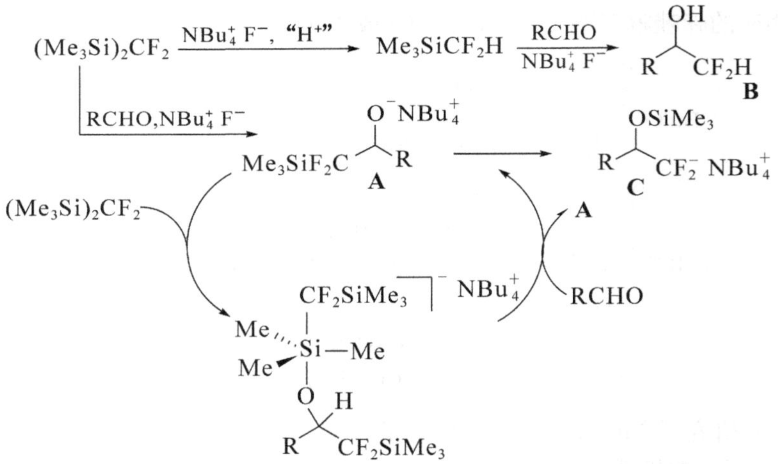

三甲基二氟甲基硅烷 Me_3SiCF_2H(b. p. 50℃)也可被看作"CF_2H^-"的等当体，然而它不稳定，极易潮解，且与 $Me_3SiCF_2SiMe_3$(b. p. 130℃)相比具有更强的挥发性，所以它的利用受到了限制[17]。Fuchikami 小组报道了"CF_2H^-"的另一等当体二甲基苯基二氟甲基硅烷——$PhMe_2SiCF_2H$[75]。以 KF 作引发剂，DMF 作溶剂并在加热条件下(100℃)，$PhMe_2SiCF_2H$ 可与醛酮反应以中等产率得到二氟甲基化合物。$PhMe_2SiCF_2H$ 反应活性不高可能是由于分子中含有苯基取代。$PhMe_2SiCF_2H$ 也可与易烯醇化的羰基化合物反应生成烯醇硅醚[32b]。

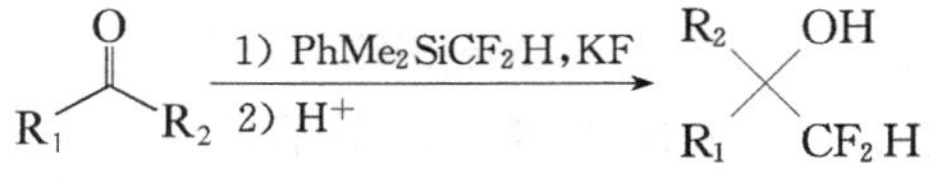

$R_1 = Ph, R_2 = H$　82%；　$R_1 = (E)\text{-}PhCH{=}CHCHO, R_2 = H$　55%；
$R_1 = p\text{-}MeOPh, R_2 = H$　74%；　$R_1 = n\text{-}C_6H_{13}, R_2 = H$　56%；

$R_1 = p$-ClPh, $R_2 = H$　80%；　$R_1 = c$-C_6H_{11}, $R_2 = H$　43%；
$R_1 =$ 2-naphthyl, $R_2 = H$　77%；　$R_1 = Et$, $R_2 = Et$　25%；
$R_1 = m,p$-$(MeO)_2Ph$, $R_2 = H$　70%；　$R_1 = Ph$, $R_2 = Me$　20%；
$R_1 = PhCH(CH_3)CHO$, $R_2 = H$　52%；　$R_1 = Ph$, $R_2 = CF_3$　35%

同样，$PhMe_2SiCF_2R_1$（R_1＝烷基）在类似条件下也可和醛反应生成相应的二氟亚甲基化合物[75]。$PhMe_2SiCF_2R_1$ 反应活性差别很大，$PhMe_2SiCF_2Et$ 和 $PhMe_2SiCF_2Pr^i$ 的反应活性明显高于 $PhMe_2SiCF_2C_6H_{11}$-c。

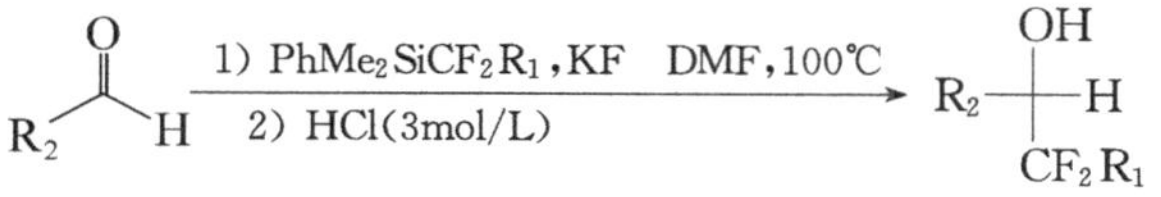

$R_1 = Et$, $R_2 = Ph$　70%；　$R_1 = Et$, $R_2 = (CH_2)_5CH_3$　38%；
$R_1 = {}^iPr$, $R_2 = Ph$　71%；　$R_1 = {}^iPr$, $R_2 = (CH_2)_5CH_3$　37%；
$R_1 =$ cyclohexyl, $R_2 = Ph$　痕量；　$R_1 =$ cyclohexyl, $R_2 = (CH_2)_5CH_3$　痕量

Hiyama 小组在 TASF 催化下，将 $PhMe_2SiCF_2CH{=}CH_2$ 与羰基化合物反应以中等到良好的产率得到了高烯丙醇化合物。有趣的是同分异构体 $PhMe_2SiCH_2CH{=}CF_2$ 在相同的反应条件下也可生成相同的产物[76,77]。

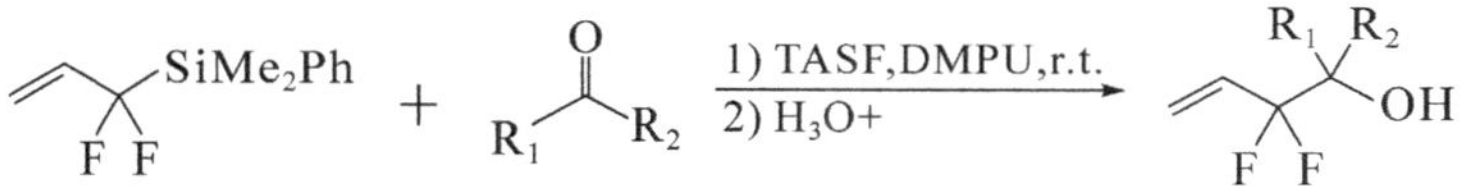

$R_1 = Ph$, $R_2 = H$　93%；　$R_1 = n$-$C_{10}H_{21}$, $R_2 = H$　44%；
$R_1 = 4$-Cl—C_6H_4, $R_2 = H$　100%；　$R_1 = t$-Bu, $R_2 = H$　53%；
$R_1 = PhCH$—CH, $R_2 = H$　52%；　$R_1 = Ph$, $R_2 = Ph$　34%

Kondo 小组发现三甲硅二氟甲基膦酸二乙酯——$Me_3SiCF_2P(O)(OEt)_2$ 在中性条件下可产生(二乙氧膦基)二氟甲基碳负离子[78]。化合物 $Me_3SiCF_2P(O)(OEt)_2$ 在 CsF 催化下和醛酮反应合成了相应的乙氧膦基二氟甲基化合物，产率中等到良好。

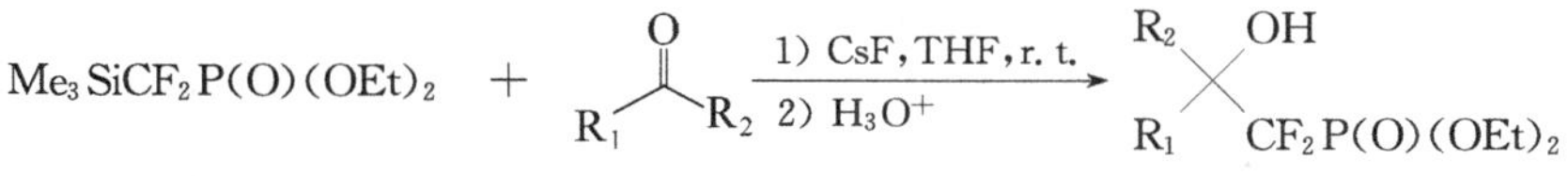

$R_1 = Ph$, $R_2 = H$　58%；　$R_1 = 4$-$NO_2C_6H_4$, $R_2 = CH_3$　38%；
$R_1 = 4$-$BuOC_6H_4$, $R_2 = H$　66%；　$R_1 =$ 4-pyridyl, $R_2 = H$　57%；
$R_1 = 4$-$MeOC_6H_4$, $R_2 = H$　67%；　$R_1 =$ 2-thiophene, $R_2 = H$　84%
$R_1 = 4$-$NO_2C_6H_4$, $R_2 = H$　87%；

几个小组报道了 2,2-二氟-2-三甲基硅基乙酸酯——$Me_3SiCF_2CO_2R$ 的合成[15c,79,80,81]。$Me_3SiCF_2CO_2R$ 和亲电试剂醛、酮、酰卤、亚胺、苄溴等的反应同样

得以研究[80,81]。Biran 等发现 $Me_3SiCF_2CO_2Et$ 和亲电试剂反应时，KF/DMF 反应体系好于 TBAF/THF 反应体系，因为 TBAF 中的水会使现场产生的“$EtO_2CCF_2^-$”快速水解[80]。Uneyama 小组则报道 $Me_3SiCF_2CO_2C_6H_{13}$ 和亲电试剂反应除可使用 TBAF 催化外，还可使用 KF/CuI 催化体系[81]。

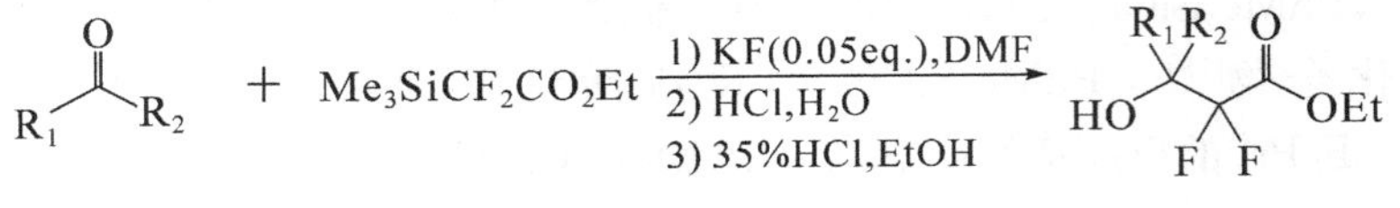

R_1 = aryl, alkyl; R_2 = H, alkyl, F, Cl, alkoxyl　　38%~85%

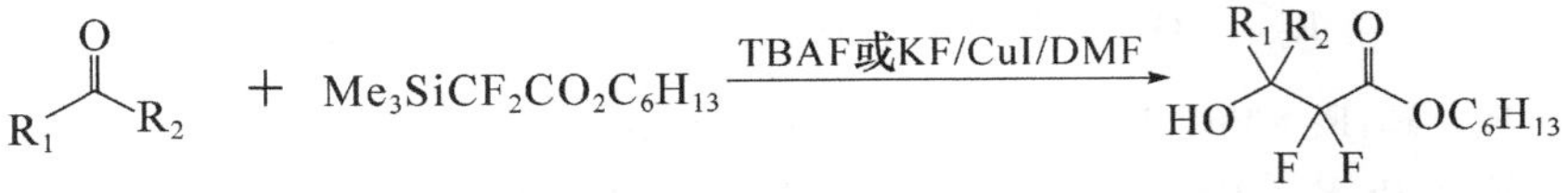

R_1 = aryl, alkyl, alkoxyl; R_2 = H, Cl　　45%~85%

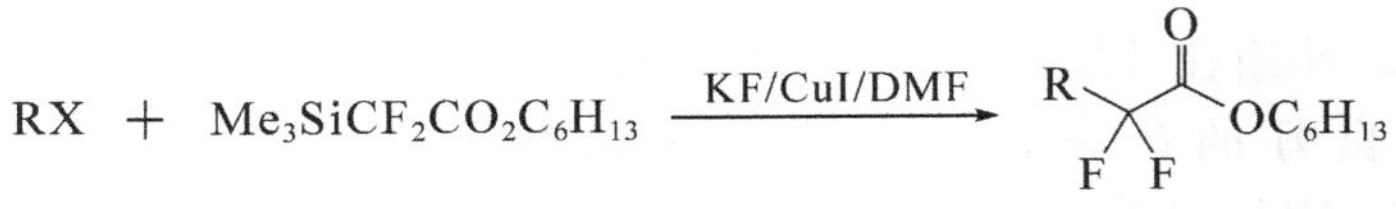

R = allyl, Bn; X = Br, Cl　　79%~85%

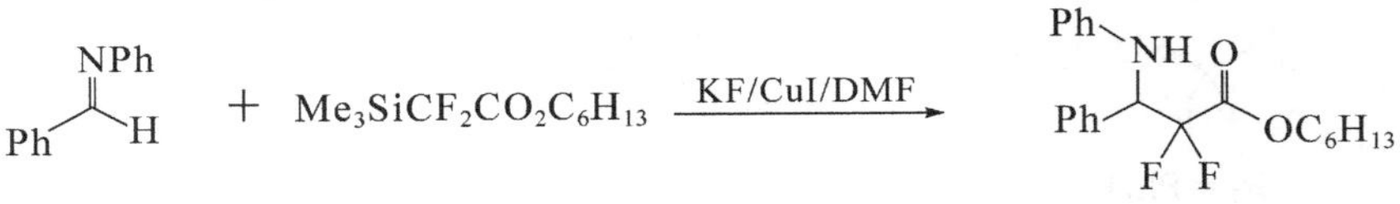

83%

2）全氟有机硅化合物的一些反应

全氟有机硅化合物在反应机理上和 Me_3SiCF_3 反应机理相类似。例如，全氟乙基三甲基硅烷和全氟丙基三甲基硅烷和醛、酮、酯及内酰胺反应能以中等到良好的产率生成全氟烷基醇化合物（见表 9 - 17）[32b,47b,59,82]；反应过程中并没有观察到烯醇硅醚副产物的生成。TBAF 是常用的引发剂，但是它在反应过程中有时会使新生成的加成产物去硅化从而导致不必要的副反应发生。Nelson 小组报道利用 *t*-BuOK 和无水 KF 的混合物作为引发剂可避免这种现象并能给出好的反应结果，用 HCl 水溶液处理所生成的硅醚化合物即可得到所需的全氟烷基醇[82]。

表 9 - 17　全氟有机硅化合物与羰基化合物的反应

编号	羰基化合物	产物	产率/%
1	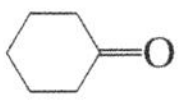	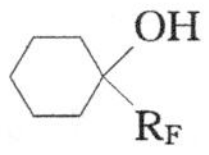	$R_F = C_2F_5$ (82) C_3F_7 (81)

续表

编号	羰基化合物	产物	产率/%
2	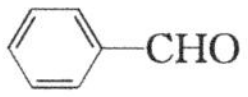	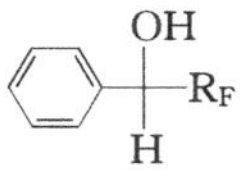	$R_F = C_2F_5$(81) C_3F_7(78)
3	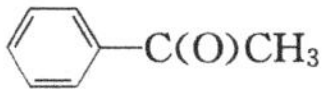	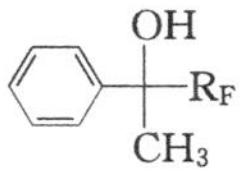	$R_F = C_2F_5$(86) C_3F_7(66)
4		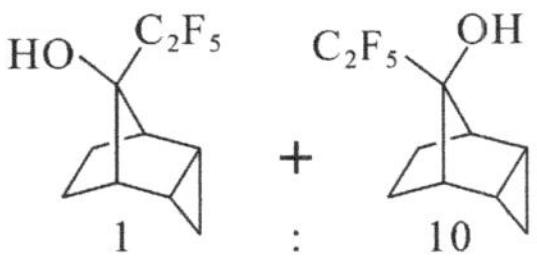 1 : 10	95
5		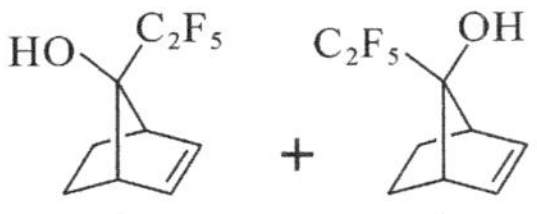 1 : 4	96
6	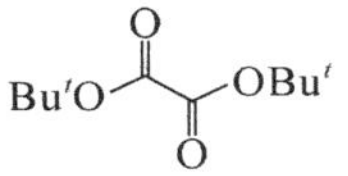	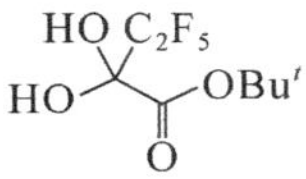	89
7	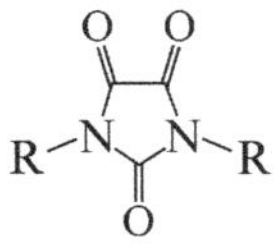	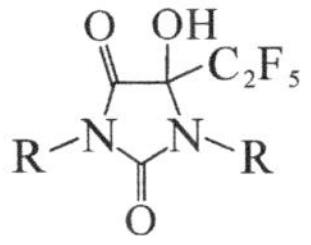	$R_F = CH_3$(48) C_6H_5(66) C_6H_{11}(31)

长链全氟烷基叔丁醇也可通过类似的方法进行合成。Chen 小组发现全氟烷基三甲基硅烷和全氟氧烷基三甲基硅烷非常容易与氟烷基酮反应生成相应的化合物[10e]。反应需化学计量的金属氟盐，且实验条件对反应产率有大的影响。Chen 小组优化后的反应条件是 CsF 和底物的摩尔比≥1∶1，以乙醚作溶剂，在 0℃ 进行。同时由于立体位阻和溶解性的因素，仲烷基三甲基硅烷比伯烷基三甲基硅烷需更长的反应时间。有趣的是，反应体系中加入全氟-2-丁基四氢呋喃可大大提高反应产率，这是由于全氟-2-丁基四氢呋喃的加入增加了底物和产物在反应体系中的溶解性。

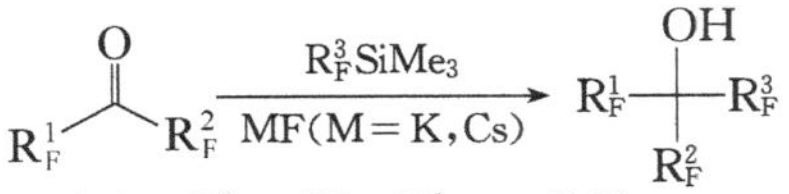

$R_F^1 = n\text{-}C_8F_{17}$，$R_F^2 = CF_3$，$R_F^3 = n\text{-}C_6F_{13}$；

$R_F^1 = (CF_3)_3CFO(CF_2)_4$，$R_F^2 = CF_3$，$R_F^3 = n\text{-}C_6F_{13}$；

$R_F^1 = C_3F_7O(CF(CF_3)CF_2O)_2CF(CF_3)$，$R_F^2 = CF_3$，$R_F^3 = n\text{-}C_6F_{13}$；

$R_F^1 = n\text{-}C_8F_{17}$，$R_F^2 = CF_3O(CF_2CF(CF_3)O)_2(CF_2)_2$，$R_F^3 = (CF_3)_2CFO(CF_2)_2$；

$R_F^1 = (CF_3)_2CFO(CF_2)_4$，$R_F^2 = (CF_3)_2CFO(CF_2)_4$，$R_F^3 = C_3F_7OCF(CF_3)CF_2OCF(CF_3)$

除 F^- 外，全氟烷基三甲基硅烷的反应也可被 RCO_2^- 和 R_FO^- 催化。R_FSiMe_3 非常容易和酰氟反应生成相应的酮，这是非常有用的反应，因为目前还没有其他合成类似酮的方法[10e,18]。所生成的氟酮在反应体系中不会和 R_FSiMe_3 进一步反应生成全氟叔醇化合物，研究还发现全氟酰氟比非氟烷基酰氟反应活性高。反应的副反应是催化消除 F^- 生成全氟烯烃，然而通过慢慢加入硅烷试剂可减少副反应的发生。Farnham 等还利用 $Me_3Si(CF_2)nSiMe_3$ 合成了全氟烷基二酮化合物，$Me_3Si(CF_2)nSiMe_3$ 可通过 Barbier 反应方便地制备[18]。

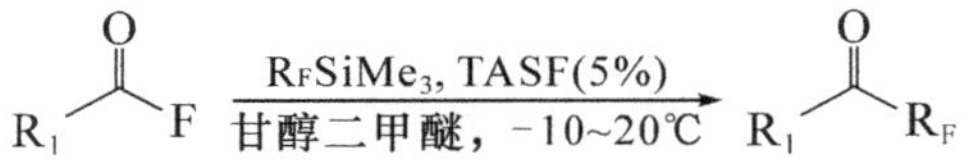

$R_1 = CF_3(CF_2)_2$，$R_F = C_8F_{17}$　88%；

$R_1 = Ph$，$R_F = C_8F_{17}$　60%；

$R_1 = C_3F_7OCF(CF_3)$，$R_F = C_8F_{17}$　85%；

$R_1 = C_3F_7OC(CF_3)FCF_2OCF(CF_3)$，$R_F = (CF_3)_2CF(CF_2)_4$　83%

另外，Fuchikami 等报道在存在 KF 和 CuI 的条件下，将全氟烷基三甲基硅烷在 DMF 中加热到 60℃可现场生成"CuR_F"，"CuR_F"可直接和卤代芳香化合物发生交叉偶联反应以 41%～90%的产率合成全氟烷基芳香化合物(见表 9－18)[62]。

$$R{-}X + R_FSiMe_3 \xrightarrow{KF/CuI,\ DMF,\ 60℃} R{-}R_F$$

$R_F = CF_2CF_3, CF_2CF_2CF_3$　　41%～92%

全氟辛基三甲基硅烷以及 1,8-双(三甲硅基)全氟辛烷可与全氟烯基氟化合物反应生成相应的加成产物，反应牵涉加成-消除机理[18]。利用此方法，选择合适的底物可合成全氟聚合物。

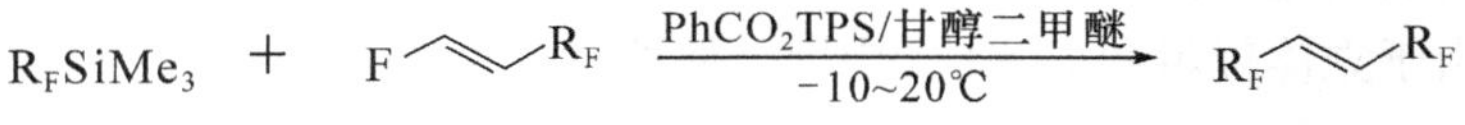

表 9－18　全氟烯基氟的加成反应

编号	R_FSiMe_3	全氟烯基氟	产物(产率)
1	$C_8F_{17}SiMe_3$	$CF_3CF{=}CF_2$	$CF_3CF{=}CFC_8F_{17}$(58%)
2	$C_8F_{17}SiMe_3$	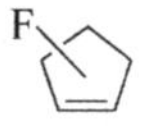	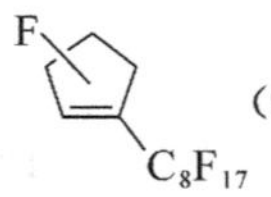 (90%)

续表

编号	R_FSiMe_3	全氟烯基氟	产物(产率)
3	$Me_3Si(CF_2)_8SiMe_3$	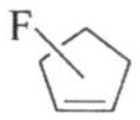	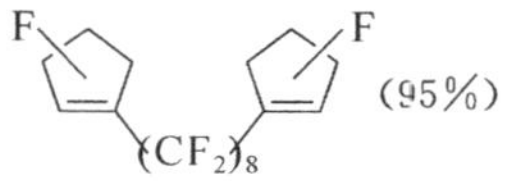
4	$Me_3Si(CF_2)_8SiMe_3$	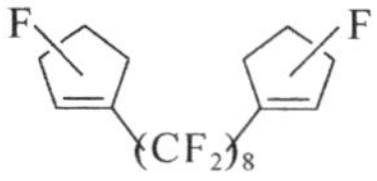	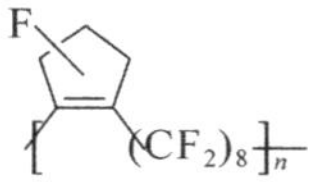

虽然 $Me_3SiCF_2CF_2SiMe_3$ 极易发生 β-氟离子消除反应，在一定条件下 $Me_3SiCF_2CF_2SiMe_3$ 也可作为“$^-CF_2CF_2^-$”等当体。例如，以 DME 为溶剂、−48℃条件下，TBAF 可催化 $Me_3SiCF_2CF_2SiMe_3$ 与苯甲醛之间的反应，得到双羟基和单羟基化合物[17]。Fuchikami 等同样研究了 $PhMe_2SiCF_2CF_2SiMe_2Ph$ 与羰基化合物的反应，需指出的是由于 $PhMe_2SiCF_2CF_2SiMe_2Ph$ 的反应活性较低，反应需加热且在高极性溶剂中进行[83]。

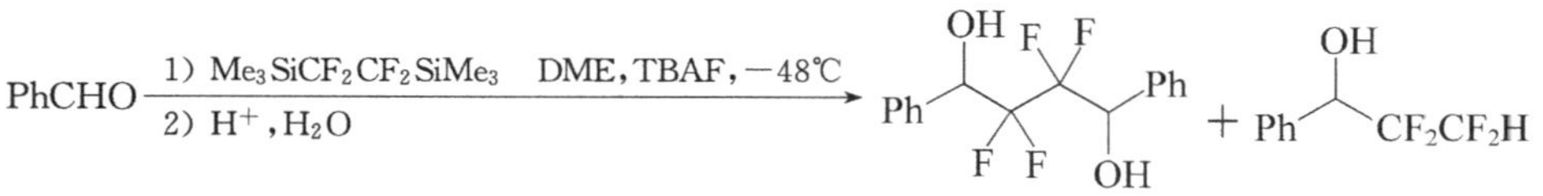

Yudin 等还发现 $Me_3SiCF_2CF_2SiMe_3$ 和醛酮的反应如在室温下进行，则生成全氟乙烯基醇产物[17]。他们认为反应的一种机理为 $Me_3SiCF_2CF_2SiMe_3$ 首先在 TBAF 作用下发生消除反应生成了 $Me_3SiC(F){=}CF_2$ 中间体，$Me_3SiC(F){=}CF_2$ 中间体进一步和醛酮反应生成全氟乙烯基醇产物；另外一种机理为反应首先生成 $R_1R_2C(OH)CF_2CF_2SiMe_3$ 中间体，$R_1R_2C(OH)CF_2CF_2SiMe_3$ 中间体再发生 β-消除反应生成产物。因此，$Me_3SiCF_2CF_2SiMe_3$ 也可看作“$CF_2{=}CF^-$”等当体。

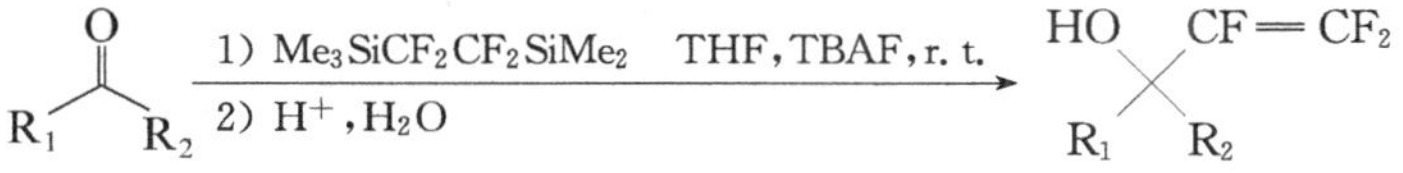

$R_1 = Ph, R_2 = H$　75%；

$R_1 = Ph, R_2 = CH_3$　75%；

$R_1 = C_6H_{13}, R_2 = H$　64%

有机分子中全氟乙烯基团的存在是非常有用的，因为它可以进行许多转变，例如，它可作为聚合反应的单体片断，进行加成-消除反应，也可提高底物和亲核试剂的反应活性。在合成全氟乙烯基化合物的方法中，全氟乙烯基三烷基硅试剂由于反应条件温和而具有明显的优势。Hiyama 小组发现在 TASF 催化下，$Et_3SiCF=CF_2$ 能产生“$CF_2=CF^-$”，并与醛反应生成全氟烯基醇化合物[77]。Petrov 等则发现 $Me_3SiCF=CF_2$ 在室温下能与全氟烯基氟通过加成-消除反应生成加成产物[84]。

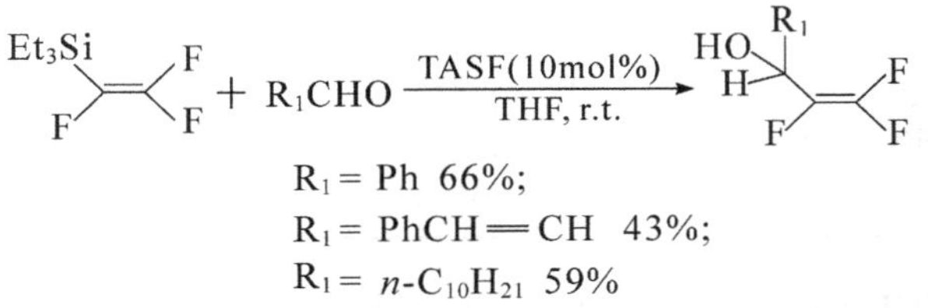

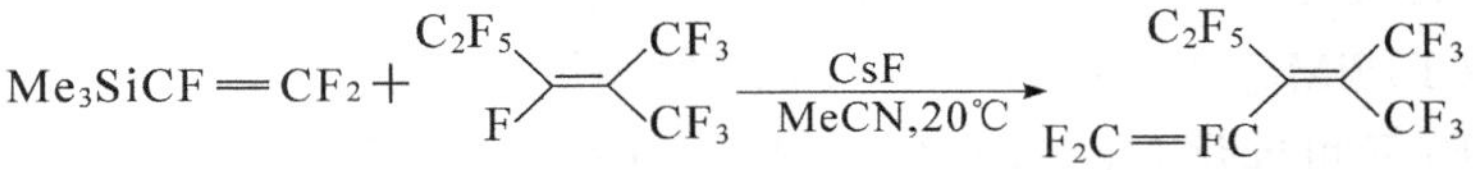

$Et_3SiCF=CF_2$ 也可发生聚合反应[19b]。在 CsF 存在下，对 $Et_3SiCF=CF_2$ 在 180℃加热 10 天底物就会发生聚合。反应可能是首先 $Et_3SiCF=CF_2$ 消除 Et_3SiF 生成中间体二氟乙炔，二氟乙炔然后再和 $Et_3SiCF=CF_2$ 发生反应得到聚合物。反应也可能是首先形成三乙基硅全氟乙烯聚合物中间体，然后再发生消除 Et_3SiF 的反应得到最终聚合物。

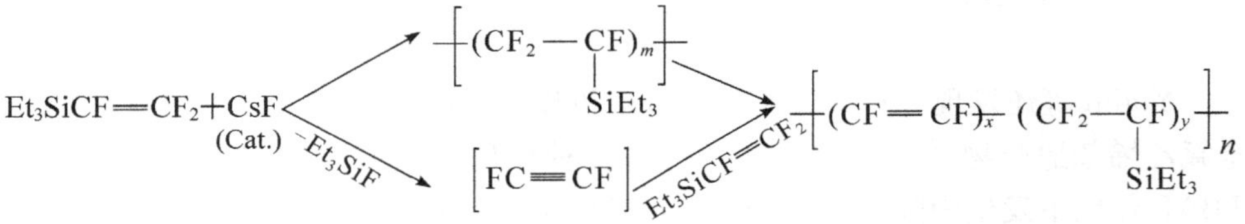

全氟苯基基团由于其强吸电子性和高的电子堆积而在分子识别和新型催化剂设计中得到了广泛的应用。全氟苯基三甲基硅烷 $C_6F_5SiMe_3$ 可在较温和的条件下将全氟苯基基团引入各种亲电有机化合物中，反应机理和 CF_3SiMe_3 相似。例如，Gostevskii 等在氰离子或 CsF 存在下将 $C_6F_5SiMe_3$ 与羰基化合物反应得到了全氟苯基醇化合物，如果不用阴离子引发，反应需加热到 170℃才能进行[85]。然而易烯醇化的酮与 $C_6F_5SiMe_3$ 反应得不到全氟苯基醇化合物，而是生成相应的烯醇硅醚化合物[85a~d]。

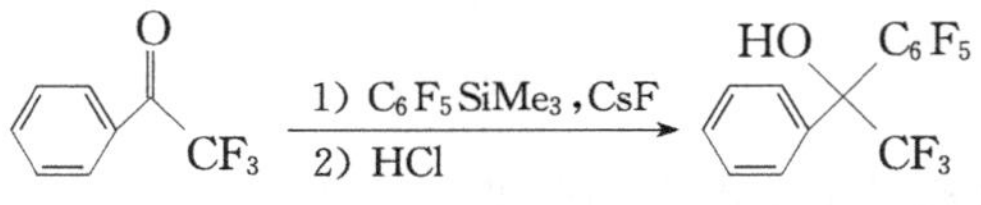

Gostevskii 小组同样研究了 $C_6F_5SiMe_3$ 和其他亲电试剂的反应，并以中等产率得到相应产物(见表 9－19)[85]。

表 9-19　$C_6F_5SiMe_3$ 和其他亲电试剂的反应

编号	亲电试剂	产物	产率/%
1	I_2	C_6F_5I	53
2	Br_2	C_6F_5Br	93
3	D_2O	C_6F_5D	59
4	CH_3I	$C_6F_5CH_3$	59
5	$C_6F_5CF_3$	4-[$(CF_3)C_6F_4$]C_6F_5	50
6	$C_6F_5HgOCOCF_3$	$Hg(C_6F_5)_2$	62

除了和一系列全氟烯基卤化合物通过加成-消除反应生成相应的加成产物外[63,86]，$C_6F_5SiMe_3$ 还可在温和的条件下和磺酰氟、磺酰氯、亚磺酰氟及亚磺酰氯反应生成全氟苯基取代产物[87]。

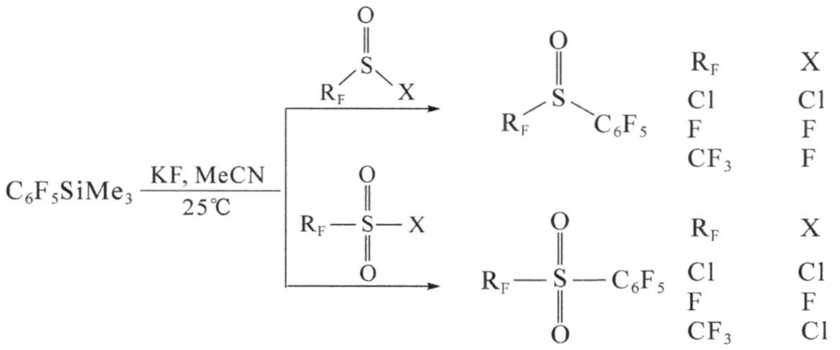

参　考　文　献

1. (a) Prakash, G. K. S. In: Olah, G. A ed. *Synthetic Fluorine Chemistry*. 1992; Chapter 10. (b) Olah, G. A.; Prakash, G. K. S.; Wang, Q.; et al. In: Paquette, L. ed. *Encyclopedia of Reagent for Organic Synthesis*. Vol. 7. New York: Wiley, 1995, 1067. (c) Bosmans, J.-P. *Janssen Chim. Acta* **1992**, *10*, 22. (d) Prakash, G. K. S.; Yudin, A. K. *Chem. Rev.* **1997**, *97*, 757. (e) Singh, R, P.; Shreeve, J, M. *Tetrahedron* **2000**, *56*, 7613.
2. Patai, S.; Rappoport, Z. Eds. *The Chemistry of Organosilicon Compound*; Wiley: New York, 1989.
3. Jukes, A. E.; Gilman, H. *J. Organomet. Chem.* **1969**, *18*, 33.
4. Smith, M. R.; Gilman, H. *J. Organomet. Chem.* **1972**, *46*, 251.
5. Burdon, D. J.; Yang, Z. Y. *Tetrahedron* **1992**, *48*, 189.
6. Ruppert, I.; Schlich, K.; Volbach, W. *Tetrahedron Lett.* **1984**, *25*, 2195.
7. Ramaiah, P.; Krishnamurti, R.; Prakash, G. K. S. *Org. Synth.* **1995**, *72*, 232.
8. Nelson, D. W.; O'Reilly, M. J.; Speier, J.; Gassman, P. G. *J. Org. Chem.* **1994**, *58*, 8157.

9. (a) Stahly, G. P. *U. S. Pat.* 4804772, 1989-02-14. (b) Fuchikami, T.; Hagiwara, T. *Jpn. Kokai Tokkyo Koho JP* 7118188 1995-05-09.

10. (a) Broicher, V.; Geffken, D. *J. Organomet. Chem.* **1990**, *381*, 315. (b) Bardin, V. V.; Pressman, L. S.; Cherstkov, V. F. *Synth. Commun.* **1995**, *25*, 2425. (c) Bardin, V. V.; Pressman, L. S.; Furin, G. G. *Sib. Khim. Zh.* **1992**, *3*, 52. (d) Patel, N. R.; Kirchmeier, R. L. *Inorg. Chem.* **1992**, *31*, 2537. (e) Chen, G. J.; Chen, L. S.; Eapen, K. C.; Ward, W. E. *J. Fluorine Chem.* **1994**, *69*, 61.

11. Beckers, H.; Bürger, H.; Bursch, P.; Ruppert, I. *J. Organomet. Chem.* **1986**, *316*, 41.

12. Beckers, H.; Bürger, H.; Eujen, R. *Z. Anorg. Allg. Chem.* **1988**, *563*, 38.

13. Pawelke, G. J. *J. Fluorine Chem.* **1989**, *42*, 429.

14. Bürger, H.; Moritz, P. *Organometallics* **1993**, *12*, 4930.

15. (a) Prakash, G. K. S.; Deffieux, D.; Yudin, A. K.; Olah, G. A. *Synlett 1994*, 1057. (b) Aymard, F.; Neédélec, J.-Y.; Périchon, J. *Tetrahedron Lett.* **1994**, *46*, 8623. (c) Yudin, A. K. Ph. D. Thesis, University of Southern California, 1996. (d) Deffieux, D.; Bordeau, M.; Biran, C.; Dunoguès, J. *Organometallics* **1994**, *13*, 2415.

16. Grobe, J.; Hegge, J. *Synlett* **1995**, 641.

17. Yudin, A. K.; Prakash, G. K. S.; Deffieux, D.; Bradley, M.; Bau, R.; Olah, G. A. *J. Am. Chem. Soc.* **1997**, *119*, 1572.

18. Farnham, W. B. In: Olah, G. A.; Chambers, R. D.; Prakash, G. K. S., ed. *Synthetic Fluorine Chemistry*; New York: Wiley, 1992, Chapter 11.

19. (a) Drakesmith, F. G.; Stewart, O. J.; Tarrant, P. *J. Org. Chem.* **1968**, *33*, 472. (b) Hiyama, T.; Nishide, K.; Obayashi, M. *Chem. Lett.* **1984**, 1765. (c) Fontana, S. A.; Davis, C. R.; He, Y-B.; Burton, D. J. *Tetrahedron Lett.* **1995**, *1*, 37.

20. Seyferth, D.; Simon, R. M.; Sepelak, D. J.; Klein, H. A. *J. Org. Chem.* **1980**, *45*, 2273.

21. Obayashi, M.; Ito, E.; Matsui, K.; Kondo, K. *Tetrahedron Lett.* **1982**, *23*, 2323.

22. Fuchikami, T.; Ojima, I. *J. Organomet. Chem.* **1981**, *212*, 145.

23. Martynov, B. E.; Stepanov, A. A. *J. Fluorine Chem.* **1997**, *85*, 127.

24. Prakash, S. G. K. 219th National Meeting of the AmericanChemical Society, San Francisco, CA, March 2000; Abstr. Fluo 23.

25. Eaborn, C.; Griffiths, R. W.; Pidcock, A. *J. Organomet. Chem.* **1982**, *225*, 331.

26. Prakash, G. K. S.; Yudin, A. K.; Deffieux, D.; Olah, G. A. *Synlett* **1996**, 151.

27. Yoshida, M; Suzuki, D.; Iyoda, M. *Chem. Lett.* **1994**, 2357.

28. Bordeau, M.; Deffieux D.; Leger-Lambert, M-P.; Biran, C.; Donogues, J. *Fr. Appl.* 2681866, 1993-04-02.

29. Fritz, G.; Bauer, H. *Angew. Chem., Int. Ed. Engl.* **1983**, *22*, 730.

30. (a) Nakamura, K.; Nakamura, H.; Yamamoto, Y. *J. Org. Chem.* **1999**, *64*, 2614. (b) Wu, J.; Hou, X. L.; Dai, L. X. *J. Org. Chem.* **2000**, *65*, 1344.

31. (a) Beckers, H.; Burger, H.; Eugen, R.; Rempfer, B.; Oberhammer, H. *J. Mol. Struct.* **1986** *140*, 281. (b) Eugen, R. *Spectrochim. Acta A* **1987**, *43*, 1165.
32. (a) Prakash, G. K. S.; Krishnamurti, R; Olah, G. A. *J. Am. Chem. Soc.* **1989**, *111*, 393. (b) Krishnamurti, R.; Bellew, D. R.; Prakash, G. K. S. *J. Org. Chem.* **1991**, *56*, 984.
33. Corriu, R. J.; Colin, Y. J. In: Patai, S., Rappoport, Z. ed. *Chemistry of Organosilicon Compounds*. Chichester: Wiley, 1989, 1241.
34. Linderman, R. J.; Graves, D. M. D. *J. Org. Chem.* **1989**, *54*, 661.
35. McClinton, M. A.; McClinton, D. A. *Tetrahedron*, **1992**, *48*, 6555.
36. Kantamneni, S. Ph. D. Thesis, University of Southern California, 1993.
37. Arnaud, R.; Bensadat, A.; Ghobsi, A.; Laurent, A.; Le Drean, I.; Lesniak, S.; Selmi, A. *Bull. Soc. Chim. Fr.* **1994**, *131*, 844.
38. Quast, H.; Becker, C.; Witzel, M.; Peters, E.-M.; Peters, K.; von Schnering, H. G. *Liebigs Ann.* **1996**, 985.
39. (a) Singh, R. P.; Cao, G.; Kirchmeier, R. L.; Shreeve, J. M. *J. Org. Chem.* **1999**, *64*, 2873. (b) Singh, R. P.; Kirchmeier, R. L.; Shreeve, J. M. *Org. Lett.* **1999**, *1*, 1047. (c) Prakash, G. K. S.; Tongco, E. C.; Mathew, T.; Venkar, Y. D.; Olah, G. A. *J. Fluorine Chem.* **2000**, *101*, 194. (d) Allen, A. D.; Fujio, M.; Mohammed, N.; Tidwell, T. T.; Tsuji, Y. *J. Org. Chem.* **1997**, *62*, 246. (e) Shen, Y.; Wang, T. *Tetrahedron Lett.* **1989**, *30*, 7203.
40. (a) Qing, F.-L.; Peng, S.; Hu, C.-M. *J. Fluorine Chem.* **1998**, *88*, 79. (b) Qiu, X.-L.; Qing, F.-L. *J. Org. Chem.* **2002**, *67*, 7162.
41. Hagiwara, T.; Kobayashi, T.; Fuchikami, T. *Main Group Chem.* **1997**, *2*, 13.
42. Singh, R. P.; Chakraborty, D.; Shreeve, J. M. *J. Fluorine Chem.* **2001**, *111*, 153.
43. Hagiwara, T.; Mochizuki, H.; Fuchikami, T. *Synlett* **1997**, 587.
44. (a) Lefebvre, O.; Brigaud, T.; Portella, C. *Tetrahedron* **1998**, *54*, 5938. (b) Brigaud, T.; Doussot, P.; Portella, C. *J. Chem. Soc., Chem. Commun.* **1994**, 2117. (c) Saleur, D.; Brigaud, T.; Bouillon, J.-P.; Portella, C. *Synlett* **1999**, 432. (d) Brigaud, T.; Lefebvre, O.; Plantier-Royon, R.; Portella, C. *Tetrahedron Lett.* **1996**, *37*, 6865. (e) Brigaud, T.; Lefebvre, O.; Plantier-Royon, R.; Portella, C. 11th International Symposium on Organofluorine Chemistry, Montpellier (France), September 1996.
45. Tango, E. C.; Prakash, G. K. S.; Olah, G. A. *Synlett* **1997**, 1193.
46. Iseki, K.; Nagai, T.; Kobayashi, Y. *Tetrahedron Lett.* **1994**, *35*, 3137.
47. (a) Broicher, V.; Geffken, D. *Tetrahedron Lett.* **1989**, *30*, 5243. (b) Broicher, V.; Geffken, D. *Z. Naturforsch. B Chem. Sci.* **1990**, *45b*, 401.
48. Wiedemann, J.; Heiner, T.; Mloston, G.; Prakash, G. K. S.; Olah, G. A. *Angew. Chem. Int. Ed.* **1998**, *37*, 820.
49. (a) Munier, P.; Picq, D.; Anker, D. *Tetrahedron Lett.* **1993**, *34*, 8241. (b) Lavaire,

S. ; Plantier-Royon, R. ; Portella, C. 14th European Symposium on Fluorine Chemistry, Bled, Slovenia, September, 1995. (c) Munier, P. ; Giudicelli, M.-B. ; Picq, D. ; Anker, D. *J. Carbohydr. Chem.* 1996, *15*, 739.

50. (a) Singh, R. P. ; Shreeve, J. M. *J. Org. Chem.* **2000**, *65*, 3241. (b) Walter, M. W. ; Adlington, R. M. ; Boldwin, J. E. ; Schofield, C. J. *J. Org. Chem.* **1998**, *63*, 5179. (c) Walter, M. W. ; Adlington, R. M. ; Baldwin, J. E. ; Chuhan, J. ; Schofield, C. J. *Tetrahedron Lett.* **1995**, *36*, 7761. (d) Walter, M. W. ; Felici, A. ; Galleni, M. ; Soto, R. P. ; Adlington, R. M. ; Baldwin, J. E. ; Fre're, J-M. ; Gololobov, M. ; Schofield, C. J. *Bioorg. Med. Chem. Lett.* **1996**, *6*, 2455.
51. (a) Billard, T. ; Langlois, B. R. *Tetrahedron Lett.* **1996**, *37*, 6865. (b) Billard, T. ; Large, S. ; Steng, M. ; Langlois, B. R. *Tetrahedron Lett.* **1997**, *38*, 65.
52. Bouchu, M.-N. ; Large, S. ; Steng, M. ; Langlois, B. ; Praly, J.-P. *Carbohydr. Res.* **1998**, *314*, 37.
53. Kotun, S. P. ; Anderson, J. D. O. ; DesMarteau, D. D. *J. Org. Chem.* **1992**, *57*, 1124.
54. (a) Anderson, J. D. O. ; Pennington, W. T. ; DesMarteau, D. D. *Inorg. Chem.* **1993**, *32*, 5079. (b) Chen, L. S. ; Chen, G. J. *J. Fluorine Chem.* **1989**, *42*, 371.
55. Nishida, M. ; Vij, A. ; Kirchmeier, R. ; Shreeve, J. M. *Inorg Chem.* **1995**, *34*, 6085.
56. Kolomeitsev, A. A. ; Movchun, V. N. ; Kondratenko, N. V. ; Yagupolski, Yu. L. *Synthesis* **1990**, 1151.
57. (a) Movchun, V. N. ; Kolomeitsev, A. A. ; Yagupolskii, Yu. L. *J. Fluorine Chem.* **1995**, *70*, 255. (b) Garlyauskajte, R. Yu. ; Sereda, S. V. ; Yagupolskii, L. M. *Tetrahedron Lett.* **1994**, *50*, 6891.
58. (a) Billard, T. ; Langlois, B. R. *Tetrahedron Lett.* **1996**, *37*, 6865. (b) Billard, T. ; Large, S. ; Langlois, B. R. *Tetrahedron Lett.* **1997**, *38*, 65-68.
59. Broicher, V. ; Geffken, D. *Arch. Pharm.* (*Weinheim*) **1990**, *323*, 929.
60. Félix, C. P. ; Khatimi, N. ; Laurent, A. J. *Tetrahedron Lett.* **1994**, *35*, 3303.
61. Blazejewski, J.-C. ; Anselm, E. ; Wilmshurst, M. P. *Tetrahedron Lett.* **1999**, *40*, 5475.
62. Urata, H. ; Fuchikami, T. *Tetrahedron Lett.* **1991**, *32*, 91.
63. Patel, N. R. ; Kirchmeier, R. L. ; Shreeve, J. M. *Inorg. Chem.* **1993**, *32*, 4802.
64. Singh, R. P. ; Vij, A. ; Kirchmeier, R. L. ; Shreeve, J. M. *Inorg. Chem.* **2000**, *39*, 375.
65. Tesi, G. ; Douglas, C. M. *J. Am. Chem. Soc.* **1962**, *84*, 549.
66. Kolomeitsev, A. A. ; Movchun, V. N. ; Yagupolskii, Yu. L. ; Porwisiak, J. ; Dmowski, W. *Tetrahedron Lett.* **1992**, *33*, 6191.
67. Bardin, V. V. ; Kolomeitsev, A. A. ; Furin, G. G. ; Yagupolskii, Yu. L. *Izv. Akad. Nauk SSSR*, *Ser. Khim.* **1990**, 1693; *Chem. Abstr.* **1991**, *115*, 279503c.
68. Adams, D. J. ; Clark, J. H. ; Hansen, L. B. ; Sanders, V. C. ; Tavener, S. J. *J. Chem. Soc.*, *Perkin Trans. 1* **1998**, 3081.

69. Huang, D.; Caulton, K. G. *J. Am. Chem. Soc.* **1997**, *119*, 3185.
70. Tyrra, W.; Naumann, D.; Kirij, N. V.; Kolomeitsev, A. A.; Yagupolskii, Y. L. *J. Chem. Soc., Dalton Trans.* **1999**, 657.
71. Adams, D. A.; Clark, J. H.; Hansen, L. B.; Sanders, V. C.; Tavener, S. J. *J. Fluorine Chem.* **1998**, *92*, 123.
72. Maggiarosa, N.; Tyrra, W.; Naumann, D.; Kirij, N. V.; Yagupolskii, Y. L. *Angew. Chem. Int. Ed.* **1999**, *38*, 2252.
73. Kolomeitsev, A.; Bissky, G.; Lork, E.; Movchun, V.; Rusanov, E.; Kirsch, P.; Röschenthaler, G.-V. *J. Chem. Soc., Chem. Commun.* **1999**, 1017.
74. Kolomeitsev, A. A.; Bissky, G.; Kirsch, P.; Roöschenthaler, G.-V. *J. Fluorine Chem.* **2000**, *103*, 159.
75. (a) Hagiwara, T.; Fuchikami, T. *Synlett* **1995**, 717. (b) Fuchikami, T.; Hagiwara, T. *Jpn. Kokai Tokkyo Koho JP* 5230075 1993-09-07.
76. Fujita, M.; Hiyama, T. *J. Am. Chem. Soc.* **1985**, *107*, 4085.
77. Fujita, M.; Obayashi, M.; Hiyama, T. *Tetrahedron* **1988**, *44*, 4135.
78. Obayashi, M.; Kondo, K. *Tetrahedron Lett.* **1982**, *23*, 2327.
79. (a) Easdon, J. C. Thesis of the University of Iowa, 1987. (b) Burton, D. J.; Easdon, J. C. *J. Fluorine Chem.* **1988**, *38*, 125. (c) Clavel, P.; Biran, C.; Dunogues, J.; Roques, N. *Patent Rhodia Chimie*, 1999. (Registered under R99034; 01/04/99). (d) Martynov, B.; Minyaeva, T. V.; Stepanov, A. A. *Tetrahedron Lett.* **1999**, 40, 2203.
80. Clavel, P.; Biran, C.; Bordeau, M.; Roques, N.; Trévine, S. *Tetrahedron Lett.* **2000**, *41*, 8763.
81. (a) Uneyama, K.; Mizutani, G. *J. Chem. Soc., Chem. Commun.* **1999**, 613. (b) Uneyama, K.; Mizutani, G.; Maeda, K.; Kato, T. *J. Org. Chem.* **1999**, 64, 6717.
82. Nelson, D. W.; O'Reilly, N. J.; Speier, J.; Gassman, P. G. *J. Org. Chem.* **1994**, *59*, 8157.
83. Fuchikami, T.; Hagiwara, T. *Jpn. Kokai Tokkyo Koho JP* 6228030 1994-08-16.
84. Petrov, V. A.; Shevchenko, N. V.; Grinevskaya, V. K.; Parnes, Z. N.; Bardin, V. V.; Furin, G. G.; German, L. S.; Vol'pin, M. E. *Izv. Akad. Nauk SSSR, Ser. Khim.* **1990**, 2826; *Chem. Abstr.* **1991**, *114*, 206495w.
85. (a) Gostevskii, B. A.; Vyazankina, O. A.; Vyazankin, N. S. *Zh. Obshch. Khim.* **1984**, *54*, 2613 (Engl. Transl. 2334). (b) Gostevskii, B. A.; Kruglaya, O. A.; Vyazankin, N. S. *Izv. Akad. Nauk SSSR, Ser. Khim.* **1978**, 2425. (c) Kalikhman, I. D.; Gostevskii, B. A.; Bannikova, O. B.; Larin, M. F.; Vyazankina, O. A.; Vyazankin, N. S. *Zh. Obshch. Khim.* **1983**, *53*, 229. (d) Gostevskii, B. A.; Vyazankina, O. A.; Kalikhman, I. D.; Bannikova, O. B.; Vyazankin, N. S. *Zh. Obshch. Khim.* **1983**, *53*, 229. (e) Webb, A. F.; Sethi, D. S.; Gilman, H. *J. Organomet. Chem.* **1970**, *21*, 61.
86. (a) Bardin, V. V.; Rogoza, L. N.; Stennikova, I. V.; Furin, G. G. *J. Fluorine Chem.*

1992, *59*, 165. (b) Bardin, V. V.; Stennikova, I. V.; Furin, G. G. *Zh. Obshch. Khim.* **1988**, *58*, 812. (c) Bardin, V. V.; Petrov, V. A.; Stennikova, I. V.; Furin, G. G. *Zh. Org. Khim.* **1989**, *25*, 52. (d) Petrov, V. A.; Bardin, V. V.; Grinevskaya, V. K.; Mysov, E. I.; Furin, G. G.; German, L. S. *Izv. Akad. Nauk SSSR, Ser. Khim.* **1990**, 923; *Chem. Abstr.* **1990**, *113*, 77776s.

87. Holfter, H.; Kirchmeier, R. L.; Shreeve, J. M. *Inorg. Chem.* **1994**, *33*, 6369.

第十章 全氟烷基化反应：基于全氟烷基卤化物和氟烷基磺酰叠氮

一、全氟烷基卤化物

全氟烷基卤化物[1]在有机氟化学中占有重要的地位，很多含有全氟烷基基团的化合物都可通过全氟烷基卤化物进行合成；另外，全氟烷基卤化物以及由全氟烷基卤化物合成的有机化合物广泛应用于氟碳相化学、材料化学、药物化学、天然产物化学和农药化学等很多领域。例如，一些全氟烷基溴化物被用作灭火剂[2]；长链的全氟碘化物是制备表面活性剂的重要中间体，这主要得益于氟碳基团低的表面活性能[3]；全氟烷基卤化物同样吸引了药物学家和农药化学家的广泛兴趣，因为将芳环以及杂环中的氢原子用氟原子取代后会有效地提高化合物的亲脂性[4]，而亲脂性的提高不仅可使化合物在生物体内对膜、组织的穿透能力增加，而且还能提高含氟化合物在生物体内的吸收和传输速度[5]。

早在20世纪50年代，化学家就对全氟烷基卤化物的反应性能进行了探索[6]，早期研究表明全氟烷基卤化物和其对应的碳氢化合物相比，具有某些罕见的反应性能。正是其反应的特殊性吸引了众多氟化学家在随后的几十年对其进行了大量的研究，目前已有众多综述文章涉及全氟烷基卤化物的合成、化学转化、反应机理以及主要用途[1,7,8]。下面主要从含氟合成子角度对全氟烷基卤化物的制备以及反应进行概述，即全氟烷基卤化物的合成、全氟烷基卤化物用以制备部分氟化的含氟化合物以及各种引发剂引发的全氟烷基卤化物的反应。

1. 全氟烷基卤化物的合成

多种方法可应用于全氟烷基卤化物的合成。商业上用作灭火剂的哈龙(Halons)一般是通过卤离子交换反应首先得到多氟烷烃，后者再用溴处理即得到全氟烷基溴化物[9]。如HF和氯仿通过卤离子交换反应得到氟仿，后者再用Br_2处理生成三氟溴甲烷(Halon 1301)；控制反应条件还可使HF与$CHCl_3$反应生成CHF_2Cl，CHF_2Cl再用Br_2处理即得CF_2ClBr(Halon 1211)；另外，CHF_2Cl可转化为四氟乙烯，后者用Br_2处理还可实现CF_2BrCF_2Br(Halon 2402)的制备。反应式如下：

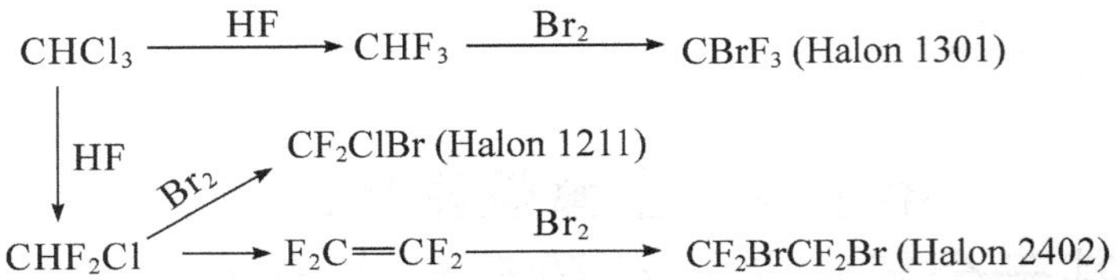

高温下用 Br_2 处理全氟烷基碘化物可实现长链的全氟烷基溴化物的制备[10]。1,2-二溴四氟乙烷以及其他一些全氟邻二溴烷烃可通过溴对相应全氟烯烃的加成得到。研究还发现，在125℃和四丁基溴化铵存在下全氟烷基磺酰氯和HBr气体反应可生成全氟烷基溴化物[11]。用NaClO或NaBrO处理全氟烷基甲酰胺能得到相应的全氟烷基氯化物或全氟烷基溴化物[12,13]；在一定条件下 $R_FC(O)NHBr$[13] 和 $R_FSO_2X(X=Br, Cl)$[14] 同样可转化为全氟烷基溴化物或碘化物。另外，用 Br_2 处理一些全氟烷基磺酰氟或全氟烷基五氟化硫也可实现全氟烷基溴化物的制备[15]。反应式如下：

$$R_FSO_2Cl + HBr(g) \longrightarrow R_FBr + SO_2 + HCl$$

$$R_FC(=O)NH_2 \xrightarrow{\text{NaBrO 或 NaClO}} R_FBr \text{ 或 } R_FCl$$

$$R_FC(=O)NHBr \xrightarrow[\text{回流}]{NaOH\text{-}H_2O} R_FBr$$

$$R_FSO_2F \xrightarrow{Br_2} R_FBr$$

$$CF_3(CF_2)_nSF_5 \xrightarrow{Br_2} CF_3(CF_2)_{n-1}Br$$

三氟乙酸乙酯和碘反应可实现三氟碘甲烷的制备[8a]。另外，三氟乙酰氯和碘化钾反应[16]、三氟甲基溴甲烷和 SO_2/I_2 反应[17]以及 CF_3ZnBr 和ICl反应[18]同样可制备三氟碘甲烷。催化剂存在下用 IF_5 和 I_2 处理四氟乙烯产生全氟乙基碘，后者在高温下可进一步和四氟乙烯通过调聚反应得到长链全氟烷基碘化物[8a]；研究还表明在铜存在下该调聚反应能在较低的温度下进行[19]。反应式如下：

$$5C_2F_4 + IF_5 + 2I_2 \xrightarrow{\text{催化剂}} 5C_2F_5I$$

$$C_2F_5I + nC_2F_4 \longrightarrow CF_3CF_2(CF_2CF_2)_nI$$

2. 全氟烷基卤化物用于制备部分氟化的含氟化合物

近年来，全氟烷基碘化物和全氟烷基溴化物由于易于制备以及反应活性高等原因受到了广泛关注。两者所涉及的反应通过光[20,21]、热[22,23]、电[24,25]等方式进行引发;另外,大量自由基引发剂如过氧化氢[26]、偶氮二异丁腈(AIBN)[27]、偶氮二双甲基戊腈[(α,α-azobis(dimethylpentanonitrile)][28]、偶氮二环己腈[α,α-azobis(cyclohexanecarbonitrile)][27c]同样可以引发反应。选择合适的反应条件(溶剂、温度以及反应时间等)可以实现多种有机化合物的全氟烷基化。全氟烷基碘化物和全氟烷基溴化物的反应涉及 C—I 键和 C—Br 键的断裂。在一定条件下,全氟烷基卤化物可视为自由基试剂对不饱和有机化合物进行全氟烷基化,这在合成含氟有机化合物方面已得到充分的应用。

和全氟烷基溴化物相比,全氟烷基碘化物由于反应活性高而被广泛视为全氟烷基自由基前体化合物用于自由基反应。全氟烷基碘化物对烯烃的加成机理[29]以及和芳香族碳氢化合物在加热条件下的反应如下式所示:

$$R_F\cdot + H_2C{=}CHR \longrightarrow [R_FCH_2CHR]\cdot$$

$$[R_FCH_2CHR]\cdot + R_FI \longrightarrow R_FCH_2CHIR + R_F\cdot$$

$$ArH + 2R_FI \xrightarrow{190\sim250^{\circ}C} ArR_F + R_FH + I_2$$

1) 在亲核试剂存在下全氟烷基卤化物的反应

1969 年,Yagupolskii 等首次报道了在亲核试剂存在下全氟烷基碘化物和烯基硫化物以及芳基硫化物的反应[30]。在液氨存在下,对全氟烷基碘化物和烯基硫化物(或芳基硫化物)的混合物进行紫外照射,高产率地得到相应的烯基(或芳基)全氟烷基硫醚,典型反应如下式所示:

$$PhSNa + n\text{-}C_8F_{17}I \xrightarrow[\text{DMF},25^{\circ}C,\text{UV}]{\text{液氨}} n\text{-}C_8F_{17}SPh + NaI$$

研究还发现,全氟烷基溴化物和全氟烷基二碘化物同样可以进行类似的反应,并且烯基硫化物以及芳基硫化物还可进一步扩展为相应的硒化物和碲化物[31]。

随后,几个研究小组还发现全氟烷基碘化物和三烷基铵盐在 Et_3N 存在下[30i]以及全氟烷基碘化物和苯硫酚在 NaH 存在下[31f,32]同样可进行反应,只是这些反应并不总是需要紫外照射。反应式如下:

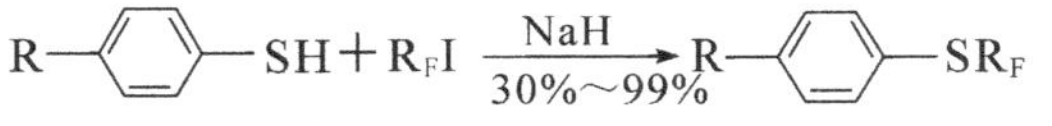

$R = H, Me, OH, Cl, NO_2$
$R_F = C_4F_9, C_6F_{13}, C_8F_{17}, C_4F_9(CH_2)_2, C_6F_{13}(CH_2)_2$

$$ArS{-}N^+HEt_3 + R_FI \xrightarrow[\text{溶剂}]{Et_3N} ArSR_F + ArSSAr$$

产率高达 98%

$Ar = 4\text{-}MeO_2CNHC_6H_4, 2\text{-}NH_2C_6H_4, 4\text{-}MeOC_6H_4, 4\text{-}ClC_6H_4, 4\text{-}HO_2CC_6H_4, 4\text{-}MeO_2CC_6H_4, 4\text{-}NO_2C_6H_4, Ph$

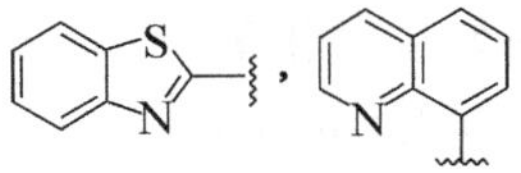

溶剂 = DMF, MeCN, 二噁烷, THF 或 HMPA

此类反应可在极性非质子溶剂中于室温下进行，高产率地生成相应的全氟烷基芳基醚。

另外，苯硫酚的碱金属盐同样可和全氟烷基卤化物反应，反应需紫外照射进行[33]，硝基苯是该类反应有效的引发剂。例如，以 DMF 为溶剂，全氟烷基溴化物和苯硫酚的钾盐在硝基苯引发下能以不同的产率生成全氟烷基芳基硫醚。反应式如下：

$$ArSK + R_FBr \xrightarrow[DMF]{PhNO_2} ArSR_F + R_FBr$$

13%～83%

$Ar = 4\text{-}MeC_6H_4, 3\text{-}MeOC_6H_4, 3\text{-}NH_2C_6H_4,$

$4\text{-}MeOC_6H_4, 4\text{-}ClC_6H_4, 4\text{-}CF_3C_6H_4, Ph$

$R_F = C_2F_5, n\text{-}C_6F_{13}, CF_3$

也有研究表明：R_FSPh 的产率与全氟烷基的长度有关，全氟烷基碘化物 $C_nF_{2n+1}I$ 当 n 分别为 4、6、8 时，R_FSPh 的产率依次为 78%、84%和 86%。

另一方面，研究还表明 $PhSeNa\text{-}R_FX$[34] 以及 $PhTeNa\text{-}R_FX$[35] 体系还可对烯烃进行全氟烷基硒基化和全氟烷基碲基化，利用该反应可在室温下顺利地将芳基硒或芳基碲引入有机化合物中，反应不仅区域选择性好而且烯烃底物有一定的广谱性，反应式如下：

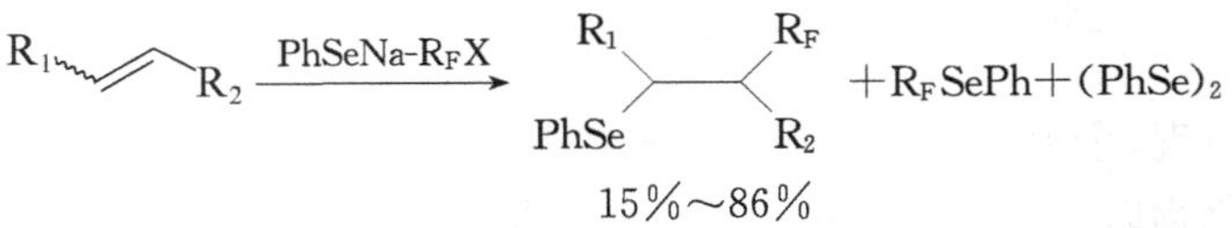

$R_1, R_2 = H, alkyl, SCH_2CHMe_2, -(CH_2)_4-, -(CH_2)_3O-$

$R_F = C_8F_{17}, C_6F_{13}, CF_3; X = I, Br$

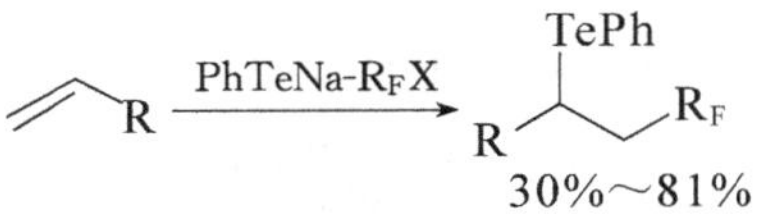

$R = n\text{-}C_6H_{13}, CH_2CN, H, OCH_2CHMe_2$

$R_F = CF_3, C_4F_9, C_8F_{17}; X = I, Br$

反应同样涉及自由基反应机理，即全氟烷基卤化物首先产生全氟烷基自由基对烯烃双键进行加成。

Koshechko 等开发了另外一种从全氟烷基卤化物和苯硫酚制备芳基全氟烷基硫醚的方法[31c～e]。反应式如下：

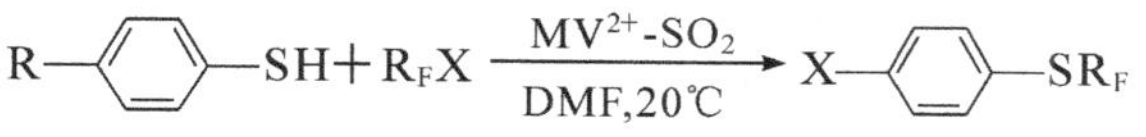

$R = H, NHCO_2Me, Cl, NO_2, Me, Br$　　34%～94%

$R_F = CF_3, CFCl_2CF_2$；$X = I, Br, Cl$

他们的反应使用 MV^{2+}-SO_2（MV^{2+} 即基紫精，N,N'-二甲基-4,4′-双吡啶盐）和 I_2-SO_2 体系作为电子载体。利用 voltammetry 以及分光光度计，Koshechko 等还对反应机理进行了详细研究，结果证实反应过程中产生了 $CF_3\cdot$ 自由基。动力学研究表明该反应是二级反应，即 $\upsilon = k_2[ArSH][MV^{2+}2I^-]$；在 30℃，PhSH 和 4-$MeC_6H_4SH$ 的 k_2 值分别为 4.6 和 7.1 L·mol^{-1}·s^{-1}。ArS^- 和 MV^{2+} 首先作用产生自由基阳离子 $MV^{\dot{+}}$；SO_2 加入到反应体系后，在 $MV^{\dot{+}}$ 作用下产生自由基阴离子 $SO_2^{\dot{-}}$，这样反应速率受 $SO_2^{\dot{-}}$ 所控制；最后，自由基阴离子 $[CF_3SPh]^{\dot{-}}$ 和 MV^{2+} 反应生成产物并再生 $MV^{\dot{+}}$。值得注意的是，研究表明三氟溴甲烷对苯硫酚进行三氟甲基化时（阳极），SO_2 是有效的电子载体。

在醇存在下，全氟烷基碘化物以及溴化物和烯烃反应生成相应的加成产物[36]。反应式如下：

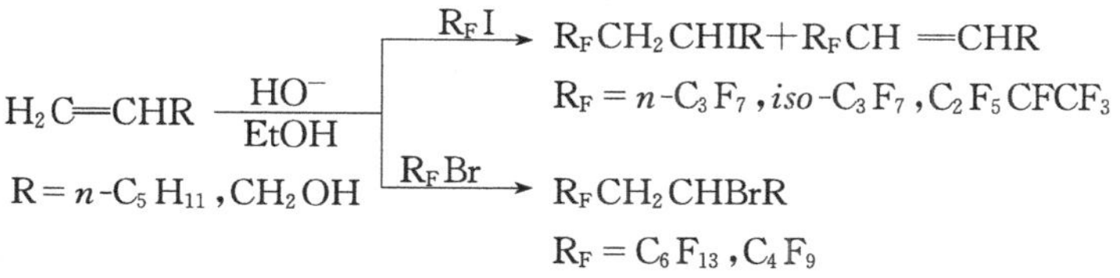

$$H_2C{=}CHR + R_FI \xrightarrow[70\sim75^\circ C,\ 4h]{PPh_3} R_FCH_2CHIR$$

28%～87%

$R = n$-C_4H_9, n-C_6H_{13}

$R_F = C_6F_{13}, Cl(CF_2)_4, Cl(CF_2)_6, C_8F_{17}$,
$FSO_2(CF_2)_2O(CF_2)_2, FSO_2(CF_2)_2O(CF_2)_8$

醇化物在反应中发挥还原剂功效。另外，中国科学院上海有机化学研究所的黄维垣和陈庆云等还发现全氟烷基碘化物和烯烃反应时，膦类化合物 PPh_3、PBu^n_3、$P(NEt_2)_3$、$P(OEt)_3$ 是有效的催化剂[37,38]。如，在 $P(NEt_2)_3$ 存在的条件下，全氟烷基碘化物 $CF_3(CF_2)_nI$ ($n = 4\sim7$) 和烯烃[37i]或苯甲酰氯[37j]反应生成加成产物或相应的全氟烷基酮（32%～43%），六甲基二硅氧烷（HMDSO）-NaOMe 是该反应有效的反应体系[38a]。

Howell 等用 NaOMe/MeOH 或 $KO^tBu/^tBuOH$ 处理全氟烷基卤化物以中等到良好的产率得到底物中卤素被氢取代的产物[39]。实验结果表明该反应不仅可通过自由基机理进行，也可通过加热方式引发。

$$R_FX \xrightarrow[KOBu^t/^tBuOH]{NaOMe/MeOH} R_FH$$

$X = I, Br$

$R_F = n\text{-}C_4F_9, n\text{-}C_6F_{13}, n\text{-}C_8F_{17}, n\text{-}C_{10}F_{21}$

对全氟烷基卤化物和烯烃在亲核试剂存在下的反应机理进行研究始于 20 世纪 70 年代[25,40]。研究表明反应表现出 $S_{RN}1$ 反应特点；全氟烷基碘化物和烯烃反应的立体化学也表明反应过程中产生了全氟烷基自由基。Hasegawa 等[41]提出反应引发阶段涉及电子从亲核试剂转移到全氟烷基碘从而形成自由基阴离子 $[R_FI]^{\overline{\cdot}}$，这一步是放热反应；所产生的 $[R_FI]^{\overline{\cdot}}$ 随后快速地分解成全氟烷基自由基和碘离子。值得指出的是化学家们在 77K 温度下已检测到自由基阴离子 $[CF_3I]^{\overline{\cdot}}$ 的稳定存在，其在 100K 时分裂成三氟甲基自由基和碘离子[42]。根据 $S_{RN}1$ 反应机理，全氟烷基自由基产生后和阴离子反应形成自由基阴离子，后者再与全氟烷基碘化物反应生成产物并再生自由基阴离子 $[R_FI]^{\overline{\cdot}}$。反应机理如下：

$$RS^- + R_FI \longrightarrow [R_FI]^{\overline{\cdot}} + RS\cdot$$

$$[R_FI]^{\overline{\cdot}} \longrightarrow R_F\cdot + I^-$$

$$R_F\cdot + RS^- \longrightarrow [RSR_F]^{\overline{\cdot}}$$

$$[RSR_F]^{\overline{\cdot}} + R_FI \longrightarrow RSR_F + [R_FI]^{\overline{\cdot}}$$

2）全氟烷基卤化物的亚磺化脱卤反应

通过 $S_{RN}1$ 反应机理进行的全氟烷基卤化物对烯烃双键的加成反应是合成全氟烷基化合物常用的方法。除此之外，氟化学家们还开发了许多其他的方法以拓展全氟烷基卤化物的应用。由中国科学院上海有机化学研究所黄维垣等开发的全氟烷基卤化物的亚磺化脱卤反应就是其中之一。黄维垣等首次发现全氟烷基碘化物和连二亚硫酸钠（$Na_2S_2O_4$，又名保险粉、低亚硫酸钠）反应生成相应的全氟烷基亚磺酸衍生物[43,44]。关于全氟烷基亚磺酸盐的合成、特征、反应以及应用已有专著和综述文章加以论述[45]。

由于黄维垣等发现的亚磺化脱卤反应使用非常便宜的 $Na_2S_2O_4$、反应条件相对温和、产率由中等到良好且全氟烷基卤化物底物普适性广，因此已成为制备全氟烷基亚磺酸衍生物的首选方法。更为重要的是反应所生成的全氟烷基亚磺酸盐可进一步与烯烃、炔烃以及芳香化合物反应，大量全氟烷基取代的化合物得以合成。研究还发现除了 $Na_2S_2O_4$ 外，其他一些亲核含硫衍生物如 $HOCH_2SO_2Na$、$NaHSO_3$、$Na_2S_2O_5$、$NaHSO_3$ 及 K_2SO_3 同样可与全氟烷基卤化物反应生成相应的全氟烷基亚磺酸盐（见表 10－1）[38b～c,46]。

表 10-1　全氟烷基卤化物在不同含硫化合物存在下的亚磺酰化脱卤反应

亲核体	R_FX	反应条件		产物	产率/%
		溶剂	T/℃		
$Na_2S_2O_4$	$F(CF_2)_8I$	$MeCN\text{-}H_2O$	80～85	$F(CF_2)_8SO_2Na$	95
$Na_2S_2O_4$	$F(CF_2)_8Br$	$MeCN\text{-}H_2O$	20	$F(CF_2)_8SO_2Na$	91
$Na_2S_2O_4$	CF_3CCl_3	$MeCN\text{-}H_2O$	25	$CF_3CCl_2SO_2Na$	73
$Na_2S_2O_4$	$I(CF_2)_2OCF_2CO_2Na$	H_2O	85	$NaSO_2(CF_2)_2OCF_2CO_2Na$	96
$HOCH_2SO_2Na$	$Cl(CF_2)_6I$	$MeCN\text{-}H_2O$	85	$Cl(CF_2)_6SO_2Na$	65
$HOCH_2SO_2Na$	$Cl(CF_2)_8I$	$MeCN\text{-}H_2O$	85	$Cl(CF_2)_8SO_2Na$	75
$NaHSO_3\text{-}K_3Fe(CN)_6$	$Cl(CF_2)_8I$	$DMF\text{-}H_2O$	70～80	$Cl(CF_2)_8SO_2Na$	88
$NaHSO_3\text{-}FeCl_3$	$F(CF_2)_6I$	$DMF\text{-}H_2O$	70	$F(CF_2)_6SO_2Na$	63
$Na_2S_2O_5$	$Cl(CF_2)_4I$	$DMF\text{-}H_2O$	80	$Cl(CF_2)_4SO_2Na$	85
$Na_2S_2O_5$	$Cl(CF_2)_6Br$	$DMF\text{-}H_2O$	80	$Cl(CF_2)_6SO_2Na$	79
$NaHSO_3$	$I(CF_2)_2O(CF_2)_2SO_2F$	$DMF\text{-}H_2O$	70～80	$NaSO_2(CF_2)_2O(CF_2)_2SO_2Na$	95
$NaHSO_3$	$F(CF_2)_6Br$	$DMF\text{-}H_2O$	70～80	$F(CF_2)_6SO_2Na$	90
K_2SO_3	$I(CF_2)_2O(CF_2)_2SO_2F$	二噁烷-H_2O	70	$KSO_2(CF_2)_2O(CF_2)_2SO_2F$	90

全氟烷基磺酸是合成含氟表面活性剂的关键中间体,早期全氟烷基磺酸的制备大多是通过电化学氟化的方法进行。亚磺化脱卤反应的成功开发为这类中间体的制备提供了非常简捷的途径,反应从易于合成的全氟烷基碘化物出发[37c, 43c, 46b,47]。例如,以聚乙二醇-200、聚乙二醇-600、CH_3CN、EtOH 或二甘醇二甲醚为溶剂且在相转移催化剂存在下,对全氟烷基二碘化物 $I(CF_2)_2O(CF_2)_2I$ 进行亚磺化脱卤反应可方便地实现 $I(CF_2)_2O(CF_2)_2SO_2Na$ 的制备。

另外,α,ω-全氟烷基二碘化物[48]和 α,ω-全氟烷基二溴化物[49]同样可以进行亚磺化脱卤反应。以 MeCN 为溶剂且在 $NaHCO_3$ 存在下,根据 $Na_2S_2O_4$ 的使用量(1eq. 或 2eq.),反应可生成 $X(CF_2)_nSO_2Na$ 或 $NaSO_2(CF_2)_nSO_2Na$;二者在 0℃下进一步氯化还可转化为相应的全氟烷基亚磺酰氯 $X(CF_2)_nSO_2Cl$ 或 $ClSO_2(CF_2)_nSO_2Cl$ (n = 3, 4, 6)。反应式如下:

$$X(CF_2)_nX \xrightarrow[MeCN\text{-}H_2O,\ 20℃]{Na_2S_2O_4\text{-}NaHCO_3} \underbrace{X(CF_2)_nSO_2Na \text{ 或 } NaO_2S(CF_2)_nSO_2Na}$$

$$X(CF_2)_nSO_2Cl \text{ 或 } ClO_2S(CF_2)_nSO_2Cl \xleftarrow[0℃]{Cl_2,\ H_2O}$$

全氟烷基卤化物的亚磺化脱卤反应通过单电子转移机理进行。$S_2O_4^{2-}$ 首先通过单电子转移产生自由基阴离子$[SO_2]^{\cdot-}$,随后$[SO_2]^{\cdot-}$和全氟烷基卤化物 R_FX 反应形成自由基阴离子$[R_FXSO_2]^{\cdot-}$或$[R_FX]^{\cdot-}$，前者再进一步分解出全氟烷基自由基$[R_F]\cdot$，最后$[R_F]\cdot$和$S_2O_4^{2-}$反应生成产物和再生自由基阴离子$[SO_2]^{\cdot-}$[43a]。反应机理如下：

$$S_2O_4^{2-} \rightleftharpoons 2SO_2^{\cdot-}$$

$$SO_2^{\cdot-} + R_FX \longrightarrow [R_FXSO_2]^{\cdot-} \text{或} [R_FX]^{\cdot-}$$

$$[R_FXSO_2]^{\cdot-} \longrightarrow R_F\cdot + X^- + SO_2$$

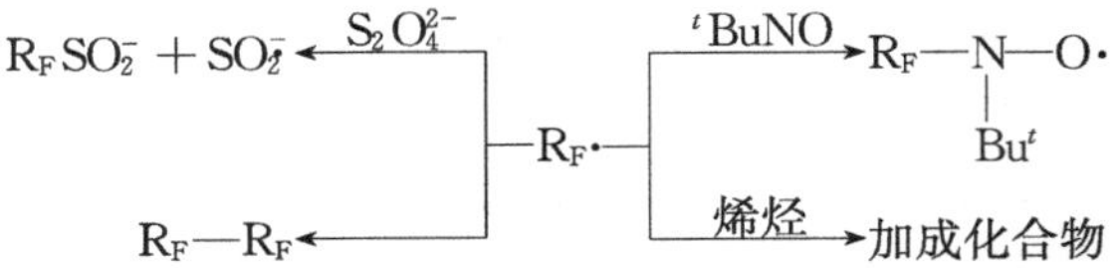

所产生的$[R_F]\cdot$除了二聚外[50]，还可用烯烃或亚硝基化合物进行捕获[43a]。

3. 通过单电子转移机理进行的全氟烷基卤化物的反应

全氟烷基卤化物对烯烃和炔烃的加成是合成各种全氟烷基取代有机化合物的重要方法，所合成的全氟烷基化合物已作为中间体广泛用于制备新型材料及其他产品[51]。全氟烷基卤化物的反应通常可通过下述三种方式引发：① 用还原剂处理全氟烷基卤化物，这种方法的关键是首先产生全氟烷基卤化物的自由基阴离子，后者分解成相应的全氟烷基自由基和卤素离子；② 用氧化剂处理全氟烷基卤化物，由于氧化剂具有亲电特征产生自由基阳离子，后者进一步和全氟烷基卤化物反应形成自由基阴离子$[R_FX]^{\cdot-}$，最后$[R_FX]^{\cdot-}$分解成相应的全氟烷基自由基和卤素离子；③用一些反应体系处理全氟烷基卤化物，这些体系自身可产生自由基，所形成的自由基和全氟烷基卤化物作用产生全氟烷基自由基。由于涉及 SET 反应机理的全氟烷基卤化物的反应数目众多，在此不能一一介绍，本节将根据不同的引发方式对全氟烷基卤化物的一些反应进行概述。

1）还原体系下全氟烷基卤化物的反应

研究已表明，还原剂可活化全氟烷基卤化物从而有利于全氟烷基自由基的形成。氟化学家们尝试了多种还原剂用以引发全氟烷基卤化物的反应，其中包括：甲醛合次硫酸氢钠（rongalite）[52]、连二亚硫酸钠（sodium dithionite）、二氧化硫脲（thiourea peroxide）[47a,53]、金属和金属盐以及过渡金属络合物等。

（1）甲醛合次硫酸氢钠存在下全氟烷基卤化物的反应

甲醛合次硫酸氢钠（$HOCH_2SO_2Na$）是工业上广泛使用的一种还原剂和漂白剂。$HOCH_2SO_2Na$ 和全氟烷基卤化物反应生成全氟烷基亚磺酸的钠盐；另外，$HOCH_2SO_2Na$ 还能促使全氟烷基卤化物或全氟烷基亚磺酸盐产生全氟烷基自由基，后者可进一步和吡啶衍生物反应实现吡啶衍生物的全氟烷基化[54]。反应式如下：

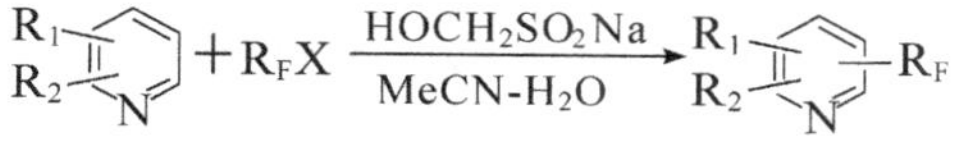

$X = Br, I; R_1 = 3\text{-}Me; R_2 = 3\text{-}Me, 4\text{-}Me, 5\text{-}Me, 4\text{-}NH_2$；

$R_1\text{-}R_2 = 2,3\text{-}CH{=}CHCH{=}CH$（喹啉）；

$R_1\text{-}R_2 = 3,4\text{-}CH{=}CHCH{=}CH$（异喹啉）

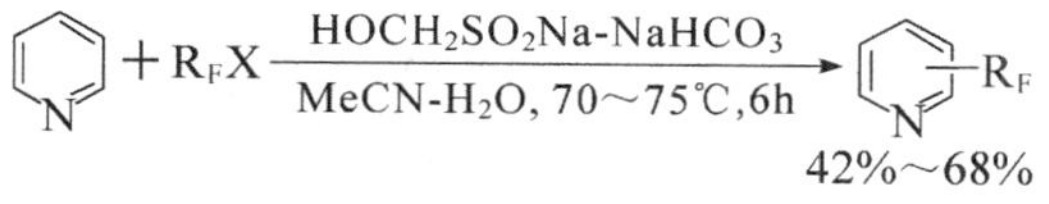

$R_FX = C_6F_{13}I, C_7F_{15}I, C_8F_{17}I, ClC_8F_{16}I, C_7F_{15}Br, ClC_6F_{12}Br$

值得指出的是，在 $Na_2S_2O_4$-$NaHCO_3$ 存在下全氟烷基碘化物和吡啶反应仅以较低产率生成相应的全氟烷基吡啶，然而当反应使用 $HOCH_2SO_2Na$ 时，全氟烷基吡啶的产率有大的提高[54a,b]。

虽然 $Na_2S_2O_4$-CTMAB(十六烷基三甲基溴化铵)体系下全氟烷基碘化物和香豆素及其衍生物反应生成相应的全氟烷基香豆素及衍生物，但产率很低[55]。然而，当同样的反应在 $HOCH_2SO_2Na$ 体系下进行时则能以较高的产率得到相应的3-全氟烷基香豆素及其衍生物[56]。反应式如下：

$E = O, S, NH; R_F = F(CF_2)_6; X = H, OH$

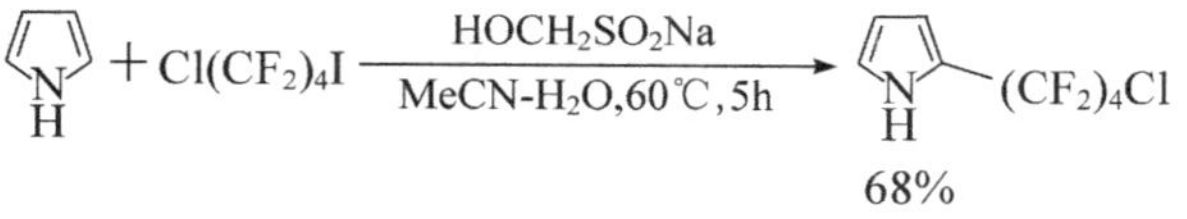

另外，利用相同的反应体系，2-氟烷基-吡咯同样能以 68％的产率得以制备[54b]。

研究发现，在一些还原剂（如 $HOCH_2SO_2Na$，$Na_2S_2O_4$ 及甲酸-SO_2 等）存在下，全氟烷基卤化物和二硫化物反应生成全氟烷基硫醚[55,57]。例如，以 DMF 为溶剂且在 $Na_2S_2O_4$ 和 Na_2HPO_4 存在下，二苯二硫醚和三氟溴甲烷反应以 65％的产率生成三氟甲基苯基硫醚。

另外，在双极性非质子性溶剂（DMF，MeCN）中，用 $HOCH_2SO_2Na$-$NaHCO_3$ 体系处理碳链长度在 3～12 之间的全氟烷基碘化物以及溴化物（即 $Cl(CF_2)_nI$，$n = 4, 6, 8$；$CF_3(CF_2)_nI$，$n = 5\sim7$；$Cl(CF_2)_nBr$，$n = 4, 6$），能高产率地生成全氟烷基羧酸钠，后者可进一步转化为相应的酸[47a,57b,58]。反应式如下：

$$CF_3(CF_2)_nX \xrightarrow[80\sim85℃,15\sim22h]{HOCH_2SO_2Na\text{-}NaHCO_3} CF_3(CF_2)_{n-1}CO_2^-$$

$$n=2,3,5,6,7,11;X=I,Br$$

同传统电化学氟化方法相比，该反应在制备全氟烷基羧酸及其衍生物方面具有明显的优势。

(2) $Na_2S_2O_4$ 存在下全氟烷基卤化物的反应

研究发现，全氟烷基卤化物在 $Na_2S_2O_4$ 引发下可和一系列烯烃反应，顺利实现烯烃的全氟烷基化。例如，在 $Na_2S_2O_4$-$NaHCO_3$ 体系下 $Cl(CF_2)_6I$ 和乙烯反应以几乎定量的产率生成碘化物 $Cl(CF_2)_6CH_2CH_2I$[59]。一些仲全氟烷基碘化物如 $CF_3CFI(CF_2)_4SO_2F$、$CF_3CFI(CF_2)_nCF_3(n=2,4)$、$CF_3CFI(CF_2)_2O(CF_2)_2SO_3Na$ 以及 $CF_3(CF_2)_2OCFICF_3$ 同样可进行类似的反应[60]。另外，$Na_2S_2O_4$ 引发下以 ^iPrOH-H_2O为溶剂，全氟烷基溴化物同样能和烯烃反应以中等产率生成相应的加成产物，后者进一步氯化得到全氟烷基取代的磺酰氯[60c]。反应式如下：

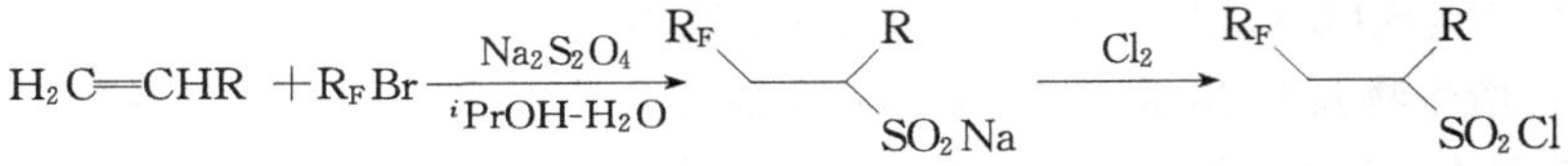

值得指出的是，在 $Na_2S_2O_4$-$NaHCO_3$ 体系下全氟烷基卤化物和烯烃反应的产物与烯烃底物以及全氟烷基卤化物都有很大的关系。如，$CF_2ClCFCl_2$ 和 $CH_2{=}CH(CH_2)_3Me$ 反应生成 $CF_2ClCFClCH_2CH_2(CH_2)_3Me$[61]，反应结果相当于 $CF_2ClCFCl$—直接加在烯烃双键位阻较小的一侧；CF_2Br_2 和 $CH_2{=}CHCH_2CH(CO_2Et)_2$ 反应则生成 $CF_2BrCH_2CHBrCH_2CH(CO_2Et)_2$，反应结果相当于 CF_2Br—和 Br—直接加在烯烃双键的两侧[54c,62]；而氟烷基卤化物 $Cl(CF_2)_nI$ 和 α-取代的苯乙烯反应则得到 α-取代-β-氟烷基-苯乙烯和 1-取代-2-氟烷基-乙基苯[63]。反应式如下：

$$CF_2ClCFCl_2 + H_2C{=}CH(CH_2)_3Me \xrightarrow[MeCN\text{-}H_2O]{Na_2S_2O_4\text{-}NaHCO_3} CF_2ClCFClCH_2CH_2(CH_2)_3Me$$

$$CF_2Br_2 + H_2C{=}CHCH_2CH(CO_2Et)_2 \xrightarrow{Na_2S_2O_4\text{-}NaHCO_3} CF_2BrCH_2CHBrCH_2CH(CO_2Et)_2$$

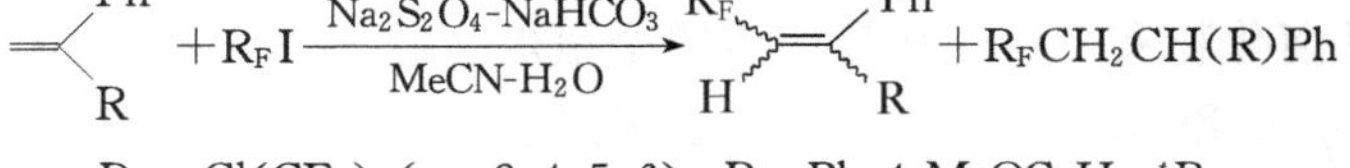

$$R_F=Cl(CF_2)_n(n=2,4,5,6);\ R=Ph,4\text{-}MeOC_6H_4,{}^tBu$$

在 $Na_2S_2O_4$-$NaHCO_3$ 体系下全氟烷基卤化物同样可和炔烃反应。如，$CF_2ClCFCl_2$ 和 $HC{\equiv}C(CH_2)_3Me$ 反应生成 $CF_2ClCFClCH{=}CH(CH_2)_3Me$[61]；$CF_2Br_2$ 和 $HC{\equiv}C(CH_2)_nMe$ $(n=3, 4, 5)$反应生成 $CF_2BrCH{=}CHBr(CH_2)_nMe$[54c,62]。反应式如下：

$$CF_2ClCFCl_2 + HC\equiv C(CH_2)_3Me \xrightarrow[MeCN\text{-}H_2O,\ 40\sim45^{\circ}C,\ 20h]{Na_2S_2O_4\text{-}NaHCO_3} CF_2ClCFClCH{=}CH(CH_2)_3Me$$

$$CF_2Br_2 + HC\equiv CR_1 \xrightarrow{Na_2S_2O_4\text{-}NaHCO_3} CF_2BrCH{=}CHR_1$$

$R_1 = (CH_2)_nMe(n = 3, 4, 5)$

$$R_FI + HC\equiv CR_2 \xrightarrow[2)\ {}^tBuOK\text{-}Et_2O,\ -20^{\circ}C]{1)\ Na_2S_2O_4\text{-}NaHCO_3,\ MeCN\text{-}H_2O,\ 10\sim15^{\circ}C} R_FC\equiv CR_2$$

$R_2 = n\text{-}C_6H_{13}, n\text{-}C_8H_{17}, (CH_2)_9OH, n\text{-}Pr, n\text{-}C_5H_{11}, (CH_2)_6OH$

$R_F = Cl(CF_2)_2, Cl(CF_2)_4, Cl(CF_2)_8$

另外,全氟烷基卤化物和炔烃反应所生成的产物进一步用碱处理还可实现氟烷基炔化合物的制备[64]。研究还表明,超声波可以有效地促进全氟烷基卤化物对烯烃或炔烃的加成[64a,65]。

全氟烷基卤化物还可和烯醇硅醚[66]、烯基醚(或环烯醚)[67～69]以及丙二烯醚[64b]反应。如,$Na_2S_2O_4$-$NaHCO_3$ 体系下全氟己基碘和烯醇硅醚 $CH_2{=}C(Ph)OSiMe_3$ 反应以 58%的产率生成全氟己基取代的烯烃化合物[66b];全氟烷基碘 R_FI 和烯基醚 $CH_2{=}C(Me)OEt$ 反应生成全氟烷基取代的丙酮化合物;R_FI 和丙二烯醚 $CH_2{=}C{=}CHOMe$ 反应得到双全氟烷基取代的烯基甲醚化合物,该反应涉及自由基中间体的二聚[64b]。反应式如下:

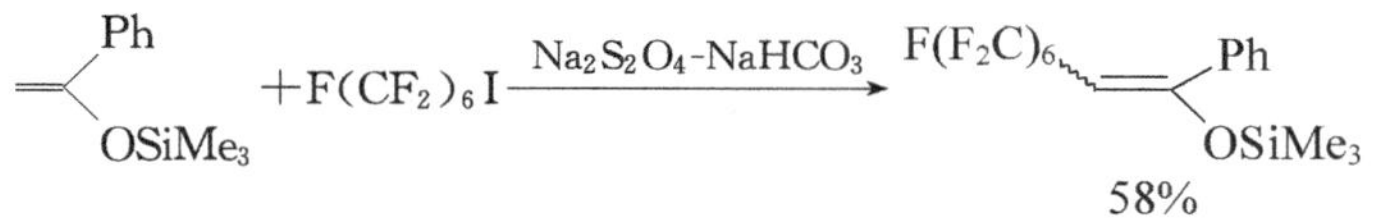

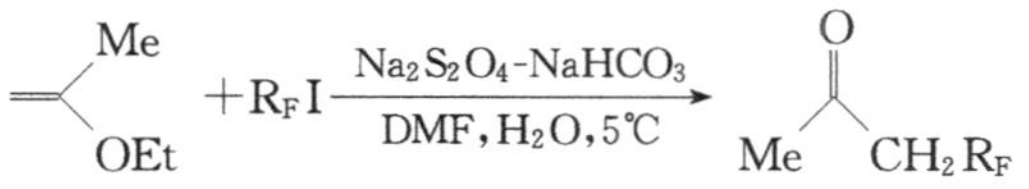

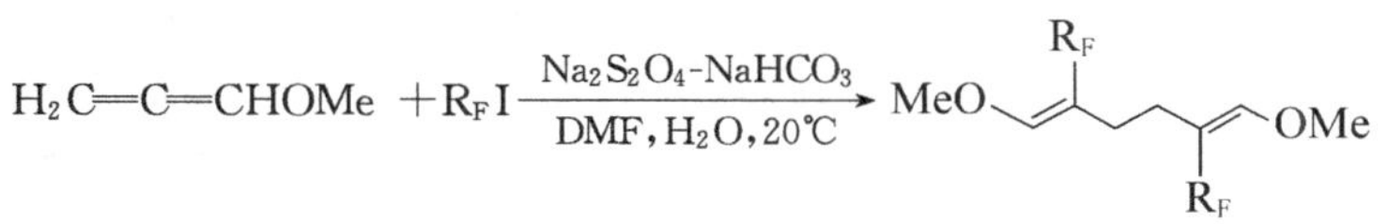

$Na_2S_2O_4$-$NaHCO_3$ 体系下丙炔酸烯丙酯衍生物或 *N*-烯丙基丙炔酸酰胺和全氟烷基卤化物的反应同样得以研究[57b,59c]。该反应区域选择性好,能以中等到良好的产率生成氟烷基取代的呋喃酮或吡咯烷酮产物。反应式如下:

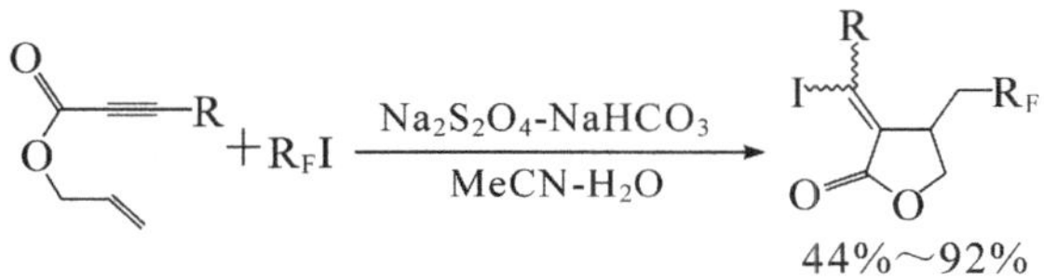

$R_F = CF_3, Cl(CF_2)_2, Cl(CF_2)_4; R = H, Me, n\text{-}C_8H_{17}$

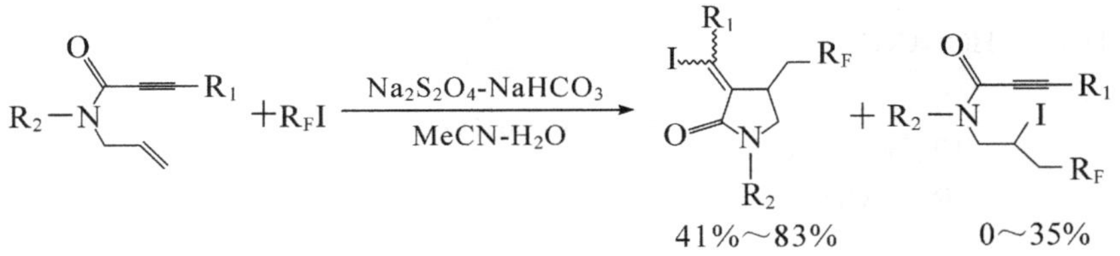

$R_F = CF_3, Cl(CF_2)_2, Cl(CF_2)_4; R_1 = H, Me, i\text{-}Pr; R_2 = Me, Bn, MeCO, PhCO, OTs$

另外，$Na_2S_2O_4$-$NaHCO_3$ 体系下全氟烷基卤化物可直接实现芳环和杂芳环的全氟烷基化[59d,69b,70～72]，相转移催化剂有利于该反应的进行。如，R_FI 和酪氨酸反应生成 2′-全氟烷基-酪氨酸[71c]；R_FI 和吡咯反应得到 2-全氟烷基吡咯[72a]，而 R_FI 和 2，5-二甲基-吡咯反应则生成 2，5-二甲基-3-全氟烷基-吡咯以及 2，5-二甲基-2-全氟烷基-二氢吡咯[72c～e]。反应式如下：

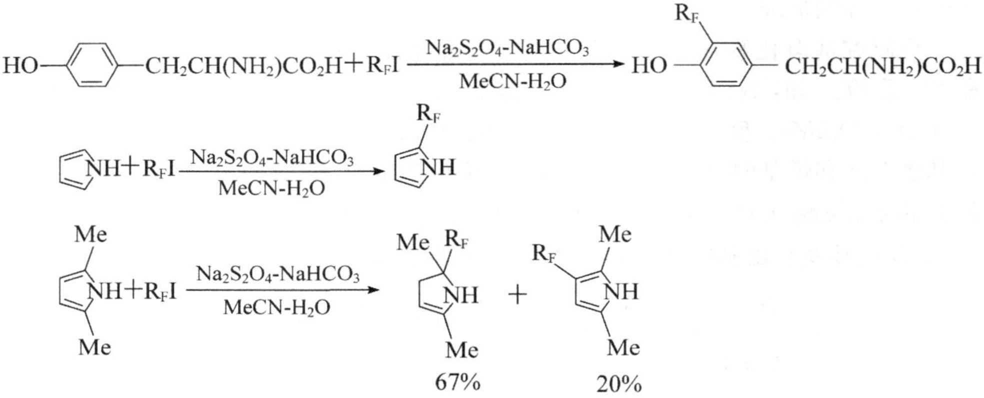

以 $Na_2S_2O_4$-$NaHCO_3$（或 $Na_2S_2O_4$）为引发体系，中国科学院上海有机化学研究所陈庆云小组最近用全氟烷基碘化物处理 5，10，15，20-四芳基卟啉、5，10，15-三芳基卟啉衍生物或 Zn-5，15-二芳基卟啉络合物顺利将全氟烷基引入卟啉，DMSO/CH_2Cl_2 或 DMSO/THF 是该类反应合适的溶剂[73]。控制氟烷基碘化物和 $Na_2S_2O_4$ 的用量，可选择性得到单氟烷基取代的卟啉衍生物或双氟烷基取代的卟啉衍生物[73a]。反应式如下：

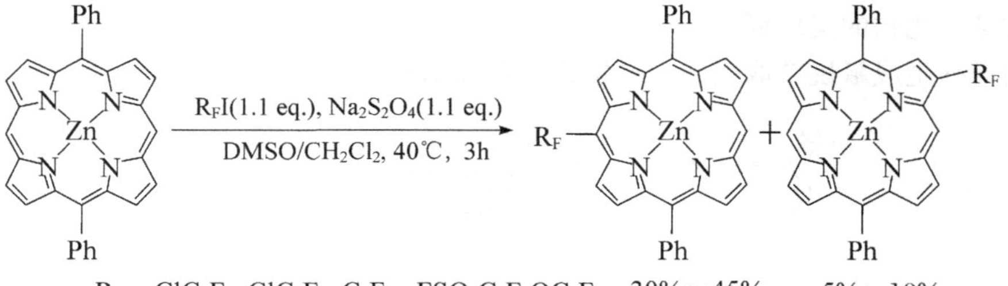

$R_F = ClC_2F_4, ClC_4F_8, C_6F_{13}, FSO_2C_2F_4OC_2F_4$　30%～45%　5%～10%

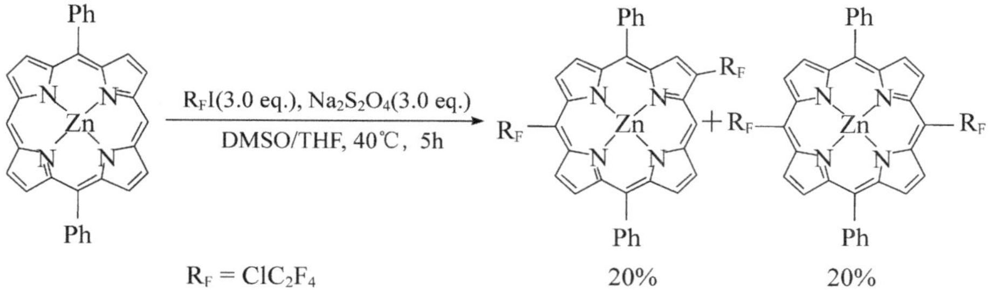

$Na_2S_2O_4$-$NaHCO_3$ 体系下全氟烷基碘化物和连烯的反应同样得以研究[74]。中国科学院上海有机化学研究所麻生明小组发现溶剂对该反应有大的影响,以 CH_2Cl_2-H_2O 以及 C_6H_6-H_2O 作为反应溶剂时没有预期产物生成,以 DMF、DMA、DMSO 或 THF 作为反应溶剂时仅以 15%～25%的产率生成全氟烷基取代的烯基碘(*Z* 式为主),而反应在二噁烷-H_2O 中进行时能以 52%～69%的产率得到产物。反应式如下:

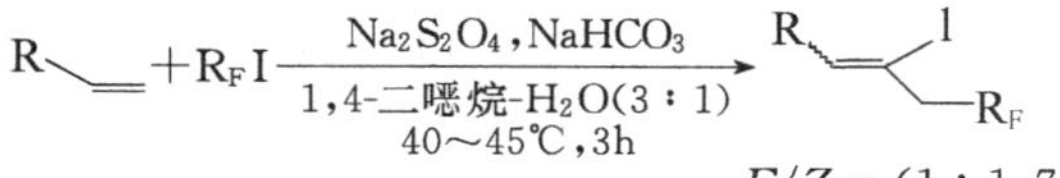

$E/Z=(1:1.78)\sim(1:2.75)$

R = Bn, *n*-C_5H_{11}, *n*-C_7H_{15}, *c*-C_6H_{11}; $R_F=Cl(CF_2)_4$, *n*-C_4F_9

(3) TDAE 存在下全氟烷基卤化物的反应

在前人工作的基础上[75],Dolbier 等详细研究了在 TDAE[四(二甲胺基)乙烯]存在下 R_FI 和醛、酮、亚胺、二硫化物以及二硒化物的反应[76]。以 DMF 为溶剂、TDAE 存在下,R_FI 和醛或酮反应生成全氟烷基取代的仲醇或叔醇;R_FI 和甲苯磺酰亚胺(*N*-tosylimine)反应得到全氟烷基取代的胺产物;R_FI 和二硫化物或二硒化物反应可实现全氟烷基硫醚或全氟烷基硒醚的制备,反应式如下。另外,Dolbier 等还发现光照有利于 R_FI 和醛或酮的反应。这些反应涉及 TDAE 还原 R_FI 产生全氟烷基阴离子 R_F^-(通过单电子转移机理),后者再对醛、酮、亚胺等进行亲核加成。

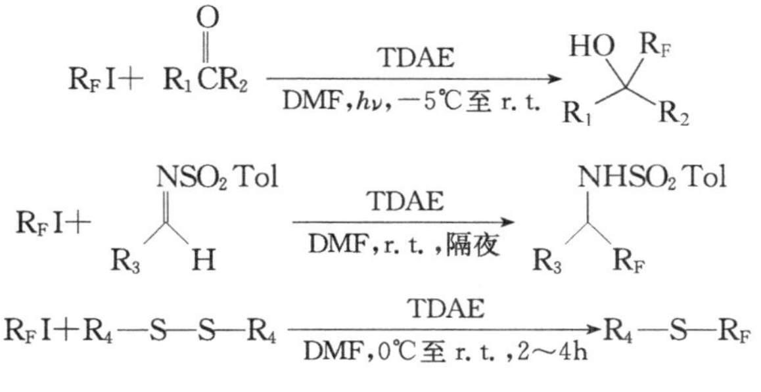

$$R_FI + R_5—Se—Se—R_5 \xrightarrow[\text{DMF, 0℃至 r. t., 2～4h}]{\text{TDAE}} R_5—Se—R_F$$

$$R_F = CF_3, C_2F_5, n\text{-}C_4F_9$$

R_1 = phenyl, 1-naphthyl, *o*-methoxycinnamyl; R_2 = H; 或 $R_1 = R_2 = \text{-}(CH_2)_5\text{-}$

R_3 = phenyl, tolyl, 4-fluorobenzyl, *p*-tolyl, 4-chlorobenzyl, 4-fluorobenzyl, 4-trifluorobenzyl, thiophene-2-carboxyl, furyl, *N*-methylindole-3-carboxyl;

R_4 = phenyl, butyl, ethyl, 4-pyridyl, 2-pyridyl; R_5 = phenyl, methyl, 4-chlorophenyl

(4) 金属、金属盐以及金属络合物催化下全氟烷基卤化物的反应

① 金属以及金属盐催化全氟烷基卤化物的反应。研究发现金属以及金属盐同样可以引发全氟烷基卤化物的反应。已有大量文献报道在 Ru、Ni、W、Mo[77]、Sn[78]、Fe[79]、Mg[80]、Cu[81]、Ranney Ni (RaNi)[82]、Pt^0[83]、$Mn^{Ⅱ}$、$Hg^{Ⅰ}$[84]、$Ru^{Ⅱ}$[85]、Rh[86]、Me_3Al[87]、Et_3B[88]、Zn[54d,89]、Pd^0[54d,90]等金属及金属化合物存在下，全氟烷基碘化物及全氟烷基溴化物与烯烃及炔烃产生反应；另外，在 Rh、Pd、Pt、Ru、Cu、RaNi、Co 等金属和 $KHCO_3$ 存在下，全氟烷基碘化物同样能和苯反应生成全氟烷基苯，遗憾的是该反应产率较低[91]。

金属在反应过程中主要是还原全氟烷基卤化物 R_FX 产生自由基 $R_F^{\cdot}$，后者再与其他反应物作用生成全氟烷基产物，产生的 $R_F^{\cdot}$ 同样可以自身二聚。例如，以环丁砜或水为溶剂用 Zn 处理 R_FI 得到全氟烷烃$R_F—R_F$[92]；以 DMF 为溶剂且在 Zn 存在下，R_FI 和醛反应则生成相应的全氟烷基羟基产物[93]。反应式如下：

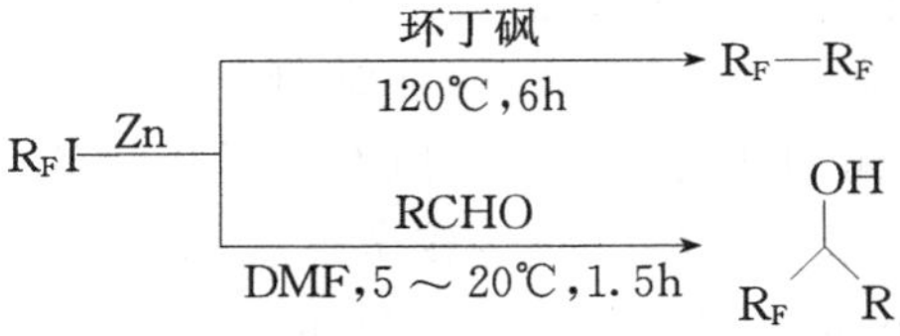

全氟烷基卤化物在金属催化下与烯烃、炔烃反应所生成的产物和在 $Na_2S_2O_4$-$NaHCO_3$ 体系下所生成的产物类似。如在 Mg 催化下 $Cl(CF_2)_4I$ 和*n*-BuCH ═CH₂ 反应高产率地生成加成产物 *n*-BuCHICH₂(CF₂)₄Cl；同样在 Mg 催化下，$Cl(CF_2)_4I$ 和*n*-BuC≡CH 反应高产率地生成产物 *n*-BuC(I)═CH(CF₂)₄Cl[80a]。反应式如下：

$$n\text{-BuCHICH}_2(CF_2)_4Cl \xleftarrow[\text{Mg}]{n\text{-BuCH=CH}_2} Cl(CF_2)_4I \xrightarrow[\text{Mg}]{n\text{-BuC≡CH}} n\text{-BuCI=CH}(CF_2)_4Cl$$

Z 和 *E*

另外，金属催化下全氟烷基卤化物还能和其他的一些亲电底物反应。例如，在以 *N*-甲基吡咯烷酮为溶剂、Al 粉催化下，CF_3Br 能和 Me_3SiCl 反应以 62%的产率生成 Me_3SiCF_3[94]。反应式如下：

$$CF_3Br + Me_3SiCl \xrightarrow[N\text{-甲基吡咯烷酮}]{Al} \underset{62\%}{Me_3SiCF_3}$$

在许多过渡金属(如，Rh，Pd，Pt，Ru，Cu，Ni，Re)和 K_2CO_3(水溶液)存在下，全氟烷基碘化物和一些芳香化合物反应生成全氟烷基取代的芳香化合物和双全氟烷基取代的芳香化合物，通常双全氟烷基芳香化合物的产率很低。如，在 Pd(2%)、Pt(0.1%)以及 K_2CO_3(水溶液)存在下 $CF_3(CF_2)_3I$ 和苯反应能以 93%和 5%的产率生成全氟丁基苯和双全氟丁基苯[95]。反应式如下：

$$PhH + CF_3(CF_2)_3I \xrightarrow[K_2CO_3,\ 170℃]{2\%\ Pd,\ 0.1\%\ Pt} \underset{93\%}{Ph(CF_2)_3CF_3} + \underset{5\%}{C_6H_4[(CF_2)_3CF_3]_2}$$

金属/金属盐以及金属/金属的混合体系同样可有效地催化全氟烷基卤化物和烯烃以及炔烃的反应。如 $NiCl_2 \cdot 6H_2O$-Al 体系能有效地引发 R_FI 和 $R_FCH=CH_2$ 反应，以中等产率生成加成产物[96]。在 Zn 替换 Al 的情况下该反应同样可顺利进行[97]。反应式如下：

$$R_F^1I + H_2C{=}CHCF_2R_F^2 \xrightarrow[MeCN,\ 25\sim30℃]{NiCl_2\cdot 6H_2O\text{–}Al(\text{或 }Zn)} R_F^1CH_2CHICF_2R_F^2$$

$$R_F^1 = C_3F_7Cl,\ C_5F_{10}Cl,\ C_3F_7;\ R_F^2 = ClC_4F_8,\ ClC_6F_{12},\ ClC_8F_{16}$$

Sn-AgOAc 和 Sn-CuCl 体系同样可催化 R_FI 和烯烃反应[78a]，MeOH 是该反应最好的溶剂，研究还发现金属 Sn-Al 体系同样适用于该反应。反应式如下：

$$R_FI + H_2C{=}CHR \xrightarrow[MeOH,\ 20℃,\ 24h]{Sn\text{-}AgOAc\text{ 或 }Sn\text{-}CuCl\text{ 或 }Sn\text{-}Al} R_FCH_2CHIR$$

$$R_F = n\text{-}C_4F_9,\ n\text{-}C_6F_{13}$$

$$R = Me(CH_2)_5,\ MeO(CH_2)_2,\ HOCH_2,\ PhCH_2,\ HO(CH_2)_4$$

中国科学院上海有机化学研究所胡昌明等还发现，$SnCl_2$-Al[98] 和 $PbBr_2$-Al[99] 体系下全氟烷基卤化物能和 DMF 反应生成全氟烷基醛水合物；另外，超声波可促进该反应的进行[100]。反应式如下：

$$R_FX \xrightarrow[SnCl_2\text{-}Al\text{ 或 }PbBr_2\text{-}Al]{Me_2NCHO} R_FCH(OH)_2 \xrightarrow{P_2O_5} R_FCHO$$

$$R_F = Cl(CF_2)_n(n = 4,6,8),\ CF_3(CF_2)_n\ (n = 3,5,7);\ X = Cl,Br,I$$

研究发现 Cp_2TiCl_2-Fe 体系同样可催化全氟烷基卤化物与烯烃或炔烃之间的加成反应[101]，该反应具有反应条件温和、产率高等优点；值得注意的是对某些双烯烃化合物，该条件可实现对一个 C=C 的全氟烷基化。反应式如下：

$$H_2C{=}CH(CH_2)_4CH{=}CH_2 + R_FI \xrightarrow[50\sim60℃,8\sim15h]{Cp_2TiCl_2\text{-}Fe} R_FCH_2CHI(CH_2)_4CH{=}CH_2$$

$$R_F = ClC_4F_8,\ C_4F_9,\ (CF_2)_2CF,\ CF_2ClCF_2$$

Kitazume 等同样发现在超声波促进下，Cp_2TiCl_2-Zn 体系可实现全氟烷基碘化物对异戊二烯的选择性全氟烷基化[102]。反应式如下：

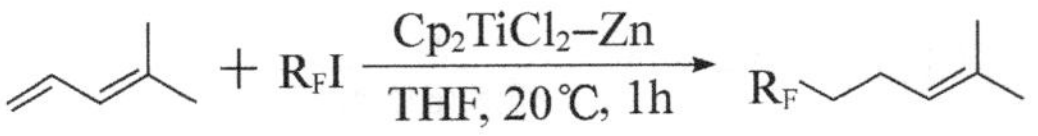

Cavallo-Solladie 等研究表明，在 $MnCl_2$-Na 或 AgBr-Li 体系下超声波可以促进全氟烷基卤化物和羰基化合物的反应[103]。例如，$MnCl_2$-Na 体系下，R_FX 和 CO_2 或醛反应可分别生成相应的全氟烷基羧酸或全氟烷基仲醇，在反应过程中金属 Na(Al)还原 $MnCl_2$(AgBr)产生金属 Mn(Ag)，后者再与 R_FX 反应生成活性中间体进一步和羰基化合物反应。

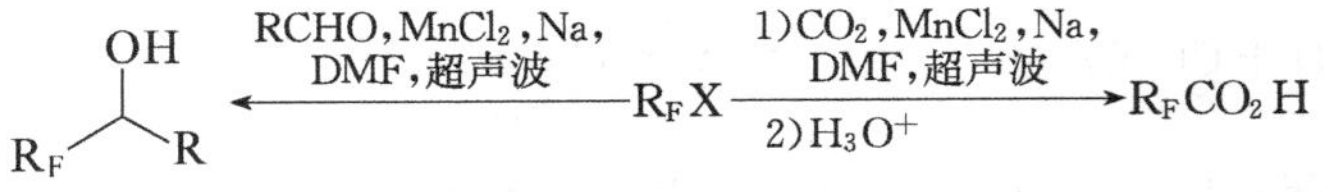

$R_F = CF_3, i\text{-}C_3F_7, n\text{-}C_4F_9, n\text{-}C_6F_{13}, n\text{-}C_8F_{17}$；X = I, Br

另外，也有研究发现 R_FI 同样能在 Zn-Cu 体系下与 CO_2 或 SO_2 反应生成相应的全氟烷基羧酸或全氟烷基磺酰化合物[104]。

$$R_FSO_2Cl \xleftarrow[\text{2) } Cl_2\text{, MeOH}]{\text{1) } SO_2\text{, DMSO}} R_FI \xrightarrow{CO_2\text{, Zn-Cu, DMSO}} R_FCO_2H$$

$$R_F = n\text{-}C_4F_9, n\text{-}C_6F_{13}, n\text{-}C_8F_{17}$$

大量研究表明：钴(Ⅱ)的吡啶络合物 $BrCo(dmgH)_2Py$-Zn 体系能有效地催化全氟烷基卤化物对烯烃、炔烃以及烯基醚的全氟烷基化反应[58d,69f,101a,105]。该催化体系特别适用于那些 C═C 双键或 C≡C 上带吸电子取代基的底物，如丙烯酸酯、丙炔酸酯以及 α,β-不饱和羰基化合物等；该反应通常在 EtOH 中进行，另外，向反应体系中加入 HCO_2NH_4 有利于反应产率的提高，这主要是由于 HCO_2NH_4 能有效地活化 Zn 表面。

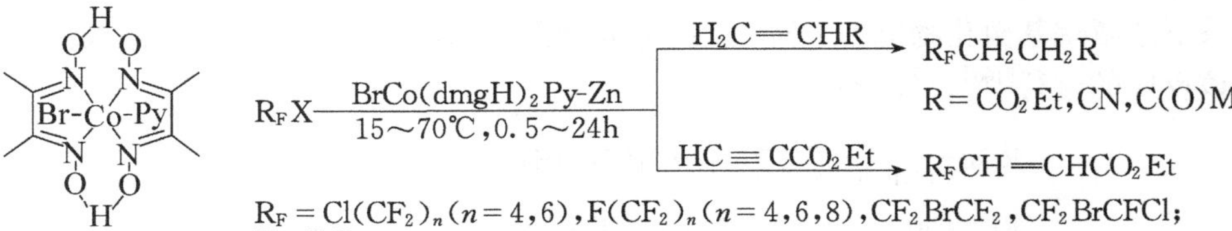

$R_F = Cl(CF_2)_n (n=4,6), F(CF_2)_n (n=4,6,8), CF_2BrCF_2, CF_2BrCFCl$；
X = I, Br

$BrCo(dmgH)_2Py$

镧系金属盐和金属 Zn 组成的催化体系同样能有效地催化全氟烷基碘化物对烯烃的全氟烷基化反应[37g,69a,69d,69f]。例如，以 THF 为溶剂，$YbCl_3$-Zn 体系可催化 R_FI 和 CH_2═CHR 之间的反应，以中等到良好的产率得到加成产物 $R_FCH_2CH_2R$[68a,69a~f]；$LaCl_3$-Zn 或 $SmCl_3$-Zn 体系能实现 R_FI 对 4,4-二乙氧羰基-1,6-庚二烯的全氟烷基化和环化反应[37g]。

$$R_FI + CH_2{=}CHR \xrightarrow[\text{THF, 6～10min}]{LnCl_3\text{-Zn}} R_FCH_2CH_2R \quad 58\%\sim95\%$$

$R_F = F(CF_2)_2, Cl(CF_2)_2$；

$R = CO_2Me, CH_2OAc, CH_2OH, CH_2P(O)(OEt)_2, n\text{-}C_6H_{13}$

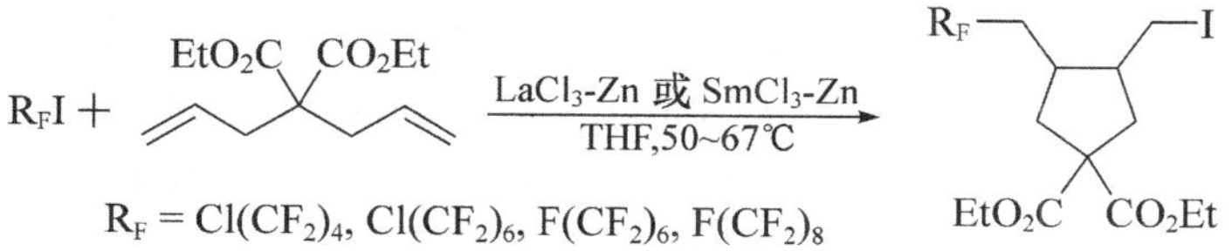

$R_F = Cl(CF_2)_4, Cl(CF_2)_6, F(CF_2)_6, F(CF_2)_8$

② 过渡金属络合物催化全氟烷基卤化物的反应。大量的过渡金属络合物同样可以催化全氟烷基卤化物的反应。Wilkinson 催化剂$(Ph_3P)_3RhCl$能有效地催化全氟烷基卤化物的反应[83a,106]。例如，全氟烷基碘化物在$(Ph_3P)_3RhCl$存在下和烯烃反应生成全氟烷基取代的碘化物，该反应具有反应条件温和、产率高以及化学选择性好等优点。另外，中国科学院上海有机化学研究所陈庆云研究发现在络合物$Ir(H)(CO)(PPh_3)_3$存在下，R_FI [$R_F = Cl(CF_2)_4$、$Cl(CF_2)_6$、$CF_3(CF_2)_3$]同样能与烯烃或炔烃反应[104a]，与炔烃反应时主要生成E式全氟烷基取代的烯烃产物。

$$R_FI + CH_2{=}CR_1R_2 \xrightarrow{(Ph_3P)_3RhCl} \underset{75\%\sim95\%}{R_FCH_2CR_1R_2I}$$

$R_F = Cl(CF_2)_4, F(CF_2)_6, Cl(CF_2)_2$；

$R_1 = n\text{-}C_5H_{11}, n\text{-}C_6H_{13}, n\text{-}Bu, Me_2CHCH_2, Et$；$R_2 = H, Me$

研究表明[86,88c,90,107]，$Pd(PPh_3)_4$同样可催化全氟烷基碘化物对烯烃或炔烃的全氟烷基化反应生成全氟烷基取代的碘化物或全氟烷基取代的烯基碘，该类反应以正己烷为溶剂。反应式如下：

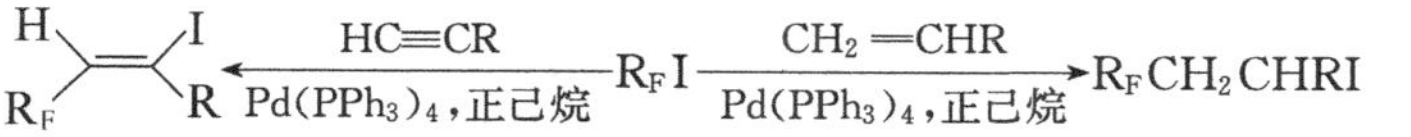

$R_F = CF_3(CF_2)_3, CF_3(CF_2)_2, CF_3(CF_2)_5$；

$R = (CH_2)_2OH, Ph, {}^nC_6H_{13}, SiMe_3, {}^nBu, CH_3SiMe_3, (CH_2)_2CO_2Me, CH_2OH$

Yagupolskii 等还发现在$Pd(PPh_3)_4\text{-}Et_3N$存在下，全氟烷基碘化物和烯基醚反应得到 *cis*-和 *trans*-全氟烷基取代的烯基醚混合物[108]。

$$R_FI + CH_2{=}CHOR \xrightarrow[\text{正己烷}]{Pd(PPh_3)_4\text{-}Et_3N} (E)\text{-}R_FCH{=}CHOR + (Z)\text{-}R_FCH{=}CHOR$$

$R_F = CF_3, C_3F_7, C_6F_{13}$；$R = H, {}^nBu$

另外，在$Pd(PPh_3)_4$存在下用R_FI处理烯基三烷基锡烷可顺利实现全氟烷基烯烃的合成，例如，以正己烷为溶剂，在$Pd(PPh_3)_4$存在下，C_4F_9I和$(E)\text{-}PhCH{=}CHSnBu_3{}^n$反应以68%的产率生成$(E)\text{-}PhCH{=}CHC_4F_9$[82c,109]。

$$C_4F_9I + (E)\text{-}PhCH{=}CHSnBu_3{}^n \xrightarrow[\text{回流，4min}]{Pd(PPh_3)_4\text{，正己烷}} \underset{68\%}{(E)\text{-}PhCH{=}CHC_4F_9}$$

Fuchikami 等发现[110]，$(Ph_3P)_2PdCl_2$ 催化 R_FI 和炔烃的反应生成烯炔、烯烃以及二炔的混合物。向反应体系中加入 CuI 共催化有利于烯炔产率的提高，$CHCl_3$-EtOH(5∶1)是该反应合适的溶剂。另外，Fuchikami 等还发现[110]，在 K_2CO_3 存在下，$(Ph_3P)_2PdCl_2$ 能有效催化全氟烷基卤化物和烯丙醇以及烯丙胺的反应，以中等到良好的产率生成全氟烷基取代的环氧化合物或全氟烷基取代的吖丙啶化合物。

$$R_FI + 2HC{\equiv}CR \xrightarrow[CHCl_3\text{-}EtOH]{(Ph_3P)_2PdCl_2,\ CuI} R_FCH{=}C(R)C{\equiv}CR + R_FCH{=}CHR + (RC{\equiv}C)_2$$

$R_F = n\text{-}C_8C_{17}, n\text{-}C_3F_7$；$R = n$-Bu, $SiMe_3$

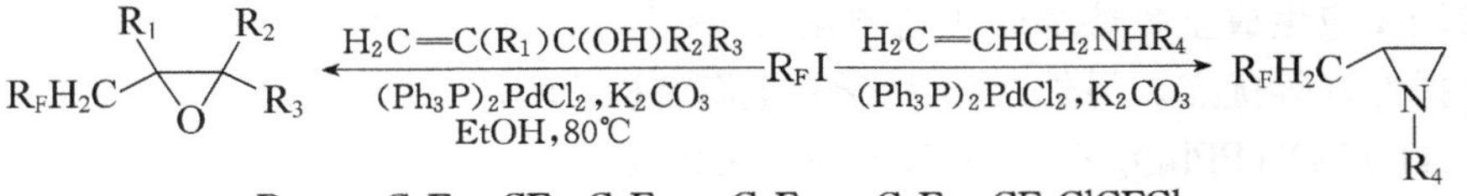

$R_F = n\text{-}C_8F_{17}, CF_3, C_2F_5, n\text{-}C_4F_9, n\text{-}C_6F_{13}, CF_2ClCFCl$；

$R_1 = H$；$R_2 = H, Me$；$R_3 = H, Me, n\text{-}C_6H_{13}$；$R_4 = H, Ph$

周其林和黄耀曾研究表明 $Ni(PPh_3)_4$ 能催化全氟烷基卤化物对芳香化合物的全氟烷基化反应[111]。例如，以二噁烷为溶剂、在 $Ni(PPh_3)_4$ 催化下苯胺和 $Cl(CF_2)_nI$ 反应生成 1-氟烷基取代苯胺和 4-氟烷基取代苯胺，产率分别为 45%和 40%。

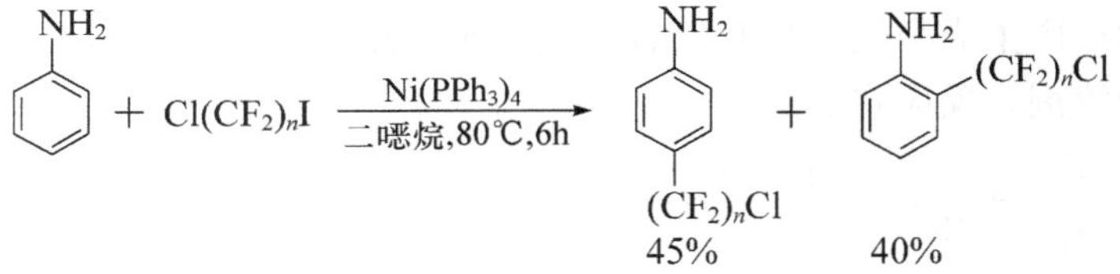

许多Ⅷ族过渡金属的羰基络合物同样是全氟烷基卤化物和烯烃、炔烃、烯基醚以及芳香族化合物反应有效的催化剂[101d,112,113]。例如，在$[CpFe(CO)_2]_2$ 催化下，R_FI 和 $CH_2{=}CHR$ 反应生成 $R_FCH_2CH_2R$、R_FI 还是二氢吡喃产物，与溶剂有大的关系[112d]；在 $Fe_3(CO)_{12}$ 存在下 R_FI 和三烷基烯丙基硅烷反应以中等到良好的产率得到三烷硅基被氟烷基取代的产物[113a~b]；$Fe(CO)_5$ 可催化 R_FI 和 $CH_2{=}CHR$ 反应生成 R_FCH_2CHIR[113c]。

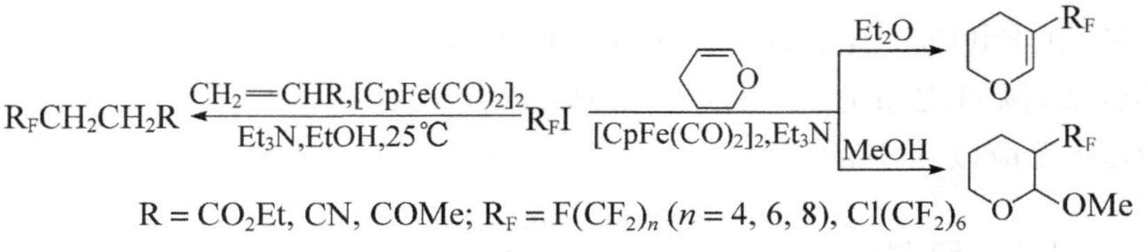

$$R_FCH_2CHIR \xleftarrow[Fe(CO)_5,DMF]{CH_2=CHR} R_FI \xrightarrow[Fe_3(CO)_{12},60℃,12h]{CH_2=CHCH_2SiMe_3} R_FCH_2CH=CH_2 \quad 40\%\sim85\%$$

$R = n\text{-}Bu, CO_2Me$;

$R_F = (CF_3)_2CFCF=CFCF_2, NCCF_2, MeCO_2CF_2, C_3F_7, CF_3(CF_2)_4CF_2, (CF_3)_2CFOCF_2CF_2, FSO_2CF_2CF_2$

$R_F = n\text{-}C_3F_7, n\text{-}C_8F_{17}, CF_2CF_2Br, CFClCF_2Br, CFClCF_2Cl, CHFCF_2Cl$

Krespon 等报道羰基镍可有效地催化全氟烷基卤化物和 α-氯代全氟酮的反应[114]，生成 α-氯代全氟酮中氯原子被全氟烷基取代的产物。另外，以 MeCN 为溶剂用 $Ni(CO)_4$ 处理全氟烷基碘化物或全氟烯丙基碘得到全氟烷基底物二聚产物或环化产物[113a]，该反应是一个放热反应，反应可能涉及 $R_FNiI(MeCN)_2$ 中间体。

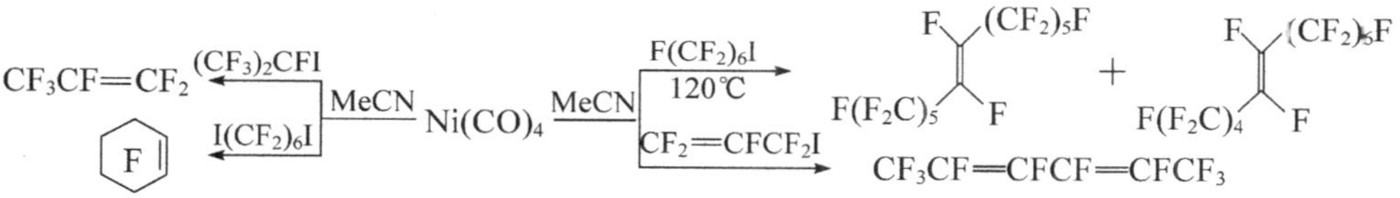

2) 氧化还原体系下全氟烷基卤化物的反应

在众多氧化还原体系下，全氟烷基卤化物和不饱和有机化合物的反应同样得以研究，反应机理主要通过还原全氟烷基卤化物产生自由基阴离子。例如，在氧化剂 $Pb(OAc)_4$ 存在下二氟二碘甲烷和烯烃或炔烃反应生成氟烷基碘化物或烯基碘[115]。

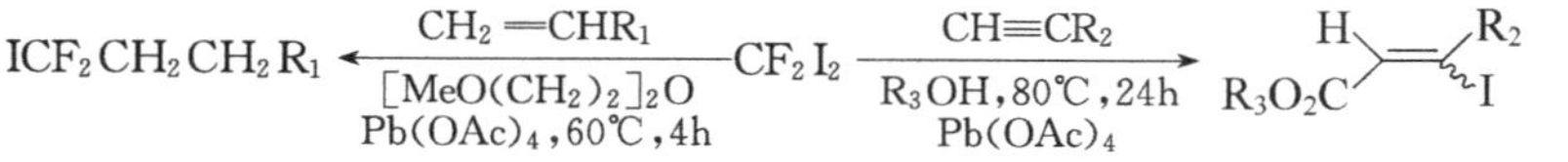

另外，Calo 等报道 $KMnO_4$ 同样可引发全氟烷基碘化物对烯烃的全氟烷基化反应，该反应以 $MeCN\text{-}H_2O$ 为溶剂在 80℃下进行[116]。

$$CH_2=CHR + R_FI \xrightarrow[MeCN\text{-}H_2O]{KMnO_4} R_FCH_2CHIR$$

研究发现，一些铈(Ⅳ)盐[如 $Ce(SO_4)_2 \cdot 4H_2O$、$(NH_4)_2Ce(NO_3)_6$]能有效地引发全氟烷基卤化物对烯烃或炔烃的全氟烷基化反应[117]。在极性溶剂(如 DMF、DMSO)或质子性溶剂(MeOH)中，$Ce(SO_4)_2 \cdot 4H_2O$ 引发 R_FX 和 $RCH=CH_2$ 反应，以中等到良好的产率得到 $RCHICH_2R_F$，该反应需在 80℃下进行。

$$R_FX + RCH=CH_2 \xrightarrow[DMF 或 MeOH, 80℃, 8h]{Ce(SO_4)_2 \cdot 4H_2O} RCHICH_2R_F \quad 30\%\sim86\%$$

$R_F = Cl(CF_2)_4, Cl(CF_2)_6, CF_3(CF_2)_5, BrCF_2$; $X = I, Br$;

$$R = n\text{-Bu}, CH_2OH, n\text{-}C_6H_{13}, n\text{-}C_8H_{17}, n\text{-}C_9H_{19}, n\text{-}C_{10}H_{21},$$
$$Me_3Si, CH_2OCH{=}CH_2, n\text{-}C_{14}H_{29}$$

而在 $Ce(SO_4)_2 \cdot 4H_2O$ 存在下 R_FX 和炔 $RC{\equiv}CH$ 反应则需更高的温度和更长的反应时间生成 $RIC{=}CHR_F$（E 式为主）。

$$R_FI + HC{\equiv}CR \xrightarrow[\text{DMF}, 120℃, 18\sim20h]{Ce(SO_4)_2 \cdot 4H_2O\ 或\ (NH_4)_2Ce(NO_3)_6} \underset{48\%\sim76\%}{R_FCH{=}CRI}$$

$$R_F = Cl(CF_2)_4, Cl(CF_2)_6, CF_3(CF_2)_5;$$
$$R = n\text{-Bu}, CH_2OH, n\text{-}C_6H_{13}, n\text{-}C_7H_{15}, CH_2OMe$$

另外，铈(Ⅳ)盐与 $NaHCO_3$ 或 $NaHSO_3$ 组成的反应体系一样可以引发全氟烷基碘化物的反应[116,117]。如以 MeCN 为溶剂，用[$(NH_4)_2Ce(NO_3)_6$]-$NaHSO_3$ 体系处理 R_FI 以 70%～88%的产率得到 R_FSO_2Na；Ce(Ⅳ)-$NaHCO_3$ 体系同样可催化全氟烷基碘化物和烯烃反应高产率地生成相应的加成产物[105e,118]。研究还发现，Fe(Ⅲ)-$NaHSO_3$ 体系也可以催化类似的反应，如 $K_2[Fe(CN)_6]$是全氟烷基碘化物对烯烃进行全氟烷基化反应有效的引发剂[66d]。

$$R_FI \xrightarrow[\text{MeCN}, 70℃]{(NH_4)_2Ce(NO_3)_6, NaHSO_3} \underset{70\%\sim88\%}{R_FSO_2Na}$$

$$R_F = CF_3(CF_2)_5, H(CF_2)_4, Cl(CF_2)_n (n=4,6,8),$$
$$I(CF_2)_n (n=4,6), NaO_2S(CF_2)_2O(CF_2)_n (n=2,4)$$

研究表明，一些过氧化物如 $Na_2S_2O_8$、$(NH_4)_2S_2O_8$ 以及 H_2O_2 等同样能有效地引发全氟烷基卤化物的反应[45b,63c,98,99a,116,119～121]。以 MeCN-H_2O 为溶剂在 $Na_2S_2O_8$ 或 $(NH_4)_2S_2O_8$ 存在下，R_FI 和不同类型的烯烃（包括环己烯和环戊烯）反应高产率地生成相应的加成产物；值得指出的是，α-氯代-ω-碘代全氟烷烃在 $(NH_4)_2S_2O_8$-HCO_2Na 体系存在下和烯烃反应时反应位点能选择性涉及 C—I 键得到加成产物。

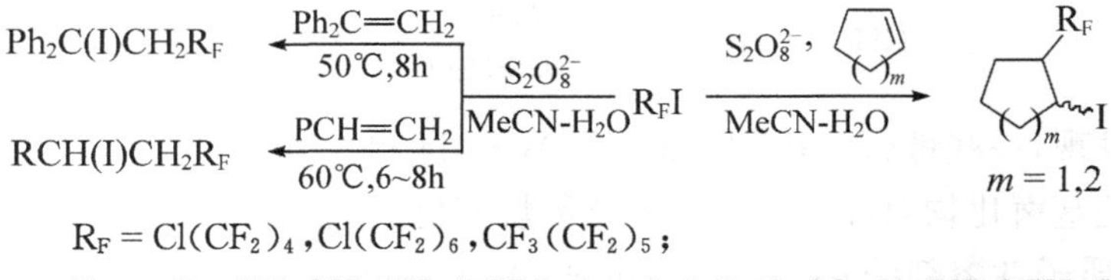

$$R_F = Cl(CF_2)_4, Cl(CF_2)_6, CF_3(CF_2)_5;$$
$$R = n\text{-Bu}, CH_2OH, CH_3(CH_2)_n (n=5,7,8,9), Me_3Si, CH_2OCH_2CH{=}CH_2$$

Baciocchi 等研究了 DMSO 溶剂中 H_2O_2-$FeSO_4$ 体系下 R_FI 和吲哚、吡咯及其衍生物的反应，反应以 30%～78%的产率生成 C2 位全氟烷基取代的吡咯化合物或全氟烷基取代的吲哚[122]。吡咯底物 N 上有无 Me 取代对反应没有大的影响，如 N-甲基-2-甲羰基-吡咯和 2-甲氧羰基-吡咯与 $CF_3(CF_2)_2I$ 反应分别以 71%和

73%的产率得到底物 C4 位全氟正丙基取代的产物。

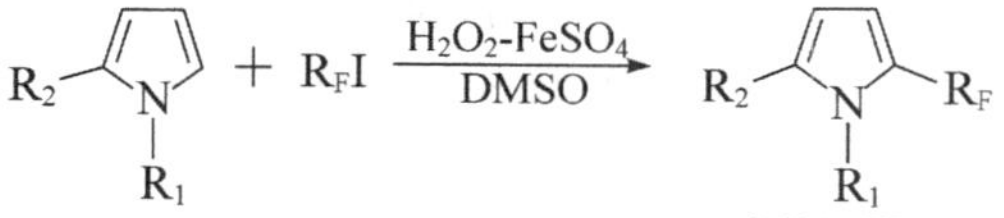

36%~78%

$R_1 = H, Me$; $R_2 = H, CHO, CO_2Me$;

$R_F = CF_3(CF_2)_n (n = 2, 3), (CF_3)_2CF$

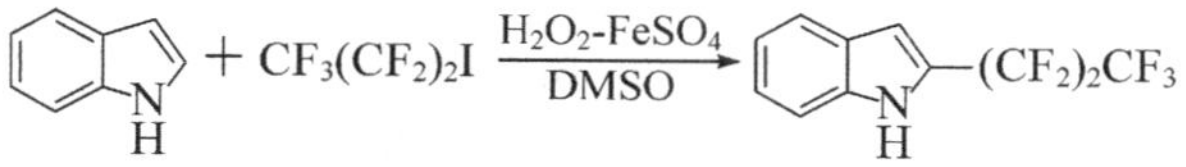

30%

大量研究还表明,^{t}BuOOH-Fe(OAc)$_2$OH、(PhCOO)$_2$、Me_2CO-H_2O_2、Me_2SO-H_2O_2-Fe^{2+}、^{t}BuOOH-HOAc 等体系同样可引发全氟烷基卤化物对烯烃或芳烃的全氟烷基化反应[123~125]。反应首先涉及过氧化物产生的自由基和全氟烷基卤化物反应生成全氟烷基自由基,后者再进一步与烯烃、炔烃或芳香化合物反应。例如,在^{t}BuOOH-HOAc 存在下 R_FI 和烯烃反应以良好的产率生成全氟烷基取代的碘化物[124];^{t}BuOOH-Fe^{3+} 或 Me_2SO-H_2O_2-Fe^{2+} 体系引发全氟丁基碘对芳烃全氟烷基化得到全氟丁基取代的芳烃产物[125]。

$$RHC{=}CH_2 + R_FI \xrightarrow[\text{回流,6h}]{^t\text{BuOOH-HOAc}} RHC(I)CH_2R_F \quad 71\% \sim 86\%$$

$R = n\text{-}C_4H_9, n\text{-}C_6H_{13}, Me_3C$; $R_F = n\text{-}C_4F_9, n\text{-}C_8F_{17}$

$$ArH + n\text{-}C_4F_9I \xrightarrow[\text{或 } H_2O_2\text{-}Me_2SO\text{-}Fe^{2+}]{\text{BuOOH-}Fe^{3+}} Ar{-}^nC_4F_9$$

二、氟烷基磺酰叠氮

氟烷基磺酰叠氮 $R_FSO_2N_3$ 是一类重要的含氟砌块,具有易于制备、反应活性高、选择性好、适用底物广、产率高等优点,通过与氮、磷及碳亲核试剂反应可将氟烷基引入有机化合物[126,127]。

1. 氟烷基磺酰叠氮 $R_FSO_2N_3$ 的制备

磺酰叠氮化合物一般由 N_3^- 亲核取代相应的磺酰卤素化合物制备[128],该种方法同样适用于氟烷基磺酰叠氮化合物。归纳起来,文献报道合成氟烷基磺酰叠氮化合物主要有两种方法,一是由相应的氟烷基磺酰卤素或氟烷基磺酸酐和叠氮化钠反应制得[129,130];二是以 DMSO 为溶剂,氟烷烃亚砜氯和叠氮化钠反应,同时

DMSO 作为氧化剂使亚砜氧化为磺酰叠氮[131,132]。

按照第一种方法，一系列氟烷烃磺酰卤 **2** 和叠氮化钠 **3** 在甲醇中反应能以良好的产率制备氟烷基磺酰叠氮化合物 **1a～1l**。氟烷基磺酰叠氮大多为无色透明液体，但全氟辛基磺酰叠氮 **1e** 为白色固体；另外全氟取代的氟烷基磺酰叠氮 **1c～1e** 为无异味液体，但多氟取代的叠氮化合物却都具有强烈的刺激性气味。

$$\underset{\mathbf{2}}{R_FSO_2X} + \underset{\mathbf{3}}{NaN_3} \xrightarrow[0℃至\ r.t.]{MeCN\ 或\ MeOH} \underset{\mathbf{1a\sim1l}}{R_FSO_2N_3} + NaX$$

a：$R_F = HCF_2$ 80%；**b**：$R_F = CF_3$ 70%；**c**：$R_F = C_4F_9$ 64%；**d**：$R_F = C_6F_{13}$ 44%；
e：$R_F = C_8F_{17}$ 69%；**f**：$R_F = IC_2F_4OC_2F_4$ 64%；**g**：$R_F = ClC_2F_4OC_2F_4$ 65%；
h：$R_F = HC_2F_4OC_2F_4$ 51%；**i**：$R_F = I(C_2F_4)_3OC_2F_4$ 79%；**j**：$R_F = Cl(C_2F_4)_4OC_2F_4$ 64%；
k：$R_F = Me_2CHOCOCF_2$（产率未报道）；**l**：$R_F = MeO_2CC_2F_4$（产率未报道）

除了上述合成方法外，三氟甲基磺酰叠氮 **1b** 的另一制备方法是三氟甲基磺酸酐 **4** 和叠氮化钠在 CH_2Cl_2 和 H_2O 的混合体系中反应[133～135]。值得指出的是三氟甲基磺酰叠氮是一种较为危险的试剂，其沸点较低（b. p. 80～81℃/1atm）[136]，室温下其纯净态稍微振荡即可引起爆炸，所以一般是以其溶液状态低温保存的，其乙腈溶液在 4℃可以保存一周。

$$\underset{\mathbf{4}}{Tf_2O} + NaN_3 \xrightarrow[0℃]{CH_2Cl_2\text{-}H_2O} \underset{\mathbf{1b}}{CF_3SO_2N_3} + CF_3SO_3Na$$

由于受到吸电子基团的活化作用，全氟及多氟烷基磺酰叠氮是一种较为活泼的化合物，其受热或遇光会缓慢分解，而且会缓慢潮解。其稳定性同不含氟的有机叠氮化合物具有类似规律，即叠氮基团在整个分子中的质量比值越大越易爆炸[137]。Krespan 在研究氟烷基叠氮化合物的稳定性时，其实验结果也证明了这个规律，即氟烷烃链越长，其爆炸所需的温度就愈高[138]。

2. 氟烷基磺酰叠氮 $R_FSO_2N_3$ 的反应

1）$R_FSO_2N_3$ 与含氮化合物的反应

中国科学院上海有机化学研究所朱士正详细地研究了 $R_FSO_2N_3$ 和吡啶化合物的反应[139]。他发现氟烷基磺酰叠氮 **1** 能和吡啶化合物 **5** 反应生成含有氮氮键的吡啶叶立德产物 **6** 和氟烷基磺酰胺 **7**。吡啶、3-甲基吡啶、3，5-二甲基吡啶及 2-甲氧基吡啶都能顺利地反应得到相应的吡啶叶立德产物。

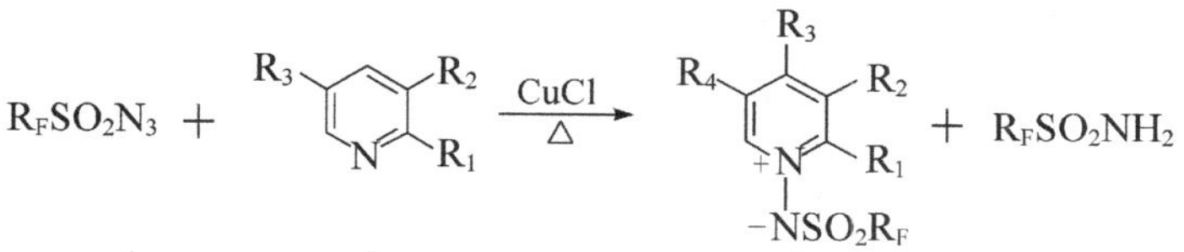

1　5　6　7

氟烷基磺酰叠氮与吡啶反应牵涉氮宾中间体，这从两方面可得以证实：一是该反应与吡啶的浓度关系不大，假如是先发生亲核进攻的话，其反应速率应与吡啶的浓度相关；另外，CuCl 对该反应有催化作用，CuCl 的存在可以降低该反应的温度，一般情况下铜及铜盐可以促进叠氮化合物分解成氮宾[140,141]。叠氮化合物首先热裂解脱除一分子氮气生成相应缺电子的活泼氮宾 **8**，然后被吡啶环上具有孤对电子的氮原子捕获生成具有氮氮键的吡啶叶立德产物 **6**[139]。

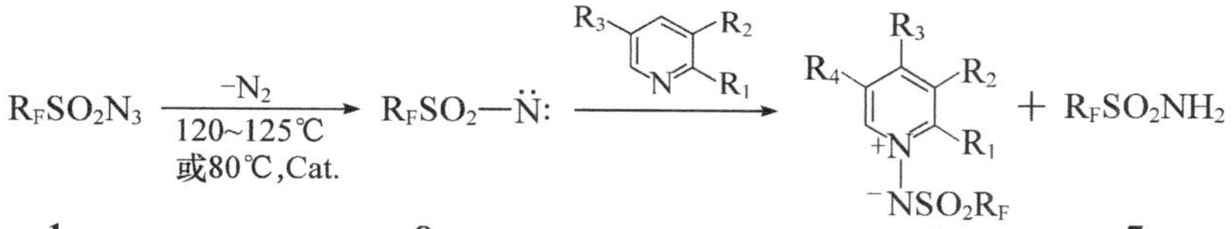

1　8　6　7

胺具有比吡啶更强的亲核性，因此它们同氟烷基磺酰叠氮的反应也得以研究。氟烷基磺酰叠氮与一级胺的反应早在 20 世纪 70 年代便得以研究[142,143]。在室温和弱碱的作用下，三氟甲基磺酰叠氮可以和许多种类的一级胺作用，发生重氮转移反应使一级胺转变成相应的叠氮化合物 **9** 和 **10**。在此类反应中如果用 TsN_3 替代氟烷基磺酰叠氮，则必须先用强碱把一级胺变成胺负离子，然后胺负离子才有足够强的亲核能力去反应，这在一定程度上也体现了氟烷基磺酰叠氮的优越性。

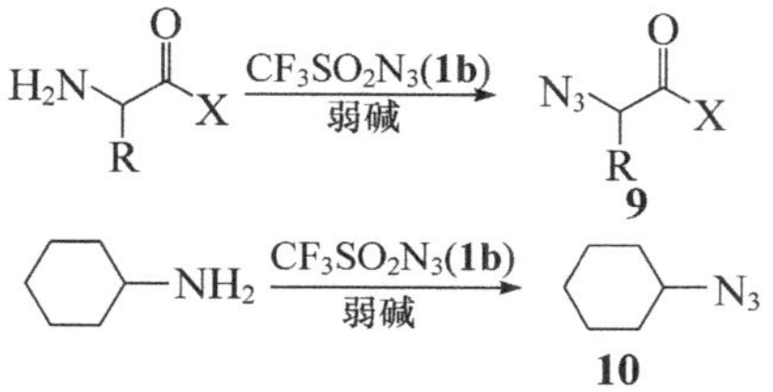

9

10

然而研究发现氟烷基磺酰叠氮 $R_FSO_2N_3$ 和三级胺(Et_3N)反应则生成亚胺化合物 **11**[144]。反应在 0℃或室温下进行，溶剂的极性对该反应的速率有较大的影响，但反应的产率无明显改变。研究表明，以正己烷或乙醚为溶剂时反应最慢，以乙腈作溶剂时反应较快。

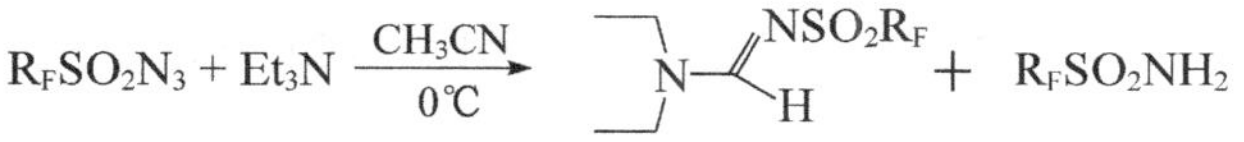

$R_F = C_4F_9$(**1c**);$IC_2F_4OC_2F_4$(**1f**)　**11** (9%~17%)　46%~69%

氟烷基磺酰叠氮和三乙胺的反应机理涉及单电子转移(SET)过程[144]。三乙胺亲核进攻叠氮化合物，其氮上的孤电子转移出一个电子从而形成一个$[R_FSO_2N_3^{\cdot-}\ TEA^{\cdot+}]$紧密自由基离子对**12**；接着$R_FSO_2N_3^{\cdot-}$释放出一分子$N_2$并从$TEA^{\cdot+}$攫氢而形成$[R_FSO_2N\cdot Et_2NH_2\cdot CH_3]$自由基对**13**，随后$R_FSO_2N\cdot$再从$Et_2NH_2\cdot CH_3$上攫氢，最终生成$R_FSO_2NH_2$和烯胺化合物**14**；现场生成的烯胺$Et_2N—CH═CH_2$和叠氮发生1,3-偶极加成反应而形成*N*-氟烷砜基取代的三氮唑中间体**15**，后者脱除一分子CH_2N_2最终得到产物**11**。

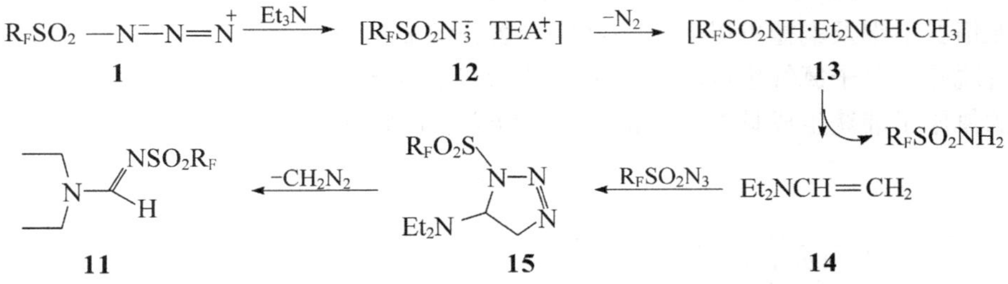

2) $R_FSO_2N_3$和烯醇硅醚类化合物的反应

早在20世纪70年代，Wohl等就首次报道了叠氮化合物和环状烯醇硅醚的反应[145]，结果以中等产率得到一缩环的酰胺产物。不同类型的叠氮化合物同烯醇硅醚反应会经历不同的反应途径[146~148]。

研究表明，$R_FSO_2N_3$和烯基硅醚类化合物**16**能在0℃下顺利反应，反应在6～8h内即可结束，以较好的产率生成α-胺基酮化合物**17**[149]。反应中无相应的磺酰胺生成，证明此反应非氮宾机理。

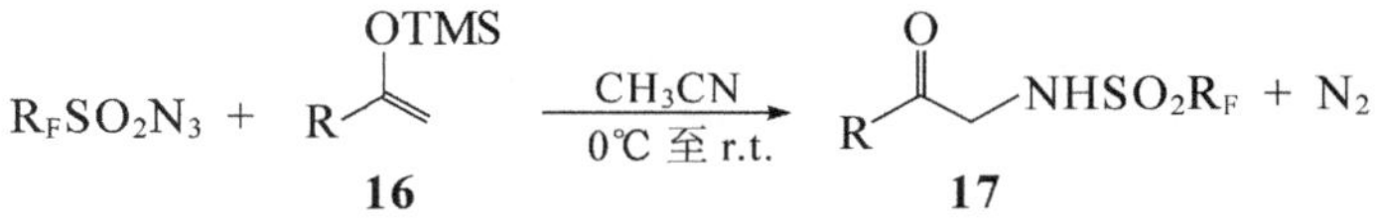

a：$R_F=CF_3$，R=*t*-Bu 79%；**b**：$R_F=C_8F_{17}$，R=*t*-Bu 73%

c：$R_F=IC_2F_4OC_2F_4$，R=*t*-Bu 93%；**d**：$R_F=ClC_2F_4OC_2F_4$，R=*t*-Bu 91%

e：$R_F=HC_2F_4OC_2F_4$，R=*t*-Bu 92%；**f**：$R_F=CF_3$，R=Ph 28%

g：$R_F=C_8F_{17}$，R=Ph 81%；**h**：$R_F=IC_2F_4OC_2F_4$，R=Ph 87%

i：$R_F=ClC_2F_4OC_2F_4$，R=Ph 75%；**j**：$R_F=HC_2F_4OC_2F_4$，R=Ph 66%

有趣的是，$R_FSO_2N_3$和环状烯醇硅醚的反应产物和环的大小有关系[149]。当环己烯基硅醚**18**作底物时，产物为五元环酰胺化合物**19**；当环辛烯基硅醚**20**为底物时，除生成*N*-氟烷砜基取代的α-氨基酮产物**21**外，还分离到七元环酰胺化合物**22**。

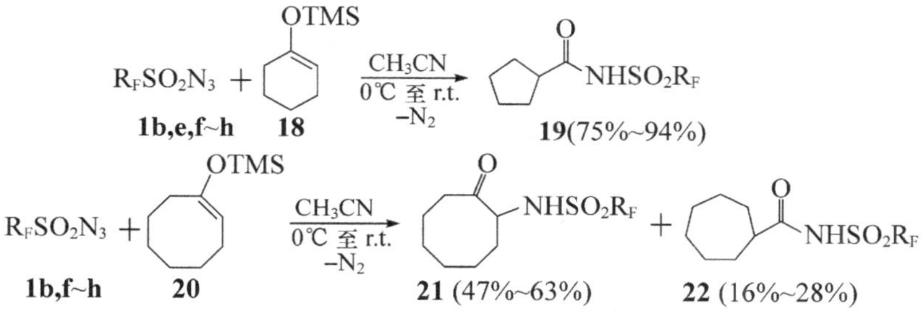

参 考 文 献

1. (a) Umemoto, T. *Chem. Rev.* **1996**, *96*, 1757. (b) Umemoto, T. In: Soloshonok, V. A. ed. *Fluorine-Containing Synthons*, 2-15, ACS Symposium Series 911., Washington, DC. American Chemical Society, **2005**. (c) Wakselman, C.; Lantz, A. *Perfluoroalkyl bromides and iodides*. In: *Organofluorine Chemistry*: Banks, R. E.; Smart, B. E. and Tatlow, J. C ed. *Principles and Commercial Applications*. New York and London: Plenum Press, **1994**, 177. (d) Furin, G. G. *Russ. Chem. Rev.* **2000**, *69*, 491.
2. Barbour, A. K. In: Banks, R. E ed. *Organofluorine Chemicals and Their Industrial Application*. Chichester: Ellis Horwood, **1979**, 44.
3. Fielding, H. C. In: Banks, R. E ed. *Organofluorine Chemicals and Their Industrial Application*. Chichester: Ellis Horwood, **1979**, 214.
4. (a) Filler, R. K. In: Banks, R. E ed. *Organofluorine Chemicals and Their Industrial Application*. Chichester: Ellis Horwood, **1979**, 123. (b) Newbold, G. T. In: Banks, R. E ed. *Organofluorine Chemicals and Their Industrial Application*. Chichester: Ellis Horwood, **1979**, 169.
5. Iseki, K. *Tetrahedron* **1998**, *54*, 13887.
6. Banus, J.; Emeléus, H. J.; Haszeldine, R. N. *J. Chem. Soc.* **1951**, 60.
7. (a) Wakselman, C.; Kaziz, C. *J. Fluorine Chem.* **1986**, *33*, 347. (b) Everett, T. S. *J. Chem. Educ.* **1987**, *64*, 143.
8. (a) Tarrant, P. *J. Fluorine Chem.* **1984**, *25*, 69. (b) Haszeldine, R. N. *J. Fluorine Chem.* **1986**, *33*, 307. (c) Deev, L. E.; Nazarenko, T. I.; Pashkevich, K, I.; Ponomarev, V. G. *Russ. Chem. Rev.* **1992**, *61*, 40.
9. Barbour, A. K. in: *Organofluorine Chemicals and Their Industrial Application*, Banks, R. E. eds, Ellis Horwood, **1979**, 44.
10. Long, D. M.; Higgins, C. B.; Mattrey, R. F.; Mitten, R. M.; Multer, F. K.; Sharts, C. M.; Shellhamer, D. F. in: *Preparation, Properties and Industrial Application of Organofluorine Compounds*, Banks, R. E. ed, Ellis Horwood, Chichester, **1882**, p139.
11. Drivon, G.; Durual, P.; Gurtner, B.; Lantz, A. *Eur. Pat.* 298870, 1989-01-11.
12. Bar, D. A.; Haszeldine, R. N. *J. Chem. Soc.* **1957**, 30.

13. Huested, D. R.; Kohlhase, W. L. *J. Am. Chem. Soc.* **1954**, *76*, 5141.
14. Johri, K. K.; DesMarteau, D. D. *J. Org. Chem.* **1981**, *46*, 5081.
15. Loree, L. A. *U. S. Pat.* 3456024, 1969-7-15.
16. Krespan, C. G. *J. Org. Chem.* **1958**, *23*, 2016.
17. Tordeux, C. G.; Wakselman, C. *Eur. Pat.* 266281, 1988-05-04.
18. Naumann, D.; Tyrra, W.; Kock, B.; Rudolph, W.; Wilkes, B. *Eur. Pat.* 291860, 1989-11-23.
19. Chen, Q. Y.; Su, D. B.; Yang, Z. Y.; Zhu, R. X. *J. Fluorine Chem.* **1987**, *36*, 483.
20. (a) Uneyama, K.; Watanabe, K. *Tetrahedron Lett.* **1991**, *32*, *1459*. (b) Shi, G.; Xu, Y. *J. Chem. Soc., Chem. Commun.* **1989**, 607. (c) Jiang, B.; Xu, Y. *J. Org. Chem.* **1991**, *56* 7336. (d) Konno, T.; Umetani, H.; Kitazume, T. *J. Org. Chem.* **1997**, *62*, 137. (e) Hudlicky, M. *Chemistry of Organofluorine Compounds*, New York: Wiley **1976**; (f) El Soueni, A.; Tedder, J. M.; Walton, J. C. *J. Fluorine Chem.* **1981**, *17*, 51. (g) El Soueni, A.; Tedder, J. M.; Walton, J. C. *J. Chem. Soc., Faraday Trans. 1* **1981**, 77, 89. (h) Tordeux, M.; Wakselman, C. *Tetrahedron* **1981**, *37*, 315. (i) Kimoto, H.; Fujii, S.; Cohen, L. A. *J. Org. Chem.* **1982**, *47*, 2867. (j) Kimoto, H.; Fujii, S.; Cohen, L. A. *J. Org. Chem.* **1984**, *49*, 1060. (k) Akiyama, T.; Kato, K.; Kajitani, M.; Sakaguchi, Y.; Nakamura, J.; Hayashi, H.; Sugimori, A. *Bull. Chem. Soc. Jpn.* **1988**, *61*, 3531.
21. (a) Haszeldine, R. N.; Steele, B. R. *J. Chem. Soc.* **1952**, 1199. (b) van Dyke Tiers, G. *J. Org. Chem.* **1962**, *27*, 2261.
22. Chambers, R. D.; Hutschinson, J.; Mobbs, R. H.; Musgrave, W. K. R. *Tetrahedron* **1964**, *20*, 497.
23. (a) Haszeldine, R. N.; Keen, D. W.; Tipping, A. E. *J. Chem. Soc., C* **1970**, 414. (b) Jeanneaux, F; Le Blanc, M.; Cambon, A.; Guion, J. *J. Fluorine Chem.* **1974**, *4*, 261. (c) Gregory, R.; Haszeldine, R. N.; Tipping, A. E. *J. Chem. Soc., C* 1971, 1216. (d) Brace, N. O. *J. Org. Chem.* **1972**, *37*, 2429.
24. Calas, P.; Moreau, P.; Commeyras, A. *J. Chem. Soc., Chem. Commun.* **1982**, 433.
25. Calas, P.; Moreau, P.; Commeyras, A. *J. Electroanal. Chem.* **1978**, *89*, 373.
26. Chen, Q.-Y.; Chen, M. F. *Chin. J. Chem.* **1991**, *9*, 186.
27. (a) Brace, N. O. *J. Org. Chem.* **1962**, *27*, 3033. (b) Brace, N. O. *J. Org. Chem.* **1966**, *31*, 2879. (c) Brace, N. O. *U. S. Pat.* 3145222, 1964-08-18. (d) Brace, N. O. *J. Org. Chem.* **1963**, *28*, 3093. (e) Brace, N. O. *J. Fluorine Chem.* **1982**, *20*, 313. (f) Brace, N. O. *J. Fluorine Chem.* **1999**, *96*, 101. (g) Napoli, M.; Fraccaro, C.; Conte, L.; Gambaretto, G. P.; Legnaro, E. *J. Fluorine Chem.* **1992**, *57*, 219.
28. Brace, N. O. *J. Org. Chem.* **1962**, *27*, 3027.
29. Yoshida, M.; Kamigata, N.; Sawada, H.; Nakayama, M. *J. Fluorine Chem.* **1990**, *49*, 1.

30. (a) Boiko, V. N.; Dashevskaya, T. A.; Shchupak, G. M.; Yagupol'skii, L. M. *Zh. Org. Khim.* **1969**, *15*, 396. (b) Popov, V. I.; Boiko, V. N.; Yagupolskii, L. M. *J. Fluorine Chem.* **1982**, *21*, 365. (c) Ignat'ev, N. V.; Boiko, V. N.; Yagupol'skii, L. M. *Zh. Org. Khim.* **1985**, *21*, 653. (d) Ignatiev, N. V.; Boiko, V. N.; Yagupolskii, L. M. *J. Fluorine Chem.* **1985**, *29*, 210. (e) Boiko, V. N.; Shchupak, G. M.; Ignat'ev, N. V.; Yagupol'skii, L. M. *Zh. Org. Khim.* **1979**, *15*, 1245. (f) Boiko, V. N.; Shchupak, G. M.; Yagupol'skii, L. M. *Zh. Org. Khim.* **1977**, *13*, 1057. (g) Kondratenko, N. V.; Popov, V. I.; Boiko, V. N.; Yagupol'skii, L. M. *Zh. Org. Khim.* **1977**, *13*, 2235. (h) Voloshchuk, V. G.; Boiko, V. N.; Yagupol'skii, L. M. *Zh. Org. Khim.* **1977**, *13*, 2008. (i) Boiko, V. N.; Shchupak, G. M. *J. Fluorine Chem.* **1994**, *69*, 207.

31. (a) Haley, B.; Haszeldine, R. N.; Hewitson, B.; Tipping, A. E. *J. Chem. Soc., Perkin Trans. 1* **1976**, 525. (b) Koshechko, V. G.; Kiprianova, L. A.; Fileleeva, L. I. *Tetrahedron Lett.* **1992**, *33*, 6677. (c) Koshechko, V. G.; Kiprianova, L. A.; Fileleeva, L. I.; Tsanov, K. D. *J. Fluorine Chem.* **1999**, *96*, 163. (d) Andrieux, C. P.; Gelis, L.; Saveant, J.-M. *J. Am. Chem. Soc.* **1990**, *112*, 786. (e) Koshechko, V. G.; Kiprianova, L. A.; Fileleeva, L. I.; Roshkova, Z. Z. *J. Fluorine Chem.* **1995**, *70*, 277. (f) Chen, Q.-Y.; Chen, M.-J. *J. Fluorine Chem.* **1991**, *51*, 21.

32. Joglekar, B.; Miyake, T.; Kawasw, R.; Shibata, K.; Muramatsu, H.; Matsui, M. *J. Fluorine Chem.* **1995**, *74*, 123.

33. (a) Dvorak, D.; Neugebauerova, E.; Liska, F.; Ludvik, J. *Collect. Czech. Chem. Commun.* **1998**, *63*, 378. (b) Chen, Q.-Y.; Qiu, Z.-M. *J. Chem. Soc., Chem. Commun.* **1987**, 1240. (c) Chen, Q.-Y.; Qiu, Z.-M. *Youji Huaxue* **1987**, 44. (d) Wakselman, C.; Tordeux, M. *J. Org. Chem.* **1985**, *50*, 4047. (e) Cheng, L. T.; Feiring, A. E. *WO PCT*. 9108198, 1991-06-13.

34. (a) Uneyama, K.; Kitagawa, K. *Tetrahedron Lett.* **1991**, *32*, 3385. (b) Uneyama, K.; Kanai, M. *Tetrahedron Lett.* **1991**, *32*, 7425. (c) Uneyama, K.; Kitagawa, K. *Tetrahedron Lett.* **1991**, *32*, 375.

35. (a) Eur. P. 374061, **1991**. (b) Wakselman, C.; Tordeux, M.; Clavel, J.-L.; Langlois, B. *J. Chem. Soc., Chem. Commun.* **1991**, 993.

36. (a) Zhu, S.; Qing, C.; Zhou, C.; Zhang, J.; Xu, B. *J. Fluorine Chem.* **1996**, *79*, 77. (b) Legov, G. N.; Arbuzov, P. V.; Mirskov, R. G.; Rakhlin, V. I.; Nedolya, N. A. *Izv. Akad. Nauk, Ser. Khim.* **1994**, 2248. (c) Pletnev, C. I.; Bil'dinov, I. K.; Podsevanov, P. V.; Sayanov, A. A.; Alexeev, A. N.; Bobrinev, S. V. *J. Fluorine Chem.* **1992**, *58*, 172. (d) Forat, H.; Langlois, B. *Eur. Pat.* 396 458, 1990-11-07. (e) Burton, D. J. *J. Fluorine Chem.* **1999**, *100*, 177.

37. (a) Huang, W.-Y.; Huang, B.-N.; Hu, C.-M. *J. Fluorine Chem.* **1983**, *23*, 193. (b) Huang, W.-Y.; Huang, B.-N.; Wang, W. *Acta Chim. Sin.* **1983**, *41*, 252.

(c) Huang, W.-Y.; Huang, B.-N.; Wang, W. *Huaxue Xuebao* **1986**, *44*, 173. (d) Huang, W.-Y.; Xie, Y. *Chin. Chem. Lett.* **1990**, *1*, 27. (e) Huang, B.-N.; Wang, B.-N.; Wang, W.; Huang, W.-Y. *Acta Chim. Sin.* (*Engl. Ed.*) **1986**, *46*, 68. (f) Huang, W.-Y.; Zhang, H.-Z. *J. Fluorine Chem.* **1990**, *50*, 133. (g) Huang, W.-Y.; Zhao, G.; Ding, Y. *J. Chem. Soc., Perkin Trans. 1* **1995**, 1729. (h) Huang, W.-Y.; Wang, W.; Huang, B.-N. *Acta Chim. Sin.* (*Engl. Ed.*) **1986**, *44*, 178. (i) Huang, W.-Y.; Zhang, H. *Chin. Chem. Lett.* **1990**, *1*, 153. (j) Huang, W.-Y.; Hu, C.-M.; He, Y.-B.; Zhou, H.-F. *J. Fluorine Chem.* **1990**, *48*, 145.

38. (a) Chen, Q.-Y.; Wu, J.-P. *Youji Huaxue* **1990**, *10*, 274. (b) Wu, F.-H.; Huang, B.-N.; Huang, W.-Y. *Chin. J. Chem.* **1993**, *13*, 449. (c) Hu, C.-M.; Xu, Z.-Q.; Huang, W.-Y. *Youji Huaxue* **1989**, *8*, 439. (d) Hu, C.-M.; Chen, J.; Qiu, Y.-L. *Chin. Chem. Lett.* **1993**, *4*, 853.
39. Howell, J. T.; Muzzi, B. J.; Rider, N. L.; Aly, E. M.; Abouelmagd, M. K. *J. Fluorine Chem.* **1995**, *72*, 61.
40. Calas, P.; Commeyras, A. *J. Electroanal. Chem.* **1978**, *89*, 363.
41. (a) Hasegawa, A.; Williams, F. *Chem. Phys. Lett.* **1977**, *46*, 66. (b) Hasegawa, A.; Shiotani, M.; Williams, F. *Faraday Discuss. Chem. Soc.* **1977**, 157.
42. (a) Bunnett, J. F.; Creary, X. *J. Org. Chem.* **1974**, *39*, 3173. (b) Bunnett, J. F.; Creary, X. *J. Org. Chem.* **1974**, *39*, 3611. (c) Bunnett, J. F.; Creary, X. *J. Org. Chem.* **1975**, *40*, 3740. (d) Kornblum, N. *Angew. Chem., Int. Ed. Engl.* **1975**, *14*, 734. (e) Bunnett, J. F. *Acc. Chem. Res.* **1978**, *11*, 413. (f) Russell, G. A. *Pure Appl. Chem.* **1971**, *4*, 67. (g) Guthrie, R. D. In: Buncel E, Durst T ed. *Comprehensive Carbanion Chemistry*. New York: Elsevier, **1980**.
43. (a) Huang, W.-Y.; Zhuang, J.-L. *Chin. J. Chem.* **1991**, *9*, 270. (b) Huang, W.-Y.; Huang, B.-N.; Chen, J.-L. *Acta Chim. Sin.* **1984**, *42*, 189. (c) Huang, W.-Y.; Huang, B.-N.; Chen, J.-L. *Huaxue Xuebao* **1986**, *44*, 45. (d) Huang, W.-Y.; Huang, B.-N.; Chen, J.-L. *Acta Chim. Sin.* **1984**, *42*, 184.
44. (a) Huang, W.-Y.; Liu, J.-T.; Xie, Y.-B.; He, X.-Q. *Chin. J. Chem.* **1994**, *12*, 527. (b) Huang, W.-Y.; Huang, B.-N.; Hu, C.-M. *J. Fluorine Chem.* **1983**, *23*, 229. (c) Huang, W.-Y.; Lu, L. *Zhongguo Youjifu Huaxue Yanjiu* **1996**, 203.
45. (a) Huang, W.-Y. In: Huang, W.-Y. ed. *Organofluorine Chemistry in China*. Shanghai: Science and Technology Press, **1996**, 203. (b) Hu, L.-Q.; Huang, W.-Y. *Youji Huaxue* **1991**, *11*, 126. (c) Huang, W.-Y. *Youji Huaxue* **1992**, *12*, 12.
46. (a) Huang, W.-Y. *J. Fluorine Chem.* **1992**, *58*, 1. (b) Huang, W.-Y.; Huang, B.-N.; Hu, C.-M. *Acta Chim. Sin.* **1981**, *39*, 481.
47. (a) Huang, W.-Y.; Zhuang, J. *Chin. Chem. Lett.* **1990**, *1*, 191. (b) Huang, W.-Y.; Huang, B.-N.; Wang, W. *Huaxue Xuabao* **1983**, *41*, 1193.
48. Qiu, W.; Burton, D. J. *J. Fluorine Chem.* **1993**, *60*, 93.

49. Wang, B. H.; Wang, W. *Huaxue Xuebao* **1985**, *43*, 1167.
50. Furin, G. G. *Sov. Sci. Rev.*, *Sec. B*, *Chem. Rev.* **1998**, *22*, 1.
51. Takeuchi, Y. *J. Synth. Org. Chem. Jpn.* **1988**, *46*, 145.
52. Huang, B.-N.; Liu, J.-T. *Chin. J. Chem.* **1990**, *8*, 355.
53. Blume, E.; Gasafi-Martin, W.; Probst, A.; von Werner, K. *J. Fluorine Chem.* **1991**, *53*, 387.
54. (a) Huang, B.-N.; Liu, J.-T. *Tetrahedron Lett.* **1990**, *31*, 2711. (b) Huang, B.-N.; Liu, J.-T. *J. Fluorine Chem.* **1993**, *64*, 37. (c) Wu, F.-H.; Huang, B.-N.; Lu, L.; Huang, W.-Y. *J. Fluorine Chem.* **1996**, *80*, 91. (d) Chen, Q.-Y.; Yang, Z.-Y.; Qiu Z.-M., *Kexue Tongbao* **1988**, *33*, 1866.
55. Matsui, M.; Shibata, K.; Muramatsu, H.; Sawada, H.; Nakayama, M. *Synlett* **1991**, 113.
56. (a) Huang, B.-N.; Liu, J.-T.; Huang, W.-Y. *J. Chem. Soc.*, *Chem. Commun.* **1990**, 1781. (b) Huang, B.-N.; Liu, J.-T.; Huang, W.-Y. *J. Chem. Soc.*, *Perkin Trans. 1* **1994**, 101.
57. (a) Feiring, A. E. *J. Org. Chem.* **1985**, *50*, 3269. (b) Wang, Z.; Lu, X. *Tetrahedron* **1995**, *51*, 2639.
58. (a) Huang, B.-N.; Haas, A.; Lieb, M. *J. Fluorine Chem.* **1987**, *36*, 49. (b) Nilsson, N. H.; Senning, A. *Angew. Chem.*, *Int. Ed. Engl.* **1972**, *11*, 295. (c) Tordeux, M.; Langlois, B.; Wakselman, C. *J. Org. Chem.* **1989**, *54*, 2452. (d) Wakselman, C.; Tordeux, M. *J. Chem. Soc.*, *Chem. Commun.* **1987**, 1701.
59. (a) Huang, W.-Y.; Wang, W.; Huang, B.-N. *Huaxue Xuebao* **1985**, *43*, 409. (b) Huang, W.-Y.; Wang, W.; Huang, B.-N. *Huaxue Xuebao* **1986**, *44*, 488. (c) Lu, X.; Wang, Z.; Ji, J. *Tetrahedron Lett.* **1994**, *35*, 613. (d) Huang, W.-Y.; Wu, Y. *Faming Zhuanli Shenqing Gongkai Shuoming shu* CN 106 8321, **1993.**
60. (a) Huang, W.-Y.; Wang, W. *Huaxue Xuebao* **1986**, *44*, 940. (b) Huang, W.-Y.; Wang W., *Huaxue Xuebao* **1989**, *47*, 141. (c) Liu, J.-T.; Sui, G.-D.; Chen, G.; Huang, W.-Y. *J. Fluorine Chem.* **1999**, *93*, 49.
61. Wu, F.; Huang, W. *J. Fluorine Chem.* **1998**, *92*, 85.
62. Huang, W.-Y.; Zhang, W.-Y. *Chin. J. Chem.* **1992**, *10*, 274.
63. Guo, X.-C.; Chen, Q.-Y. *J. Fluorine Chem.* **1999**, *93*, 81.
64. (a) Rong, G. B. *Youji Huaxue* **1995**, *15*, 370. (b) Huang, W.-Y.; Wu, Y.-M.; Liu, J.-T. *Chin. J. Chem.* **1995**, 251. (c) Wang, Z.; Lu, X. *Tetrahedron* **1995**, *51*, 11765. (d) Tang, X. Q.; Hu, C.-M. *J. Chem. Soc.*, *Chem. Commun.* **1994**, 631. (e) Medebielle, M.; Oturan M. A.,; Pinson, J.; Saveant, J.-M. *J. Org. Chem.* **1996**, *61*, 1331. (f) Wang, Q.-F.; Hu, B.; Luo, B.-H.; Hu, C.-M. *Tetrahedron Lett.* **1998**, *39*, 2377.
65. Huang, W.-Y.; Lu, L.; Zhang, Y. *Chin. J. Chem.* **1990**, *8*, 350.
66. (a) Huang, W.-Y.; Wu, Y.-M. *Youjii Huaxue* **1993**, *13*, 633. (b) Huang, W.-Y.;

Wu, Y.-M. *J. Fluorine Chem.* **1992**, *59*, 179. (c) Huang, W.-Y.; Wu, Y.-M. *Chin. J. Chem.* **1992**, *10*, 373. (d) Huang, W.-Y.; Zhuang, J.-L. *Chin. J. Chem.* **1991**, *9*, 373. (e) Ge, W.-H.; Wu, Y.-M.; Huang, W.-Y. *Chin. J. Chem.* **1991**, *9*, 527. (f) Lin, Y.; Liu, J.-T.; Zhao, F.-L. *J. Fluorine Chem.* **2005**, *126*, 1539.

67. (a) Huang, W.-Y.; Lu, L.; Zhang, Y.-F. *Chin. J. Chem.* **1990**, *8*, 281. (b) Huang, W.-Y.; Zhang, H.-Z.; Zhuang, J.-L. *Chin. J. Chem.* **1990**, *8*, 555. (c) Huang, W.-Y.; Xie, Y.; Lu, L. *Chin. J. Chem.* **1991**, *9*, 167. (d) Huang, W.-Y.; Hu, L.-Q.; Ge, W.-Z. *J. Fluorine Chem.* **1989**, *43*, 305.

68. (a) Huang, W.-Y.; Xie, Y. *Chin. J. Chem.* **1990**, *8*, 362. (b) Huang, W.-Y.; Xie, Y. *Chin. J. Chem.* **1991**, *9*, 351. (c) Zhao, F.-L.; Liu, J.-T. *J. Fluorine Chem.* **2004**, *125*, 1841.

69. (a) Ding, Y.; Zhao, G.; Huang, W. *Tetrahedron Lett.* **1993**, *34*, 1321. (b) Chen, Q.-Y.; Wu, J.-P. *Chin. J. Chem.* **1991**, *9*, 181. (c) Hu, C.-M.; Tang, X.-Q.; Qing, F.-L. *J. Fluorine Chem.* **1992**, *59*, 405. (d) Ding, Y.; Zhao, G.; Huang, W. *Tetrahedron Lett.* **1992**, *33*, 8119. (e) Kitazume, T.; Ishikawa N. *Chem. Lett.* **1982**, 1453. (f) Hu, C.-M.; Qiu, Y.-L. *Tetrahedron Lett.* **1991**, *32*, 4001. (g) Liu, J.-T.; Huang, W.-Y. *J. Fluorine Chem.* **1999**, *95*, 131. (h) Riess, J. G. *Colloids Surf. A, Physicochem. Eng. Aspects* **1994**, *84*, 33.

70. (a) Tordeux, M.; Langlois, B.; Wakselman, C. *J. Chem. Soc., Perkin Trans. 1* **1990**, 2293. (b) Huang, W.-Y.; Ying, W.; Zhang, H.; Liu, J. *Chin. J. Chem.* **1993**, *11*, 272. (c) Tordeux, M.; Wakselman, C. *Fr. Appl.* 2617159, 1988-12-30.

71. (a) Huang, W.-Y.; Ma, W.; Wang, W. *Chin. J. Chem.* **1990**, *8*, 175. (b) Huang, W.-Y.; Yu, H.-B. *Chin. Chem. Lett.* **1996**, *7*, 425. (c) Huang, W.-Y.; Lee, R.-Q. *Chin. Chem. Lett.* **1994**, *5*, 1021.

72. (a) Huang, W.-Y.; Ma, W. *Chin. J. Chem.* **1992**, *10*, 180. (b) Huang, W.-Y.; Ma, W.; Chen, J.-H.; Zhan, B. *Youji Huaxue* **1990**, *10*, 244. (c) Brookes, C. J.; Coe, P. L.; Owen, D. M.; Pedler, A. E.; Tatlow, J. C. *J. Chem. Soc., Chem. Commun.* **1974**, 323. (d) Huang, W.-Y.; Ma, W. *Chin. Chem. Lett.* **1991**, *2*, 755. (e) Brookes, C. J.; Coe, P. L.; Pedler, A. E.; Tatlow, J. C. *J. Chem. Soc., Perkin Trans. 1* **1978**, 202.

73. (a) Jin, L.-M.; Chen, L.; Yin, J.-J.; Guo, C.-C., Chen, Q.-Y. *J. Fluorine Chem.* **2005**, *126*, 1321. (b) Chen, L.; Jin, L.-M.; Guo, C.-C.; Chen, Q.-Y. *Synlett* **2005**, 963. (c) Jin, L.-M.; Zeng, Z.; Guo, C. C.; Chen, Q.-Y. *J. Org. Chem.* **2003**, *68*, 3912. (d) Zeng, Z.; Liu, C.; Jin, L.-M.; Guo, C.-C.; Chen, Q.-Y. *Eur. J. Org. Chem.* **2005**, 306.

74. Ma, S.; Ma, Z. *Synlett* **2006**, 1263.

75. Petrov, V. A. *Tetrahedron Lett.* **2001**, *42*, 3267.

76. (a) Aït-Mohand, S.; Takechi, N.; Médebielle, M.; Dolbier, W. R., Jr. *Org. Lett.*

2001, *3*, 4271. (b) Xu, W.; Dolbier, W. R., Jr. *J. Org. Chem.* **2005**, *70*, 4741. (c) Takechi, N.; Ait-Mohand, S.; Médebielle, M.; Dolbier, W. R., Jr. *Tetrahedron Lett.* **2002**, *43*, 4317. (d) Takechi, N.; Ait-Mohand, S.; Médebielle, M.; Dolbier, W. R., Jr. *Org. Lett.* **2002**, *4*, 4671. (e) Pooput, C.; Médebielle, M.; Dolbier, W. R., Jr. *Org. Lett.* **2004**, *6*, 301. (f) Dolbier, W. R., Jr. *Chim. Oggi* **2003**, *21*, 66. (g) Pooput, C.; Dolbier, W. R., Jr.; Médebielle, M. J. *Org. Chem.* **2006**, 71, ASAP.

77. (a) von Werner, K. *J. Fluorine Chem.* **1985**, *28*, 229. (b) Burton, D. J.; Ishihara, T.; Maruta, M. *Chem. Lett.* **1982**, 755. (c) Sauvetre, R.; Normant, J. F. *J. Organomet. Chem.* **1985**, 292.
78. (a) Kuroboshi, M.; Ishihara, T. *J. Fluorine Chem.* **1988**, *39*, 299. (b) Ishihara, T.; Kuroboshi, M. *Synth. Commun.* **1989**, *19*, 1611.
79. (a) Chen, Q.-Y.; He, Y.-B.; Yang, Z.-Y. *J. Fluorine Chem.* **1986**, *34*, 255. (b) Zhi, C.-X.; Chen, Q.-Y. *J. Chem. Soc., Perkin Trans. 1* **1996**, 1741.
80. (a) Chen, Q.-Y.; Qiu, Z.-M.; Yang, Z.-Y. *J. Fluorine Chem.* **1987**, *36*, 149. (b) Chen, Q.-Y.; Yang, Z.-Y. *Huaxue Xuebao* **1985**, *43*, 1118.
81. (a) Chen, Q.-Y.; Yang, Z.-Y. *J. Fluorine Chem.* **1985**, *28*, 399. (b) Chen, Q.-Y.; Yang, Z.-Y. *Huaxue Xuebao* **1986**, *44*, 265. (c) Kitagawa, O.; Kobayashi, Y.; Taguchi T., *Chem. Lett.* **1990**, 1011. (d) Okano, T.; Uekawa, T.; Eguchi, S. *Bull. Chem. Soc. Jpn.* **1989**, *62*, 2575. (e) Burton, D. J.; Kehoe, L. J. *J. Org. Chem.* **1970**, *35*, 1339.
82. (a) Chen, Q.-Y.; Yang, Z.-Y. *J. Chem. Soc., Chem. Commun.* **1986**, 498. (b) Urata, H.; Yugari, H.; Fuchikami, T. *Chem. Lett.* **1987**, 833. (c) Matsubara, S.; Mitani, M.; Utimoto, K. *Tetrahedron Lett.* **1987**, *28*, 5857.
83. Chen, Q.-Y.; Yang, Z.-Y. *Youji Huaxue* **1986**, *6*, 41.
84. Commeyras, A.; Sagnes, R. *Eur. Pat.* 43757, 1982-01-13.
85. Kamigata, N.; Fukushima, T.; Yoshida, M. *J. Chem. Soc., Chem. Commun.* **1989**, 1559.
86. Chen, Q.-Y.; Yang, Z.-Y. *J. Fluorine Chem.* **1988**, *39*, 217.
87. Maruoka, K.; Sano, H.; Fukutani, Y.; Yamamoto, H. *Chem. Lett.* **1985**, 1689.
88. (a) Takeyama, Y.; Ichinose, Y.; Oshima, K.; Utimoto, K. *Tetrahedron Lett.* **1989**, *30*, 3159. (b) Uchimoto, K.; Oshima, K. *Jpn. Pat.* 2209816, 1990-08-21. (c) Iseki, K.; Nagai, T.; Kobayashi, Y. *Tetrahedron Lett.* **1993**, *34*, 2169. (d) Miura, K.; Takeyama, Y.; Oshima, K.; Utimoto, K. *Bull. Chem. Soc. Jpn.* **1991**, *64*, 1542. (e) Iseki, K.; Asada, D.; Takahashi, M.; Nagai, T.; Kobayashi, Y. *Tetrahedron Lett.* **1994**, *35*, 7399. (f) Wu, F.-H.; Huang, W.-Y. *Chin. J. Org. Chem.* **1997**, *17*, 106.
89. Abou-Ghazaleh, B.; Laurent, Ph.; Blancou, H.; Commeyras, A. *J. Fluorine Chem.* **1994**, *68*, 21.
90. (a) Chen, Q.-Y.; Yang, Z.-Y.; Zhao, C.-X.; Qiu, Z.-M. *J. Chem. Soc., Perkin*

Trans. *1* **1988**, 563. (b) Ishihara, T.; Kuroboshi, M.; Okada, Y. *Chem. Lett.* **1986**. 1895.

91. May, D. D. *U. S. Pat.* 5276194, 1993-05-07.

92. Enokida, T.; Kaku, G. *Jpn. Pat.* 7048294, 1995-02-21.

93. Shen, Y.-C.; Qi, M. *J. Fluorine Chem.* **1994**, *66*, 175.

94. Grobe, J.; Hegge, J. *Synlett* **1995**, 641.

95. May, D. D. *WO PCT*. 9316969, 1993-09-02.

96. Hu, Q.-S.; Hu, C.-M. *J. Fluorine Chem.* **1996**, *76*, 117.

97. Wang, Y.; Yang, Z.-Y.; Burton, D. J. *Tetrahedron Lett.* **1992**, *33*, 2137.

98. Hu, C.-M.; Chen, J. *J. Fluorine Chem.* **1994**, *67*, 189.

99. (a) Hu, C.-M.; Qing, F.-L.; Huang, W.-Y. *J. Org. Chem.* **1991**, *56*, 2801. (b) Hu, C.-M.; Tang, X.-Q. *J. Fluorine Chem.* **1993**, *61*, 217. (c) Hu, C.-M.; Qiu, Y.-L. *J. Chem. Soc.*, *Perkin Trans.* *1* **1992**, 1569. (d) Ding, Y.; Zhao, G. *Tetrahedron Lett.* **1992**, *33*, 8117.

100. Miller, A. O.; Peters, D.; Zur, C.; Frank, M.; Miethchen, R. *J. Fluorine Chem.* **1997**, *82*, 33.

101. (a) Hu, Q.-S.; Hu, C.-M. *Chin. Chem. Lett.* **1997**, *8*, 661. (b) Hu, C.-M.; Chen, J. *J. Chem. Soc.*, *Perkin Trans.* *1* **1993**, 327. (c) Hu, C.-M.; Qiu, Y.-L. *J. Fluorine Chem.* **1997**, *55*, 109. (d) Sasaoka, S.; Takahashi, S. *Jpn. Pat.* 4120041, 1992-04-21. (e) Chen, J.; Hu, C.-M. *J. Chem. Soc.*, *Perkin Trans.* *1* **1994**, 1111.

102. Kitazume, T.; Ishikawa, N. *J. Am. Chem. Soc.* **1985**, *107*, 5186.

103. (a) Solladie-Cavallo, A.; Farkhani, D.; Fritz, S.; Lazrak, T.; Suffert, J. *Tetrahedron Lett.* **1984**, *25*, 4117. (b) Kitazume, T.; Ishikawa, N. *Nippon Kagaku Kaishi* **1984**, 1725.

104. (a) Chen, Q.-Y.; He, Y.; Yang, Z.-Y. *Huaxue Xuebao* **1988**, *46*, 779. (b) Jpn. Pat. 02169553, **1990**. (c) Blancou, H.; Moreau, P.; Commeyras, A. *J. Chem. Soc.*, *Chem. Commun.* **1976**, 885.

105. (a) Hu, C.-M.; Qiu, Y.-L. *J. Chem*, *Soc.*, *Perkin Trans.* *1* **1993**, 331. (b) He, H.-Y.; Zhao, C.-X.; Weng, Z.-Y.; Bai, L.-J.; Liao, R.-A. *Chem. J. Chin. Univ.* **1996**, *17*, 896. (c) Chen, Q.-Y.; Yang, Z.-Y.; Qiu, Z.-M. *Kexue Tongbao* **1988**, *33*, *1866*. (d) Hu, C.-M.; Qiu, Y.-L. *J. Org. Chem.* **1992**, *57*, 3339. (e) Huang, W.-Y.; Chen, J.-L. *Huaxue Xuebao* **1988**, *46*, 669. (f) Yagupol'skii, L. M. *Aromaticheskie Geterotsiklicheskie Soedineniyas Ftorsoderzhashchimi Zamestitelyami* (Aromatic and Heterocyclic Compounds with Fluorine-Containing Substituents) (Kiev: Naukova Dumka, **1988**).

106. Chen, Q.-Y.; He, Y. *Chin. J. Chem.* **1990**, *8*, 451.

107. (a) Yang, Z.-Y.; Burton, D. J. *Tetrahedron Lett.* **1990**, *31*, 1369. (b) Zhang, Y.; Wen, J. *J. Fluorine Chem.* **1990**, *47*, 533. (c) Nguyen, B.-V.; Yang, Z.-Y.; Burton,

D. J. *J. Fluorine Chem.* **1993**, *50*, 265. (d) Nguyen, B.-V.; Yang, Z.-Y.; Burton, D. J. *J. Org. Chem.* **1993**, *58*, 7368.

108. Pazenok, S. V.; Chaika, E. A.; Gerus, I. I.; Yagupol'skii, L. M. *Zh. Org. Khim.* **1989**, *25*, 1376.
109. Uchimoto, K.; Matsubara, S.; Uchida, K. *Jpn. Pat.* 1079126, 1989-03-24.
110. Fuchikami, T.; Shibata, Y.; Urata, H. *Chem. Lett.* **1987**, 521.
111. Zhou, Q.-L.; Huang, Y.-Z. *J. Fluorine Chem.* **1988**, *39*, 87.
112. (a) Deisenroth, T.; Falk, R.; Haase, J. *U.S. Pat.* 5585517, 1995-04-22. (b) Fuchigami, T. *Jpn. Pat.* 1216946, 1979-06-08. (c) Urata, H.; Kinoshita, Y.; Asanuma, T.; Kosukegawa, O.; Fuchikami, T. *J. Org. Chem.* **1991**, *56*, 4996. (d) Sasaoka, S; Uno, M.; Joh, T.; Imazaki, H.; Takahashi, S. *J. Chem. Soc.*, *Chem. Commun.* **1991**, 86.
113. (a) Krespan, C. G.; Dixon, D. A. *J. Org. Chem.* **1998**, *63*, 36. (b) Krespan, C. G. *J. Fluorine Chem.* **1988**, *40*, 129. (c) Kiseleva, L. N.; Dostovalova, V. I.; Velichko, F. K.; Cherstkov, V. F.; Sterlin, S. R.; Savicheva; G. I., Kurykin, M. A.; German, L. S. *Izv. Akad. Nauk SSSR*, *Ser. Khim.* **1988**, 2132.
114. Krespan, C. G. *J. Fluorine Chem.* **1994**, *66*, 311.
115. Li, A.-R.; Chen, Q.-Y. *Synthesis* **1997**, 1481.
116. Calo, V.; Lopez, L.; Troisi, L. *J. Chem. Soc.*, *Chem. Commun.* **1989**, 25.
117. Guo, X.; Chen, Q. *J. Fluorine Chem.* **1998**, *88*, 63.
118. Guo, C.-Y.; Wang, S.-D. *Youji Huaxue* **1994**, *14*, 171.
119. (a) Hu, C.-M.; Qing, F.-L.; Zhang, H.-G. *J. Fluorine Chem.* **1990**, *49*, 275. (b) Hu, C.-M.; Yu, Z.-H.; Tu, M.-H. *Youji Huaxue* **1994**, *14*, 44. (c) Hu, C.-M.; Tu, M.-H. *J. Fluorine Chem.* **1991**, *55*, 105. (d) Ledwith, A.; Russell, P. J.; Sutcliffe, L. H. *J. Chem. Soc.*, *Chem. Commun.* **1971**, 964. (e) Ozawa, T.; Setaka, M.; Kwan, T. *Bull. Chem. Soc. Jpn.* **1971**, *44*, 3473.
120. (a) Hu, C.-M.; Qing, F.-L. In: *Sino-Japanese Seminar in Organofluorine Chemistry (Abstracts of Reports)*, Shanghai, **1990.** (b) Hu, C.-M.; Qing, F.-L. *J. Org. Chem.* **1991**, *56*, 6348.
121. Chen, Q.-Y.; Chen, M.-F. *Chin. J. Chem.* **1991**, *9*, 184.
122. Baciocchi, E.; Muraglia, E. *Tetrahedron Lett.* **1992**, *34*, 3793.
123. Fontana, F.; Minisci, F.; Vismara, E. In: Minisci, F. ed. *Free Radicals in Synthesis and Biology*. Dordrecht: Kluwer Academic, **1989**, 53.
124. Minisci, F.; Fontana, F.; Recupero, F.; Bravo, A.; Pagano, E.; Rinaldi, C.; DiLuca, M.; Grossi, F.; Bjorsvik, H.-R. *J. Am. Chem. Soc.* **1990**, *121*, 7760.
125. Bravo, A.; Bjursvik, H.-R.; Fontana, F.; Liguori, L.; Mele, A.; Minisci, F. *J. Org. Chem.* **1997**, *62*, 7128.
126. (a) Xu, Y. Ph. D. Thesis, *Study on the reactions of Fluoroalkanesulfonyl Azides*,

Shanghai Institute of Organic Chemistry, Chinese Academy of Sciences, Shanghai, June, **2001**. (b) He, P. Ph. D. Thesis, *Study on the reactions and Mechanisms of Fluoroalkanesulfonyl Azides*, Shanghai Institute of Organic Chemistry, Chinese Academy of Sciences, Shanghai, June, **2005** (Syntheses and application of this building block mainly referred above two dissertations).

127. (a) Zhu, S. Z.; He, P. *Curr. Org. Chem.* **2004**, *8*, 97-112. (b) Zhu, S.; Xu, Y.; Wang, Y.-L. *Chin. J. Org. Chem.* **2001**, *21*, 986-992. (c) He, P.; Zhu, S. *Mini-Rev. Org. Chem.* **2004**, *1*, 417-435.
128. Biffin, M. E. C.; Miller, J.; Paul, S. B. In: Pataz, S. ed. *The Chemistry of the Azido Group*. London: Wiley, Interscience, **1971**, 57.
129. Zhu, S. Z. *Tetrahedron Lett.* **1992**, *33*, 6503.
130. Nazaretyan, P.; Yayupolski, L. M. *Zh. Org. Khim.* **1978**, *14*, 206.
131. Werner, K. V. J. Fluorine Chem. 1977, 10, 163.
132. Klaus, B.; Konrad, V. W.; Wolfgang, B. *J. Organometallic Chem.* **1983**, *243*, 79.
133. Scrivan, E. F. V. *Azides and Nitrenes: Reactivity and Utility*. Orlendo and London: Academic Press, **1984**.
134. Vasella, A.; Witzig, C. *Helv. Chim. Acta.* **1971**, *74*, 2075.
135. Cavender, C. J. *J. Org. Chem.* **1972**, *37*, 3567-3568.
136. Ruef, J. K. *Inorg. Chem.* **1965**, *4*, 567.
137. Smith, P. A. S. In: Benjamin, W. A. ed. *Open-chain Nitrogen Compounds* Vol. II. New York: Benjamin Inc., **1966**, 214.
138. Krespan, C. G. *J. Org. Chem.* **1986**, *51*, 326.
139. Xu, Y.; Zhu, S. *Tetrahedron* **1999**, *55*, 13725-13734.
140. Kwart, H.; Kahn, A. A. *J. Am. Chem. Soc.* **1967**, *89*, 1950.
141. Kwart, H.; Kahn, A. A. *J. Am. Chem. Soc.* **1967**, *89*, 1951-1953.
142. Zaloom, J.; Roberts, D. C. *J. Org. Chem.* **1981**, *46*, 5173-5176.
143. Cavender, C. J.; Shiner, V. J., Jr. *J. Org. Chem.* **1972**, *37*, 3567-3568.
144. Xu, Y.; Zhu, S. *Tetrahedron* **2001**, *57*, 4337-4341.
145. Wohl, R. A. *Helv. Chim. Acta.* **1973**, *56*, 1826.
146. Dauben, W. G.; Baunce, B. A. *J. Org. Chem.* **1982**, *47*, 5042.
147. Pellacani, L.; Tardella, P. A. *Tetrahedron Lett.* **1983**, *24*, 593.
148. Phukan, P.; Sudalai, A. *Tetrahedron: Asymmetry* **1998**, *9*, 1001.
149. Xu, Y.; Xu, G.; Zhu, S.; Zhu, G.; Jia, Y.; Huang, Q. *J. Fluorine Chem.* **1999**, *96*, 79-85.

第十一章　含氟生物活性物质[1]

含氟化合物在医药化学、生物化学以及农用化学品方面的应用始于 20 世纪 50 年代 Fried 小组的开创性工作[2]，他们通过一系列研究首次表明氟原子取代一些药物分子中的氢原子在提高化合物生物活性方面具有特殊的功效[3]。然而，直到 70 年代含氟化合物在医药化学和农用化学品方面的应用才得以迅猛发展。据统计，商业化的含氟药物占所有药物的比例已从 1970 年的 2%提高至目前的 18%，特别值得指出的是目前含氟农用化学品的比例已高达 28%以上[4]。美国在 2002 年所注册的 31 种新药中就有 9 种药物包含至少一个氟原子[1a]。然而，虽然众多的药物和农用化学品中都含有氟原子，目前发现的天然含氟有机化合物却很少。在医药化学领域，向有机分子中引入氟原子是开发新的抗癌药物、抗肿瘤药物、抗病毒试剂、消炎药物、中枢神经系统药物等的重要方向；在现代农作物保护方面，含氟农用化学品已广泛用作除草剂、杀虫剂以及杀菌剂等[5]。根据本书作者对含氟生物活性物质的了解和从事的研究方向，本章主要涉及含氟药物。

一、氟原子对化合物生物活性的影响

氟原子对化合物生物活性的影响归因于氟原子的特性，如它的小体积和最高的电负性及由此对分子产生的影响，氟原子的小体积通常使得生物靶标对轻度氟化的分子具有与其母体药物产生相同的识别。而由于它的电负性，氟与碳形成非常牢固的 C—F 键，在目标化合物中引入氟原子阻断敏感位置从而改善其代谢稳定性。虽然 C—F 键比 C—H 键牢固，氟仍然是一个比氢好得多的离去基团，所以在氟化的分子与酶之间有可能通过氟的离去而在其活性位点或位点附近形成共价键，从而对酶的活性产生抑制作用。作为电负性的取代基，氟原子和含氟烷基对邻近官能团的酸碱性具有强烈的影响。例如，当羧酸和醇分子中含有三氟甲基基团时，它们的 pK_a 值将减小好几个单位。由此，含氟醇的氢键形成能力（α_2^H 值）与非氟代的相比增强了很多。由于相同的原因，邻近的碱性基团的碱性被大大地降低了，如一个 β-CF_3 取代胺在生理 pH 值下不会被质子化，这些变化可对药物在机体中的转运和吸收产生重要的影响。在药物设计中最重要的因素之一是氟的亲脂性，氟原子的引入对化合物亲脂性的影响复杂，因为它们取决于氟原子所处的位置。例如，对于芳香族化合物，引入 CF_3—，CF_3O—和 CF_3S—基团通常能增加亲脂性，因此引入氟原子后的分子将使其更易溶于脂肪。这使得它更易进入细胞膜，也意味着氟代的分子具有较高的生物利用度。相反地，在脂肪族化合物中，对亲脂性的影响并不十分明显。在药物分子中最普遍的含氟基团之一是三氟甲基，因为它含有三个氟原子，对邻近基团会产生很大的影响，如增强邻近基团的酸性等。同时，三氟甲基也是已知的亲脂性最强的基团之一，因此它为药物分子在体内更易被输送至作用靶点提供了一个非常有用的手段。

二、含 氟 药 物

1. 麻醉剂(Anesthetics)

在含氟化合物的众多应用中，最有影响的一个方面是其在麻醉学方面的应用[6]。除了含氟化合物外，没有其他化学物质能对消除外伤手术疼痛更适用。人类首先使用的麻醉剂是一氧化二氮，其麻醉作用于 1799 年由英国化学家汉弗莱·戴维发现；在 19 世纪末 20 世纪初乙醚同样被用作麻醉剂，尽管乙醚具有特殊甜刺激味、易燃性以及重要的副作用，其作为麻醉剂的使用于 20 世纪 50 年代达到顶峰。而在此时期，化学家们发展了一些合成有机氟化合物的新方法，从而促使大量的有机氟化合物实现了商业化。正是在这一时期，一些含氟化合物被尝试用作麻醉剂。fluoroxene (2,2,2-三氟乙基乙烯基醚，$CF_3CH_2OCH=CH_2$)是第一个被用于人类的含氟麻醉剂，它的成功使用导致了氟化物在麻醉学领域的“氟革命”。

除了氟化物 fluoroxene 被成功用作麻醉剂外，人们还开发了许多其他的含氟麻醉剂，其中包括：halothane (三氟溴氯乙烷，$CF_3CHClBr$)、methoxyflurane (1,1-二氟-2,2-二氯乙基甲醚，$CH_3OCF_2CHCl_2$)、enflurane (安氟醚，1,1,2-三氟-2-氯乙基二氟甲基醚，$CHFClCF_2OCHF_2$)、isofluorane (1-氯-2,2,2-三氟乙基二氟甲基醚，$CF_3CHClOCHF_2$)、sevoflurane[1,1,1,3,3,3-六氟乙丙基单氟甲基醚，$(CF_3)_2CHOCH_2F$] 以及 desfluorane (1,2,2,2-四氟乙基二氟甲基醚，$CF_3CHFOCHF_2$)。在这些含氟麻醉剂中，sevoflurane 以及 desfluorane 的使用促进了麻醉学领域的发展，因为二者具有低的血气分配系数以及低降解性等特征，从而可以减少副反应并进一步缩短病人的康复时间。

2. 胸(腺嘧啶脱氧核)苷酸合成酶抑制剂 (Thymidylate Synthetase Inhibitors)

目前，最为广泛使用的含氟抗有丝分裂药物和抗肿瘤药物是 5-氟嘧啶类化合物，诸如 5-氟尿嘧啶(5-FU)**1**、5-氟-2-脱氧尿(嘧啶核)苷 **2**(5-FdUrd) 以及它们的一些前体药物衍生物[7]。这些前体药物在体内最终都转化成活性化合物。

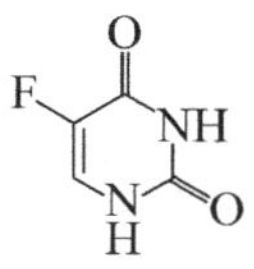

1

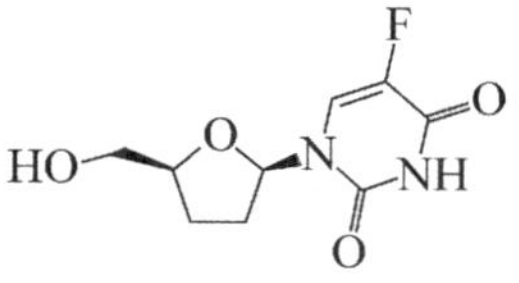

2

Heidelberger 等于 1957 年首次合成 5-氟尿嘧啶作为抗代谢药物[8]，其在体内的最终活性物质是由 5-FU 转化形成的 5′-磷酸酯。胸苷酸合成酶（thymidylate synthetase，TS）在体内利用 5，10-亚甲基四氢叶酸作为甲基原和还原剂将 2′-脱氧尿苷-5′-单磷酸酯（dUMR）转化为 2′-脱氧胸苷-5′-单磷酸酯-5-氟尿嘧啶（dTMR）[9]，这种转化是体内 dTMR 的唯一来源，而 dTMR 是 DNA 合成和修复的重要构建模块[10]。大量研究已表明 5-氟尿嘧啶及其衍生物是胸苷酸合成酶的有效抑制剂，关于 5-氟尿嘧啶及其衍生物抑制胸苷酸合成酶的机理已有综述文章进行详细的阐述[11]。目前通过抗代谢药物抑制胸苷酸合成酶已成为抑制体内癌细胞分裂的主要且关键的策略[12]。然而，已有研究发现 5-FU 作为抗癌药物会导致神经中毒以及心脏中毒副作用。毒性源于 5-FU 对肿瘤细胞缺乏选择性，当细胞产生大量 dUMP 与药物竞争活性位点时，药物就失去其功效[13]。

为了提高 5-FU 的治疗指数，药理学家采取的策略是加入诸如 methotrexate（氨甲叶酸）、cisplatin（顺铂）、oxiplatin、levamisole（左旋咪唑）、leucovorin（甲酰四氢叶酸）以及（依利替康）等非氟生化调节剂[14]，这种方法显著地提高了 5-FU 对治疗胃肠癌、乳腺癌、脑癌以及颈癌的功效。然而加入非氟生化调节剂对于治疗直肠癌并无效用[15]。基于这种情况，几个口服 5-FU 前体药物——furtulon **3**（氟铁龙）、capecitabine **4**（截瘤达）、galocitabine **5**（加洛他滨）、emitefur **6**（乙嘧替氟）、camofur **7**（卡莫氟）以及 ftorafur **8**（替加氟）被成功开发并在几个国家用于临床研究，这些前体药物中有的单独用作抗肿瘤药物，也有的连同其他抗癌制剂一起用作抗肿瘤药物[16]。

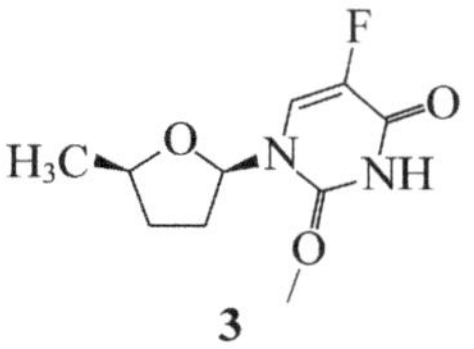

3

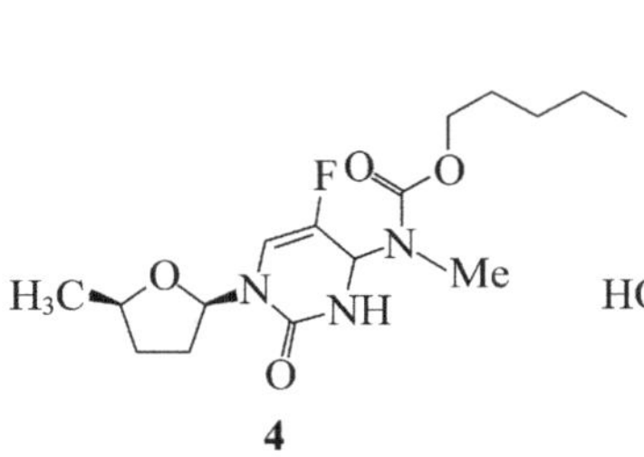

4

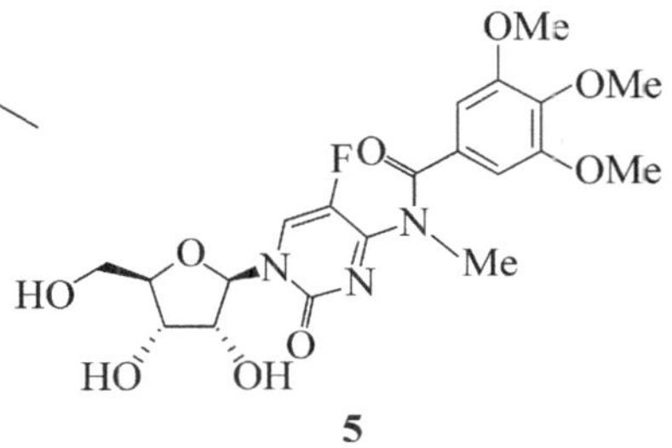

5

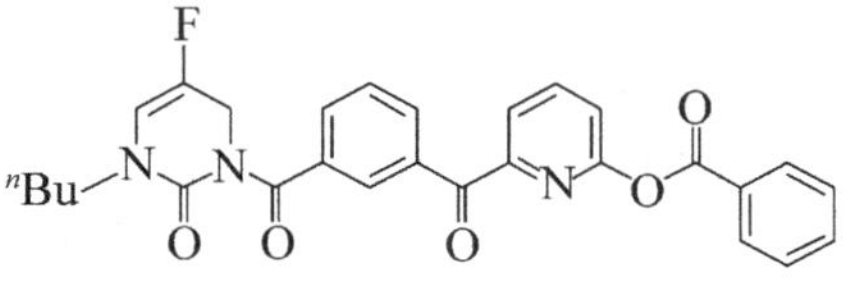

6

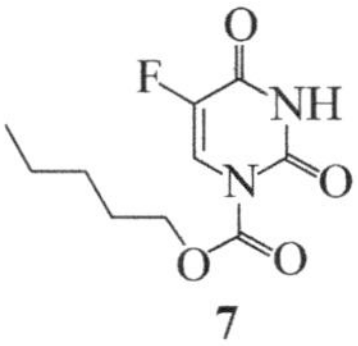

7

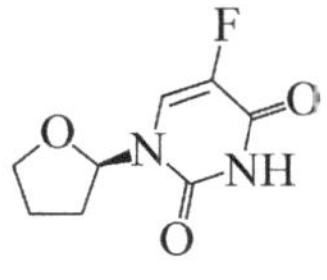

8

已有研究表明，前体药物 **3～8** 与 5-FU 或其衍生物的混合使用显示出好的抗癌活性和低毒性。例如，UFT **9**(优福定，**8** 与尿嘧啶的混合制剂)[17]以及 S－1 **10**(**8**、吉美嘧啶 CDHP 以及奥替拉西 OXO 的混合制剂)[18]连同氟代胞嘧啶 FC **11**[19]已被成功地用作抗癌药物。

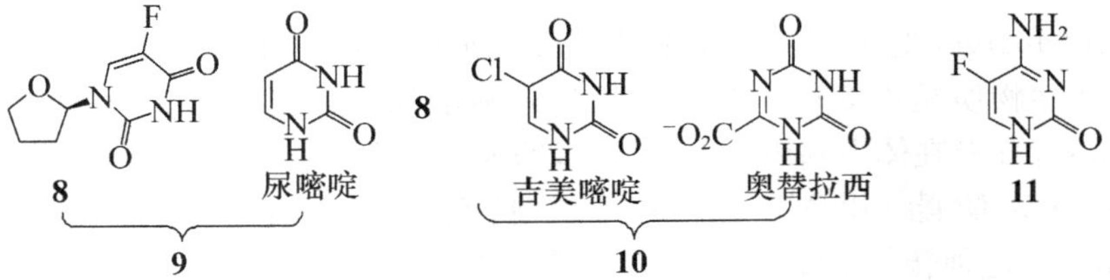

5-氟-2′-脱氧尿嘧啶-5′-磷酸 **12** 的乙炔基类似物——5-乙炔基-2′-脱氧尿嘧啶-5′-磷酸 eniluracil **13** 是一种有效的二氢嘧啶脱氢酶抑制剂[20]。**13** 在体内涉及一种不可逆反应，该反应通过酶为媒介将乙炔基侧链转化为反应活性高的二烯[21]。然而，研究发现通过 **13** 抑制 dTMR 合成酶同样需要 5，10-亚甲基四氢叶酸；另外，虽然 **13** 可以抑制dTMR合成酶，但该酶的活性恢复很快[22]，因此 **13** 抑制dTMR合成酶的机理还未得到确切证实。基于机理的合理化考虑，全氟丙炔基的化合物 **14** 被设计为 dTMR 合成酶抑制剂的新一代原型[23]。最近，抗肿瘤试剂 5-FdUrd 的前体药物 IQ-FdUrd **15** 同样被设计并合成[24]，该分子在嘧啶碱基上引入一个吲哚醌基团；研究已表明 IQ-FdUrd 是放射活性抗肿瘤前体药物的潜在原型化合物[24]。氨甲叶酸 **16** (methotrexate)曾经是广泛使用的胸苷酸合成酶抑制剂处方药，然而它的使用由于其毒性以及其能破坏细胞基因组而受到限制[25]。值得指出的是 Gallagher 等[26]和 Jackson 等[27]最近报道了关于氨甲叶酸 **16** 的氟代类似物 ZD9331 **17** 的临床Ⅱ期和Ⅲ期的研究结果，他们发现 ZD9331 对卵巢癌细胞链具有活性，而以前发现的胸苷酸合成酶抑制剂对该类癌细胞链不具有活性；另外，他们还发现 ZD9331 在治疗胰腺癌方面可与抗癌药物吉西他滨(gemcitabine)相比。

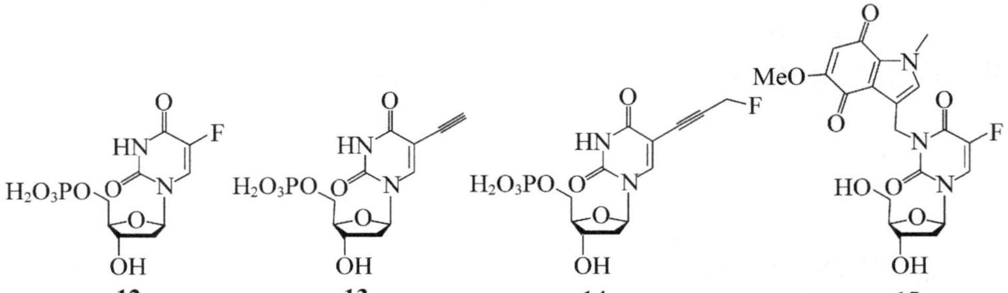

12 **13** **14** **15**

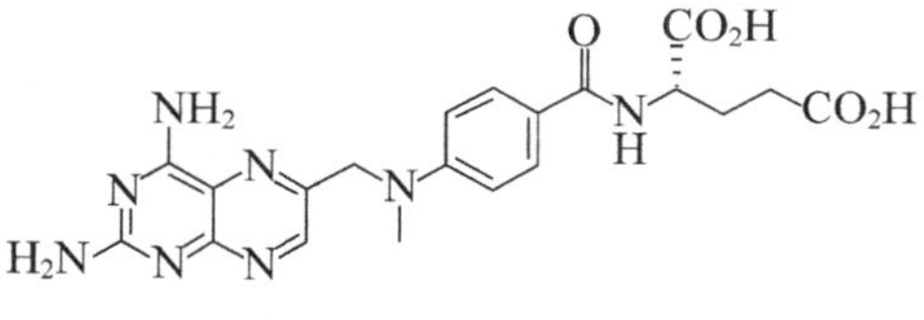

16

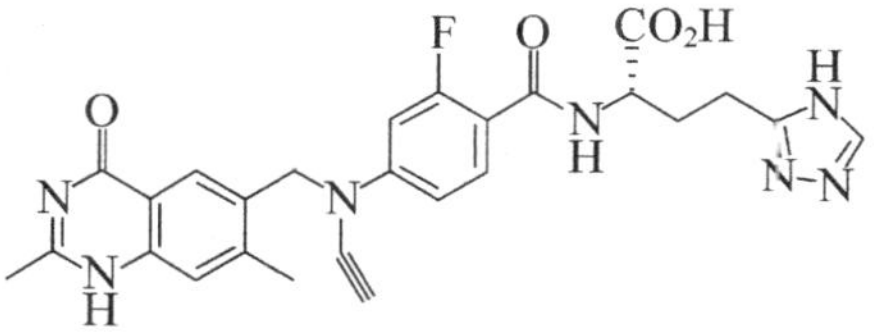

17

3. 拓扑异构酶抑制剂(Topoisomerase Inhibitor)

研究发现含氟腺苷抗代谢物是 DNA 聚合酶抑制剂,该类抑制剂是抗众多癌细胞的有效化合物[28];目前已发现的含氟腺苷抗代谢物包括 fludarabine **18**(氟达拉滨)、clofarabine **19**(氯法拉滨)以及 tezacitabine **20** 等。早在 1994 年,化合物 **18** 在欧洲就已被批准用于临床治疗慢性白血病,并且在前期的临床实验中已表明化合物 **18** 对急性骨髓性白血病表现出抗肿瘤活性[29]。另外,**18** 目前已和阿糖胞苷(胞核嘧啶阿拉伯糖苷,ara-C)作为混合制剂用于研究治疗急性骨髓性白血病。最近,**18** 的 *O*-烷基甘油磷酸脂衍生物同样被合成且用于抗增殖活性研究[30];除此之外,**19** 和 **20** 抗各种肿瘤的临床实验研究也在进行当中[28,31]。

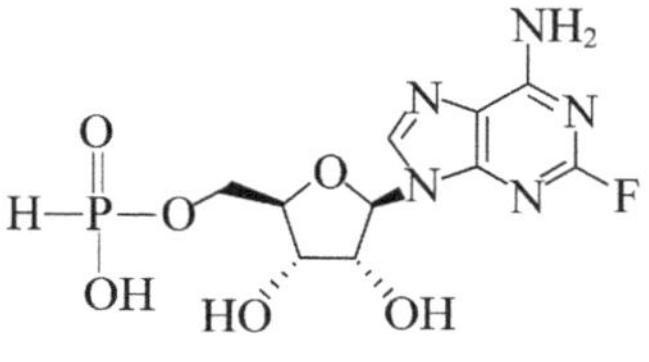

18

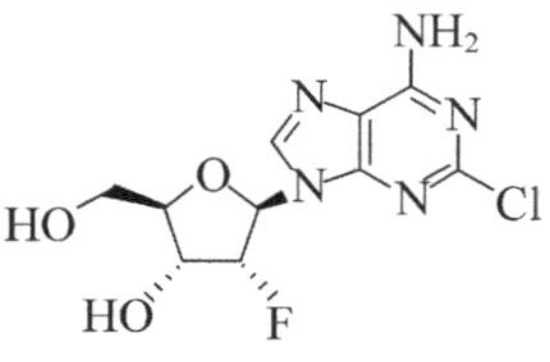

19

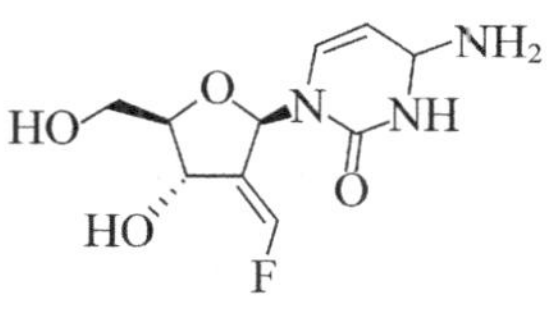

20

Gemcitabine **22**(吉西他滨,2′-去氧-2′,2′-二氟胞嘧啶,dFdC)是脱氧胞嘧啶 **21** 的偕二氟亚甲基类似物,目前它已成为一个治疗非小细胞肺癌和胰腺癌的上市药物(商品名:健择,Gemzar),已在 90 多个国家获准使用。1990 年这个药物开始进行人体外以及人体内实验,并对实体瘤进行了一系列临床一期和二期实验;研究结果发现 gemcitabine 除了对非小细胞肺癌表现出很好的活性外,对胰腺癌、膀胱癌、乳腺癌、卵巢癌以及小细胞肺癌都有相当程度的抗癌效果。特别值得指出的是,gemcitabine 只有中等程度的毒性,目前它被公认为第二代抗代谢药物。虽然 gemcitabine 与其他抗代谢化合物在结构上类似,但它有着完全不同的作用机理。

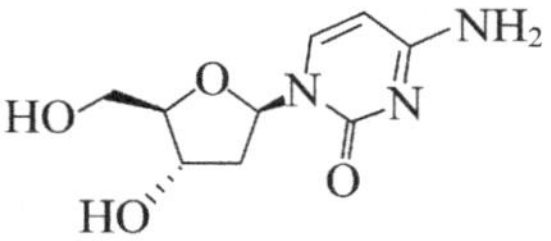

21

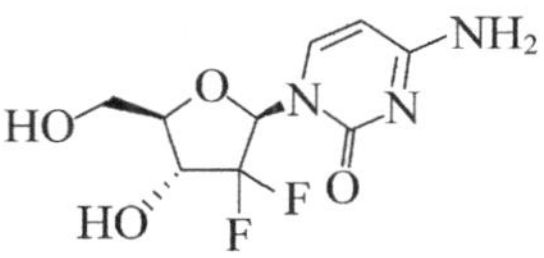

22

Gemcitabine在细胞内被核苷激酶代谢成具有活性的吉西他滨双磷酸盐(dFdCDP)以及吉西他滨三磷酸盐(dFdCTP)以抑制DNA的合成。首先,dFdCDP抑制核糖核苷酸还原酶,这样细胞就无法产生脱氧核糖核苷二磷酸以进一步磷酸化成为脱氧核糖核苷三磷酸,从而抑制DNA的合成。在核糖核苷酸还原酶被抑制后,脱氧核糖核苷磷酸的浓度和脱氧核糖核苷三磷酸的浓度减少,这样dFdCDP继续磷酸化为dFdCTP,而dFdCTP与脱氧核糖核苷三磷酸相互竞争以嵌入DNA中,dFdCTP嵌入DNA后生长的DNA螺旋会加入一个核苷酸,此后DNA的合成即被完全抑制。嵌入DNA后,gemcitabine使得DNA聚合,修复作用失效,因而诱导细胞死亡。另一方面,由于脱氧胞啶激酶在一般细胞生长中受脱氧核糖核苷三磷酸的浓度负向回馈控制,浓度高时活性低,反之亦然;当gemcitabine的代谢产物dFdCTP抑制核糖核苷酸还原酶使得脱氧核糖核苷三磷酸浓度下降时,反而促进了脱氧胞啶激酶的活性,因而有更多的gemcitabine被磷酸化,更高浓度的dFdCTP与更低浓度的脱氧核糖核苷三磷酸互相竞争嵌入DNA中,这样gemcitabine的生物活性就更为加强了。

虽然结构上gemcitabine和阿糖胞苷相比仅仅在于糖环2′位的取代基不同,但它们的活性相差很大[32]。目前二期临床研究正尝试将gemcitabine开发为其他一些抗实体肿瘤的药物[33]。然而,gemcitabine的治疗指数较窄,这是因为它在体内易被脱氧胞啶去胺酶等快速去胺化生成无活性的尿嘧啶衍生物。最近,出于提高gemcitabine的半衰期及降低gemcitabine毒性的目的,Ahmad等通过琥珀酸酯将gemcitabine和心磷脂的醚类似物连接在一起作为前体药物**23**(NE06002)[34]。前期的临床实验表明前体药物同样具有抗癌活性。总之,高活性的DNA拓扑异构酶抑制剂目前引起了学术界和药物界众多学者的广泛兴趣[35]。

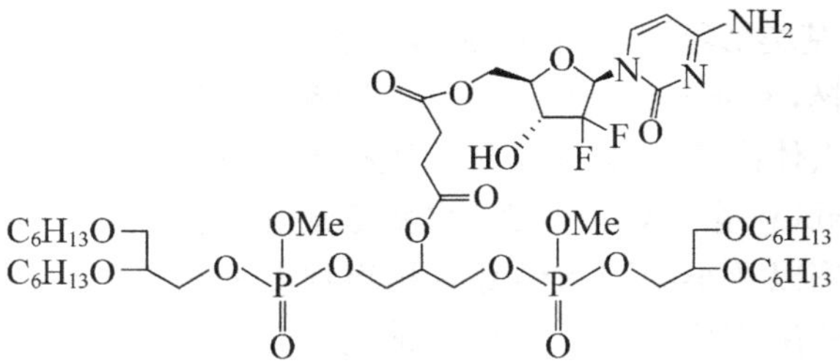

23

4. 微管稳定化试剂(Microtubule-stabilising Agents)

紫杉醇**24**(又名泰素,paclitaxel,taxol)和多烯紫衫醇**25**(多西他赛,克癌易,docetaxel)是两个目前已批准用于临床治疗肿瘤和癌症的重要药物[36]。自从发现taxol和decetaxel是有效的微管稳定化试剂以来,许多药物都发现具有类似的功效,例如天然产物长春碱(Vinca)[37],埃波霉素(epothilone)[38]以及海洋天然产物

laulimalide[39]等。目前化学家们合成了这些天然化合物的众多含氟衍生物以用于抗癌和抗肿瘤研究。

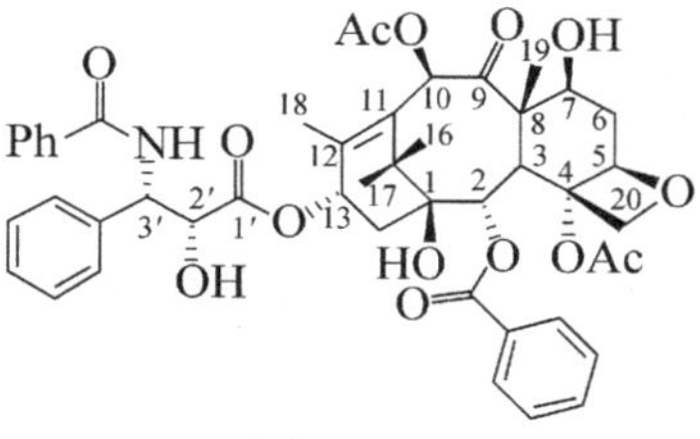

24

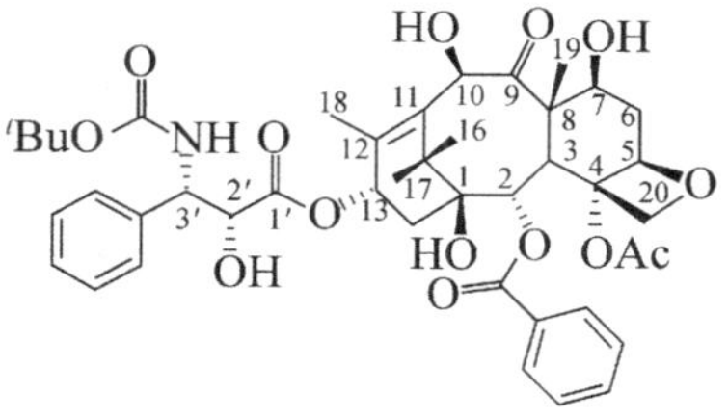

25

紫杉醇于1967年被美国化学家Wall和Wani等首先从太平洋紫杉(短叶红豆杉,*Taxus. Brevifolia*)树皮中提取出来,是具有独特抗癌活性的二萜类化合物。该化合物于1990年进入Ⅲ期临床实验,两年后被美国食品与药物管理局(FDA)批准上市,用于治疗对常规化疗无效的卵巢癌和乳腺癌[40,41]。紫杉醇是一种高效的细胞毒素,与gemcitabine一样具有独特的抗癌机理。它作用于β-微管蛋白并加速β-微管蛋白的聚合,这样可使微管蛋白稳定化并抑制其解聚。由于微管是真核细胞的一种纤维蛋白,与细胞的有丝分裂紧密相关,这样对于迅速分裂的肿瘤细胞,紫杉醇"冻结"有丝分裂纺锤体,从而使肿瘤细胞的细胞分裂周期停止在G2期和M期,直至死亡[42,43]。

虽然紫杉醇和多烯紫杉醇具有强的抗肿瘤活性,但已有研究表明它们导致一些副反应和产生抗药性[40,41,44];另外,研究还发现紫杉醇和多烯紫杉醇能被细胞色素P450酶降解,且降解位点处于C′-3苯基的对位、C-2苯甲酰基的间位、C-6亚甲基以及C-19位的甲基上[45,46]。基于这方面的考虑,Ojima小组将氟原子以及含氟基团引入这些位点并详细考察了所合成含氟紫杉醇类似物的降解性能以及抗癌活性[45~49]。

Ojima等研究发现,3′-(4-氟苯基)紫杉醇**26**和2-(3-氟苯甲酰基)紫杉醇**27**与紫杉醇相比,的确如所预期的那样对细胞色素P450(CYP)酶具有更好的抗代谢性能[45,46]。然而2-(3-氟苯甲酰基)多烯紫衫醇**28**却对CYP酶没有抗代谢性,Ojima等认为这是由于多烯紫衫醇中的叔丁基相比紫杉醇中的3′-苯基反应活性高而造成的[45,46]。

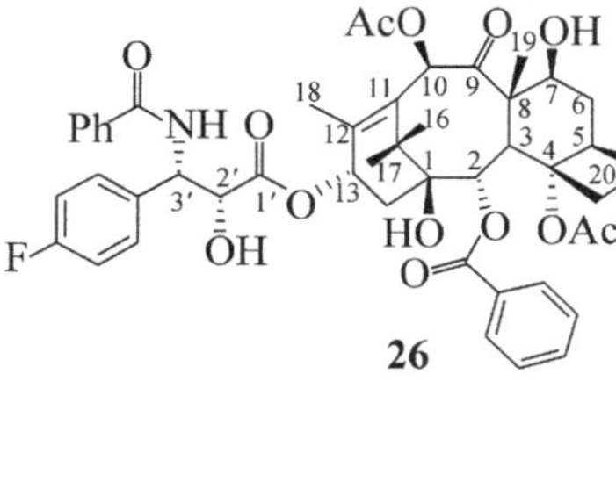

26

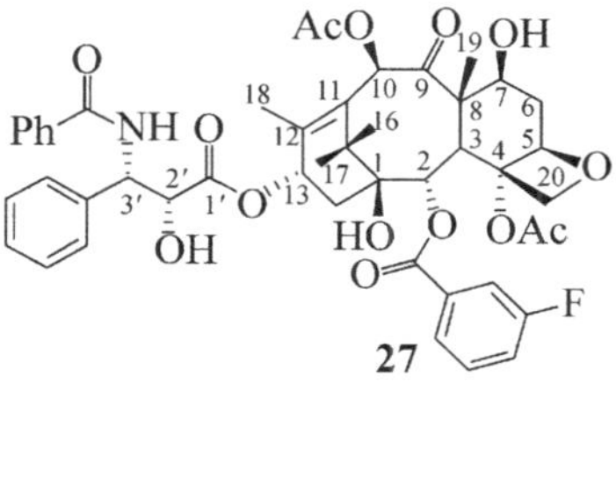

27

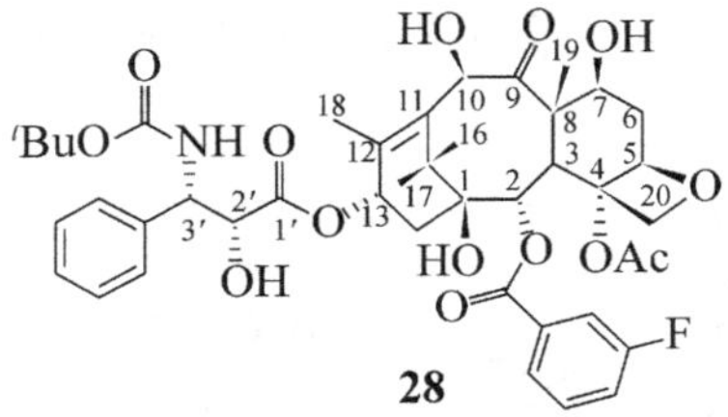

28

另外,Ojima 小组还合成了一系列 3′-三氟甲基和 3′-二氟甲基的紫杉醇类似物 **29**[50~52]。活性测试表明这些化合物对人体癌细胞链都表现出比母体化合物更强的抗癌活性,特别值得关注的是其中一些三氟甲基类似物对抗药性乳腺癌细胞链 MCF7-MDR 和 LCC6-MDR 的活性甚至比紫杉醇和多烯紫杉醇高 2 个数量级[51,53]。此外,3′-二氟甲基紫杉醇类似物对抗药性人体乳腺癌细胞链 LCC6-MDR 的 IC_{50} 值仅为几个纳物质的量,这表明其活性比紫杉醇和多烯紫杉醇分别高出 2 个和 3 个数量级[51,52](见表 11－1)。

表 11－1　3′-三氟甲基和 3′-二氟甲基紫杉醇类似物 29 对人体癌细胞链的活性

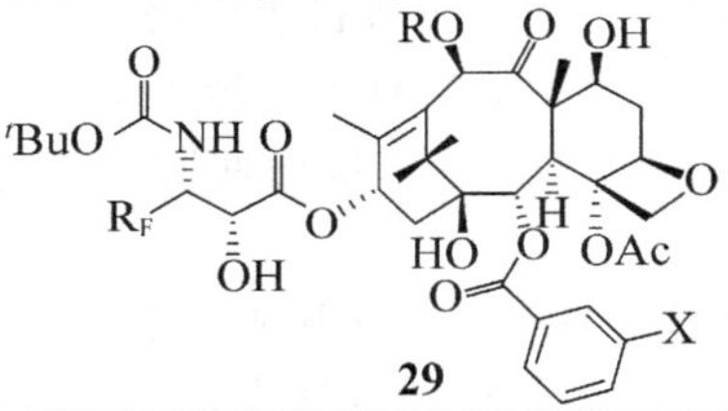

29

29			IC_{50}(nmol/L) 1)								
R_F	R	X	MCF7(胸)	MCF7-R(胸)	*R/S* 2)	LCC6WT(胸)	LCC6-MDR(胸)	*R/S* 2)	H460(卵巢)	HT-29(结肠)	A549(NSCLC)
	紫杉醇		1.8	484	269	3.4	216	64	5.5	3.6	3.6
	多烯紫杉醇		1.1	359	343	—	—	—	—	1.0	1.2
	Doxorubicin		—	—	—	180	2900	16	—	—	—
CF_3	EtCO	H	0.5	16	32	—	—	—	—	0.3	0.4
CF_3	Me_2NCO	N_3	0.5	4.2	8.4	1.4	2.2	1.6	0.3	0.5	—
CF_3	EtCO	N_3	0.4	2.6	6.5	1.2	1.6	1.3	0.2	0.4	—
CF_3	MeOCO	N_3	0.5	4.7	9.4	1.2	2.5	2.1	0.2	0.4	—
CF_2H	EtCO	F	—	—	—	1.0	5.7	8.9	—	—	—
CF_2H	Me_3CCH_2CO	Cl	—	—	—	1.3	5.0	5.7	—	—	—
CF_2H	Me_2NCO	MeO	0.7	10	14	0.8	7.0	3.9	0.2	0.4	—
CF_2H	EtCO	F	0.6	6.4	11	0.6	3.1	5.2	0.3	0.5	—
CF_2H	MeOCO	H	1.1	8.1	7.4	1.2	6.7	5.6	0.3	0.5	—
CF_2H	MeOCO	H	0.8	14	18	1.0	8.3	8.3	0.3	0.5	—

1) 抑制肿瘤细胞 50%(IC_{50})的浓度;

2) 药物耐药性因子。

埃波霉素(epothilone)是由微生物黏细菌产生的一种新型天然细胞毒素化合物,与对人类不同实体瘤细胞有明显抗肿瘤活性的紫杉醇在生物学上具有相似性,以同样方式诱导微管蛋白多聚体形成超稳定态,阻碍有丝分裂,阻止肿瘤细胞繁殖。另外,埃波霉素在许多方面优于紫杉醇,首先它由微生物产生,具有通过微生物发酵大规模生产的潜力;其次其水溶性好;再次埃波霉素结构比紫杉醇简单,具有良好的化学修饰潜力;另外它对紫杉醇耐药的肿瘤细胞具有高活性[54,55]。这些特征使得埃波霉素被认为是紫杉醇的更新换代产品,是极具市场潜力的新型抗癌新药。因此,自从 1995 年发现埃波霉素的抗癌活性后,人们对其在包括化学、生物学、医药学等多方面的应用进行了广泛而深入的研究[54,55]。Danishefsky 等最近从含三氟甲基砌块出发利用 RCM 反应成功地合成了 epothilone B **30** 的 12-位三氟甲基取代的衍生物 **32** 和 **34**[56]。含三氟甲基的 epothilone 衍生物(特别是 **34**)与 epothilone B 及其碳氢类似物 **31** 和 **33** 相比,对肿瘤细胞具有更高的抗肿瘤活性,对正常细胞具有更低的细胞毒性,在体内具有更好的稳定性,特别值得一提的是 **34** 对于具有紫杉醇抗药性的肺癌细胞 A549 具有很好的抑制作用[56]。现在,化合物 **34** 已经成为目前最有应用前景的具有抗癌活性的化合物之一。

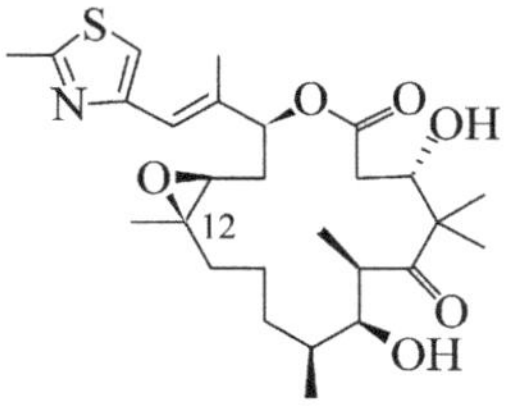

30 epothilone B

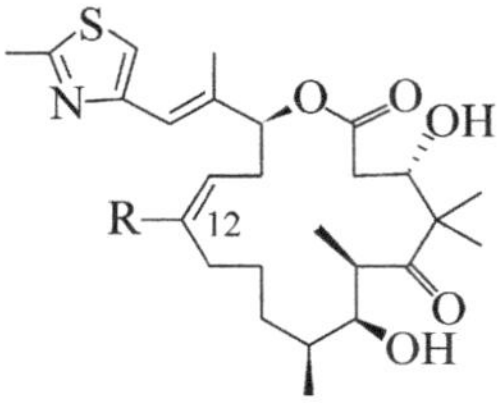

31 R = Me
32 R = CF_3

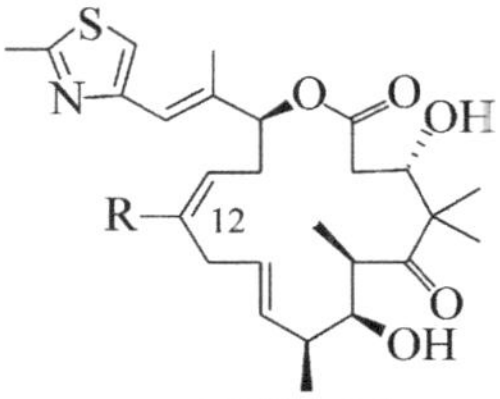

33 R = Me
34 R = CF_3

Lee 等于 1994 年合成了一系列 2-苯基-4-喹诺酮化合物并对该类化合物作为新一类抗有丝分裂肿瘤试剂的生物活性进行了测试[57]。对这类化合物的结构与活性关系的研究表明化合物 **35** 具有强的细胞毒性并且抑制微管蛋白的聚合;更为重要的是,研究还发现氟代化合物 **36** 对 OVCAR-3 卵巢癌细胞链表现出好的体内活性,它能有效延长患肿瘤老鼠的生命。另外,源于化合物 **36** 意外的生物活性,

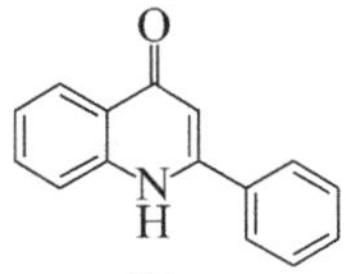

35

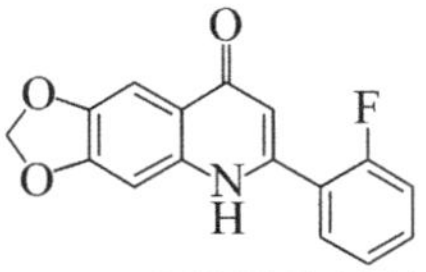

36(NSC 656158)

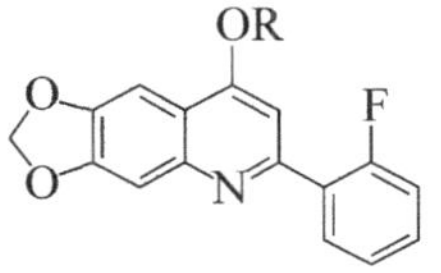

37 R = CH_2CO_2Et
38 R = CH_2CO_2H
39 R = $(CH_2)_3CO_2Et$
40 R = $(CH_2)_3CO_2H$

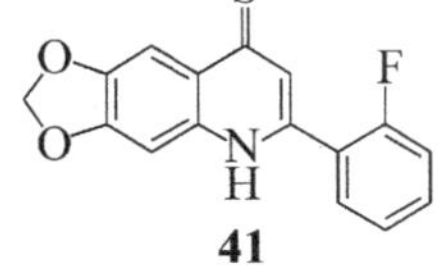

41

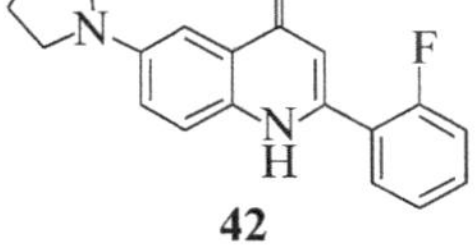

42

Lee 小组进一步合成了其他的含氟类似物 **37～42** 并研究了该类含氟化合物的药效位点[58]。

5. 多药耐药蛋白抗性(Multidrug Efflux Protein Resistance)

在对癌细胞进行化疗时，由 ABC(ATP-binding cassette)转运蛋白家族导致的多药耐药性(multidrug resistance，MDR)肿瘤细胞是一个严重的问题[59]。对于人体细胞，目前已鉴别出两种 ABC 转运蛋白会导致肿瘤细胞产生多药耐药性，这两种转运蛋白是糖蛋白(Pgp，MDR1)和多药耐药相关蛋白(MRP1)。Zosuquidar(LY 335979)**43** 是一种二氟环丙基二苯并环辛烷衍生物，研究已表明该化合物是 Pgp 选择性抑制剂，然而它对 MRP1-或 BCR-蛋白产生的药物抗性没有作用[60]。2002 年 Rubin 等报道了 zosuquidar 的临床Ⅰ期试验结果，他们发现该化合物具有好的抗癌潜力，但当剂量过高时存在神经中毒的危险[61]。目前，zosuquidar 正作为一线治疗试剂进行急性骨髓白血病治疗的临床Ⅱ期试验，它也和道诺霉素以及阿糖胞苷一起作为混合制剂。

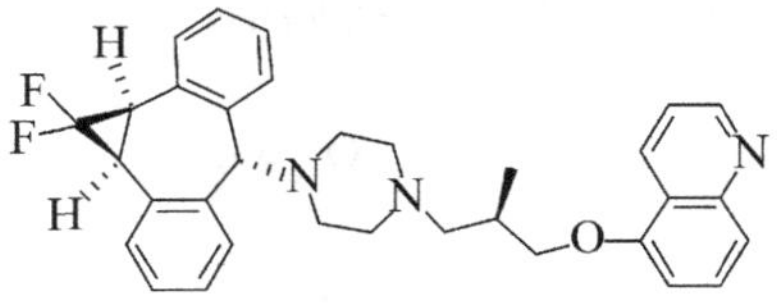

43

Eli Lilly 制药公司报道发现 raloxifene **44**(雷洛西芬)以及它的类似物 **45～48** 是 MRP1 蛋白产生的多药耐药性的选择性调节剂[62]。同样，Wang 等最近合成了吲哚嘧啶以及吡咯嘧啶化合物作为 MRP1 蛋白产生的多药耐药性的选择性调节剂，并研究了其结构与活性关系。由于研究已表明吡咯嘧啶类化合物作为 MRP1 调节剂的关键药效团位于吡咯嘧啶的 7 位，Wang 等经过合理设计合成了三类含氟吡咯嘧啶化合物模板 **49～51**[63]。他们对这些模板进行了拓展并发现了大量对 Pgp 具有高选择性的 MRP1 调节剂[64]，这些化合物在异种移植模板内的体内药效也通过含氟化合物 **52** 得以证实。

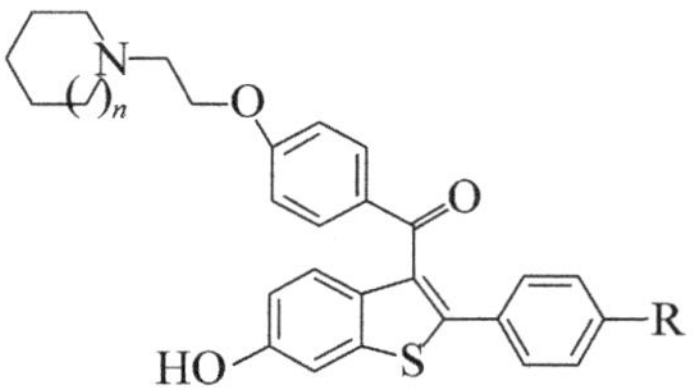

44 $n=1$, R = OH
45 $n=0$, R = OH
46 $n=1$, R = $N(SO_2Me)_2$

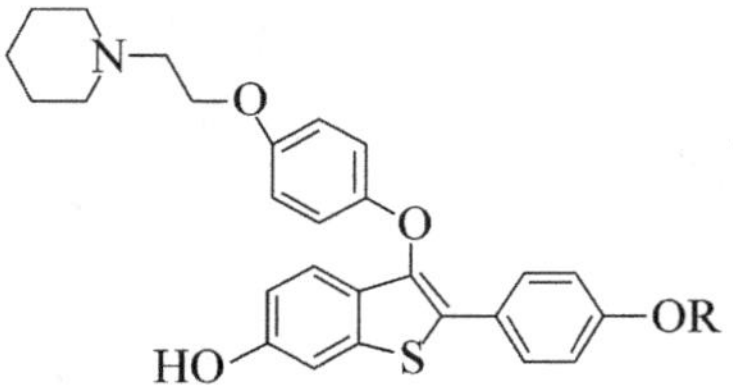

47 R = Me
48 R = H

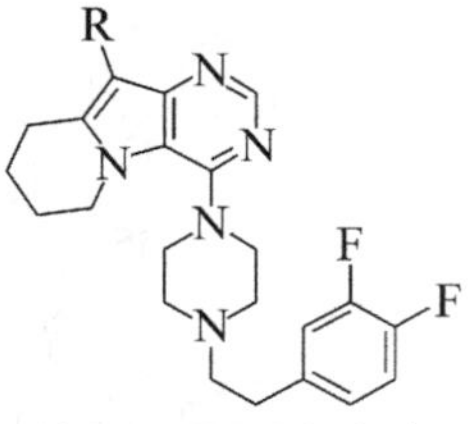

49 R = CN,COPh,杂环

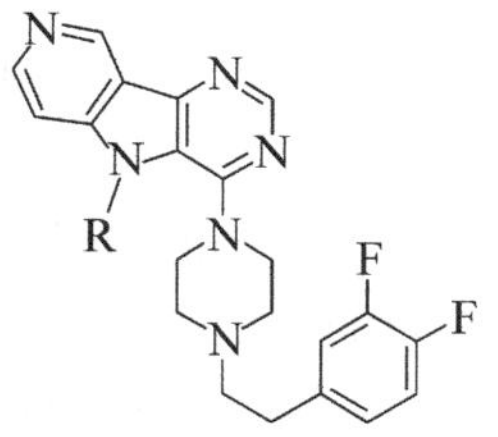

50 R = H, alkyl

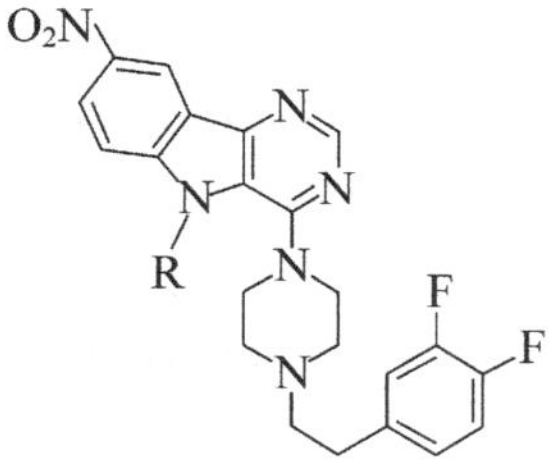

51 R = H, alkyl

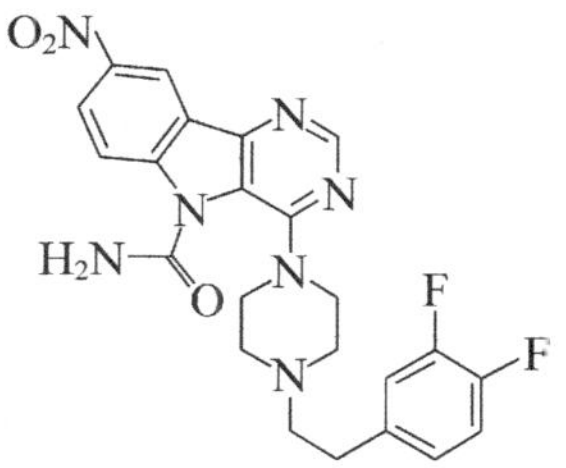

52

6. 雌激素拮抗剂(Antioestrogens)

雌激素拮抗剂在治疗荷尔蒙依赖型乳腺癌方面已取得了很好的功效[65,66]。tamoxifen **53**(nolvadex、泰莫西芬、三苯氧胺)很早就被发现具有雌激素拮抗剂功效[67],其被用于治疗晚期乳腺癌已有 20 多年的历史,美国食品与药物管理局(FDA)还于 1998 年批准将 tamoxifen 用于高危险群妇女以降低发生乳腺癌的概率。人体雌激素能促进乳腺癌细胞的生长,而 tamoxifen 在体内能干扰雌激素的作用,所以它能抑制乳腺癌细胞的生长或使乳腺癌细胞的生长速度较低。虽然 tamoxifen 在治疗乳腺癌方面取得了大的成功,但它同时存在一些副作用,其中包括可能引起子宫内膜癌与造成下肢的静脉血栓等;另外研究还表明服用 tamoxifen 会产生抗药性[68]。因此开发新的 tamoxifen 类似物吸引了众多化学家和药剂学家的兴趣。

Panomifene **54**(帕诺米芬)是一个和 tamoxifen 结构类似的三氟甲基化合物,已发现它在治疗乳腺癌方面表现出比 tamoxifen 更好的抗雌激素活性[69]。另外,研究还发现 4′-F-DMA **55** 具有抗雌激素活性,其活性和雷洛西芬相当[70];该化合物 **4**′位氟取代阻止了醌型化合物的形成,而形成醌型化合物正是雷洛西芬产生毒性的原因。因此,4′-F-DMA 目前已成为有希望的选择性雌激素受体调节剂(selective oestrogen receptor modulators, SERMs),其活性与 DMA 以及雷洛西芬相当,但毒性较二者低。

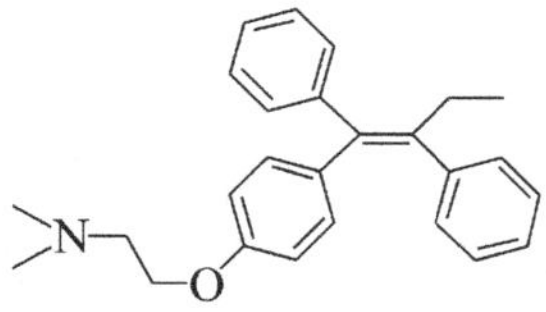

53

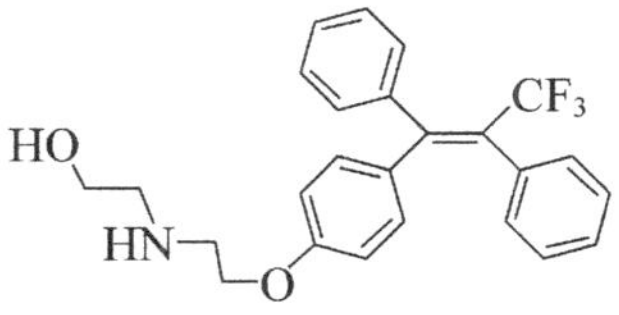

54

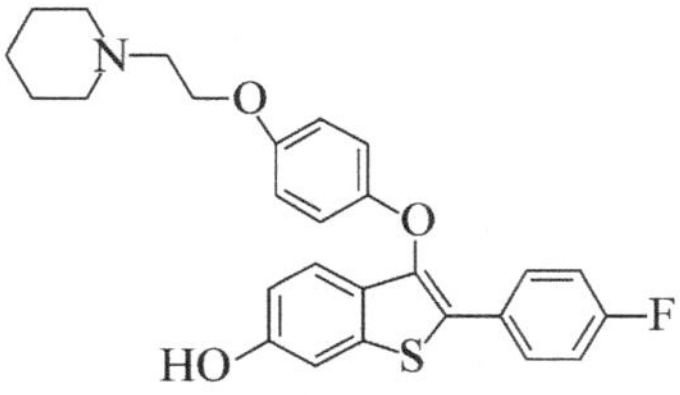

55

最近研究者还开发了用以治疗晚期内分泌反应性乳腺癌的甾体类抗雌激素化合物 ICI 164385 **56** 和 ICI 182780 **57**(fulvestrant，氟维司群)[71,72]。化合物 ICI 164385 **56** 的结构特点是在甾体雌二醇 oestradiol **58** B 环的 7α 位用烷基胺取代；而 fulvestrant 则是将 ICI 164385 中的酰胺部分用亚磺酰基取代，同时末端烷基官能团被氟化，这样可以减少该化合物在体内受到其他目标的进攻而发生代谢[73]。fulvestrant 是一类新型雌激素受体拮抗剂，目前已在欧洲和美国登记注册用以治疗女性绝经后发生的荷尔蒙敏感性晚期肿瘤[74]。

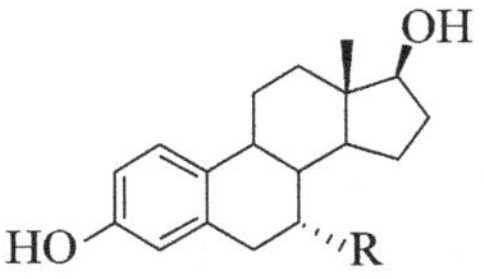

56 R = $(CH_2)_{10}CONMe(CH_2)_3CH_3$
57 R = $(CH_2)_9SO(CH_2)_3CF_2CF_3$

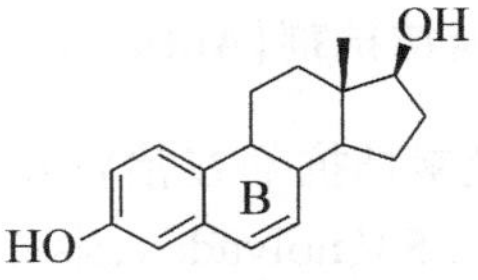

58

已有报道表明，含氟抗雌激素 RU 58668 **59** 在细胞质的某些特殊部位导致雌激素受体的蛋白合成依赖性麻痹；另外，**59** 同样被报道对乳腺癌具有治疗潜力[75]。这些研究表明 **59** 可以被用于治疗雌激素受体阳性(ER＋)乳腺癌病人，由于该类乳腺癌主要对 tamoxifen 产生抗性，因此 **59** 作为辅助药用于预防癌细胞的转移。最近 Blazejewski 等同样报道了 7α-多氟烷基雌二醇衍生物 **60** 和 **61** 的合成、表征以及二者强的抗雌激素活性[76]。

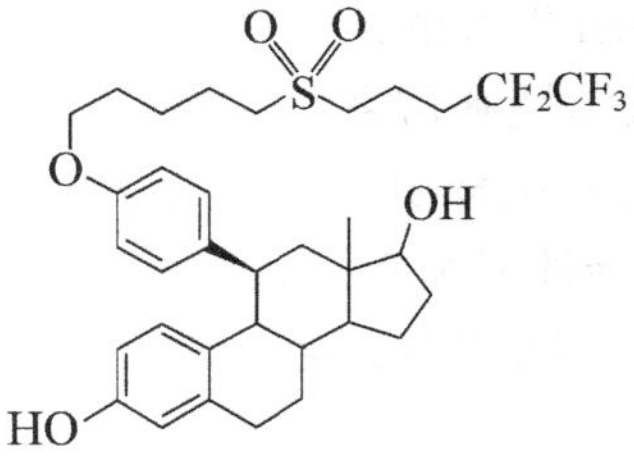

59

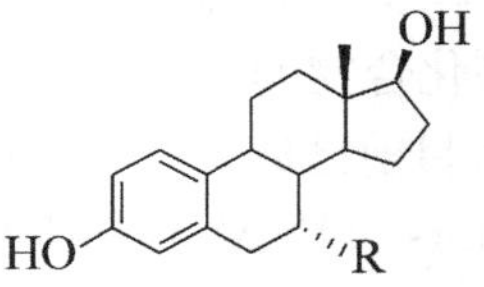

60 R = C_6F_{13}
61 R = CF_3

目前，通过抗黄体激素对荷尔蒙依赖性乳腺癌的预防和治疗取得了很好的进展[77]。Mifepristone **62**(米非司酮，RU 38486)已经登记注册作为黄体素拮抗剂的堕胎药，它可以使因怀孕上升的黄体酯酮浓度降低，让子宫内膜剥落从而达到流产的目的；然而，mifepristone 已被报道会导致一些副作用，如它具有强的抗糖皮质激素副作用等[77]。最近，Cleve 等研究了含氟取代基对 mifepristone 活性的影响[78]，结果表明 mifepristone 的含氟类似物 **63～66** 是很强的黄体素受体拮抗剂，其中化合物 **65** (ZK 230211)已证实具有非常强的抗黄体素活性，并且在迄今为止报道的黄体素受体拮抗剂中，ZK 230211 具有最好的受体选择性。

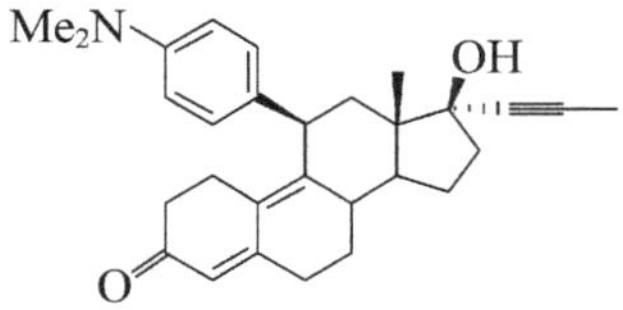

62 mifepristone (RU 38486)

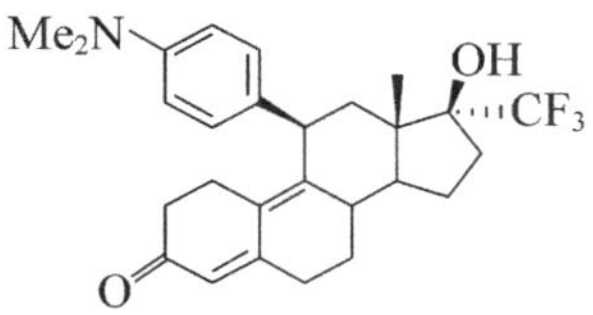

63

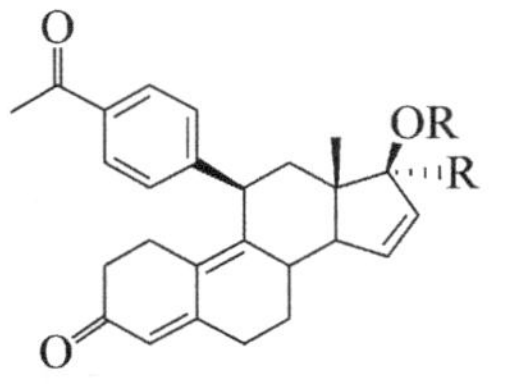

64 R = CF_3
65 R = CF_2CF_3(ZK 230211)

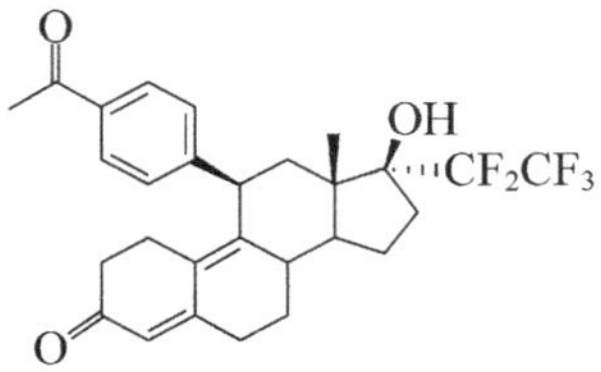

66

7. 蛋白激酶抑制剂(Protein Kinase Inhibitors)

蛋白激酶调节着细胞功能的各个方面，细胞的信号传递途径大多数都通过蛋白激酶进行。目前人们已清楚地证实癌是由基因突变和基因的异常表达引起的[79]，蛋白激酶抑制剂已成为开发新的抗癌试剂的重要方向[80]。在美国 FDA 登记注册的抗癌药 **67** 具有很好的抗癌活性，这是蛋白激酶抑制剂作为抗癌试剂的成功实例[81]。该药的成功开发进一步促使人们考察其他为数众多的化合物用以预防和治疗位于肺、前列腺、乳腺以及直肠等部位的肿瘤[82]。含氟化合物 **68** 就是最近批准使用的抗肿瘤药物[83]。

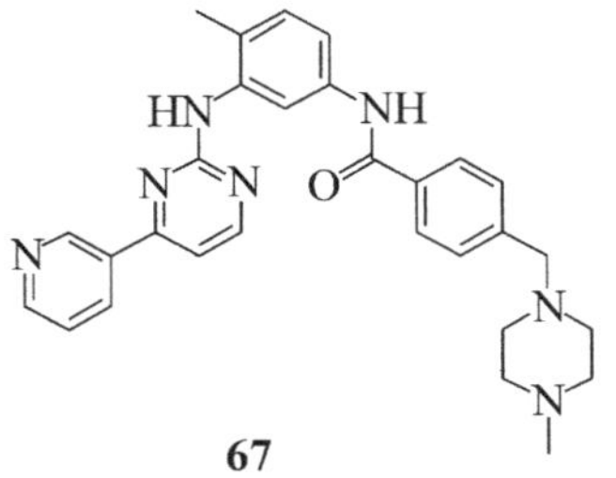

67

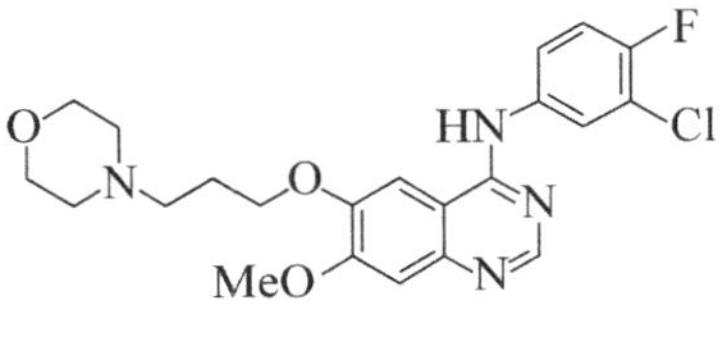

68

上述蛋白激酶抑制剂成功的临床表现和市场化已促使新蛋白激酶抑制剂的进一步开发，在过去 10 年间人们发现了大量蛋白激酶抑制剂药物模板[84]，且多数化合物已用于前期临床研究[85]。值得指出的是，许多含有含氟基团的这类化合物都具有好的治疗效果[86]。例如，含氟化合物 GW 572016 **69** 和 BX-1382BS **70** 在临床治疗癌症病人方面已表现出好的疗效[87]。

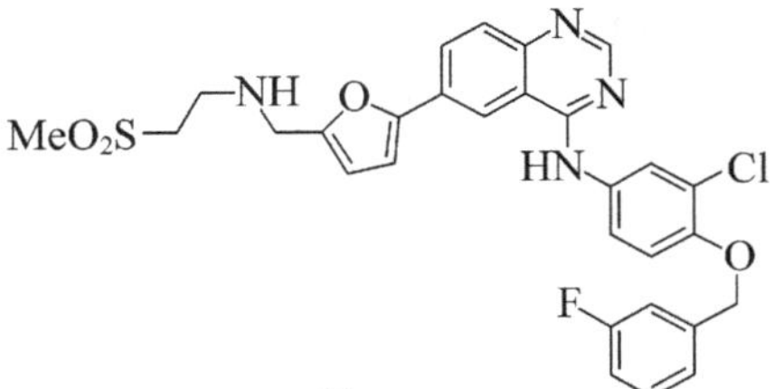

69

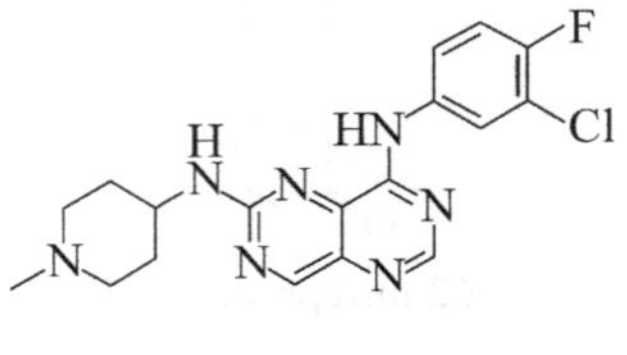

70

含氟化合物 Cl-1040 **71**(PD 184352) 是一种新开发的蛋白抑制剂，研究发现它可以专一地抑制一种调节细胞增殖的蛋白激酶 MEK[88]。研究还发现 Cl-1040 对培养的和移植的结肠癌细胞系有良好的抑制作用；将它用于培养的结肠癌细胞系时，它可抑制 MAP 激酶的磷酸化，防止细胞由 G1 期进入 S 期，并可抑制贴壁细胞的生长。另一方面，在 **67** 和 **68** 作为靶向酶可逆的结合性抑制剂的同时，Wyeth Research 和 Pfizer 公司的研究人员还致力于开发不可逆的结合性抑制剂[89]。在他们所开发的一系列化合物中，氟化物 Cl-1033 **72a**(辉瑞公司)已被表明是氨酸激酶的抑制剂；与 gleevec **67** 和 gefitinib **68** 不同的是，Cl-1033 **72a** 并不靶向表皮生长因子受体(EGFR)，它不可逆地结合受体型酪氨酸激酶 erbB 家族的其他成员并对其进行抑制。目前 Cl-1033 **72a** 已被用于早期临床试验[90]。Wister 等最近也报道了氟代 4-苯胺喹啉类似物 **68b** 和 **72b** 作为 EGFR 和 HER-2 激酶抑制剂的活性以及作为细胞生长抑制剂的活性[91]。另外，源于这一系列苯胺喹啉类似物的含氟先导化合物 EKB-569 **73** 目前已开始进行临床Ⅰ期试验[92]。同样，AstraZeneca公司开发的含氟化合物 AZD 3409 **74** 最近也已进入临床试验阶段[93]。

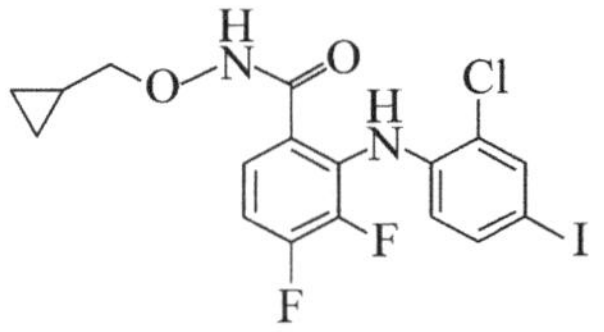

71

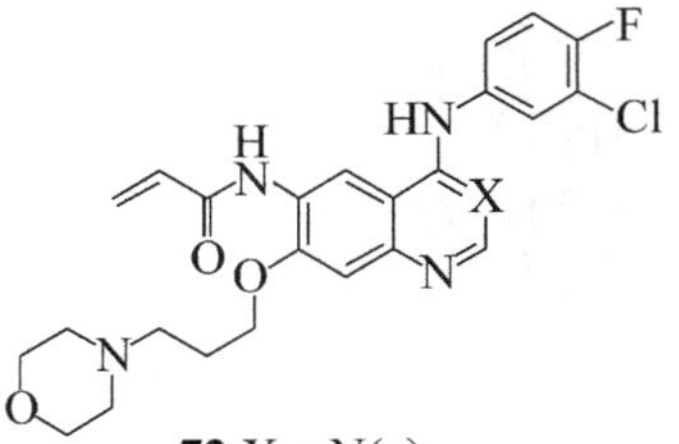

72 X = N(a)
X = C—CN(b)

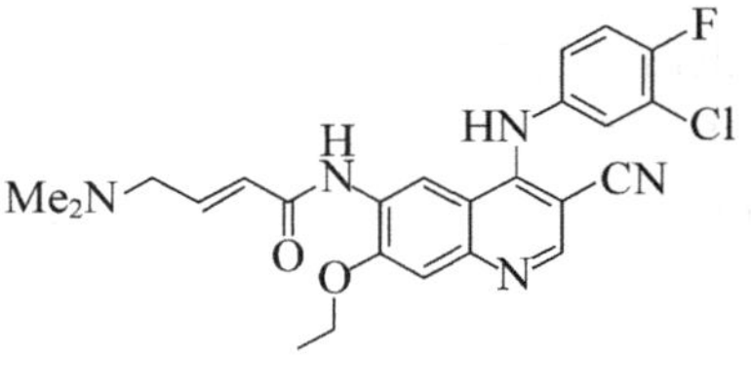

73 EKB-569

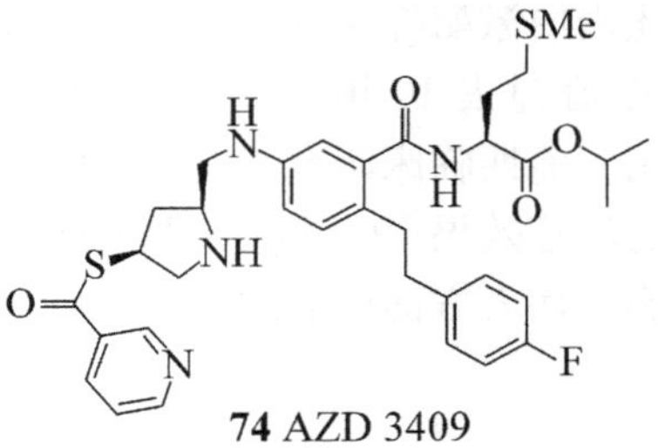

74 AZD 3409

瑞士 Novartis 制药公司和德国 Schering 制药公司的研究人员于 2002 年合成了两个 2-氨基苯酰氨化合物 **75** 和 **76**，并评价了二者作为血管内皮细胞生长因子(VEGF)受体激酶抑制剂的生物活性[94]，结果发现二者对 VEGF 受体激酶具有强的活性和好的选择性。另外，Kubo 等也报道了 *N*-苯基-*N'*-[4-(4-喹啉氧基)苯基]尿素衍生物的合成以及结构活性关系(SAR)[95]；他们的研究结果表明含氟化合物 **77**(Ki8751)对 VEGF-2 受体激酶具有强的抑制作用(IC_{50} = 0.9nmol/L)，且对 VEGF-2 的选择性是其他激酶的 1000 倍。还应值得注意的是 Ki8751 对异种移植在裸小鼠和裸大鼠中的一些人体肿瘤细胞表现出极好的抗肿瘤活性，老鼠日服剂量达到 4mg/kg 时在 14 天内没有出现明显的毒副作用。

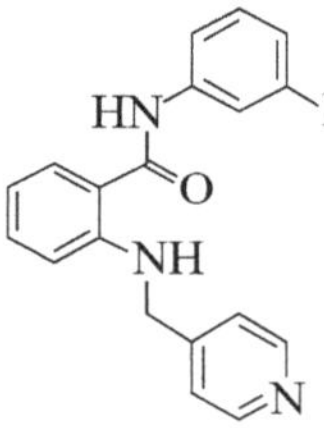

75 R = CF_3
76 R = H

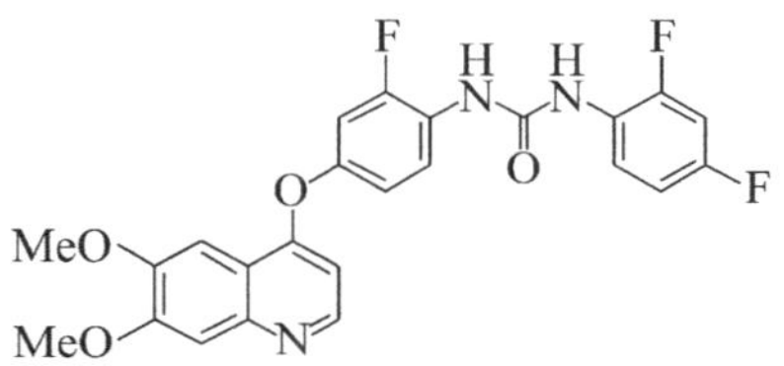

77

含氟双芳基尿素衍生物 **78** (BAY 43-9006，sorafenib，索拉非尼)已于 2006 年 1 月被美国 FDA 批准用于治疗晚期肾细胞癌或肾癌；sorafenib 是近 20 多年内 FDA 批准的首个治疗晚期肾细胞癌的药物，它是首个口服多激酶抑制剂，靶向作用于肿瘤细胞和肿瘤血管内皮生长因子的丝氨酸/苏氨酸和受体酪氨酸激酶(VEGFR-1 和 VEGFR-2)[96]。此外，目前还有为数众多的口服含氟化合物用于 VEGFR-2 抑制剂的临床试验，其中包括 anilinoquinazoline **79**(ZD 6474，进入临床Ⅱ期试验)、吲哚酮化合物SU 11955 **80**(进入临床Ⅲ期试验)、SU 11248**81**(进入临床Ⅲ期试验)、巯基异噻唑 **82**(CP 547632，进入临床Ⅰ期和Ⅱ期试验)以及喹唑啉化合物 **83** (AZD-2171，进入临床Ⅰ期试验)[97]。

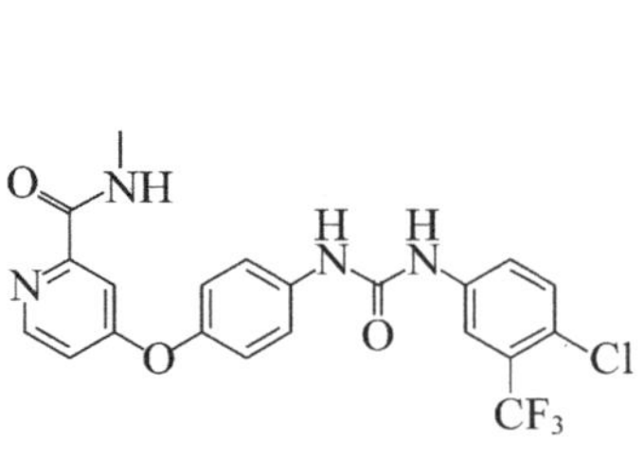

78

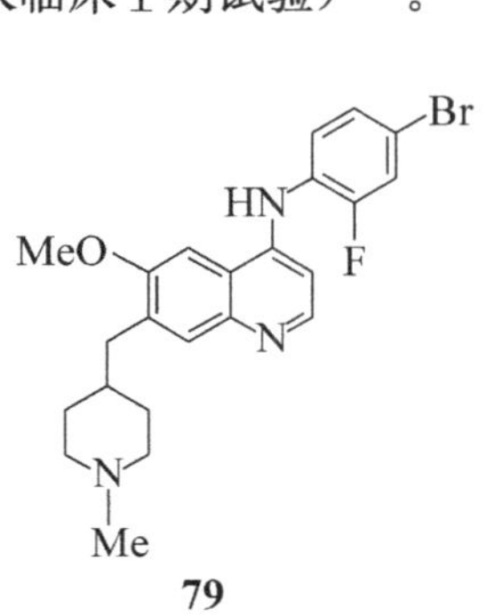

79

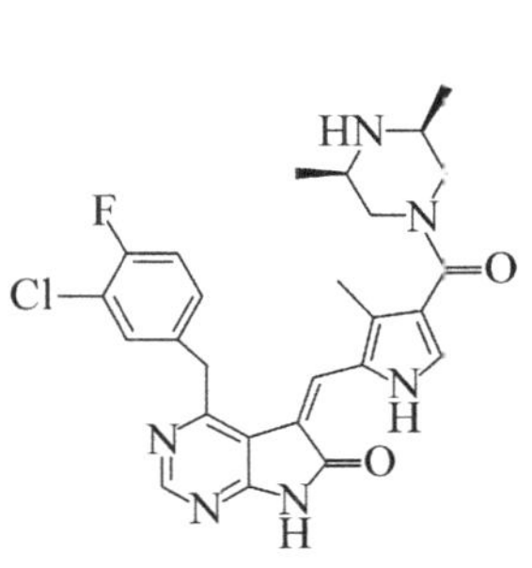

80

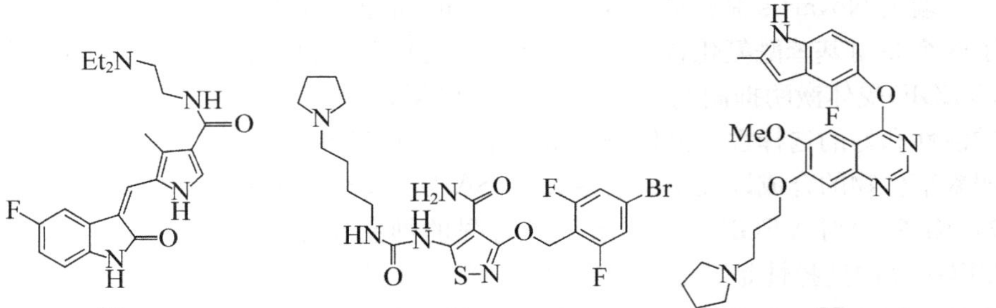

81　**82**　**83**

2004 年，美国 Bristol-Myers Squibb 药物研究所 Hunt 等开发了一类新型的卤代吡咯[2,1-*f*][1,2,4] 三嗪衍生物作为 EGFR 和 HER2 蛋白酪氨酸激酶的双重抑制剂，例如含氟化合物 **84**[98]。该小组最近还合成了基于喹唑啉结构模板的一些类似物，结果发现含氟吡咯[2,1-*f*][1,2,4] 三嗪化合物 **85** 作为口服血管内皮细胞生长因子受体-2 型（VEGFR-2）和纤维细胞生长因子受体-1 型（FGFR-1）双重抑制剂时具有重要的抗肿瘤功效[99]。另外，Emanuel 等于 2004 年报道三氟甲基吡啶化合物 JNJ-17029259 **86** 是涉及 VEGF 信号传导的口服生物有效性抑制剂，该化合物可预防血管生成、抑制人体肿瘤异种移植物体内的实体肿瘤生长[100]。Cohen 等最近在设计卤代甲基酮吡咯嘧啶类化合物 **87**（FMK 和 CMK）作为不可逆转的选择性激酶抑制剂时利用了一种称之为“结构生物信息学”的方法，FMK 和 CMK 都用于体外测试抗核糖体蛋白 S6 激酶（RSK）的活性，结果表明二者活性相当，但氟化物 FMK 的化学稳定性好于 CMK[101]。

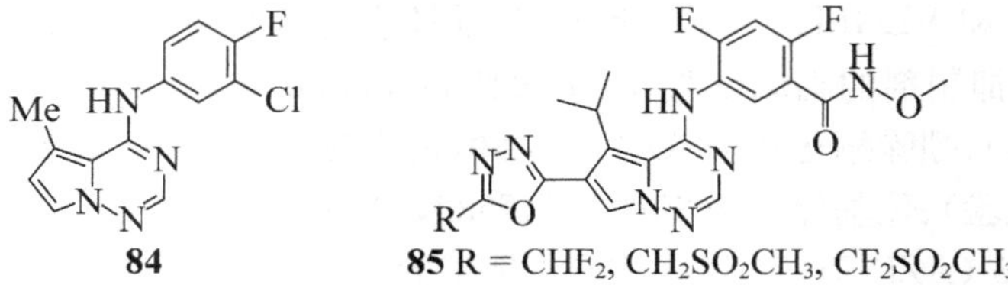

84　**85** R = CHF_2, $CH_2SO_2CH_3$, $CF_2SO_2CH_3$

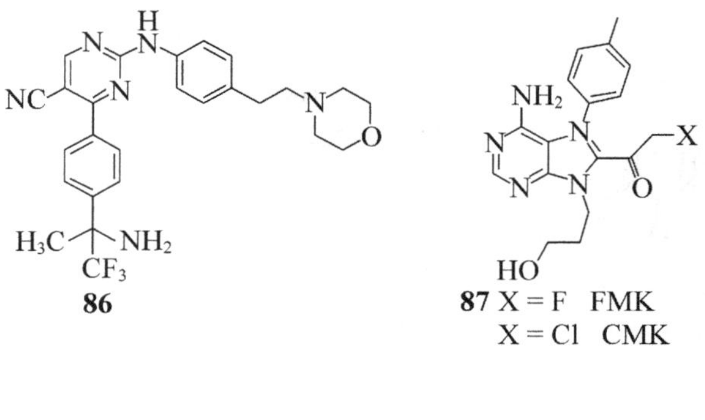

86　**87** X = F　FMK
X = Cl　CMK

8. 抗雄性激素药(Antiandrogens)

探求阻滞睾丸激素药理作用的非甾族抗雄性激素药已导致了诸如 **88**、**89** 及 **90** 等含氟药物的开发，这些含氟化合物广泛用于治疗前列腺癌[102]。基于 **90** 的结构，三氟甲基化合物(*R*,*S*)-bicalutamide **91**(casodex)同样被开发用于治疗前列腺癌[103]；与 **90** 相比，该化合物具有更长的半衰期(6 天)且对雄性激素受体有更高的亲和力[103]。虽然 **91** 的抗雄性激素活性几乎全部来自于其 *R* 对映体，但市场上出售的却是其外消旋体。最近 Zanda 及其合作者合成了 **91** 的外消旋三氟甲基类似物 **92**[104]，研究表明 **92** 对人体前列腺癌细胞链 LNCaP 具有强的体外抗增生活性，其活性可与其母体化合物 **91** 相比。目前该小组正致力于 **92** 的对映合成，还将测试所合成手性纯化合物的抗增生活性，并与外消旋 **91** 的活性进行比较。

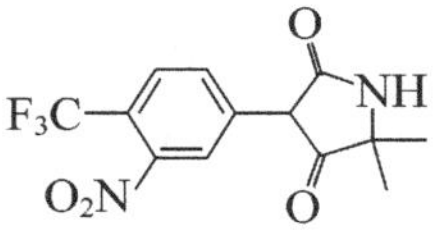

88

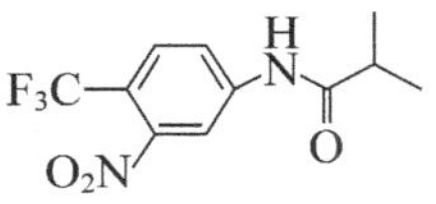

89

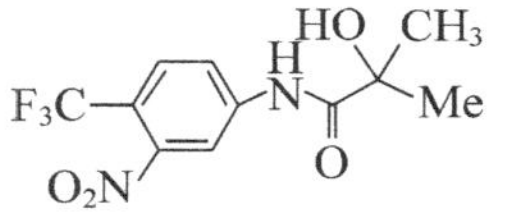

90

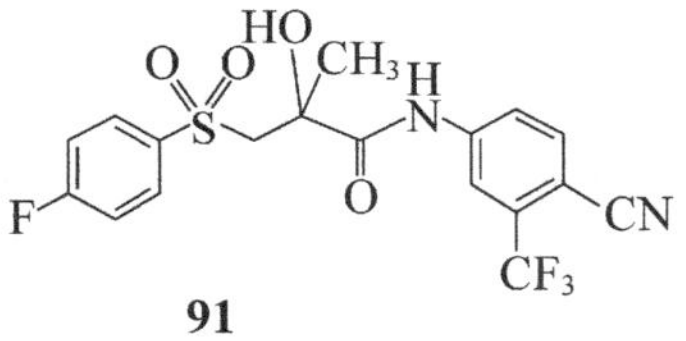

91

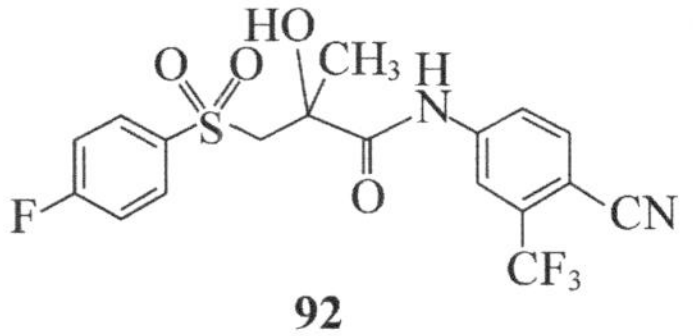

92

9. 抗炎/镇痛药(Anti-inflammatory/Analgesia)

类固醇的抗炎功效促进了诸如氟替卡松丙酸酯 **93**(fluticasone propionate)等糖(肾上腺)皮质激素(GC)衍生物的开发，目前 **93** 已被广泛用于多种炎症疾病以及用于减轻癌症引发的疼痛[105]。然而研究已表明服用糖(肾上腺)皮质激素(GC)后会产生一些副作用，如水肿、体重增加、肌肉无力、糖尿病以及骨质疏松症等[106]。GC 类化合物的抗炎以及免疫特性归因于它的反式抑制(TR)功能，而由它引发的一些副作用如糖尿病、青光眼等却源自于它的反式激活(TA)特性。基于这种情况，目前化学家和药物学家们主要集中于开发一些选择性 GC 激动药，希望选择性 GC 激动药选择性发挥反式抑制功效[106]。最近已有一些文献和专利涉及 GC 受体的新型配体化合物的结构活性关系(SAR)。例如，先导含氟化合物 **94** 及其类似物 ZK216348 **95** 就已被报道作为选择性的 GC 受体激动剂[107]。另外，Barker 等报道了三氟甲基作为药效团对配体(与 GC 受体作用)结合和激动活性的影响[108]，他们运用一种称为“agreement docking”的方法设计并合成了一系列含氟非甾族 GC 调节器 **96**～**99**。研究发现这些化合物显示出一定的 TR/TA 选择性[106,107]，因此继续优化该类化合物以发现高活性的选择性含氟药物具有广阔的前景。

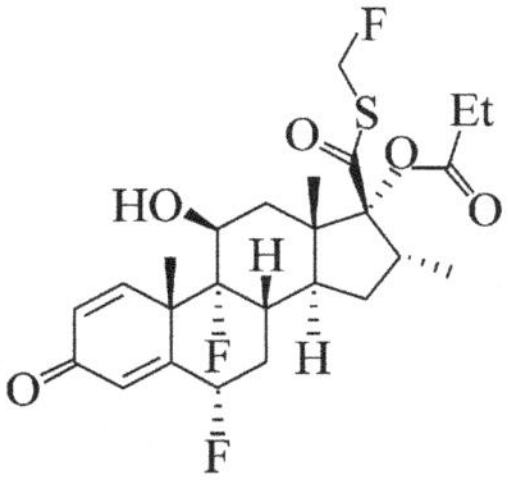

93

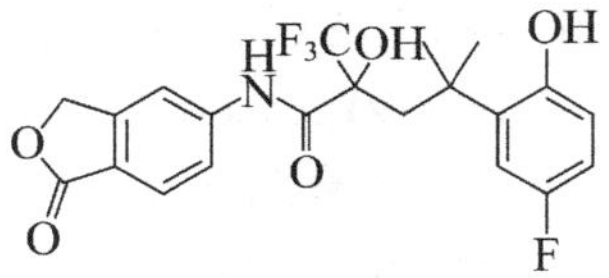

94

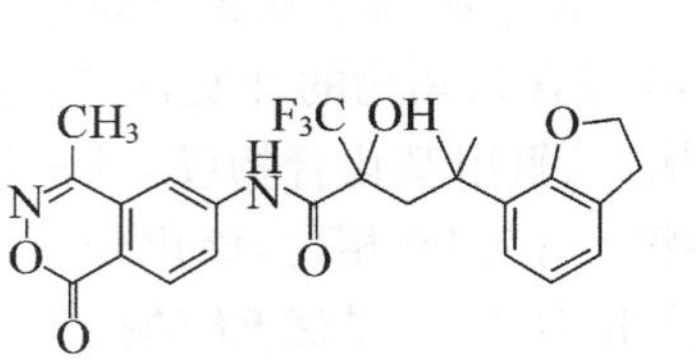

95(+)-对映体

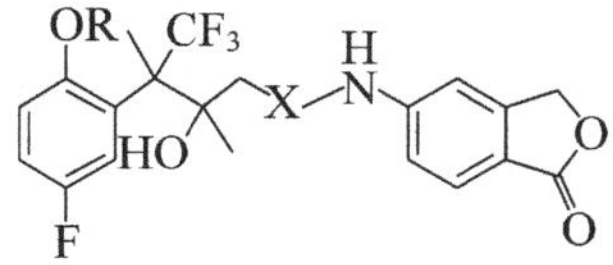

96 R = H, X = CO(*rac*)
97 R = Me, X = CH_2(*rac*)

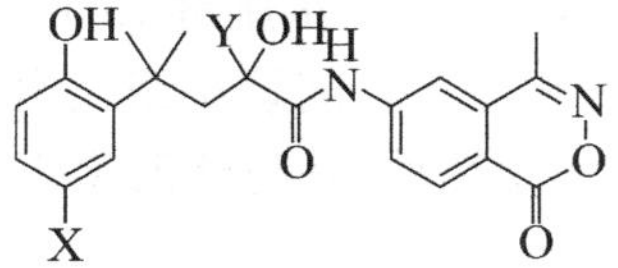

98a X = Br, Y = CF_3(*rac*)
98b X = F, Y = CF_3(+*ent*)
98c X = F, Y = CF_3(*rac*)

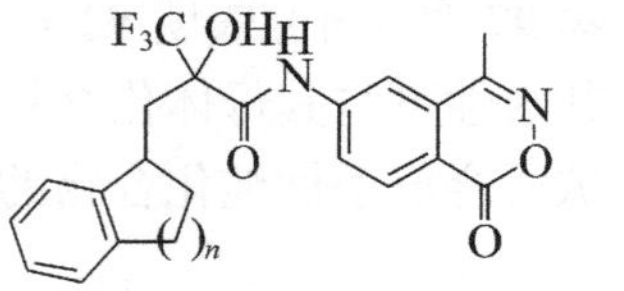

99a *n* = 1
99b *n* = 2
99c *n* = 3

迄今为止，大量含氟非甾族抗炎药(NSAID)被报道，这些药物根据它们的抑制特征进行分类。转甲状腺蛋白淀粉形成酶抑制剂是 NSAID 中的一种[109]，这类药物包括氟灭酸(flufenamic acid)**100**、尼氟灭酸(niflumic acid)**101** 以及双氟尼酸(diflunisal)**102**。另外，Armer 等最近还报道了一系列新型高活性的含氟 NSAID[110]，即氟吲哚羧酸类化合物(sulindac sulfide **103**，L-888607 **104**)和氟吲哚-*N*-磺酰基羧酸化合物 **105**。这些化合物都是止痛剂吲哚美辛(indomethacin)**106** 的类似物，它们通过抑制环氧化酶(cyclo-oxygenases，COX)已显现出止痛和退热功效[110]。

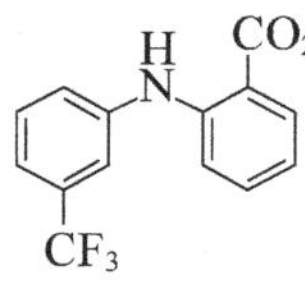

100

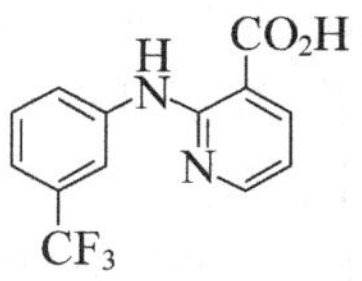

101

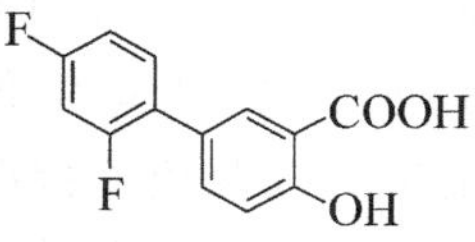

102

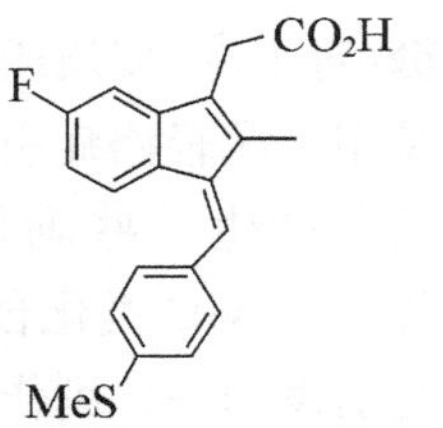

103

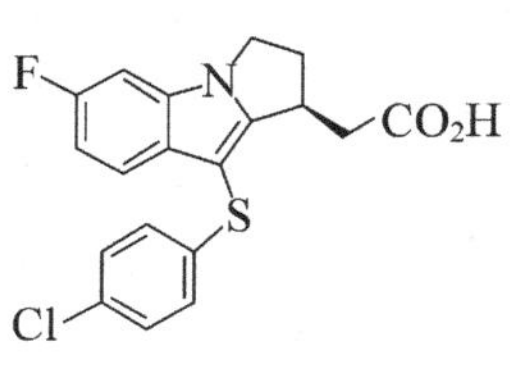

104

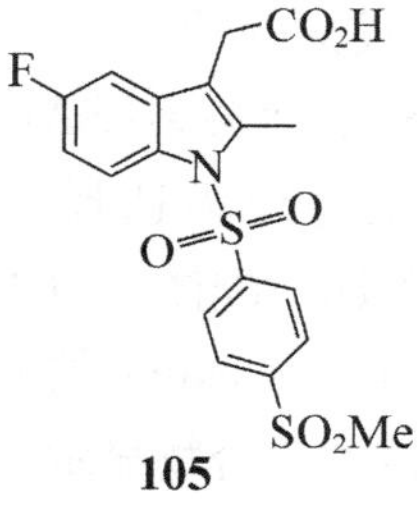

105

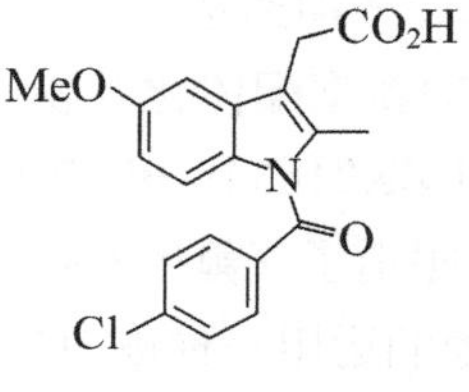

106

20 世纪 90 年代初期几个研究小组就已发现环氧化酶(COX)存在两种异构体，即 COX-1 和 COX-2[111]。他们的研究为开发新一代副作用小的含氟 NSAID 提供了方向，因为服用 NSAID 产生的副作用通常是由于 COX-1 受到抑制所引起的。而传统的非氟 NSAID 药物，如吲哚美辛和阿司匹林会同时抑制 COX-1 和 COX-2。于是开发能选择性抑制 COX-2 的 NSAID 成了人们的研究方向，三氟甲基化合物colecoxib **107** 就是美国 Pfizer 制药公司开发的一种能选择性抑制 COX-2 的酶 NSAID，它已于 1999 年被美国 FDA 批准作为止痛药和关节炎药[112]。另外，含氟化合物 SC-558 **108** 和 JTE-552 **109** 作为 NSAID 药物目前也已进入临床试验阶段[113]。值得指出的是，这些 COX-2 选择性抑制剂现在也用于研究治疗癌症和老年痴呆症[114]。

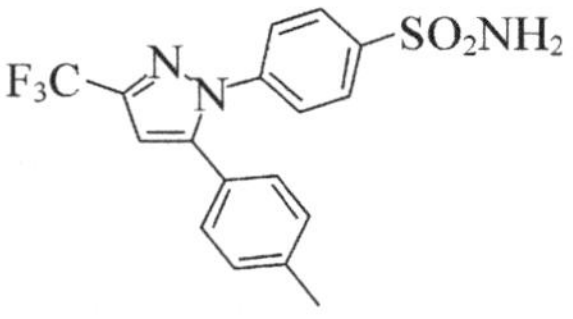

107

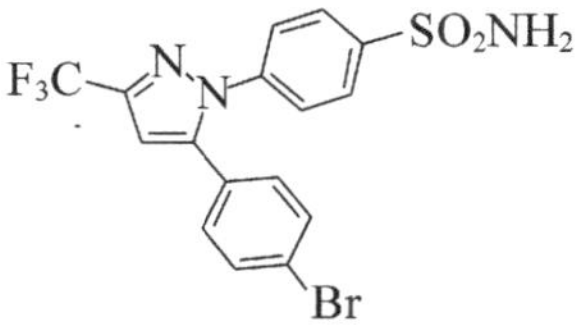

108

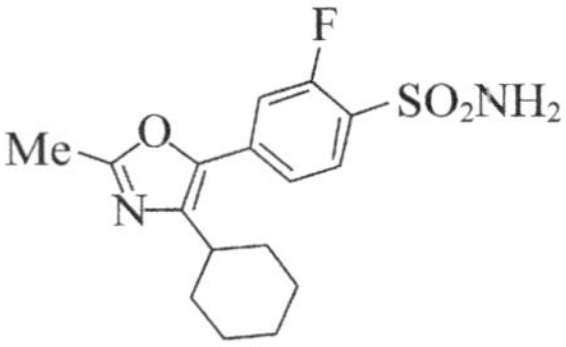

109

10. 沙利度胺及其类似物(Thalidomide and Novel Analogues)

沙利度胺(thalidomide)**110** 早在 20 世纪 50 年代就已作为镇静剂用药市场化，遗憾的是研究发现它会产生致畸作用，因而它于 1962 年被撤出市场[115]。然而，后来人们研究发现 thalidomide 还具有抑制血管生成的功效，另外它还对处于脂肪酶引发的人体单核细胞中的肿瘤坏死因子-α(tumour necrosis factor-α，TNF-α)具有选择抑制功能[116]。基于上述原因，目前人们正致力于开发 thalidomide 的类似物，希望发现不会产生致畸副作用的化合物。最近，Takeuchi 等[117]和 Man 等[118]合成了一系列 thalidomide 的含氟类似物 **111**，这些化合物已被用于进行临床试验。另外，GSK、Merck、RWJ 以及 Eli Lilly 制药公司的研究人员先后各自独立开发了一些含氟嘧啶咪唑类 P38 MAB 激酶药效团[119]。这些氟代原型化合物抑制剂包括 SB 203580 **112**、SB 242235 **113**、L-790070 **114**、RWJ 67675 **115** 和 **116**，它们都已作为治疗急性和慢性炎症疾病的试剂进入前期临床或临床研究。

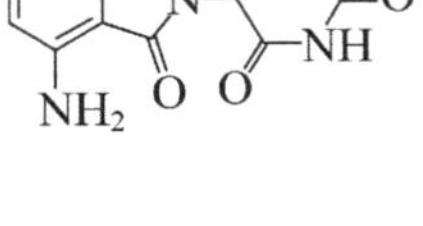

110

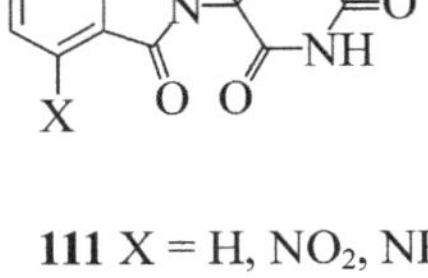

111 X = H, NO$_2$, NH$_2$

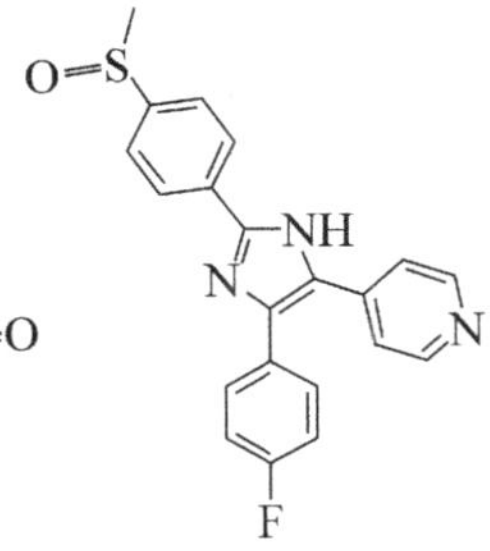

112

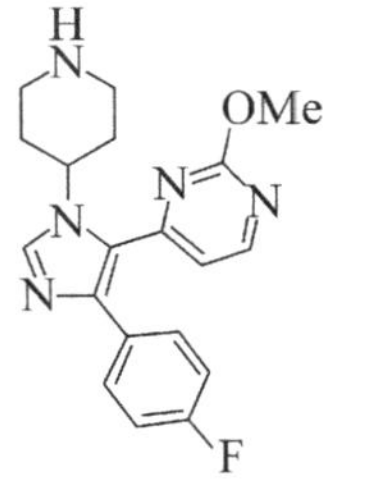

113

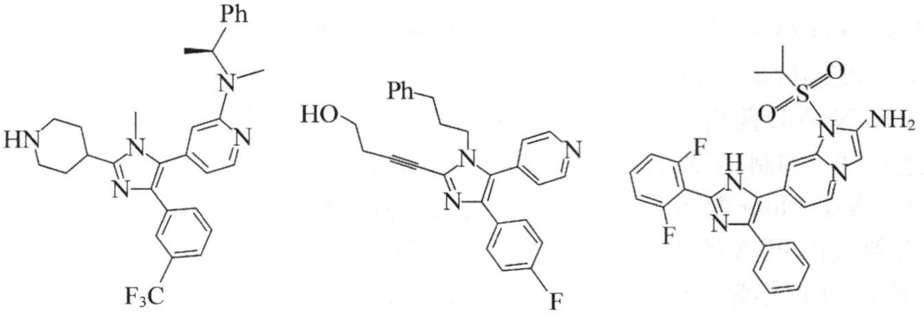

114　　115　　116

11. 抗病毒药物

近年来,虽然一些对抗病毒和抗肿瘤具有活性的核苷已被发现并使用,但寻求新的、具有潜在生物活性的病毒抑制剂和抗肿瘤药剂仍在研究之中,尤其是研制新的 HIV,CMV,HSV-1,HSV-2,VZV (varicella zoster virus),EBV (Epstein-Barr virus),HBV 病毒抑制剂更是成为了一个热点领域[120]。这主要是由于上述病毒一旦被患有艾滋病或其他疾病的患者所感染往往是致命性的,因此,研制具有广谱抗病毒活性的核苷势在必行。在研究中科学工作者发现,将核苷中的氢或羟基用氟取代会使其具有广谱抗病毒活性[121]。同时由于氟的引入使其与非氟核苷相比,生物活性会发生显著变化。如,基本没有潜在抗病毒和抗肿瘤活性的天然胸腺嘧啶脱氧核苷的 2′-β-氢(阿拉伯糖构型)或 3′-羟基被氟原子取代的含氟核苷 FMAU[122] 和 FLT[123] 具有很强的广谱抗病毒活性。尤其是 FMAU,它不仅对 HSV 有潜在的生物活性,而且对 HBV 还显示出极强的抗病毒活性。不仅如此,它对 VZV,CMV 和 EMV 亦具有显著的生物活性。更为突出的是,FMAU 还对鼠科白血病(murine leukemias)显示出很高的拮抗作用,现在它已被用于临床试验。除此之外,在核苷的 C-2′位引入氟原子还能稳定糖苷键。2′-脱氧-5-碘代-尿嘧啶脱氧核苷(iduviran)是由 Prusoff 小组报道的第一个抗病毒核苷,然而它的糖苷键在酸性条件下是不稳定的。经过研究,Watanabe 小组不仅发现在 iduviran 的 C-2′引入氟原子能稳定糖苷键,而且还发现这一含氟核苷 FLAC 对 HSV,HBV,VZV,CMV 和 EBV 亦显示出广谱抗病毒活性[122]。同样,将氟引在核苷 ddC C-2′位的 F-ddC,它不仅具有稳定的糖苷键,而且对 HIV 还显示出显著的生物活性[124]。值得指出的是,美国 DuPont 药物公司研制出第一个非核苷反转录酶抑制剂 efavirenz[125],该化合物已经临床用于治疗 HIV 病毒。

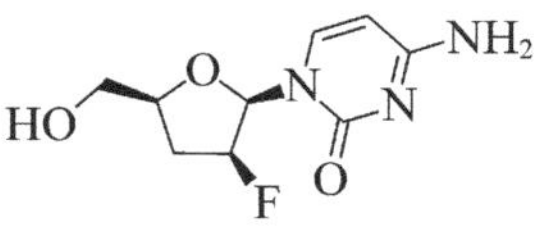
F-ddC

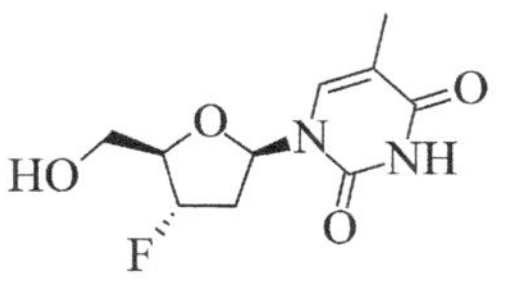
FLT

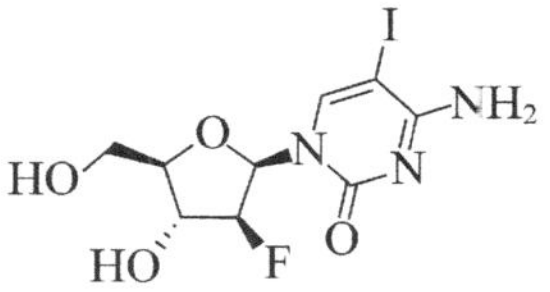
FLAC

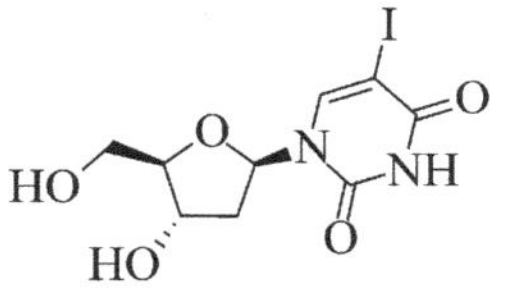
iduviran

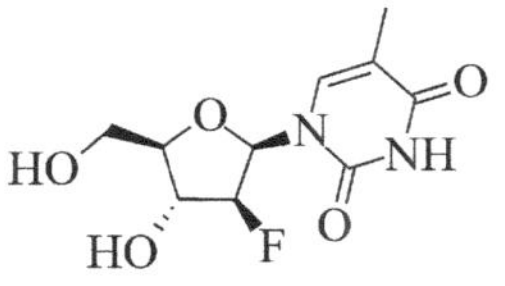
FMAU

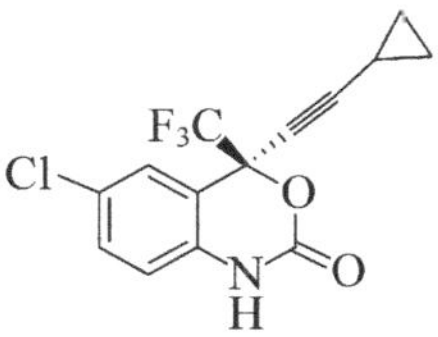
Efavirenz

12. 其他含氟药物

除了前面提及的含氟药物外，过去十年间人们还开发了很多其他含氟药物和含氟候选药物，它们中的很多都具有多种生物活性。例如，fidarestat **117**（法地司他，醛糖还原酶抑制剂）和 sorbinil **118**（索比尼尔，醛糖还原酶抑制剂）[126]、brequinar **119**（布喹那，抗肿瘤药/免疫抑制剂）[127]、roflumilast **120**（罗氟司特，抗炎/抗慢性阻塞性肺疾病）[128]、leflunomide **121**（来氟米特，抗炎及免疫抑制剂）和 VML-295 **122**（LY 293111，抗癌/治疗牛皮癣）[129]、T 0901317 **123** 以及 2,4,6-三取代嘧啶化合物 **124** 等，这些化合物都被报道是法呢醇 X 受体（farnesoid X receptor）强的调节剂并且已作为药物用于消炎和抗癌[130]。目前，含氟促性腺激素释放激素（gonadotropin-releasing hormone，hGnRH）受体拮抗剂 **125** 和 **126** 在治疗人体生殖疾病和妇科癌症方面也已处于临床开发阶段[131]。另外，Liu 等最近报道了含氟类固醇硫脂酶抑制剂 **127**、**128** 同其相应的碳氢类似物相比，在抑制类固醇依赖性癌症方面具有更强的生物活性[132]。

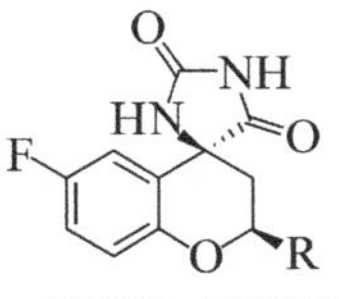
117 R=CONH$_2$
118 R=H

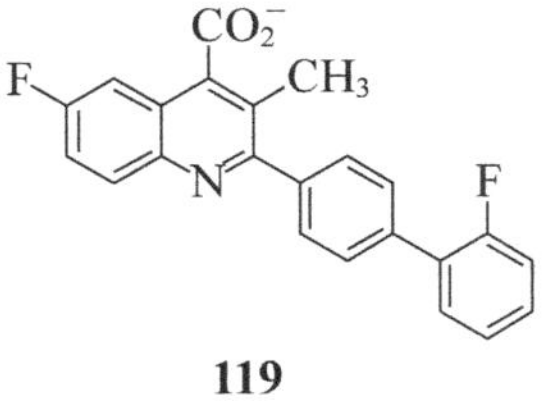
119

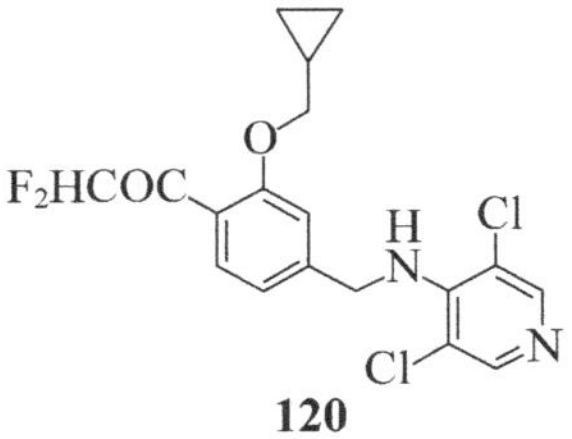
120

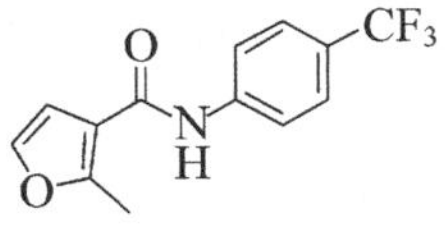
121

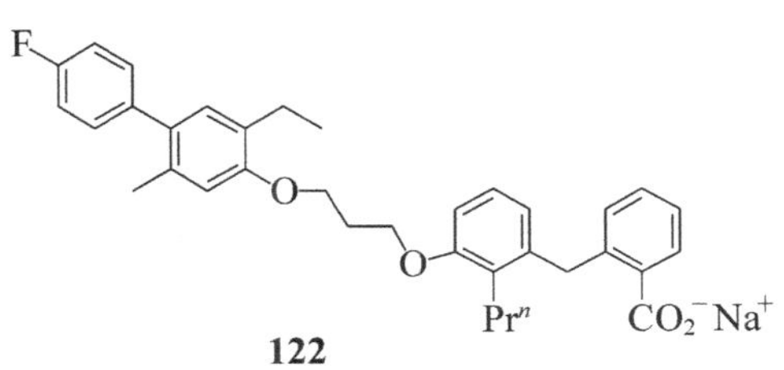
122

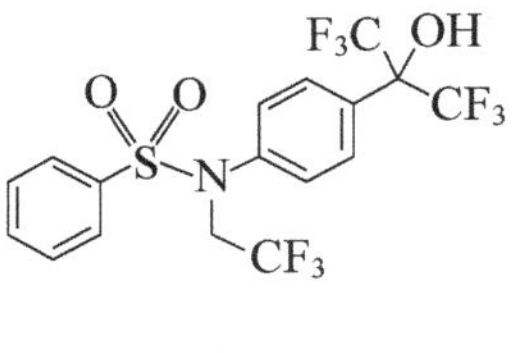

123

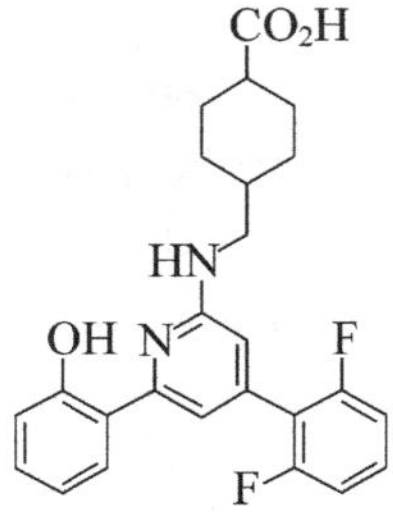

124

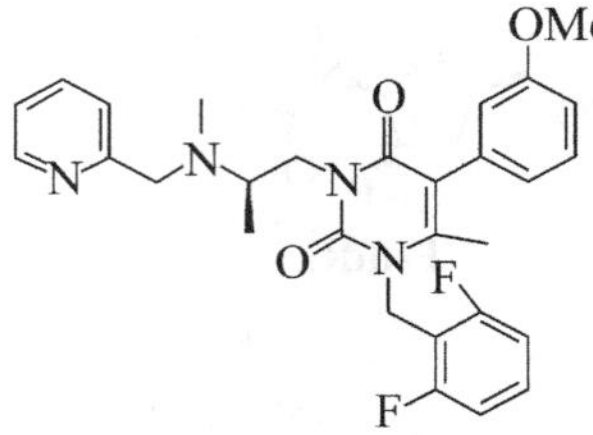

125

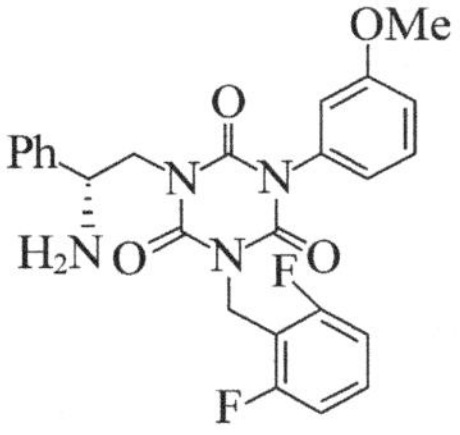

126

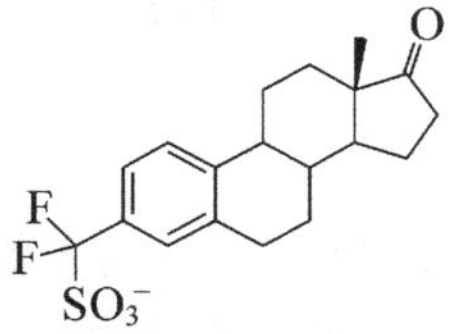

127

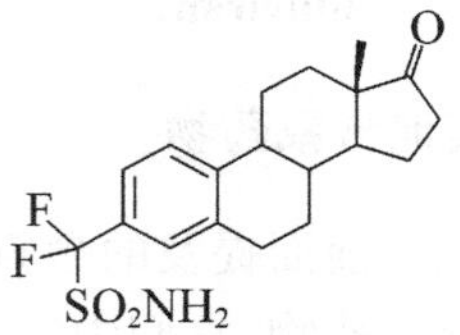

128

低代谢稳定性多年来一直是药物开发过程中的一个挑战性难题。亲脂性化合物易被肝酶尤其是细胞色素 P450 氧化。目前有几种策略应用于提高药物的代谢稳定性。一种方法是用氟原子或含氟基团取代化合物中的代谢位点,并且希望引入的氟原子不会削弱化合物对靶蛋白的亲和力,该种方法已成功用于许多化合物[133]。一个实例就是胆固醇吸收抑制剂 **130**[133c~d]。相对于母体化合物 SCH 48461 **129**,引入两个氟原子后的 **130** 不仅可以抑制苯环被氧化成苯酚、抑制甲氧基的去烷基化,还大大提高了其生物活性。目前,**130** 已被美国 FDA 登记注册为口服肠道胆固醇抑制剂用药。

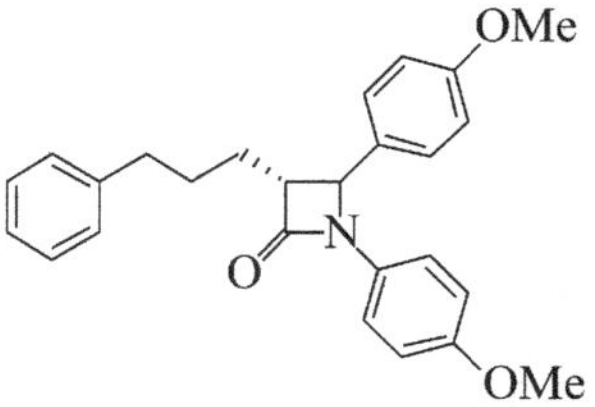

129
ED_{50}(仓鼠) = 2.2mg/kg

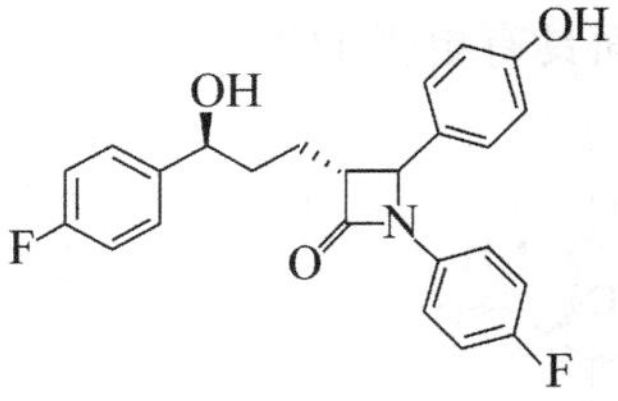

130
ED_{50}(仓鼠) = 0.04mg/kg

含氟喹啉酮化合物作为抗菌药的成功开发是氟原子或含氟基团影响化合物生化特性的又一实例[134]。含氟喹啉酮化合物是一类高效安全的抗菌药,目前已被人们广泛使用。最初人们发现喹啉酮化合物如 nalidixic acid **131**(萘啶酮酸)具有抗菌功效,然而这些化合物不仅抗菌范围窄,而且活性较低。这个问题最终通过开发含氟喹啉酮化合物如 ciprofloxacin **132**(环丙沙星)成功解决。Domagala 等[134b]详细研究了氟原子对喹啉酮化合物活性的影响,对比一些含氟喹啉酮化合物和它们的非氟母体化合物，氟原子的引入可以提高化合物和受体的亲和力、减少化合物与血浆蛋白的结合（这种结合会降低化合物的有效作用量），还可提高化合物对细胞的穿透能力。

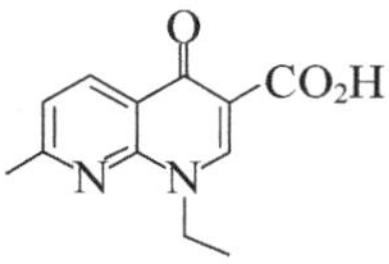

131

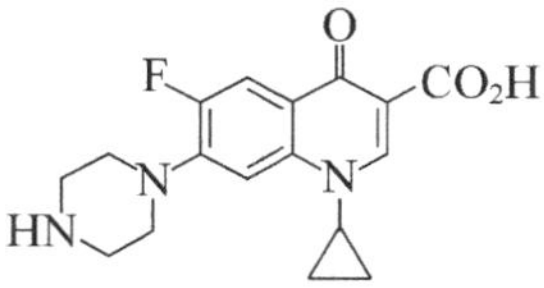

132

13. 含氟化合物以及^{18}F NMR用于正电子发射断层扫描诊断肿瘤

目前，利用正电子发射断层扫描（PET）技术诊断肿瘤及癌症得到了越来越多的应用[135,136]。在所有的发达国家，向主要癌症中心和医院提供 PET 服务的国际援助正快速增长。含氟化合物以及 F NMR 是 PET 诊断技术发展的核心，这是因为正电子发射同位素^{18}F 的半衰期相对较长（$t_{1/2}=110$min）。[^{18}F]-2-氟-2-脱氧葡萄糖 **133**（FDG）是应用最为广泛的癌症诊断 PET 探针。研究已表明使用 FDG 进行 PET 显影在检测多种类型的肿瘤细胞方面比 CT 或 MRI 显影技术更为有效[137]。^{18}F 标记的含氟化合物 **135** 最近被报道在用 PET 技术跟踪 COX-2 药物时作为放射性示踪剂，同时它们还可作为表皮生长因子受体的生物探针[138]。另外，几个研究小组同样合成了^{18}F 标记的 SU 11248[139]、ICI 182780[140]的^{18}F 类似物以及^{18}F 标记的 hydroflutamide 衍生物[141]，并将它们作为酪氨酸激酶 PET 示踪剂以及男性荷尔蒙受体影像导引治疗前列腺癌的 PET 示踪剂。O'Hagan 小组最近通过酶催化形成 C—^{18}F 键的方法合成了 5′-[^{18}F]-5′-脱氧腺苷 **134**[142,143]，同样可用于 PET 显像。O'Hagan 等使用的是一种被分离的氟酶，该酶可在 *Streptomyces cattleya* 中过量表达，它是人类首次发现的可通过生物技术手段将^{18}F 引入有机分子的氟酶[144]。Mason 等最近同样报道将 4-氟-2-硝基苯-β-半乳糖苷 **136** 和其异构体 **137** 用作新原型 NMR 敏感分子并用以治疗前列腺癌[145]。

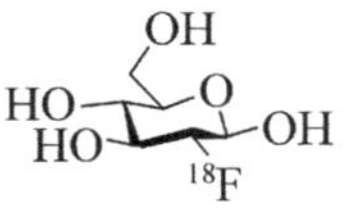

133

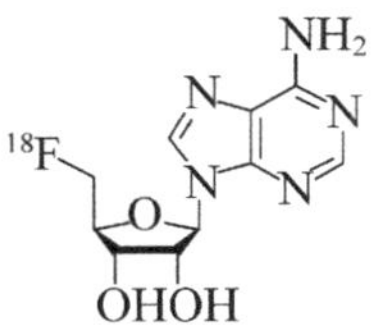

134

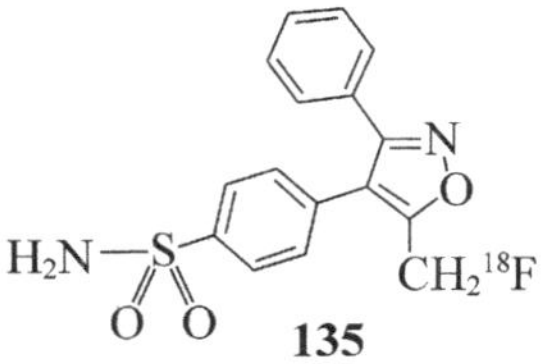

135

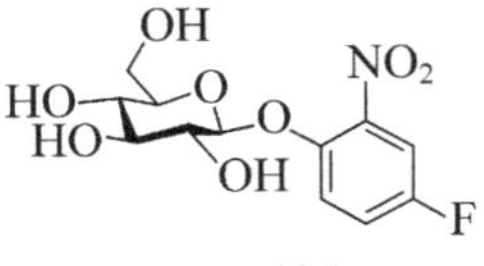

136

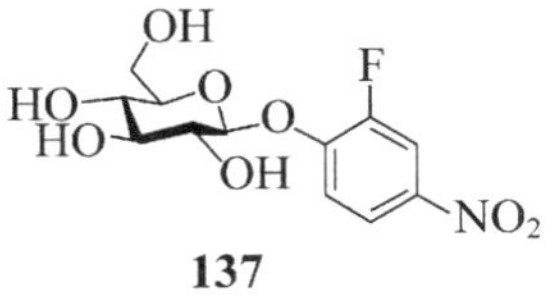

137

总之，前面所提及的含氟药物和另外一些正用于化学治疗的含氟药物大多源于早期毒性药品，它们以一种直接的方式阻滞 DNA 的复制，这方面最具代表性的实例是胸苷酸合成酶和 DNA 聚合酶抑制剂。目前，探寻新的治疗癌症和肿瘤的药物已进入后基因时代，研究的重点是如何影响细胞信号传导机制，例如那些被激酶引发的信号传导。选择性抑制蛋白激酶组以及相关信号蛋白为开发各种不同的药物提供了广阔的天地。鉴于氟原子和含氟基团特殊的物理化学性质，有理由相信化学家、药物学家以及生物学家会开发出更多具有生物活性的、结构多样化的含氟小分子化合物。

参 考 文 献

1. (a) Böhm, H.-J.; Banner, D.; Bendels, S.; Kansy, M.; Kuhn, B.; Müller, K.; Obst-Sander, U.; Stahl, M. *Chem. Biol. Chem.* **2004**, *5*, 637-643. (b) Dolbier, W. R., Jr. *J. Fluorine Chem.* **2005**, *126*, 157-163. (c) Ojima, I. *Chem. Biol. Chem.* **2004**, *5*, 628-635. (d) Isanbor, C.; O'Hagan, D. *J. Fluorine Chem.* **2006**, *127*, 303.
2. Fried, J.; Sabo, E. F. *J. Am. Chem. Soc.* **1954**, *76*, 1455-1456.
3. Fried, J.; John, V.; Szwedo, M. J., Jr.; Chen, C. K.; O'Yang, C.; Morinelli, T. A.; Okwu, A. K.; Halushka, P. V. *J. Am. Chem. Soc.* **1989**, *111*, 4510-4511.
4. Bégué, J-P; Bonnet-Delpon, D. *Chimie bioorganique et médicinal du fluor*, CNRS editions, Paris, **2005**.
5. Jeschke, P. *Chem. Biol. Chem.* **2004**, *5*, 571-589.
6. Halpern, D. F. In: Banks, R. E.; Smart, B. E.; Tatlow; J. C. ed. *Organo-fluorine Chemistry: Principles and Applications*. New York: Plenum Press, **1994**, 543-554.
7. Danenberg, P. V. *Frontiers in Bioscience* **2004**, *9*, 2484-2494.
8. Heidelberger, C.; Chaudhuri, N. K.; Dannenberg, P.; Mooren, D.; Griesbach, L.; Duschinsky, R.; Schnitzer, R. J.; Pleven, E.; Scheiner, J. *Nature* **1957**, *179*, 663-666.
9. Peters, G. J.; van der Wilt, C. L.; van Triest, B.; Codacci-Pisanelli, G.; Johnston, P. G.; van Groeningen, C. J.; Pinedo, H. M. *Eur. J. Cancer* **1995**, *31A*, 1299-1305.
10. Peters, G. J.; Backus, H. H. J.; Freemantle, S.; van Triest, B.; Codacci-Pisanelli, G.; van der Wilt, C. L.; Smid, K.; Lunec, J.; Calvert, A. H.; March, S.; McLeod, H. L.; Bloemena, E.; Meijer, S.; Jansen, G.; van Groeningen, C. J.; Pinedo, H. M. *Biochimica et Biophysica Acta, Molecular Basis of Disease* **2002**, *1587*, 194-205.
11. Malet-Martino, M.; Jolimaitre, P.; Martino, R. *Curr. Med. Chem.: Anti-Cancer agents* **2002**, *2*, 267-310.
12. Lehman, N. L. *Expert Opin. Investig. Drugs* **2002**, *11*, 1775-1787.
13. Mader, R. M.; Muller, M.; Steger, G. G. *Gen. Pharmac.* **1998**, *31*, 661-666.
14. Macdonald, J. S. *CA: Cancer J. Clin.* **1999**, *49*, 202-219.
15. Coutinho, A. K.; Rocha, L. C. M. *Cancer Control: J. Moffitt Cancer Center* **2003**, *10*,

224-238.

16. (a) Punt, C. J. A. *Cancer* **1998**, *83*, 679-689. (b) Meropol, N. J. *Eur. J. Cancer* **1998**, *34*, 1509-1513. (c) Petty, R. D.; Cassidy, J. *Curr. Cancer Drug Targets* **2004**, *4*, 191-204.
17. Feliu, J.; Vincent, J. M.; Garcia-Giron, C.; Constela, M.; Fonseca, E.; Aparicio, J.; Lomas, M.; Anton-Aparicio, L.; Dorta, F. J.; Gonzalez-Baron, M. *British J. Cancer* **2004**, *91*, 1758-1762.
18. Shirasaka, T.; Nakano, K.; Takechi, T.; Satake, H.; Uchida, J.; Fujioka, A.; Saito, H.; Okabe, H.; Oyama, K,; Takeda, S.; Unemi, N.; Fukushima, M. *Cancer Res.* **1996**, *56*, 2602-2606.
19. Xu, G.; McLeod, H. L. *Clin. Cancer Res.* **2001**, *7*, 3314-3324.
20. Cooke, J. W. B.; Bright, R.; Coleman, M. J.; Jenkins, K. *P. Org. Process Res. Dev.* **2001**, *5*, 383-386 and references cited within.
21. Baker, S. D. *Investig. New Drugs* **2000**, *18*, 373-381 and references cited within.
22. Kalman, T. I.; Nie, Z.; Kamat, A. *Bioorg. Med. Chem. Lett.* **2000**, *10*, 391-394.
23. Kalman, T. I.; Nie, Z.; Kamat, A. *Nucleosides Nucleotides & Nucleic Acids* **2001**, *20*, 869-871.
24. Tanabe, K.; Makimura, Y.; Tachi, Y.; Imagawa-Sato, A.; Nishimoto, S.-I. *Bioorg. Med. Chem. Lett.* **2005**, *15*, 2321-2324.
25. Herrlinger, K. R.; Cummings, J. R. F.; Barnardo, M. C. N. M.; Schwab, M.; Ahmad, T.; Jewell, D. P. *Pharm. Genomics* **2005**, *15*, 705-711.
26. Smith, D.; Gallagher, N. *Eur. J. Cancer.* **2003**, *39*, 1377-1383.
27. Jackman, A. L.; Melin, C. J.; Kimbell, R.; Brunton, L.; Aherne, G. W.; Theti, D. S.; Walton, M. *Biochim. Biophys. Acta* **2002**, *1587*, 215-223.
28. Foss, F. M. *Best Practice Res. Clin. Hematol* **2004**, *17*, 573-584.
29. Cataland, S. R.; Lucas, M.; Byrd, J. C. *Curr. Pharm. Biotech.* **2001**, *2*, 357-367.
30. Brackwitz, H.; Bergmann, J.; Thoms, Y.; Wollny, T.; Langen, P. *Bioorg. Chem. Med.* **1999**, *7*, 1195-1200.
31. Bauta, W. E.; Schulmeier, B. E.; Burke, B.; Puente, J. F.; Cantrell, W. R., Jr.; Lovett, D.; Goebel, J.; Anderson, B.; Ionescu, D.; Guo, R. *Org. Process Res. Dev.* **2004**, *8*, 889-896.
32. Jiang, H. Y.; Hickey, R. J.; Abdel-Aziz, W.; Malkas, L. H. *Cancer Chem. Pharm.* **2000**, *45*, 320-328.
33. Pourquier, P.; Gioffre, C.; Kohlhagen, G.; Urasaki, Y.; Goldwasser, F.; Hertel, L. W.; Yu, S.; Pon, R. T.; Gmeiner, W. H.; Pomimier, Y. *Clin. Cancer Res.* **2002**, *8*, 2499-2504.
34. (a) Krishna, U. M.; Ahmad, M. U.; Ahmad, I. *Tetrahedron Lett.* **2004**, 45, 2077-2079. (b) Ali, S. M.; Khan, A. R.; Ahmad, M. U.; Chen, P.; Sheikh, S.; Ahmad,

I. *Bioorg. Med. Chem. Lett.* **2005**, *15*, 2571- 2574.

35. (a) Zhao, X.; Xu, C.; Domagala, J.; Drlica, K. *Proc. Natl. Acad. Sci*, *USA* **1997**, *94*, 13991-13996. (b) Kim, M. Y.; Duan, W.; Kim, M.-Y.; Gleason-Guzman, M.; Hurley, L. H. *J. Med. Chem.* **2003**, *46*, 571-583.
36. (a) Cragg, G. M.; Newman, D. J. *J. Nat. Prod.* **2004**, *67*, 232-244. (b) Kingston, D. G. I. *Chem. Commun.* **2001**, 867-880 and references cited therein.
37. Noble, R. L. *Biochem. Cell Biol*. **1990**, *68*, 1344-1351.
38. Watkins, E. B.; Chittiboyina, A. G.; Jung, J.-C.; Avery, M. A. *Curr. Pharm. Design* **2005**, *11*, 1615-1653.
39. Mooberry, S. L.; Tien, G.; Hernandez, A. H.; Plubrukarn, A.; Davidson, B. S. *Cancer Res*. **1999**, *59*, 653-660.
40. Rowinsky, E. K. *Ann. Rev. Med.* **1997**, *48*, 353-374.
41. Suffness, M. *Taxol Science and Application*. New York: CRC Press, **1995**.
42. Schiff, P. B.; Fant, J.; Horwitz, S. B. *Nature* **1979**, *277*, 665-667.
43. Schiff, P. B.; Horwitz, S. B. *Proc. Nat. Acad. Sci. USA* **1980**, *77*, 1561-1565.
44. Georg, G. I.; Chen, T. T.; Ojima, I.; Wyas, D. M. In: *Taxane Anticancer Agents*: *Basic Science and Current Status*, ACS Symp. Series 583, Washington DC: American Chemical Society, **1995**.
45. Ojima, I.; Inoue, T.; Chakravarty, S. *J. Fluorine Chem*. **1999**, *97*, 3-10.
46. Ojima, I.; Inoue, T.; Slater, J. C.; Lin, S.; Kuduk, S. C.; Chakravarty, S.; Walsh, J. J.; Gilchrist, L.; McDermott, A. E.; Cresteil, T.; Monsarrat, B.; Pera, P.; Bernacki, R. J. In: Ramachandran P. V. ed. *Asymmetric Fluoroorganic Chemistry*: *Synthesis*, *Application*, *and Future Directions*; ACS Symp. Ser. 746, Washington, DC: American Chemical Society, **1999**, 158-181.
47. Ojima, I. *Acc. Chem. Res.* **1995**, *28*, 383-289.
48. Ojima, I. In: Hassner. A ed. *Advances in Asymmetric Synthesis*, Vol. 1. Greenwich: JAI Press, **1995**, 95.
49. Ojima, I.; Kuduk, S. D.; Slater, J. C.; Gimi, R. H.; Sun, C. M. *Tetrahedron* **1996**, *52*, 209-224.
50. Ojima, I.; Slater, J. C. *Chirality* **1997**, *9*, 487-494.
51. Kuznetsova, L. V.; Ungureanu, I. M.; Pepe, A.; Zanardi, I.; Wu, X.; Ojima, I. *J. Fluorine Chem*. **2004**, *125*, 487-500.
52. Ojima, I.; Lin, S.; Slater, J. C.; Wang, T.; Pera, P.; Bernacki, R. J.; Ferlini, C.; Scambia, G. *Bioorg. Med. Chem.* **2000**, *8*, 1619-1628.
53. Ojima, I.; Slater, J. C.; Pera, P.; Veith, J. M.; Abouabdellah, A.; Begue, J.-P.; Bernacki, R. J. *Bioorg. Med. Chem. Lett.* **1997**, *7*, 133-138.
54. (a) Höfle, G.; Bedorf, N.; Gerth, K.; Reichenbach, H. DE-B4138042, **1993**. (b) Höfle, G.; Bedorf, N.; Steinmetz, H.; Schumburg, D.; Gerth, K.; Reichenbach,

H. *Angew. Chem. Int. Ed. Engl.* **1996**, *35*, 1567-1569. (c) Gerth, K.; Bedorf, N.; Höfle, G.; Irschik, H.; Reichenbach, H. *J. Antibiot.* **1996**, *49*, 560-563. (d) Nicolaou, K. C.; Ritzen, A.; Namoto, K. *Chem. Commun.* **2001**, 1523-1535. (e) Altmann, K. H.; Wartmann, M.; O'Reilly, T. *Biochim. Biophys. Acta* **2000**, *1470*, M79-91.

55. (a) Harris, C. R.; Danishefsky, S. J. *J. Org. Chem.* **1999**, *64*, 8434. (b) Nicolaou, K. C.; Roschangar, F.; Vourloumis, D. *Angew. Chem. Int. Ed.* **1998**, *37*, 2014-2045. (c) He, L.; Orr, G. A.; Horwitz, S. B. *Drug Discovery Today* **2001**, *6*, 1153-1164. (d) Bollag, D. M.; McQueney, P. A.; Zhu, J.; Hensens, O.; Koupal, L.; Liesch, J.; Goetz, M.; Lazarides, E.; Woods, C. M. *Cancer Res.* **1995**, *55*, 2325-2333. (e) Chou, T.-C.; Zhang, X.-G.; Balog, A.; Su, D.-S.; Meng, D.; Savin, K.; Bertino, J. R.; Danishefsky, S. J. *Proc. Natl. Acad. Sci. USA* **1998**, *95*, 9642-9647.

56. Chou, T.-C.; Dong, H.; Rivkin, A.; Yoshimura, F.; Gabarda, A. E.; Cho, Y. S.; Tong, W. P.; Danishefsky, S. J. *Angew. Chem. Int. Ed.* **2003**, *42*, 4762-4767.

57. Li, L.; Wang, K. H.; Kuo, S. C.; Wu, T. S.; Lednicer, D.; Lin, C. M.; Hamel, E.; Lee, K. H. *J. Med. Chem.* **1994**, *37*, 1126-1135.

58. Xia, Y.; Yang, Z.-Y.; Xia, P.; Hackl, T.; Hamel, E.; Mauger, A.; Wu, J.-H.; Lee, K.-H. *J. Med. Chem.* **2001**, *44*, 3932-3936.

59. Langton, K. P.; Henderson, P. J. F.; Herbert, R. B. *Nat. Prod. Rep.* **2005**, *22*, 439-451 and references cited therein.

60. Robert, J.; Jarry, C. *J. Med. Chem.* **2003**, *46*, 4805-4817.

61. Rubin, E. H.; de Alwis, D. P.; Pouliquen, I.; Green, L.; Marder, P.; Lin, Y.; Musanti, R.; Grospe, S. L.; Smith, S. L.; Toppmeyer, D. L.; Much, J.; Kane, M.; Chaudhary, A.; Jordan, C.; Burgess, M.; Slapak, C. A. *Clin. Cancer Res.* **2002**, *8*, 3710-3717.

62. Boumendjel, A.; Baubichon-Cortay, H.; Trompier, D.; Perrotton, T.; Pietro, A. D. *Med. Res. Rev.* **2005**, *25*, 453-472.

63. Wang, S.; Folkes, A.; Chuckowree, I.; Cockcroft, X.; Sohal, S.; Miller, W.; Milton, J.; Wren, S. P.; Vicker, N.; Depledge, P.; Scott, J.; Smith, L.; Jones, H.; Mistry, P.; Faint, R.; Thompson, D.; Cocks, S. *J. Med. Chem.* **2004**, *47*, 1329-1338.

64. Wang, S.; Wan, N. C.; Harrison, J.; Miller, W.; Chuckowree, I.; Sohal, S.; Hancox, T. C.; Baker, S.; Folkes, A.; Wilson, F.; Thompson, D.; Cocks, S.; Farmer, H.; Boyce, A.; Freathy, C.; Broadbridge, J.; Scott, J.; Depledge, P.; Faint, R.; Mistry, P.; Charlton, P. *J. Med. Chem.* **2004**, *47*, 1339-1350.

65. Santen, R. J.; Harvey, H. A. *Endocrine-Related Cancer* **1999**, *6*, 75-92.

66. Shao, W.; Brown, M. *Breast Cancer Res.* **2004**, *6*, 39-52.

67. (a) Stüdemann, T.; Ibrahim-Ouali, M.; Knochel, P. *Tetrahedron* **1998**, *54*, 1229-1316. (b) Stüdemann, T.; Knochel, P. *Angew. Chem. Int. Ed. Engl.* **1997**, *36*, 93-95.

68. Osborne, C. K.; Coronado-Heinsohn, E. B.; Hilsenbeck, S. G.; McCue, B. L.; Wakel-

ing, A. E.; McClelland, R. A.; Manning, D. L.; Nicholson, R. L. *J. Nat. Cancer Inst.* **1995**, *87*, 746-750.

69. Konno, T.; Daitoh, T.; Noiri, A.; Chae, J.; Ishihara, T.; Yamanaka, H. *Org. Lett.* **2004**, *6*, 933-936.
70. Liu, H.; Liu, J.; van Breemen, R. B.; Thatcher, G. R. J.; Bolton, J. L. *Chem. Res. Toxicol.* **2005**, *18*, 162-173.
71. (a) Robertson, J. F. R. *Cancer Treatment Rev.* **2004**, *30*, 695-706. (b) Piccart-Gebhart, M. J.; Loi, S. M. *Eur. J. Cancer* **2005**, *41*, 341-343.
72. Hermenegildo, C.; Cano, A. *Human Reproduction Update* **2000**, *6*, 237-243.
73. Favoni, R. E.; de Cupis, A. *Pharmacological Rev.* **2000**, *52*, 179-206.
74. (a) Robertson, J. F. R.; Come, S. E.; Jones, S. E.; Beex, L.; Kaufmann, M.; Markris, A.; Nortier, J. W. R.; Possinger, K.; Rutqvist, L.-E. *Eur. J. Cancer* **2005**, *41*, 346-356. (b) Howell, A. *Eur. J. Cancer* **2002**, *38*, 61-62.
75. (a) de Velde, P. V.; Nique, F.; Bremaud, J.; Hameau, M. C.; Philibert, D.; Teutsch, G. *Ann. N. Y. Acad. Sci.* **1995**, *761*, 164-175. (b) Jordan, V. C. *J. Med. Chem.* **2003**, *46*, 893- 908.
76. Blazejewski, J.-C.; Wilmshurst, M. P.; Popkin, M. D.; Wakselman, C.; Laurent, G.; Nonclercq, D.; Cleeren, A.; Ma, Y.; Seo, H.-S.; Leclercq, G. *Biorg. Med. Chem.* **2003**, *11*, 335-345.
77. Giannoukos, G.; Szapary, D.; Smith, C. L.; Meeker, J. E. W.; Simons, S. S., Jr. *Molecular Endocrinology* **2001**, *15*, 255-270.
78. (a) Fuhrmann, U.; Hess-Stumpp, H.; Cleve, A.; Neef, G.; Schwede, W.; Hoffmann, J.; Fritzemeter, K.-H.; Chwalisz, K. *J. Med. Chem.* **2000**, *43*, 5010-5016. (b) Cleve, A.; Klar, U.; Schwede, W. *J. Fluorine Chem.* **2005**, *126*, 217-220.
79. Noble, M. E. M.; Endicott, J. A.; Johnson, L. N. *Drug Discovery* **2004**, *303*, 1800-1805.
80. Levitzki, A. *Acc. Chem. Res.* **2003**, *36*, 462-469 and references cited therein.
81. Rowinsky, E. K. *The Oncologist* **2003**, *8*, 5-17.
82. (a) Matushansky, I.; Maki, R. *Am. Scientist* **2005**, *93*, 414-416. (b) Druker, B. J.; O'Brien, S. G.; Cortes, J.; Radich, J. *Hematology* **2002**, *1*, 111-135.
83. Tibes, R.; Trent, J.; Kurzrock, R. *Ann. Rev. Pharm. Toxicol.* **2005**, *45*, 357-384.
84. Workman, P. *Mol. Biosyst.* **2005**, *1*, 17-26.
85. Bridges, A. J. *Chem. Rev.* **2001**, *101*, 2541-2571.
86. (a) Barker, A. J.; Gibson, K. H.; Grundy, W.; Godfrey, A. A.; Barlow, J. J.; Healy, M. P.; Woodburn, J. R.; Ashton, S. E.; Curry, R. J.; Scarlett, L.; Henthorn, L.; Richards, L. *Biorg. Med. Chem. Lett.* **2001**, *11*, 1911-1914. (b) Alberti, M. J.; Auten, E. P.; Lackey, K. E.; McDonald, O. B.; Wood, E. R.; Preugschat, F.; Cutler, G. J.; Kane-Carson, L.; Liu, W.; Jung, D. K. *Bioorg. Med. Chem. Lett.* **2005**,

15, 3778-3781.

87. (a) Cockerill, G.; Lackey, K. E. *Curr. Topics Med. Chem.* **2002**, *2*, 1001-1010. (b) Aparna, V.; Rambabu, G.; Panigrahi, S. K.; Sarma, J. A. R. P.; Desiraju, G. R. *J. Chem. Inf. Model.* **2005**, *45*, 725-738.
88. (a) Herbst, R. S. *Int. J. Radiation Oncology Biol. Phys.* **2004**, *59*, 21-26. (b) Sebolt-Leopold, J. S.; Dudley, D. T.; Herrera, R.; van Becelare, K. V.; Wiland, A.; Gowan, R. C.; Tecle, H.; Barrett, S. D.; Bridges, A.; Przybranowski, S.; Leopold, W. R.; Saltiel, A. R. *Nuture Medicine* **1999**, *5*, 810- 816.
89. Smaill, J. B.; Showalter, H. D. H.; Zhou, H.; Bridges, A. J.; McNamara, D. J.; Fry, D. W.; Nelson, J. M.; Sherwood, V.; Vincent, P. W.; Roberts, B. J. Elliott, M. L.; Denny, W. A. *J. Med. Chem.* **2001**, *44*, 429-440.
90. Campos, S.; Hamid, O.; Seiden, M. V.; Oza, A.; Plante, M.; Potkul, R. K.; Lenehan, P. F.; Kaldjian, E. P.; Varterasian, M. L.; Jordan, C.; Charbonneau, C.; Hirte, H. *J. Clin. Oncol.* **2005**, *23*, 5597-5604.
91. Wissner, A.; Brawner, F. M.; Rabindran, S. K.; Nilakantan, R.; Greenberger, L. M.; Shen, R.; Wang, Y.-F.; Tsou, H. R. *Bioorg. Med. Chem. Lett.* **2002**, *12*, 2893-2897.
92. Pandey, M.; Chandramohan, K. *World J. Surgical Oncol.* **2003**, *1*, 9.
93. (a) Prendergast, G. C.; Rane, N. *Expert Opinion on Investigational Drugs* **2001**, *10*, 2105-2116. (b) Bell, I. M. *J. Med. Chem.* **2004**, *47*, 1869-1878.
94. Manley, P. W.; Furet, P.; Bold, G.; Bruggen, J.; Mestan, J.; Meyer, T.; Schnell, C. R.; Wood, J.; Haberey, M.; Huth, A.; Krueger, M.; Menrad, A.; Ottow, E.; Seidelmann, D.; Siemister, G.; Thierauch, K.-H. *J. Med. Chem.* **2002**, *45*, 5687-5693.
95. Kubo, K.; Shimizu, T.; Ohyama, S.-I; Murooka, H.; Iwai, A.; Nakamura, K.; Hasegawa, K.; Kobayashi, Y.; Takahashi, N.; Takahashi, K.; Kato, S.; Izawa, T.; Isoe, T. *J. Med. Chem.* **2005**, *48*, 1359-1366.
96. Harris, P. A.; Cheung, M.; Hunter, R. N., III; Brown, M. L.; Veal, J. M.; Nolte, R. T.; Wang, L.; Liu, W.; Crosby, R. M.; Johnson, J. H.; Epperly, A. H.; Kumar, R.; Luttrell, D. K.; Stafford, J. A. *J. Med. Chem.* **2005**, *48*, 1610-1619.
97. (a) Piatnitski, E. L.; Duncton, M. A. J.; Kiselyov, A. S.; Katoch-Rouse, R.; Sherman, D.; Milligan, D. L.; Balagtas, C.; Wong, W. C.; Kawakami, J.; Doody, J. F. *Biorg. Med. Chem. Lett.* **2005**, *15*, 4696-4698. (b) McCarty, M. F.; Wey, J.; Stoeltzing, O.; Liu, W.; Fan, F.; Bucana, C.; Mansfield, P. F.; Ryan, A. J.; Ellis, L. M. *Mol. Cancer Ther.* **2004**, *3*, 1041-1048. (c) Broxterman, H. J.; Georgopapadakou, N. H. *Drug Resist. Updates* **2004**, *7*, 79-87. (d) Gingrich, D. E.; Reddy, D. R.; Iqbal, M. A.; Singh, J.; Aimone, L. D.; Angeles, T. S.; Albom, M.; Yang, S.; Ator, M. A.; Meyer, S. L.; Robinson, C.; Ruggeri, B. A.; Dionne, C. A.; Vaught, J. L.; Mallamo, J. P.; Hudkins, R. L. *J. Med. Chem.* **2003**, *46*, 5375-5388.
98. (a) Hunt, J. T.; Mitt, T.; Borzilleri, R.; Gullo-Brown, J.; Fargnoli, J.; Fink, B.;

Han, W.-C.; Mortillo, S.; Vite, G.; Wautlet, B.; Wong, T.; Yu, C.; Zheng, X.; Bhide, R. *J. Med. Chem.* **2004**, *27*, 4054-4059. (b) Fink, B. E.; Vite, G. D.; Mastalerz, H.; Kadow, J. F.; Kim, S.-H.; Leavitt, K. J.; Du, K.; Crews, D.; Mitt, T.; Wong, T. W.; Hunt, J. T.; Vyas, D. M.; Tokarski, J. S. *Biorg. Med. Chem.* **2005**, *15*, 4774-4779.

99. Borzilleri, R. M.; Zheng, X.; Qian, L.; Ellis, C.; Cai, Z.-W; Wautlet, B. S.; Mortillo, S.; Jeyaseelan, R.; Kukrai, D. W.; Fura, A.; Kamath, A.; Vyas, V.; Tokaski, J. S.; Barrish, J. C.; Hunt, J. T.; Lombardo, L. J.; Fargnoli, J.; Bhide, R. S. *J. Med. Chem.* **2005**, *48*, 3991-4008.

100. Emanuel, S.; Gruninger, R. H.; Fuentes-Pasquera, A.; Connoly, P. J.; Seamon, J. A.; Hazel, S.; Tominovich, R.; Hollister, B.; Napier, C.; D'Andrea, M. R.; Reuman, M.; Bignan, G.; Tuman, R.; Johnson, D.; Moffati, D.; Batchelor, M.; Foley, A.; O'Connell, J.; Allen, R.; Perry, M.; Jolliffe, L.; Middleton, S. A. *Mol. Pharmacol.* **2004**, *66*, 635-647.

101. (a) Cohen, M. S.; Zhang, C.; Shokat, K. M.; Taunton, J. *Science* **2005**, *308*, 1318-1321. (b) Ahn, N. G.; Resing, K. A. *Science* **2005**, *308*, 1266-1267.

102. Nair, V. A.; Mustafa, S. M.; Mohler, M. L.; Fisher, S. J.; Dalton, J. T.; Miller, D. D. *Tetrahedron Lett.* **2004**, *45*, 9475-9477 and references cited therein.

103. Ohtsu, H.; Xiao, Z.; Ishida, J.; Nagai, M.; Wang, H.-K.; Itokawa, H.; Su, C.-Y.; Shih, C.; Chiang, T.; Chang, E.; Lee, Y.; Tsai, M.-Y.; Chang, C.; Lee, K.-H. *J. Med. Chem.* **2002**, *45*, 5037-5042 and references cited therein.

104. Sani, M.; Viani, F.; Binda, M.; Zaffaroni, N.; Zanda, M. *Lett. Org. Chem.* **2005**, *2*, 447-449.

105. Karagas, M. R.; Cushing, G. L., Jr.,; Greeberg, E. R.; Mott, L. A.; Spencer, S. K.; Nierenberg, D. W. *British J. Cancer* **2001**, *85*, 683-686.

106. Schacke, H.; Schottelius, A.; Docke, W.-D.; Strehlke, P.; Jaroch, S.; Schmees, N.; Rehwinkel, H.; Hennekes, H.; Asadullah, K. *Proc. Natl. Acad. Sci. U.S.A* **2004**, *101*, 227-232.

107. Betageri, R.; Zhang, Y.; Zindell, R. M.; Kuzmich, D. K.; Kirrane, T. M.; Bentzien, J.; Cardozo M.,; Capolino, A. J.; Fadra, T. N.; Nelson, R. M.; Paw, Z.; Shih, D.-T.; Shih, C.-K.; Zuvela-Jelaska, L.; Nabozny, G.; Thomson, D. S. *Biorg. Med. Chem. Lett.* **2005**, *15*, 4761-4769.

108. Barker, M.; Clackers, M.; Demaine, D. A.; Humphreys, D.; Johnston, M. J.; Jones, H. T.; Pacquet, F.; Pritchard, J. M.; Salter, M.; Shanahan, S. E.; Skone, P. A.; Vinader, V. M.; Uings, I.; McLay, I. M.; Macdonald, S. J. F. *J. Med. Chem.* **2005**, *48*, 4507-4510 and references cited therein.

109. (a) Kankaanranta, H.; Moilanen, E. *Mol. Pharmacol.* **1995**, *47*, 1006-1013. (b) Peterson, S. A.; Klabunde, T.; Lashuel, H. A.; Purkey, H.; Sacchettini, J. C.; Kelly, J.

W. *Proc. Natl. Acad. Sci. U. S. A* **1998**, *95*, 12956-12960. (c) Baures, P. W.; Oza, V. B.; Peterson, S. A.; Kelly, J. W. *Bioorg. Med. Chem.* **1999**, *7*, 1339-1347.

110. Armer, R. E.; Ashton, M. R.; Boyd, E. A.; Brennan, C. J.; Brookfield, F. A.; Gazi, L.; Gyles, S. L.; Hay, P. A.; Hunter, M. G.; Middlemiss, D.; Whittaker, M.; Xue, L.; Pettipher, R. *J. Med. Chem.* **2005**, *48*, 6174-6177.

111. (a) Xie, W.; Chipman, J. G.; Robertson, D. L.; Erikson, R. L.; Simmons, D. L. *Proc. Natl. Acad. Sci. U. S. A.* **1991**, *88*, 2692-2696. (b) Kujubu, D. A.; Fletcher, B. S.; Varnum, B. C.; Lim, R. W.; Herschman, H. R. *J. Biol. Chem.* **1991**, *266*, 12866-12872. (c) Hla, T.; Neilson, K. *Proc. Natl. Acad. Sci. U. S. A.* **1992**, *89*, 7384-7388. (d) Hashimoto, H.; K. Imamura,; Haruta, J.-I; Wakitani, K. *J. Med. Chem.* **2002**, *45*, 1511-1517.

112. (a) Goldman, M.; Schutzer, S. *Formulary* **2002**, *37*, 68-77. (b) Dannhardt, G.; Kiefer, W. Eur. *J. Med. Chem.* **2001**, *36*, 109-126 and references cited therein.

113. Mozziconacci, J.-C.; Arnoult, E.; Bernard, P.; Do, Q. T.; Marot, C.; Morin-Allory, L. *J. Med. Chem.* **2005**, *48*, 1055-1068 and references cited therein.

114. (a) Turini M. E.,; DuBois, R. N. *Ann. Rev. Med.* **2002**, *53*, 35-57. (b) McMurray, R. W.; Hardy, K. J. *Am. J. Med. Sci.* **2002**, *323*, 181-189.

115. (a) McBride, W. G. *Lancet* **1961**, *278*, 1358. (b) Lenz, W.; Pfeiffer, R. A.; Koseno, W. W.; Hayman, D. J. *Lancet* **1962**, *279*, 45. (c) Lepper, E. R.; Ng, S. S. W.; Gütschow, M.; Weiss, M.; Hauschildt, S.; Hecker, T. K.; Luzzio, F. A.; Eger, K.; Figg, W. D. *J. Med. Chem.* **2004**, *47*, 2219-2227 and references cited therein.

116. Sampaio, E. P.; Sarno, E. N.; Galilly, R.; Cohn, Z. A.; Kaplan, G. *J. Exp. Med.* **1991**, *173*, 699-703.

117. Takeuchi, Y.; Shiragami, T.; Kimura, K.; Suzuki, E.; Shibata, N. *Org. Lett.* **1999**, *1*, 1571-1573.

118. Man, H.-W.; Corral, L. G.; Stirling, D. I.; Muller, G. W. *Bioorg. Med. Chem. Lett.* **2003**, *13*, 3415-3417 and references cited therein.

119. de Dios, A.; Shih, C.; Lopez de U. B.; Sánchez, C.; del Prado, M.; Martin, C. L. M.; Pleite, S.; Blanco-Urgoiti, J.; Lorite, M. J.; Nevill, C. R., Jr,; Bonjoukian, R.; York, J.; Vieth, M.; Wang, Y.; Magnus, N.; Campbell, R. M.; Anderson, B. D.; McCann, D. J.; Giera, D. D.; Lee, P. A.; Schultz, R. M.; Li, L. C.; Johnson, L. M.; Wolos, J. A. *J. Med. Chem.* **2005**, *48*, 2270-2273 and references cited therein.

120. Mansour, T. S.; Storer, R. *Current Pharmaceut. Des.* **1997**, *3*, 227-264.

121. Tsuchiya, T. *Adv. Carbohydr. Chem. Biochem.* **1990**, *48*, 91-278.

122. Watanabe, K. A.; Reichman, U.; Hirota, K.; Lopez, C.; Fox, J. J. *J. Med. Chem.* **1979**, *22*, 21-24.

123. Balzarini, J.; Baba, M.; Pauwells, R.; Herdewijn, P.; De Clercq, E. *Biochem. Pharmacol.* **1988**, *37*, 2847-2856.

124. Okabe, M. ; Sun, R. C. ; Zenchoff, G. B. *J. Org. Chem.* **1991**, *56*, 4392-4397.

125. Pierce, M. E. ; Parsons, R. L. ; Radesca, L. A. ; Lo, Y. S. ; Silverman, S. ; Moore, J. R. ; Islam, Q. ; Choudhury, A. ; Fortunak, J. M. D. ; Nguyen, D. ; Luo, C. ; Morgan, S. J. ; Davis, W. P. ; Confalone, P. N. ; Chen, C. ; Tillyer, R. D. ; Frey, L. ; Tan, L. ; Xu, F. ; Zhao, D. ; Thompson, A. S. ; Corley, E. G. ; Crabowski, E. J. J. ; Reamer, R. ; Reider, P. J. *J. Org. Chem.* **1998**, *63*, 8536-8543.

126. El-Kabbani, O. ; Carbone, V. ; Darmanin, C. ; Oka, M. ; Mitschler, A. ; Podjarny, A. ; Schulze-Briese, C. ; Chung, R. P. T. *J. Med. Chem.* **2005**, *48*, 5536-5542.

127. McLean, J. E. ; Neidhardt, E. A. ; Grossman, T. H. ; Hedstrom, L. *Biochemistry* **2001**, *40*, 2194-2200.

128. Whitehead, J. W. F. ; Lee, G. P. ; Gharagozloo, P. ; Hofer, P. ; Gehrig, A. ; Wintergerst, P. ; Smyth, D. ; McCoull, W. ; Hachicha, M. ; Patel, A. ; Kyle, D. J. *J. Med. Chem.* **2005**, *48*, 1237-1243.

129. Thacher, S. M. ; Vasudevan, J. ; Tsang, K. -Y. ; Nagpal, S. ; Chandraratna, R. A. S. *J. Med. Chem.* **2001**, *44*, 281-297.

130. Pelliccciari, R. ; Costantino, G. ; Fiorucci, S. *J. Med. Chem.* **2005**, *48*, 5383-5403.

131. (a) Guo, Z. ; Wu, D. ; Zhu, Y. -F. ; Tucci, F. C. ; Regan, C. F. ; Rowbottom, M. W. ; Struthers, R. S. ; Xie, Q. ; Reijmers, S. ; Sullivan, S. K. ; Sai, Y. ; Chen, C. *Bioorg. Med. Chem. Lett.* **2005**, *15*, 3685-3690. (b) Gründker, C. ; Völker, P. ; Schulz, K. D. ; Emons, G. *Gynecologic Oncol.* **2000**, *78*, 194-202.

132. Liu, Y. ; Ahmed, V. ; Hill, B. ; Taylor, S. D. *Org. Biomol. Chem.* **2005**, *3*, 3329-3335.

133. (a) Smith, D. H. ; van de Waterbeemd, H. ; Walker, D. K. in *Pharmacokinetics and Metabolism in Drug Design*, *Methods and Principles in Medicinal Chemistry*, Vol. 13, Wiley-VCH, Weinheim, **2001**. (b) Barnette, W. E. *Crit. Rev. Biochem.* **1984**, *15*, 201-235. (c) van Heek, M. ; France, C. F. ; Compton, D. S. ; McLeod, R. L. ; Yumibe, N. P. ; Alton, K. B. ; Sybertz, E. J. ; Davis, H. R. , Jr. *J. Pharmacol. Exp. Therap.* **1997**, *283*, 157-163. (d) Clader, J. W. *J. Med. Chem.* **2004**, *47*, 1-9. (e) Penning, T. D. ; Talley, J. J. ; Bertenshaw, S. R. ; Carter, J. S. ; Collins, P. W. ; Docter, S. ; Graneto, M. J. ; Lee, L. F. ; Malecha, J. W. ; Miyashiro, J. M. ; Rogers, R. S. ; Rogier, D. J. ; Yu, S. S. ; Anderson, G. D. ; Burton, E. G. ; Cogburn, J. N. ; Gregory, S. A. ; Koboldt, C. M. ; Perkins, W. E. ; Seibert, K. ; Veenhuizen, A. W. ; Zhang, A. W. ; Isaakson, P. C. *J. Med. Chem.* **1997**, *40*, 1347-1365.

134. (a) Koga, H. ; Itoh, A. ; Murayama, S. ; Suzue, S. ; Irikura, T. *J. Med. Chem.* **1980**, *23*, 1358-1363. (b) Domagala, J. M. ; Hanna, L. D. ; Heifetz, C. L. ; Hutt, M. P. ; Mich, T. F. ; Sanchez, J. P. ; Solomon, M. *J. Med. Chem.* **1986**, *29*, 394-404. (c) G. C. Crumplin. In: *The 4-Quinolones*. Heidelberg: Springer, **1990**, 128.

135. Kunkel, M. ; Forster, G. J. ; Reichert, T. E. ; Jeong, J-H. ; Benz, P. ; Bartenstein, P. ;

Wagner, W. ; Whiteside, T. L. *Cancer* **2003**, *98*, 2257-2265.

136. Adam, M. J. ; Wilbur, D. S. *Chem. Soc. Rev.* **2005**, *34*, 153-163.

137. Avril, N. ; Rosé, C. A. ; Schelling, M. ; Dose, J. ; Kuhn, W. ; Bense, S. ; Weber, W. ; Ziegler, S. ; Graeff, H. ; Schwaiger, M. *J. Clin. Oncol.* **2000**, *18*, 3495-3502.

138. Toyokuni, T. ; Kumar, J. S. D. ; Walsh, J. C. ; Shapiro, A. ; Talley, J. J. ; Phelps, M. E. ; Herschman, H. R. ; Barrio, J. R. ; Satyamurthy, N. *Bioorg. Med. Chem. Lett.* **2005**, *15*, 4699-4702.

139. Wang, J. ; Miller, K. D. ; Sledge, G. W. ; Zheng, Q. -H. *Bioorg. Med. Chem. Lett.* **2005**, *15*, 4380-4384.

140. Seimbille, Y. ; Bénard, F. ; van Lier, J. E. *J. Chem. Soc., Perkin Trans 1* **2002**, 2275-2281.

141. Jacobson, O. ; Bechor, Y. ; Icar, A. ; Novak, N. ; Birman, A. ; Marom, H. ; Fadeeva, L. ; Golan, E. ; Leibovitch, I. ; Gutman, M. ; Even-Sapir, E. ; Chisin, R. ; Gozin, M. ; Mishani, E. *Biorg. Med. Chem.* **2005**, *13*, 6195-6205.

142. Martarello, L. ; Schaffrath, C. ; Deng, H. ; Gee, A. D. ; Lockhart, A. ; O'Hagan, D. *J. Label. Compd Radiopharm.* **2003**, *46*, 1181-1189.

143. Deng, H. ; Cobb, S. L. ; Gee, A. D; Lockhart, A. ; Martarello, L. ; McGlinchey, R. P. ; O'Hagan, D. ; Onega, M. *Chem. Commun.* **2006**, 652-654.

144. Dong, C. ; Huang, F. ; Deng, H. ; Schaffrath, C. ; Spencer, J. B. ; O'Hagan, D. ; Naismith, J. H. *Nature* **2004**, *427*, 561-565.

145. (a) Cui, W. ; Otten, P. ; Li, Y. ; Koeneman, K. S. ; Yu, J. ; Mason, R. P. *Mag. Resonance in Med.* **2004**, *51*, 616-620. (b) Yu, J. ; Otten, P. ; Ma, Z. ; Cui, W. ; Liu, L. ; Mason, R. P. *Bioconjugate Chem.* **2004**, *15*, 1334-1341.

第十二章　含氟聚合物(功能材料)

含氟聚合物的研究和使用始于1938年美国杜邦公司Plunkete博士偶然发现的聚四氟乙烯(PTFE或Teflon)。他发现装有四氟乙烯气体钢瓶的压力神秘消失后,打开钢瓶发现里面生成了一种具有特殊性质的白色粉末,这就是后来被广为使用的聚四氟乙烯。PTFE化学性质十分稳定,可以抵抗许多强腐蚀性试剂,如氟气、六氟化铀、熔融碱金属氢氧化物和热的无机酸酸试剂。作为建筑材料,它在临近绝对0～260℃之间可保持其性质。另外,和许多全氟烷烃一样PTFE具有非常低的表面能,这使得其具有非同寻常的低摩擦性和抗粘性。含氟聚合物(功能材料)涉及的面很广,根据本书作者对这方面的知识了解,主要讨论氟树脂和氟橡胶两大类基本的含氟材料。本章首先介绍一些含氟单体的合成,然后对含氟单体的聚合反应和得到的聚合物的性能进行讨论。

一、含氟单体的合成

1. 四氟乙烯(Tetrafluoroethylene, TFE)

1933年,四氟乙烯首次通过四氟甲烷在电弧炉中的裂解生成,此后,一系列合成四氟乙烯的方法被发现。目前,工业上生产四氟乙烯通过一氯二氟甲烷($CHClF_2$)裂解而成[1]。

$$2CHClF_2 \xrightarrow{\Delta} CF_2{=}CF_2 + 2HCl$$

该裂解反应在590～900℃时,四氟乙烯的产率可达到95%;同时在裂解过程中,有一系列的副产物生成,最主要的副产物为六氟丙烯,全氟环丁烷,1-氯-1,1,2,2-四氟乙烷和2-氯-1,1,1,2,3,3-六氟丙烷,同时,小量的高毒性的全氟异丁烯也能生成。在裂解反应过程中,常使用水蒸气作为稀释剂。

四氟乙烯是一种无色、无味和无毒的气体,通常作为液体来储存。在－20℃下的气压为1MPa(9.9atm)。在高于它的临界温度(33.3℃)和低于它的临界大气压(39.2MPa)下很容易自聚,并且聚合反应强烈地放热;因此四氟乙烯是不能运输的,在储存时也需要特别小心,以免发生爆炸,通常在纯的四氟乙烯单体中加入阻聚剂来避免在储存过程中聚合。

2. 六氟丙烯(Hexafluoropropylene, HFP)

六氟丙烯首先是通过对聚四氟乙烯的裂解[2]和对1,2,3-三氯丙烷氟化再脱卤来制备的[3]。但目前在工业上制备的方法是通过在减压和 700～800℃条件下对四氟乙烯的热裂解高产率地得到六氟丙烯[4]。

$$CF_2=CF_2 \xrightarrow{700\sim800℃} CF_3-CF=CF_2$$

六氟丙烯是一种无色的气体，它不容易发生共聚反应，所以六氟丙烯可运输，并以液体形式储存。

3. 氟乙烯(Vinyl Fluoride, VF)

合成氟乙烯的常用方法是通过使用 HF 直接[5]或在催化剂的存在下[6]对乙炔的加成来进行。

$$HC\equiv CH+HF \longrightarrow CH_2=CFH$$

氟乙烯是一种无色的气体。

4. 偏氟乙烯(Vinylidene Fluoride, VDF)

工业上生产偏氟乙烯是通过对 1-氯-1,1-二氟乙烷的热消除氯化氢来实现的[7]。氟化氢对偏氯乙烯加成可制备 1-氯-1,1-二氟乙烷。

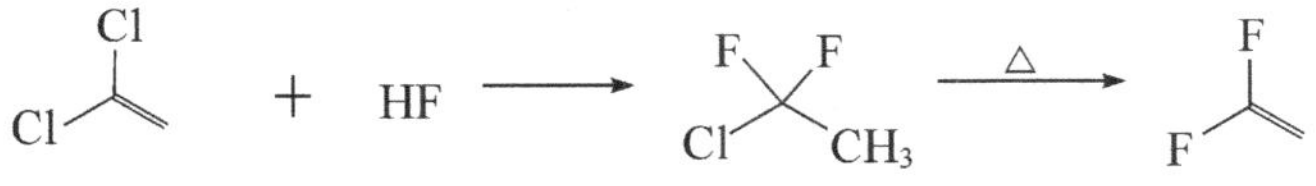

偏氟乙烯是一种无色、无味和可燃的气体，它能在 30.1℃和 3MPa (30atm)以上发生自聚，聚合反应放出大量的热。偏氟乙烯在没有阻聚剂的存在下可储存和运输。

5. 三氟氯乙烯 (Chlorotrifluoroethylene, CTFE)

三氟氯乙烯是通过在锌粉存在下 1,2,2-三氯三氟乙烷脱氯而合成的。

$$ClCF_2CFCl_2 \xrightarrow{Zn} CF_2=CFCl$$

三氟氯乙烯在常温常压下是无色无嗅气体，其液态呈无色透明。

6. 三氟溴乙烯(Bromotrifluoroethylene)

三氟溴乙烯可从三氟乙烯出发，先溴化再脱溴化氢而得到[8]。

$$CF_2=CFH \xrightarrow{Br_2} CF_2BrCHFBr \xrightarrow{KOH} CF_2=CFBr$$

三氟溴乙烯是一无色的气体，沸点为－3.0℃；三氟溴乙烯在空气中会自燃，在室温下也会自聚。

7. 全氟环氧丙烷（Hexafluoropropylene Oxide，HFPO）

全氟环氧丙烷主要通过对六氟丙烯的氧化反应来制备。

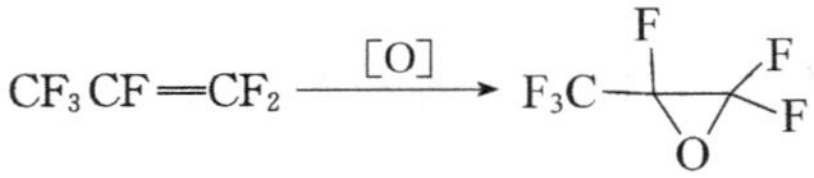

应用相转移催化剂在低温下可采用 H_2O_2 作氧化剂[9]。在相转移催化剂存在下采用次氯酸钠作氧化剂可高产率地生成全氟环氧丙烷[10]。用氧气直接氧化也可合成全氟环氧丙烷[11]。

全氟环氧丙烷在常温常压下是一种无色无臭的气体，沸点为－27℃/1atm。

8. 全氟丙基乙烯基醚（Perfluoropropyl Vinyl Ether，PPVE）

全氟丙基乙烯基醚可从全氟环氧丙烷出发合成。在氟负离子存在下，两分子全氟环氧丙烷单体调聚形成酰氟，酰氟在碳酸钠存在下裂解得到全氟烯醚单体[12]。

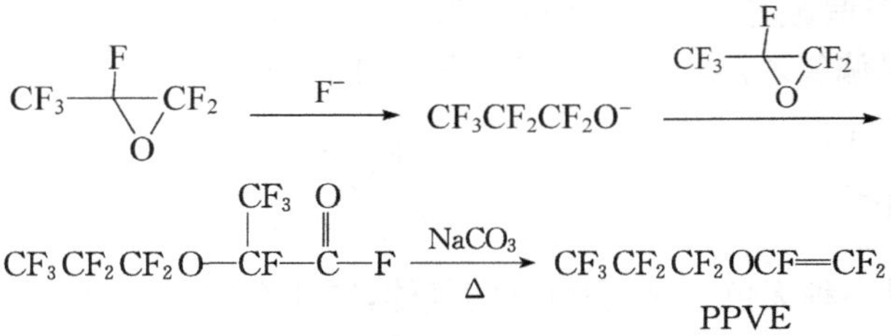

近年来，日本 Asahi Glass 公司发展了一种新的制备全氟丙基乙烯基醚的方法。醇先与全氟酰氟（来自全氟环氧丙烷）反应生成部分氟化的酯，对酯用 F_2/N_2 氟化可得到全氟酯。全氟酯与碱反应生成两分子的全氟羧酸盐，再裂解而得到目标分子[13]。

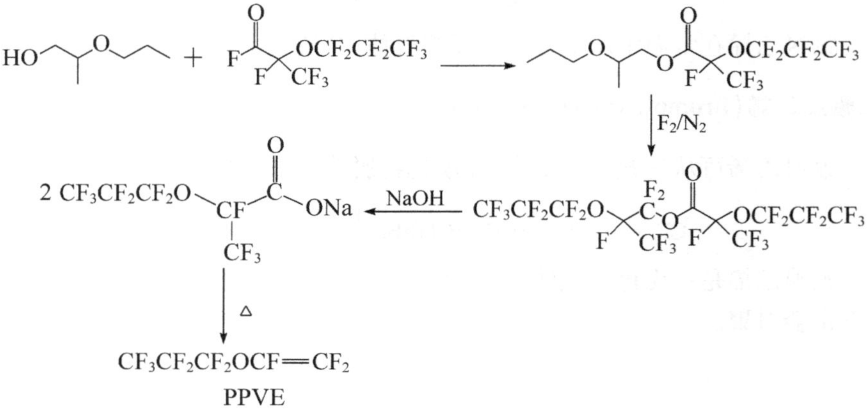

全氟丙基乙烯基醚的沸点为36℃。PPVE是一种特别容易燃烧的液体，且在燃烧过程中放出无色焰。

9. 全氟甲基乙烯基醚(Perfluoromethylvinyl Ether, PMVE)

氟光气在氟负离子存在下与全氟环氧丙烷反应生成酰氟，然后转化成羧酸盐并加热裂解可得到全氟甲基乙烯基醚[14]。

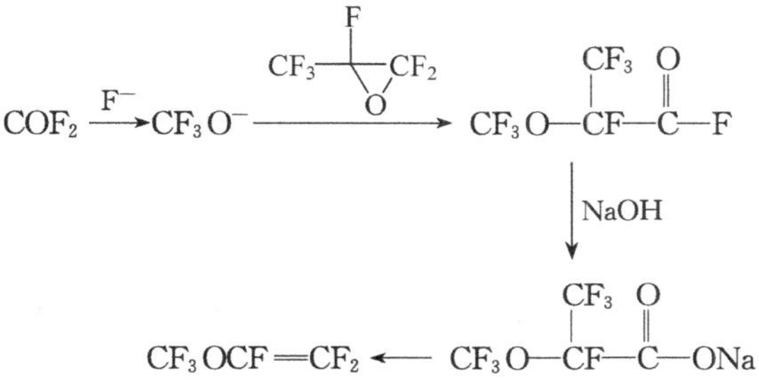

PMVE

另外一条在工业上合成PMVE的路线为：在氟化铯存在下，氟气氟化氟光气生成三氟甲基超氧氟，三氟甲基超氧氟与1,2-二氯二氟乙烯加成再用锌粉脱氯得到PMVE。

$$COF_2 + F_2 \xrightarrow{CsF} CF_3OF$$

$$CF_3OF + CFCl{=}CFCl \longrightarrow CF_3OCFClCF_2Cl \xrightarrow{Zn} CF_3OCF{=}CF_2$$

10. 全氟丁烯基乙烯基醚[Perfluoro (3-Butenyl Vinyl Ether), BVE]

从三氟氯乙烯出发，通过氯化碘加成、四氟乙烯调聚、制备酰氟，然后与全氟环氧丙烷反应、脱酸和脱卤等多步反应可合成全氟丁烯基乙烯基醚[15]。

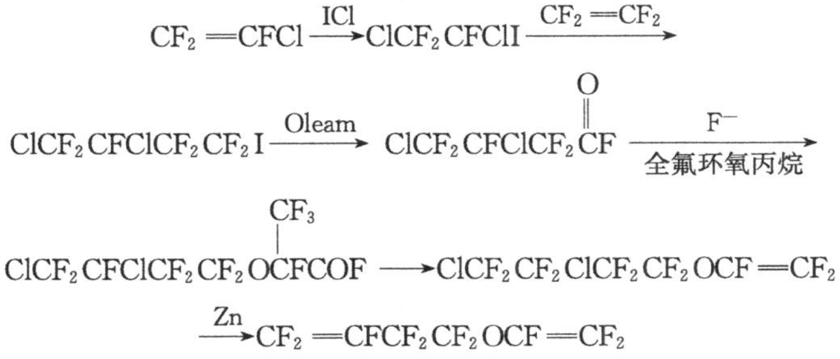

BVE

近年来，日本公司开发了一条较短的合成 BVE 的路线[16]。

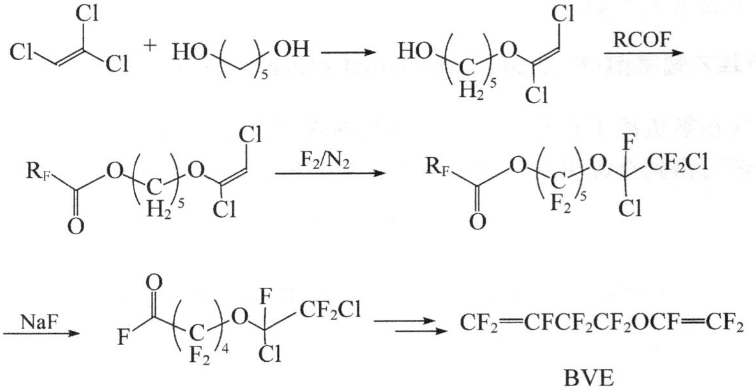

11. 全氟(2,2-二甲基-1,3-间二氧杂环戊烯)[Perfluoro(2,2-Dimethyl-1,3-Dioxole), PDD]

美国杜邦公司发展了如下制备 PDD 的合成路线[17]。

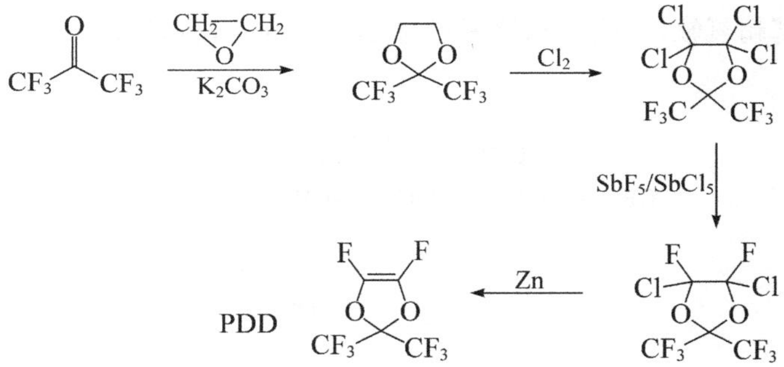

12. 全氟(3,6-二氧-4-甲基-7-辛烯基磺酰氟)[Perfluoro(3,6-Dioxa-4-Methyl-7-Octenesulfonyl Fluoride), PMSF]

美国杜邦公司发展了从全氟丁基磺内酯出发合成 PMSF 单体的路线[18]。

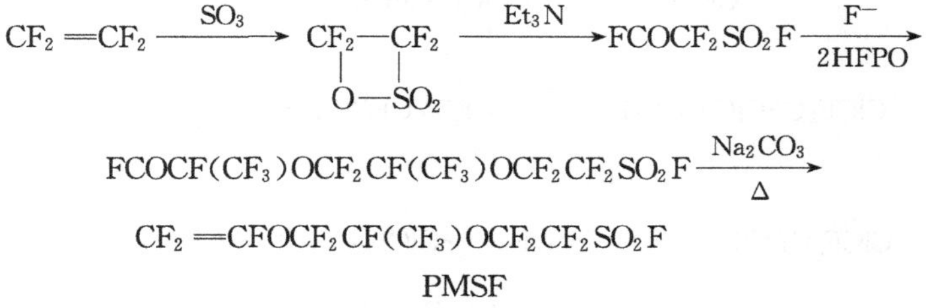

二、氟　树　脂

氟树脂的研制始于 20 世纪 30 年代。聚三氟氯乙烯是最早开发的氟树脂。1938 年,美国杜邦公司的 Plunkete 发现并于 1945 年工业化生产了聚四氟乙烯,这是最早工业化的氟树脂产品,以后不断开发出新的氟树脂。聚四氟乙烯是含氟聚合物中产量最大和应用面最广的品种。下面将主要讨论重要的氟树脂的合成。

1. 聚四氟乙烯(PTFE)

聚四氟乙烯(简称 PTFE 或 F_4)为全氟化直链高聚物,分子无极性。结构式如下:

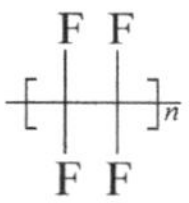

聚四氟乙烯表观呈透明或不透明状,原料多为粉末状或分散液,具有极高的相对分子质量,为高结晶度热塑性材料。PTFE 的熔点为 327℃,但在熔点以上为透明状态,几乎不流动。由于其构成中的强氟碳键,使其具有较高的热稳定性、优异的介电性能、最佳的耐化学腐蚀性(能耐王水,故有“塑料王”之称)及在较宽的温度范围内的低摩擦系数等特殊性能。

聚四氟乙烯由四氟乙烯单体(TFE)聚合制得,其聚合方法包括本体聚合、溶液聚合、悬浮聚合和乳液聚合等,后两种为主要方法。

悬浮聚合以过硫酸铵之类的无机过氧化物为自由基引发剂,或者用过硫酸盐、亚硫酸氢钠、硫酸亚铁的氧化还原体系来引发,在脱氧的无离子水介质中进行[19]。乳液聚合以含氟的表面活化剂为分散剂,以液体石蜡或氟氯油为稳定剂,以水为介质,在过硫酸盐、过氧化氢等无机过氧化物和有机过氧化物引发剂引发下进行[20]。全氟辛酸铵常用作分散剂。由于发现全氟辛酸铵对人类的健康有影响,目前正在研制含短全氟碳链的分散剂用于含氟烯烃的聚合。

由于 PTFE 的化学惰性及其极高的相对分子质量,PTFE 为非熔流材料,聚四氟乙烯因熔融黏度高达 $10^{11} \sim 10^{12}$ Pa · s,不能流动,不能用通用的塑料加工方法进行加工,从而产生了大量的适合 PTFE 加工生产的工艺技术。悬浮聚合的 PTFE 常采用粉末冶金的改进工艺进行加工;乳液聚合的 PTFE 凝聚分散物常用冷挤出工艺加工,稳定的分散液常采用乳液加工工艺进行加工。

2. 聚全氟乙丙烯(FEP)

聚全氟乙丙烯(FEP)是四氟乙烯和六氟丙烯的共聚物。聚全氟乙丙烯是可熔

融加工的氟碳聚合物。结构式为

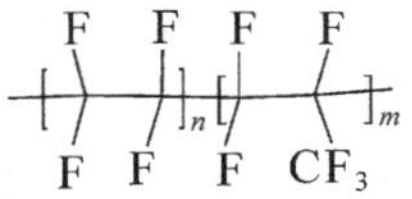

1946 年由 Sauer[21]首次进行四氟乙烯和六氟丙烯的共聚，他们采用过硫酸铵作引发剂的水相悬浮聚合方法得到含有 20%六氟丙烯的共聚物。Miller 则用三氯乙酰过氧化物$(Cl_3CO)_2O_2$ 作催化剂，在低温下聚合四氟乙烯和六氟丙烯[22]。

聚全氟乙丙烯是四氟乙烯与六氟丙烯的无规共聚物。由于六氟丙烯的存在，在聚四氟乙烯的对称主链中引入了三氟甲基侧基，降低了聚合物的熔体黏度，达到方便加工的目的。然而要保持氟聚合物的优良性能，三氟甲基侧链的数目不能过高，通常六氟丙烯的含量以小于 20%(质量分数)为宜。

聚全氟乙丙烯有较好的韧性，在－50℃低温时，抗冲击强度为 $1.5kJ/m^2$，比聚四氟乙烯还好，但它的耐热性比聚四氟乙烯差。

3. 四氟乙烯-全氟乙烯基醚共聚物 (PFA)

四氟乙烯-全氟乙烯基醚共聚物 (PFA)主要为四氟乙烯与全氟丙基乙烯基醚(PVE)的共聚物。PFA 树脂兼有聚四氟乙烯的碳-氟主链(CF_2 重复链节)及全氟烷氧基侧基。PFA 树脂的结构式为

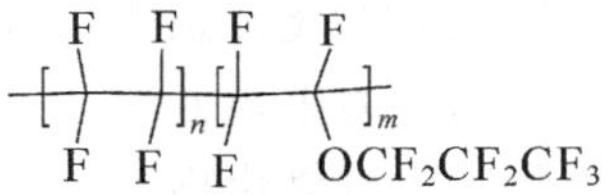

PVE 很容易和 TFE 共聚得高相对分子质量的聚合物。两种单体可以在全氟碳或非全氟碳的烃类溶剂(如三氟三氯乙烷)中进行溶液聚合[23]，也可在水或添加氟氯烃溶剂的水中进行聚合。[24]聚合反应的引发剂为有机过氧化物或水溶性的过硫酸盐类无机过氧化物。

常温下 PFA 树脂的物理机械性能与聚四氟乙烯树脂十分相似，它可在聚四氟乙烯应用的温度范围内使用，所以将 PFA 树脂称为可熔融加工的聚四氟乙烯。

4. 聚三氟氯乙烯 (PCTFE)

聚三氟氯乙烯是最早开发并生产的热塑性氟聚合物。结构式为

高相对分子质量的聚三氟氯乙烯树脂可以通过对单体三氟氯乙烯的本体、溶液、悬浮、乳化体系进行由自由基引发、紫外线或 γ 射线辐射聚合而制备。一般来说,乳液聚合产品的热稳定性优于本体或悬浮聚合物。低相对分子质量的聚三氟氯乙烯油、油脂和蜡的制备一般可通过对单体的调聚反应或对高相对分子质量聚合物的热解反应来制备[25]。

聚三氟氯乙烯具有良好的加工性和透明性。

5. 乙烯-三氟氯乙烯共聚物 (ECTFE)

乙烯和三氟氯乙烯的共聚物是两种单体的交替共聚物。结构式为

$$—CH_2CH_2CF_2CFClCH_2CH_2CF_2CFCl—$$

乙烯与三氟氯乙烯容易共聚，一般通过自由基聚合即得到共聚物。聚合温度对交替性有影响,低温下聚合能得到物质的量组成接近于 1∶1 的共聚物,聚合温度升高,交替性就有下降的倾向。可通过引发剂引发进行悬浮共聚或溶液共聚[26]。常加第三单体使共聚物的高温拉伸强度和热应力开裂性能得到改善[27],作为第三单体的有全氟丙基乙烯基醚(PVE) 等。

乙烯和三氟氯乙烯的共聚物有好的耐候性和耐辐照性能。

6. 乙烯-四氟乙烯共聚物 (ETFE)

乙烯-四氟乙烯共聚物又称氟塑料 FS-40。自 1946 年发现它以来,人们寄希望于既具有聚四氟乙烯耐温、耐介质和耐老化,又具有聚乙烯可热塑加工特性的新材料。经长期研究,美国杜邦公司于 20 世纪 70 年代初发表了以 Tefzel 为商品名的改性乙烯-四氟乙烯共聚物(ETFE)。乙烯-四氟乙烯共聚物是一个交替倾向很大的共聚物。其结构式为

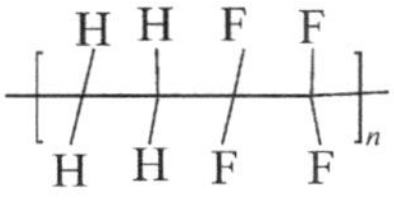

四氟乙烯和乙烯可在水相、非水相和混合相共聚制备 ETFE 共聚物,非水相聚合可用氟碳化合物为熔剂(如 1,1,2-三氟-1,2,2-三氟乙烷)和过氧化物(如氟化酰过氧化物或过碳酸酯)为引发剂[28]。经第三单体改性的 ETFE 不仅保持其原有的优良性能,而且可以克服其热应力开裂的弱点。改性的 ETFE 是一个优良的绝缘体。

7. 聚偏氟乙烯 (PVDF)

聚偏氟乙烯是 1,1-二氟乙烯经自由基聚合得到的线形高分子化合物,通常简

称为 PVDF。其结构式为

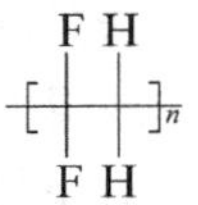

偏氟乙烯的乳液聚合使用化学稳定性优良的含氟烷基表面活性剂，常用全氟辛酸的钠盐或铵盐。偏氟乙烯的聚合引发剂主要有两类：无机过氧化物和有机过氧化物。一般由有机过氧化物引发制得的 PVDF 含有非离子化端基，比由过硫酸盐引发的 PVDF 具有较好的热稳定性。二异丙基过氧化二碳酸酯是工业上常用的偏氟乙烯聚合引发剂。

聚偏氟乙烯（PVDF）是部分结晶的高聚物。由于聚合物链上 CH_2 和 CF_2 基团的交替排列，使它具有极性，因此 PVDF 有独特的介电性能，其介电常数特别高。不同于其他含氟树脂，在较高温度下，PVDF 可以溶解在某些极性溶剂中。

8. 聚氟乙烯（PVF）

聚氟乙烯（PVF）由氟乙烯（VF）聚合制得。结构式为

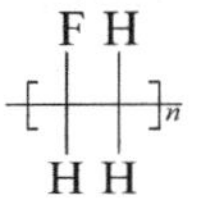

氟乙烯聚合属自由基型加聚反应。氟乙烯聚合常用的引发剂主要是有机过氧化物、无机过氧化物和偶氮化物等。链增长机理显示了 VF 加聚方式主要是“头-尾”连接[29]。但是，与其他烯烃相比，在较高的聚合温度下，VF“头-头”连接的比率明显增加。

聚氟乙烯在氟聚合物中，虽然含氟量最低，但依然具有氟聚合物的良好综合性能，如卓越的耐候性、优良的机械性能和突出的耐化学腐蚀性等。

9. 无定形氟树脂 Teflon AF 和 Cytop

Teflon AF 和 Cytop 是由美国杜邦公司和日本旭硝子分别研制出的两种透明的氟树脂。Teflon AF 是四氟乙烯和全氟（2，2-二甲基-1，3-间二氧杂环戊烯）（PDD）的共聚物[17]，其结构式为

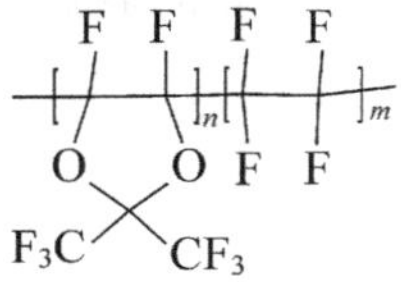

Cytop 是由全氟丁烯基乙烯基醚(BVE)在自由基引发下形成的五元环高聚物[30]，其结构式为

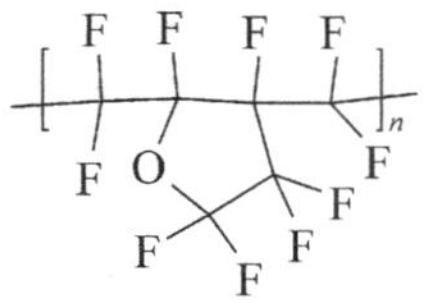

Teflon AF 和 Cytop 不仅具有聚四氟乙烯树脂的耐热、耐酸、耐碱等传统氟树脂特性，而且还具有良好的低折光性，透光率可达到 95%。更为重要的是，这两种透明氟树脂具有在特定的全氟溶剂中的可溶性。这种材料主要用于医学、军事、宇航和电子计算机等领域，是制造光导纤维、光学器材和电绝缘材料的理想材料。

10. 全氟磺酸离子交换膜 (Nafion)

全氟磺酸离子交换膜 (Nafion)是全氟(3,6-二氧-4-甲基-7-辛烯基磺酰氟)与四氟乙烯的共聚物通过水解而制得的[31]。其结构式为

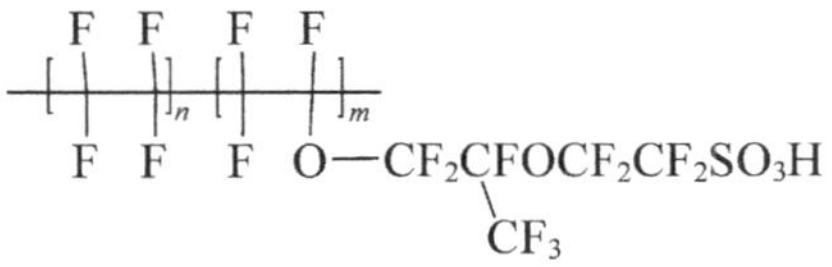

聚合反应可在非水体系或水系介质中用自由基引发进行。在非水体系中，使用含氟的惰性溶剂为介质，以有机过氧化物或偶氮化合物作为引发剂。全氟磺酸离子交换膜主要用在氯碱工业和氢能燃料电池行业。

三、氟　橡　胶

氟橡胶是为满足在苛刻环境下使用的合成共聚物。氟橡胶含有普通橡胶所具有的由无定形的、柔而长的聚合链所组成的网状结构。其中，长的、随意盘绕、柔软的大分子可以禁受起拉伸和压缩所带来的较大变形，链和链之间的相互交联可以得到永久的三维网状结构，这样就确保形状的复原。氟橡胶含有完全氟化或者部分氟化的骨架。C—F 键是最稳定的单键，且 C—F 键高的键离解能是氟橡胶对热、氧化和化学稳定的主要原因。氟橡胶主要分为两大类：以偏氟乙烯(VDF)为基础的氟橡胶和以四氟乙烯(TFE)为基础的氟橡胶。20 世纪 50 年代早期，M. W. Kellog 公司与美国海军共同研制第一批商品化的氟橡胶为偏氟乙烯(VDF)和三氟氯乙烯(CTFE)的共聚体，并在 1957 年以 Kel-F[32]

的商品名出售。最常见的氟橡胶为偏氟乙烯和六氟丙烯(HFP)的共聚体，是由杜邦公司研制的并在 1955 年以 Viton A[33] 的商品名出售。从那以后，其他重要的以偏氟乙烯为基础的氟橡胶不断地发展起来，并且它们的应用范围不断改进，特别是在对极性溶剂和强碱的抵抗力以及低温时的弹性上。表 12－1 列出了氟橡胶发展的历史。

表 12－1　氟橡胶的发展历史

氟橡胶	年份	生产公司
$(CH_2-CF_2)(CH_2-CF(Cl))$	1955 年	3M
$(CH_2-CF_2)(CF_2-CF(CF_3))$	1957 年	DuPont
$(CH_2-CF_2)(CF_2-CF(CF_3))(CF_2-CF_2)$	1960 年	DuPont
$(CH_2-CF_2)(CHF-CF(CF_3))$	1960 年	Montecatini Edison
$(CH_2-CF_2)(CHF-CF(CF_3))(CF_2-CF_2)$	1960 年	Montecatini Edison
$(CH_2-CF_2)(CF_2-CF(OCF_3))(CF_2-CF_2)$	1975 年	DuPont
$(CF_2-CF_2)(CF_2-CF(OCF_3))$	1975 年	DuPont
$(CF_2-CF_2)(CH_2-CH(CH_3))$	1977 年	Asahi Glass
$(CF_2-CF_2)(CH_2-CH(CH_3))(CH_2-CF_2)$	1990 年	Asahi Glass，3M
$(CH_2-CH_2)(CF_2-CF(CF_3))(CH_2-CF_2)$	1992 年	Ausimont

1. 氟橡胶的性能

氟橡胶具有耐高低温、抗化学腐蚀、高绝缘、难燃、耐候性好、低摩擦系数和不粘等优良性能。氟橡胶杰出的化学抵抗力和热稳定性使得它们能够抵御几乎任何的加工介质，包括活泼的等离子体和高达 316℃ 的高温。关于氟橡胶和其他类型橡胶在热稳定性和化学兼容性方面的性能比较如图12－1所示。

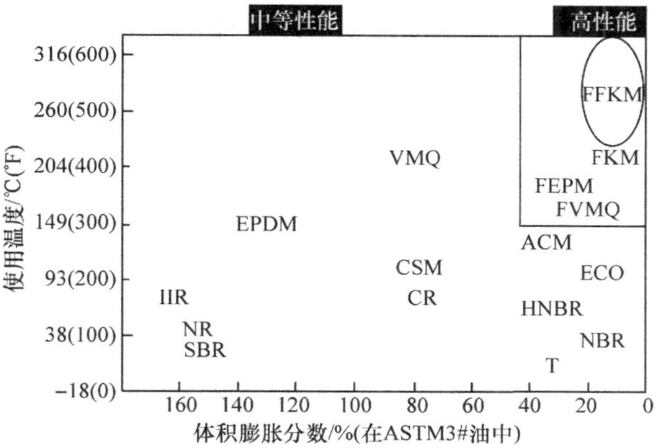

图 12-1 不同种橡胶(ASTM D2000)对热和油的抵抗力

FFKM—全氟化碳橡胶；FKM—氟碳橡胶；FVMQ—氟硅橡胶；FEPM—四氟乙烯-丙烯橡胶；ACM—聚丙烯酸酯橡胶；ECO—表氯醇橡胶；HNBR—氢化丁腈橡胶；NBR—丁腈橡胶；T—多硫橡胶；VMQ—硅(氧)橡胶；CSM—氯磺酰聚乙烯橡胶；CR—氯丁二烯橡胶；EPDM—三元乙丙橡胶；IIR—异丁橡胶；NR—天然橡胶；SBR—丁苯橡胶

2. 单体结构与氟橡胶性能的关系

偏氟乙烯(VDF)、四氟乙烯(TFE)和乙烯(E)的均聚物分别为高结晶度的聚合体。这些单体与适当的共聚单体如三氟氯乙烯(CTFE)、六氟丙烯(HFP)、全氟甲基乙烯基醚(MVE)和丙烯(PP)等进行共聚时，可以得到具有良好橡胶性能的无定形材料。这些共聚单体均有相似的地方，那就是含有一个侧基。对于无定形的结构，必须按照所用的共聚用单体以适当的量共聚，这些共聚用单体可以改进结晶区域的形成。表 12-2 中列出了不同单体的共聚合成出现今已商品化的氟橡胶品种[34]。

表 12-2 橡胶中不同单体的组合

基本单位 \ 橡胶单体	$CF_2{=}CF(CF_3)$	$CHF{=}CF(CF_3)$	$CF_2{=}CF(OCF_3)$	$CF_2{=}CFCl$	$CH_2{=}CH(CH_3)$
$CH_2{=}CF_2$	×	×	× + ($CF_2{=}CF_2$)	×	× + ($CF_2{=}CF_2$)
$CF_2{=}CF_2$	× + ($CH_2{=}CF_2$)	× + ($CF_2{=}CF_2$)	×		×
$CH_2{=}CH_2$	× + ($CF_2{=}CF_2$)		× + ($CF_2{=}CF_2$)		

注：× 表示在商业上有用的氟橡胶。

在偏氟乙烯/六氟丙烯共聚物中，当六氟丙烯的含量高于19％～20％时就会得到完全无定形的聚合物[35]。图 12－2 表明了偏氟乙烯/六氟丙烯/四氟乙烯三元共聚体系可以合成橡胶的区域。

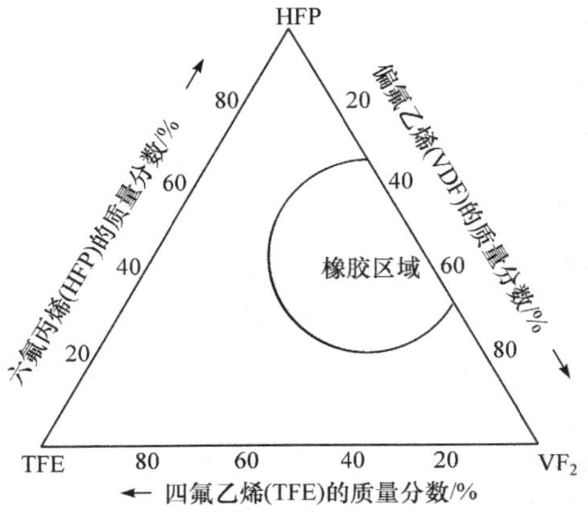

图 12－2　VDF/HFP/TFE 的组成

大部分全氟橡胶都是由全氟甲基乙烯基醚(PMVE)和其他的全氟烷氧基或者烷基乙烯基醚与四氟乙烯单体共聚而得。玻璃化转变温度(T_g)和结晶度取决于这些单体结合的类型或者含量[36]。四氟乙烯/全氟甲基乙烯基醚共聚物的玻璃化温度(T_g)在－25～25℃之间。相比其他橡胶，全氟橡胶的玻璃化转变温度(T_g)相对要高。

3. 聚合技术

氟橡胶一般通过高压自由基乳液聚合技术制备[37]。由于单体在聚合的条件下以气态的形式存在，气液质量转移是聚合动力学中局限性的一步。因此恰当的反应设计必须考虑到反应能够有效地进行且产率可以接受。有机的或者无机的过氧化物如过硫酸铵等可以被用来作为聚合反应的引发剂。

4. 氟橡胶的硫化

聚四氟乙烯(PTFE)由于全是 C—F 键取代，因而它是对热和化学最稳定的聚合物。然而聚四氟乙烯具有很强的结晶性能，因此它是一个刚性的塑料而不是橡胶。要想成为橡胶状的材料，它必须能够禁受起较大的形变；同时当在外在压力或拉力作用下它能保持缩进力，当外力消失时能够恢复到它最初的形态。为了达到这样的性能，聚合物必须具备长而柔软的链和三维网状结构这样的特质。向均聚物中随意地插入其他单体破坏了聚合物的规整性，形成了含有随意盘绕柔软链的无定形的聚合物。它们具有柔软性和灵活性并且在外力作用时能够变形。这些聚合物需要硫化以形成三维网状结构确保具有回复的性能。交联时需与硫化单体(CSM)反应,反应可能发生在聚合物链的末端或者分布在链当中。所生成网格的结构和性质大部分取决于硫化单体的官能团和硫化化学。

氟橡胶(不完全含氟)主要有三种硫化体系。二氨和双酚可被用来硫化氟橡胶,它们可以与制备该类橡胶的单体(如偏二氟乙烯和六氟丙烯)发生亲核反应。双酚硫化通常会得到最好的加工化合物,目前这是最常用的氟橡胶硫化体系。氨硫化操作困难,条件剧烈不常用。过氧化物被用在含有卤原子(溴和碘)单体的氟橡胶中。

对全氟橡胶的硫化,已发展出很多的方法。比较有效的方法通常是将含有活性官能团的单体以少于 5mol%的比例共聚到聚合物骨架上;另外一种常见的操作是在聚合时通过恰当的链转移剂在链的末端接上官能团。最常用的硫化点单体(CSMs)含有卤素如碘和溴这样的活性位点。一些单体的结构式如下[38]:

$$F_2C{=}CF{-}O{-}(CF_2)_3Br \qquad H_2C{=}CH{-}CF_2CF_2{-}Br \qquad H_2C{=}CH{-}(CF_2)_3CH_2CH_2{-}I$$

含有卤化硫化点的全氟橡胶在过氧化物存在下很容易硫化。这个体系包括作为硫化反应引发剂的过氧化物和所谓的活性助剂或者自由基捕捉剂。在全氟橡胶中,通过过氧化物硫化的机理已有详细论述[34]。其机理如下:

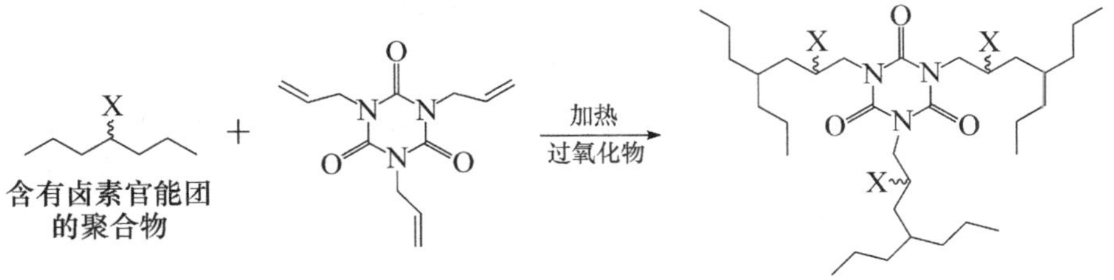

通过过氧化物固化的主要缺点在于活性助剂的碳氢成分,这使得活性助剂比起聚合物骨架显然更易受到氧化或者热降解的影响。

除了含有卤原子的硫化点单体(CSMs)之外,还有一些其他的重要功能单体。其中已商品化的是含有腈基官能团的全氟烯基醚[39]。

$$F_2C{=}CF{-}O{-}(CF_2)_4{-}CN$$

$$F_2C{=}CF{-}O{-}CF_2CF(CF_3){-}CF_2{-}CF(CF_3){-}CN$$

$$F_2C{=}CF{-}O{-}CF_2CF(CF_3){-}O{-}CF_2CF_2{-}CN$$

应用这些硫化点单体(CSMs)主要的优点在于它们可以有效地硫化,且得到的材料具有很好的抗化学腐蚀性和耐热性。腈基官能团通常会产生杂环的交联结构。例如，在四苯基锡或者氨水的条件下硫化得到三嗪的交联结构：

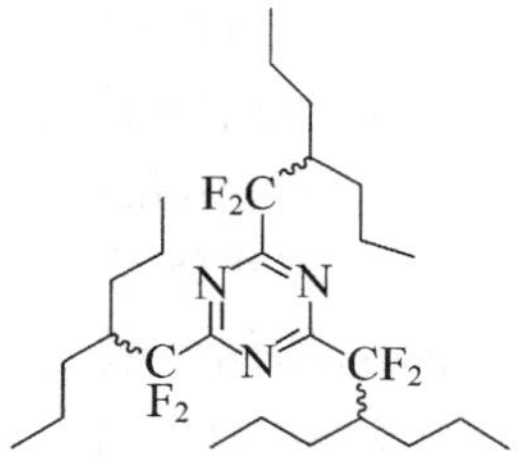

利用双官能团化的硫化剂二氨双酚 AF 会生成苯并噁唑的交联结构。反应式如下：

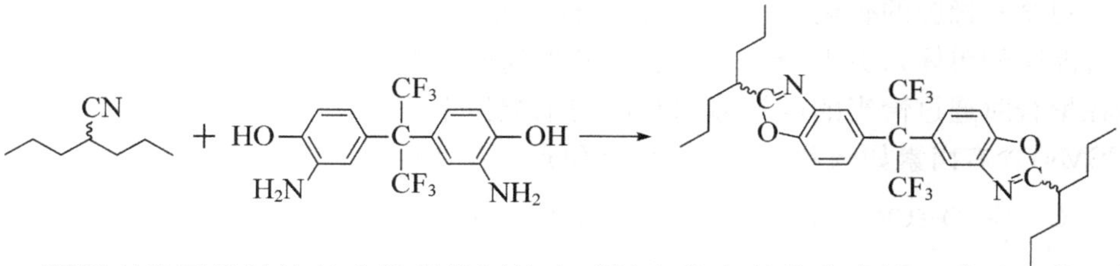

所得到的网状结构具有较低的压缩变形性和优良的热稳定性。腈基官能团同样也可以在过氧化物的条件下硫化，所得到的网状结构普遍具有化学稳定性。

含有少量全氟苯氧基官能团的全氟橡胶可以接受亲核试剂的进攻。全氟-2-苯氧基丙基烯基醚是另外一种商品化的比较重要的烯基醚。

$$CF_2{=}CFOCF_2CF(CF_3)OC_6F_5$$

含有这种硫化点单体的聚合物可以与双亲核试剂固化，例如双酚 AF 的二钾盐（见图 12－2）。通过取代连接芳香环醚链的对位氟原子产生交联结构。这种交联体系具有很好的对胺的抵抗力。

$$K^+\ O^-{-}Ar{-}C(CF_3)_2{-}Ar{-}O^-\ K^+$$

图 12－2　双酚 AF 二钾盐的结构式

四、含氟聚合物的进展

氟赋予含氟聚合物在化学、热力学、低表面能等方面的特性，使含氟高聚物在解决当今高科技难题方面有用武之地。近年来在光波导、微电子工业和低能表面活性剂等领域，含氟高聚物正发挥着越来越大的作用。下面根据本书作者对含氟聚合物近年工作的了解，在含氟聚合物的进展方面做些讨论。

1. 含氟聚合物的光学性能

含氟聚合物由于具有好的热稳定性、化学稳定性和疏水性，在光学工业中应用广泛。研究发现将C—H键中的H替换成F元素后能减少信号在传导过程中因C—H键振动吸收而引起的损耗,因此含氟高聚物可用作光波导材料。随着共轭聚合物研究的深入,含氟共轭高聚物已被合成出来并对富电子共轭高聚物的光化学性质进行了研究。另一工作重点是以含氟聚合物的光学行为为指针来研究含氟聚合物(特别是含氟聚酯)表面氟富集现象,并提出相应的理论模型。

例如,Kim小组用4,4′-(六氟亚异丙基)联二苯酚对五氟苯硫醚进行亲核取代制得含氟聚(亚苯基硫醚)。接着用3-乙炔基苯酚对这一聚合物封端官能团化引入乙炔基,然后通过两端乙炔基的交联反应得到化学稳定性和热稳定性更佳的高聚物[40]。反应式如下式所示:

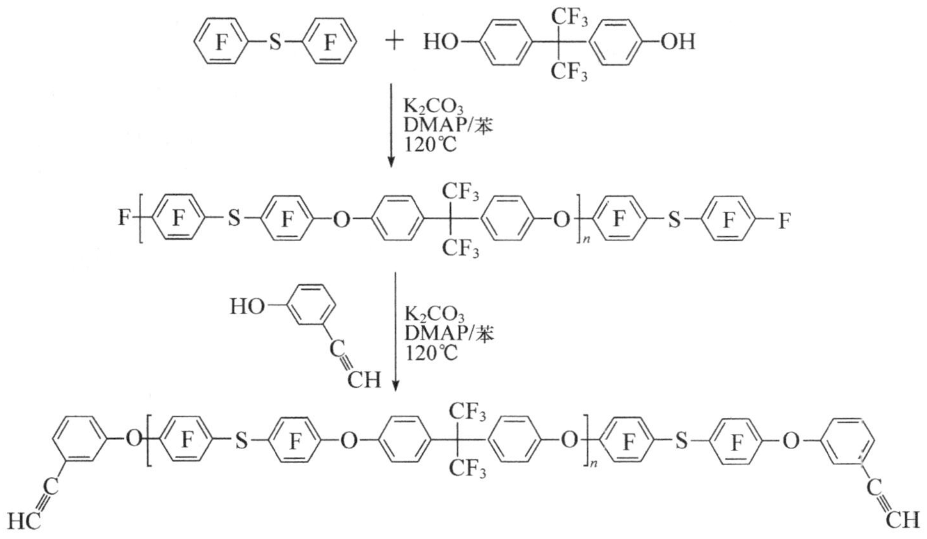

最终网状高聚物的玻璃化温度为175℃,分解温度为490℃。这一网状高聚物经处理后,光信号损耗小于0.4dB/cm,因此它们适合作短距离光通信的光纤材料。在THF,DMSO,CH_3OH,DMF,CH_2Cl_2,$CHCl_3$中,网状高聚物均有很好的耐受性能。

2. 共聚反应

由于人们对高效、环境友好的新能源的需求日益升温,聚合物电解质成为热点研究领域。磺酸化聚合物具有水解稳定、玻璃化温度低和能保证自由离子在电解池中移动等优点,从而使磺酸化聚合物成为很有发展前途的一类聚合物电解质。在燃料电池技术中,聚合物电解质作为阳离子交换树脂是必需的。在电场作用下,磺酸化聚合物运送H^+的能力对于发展未来能源技术是十分重要的。Miyatake小组成功地合成了可运送H^+的磺酸化亚苯基醚/含氟烷烃共聚物,结构式如下[41]:

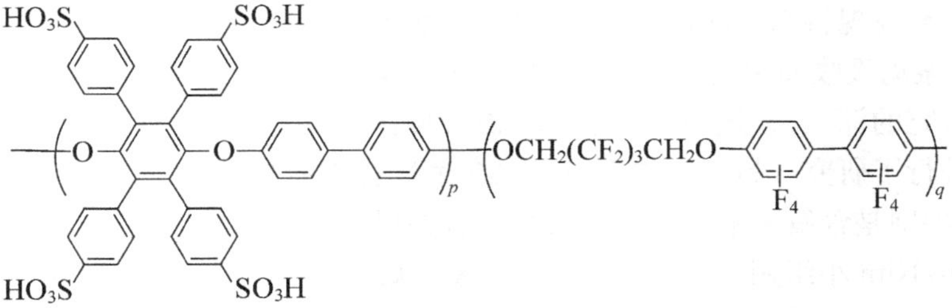

他们对得到的磺酸化亚苯基醚/含氟烷烃聚合物进行了水解、吸水性和抗氧化的测试。将这些聚合物置于沸水中7天,并没有明显的结构变化,显示出了相当好的水解稳定性。在100%相对湿度的环境中,共聚物平均吸水率为5%(质量分数)。共聚物的T_g范围为60～100℃,M_n范围为58 000～81 000。磺酸化亚苯基醚/含氟烷烃所具有的化学和热特性,表明这类聚合物在新的燃料电池技术中可能有相当大的用途。

过去,嵌段共聚物主要是用来研究同一大分子结构中,两种组分或官能团对聚合物物理性质的影响。现在,化学家将精力集中在合成一类能通过低能酯键的热解来改变聚合物表面性质的支链嵌段共聚物。首先将聚(苯乙烯-*b*-异戊二烯)的双键水化生成羟基,然后全氟长链通过酯键连接到聚合物主链上。通过改变全氟支链的长度,制得了一系列该类共聚物。通过热解酯键可选择性地脱除含氟支链[42],反应式如下:

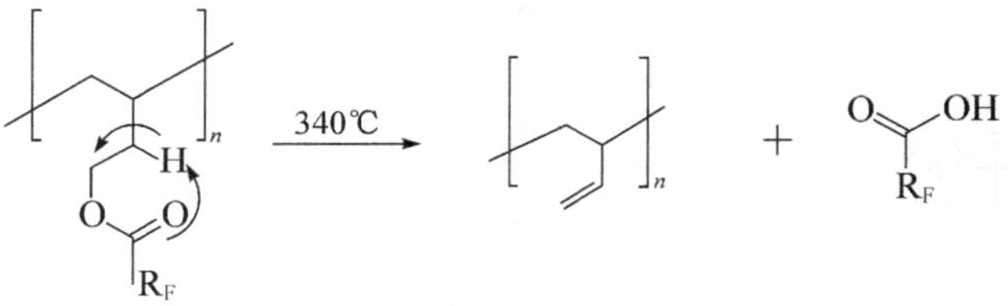

由于苯乙烯-*b*-异戊二烯主链具有非常高的亲油性,部分脱除全氟支链的聚合物的表面性质将发生剧烈改变。这一反应的选择性使它适合于表面模式化技术的亲水模式和亲油模式。运用化学衍生技术,可以在很大的范围内以多种模式研制出许多种多功能表面材料。

将聚合物材料制造成可行的化学分离膜、化学保护膜和气体分离半透膜是推动膜科学迅速发展的动力。一种新的膜修饰技术就是向膜材料中引入含氟接枝共聚物,从而得到具有表面疏水性质的膜。将聚合物PFA-*g*-PDMS加入到聚合物MMA-*g*-PDMS中来研究膜表面性质的变化[43]。PFA和PDMS的结构式如下:

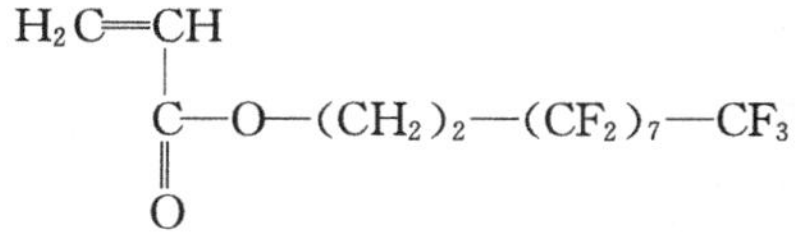

PFA

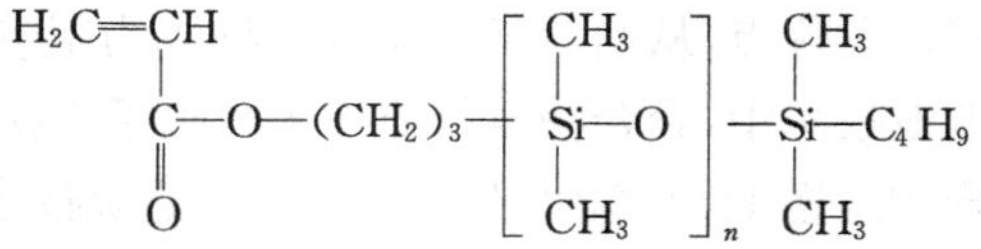

PDMS

与聚合物 MMA-*g*-PDMS 相比,由于聚合物 PFA-*g*-PDMS 完全聚集在膜表面以及其含氟嵌段的疏水性,聚合物 PFA-*g*-PDMS 能十分有效地去除水溶液中的苯。这两种聚合物是通过自由基聚合得到的,平均相对分子质量在 180 000 左右。苯在最初配制的 74mol%DMS 混合溶液中能够渗透过膜。

含氟聚合物材料也被制成气体渗透膜。对聚(1,1′-二氢全氟辛醇甲基丙烯酸酯)(PFOMA)和聚苯乙烯(PS)的嵌段共聚物 PS-*b*-PFOA 的研究发现[44]:在一般情况下,PFOMA 比 PFOA 具有相对较差的气体渗透性和相对较好的渗透选择性,这与部分自由体积理论相符,也与 PFOMA 更刚性的链结构有关。随着温度不断接近 T_g,像乙烷、丙烷这样较大的分子,膜渗透活化能越来越大。共聚物 PS-*b*-PFOA 呈现出微观相分离的形态特征,但没有证据表明其在较大范围内存在着有序性。气体渗透性随着共聚物中 PS 嵌段组分的增加而降低。共聚物 PS-*b*-PFOA 的气体渗透性介于 PFOA 和 PS 之间。气体渗透性的大小可通过改变共聚物的结构和形态来调整。

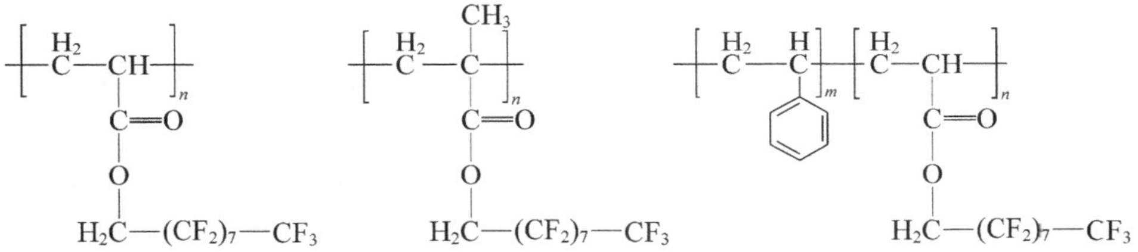

PFOA　　PFOMA　　PS-*b*-PFOA

3. 在超临界态 CO_2 中进行的聚合反应

CO_2 作为化学反应溶剂,由于其良好的化学兼容性和环境友好性,正越来越受到人们的重视。在超临界 CO_2 流体(scCO_2)中进行的自由基聚合反应,由于没有自由基转移副反应,使得这一方法在含氟单体自由基聚合方面具有很大的应用潜力[45]。以 scCO_2 作为溶剂,含氟聚甲基丙烯酸酯和全氟聚醚分别用原子转移自由基聚合反应(ATRP)和光氧化聚合反应得以合成。对在 scCO_2 中应用 ATRP 反应合成含氟聚丙烯酸酯类聚合物研究表明:单体和聚合产物在 scCO_2 中良好的溶解性是聚(1,1′-二氢全氟辛醇甲基丙烯酸酯)和聚(1,1′-二氢全氟辛醇丙烯酸酯)合成成功的关键。对 ATRP 反应中亚铜催化剂配体进行选筛,发现配体 dR_{F6}bpy在加速反应和反应控制方面效果最佳,原因在于 dR_{F6}bpy 的含氟烷基链使它在 scCO_2 中的溶解性增加。PFOMA 与 PFOA 的数均相对分子质量都在 10 000～20 000 之间。为了研究溶解性对在 scCO_2 中进行的 ATRP 反应的影响,FMOA 和 MMA,FOA 和 MMA 的嵌段共聚物也被合成出来。研究发现,共聚物中引入含氟单体的摩尔百分比与共聚物在 scCO_2 中的溶解性成正比。

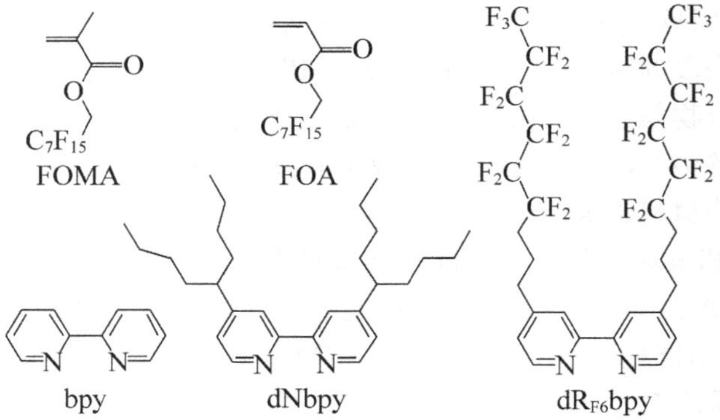

以 $scCO_2$ 作为溶剂，用光氧化反应合成全氟聚醚已取得成功[46]。反应式如下：

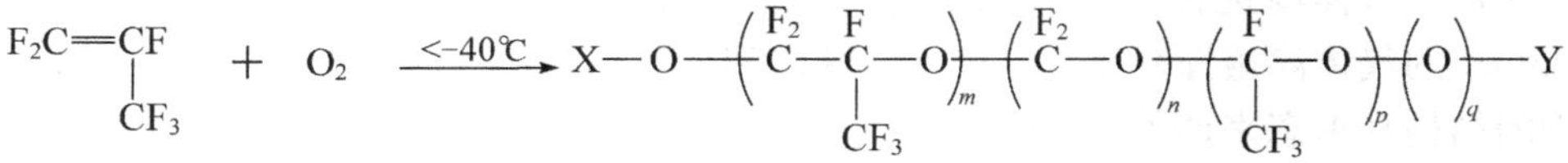

X,Y = C(O)F,CF_3(主量) $CF_2C(O)F$(少量)

由于链转移副反应的减少，这种合成方法比传统方法更经济。全氟聚醚作为高性能润滑剂（如热载体油、磁记录介质等）应用广泛。由于相关的工程技术问题已得到解决，用临界态 CO_2 全氟烯烃聚合技术进行全氟聚醚工业化生产具有相当的可行性。

单体与 $scCO_2$ 溶胀聚合物进行原位聚合来合成复合聚合物的技术也有很大发展。首先溶有聚合引发剂的 $scCO_2$ 将聚（四氟乙烯-六氟丙烯）溶胀，然后加入乙基-2-氰基丙烯酸单体进行聚合反应，生成表面得到修饰改良的复合聚合物（见图12－3）[47]。相对于过去通过剧烈的化学处理来改变含氟聚合物表面性质的方法而言，这一合成聚合物/聚合物复合物的新方法简单易行，环境友好，并能提高聚合物表面修饰的效能。运用临界态 CO_2 链聚合技术，对含氟聚合物表面进行高效修饰，制得的复合表面材料用途广泛。

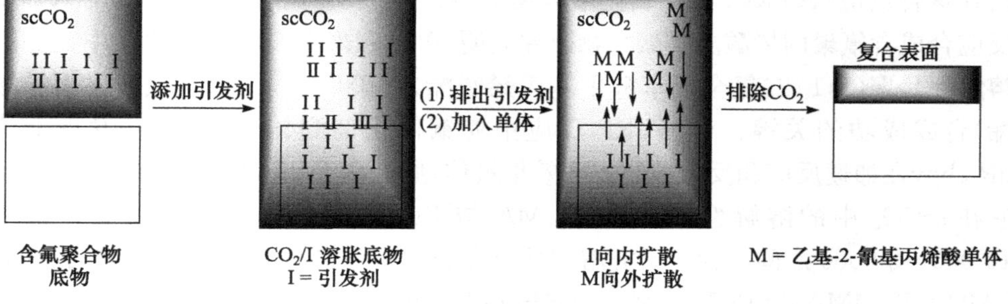

图 12－3　超临界 CO_2 流体中，修饰改良的复合聚合物生成过程

4. 向不饱和聚合物引入全氟烷基

含氟单体聚合和氟化不饱和聚合物是合成含氟聚合物两种主要的方法。全氟烷基碘化物通过自由基加成反应对聚丁二烯进行氟化的方法获得成功[48]。反应式如下：

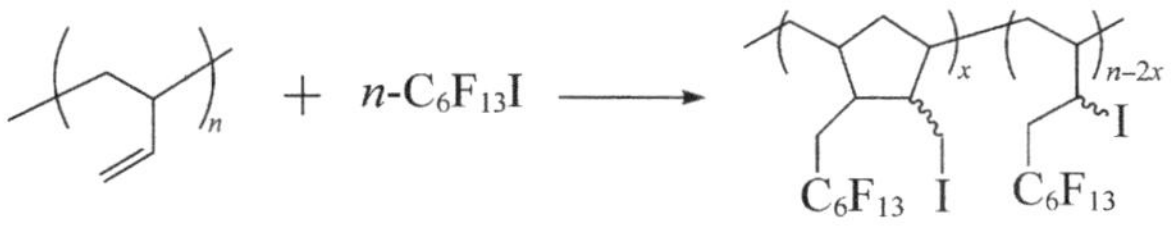

反应由三乙基硼在温和的条件下引发全氟烷基碘与聚丁二烯的加成反应，聚丁二烯中 95%的双键发生转化。运用这一相当成功的自由基氟化方法，可以合成一系列不同结构的新型氟烷基取代和碘取代的聚合物。

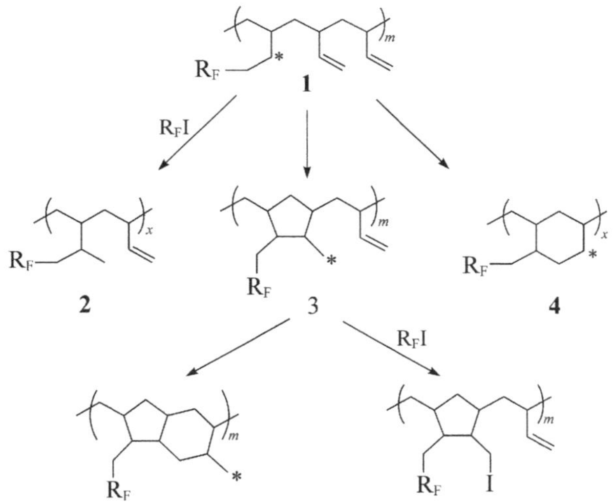

在除去碘后，这些新型含氟聚合物的耐热性平均提高了 100℃，T_g 平均提高了 75℃。这一方法的另一优点在于可选择性氟化共聚物的含双键片段并以此来改变聚合物性质。以 PBD-*b*-PS 作为模型底物进行的可选择性氟烷基化反应也取得了成功。这一方法需特别关注的还有一点就是在氟烷基化过程中对引入的碘的处理。除去聚合物中的碘对于提高共聚物的耐热性和 T_g 值是十分必要的。作者用 Pd/$CaCO_3$，KOH 将聚合物中的碘水解中和，解决了残余碘的问题。总之，应用这一方法对目前已知的含双键聚合物进行相对容易的化学处理得到的含氟聚合物双键转化率高、品质优良，使得这一方法有广泛的应用前景。

5. 含氟烷基在膜表面的聚集

含氟酯的调聚物具有良好的涂层附着力且使用时操作方便，它是工业上急需的含氟低聚物涂层材料。Ming 小组对含氟低聚物的合成和应用进行了研究，他们通过二酸与二醇、三醇的缩聚反应合成了一系列的液态含氟酯的调聚物[49]。其结构式如下：

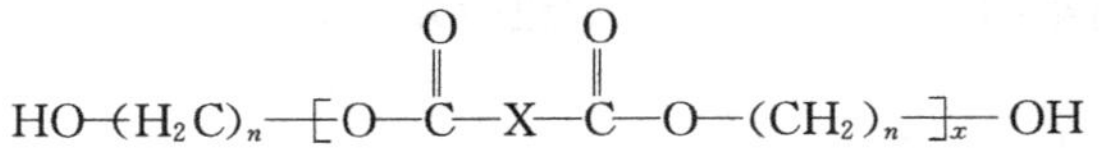

1

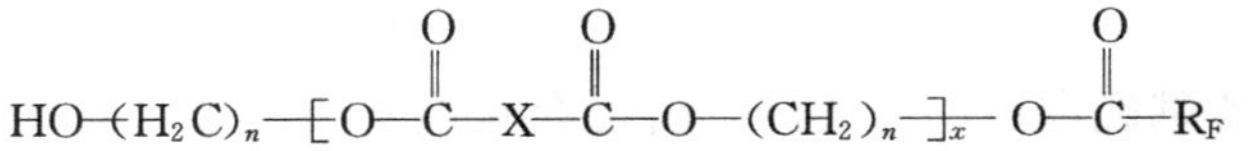

2

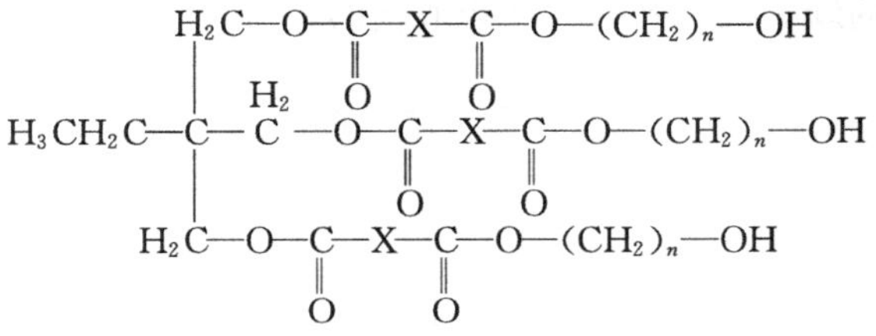

3

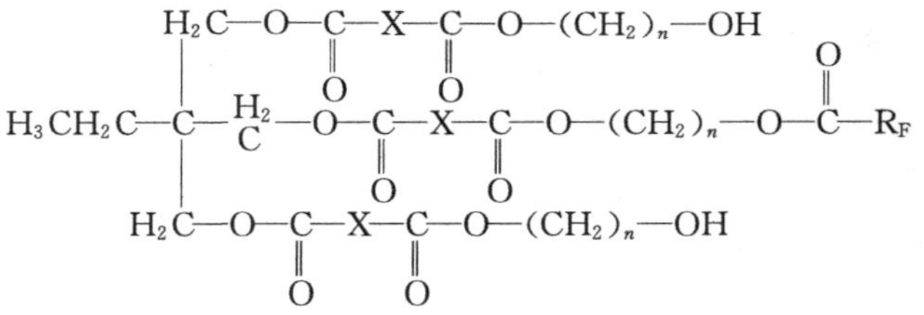

4

$n = 4, 6; X = (CH_2)_3, (CH_2)_4, (CH_2)_7; R_F = (CF_2)_mCF_3$

这些低熔点的调聚物与聚异氰酸酯交联剂混合，固化后便成了多用途涂层。这些涂层可进行自我分层，含氟片断在涂层表面富集，使涂层具有良好的抗化学腐蚀性。碳氢低聚物与含氟低聚物表面自由能的差异是涂层自我分层的内在动力。这些涂层无需额外溶剂就能自我分层的特性让使用时的操作变得简单易行。

运用 X 射线光电子谱(XPS)和 MALDI-TOF 质谱法对涂层自我分层的特性进行研究。XPS 可以精确测定膜层 10nm 深度范围内的氟浓度，如图 12－4 所示。膜层 5nm 深度范围内，含氟低聚物的氟浓度是化学计算量的 20～28 倍。由于氟的这种自我集中现象，含氟低聚物涂层材料在使用时可形成氟富集的低能表面。MALDI-TOF 是一种软电离方法，可检测离子化的具有大相对分子质量的低聚物片断，这样就能判断混合物中含氟片断是接在聚合物主链上，还是仅仅存在于溶液中。通过这方面的工作，低聚物含氟区域表面氟聚集现象的机理得以阐明。

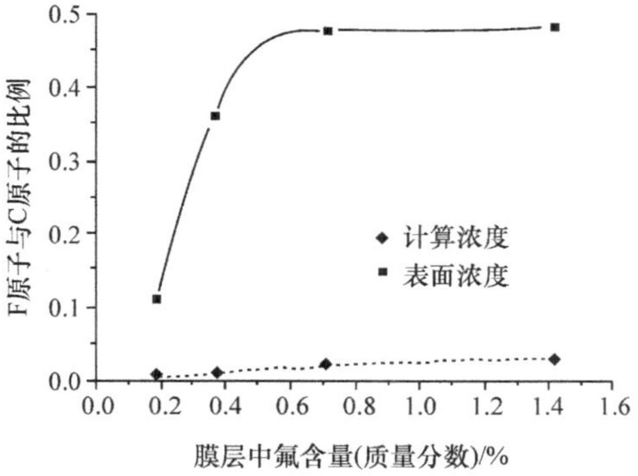

图 12－4　含氟低聚物涂层的 XPS 谱图

6. 含氟高聚物的接枝聚合

虽然含氟高聚物具有优异的热稳定性、电性能和耐化学腐蚀性，但含氟高聚物的不溶性、低吸湿性等缺点也限制了它在一些领域的应用(如分离膜和医用器件等)。近年来人们对含氟高聚物进行接枝改性做了许多探索性的工作，如通过原子转移自由基聚合方法将偏氟乙烯-三氟氯乙烯共聚物[P(VDF-*co*-CTFE)]引入聚丙烯酸酯[50]。反应式如下：

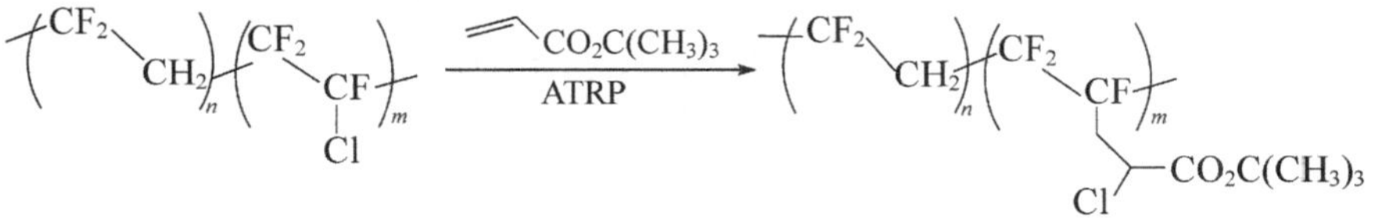

7. 含短全氟烷基链的表面改性剂

通常利用表面的化学组成和几何形态来控制材料的表面性能。材料表面的疏水性可以通过表面改性、降低表面自由能的方式来实现。以前的研究主要集中在利用长全氟烷基链 C_nF_{2n+1}($n=6\sim10$)来控制表面的性能。然而，在长全氟烷基链的应用过程中，存在着生物积累和对环境危害等一些问题。最近的研究表明，这类氟化合物在许多种植物和动物体内有生物积累性。近年来，许多厂家已经停止生产长氟烷基链产品。因此，合成一种既能够有效地降低表面能又不需要引入长氟烷基链的化合物，已成为目前研究的热点。20 世纪 90 年代早期 OMNOVA 公司的 Aslam Malik 博士一次偶然的发现，为短氟烷基链聚合物的发展开创了新的局面。这个技术是基于短氟烷基取代的环氧丁烷单体的开环聚合反应[51]。反应式如下：

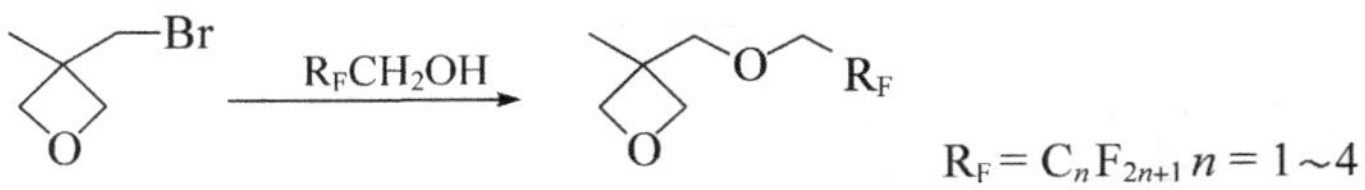

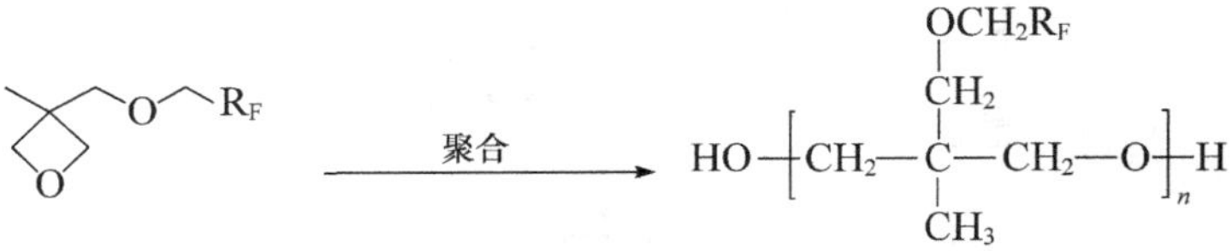

2002年，OMNOVA公司率先推出了第一个短氟烷基链的表面活性产品PolyFox来替代传统的长氟烷基链表面活性剂，该表面活性剂仅含有—CF_3或—CF_2CF_3的短氟烷基链结构，但是却达到了长氟烷基链（—C_8F_{17}）表面活性剂的效果。

参 考 文 献

1. (a) Edwards, J. W.; Small, P. A. *Nature*, **1964**, *202*, 1329. (b) Gozzo, F.; Patrick, C. R. *Nature*, **1964**, *202*, 80.
2. Young, E. G.; Muway, W. S. *J. Am. Chem. Soc.*, **1949**, *70*, 2814.
3. Henne, A. L.; Waalkes, T. P. *J. Am. Chem. Soc.*, **1949**, *68*, 498.
4. Atlnson, B.; Trenwith, A. B. *J. Am. Chem. Soc.*,, *Pt. II*, **1953**, 2082.
5. Grossee, A. V.; Linn, C. B. *J. Am. Chem. Soc.*, **1942**, *64*, 2289.
6. Gardner, L. E. *U. S. Pat.* 3607955, 1971-09-21.
7. Miville, M. E.; Earley, J. J. *U. S. Pat.* 3246041, 1966-04-12.
8. Park, J. D.; Lycon, W. R.; Lacher, J. R. *J. Am. Chem. Soc.*, **1951**, *73*, 711.
9. Bornengo, G.; Carlini, F. M.; Pontevivo, M.; Bottaccio, G. *U. S. Pat.* 4954643, 1990-09-04.
10. Ikeda, M.; Miura, M.; Aoshima, A. *Eur. Pat.* 64293, 1986-12-10.
11. Cavanaugh, R. J.; Atkins, G. M. *U. S. Pat.* 3775440, 1973-11-27.
12. (a) Martini, T. *U. S. Pat.* 4118421, 1977-06-21. (b) Moore, E. P.; Milian, A. S.; Eleuterio, H. S. *U. S. Pat.* 3250808, 1966-10-10.
13. Okazoe, T.; Watanabe, K.; Itoh, M.; Shirakana, D.; Murofushi, H.; Okamoto, H.; Tatematsu, S. *Adv. Synth. Catal.* **2001**, *343*, 215.
14. Fritz, C. G.; Moore, E. P.; Selman, S. *U. S. Pat.* 3114778, 1963-10-10.
15. Ohara, K.; Kaneko, I. *Jpn. Pat.* 2311438, 1990-12-27.
16. Iwaya, M.; Okazoe, T.; Watanabe, K.; Shirakawa, D.; Oharu, K.; Okamoto, H.; Itoh, M.; Tatematsu, S. *Abstracts of the 25th fluorine conference of Japan*. Japan, 2001.
17. (a) Resnick, P. R. *U. S. Pat.* 3865845, 1973-08-01. (b) Resnick, P. R. *U. S. Pat.* 3978030, 1974-12-12.

18. (a) Vaughan, D. J. *Du Pont Innovation*, **1993**, *4*, 10. (b) Grot, W. G.; Molnar, C. J.; Resnick, P. R. *U. S. Pat.* 4544458, 1980-06-16.
19. (a) Doughty, T. R.; Sperati, C. A.; Un, H. *U. S. Pat.* 3855191, 1974-12-17. (b) Mueller, M. B.; Salatiello, P. O.; Kaufman, H. S. *U. S. Pat.* 3655611, 1972-04-11.
20. Bankoff, S. G. *U. S. Pat.* 2612484, 1952-09-30.
21. Sauer, J. C. *U. S. Pat.* 2549935. 1951-04-24.
22. Miller, W. T. *U. S. Pat.* 2598283, 1952-05-27.
23. Carlson, D. P. *U. S. Pat.* 3642742, 1972-02-15.
24. Fresham, W, F.; Vogelpohl, A. F. *U. S. Pat.* 3635926, 1972-01-18.
25. (a) Diper, C. D. *U. S. Pat.* 2992988, 1961-07-18. (b) West, F. W.; Seffl, R. J. Reilly, L. J. *U. S. Pat.* 3076765, 1963-02-05.
26. Chin, H. B.; Chandrasekaran, S. *Eur. Pat.* 106956, 1984-05-02.
27. Mueller, M. Chandrasekaran, S. *U. S. Pat.* 3847881, 1974-11-12.
28. Molena, M.; Garbuglio, C.; Ragazzini, M. *J. Polym. Sci., Polym. Lett. Ed.* **1973**, *10*, 153.
29. Dougherty, T. J. *J. Am. Chem. Soc.* **1964**, *86*, 460.
30. Nakamura, M.; Kaneko, I.; Oharu, K.; Kojima, G.; Matsuo, M.; Samejima, S.; Kamba, M. *U. S. Pat.* 4897457, 1990-01-30.
31. Jamas, C. D.; Franklin, G. W. *U. S. Pat.* 3282875, 1966-11-01.
32. Conroy, M. E.; Honn, F. J.; Robb, L. E.; Wolf, D. R. *Rubber Age*. **1995**, *76*, 543.
33. Rugg, J. S.; Stevenson, A. C. *Rubber Age*. **1957**, *82*, 102.
34. Logothetis, A. L. *Prog. Polym. Sci.* **1989**, *14*, 251.
35. Ajroldi, G.; Pianca, M.; Fumagalli, M.; Moggi, G. *Polymer* **1989**, *30*, 2180.
36. (a) Tatemoto, M.; Amano, T. *U. S. Pat.* 4487903, 1984-12-11. (b) Abe, M.; Okamoto, S.; Naraki, A. *U. S. Pat.* 4920170, 1988-06-28.
37. Grootaert, W. M.; Millet, C. H.; Worm, A. T. *Kirk-Othmer: Encyclopedia of Chemical Technology*, 4th ed., Vol. 8. New York: John Wiley and Sons, **1995**, 990.
38. (a) Abe, M.; Tatsu, H. *U. S. Pat.* 5151492, 1992-09-29. (b) Apotheker, D.; Krusic, P. J. *U. S. Pat.* 4035565, 1977-07-12. (c) Arcella, V.; Brinati, G.; Albano, M.; Tortelli, V. *U. S. Pat.* 5674959, 1996-10-01.
39. (a) Gladding, E. K.; Sullivan, R. *U. S. Pat.* 3546186, 1970-10-01. (b) Nottke, J. E. *U. S. Pat.* 3933767, 1976-01-20. (c) Breazeale, A. F. *U. S. Pat.* 4281092, 1979-10-22.
40. Kim, J.; Lee, W.; Kang, J.; Kwon, S.; Kim, J.; Lee, J. *Macromolecules* **2001**, *34*, 7817.
41. Miyatake, K.; Oyaizu, K.; Tsuchida, E.; Hay, A. S. *Macromolecules* **2001**, *34*, 2065.
42. Boker, A.; Reihs, K.; Wang, J.; Stadler, R.; Ober, C. K. *Macromolecules* **2000**, *33*, 1310.
43. Miyata, T.; Yamada, H.; Uragami, T. *Macromolecules* **2001**, *34*, 8026.

44. Arnold, M. E. ; Nagai, K. ; Freeman, B. D. ; Spontak, R. ; Betts, D. E. ; DeSimone, J. M. ; Pinnau, I. *Macromolecules* **2001**, *34*, 5611.
45. Ahmed, T. S. ; DeSimone, J. M. ; Roberts, G. W. *Macromolecules* **2006**, *39*, 15 and references cited herein.
46. Bunyard, W. C. ; Romack, T. J. ; DeSimone, J. M. *Macromolecules* **1999**, *32*, 8224.
47. Kung, E. ; Lesser, A. J. ; McCarthy, T. J. *Macromolecules* **2000**, *33*, 8192.
48. Ren, Y. ; Lodge, T. P. ; Hillmyer, M. A. *Macromolecules* **2001**, *34*, 4780.
49. Ming, W. ; Laven, J. ; van der linde, R. *Macromolecules* **2000**, *33*, 6886.
50. Zhang, M. ; Russell, T. P. *Macromolecules* **2006**, 39,3531.
51. Charles, M. K. ; Jane, E. L. ; Robert, E. M. ; Vernon, M. R. ; Richard, R. T. *Langmuir* **2000**, *18*, 5933.